# Cronología Absoluta y Periodización de la Prehistoria de las Islas Baleares

Rafael Micó Pérez

BAR International Series 1373
2005

Published in 2016 by
BAR Publishing, Oxford

BAR International Series 1373

*Cronología Absoluta y Periodización de la Prehistoria de las Islas Baleares*

ISBN 978 1 84171 815 6



BAR Publishing is the trading name of British Archaeological Reports (Oxford) Ltd. British Archaeological Reports was first incorporated in 1974 to publish the BAR Series, International and British. In 1992 Hadrian Books Ltd became part of the BAR group. This volume was originally published by Archaeopress in conjunction with British Archaeological Reports (Oxford) Ltd / Hadrian Books Ltd, the Series principal publisher, in 2005. This present volume is published by BAR Publishing, 2016.

Printed in England

BAR
PUBLISHING

BAR titles are available from:

BAR Publishing
122 Banbury Rd, Oxford, OX2 7BP, UK
EMAIL info@barpublishing.com
PHONE +44 (0)1865 310431
FAX +44 (0)1865 316916
www.barpublishing.com

*A Anna, Marisa, Rafael y Sofía*

# ÍNDICE

## INTRODUCCIÓN.

En arqueología prehistórica, cronología y periodización constituyen viejos temas que los nuevos tiempos nunca pueden soslayar. Y ello, porque cualquier nuevo planteamiento en los campos de la teoría y la metodología precisa de un sólido marco temporal que acote los límites del conjunto de manifestaciones materiales que serán objeto de análisis o interpretación. Sin embargo, pese a haber acaparado la mayor parte de los esfuerzos de la arqueología desde sus inicios como disciplina, pocas son las periodizaciones regionales que, aún hoy y en un el ámbito tan trabajado como el de la Prehistoria reciente europea, se encuentran a salvo de experimentar cambios o revisiones de mayor o menor envergadura.

Las razones para explicar una provisionalidad que parece prolongarse ya demasiado, son de diversa naturaleza. Un grupo de motivos tienen que ver con la precisión, fiabilidad y grado de aplicación de los métodos cronológicos utilizados, ya sean éstos relativos o absolutos. Desde el siglo XIX, dichos parámetros han experimentado avances significativos, pero su aplicación no ha sido uniforme debido a diferencias en las tradiciones arqueológicas de cada país o región, por limitaciones económicas que afectan la investigación o por las peculiaridades formativas de los yacimientos en uno u otro lugar. Ello ha dado lugar a situaciones muy diversas y, a menudo, desiguales. Así, por ejemplo, es de esperar que un territorio que disponga de numerosos yacimientos con amplias secuencias estratigráficas verticales pero con escasas dataciones radiocarbónicas, posea un esquema de periodización menos sólido que otro territorio con un número parejo de secuencias pero acompañadas por una serie más nutrida de determinaciones absolutas. Y aun así, también es de esperar que un tercer territorio con el mismo número de dataciones absolutas que el segundo, pero realizadas con unos medios técnicos que proporcionen resultados con márgenes de error más reducidos, cuente con una periodización todavía más fiable y precisa.

El segundo grupo de motivos hace referencia a la profundidad y cobertura geográfica de la propia investigación arqueológica. Periodizar supone otorgar una profundidad temporal a los hallazgos y proponer unos límites dentro de los cuales determinados conjuntos materiales fueron consecuencia y, a la vez, promotores de relaciones sociales. Por tanto, resulta obvio que factores tales como el descubrimiento de restos arqueológicos hasta entonces inéditos en una región, o bien el registro de determinados artefactos ya conocidos pero ahora en mayor cantidad y/o en contextos mejor definidos, o bien la exploración de comarcas arqueológicamente "vírgenes" en la vecindad de las ya trabajadas, constituyen factores que pueden contribuir a reajustar y a afinar las periodizaciones vigentes en un momento dado.

La prehistoria de las islas Baleares no escapa a ninguno de estos condicionantes. Las investigaciones arqueológicas en este archipiélago estuvieron marcadas desde sus inicios por un fuerte componente anticuarista y monumentalista. Poco a poco fue introduciéndose el uso del método estratigráfico y, desde los años sesenta, comenzaron a obtenerse series de dataciones absolutas de Carbono 14. Es en este campo, fundamental a la hora de dotar de solidez y fiabilidad a cualquier periodización alusiva a los últimos tiempos de la prehistoria, donde la arqueología balear destaca respecto a otras regiones mediterráneas por el elevado número de dataciones disponibles. Pese a ello, y a los innegables avances realizados recientemente, no podemos afirmar que la secuencia prehistórica del archipiélago haya despejado todos sus interrogantes y colmado algunos vacíos singularmente llamativos.

Los principales objetivos de este trabajo son dos. Por un lado, ofrecer un inventario exhaustivo de las dataciones absolutas baleáricas, que incluye tanto las directamente vinculadas con yacimientos arqueológicos, como las fechas realizadas en el marco de investigaciones paleobotánicas (sondeos polínicos), geomorfológicas y paleontológicas. La razón para incluir aquí a estas últimas reside en que muchas de ellas contribuyen a enmarcar o a informar, siquiera indirectamente, acerca de cuestiones relacionadas con diversos aspectos del poblamiento humano insular, sobre todo en sus momentos iniciales. Dicho inventario se plantea recoger las informaciones más significativas asociadas con cada una de las dataciones (valores numéricos, tipo de muestra analizada, conjunto arqueológico de referencia, etc.), así como adjuntar comentarios valorativos sobre su potencial informativo o inferencial a partir de la consideración de datos estratigráficos, tipológicos o contextuales procedentes del mismo yacimiento. Por sí solo, el valor informativo de esta compilación de datos justificaría la presente publicación.

El segundo de los objetivos consiste en proponer una actualización de la periodización de la prehistoria balear, basada fundamentalmente en el análisis de las series de dataciones absolutas compiladas y valoradas en el inventario. Al hacerlo, pretendo avanzar un paso más de cara a la progresiva consolidación y refinamiento de una periodización válida para las Baleares. Desde esta perspectiva, el presente trabajo se sitúa en la estela de algunas publicaciones anteriores (Castro, Lull y Micó 1996: 111-115, 209-214; 1997; Gili, Lull y Rihuete 1996; Lull *et alii* 1999: 11-72). A su vez, resulta innegable que tales contribuciones se enmarcan en una línea de investigaciones que comparte la necesidad de formalizar la base radiométrica balear y de convertirla en un instrumento fundamental para articular cualquier propuesta de periodización. A este respecto, resulta obligado referirse al impulso pionero de W. H. Waldren iniciado en los años sesenta. El título de una de las publicaciones más tempranas, "Mallorca chronology for

Prehistory based on radiocarbon method" (Waldren y Kopper 1967), era ya suficientemente elocuente. Años después, Fernández-Miranda y Waldren (1979) presentaron la secuencia prehistórica de Mallorca basada en buena medida en el uso extensivo y sistemático de un buen número de dataciones radiocarbónicas, la mayoría facilitadas o encargadas por Waldren. No obstante, fue de nuevo este investigador quien en la década de los ochenta consolidó definitivamente esta línea de trabajo mediante la publicación de su tesis doctoral en 1982 y, en 1986, de su célebre *Pentapartite*, donde incluyó una amplia sección dedicada al inventario de dataciones insulares y una propuesta de periodización articulada en cinco grandes etapas. Este mismo autor realizó en 1992 un nuevo inventario de las dataciones disponibles en aquel momento. Desde entonces hasta su muerte, acaecida a finales de 2003, Waldren contribuyó infatigablemente a incrementar el número de dataciones radiocarbónicas relativas a los yacimientos excavados desde el centro de investigación que dirigía en Deià (Mallorca). Gracias a su empeño, algunos yacimientos cruciales para entender la secuencia del poblamiento humano en Mallorca, como Son Matge y Son Ferrandell-Oleza, disponen de algunas de las series radiocarbónicas más amplias del continente europeo, y constituyen referentes obligados a la hora de elaborar cualquier periodización tanto de las islas como de las regiones cercanas.

En gran parte gracias al impulso de Waldren y también al surgido del equipo de investigación en el que trabajo a lo largo de la década de los noventa[1], la datación por radiocarbono es hoy una práctica generalizada en la mayoría de los profesionales que trabajan en la prehistoria de las Baleares. Como veremos en las páginas siguientes, ello ha propiciado un incremento realmente espectacular en la cantidad de fechas disponibles a día de hoy, hecho que coloca a la prehistoria balear a la vanguardia en este capítulo. Sin embargo, también tendremos ocasión de comprobar que este logro no garantiza por sí solo el avance en los conocimientos, de forma que en determinados lapsos temporales la disponibilidad de una elevada cantidad de fechas radiocarbónicas no guarda una proporción directa con el grado de seguridad de los límites cronológicos asignados a un conjunto de manifestaciones materiales, ni siquiera tampoco con el conocimiento empírico de las mismas. En este sentido, también figura entre los propósitos de este libro hacer notar cuáles son las principales carencias o lagunas que dificultan en la actualidad el establecimiento de una periodización fiable.

La obra se estructura en tres capítulos. En el primero ofreceré una introducción a la problemática de la cronología y la periodización en arqueología, antes de proceder a una valoración exhaustiva de los parámetros que definen la serie radiocarbónica balear tomada en su conjunto. El segundo capítulo incluye el inventario de dataciones absolutas para las islas Baleares, formado por todas las fechas de que he tenido conocimiento hasta el mes de agosto de 2004. A fin de facilitar su consulta, he distribuido estas casi ochocientas dataciones por yacimientos ordenados alfabéticamente y, dentro del apartado correspondiente a cada uno, por orden cronológico descendente. Al final de la obra se incluyen también índices para la localización rápida de dataciones concretas. Finalmente, en el tercer capítulo se exponen las líneas básicas de una periodización para la prehistoria balear, desde los orígenes del poblamiento hasta la conquista romana del archipiélago.

Antes de finalizar esta breve introducción, deseo agradecer a diversos colegas de profesión el haber facilitado en uno u otro momento informaciones inéditas sobre dataciones concretas o datos contextuales y pormenores asociados a las mismas: Josep Antoni Alcover, Fernán Alonso, Joan de Nicolás, José Luis Gómez, Simó Gornés, Joana Maria Gual, Víctor Guerrero, Jordi Hernández Gasch, Antoni López Pons, Biel Pons Homar, Damià Ramis, Antonio Rubinos, Tomeu Salvà, Mark Van Strydonck y William H. Waldren. También expreso mi viva gratitud a Sylvia Gili Suriñac, que preparó las láminas que ilustran la propuesta de periodización en el Capítulo 3, y a Julio Luis Quílez Mata, que diseñó la base de datos en formato *Access* mediante la cual se presenta el inventario de dataciones en el Capítulo 2.

Asimismo, quiero manifestar mi reconocimiento a diferentes instituciones por el apoyo prestado para la realización de las investigaciones plasmadas en esta publicación. Éstas se enmarcan en los siguientes proyectos:

-"Economía, sociedad y medio ambiente en la cuenca centro-occidental del Mediterráneo (*ca.* 3000-200 antes de nuestra era)", Ministerio de Ciencia y Tecnología/Universitat Autònoma de Barcelona – Programa Ramón y Cajal.

-"Grup de Recerca d'Arqueoecologia Social Mediterrània", *Direcció General de Recerca de la Generalitat de Catalunya* (código 2001SGR 000156).

-Proyecto de investigación Son Fornés: Fundació-Museu Son Fornés y Consell de Mallorca.

********

No soy de los que piensan que la historia la hacen las "personas", entendidas como individuos autónomos y autorreferenciales. Este libro es el producto material de unas relaciones sociales en las que el que aquí firma ha tenido y tiene la inmensa fortuna de participar. Sin el contexto de trabajo y de apoyo mutuo mantenido a lo

[1] Una conferencia pronunciada en 1993 por Vicente Lull en el *Institut Menorquí d'Estudis* supuso el inicio de una serie de investigaciones sobre la aplicación de la cronología absoluta a la definición de la secuencia prehistórica de las Baleares que han continuado hasta fecha de hoy. Para las publicaciones que más han influido en esta línea de trabajo, véanse Castro y Micó (1995), Castro, Lull y Micó (1996), Gili, Lull y Rihuete (1996), Castro *et alii* (1997) y Lull *et alii* (1999).

largo de los años con Vicente Lull, Cristina Rihuete Herrada y Roberto Risch, sencillamente este libro no hubiera podido ser escrito. Yo trabajo en equipo, en un equipo exigente y solidario. Por ello, considero este libro tan "mío" como "suyo", aunque, por supuesto, los restantes miembros no sean responsables de los errores u omisiones que pueda contener. Este libro también *es* de mucha más gente, conocida y desconocida, que, queriéndolo o no, propiciaron las condiciones objetivas y subjetivas para que estas páginas puedan ser escritas y, de ahora en adelante, leídas.

# CAPÍTULO 1.

## LAS BASES PARA EL ESTABLECIMIENTO DE CRONOLOGÍAS ABSOLUTAS.

### La arqueología y el estudio de la sociedad.

Suele admitirse que los seres humanos poseemos una curiosidad innata por conocer, entre otras muchas cosas, nuestro pasado. Después de todo, no debe ser por casualidad que hayamos denominado *Homo sapiens* a nuestra especie. El pensamiento occidental ha buscado sin tregua hallar respuesta al célebre interrogante "¿de dónde venimos?" como medio para hallar el sentido de "¿quiénes somos?" y "¿a dónde vamos?". No me atrevo a afirmar si semejante inquietud ha sido o no compartida por todo el género humano. En cambio, sí creo que el afán por conocer el pasado, en las múltiples ocasiones en que se ha manifestado, ha respondido a inquietudes bien distintas y se ha concretado de formas muy diversas.

En ciertas sociedades del mundo contemporáneo, la tarea de conocer el pasado se ha confiado a la investigación histórica y prehistórica, una actividad practicada por especialistas que deben atenerse a objetivos y métodos precisos. La investigación histórica trabaja sobre testimonios escritos, gráficos e incluso orales, y suele circunscribirse al pasado más reciente de la humanidad. La arqueología, por su parte, tiene potencialmente ante sí un campo de actuación mucho más vasto, al definirse como la ciencia que se propone conocer las sociedades mediante el estudio de los restos materiales que las constituyen como tales (lo que llamamos "materialidad social"[2]). De esta forma, la arqueología presenta su candidatura a ser la ciencia social de mayor alcance, ya que, si bien no todas las sociedades dejan o han dejado testimonios escritos u orales, resulta en cambio innegable que *todas* han producido y utilizado objetos materiales.

Sin embargo, pese a la justificada pretensión de ser una ciencia válida para el estudio de todas las sociedades, la realidad es que gran parte de la investigación arqueológica se ha llevado a cabo sobre sociedades ágrafas ya desaparecidas: aquéllas que convencionalmente denominamos "prehistóricas". En parte, ello se explica porque la arqueología constituye la única vía para acceder a éstas, al no habernos legado textos escritos ni existir, obviamente, ningún superviviente a quien podamos interrogar. Y, por otro lado, porque las tradiciones académicas y universitarias han favorecido que la historiografía y demás ciencias sociales monopolizasen el estudio de las sociedades con escritura y, por extensión, de todas las contemporáneas al desarrollo de la investigación. Podría alegarse también que la propia etimología de la palabra "arqueología" admite este reparto de los ámbitos del saber ("arqueo-" procede del griego *árkhaios* = antiguo). De ser así, deberíamos contentarnos con ocuparnos de los objetos "viejos", "antiguos", en lugar de las cosas "nuevas", "recientes" o "actuales", como si hubiera una frontera tácita que separase las "cosas" del pasado de las del presente, o como si otras ciencias fuesen más eficaces que la arqueología por el hecho de trabajar con otros tipos de datos.

En el terreno específico de las ciencias sociales, constatar que vivimos "en" y "gracias" a la materialidad del pasado, tanto biológica como social, permite hacer frente a diversos planteamientos recientes que afirman una discontinuidad radical entre nuestro presente moderno y cualquier pasado ("el pasado se ha ido"). Admitir semejante discontinuidad lleva a suponer la imposibilidad de conocer objetivamente cualquier situación histórica y desplaza las ciencias sociales al terreno incierto de la producción de discursos, entre las "traducciones de la alteridad" ("los otros" del pasado o "los otros" del presente según mi *yo*) y las fabulaciones ideológicamente interesadas. Sin embargo, reconocer la conexión material que nos une con otros grupos humanos nos coloca en la posición de defender que el pasado no se ha ido, sino que más bien se halla continuamente en nuestra vida social como condición necesaria para que la propia vida prosiga. De ahí también que argumentar la inexistencia de una ruptura radical entre presente y pasado permite mantener abierta la vía para adentrarnos en él y conocerlo. Como podrá comprobarse, este trabajo se ajusta a una premisa ontológica que considera la investigación arqueológica desde perspectivas realistas y objetivistas y a una metodología próxima a procedimientos materialistas. Los arqueólogos postprocesuales y críticos pueden considerarlo, si asi lo desean, un discurso en el que el/los sujeto/s productor/es del texto queda/n atrapado/s por el objeto en el proceso de la investigación sin perder la consciencia de esta transferencia.

Por último, admitir plenamente la relevancia del pasado material nos lleva a considerar desde otras bases el papel de la arqueología en la sociedad actual. Con frecuencia, dicho papel se justifica en virtud de la vigencia de ciertos principios éticos o morales. Se argumenta que la propia condición de seres humanos, sin importar la época ni el lugar en que dicha condición se manifieste, nos hace compartir una misma esencia expresada en una serie de valores espirituales. De ahí precisamente que un célebre imperativo afirme que "nada de lo humano nos es ajeno". Cuando al visitar un museo arqueológico alguien se pregunta: ¿qué es esto? ¿cuándo y cómo fue fabricado? ¿para qué pudo servir? no sólo manifiesta una curiosidad "natural". Refleja, intuitivamente o no, la confianza en que las respuestas nos enseñarán algo sobre otras gentes, y que, por algún motivo, ni tales gentes ni sus

[2] "Materialidad social" es una expresión que acuñamos para aludir a las manifestaciones físicas concernientes a las tres condiciones objetivas de la vida social: hombres, mujeres y las restantes condiciones materiales que posibilitan su existencia (Castro *et alii* 1996).

experiencias hechas objetos nos son, como hemos dicho, ajenas en la actualidad. Con este trasfondo filosófico, la arqueología, al permitir el enlace con las experiencias de nuestros antepasados, redescubre continuamente lo humano que hay en nosotr@s; nos recuerda aquellos principios consustanciales que deberían guiar nuestra existencia y que muchas veces quedan relegados u olvidados por las contingencias presentes que nos "deshumanizan". Como resumen de todo ello, resulta significativo observar que la moderna arqueología nació en el siglo XIX justamente al conjugarse la posibilidad de generar conocimiento a partir de los restos materiales y, por otro lado, la expectativa de que dicho conocimiento fuese útil para organizar mejor nuestra convivencia.

En este trabajo seguimos defendiendo la capacidad de la arqueología para generar conocimientos objetivos y su utilidad para conocernos mejor a nosotr@s mism@s y a la sociedad en que vivimos. Sin embargo, a diferencia de lo expresado en el párrafo anterior, no lo hacemos porque confiemos en la existencia de una esencia humana que no debamos abandonar, sino porque la materialidad del pasado nos brinda la oportunidad de conocer las múltiples vías en que las mujeres y los hombres han afrontado la convivencia en sociedad: qué limites han impuesto las condiciones materiales de una época, qué elementos se han transmitido y cuáles se han desechado y, en definitiva, de qué márgenes relacionales disponemos y cómo éstos pueden variar. Si coincidimos con la expresión "nada de lo humano nos es ajeno", es porque hoy podemos enunciarla y vivir *material y socialmente* gracias al pasado humano.

**La arqueología y el tiempo.**

En arqueología, los restos materiales son la fuente de nuestro conocimiento, pero no podemos estudiarlos como si formasen parte de un pasado indiferenciado. La reunión de tales restos en conjuntos arqueológicos nos informa de las prácticas sociales en las que se vieron implicados. De ahí que en nuestro trabajo resulte fundamental establecer con rigor cuáles de ellos fueron producidos y utilizados en un período determinado, y cuáles expresan productos específicos de ciertos grupos.

La arqueología posee diversos métodos para situar los restos materiales que investiga en diferentes planos temporales. Podemos dividirlos en métodos que proporcionan indicaciones cronológicas relativas y absolutas. Los primeros se limitan a informar sobre la relación de sincronía, anterioridad o posterioridad entre unos restos arqueológicos y otros. El método de cronología relativa más ampliamente utilizado es el estratigráfico, que ponemos en práctica cuando excavamos un yacimiento arqueológico. En esta tarea, una de nuestras principales preocupaciones consiste en definir la estratigrafía existente; es decir, cuál es el orden y la disposición de las capas o estratos que contienen los hallazgos. Al hacerlo, asumimos lo esencial de un método desarrollado por la geología a inicios del siglo XIX, según el cual las capas más profundas contienen materiales más antiguos que las capas que se encuentran por encima. Así mismo, damos por válido que los materiales incluidos en el mismo estrato compartieron como mínimo el tiempo en que se formó dicho estrato, siempre que no se trate de material en posición secundaria[3].

Además de su utilidad cronológica, el registro estratigráfico, unido al inventario detallado de los materiales contenidos en cada una de sus unidades, proporcionan datos fundamentales para describir cuál fue el equipaje de las prácticas sociales acaecidas en un determinado lugar. Con otras palabras, nos informa de las situaciones reales que otrora constituyeron el escenario material de las relaciones sociales.

La elaboración de seriaciones tipológicas proporciona un segundo método para asignar cronología relativa, bastante utilizado cuando trabajamos con materiales sin un contexto estratigráfico claro o cuando se trata de comparar estratigrafías de diversos yacimientos. El método requiere en primer lugar definir tipos de artefactos según compartan una o varias características técnicas, estilísticas y/o funcionales; por ejemplo, estar fabricados con un determinado material (piedra, cobre, hierro, etc.) o poseer una morfología similar. Al hacerlo, se presupone que los tipos así establecidos informan sobre una exigencia social que dispuso agentes, herramientas, tiempo y espacios para la producción reiterada de los artefactos. En este sentido, los tipos manifiestan la existencia de condiciones de aprendizaje y comunicación entre los grupos sociales y, en consecuencia, constituyen en sí mismos indicadores de proximidad temporal. Por último, sólo resta proponer la posición cronológica de cada uno respecto a los demás con la ayuda de indicadores externos. Las secuencias estratigráficas suelen proporcionar los más fiables. Así, el hecho comprobado de que los artefactos metálicos sólo apareciesen en estratos situados por encima de otros que contenían exclusivamente útiles de piedra, aportó un dato decisivo para la construcción en el siglo XIX del esquema de las Tres Edades (Piedra, Bronce y Hierro en orden de modernidad ascendente), que aún hoy constituye una herramienta cronológica muy utilizada.

[3] Sólo los denominados "contextos cerrados", como una tumba individual intacta, un depósito o escondrijo o una vivienda destruida de forma repentina, permiten garantizar que los objetos recuperados compartieron un tiempo; es decir, que estuvieron en uso, cuando menos, en el momento en que se produjo el episodio determinante en la formación del contexto arqueológico. En cambio, los "contextos abiertos", como un basurero, una acumulación erosiva o un espacio exterior de frecuentación, incluyen restos materiales que pudieron no compartir tiempo. Tales contextos sólo nos proporcionan un *terminus ante quem* para sus materiales a partir de la datación del estrato que los sella o, si sabemos reconocerlo, del material más moderno que contienen. Véase Menasanch (2003: 13 y ss.) para una exposición clara y actualizada de esta cuestión.

En otras ocasiones, se ha propuesto la posición cronológica relativa entre distintos tipos de artefactos asumiendo que los objetos tecnológica o morfológicamente más "simples" son anteriores a otros cada vez más "complejos". Hay buenos ejemplos de este proceder, aunque los presupuestos evolucionistas sobre los que descansa este método no gozan de simpatías unánimes. Las principales objeciones se dirigen a cuestionar los criterios a la hora de definir qué es "simple" y qué es "complejo" y, por otro lado, a poner en duda la premisa según la cual lo que convenimos como "complejo" deba necesariamente suceder a lo "simple". Dado que estas críticas cuestionan la fiabilidad de este método, en la actualidad rara vez se le utiliza como herramienta prioritaria o única de la investigación.

Los métodos de cronología relativa fueron básicos para la arqueología sobre todo en sus inicios, cuando la mayor preocupación consistía en ordenar un creciente volumen de artefactos hasta entonces "sin tiempo" definido. Actualmente mantienen su importancia, en especial a la hora de concretar la secuencia estratigráfica de las ocupaciones en un mismo yacimiento. Sin embargo, los métodos para asignar cronologías relativas no colman las exigencias de precisión temporal que demanda la investigación arqueológica. Las atribuciones de anterioridad, sincronía y posterioridad efectuadas en un yacimiento o entre tipos de objetos procedentes de diversos lugares deben ser afianzadas en referencia a un marco de medida universal, "absoluto", como por ejemplo nuestro calendario solar. De lo contrario, seguiríamos ignorando algo tan fundamental como la duración de los fenómenos que estudiamos ("¿durante cuánto tiempo habitaron o enterraron aquí?", "¿durante cuánto tiempo se utilizó un tipo determinado de herramienta en tal lugar?"), así como la propia medida de su profundidad temporal ("¿cuánto tiempo hace que sucedió esto o aquéllo?"). Además, situar todos los objetos en una misma escala de tiempo permite efectuar correlaciones fiables y proponer asociaciones entre lugares distantes que no comparten ni continuidad estratigráfica ni similitud tipológica entre sus respectivos conjuntos de artefactos.

Para este propósito, la arqueología se ha servido de diferentes métodos de datación absoluta. Disponer de ellos ha sido una cuestión problemática y difícil, ya que hemos dependido de logros efectuados en otras ciencias. En una primera etapa, que cubre buena parte de los siglos XIX y XX, los avances en la datación absoluta de los materiales arqueológicos fueron bastante inseguros y limitados en el tiempo y en el espacio. Las únicas posibilidades de vincular los objetos estudiados con la escala de nuestro calendario solar se reducían a los casos en que aquéllos podían asociarse a eventos mencionados en fuentes escritas de la antigüedad cuya cronología era conocida (como, por ejemplo, las listas de los monarcas egipcios y mesopotámicos, o la de las Olimpiadas), o bien donde resultaba factible aplicar estimaciones basadas en la dendrocronología (datación a partir del cómputo y comparación de series de anillos arbóreos) y las varvas (datación a partir del cómputo y comparación de las capas de sedimentos depositados como consecuencia del retroceso de los glaciares). A partir de estos pocos materiales con cronologías seguras, se iniciaba una intrincada y compleja red de paralelos artefactuales con el fin de "llevar el tiempo" a regiones que carecían de aquellos hitos cronológicos calendáricos. Conocemos esta ardua tarea como elaboración de "cronologías cruzadas" (González Marcén, Lull y Risch 1992). Como es de imaginar, la precisión no estaba siempre garantizada y, además, amplios periodos de la prehistoria humana y extensas regiones del globo quedaban fuera del alcance de este método de datación.

El panorama comenzó a cambiar radicalmente a partir de mediados del siglo XX con el desarrollo de nuevos métodos de datación absoluta. Estos se basaban en el conocimiento de las tasas de desintegración de ciertos isótopos radiactivos y en la posibilidad de calcular el contenido de dichos isótopos en diversos tipos de materiales hallados en los yacimientos arqueológicos. El desarrollo e implantación de estos métodos en arqueología ha supuesto una verdadera revolución en nuestros conocimentos sobre el pasado. Gracias a ellos resulta posible datar y trazar el desarrollo de las primeras manifestaciones humanas, hace millones de años, o bien asegurar la contemporaneidad entre sociedades separadas por montañas u océanos. Los métodos más conocidos son los basados en el Potasio/Argon y el Uranio/Torio, indispensables para las etapas más remotas, hace centenares o millones de años, o el Carbono 14, de enorme utilidad para los momentos más recientes en el desarrollo de la humanidad, a partir de hace unos 40.000 años. Será precisamente el Carbono 14 (C14)[4] el principal método de datación absoluta utilizado en la ordenación

[4] Conviene señalar que, como consecuencia de las fluctuaciones en la proporción de C14 en la atmósfera a lo largo del pasado, los resultados que ofrecen los laboratorios dedicados al análisis radiocarbónico deben ser siempre corregidos en referencia a una curva, cuyos valores reflejan indirectamente dichas fluctuaciones. Este proceso de corrección se conoce como calibración dendrocronológica, ya que gracias a extensas series de anillos arbóreos fue posible calcular las desviaciones entre las fechas proporcionadas por los laboratorios y la edad real de las muestras datadas. La calibración requiere cálculos estadísticos asistidos por ordenador y nos asegura disponer de fechas totalmente acordes con nuestro calendario solar (para una exposición detallada y accesible del método, véase Aitken (1990), Bowman (1990), Castro y Micó (1995), Castro, Lull y Micó (1996), Taylor (1997), Van Strydonck *et alii* (1999); http://www.c14dating.com: http://www.radiocarbon.org). En nuestro caso, hemos utilizado el programa estadístico de calibración *Calib* v. 4.3 (Stuiver y Reimer 2000), si bien para efectuar determinados cálculos que aparecerán en el Capítulo 3 nos hemos servido también del programa OxCal 3.5 (Bronk Ramsey 2000). Ambos programas se basan en la misma curva de calibración a la hora de efctuar sus cálculos (INTCAL 98) (Stuiver y Van der Plicht 1998).

cronológica de la prehistoria de las islas Baleares, que constituye el objeto de este libro.

**Arqueología, tiempo y sociedad.**

He mencionado la necesidad, por parte de la investigación arqueológica, de disponer de conjuntos materiales procedentes de un determinado marco geográfico y ordenados según una escala cronológica absoluta. Idealmente, obtendríamos así una distribución continua de tales conjuntos que se iniciaría en la primera ocupación humana de un territorio y que culminaría muy probablemente en el día de hoy. Sin embargo, con ello todavía no habríamos conseguido establecer del todo las bases para un análisis arqueológico completo. Ciertamente, estaríamos en condiciones de glosar la trayectoria diacrónica de determinados artefactos, al estilo de títulos como "la evolución en la arquitectura en tal lugar" o "las espadas a través del tiempo". No obstante, estos ejercicios a partir de "cortes verticales" en el ordenamiento temporal de los materiales arqueológicos poseen un interés muy limitado, al realizarse prescindiendo de las relaciones históricas que determinaron en cada momento el papel de los artefactos protagonistas de la narración. De la constatación de esta carencia se impone precisamente la exigencia de realizar "cortes horizontales" en las secuencias de objetos distribuidas geográficamente; es decir, de marcar los límites de las épocas que nos proponemos estudiar, de establecer las rupturas que a nuestro juicio supusieron cambios sustanciales en la vida social de otras gentes.

Esta actividad, común a todas las disciplinas humanas, recibe el nombre de "periodización". Como es de prever, sus resultados dependen de la naturaleza del criterio seleccionado como principal a la hora de guiar la investigación. La mayoría de las periodizaciones historiográficas están guiadas por criterios de orden político, de forma que la trayectoria de las sociedades se jalona a partir de cambios en las dinastías o, en general, en las formas de gobierno en un territorio concreto (por ejemplo, la periodización para el Egipto faraónico o la Roma antigua). En otros casos, y a un nivel más alto, puede concederse prioridad a las consideraciones socio-económicas, lo cual da lugar a la sucesión de términos como Edad Media, Edad Moderna y Edad Contemporánea, que, en el caso europeo, resultan casi coincidentes con Esclavismo, Feudalismo y Capitalismo. El tránsito de una etapa a otra suele venir marcado por acontecimientos de singular repercusión o significado, como el año del primer viaje de Colón a América o el de la toma de la Bastilla.

En arqueología, periodizar es secuenciar cronológicamente la materialidad social. Esta labor reviste ciertas peculiaridades derivadas del hecho de trabajar exclusivamente con restos materiales. A lo largo de la trayectoria de nuestra disciplina se han puesto en práctica diferentes soluciones, aunque todas han respetado una idea básica: *el paralelismo, la semejanza o la identidad entre artefactos es el resultado de la existencia de ciertas relaciones sociales comunes*. En consecuencia, el mantenimiento de tales semejanzas supone continuidad social, mientras que la constatación de novedades o rupturas es indicativo de la vigencia de nuevas formas de organización. Hemos señalado anteriormente que este principio, traducido en la definición de tipologías, se aplicó a la tarea de elaborar esquemas de cronologías relativas. De igual manera, la distribución de los distintos tipos de objetos en el espacio proporcionó la clave para poner límites geográficos a las sociedades. La metodología arqueológica más ampliamente aceptada denomina "culturas" a las divisiones resultantes: conjuntos de tipos de artefactos utilizados en espacios geográficos concretos, según la definición clásica de V. G. Childe a partir de la propuesta inicial de G. Kossinna. Sin embargo, factores tales como la falta de criterios detallados y unánimes a la hora de priorizar unos u otros objetos para efectuar los "cortes horizontales", problemas de precisión cronológica o diferencias regionales en cuanto a la profundidad de la investigación arqueológica han motivado innumerables e interminables controversias entre especialistas. Tras décadas de trabajos, todavía existen lagunas en relación a determinadas regiones o intervalos cronológicos de la prehistoria europea.

Trazar límites cronológicos y geográficos en el continuo de los restos materiales y, por tanto, de las relaciones sociales que denotan, es una labor complicada pero insoslayable para la investigación arqueológica. Aunque los criterios delimitadores puedan ser objeto de discusión, un primer paso consiste en hacerlos explícitos, lo cual no siempre sucede. El planteamiento materialista adoptado en este libro ha supuesto estructurar nuestro análisis en una sucesión de lo que denominamos "grupos arqueológicos" (González Marcén, Lull y Risch 1992; Lull *et alii* 1999). Esta alternativa no conlleva una ruptura radical con los métodos arqueológicos más frecuentemente empleados para delimitar el objeto de estudio, aunque sí introduce una serie de matices destacables. En primer lugar, con la propuesta de grupos arqueológicos queremos desmarcarnos de las connotaciones idealistas inherentes al concepto de "cultura", sobre todo de aquéllas que asumen que una determinada reunión de objetos constituye el reflejo de una pretendida esencia espiritual o de los valores compartidos por una comunidad o un "pueblo". En su lugar, consideramos que la materialidad social de una época expresa ante todo las prácticas sociales de toda comunidad. Dichas prácticas dependen en buena medida del trabajo acumulado de las generaciones anteriores que hizo posible producir condiciones materiales. Por ello, "somos" un producto determinado por el trabajo acumulado socialmente y por su reparto en el momento histórico que nos ha tocado vivir. "Somos" mucho más del pasado que de cualquier presente o hipotético futuro.

Los grupos arqueológicos que expondré en este libro no pretenden expresar sino lugares de encuentro entre objetos coetáneos y las relaciones sociales que denotan. La sucesión de grupos arqueológicos vendrá dada por la observación de cambios en los conjuntos materiales atribuibles verosímilmente a cambios en la cantidad o calidad del trabajo acumulado, ya sea por recibir aportes adicionales significativos desde otras regiones o bien por experimentar nuevas estrategias autóctonas para generar o repartir los frutos del trabajo heredado. Por supuesto, la calidad de los datos arqueológicos disponibles también influirá en las decisiones. La nominación de cada grupo arqueológico responde sólo a la presencia de ciertos emblemas materiales, sin que de ello se derive ninguna connotación esencialista.

Podría señalarse que al estudiar la prehistoria de un archipiélago la tarea delimitadora se hace más fácil, puesto que la geografía insular marca de por sí los límites sociales de sus habitantes. Si asintiésemos, compartiríamos una perspectiva radicalmente aislacionista, en virtud de la cual presumiríamos que el mar es un obstáculo que favorece la creación de microcosmos insulares. No obstante, desde el otro extremo de la balanza podría objetársenos que el mar no constituye en modo alguno una frontera, sino más bien un medio que facilita los contactos entre las poblaciones. Como ocurre con todos los absolutos históricos, ambas posiciones pueden tener la razón como no tenerla. En cualquier caso, no pensamos concederla *a priori* a ninguna de ellas, sino que para cada época habremos de dilucidar el grado de aislamiento o de apertura de las comunidades que habitaron las Baleares.

### La periodización de la prehistoria de las Islas Baleares.

Al igual que sucede en otras facetas de la vida social, elaborar una periodización arqueológica es una tarea que depende del trabajo realizado con anterioridad. Dicho trabajo se inició nada menos que hace casi dos siglos, ya que la tradición investigadora en las islas Baleares cuenta en su *curriculum* con el primer libro sobre arqueología del Estado Español, *Antigüedades célticas de la isla de Menorca,* publicado por J. Ramis i Ramis en 1818. No obstante, pese a esta tempranísima obra el diagnóstico global sobre los resultados alcanzados por la arqueología balear no es todo lo satisfactorio que sería de desear. Y es que, paradójicamente, la propia riqueza de los hallazgos no ha favorecido el conocimiento de los mismos.

Las islas Baleares conservan una enorme cantidad de restos prehistóricos. Destaca el gran número de construcciones en piedra de carácter monumental, singularizadas en los célebres talayots, edificios turriformes de grandes dimensiones que todavía hoy constituyen puntos de referencia en el paisaje de Mallorca y Menorca. Muchos talayots se encuentran aislados, pero otros forman parte de poblados extensos, algunos de los cuales aparecen rodeados por imponentes murallas ciclópeas. No menos célebres resultan los recintos de taula exclusivos de la isla de Menorca, cuyo elemento central, dos grandes losas dispuestas en forma de "T", han atraído tanto la atención de los estudiosos como la imaginación popular. Además de estas construcciones visibles en superficie, la excavación de innumerables cavidades naturales y artificiales ha deparado grandes cantidades de hallazgos. En estos yacimientos, casi siempre de carácter sepulcral, no es extraño documentar condiciones ambientales únicas que favorecen extraordinariamente la preservación de los objetos.

Lamentablemente, la manifiesta riqueza arqueológica del archipiélago no ha acostumbrado a ir de la mano de investigaciones rigurosas que permitiesen obtener el máximo provecho de los descubrimientos. La investigación prehistórica en las islas Baleares ha discurrido tradicionalmente por la senda de la descripción y la clasificación, mermada por una escasez crónica de secuencias estratigráficas publicadas y por graves carencias en lo que respecta a la contextualización de los hallazgos más emblemáticos. En efecto, una de las principales carencias es la escasa aplicación del método estratigráfico, circunstancia que repercute negativamente a la hora de elaborar periodizaciones fiables. En ello ha influido el énfasis monumentalista de muchas excavaciones que, por así decirlo, han considerado los sedimentos como el "estorbo" que ocultaba talayots, taulas y navetas, en lugar de atenderlos como la materia que pone en conexión los restos del pasado. Esta falta de sensibilidad hacia el registro estratigráfico se ha hecho extensiva a las excavaciones de cuevas, abrigos e hipogeos, muchos de los cuales han sido "vaciados" sin demasiados miramientos. A estas deficiencias de la investigación arqueológica oficial, hay que añadir los efectos de las actividades clandestinas orientadas al tráfico de antigüedades, de la actividad de aficionados con más entusiasmo que acierto y del elevado número de hallazgos fortuitos durante la realización de labores agrícolas o urbanísticas. Por si fuera poco, el carácter parcial o incompleto de las publicaciones, en exceso sumarias cuando éstas han visto finalmente la luz, ha dificultado avanzar en algunas líneas básicas de investigación, desde cuestiones de cronología y periodización hasta temas relacionados con la reconstrucción paleoeconómica y medioambiental. En resumen, una caricatura rápida nos mostraría un panorama arqueológico en el que dominan, por un lado, muchos contextos sin objetos muebles y, por otro, muchos objetos muebles sin contexto. De ahí la paradoja de que la prehistoria balear se intuya hoy en día tan asombrosa como desconocida.

No es, por tanto, casual, que la primera periodización de la prehistoria balear basada en datos estratigráficos mínimamente fiables hubiese de esperar hasta la segunda mitad del siglo XX, gracias en primera instancia a los trabajos de G. Lilliu en el yacimiento de Ses Païsses (Artà). En el esquema propuesto por el investigador italiano se sentaron las bases que inspiraron el trabajo de otros arqueólogos hasta la actualidad (Rosselló Bordoy 1972; Pericot 1975; Enseñat Estrany 1971; Plantalamor 1991). Además del protagonismo central asignado a Mallorca, tal vez lo más destacable sea el papel vertebrador de los talayots en la secuencia prehistórica. De esta forma, se establece un periodo *Pretalayótico*, que engloba el Neolítico, la Edad del Cobre y parte de la Edad del Bronce continental, al que sigue el periodo *Talayótico*, paralelo a las etapas finales de la Edad del Bronce y a la Edad del Hierro, y que finaliza con la conquista romana del archipiélago. Ambos periodos se subdividieron en varias fases a partir de la constatación de novedades tipológicas en el repertorio artefactual.

La realización de las primeras dataciones absolutas y la documentación de la amplísima estratigrafía del abrigo de Son Matge (Valldemossa), sin duda el yacimiento que hasta el momento mejor testimonia la secuencia prehistórica en Mallorca, propició la elaboración de otras propuestas de periodización (Fernández-Miranda y Waldren 1979; Waldren 1982a; 1986). Ya destaqué anteriormente la contribución de W. Waldren en dotar a la secuencia prehistórica de los anclajes sólidos de las series de dataciones de C14. A él debemos un extenso programa de dataciones iniciado en la década de los sesenta, que se ha traducido en casi trescientas fechas correspondientes a varios yacimientos plurifásicos ubicados en el noroeste de Mallorca. Fernández-Miranda y Waldren mantuvieron los periodos "Pretalayótico" y "Talayótico" como ejes centrales de sus propuestas. Además, Waldren enriqueció el debate sobre la secuencia prehistórica balear al introducir la controvertida cuestión del poblamiento insular inicial, al tiempo que daba impulso al término "Postalayótico" en alusión a los siglos anteriores a la conquista romana.

La menor intensidad de las investigaciones en Menorca, Ibiza y Formentera ha conducido a que sus respectivas secuencias sean menos conocidas. El hecho de que Menorca comparta con Mallorca la presencia de talayots y de otras manifestaciones monumentales, y que también mantenga similitudes en diversos elementos del repertorio mueble ha facilitado la equiparación entre una y otra secuencia. En cambio, la situación en las Pitiusas es diferente, en parte debido a la ausencia de las típicas construcciones ciclópeas y, en parte, por la envergadura de la presencia colonizadora fenicio-púnica desde mediados del I milenio antes de nuestra era, a la cual se deben los restos mejor conocidos hasta el momento (Costa y Fernández 1992; Costa y Benito 2000).

La periodización de la secuencia prehistórica de las Baleares ha figurado entre las prioridades del equipo de investigación en que trabajo durante la última década (Gili, Lull y Rihuete 1996; Castro, Lull y Micó 1996; Castro *et alii* 1997; Lull *et alii* 1999). Partiendo de datos de primera mano procedentes de las excavaciones en los yacimientos de Son Fornés (Montuïri), Cova des Càrritx, Cova des Mussol y Es Forat de ses Aritges (Ciutadella), así como de una amplia revisión del conjunto de dataciones de C14 calibradas y de los contextos estratigráficos y artefactuales de los yacimientos baleáricos, propusimos hace unos años el esquema que, salvo matices debidos a la disponibilidad de nuevos datos, seguiré en este libro (Lull *et alii* 1999). Tal y como anuncié en las páginas anteriores, esta periodización se basa en la definición de grupos arqueológicos. Para ello partimos de la recurrencia de objetos en determinados contextos y en propuestas de sincronía apoyadas en correspondencias tipológicas. La ubicación cronológica de los grupos arqueológicos depende de criterios estratigráficos y, fundamentalmente, del uso sistemático de amplias series de dataciones de C14.

**La serie radiocarbónica balear.**

La ayuda que brindan las dataciones absolutas resulta decisiva, ya que permite despejar las incertidumbres generadas por el uso de las cronologías cruzadas sustentada en indicadores temporales relativos. Dada su relevancia para este trabajo, he juzgado oportuno dedicar un tratamiento más pormenorizado al estado y las características de la serie radiocarbónica del archipiélago balear. De hecho, de las 805 determinaciones absolutas incluidas en el inventario adjunto, tan sólo 5 corresponden a fechas de termoluminiscencia, 11 a Uranio/Torio, 7 a racemización de aminoácidos y 1 a paleomagnetismo, por lo que la inmensa mayoría corresponde a análisis radiocarbónicos. En cualquier caso, nunca debemos olvidar que la utilidad de las dataciones absolutas depende siempre de la calidad y la precisión de los datos estratigráficos y contextuales extraídos durante la excavación. Las fechas de C14 calibradas, al igual que otros métodos de datación absoluta, proporcionan datos de gran importancia, pero nunca suplirán nuestro decisivo papel en la elaboración del registro arqueológico.

La aplicación del C14 en la investigación arqueológica balear se inició en los años sesenta y, como hemos resaltado, el principal impulso vino de la mano de las investigaciones realizadas por W. Waldren en diversos yacimientos del noroeste de Mallorca, entre los que destacan el abrigo de Son Matge y la Cova de Muleta. La estrategia pionera puesta en práctica por este investigador consistía en obtener nutridas series de dataciones con el fin de balizar cronológicamente secuencias estratigráficas prolongadas, precisamente en unos momentos en que la investigación prehistórica se hallaba huérfana de referentes fiables. Waldren siguió aplicando este método en posteriores trabajos llevados a cabo en los yacimientos de Son Ferrandell-Oleza, Torralba d'en Salord y Son Mas. Aparte de los citados, pocos más eran los yacimientos que hasta principios de la década de los noventa disponían siquiera de una mínima serie de fechas de C14.

La evolución cuantitativa de la serie radiocarbónica balear en el último cuarto de siglo ilustra acerca de cómo el interés por este tipo de datos ha ido ganando en intensidad (gráfico 1.1). En 1980, el número de dataciones rondaba las ochenta. Veinticinco años después, esta cifra prácticamente se ha multiplicado por

mediados de la década de los noventa. Este síntoma de "juventud" de la serie repercute también en la precisión general de la misma, ya que las desviaciones tipo obtenidas son menos amplias que las que acostumbraba a proporcionar el procedimiento tradicional. Si tomamos el conjunto de dataciones comprendidas en los últimos 7000 años de radiocarbono, la desviación tipo de las fechas obtenidas mediante *AMS* ronda ±41 años, mientras que la de las calculadas a partir del contaje de partículas beta se sitúa en ±73 años.

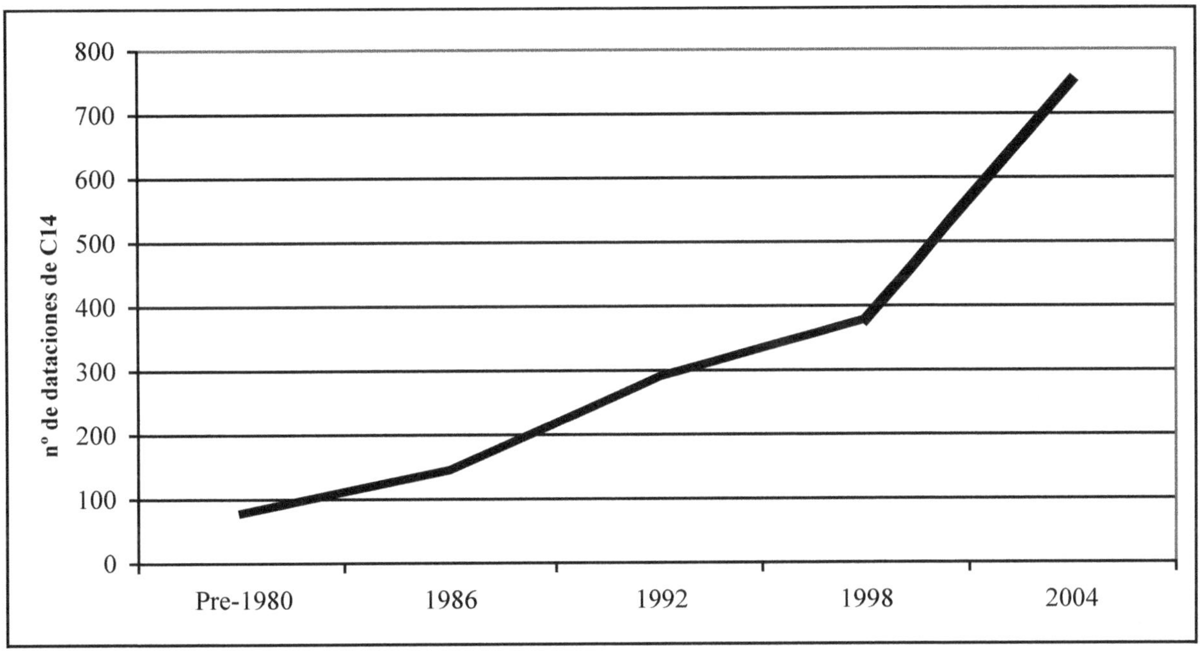


Gráfico 1.1. Evolución cuantitativa de la serie radiocarbónica balear.

diez. El ritmo de incremento ha sido especialmente elevado en la última década. De hecho, la serie de dataciones referida a contextos arqueológicos se ha duplicado en los últimos seis años, pasando de una cifra ligeramente superior a 370 en 1998 a unas 751 en el momento de escribir estas líneas. Además del incansable empeño que W. Waldren mantuvo hasta su fallecimiento, esta trayectoria de aumento significativo se explica en buena parte gracias al decidido impulso de nuestro equipo de trabajo por mostrar la necesidad de dotar de cronologías fiables a los estudios prehistóricos (González Marcén, Lull y Risch 1992; Castro y Micó 1995; Castro, Lull y Micó 1996), y a la subsiguiente toma de conciencia de buena parte de los profesionales implicados en esta labor en las Baleares (véanse Plantalamor y Van Strydonck 1997; Mestres y de Nicolás 1999; Van Strydonck *et alii* 1998, 2001, 2002; Guerrero 2002a).

Vale la pena añadir, al objeto de ilustrar la abundancia de análisis en los últimos años, que el 52% de todas las dataciones disponibles han sido obtenidas mediante *AMS*, un método que se ha ido generalizando a partir de

El panorama actual en este campo es muy prometedor y, de hecho, claramente ventajoso si lo comparamos con la situación en las regiones limítrofes (Castro, Lull y Micó 1996: cap. 2). Pese a ello, todavía queda mucho por hacer, especialmente a la hora de solventar desequilibrios regionales, tal y como muestra un análisis somero del conjunto de dataciones de C14 disponibles. En primer lugar, salta a la vista que el mayor peso cuantitativo en la serie radiocarbónica corresponde a Mallorca, con algo más de dos tercios del total de dataciones (gráfico 1.2). Esta circunstancia era de esperar, ya que en esta isla se ha efectuado una mayor cantidad de investigaciones y también de mayor envergadura. Ello puede dar una primera idea del papel protagonista de los yacimientos mallorquines en el establecimiento de cualquier periodización para el archipiélago. Menorca se sitúa en segundo lugar, con un 30% de las determinaciones, mientras que Ibiza y Formentera ocupan los últimos puestos, muy alejadas de las islas mayores.

No obstante, si tenemos en cuenta la proporción entre la cantidad de yacimientos con alguna datación y la superficie de cada isla, salta a la vista que Menorca se encuentra en una situación más satisfactoria que Mallorca en cuanto a la cobertura geográfica de este tipo de análisis (tabla 1.1.). Formentera se sitúa también cerca de Menorca, aunque si consideramos su pequeño tamaño y la valoramos conjuntamente con Ibiza, ambas vuelven a los lugares de cola.

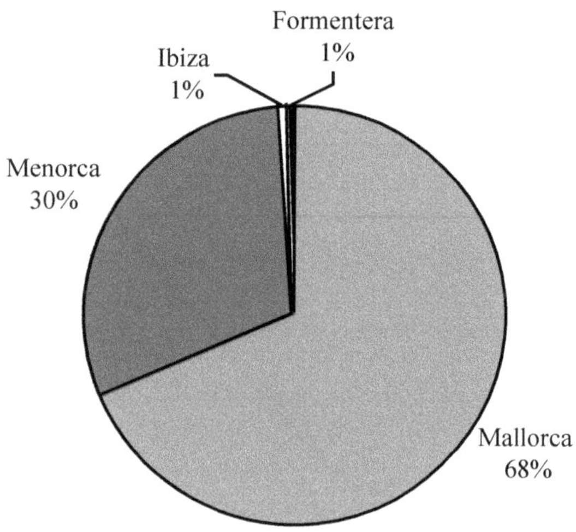


Gráfico 1.2. Distribución cuantitativa de la serie radiocarbónica balear según las principales islas del archipiélago.

| | |
|---|---|
| *Menorca* | 1 yacimiento datado por cada **12,3 km²** |
| *Formentera* | 1 yacimiento datado por cada **27,3 km²** |
| *Mallorca* | 1 yacimiento datado por cada **79,1 km²** |
| *Pitiusas (Ibiza y Formentera)* | 1 yacimiento datado por cada **94,6 km²** |
| *Ibiza* | 1 yacimiento datado por cada **180,3 km²** |

Tabla 1.1.

La mejor cobertura geográfica de Menorca, que preveíamos a partir de la anterior proporción, se confirma al representar sobre el mapa la distribución cuantitativa de las dataciones (mapa 1.1). Pese a observar una menor frecuencia de análisis en el centro de la isla, la situación es razonablemente buena, destacando al respecto una elevada intensidad en el uso del C14 en los extremos occidental y oriental. En cambio, en Mallorca se abren extensas zonas en blanco o con una escasa representación a efectos de dataciones. A este respecto, sobresalen desfavorablemente las comarcas de Es Migjorn, Es Pla y la cuenca de Inca-Sa Pobla. Estas zonas, de notable extensión y gran riqueza arqueológica, apenas cuentan con unas pocas dataciones. Esta circunstancia revela una estrecha relación entre la cantidad de dataciones realizadas y la ubicación de los escasos proyectos de investigación que han gozado de cierta continuidad en las últimas décadas. Por último, Ibiza y Formentera mantienen su posición marginal dentro del panorama radiocarbónico balear, exhibiendo pocas fechas asociadas a pocos yacimientos.

La estructura interna de las series de dataciones en Mallorca y Menorca aporta nuevos elementos de juicio para comprender el estado actual de la cuestión. Como puede observarse en los gráficos 1.3 y 1.4, ambas islas comparten una dinámica similar. Lo más habitual es que los yacimientos datados por C14 sólo cuenten con entre una y tres o cuatro fechas. Por contra, unos pocos yacimientos en cada isla cuentan con varias decenas de dataciones y concentran un elevado porcentaje del total. Así, en Mallorca destaca la serie del abrigo de Son Matge, que supera el centenar de determinaciones. Le siguen las de Son Mas, Son Ferrandell-Oleza (considerando conjuntamente sus diversos sectores), Cova de Muleta y Son Fornés, con más de treinta fechas cada una. Por su parte, en Menorca descuellan dos yacimientos: la Cova des Càrritx, con treinta, y Torralba d'en Salord, con diecinueve.

La explicación de tales desequilibrios reside, por un lado, en la escasez de proyectos sistemáticos dedicados a investigar en profundidad yacimientos concretos, que constituyen los contextos más apropiados para la generación de series radiocarbónicas amplias. Los efectos de esta situación se adivinaban ya en el comentario del mapa de distribución de dataciones. Por otro lado, la mayor frecuencia de actuaciones puntuales con el fin de resolver problemáticas cronológicas asociadas a manifestaciones específicas permite entender la abundancia de yacimientos con tan sólo una, dos o tres fechas. Obviamente, es de desear que esta tendencia se compense en el futuro a favor de un incremento en el número de proyectos a largo plazo y, en consecuencia, previsiblemente de series radiocarbónicas cada vez más nutridas.

El tipo de muestra datado constituye otro factor muy significativo a la hora de valorar la operatividad de una serie radiocarbónica. Como se muestra en el gráfico 1.5, los porcentajes de muestras de carbón vegetal o madera, huesos de fauna y huesos humanos se hallan muy igualados. Cada uno aporta algo menos del 30% del total, por lo que conjuntamente suponen la inmensa mayoría de los materiales datados. La nota más destacada es que los huesos, un material que se clasifica dentro del grupo de las llamadas muestras "de vida corta", conforman el grupo mayoritario. Ello supone sin duda un factor positivo, ya que los valores de C14 de esta clase de muestras dan una idea muy aproximada del momento de uso social de un determinado material (por ejemplo, el sacrificio y consumo de una res) o del de la formación de los depósitos arqueológicos (por ejemplo, la muerte de un individuo y su enterramiento), episodios ambos de gran interés para la inferencia arqueológica. Por el contrario, las muestras de "vida larga" (carbón, madera) pueden ofrecer resultados más antiguos que la práctica social que involucró dicha materia y, lo que es peor, en una medida indeterminada respecto a aquélla. Así, en el caso de los restos de un poste o de una viga de madera empleada en la construcción de una vivienda, si seleccionamos una

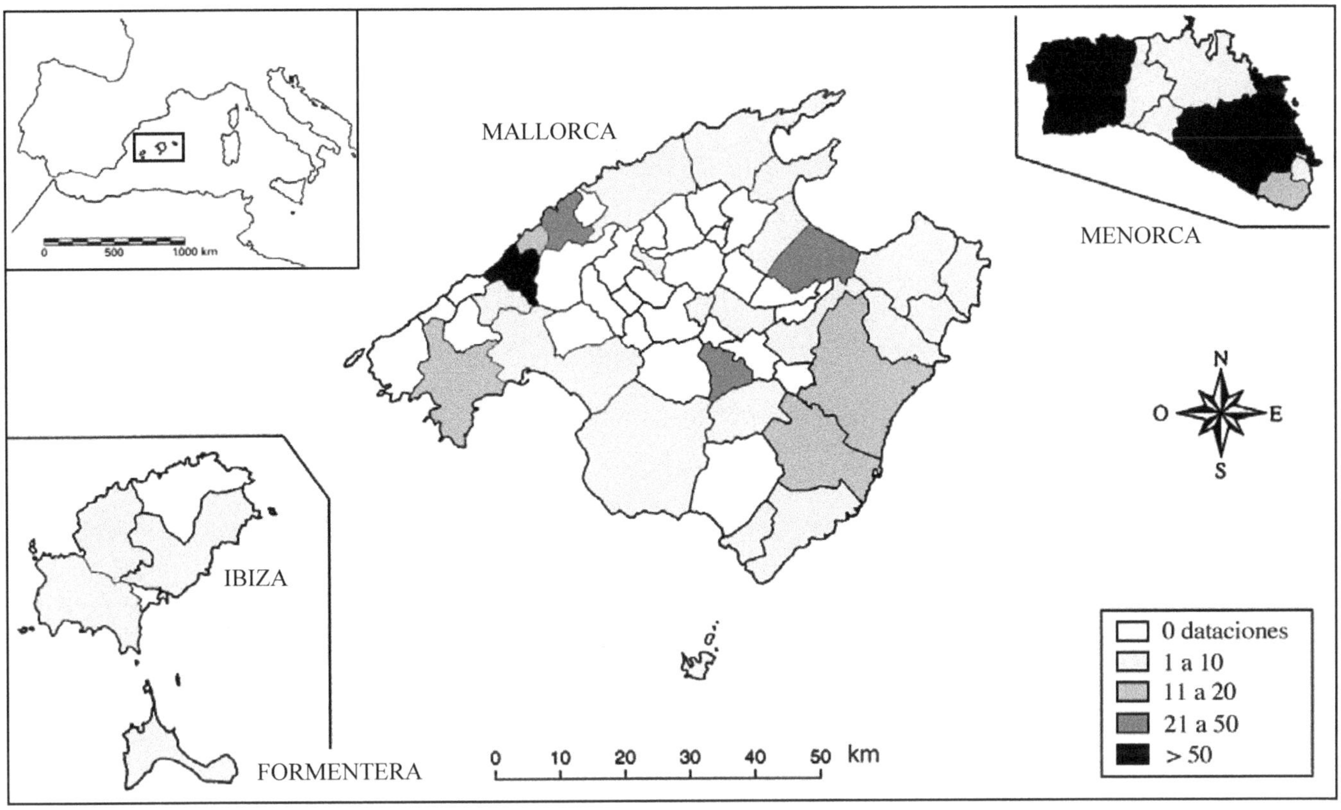


Mapa 1.1. Densidad de dataciones radiocarbónicas según la distribución municipal de las Baleares

muestra correspondiente a los anillos iniciales de crecimiento del árbol originario el resultado hará alusión a un momento incierto previo al de la tala del árbol, que es la práctica que "socializó" aquella madera al convertirla en materia prima para la fabricación de la viga.

Conviene mencionar el porcentaje relativamente alto (11%) de dataciones efectuadas sobre muestras formadas por carbonatos. La mayoría corresponden al abrigo de Son Matge, donde se excavó un potente nivel de inhumaciones en cal. Como veremos, este tipo de dataciones posee además una problemática propia que

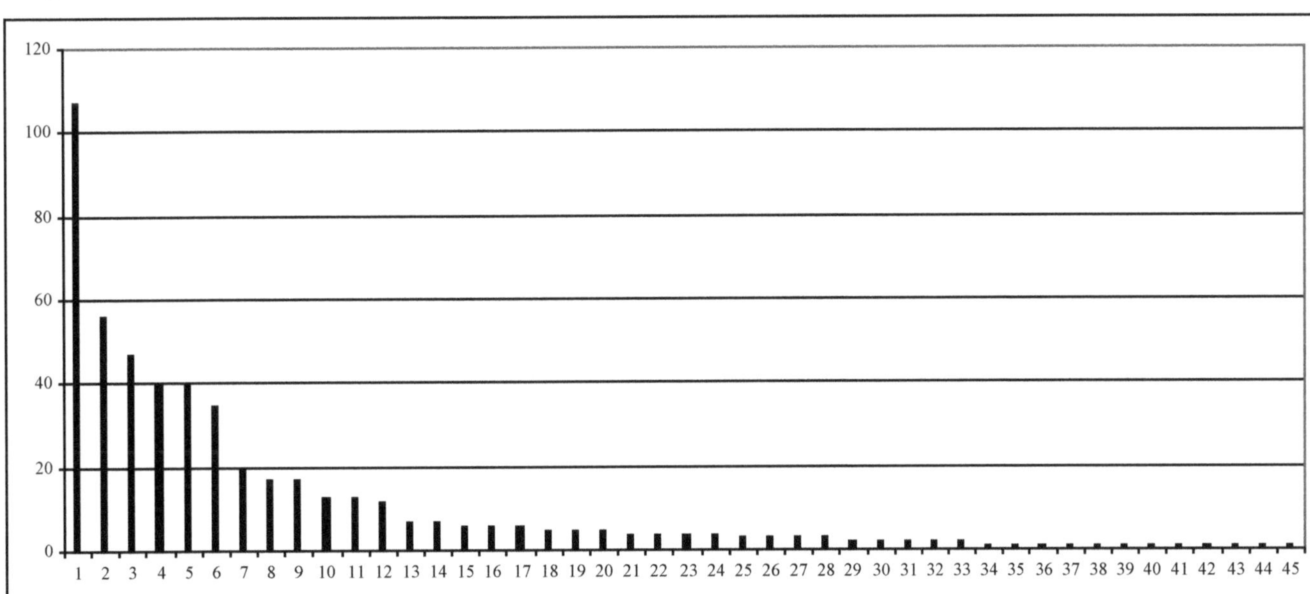


Gráfico 1.3. Número de dataciones que integran las series radiocarbónicas de los yacimientos mallorquines. 1. Son Matge, 2. Son Mas, 3. Son Ferrandell-Oleza-YS, 4. Cova de Muleta, 5. Son Ferrandell-Oleza/OS, 6. Son Fornés, 7. Son Ferrandell-Oleza/WOS-"dolmen", 8. Closos de Can Gaià, 9. S´Illa dels Porros, 10. Puig de sa Morisca, 11. Ses Roques de Son Baduia.12. Cova dels Morts-Son Gallard, 13. Coval Simó, 14. Son Real, 15. Cova des Moro, 16. Cova Gregòria (A y B), 17. Son Ferragut-Puig Morter, 18. Cova de Can Martorellet, 19. Puig d'en Pau, 20. S´Aigua Dolça, 21. Ses Païsses, 22. Son Bauló de Dalt, 23. Son Oms, 24. Hospitalet, 25. Ca Na Cotxera, 26. Cova de Canet, 27. Es Figueral de Son Real, 28. S´Illot, 29. Cova de Son Puig, 30. Cova Estreta, 31. Pula, 32. Son Boronat, 33. Son Ferrandell-Oleza/olivar moderno, 34. Can Roig Nou, 35. Canyamel, 36. Torrent d'en Barragot, 37. Capocorp Vell, 38. Corral des Porc, 39. Pollentia, 40. Pou Celat, 41. Sa Punta, 42. Santa Catalina de Sena, 43. Ses Talaies de Can Jordi, 44. Son Maimó, 45. Son Marroig.

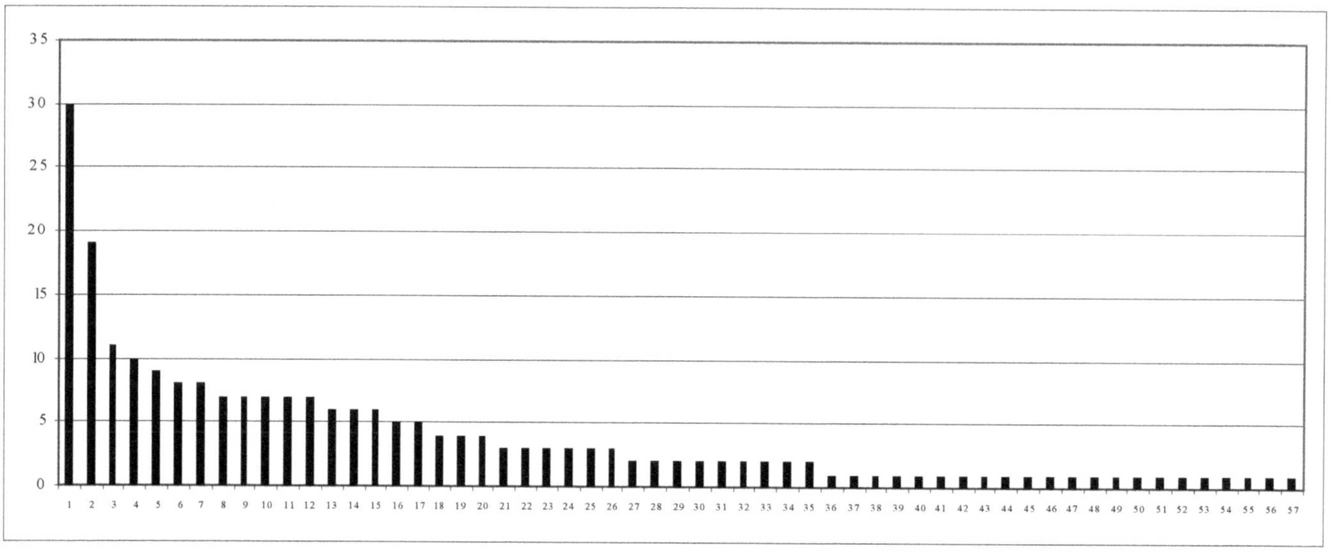

Gráfico 1.4. Número de dataciones que integran las series radiocarbónicas de los yacimientos menorquines. 1. Cova des Càrritx, 2. Torralba d'en Salord, 3. Biniparratx Petit, 4. Binipati Nou, 5. Biniai Nou, 6. Mongofre Nou, 7. Rafal Rubí, 8. Calascoves 21, 9. Montplé, 10. Ses Arenes de Baix, 11. So Na Caçana, 12. Talatí de Dalt, 13. Alcaidús, 14. Es Forat de ses Aritges, 15. Son Morell, 16. Cap de Forma, 17. Ses Roques Llises, 18. Cova des Mussol, 19. Cova des Tancats, 20. Es Tudons, 21. Cala Morell, 22. Cotaina d'en Carreres, 23. La Cova, 24. Punta de S´Escullar, 25. S´Embarcador de Salairó, 26. Trepucó, 27. Cala Blanca, 28. Cova de Sant Joan de Missa, 29. S'Alblegall 3, 30. Cova des Bouer, 31. Sa Creu des Ramis, 32. Sa Regana des Cans, 33. Sa Talaia de Torre Petxina, 34. Sant Tomàs, 35. Trebalúger, 36. Algaiarens-20, 37. Biniac-L´Argentina, 38. Binicalaf, 39. Binigafull, 40. Binimaimut, 41. Cala'n Caldés, 42. Clariana, 43. Cova de Ses Tapareses, 44. Cova de Son Àngel, 45. Cova dels Coloms-Binigaus, 46. Coves d'Addaia, 47. Es Grau, 48. Ferragut Nou, 49. Forma Nou, 50. Llucalari 3, 51. Sanitja, 52. Sant Agustí Vell, 53. Son Blanc, 54. Son Ermità, 55. Cova des Myotragus, 56. Pas den Revull, 57. Torre del Ram.

comentaremos en los capítulos 2 y 3. Por último, vale la pena reseñar la escasísima representación de semillas en el listado de materiales datados. Estas muestras de vida corta resultan especialmente útiles para fijar en el tiempo acontecimientos relativos al uso y, sobre todo, al abandono de estructuras habitacionales. Lamentablemente, mucho nos tememos que esta escasez no indica sino la rareza con que se aplican los procedimientos de flotación hídrica de sedimentos arqueológicos, un instrumento imprescindible para disponer de un registro carpológico representativo.

En suma, la abundancia de muestras de vida corta constituye en principio un indicador positivo a la hora de valorar la operatividad potencial de una serie radiocarbónica. Este parámetro refuerza aquel otro, también favorable, relativo al elevado grado de precisión de la serie balear, que inferíamos a partir de la gran cantidad de dataciones por *AMS*con desviaciones tipo de amplitud reducida. Ahora bien, de poco valdrán estos indicadores de calidad si las dataciones carecen de informaciones detalladas sobre el conjunto arqueológico de procedencia, o si éste no puede garantizar la contemporaneidad de los materiales integrados en él (por ejemplo, un nivel de relleno o de aportes erosivos). En el caso de las Baleares, hemos de lamentar que los datos relativos a un buen número de dataciones sobre muestras de vida corta se limitan al propio resultado y a informaciones arqueológicas poco precisas. Veremos en el Capitulo 3 de qué forma afecta esta carencia a la precisión de los cortes cronológicos propuestos en la secuencia insular.

Finalmente, he considerado de cierto interés presentar la distribución porcentual de las dataciones en función del laboratorio donde fueron obtenidas (gráfico 1.6). El hecho más notorio es que el laboratorio del *Institut Royal du Patrimoine Artistique/Koninklijk Instituut voor het Kunstpatrimonium* (Bruselas), dirigido actualmente por Mark Van Strydonck, ha intervenido en nada menos que el 60% de la serie. Dicha intervención ha consistido en la realización de todo el proceso de datación para los resultados etiquetados con el código de laboratorio "IRPA", o bien en la preparación de las muestras que, posteriormente, fueron datadas por acelerador en otros centros (códigos UtC y KIA). Esta división del trabajo está relacionada con la implantación de la datación radiocarbónica mediante *AMS*, y su principal objetivo consiste en abaratar costes. El papel protagonista desempeñado por el laboratorio belga ha coincidido en buena medida con el auge en la demanda de nuevas dataciones durante la década de los noventa y, en la práctica, ha supuesto que en los últimos años la inmensa mayoría de las dataciones se realicen por su intermedio. Un efecto colateral positivo de esta centralización ha sido el inicio de investigaciones centradas en la paleodieta de los seres humanos y de la fauna doméstica a lo largo de la prehistoria balear, coordinadas por Van Strydonck (Van Strydonck, Boudin y Ervynck 2002, Van Strydonck *et alii* 2004, e.p.). Tales investigaciones ha sido posibles porque el procesado de las muestras mediante *AMS* permite obtener paralelamente los valores isotópicos del C13 y el N15, a partir de los cuales pueden realizarse inferencias sobre los patrones alimentarios de los seres vivos.

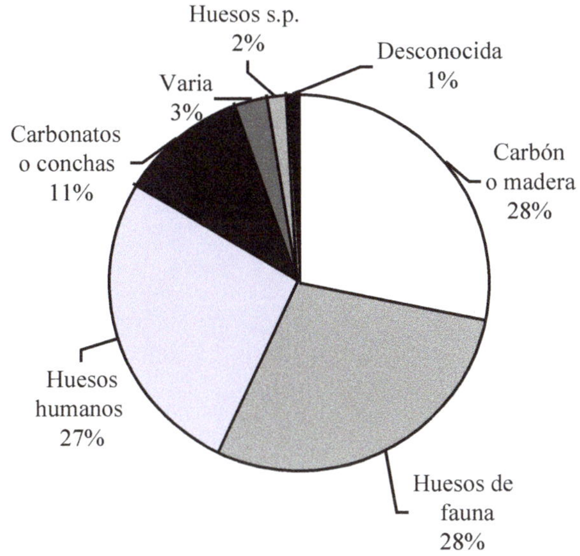


Gráfico 1.5. Distribución porcentual de las dataciones arqueológicas baleáricas atendiendo al tipo de muestra datado.

En lo que respecta a los restantes laboratorios implicados, destaca su variedad y el hecho de que ninguno de ellos alcance las 40 dataciones, a excepción del *Quaternary Isotope Laboratory* ("QL", con 58 determinaciones), uno de los centros que colaboraron con Waldren durante los primeros años de sus investigaciones.

He anunciado que en las páginas siguientes manejaremos varios centenares de dataciones radiocarbónicas. A modo de aproximación somera a la serie general, el gráfico 1.7 nos informa de que la mayoría corresponde al II milenio e inicios del I en términos calibrados. La tendencia creciente iniciada en la segunda mitad del III milenio puede interpretarse como una metáfora de la progresiva expansión del poblamiento insular, sobre todo de Mallorca y Menorca. Sin embargo, el pico máximo alcanzado a mediados del I milenio no marca en realidad un descenso de la ocupación baleárica, sino un cambio de orientación en la metodología de investigación, en lo que a cronología se refiere. Nos hallamos en tránsito hacia el dominio de la Prehistoria al de la Arqueología Clásica. En éste, el radiocarbono se ve relegado por las cronologías cruzadas basadas en la presencia de fósiles-directores, en su mayoría importaciones cerámicas de origen púnico-ebusitano o itálico.

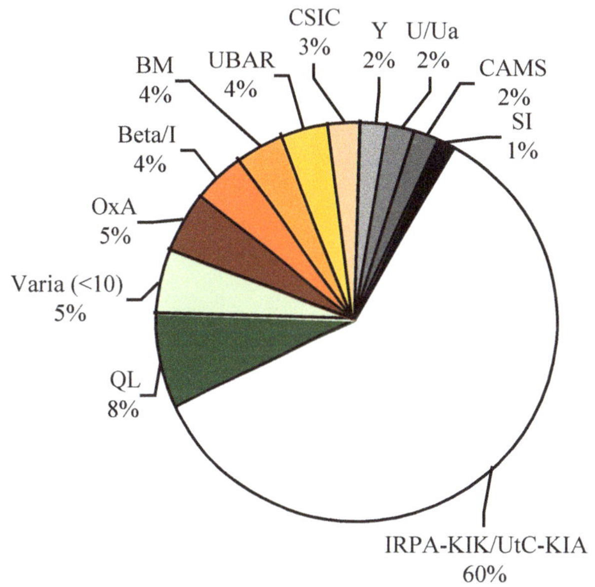


Gráfico 1.6. Distribución porcentual de las dataciones arqueológicas baleáricas en función del laboratorio donde se realizó el análisis ("Varia" incluye HAR, UAB, UCLA, KBN, P, Hv, UGRA, Gif y Hd, que tienen en común el haberse encargado de la realización de un número inferior a 10 dataciones cada uno).

En las páginas siguientes procuraré establecer hasta qué punto esta secuencia de "tiempos" radiocarbónicos consigue pautar fiablemente las manifestaciones prehistóricas de las Baleares.

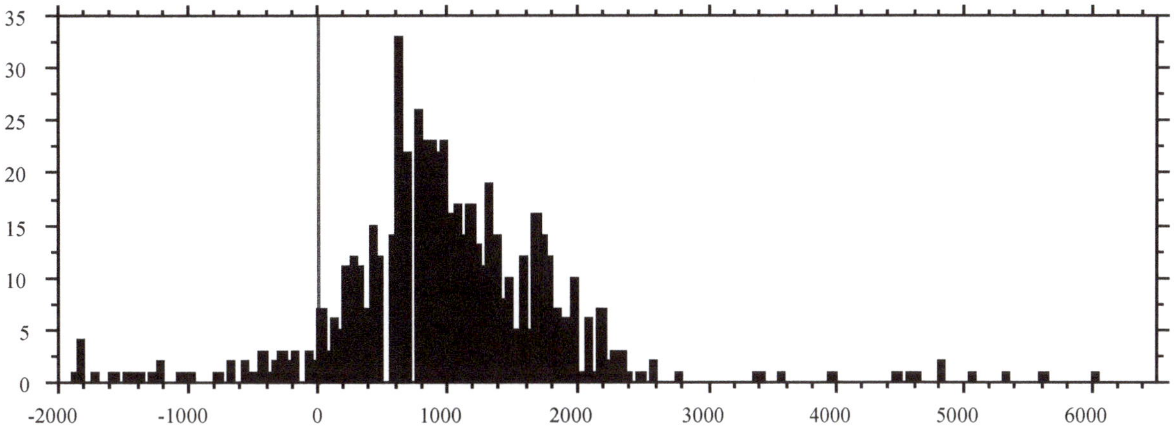


Gráfico 1.7. Distribución de la mediana de la calibración a 1 sigma correspondiente a las dataciones válidas de la serie radioarbónica balear (n = 595; valores en positivo en el eje de abscisas: antes de nuestra era; valores en negativo: de nuestra era; eje de ordenadas: número de dataciones).

## CAPÍTULO 2.

## EL INVENTARIO DE DETERMINACIONES CRONOMÉTRICAS ABSOLUTAS.

Las dataciones se presentan agrupadas según los yacimientos a que corresponden, los cuales, a su vez, aparecen listados por orden alfabético. Dentro del apartado dedicado a cada yacimiento, las dataciones se distribuyen de más antigua a más reciente atendiendo a su valor en años convencionales de radiocarbono. Los datos relativos a cada fecha se muestran en entradas individualizadas que constan de veinte campos informativos, cuyas peculiaridades detallaremos a continuación.

*Yacimiento.*
Nombre del yacimiento, ya sea arqueológico o estrictamente paleoecológico, al que corresponde la datación. La lista incluye los siguientes:

| | | |
|---|---|---|
| Albufera d'Alcúdia | Cova des Càrritx | Sa Creu des Ramis |
| Alcaidús | Cova des Moro | Sa Punta |
| Algaiarens-20 | Cova des Mussol | Sa Regana des Cans |
| Algendar | Cova des Myotragus | Sa Talaia de Torre Petxina |
| Biniac-L´Argentina | Cova des Penyal Blanc | Sanitja |
| Biniai Nou | Cova des Tancats | Sant Agustí Vell |
| Binicalaf | Cova dets Alexandres | Sant Tomàs |
| Binigafull | Cova Estreta | Santa Catalina de Sena |
| Binimaimut | Cova Gregòria | Santa Ponça |
| Biniparratx Petit | Coval Simó | Ses Arenes de Baix |
| Binipati Nou | Coves d'Addaia | Ses Païsses |
| Ca Na Costa | Es Figueral de Son Real | Ses Roques de Son Baduia |
| Ca Na Cotxera | Es Forat de ses Aritges | Ses Roques Llises |
| Cala Blanca | Es Grau | Ses Talaies de Can Jordi |
| Cala Galdana | Es Pouàs | So Na Caçana |
| Cala Morell | Es Tudons | Son Bauló de Dalt |
| Cala'n Caldés | Ferragut Nou | Son Blanc |
| Cala'n Porter | Forma Nou | Son Boronat |
| Calascoves | Hospitalet | Son Ermità |
| Can Roig Nou | KF14 | Son Ferragut-Puig Morter |
| Can Sergent I | La Cova | Son Ferrandell-Oleza/olivar |
| Canyamel | Llucalari | Son Ferrandell-Oleza/*OS* |
| Cap de Barbaria II | Mongofre Nou | Son Ferrandell-Oleza/*WOS* |
| Cap de Forma | Montplé | Son Ferrandell-Oleza/*YS* |
| Capocorp Vell | Pas den Revull | Son Fornés |
| Clariana | Pollentia | Son Maimó |
| Closos de Can Gaià | Pou Celat | Son Marroig |
| Corral des Porc | Puig de sa Morisca | Son Mas |
| Cotaina d'en Carreres | Puig de ses Torretes | Son Matge |
| Cova de Can Martorellet | Puig d'en Pau | Son Morell |
| Cova de Canet | Pula | Son Oms |
| Cova de Moleta | Punta de S´Escullar | Son Real |
| Cova de Sant Joan de Missa | Rafal Rubí | Talatí de Dalt |
| Cova de Ses Tapareses | S'Aigua Dolça | Torralba d'en Salord |
| Cova de Son Àngel | S'Alblegall | Torre del Ram |
| Cova de Son Puig | S'Embarcador de Salairó | Torrent d'en Barragot |
| Cova dels Coloms-Binigaus | S'Illa des Porros | Trebalúger |
| Cova dels Morts-Son Gallard | S'Illot | Trepucó |
| Cova des Bouer | Sa Cala | |

Al inicio de cada yacimiento figurará un texto sintético que recogerá los aspectos más relevantes del conjunto de la serie radiocarbónica, así como las referencias bibliográficas básicas a las que acudir para completar la información arqueológica.

*Isla.*
Nombre de la isla donde se ubica el yacimiento al que corresponde la datación: Mallorca, Menorca, Ibiza, Formentera y Cabrera.

*Municipio.*
Nombre del municipio insular en cuyo término se ubica el yacimiento datado.

*Exclusión.*
La casilla correspondiente a este campo aparece vacía en las dataciones sin problemas, o bien incluye una marca cuando hay motivos que aconsejan poner en duda la validez de la datación. La especificación de las razones que han llevado a la exclusión de una fecha se desarrolla más extensamente en el campo "Observaciones" (véase *infra*). Nunca se ha excluido una datación por el mero hecho de que el resultado no coincidiese con las expectativas cronológicas de los materiales arqueológicos que se pretendían datar, ya que en estas situaciones no puede descartarse que el error corresponda al razonamiento arqueológico encargado de vincular la muestra fechada con otras manifestaciones materiales.

En lo que respecta a los motivos que pueden conducir a excluir una datación, los más habituales se refieren a problemas derivados de la naturaleza de la muestra, ya sea por el tipo de material, por la detección de fenómenos de contaminación o por errores de laboratorio declarados en el cálculo de la edad radiocarbónica. Dentro del grupo de factores relativos al tipo de material analizado figura, en primer lugar, la mezcla de distintas clases de materiales como, por ejemplo, semillas y carbón vegetal, o bien huesos pertenecientes a individuos de distintas especies. En ambos supuestos, la combinación de muestras de vida larga y corta, o de especímenes que fallecieron en épocas distintas proporciona resultados que no se ajustan a un evento preciso y, por tanto, se desvirtúa cualquier inferencia cronológica que afecte a otros hallazgos arqueológicos. Por fortuna, la mezcla de distintos tipos de muestras resulta cada vez menos frecuente, en parte gracias a la implantación del *AMS*. Como es sabido, este procedimiento instrumental es capaz de obtener dataciones a partir de cantidades muy pequeñas de material (por ejemplo, de un solo hueso o de varias semillas). Ello permite sortear una exigencia del método tradicional basado en el contaje de partículas beta, en virtud de la cual era necesario remitir al laboratorio muestras de un peso considerable. En contextos arqueológicos en que escaseaban los restos de materia orgánica susceptible de ser datada, podía darse el caso de reunir en la misma muestra materiales de naturaleza diversa a fin de alcanzar el peso mínimo exigido por el procedimiento de datación. Obviamente, la muestra compuesta resultante no garantiza la obtención de un hito cronológico que podamos atribuir con seguridad a un conjunto dado de hallazgos.

La obtención de una datación a partir de carbonatos es el criterio más frecuente a la hora de que aconsejemos la exclusión de una datación. Los complejos procesos químicos involucrados en la formación de los carbonatos terrestres y su relación con la datación por radiocarbono es un tema que ha interesado a los especialistas en datación radiocarbónica, y entre ellos a algunos implicados en la obtención de dataciones radiocarbónicas en las Baleares, como M. Stuiver, del *Quaternary Isotope Laboratory* (QL) y M. Van Strydonck, del *Institut Royal du Patrimoine Artistique/Koninklijk Instituut voor het Kunstpatrimonium* (IRPA). Precisamente, la disponibilidad de muestras de carbonato cálcico en diferentes contextos arqueológicos mallorquines fue uno de los factores que propiciaron la colaboración entre Waldren y los citados laboratorios (véanse Stuiver y Waldren 1975; Van Strydonck y Waldren 1990, 1995). Como consecuencia de dichas colaboraciones se realizaron casi ochenta dataciones sobre carbonatos, amén de otras más sobre fragmentos de carbón vegetal hallados en algunos de los mismos niveles con cal y que sirvieron para evaluar la distancia entre los resultados de uno u otro tipo de muestras. Pese a que los autores de los citados análisis concluyen por conceder validez a los resultados de las dataciones sobre carbonatos, todavía quedan aspectos sobre los cuales resulta prudente guardar reservas. Entre ellos figura el riesgo de que la muestra incluya elementos procedentes de carbonatos fósiles presentes en el medio mineral, y, por otro lado, las dificultades a la hora de seleccionar cuál de las fracciones datadas en una misma muestra representa la edad "real" (véase, en especial Van Strydonck y Waldren 1990, 1995). Así pues, pondré en suspenso la validez de estas fechas al analizar cada una de las problemáticas arqueológicas concretas en que se hallen involucradas.

En el caso de las conchas de moluscos marinos, a las peculiaridades de la química de la formación de carbonatos se añade la influencia del efecto reserva del medio acuático, que varía geográficamente y que, por tanto, hay que corregir según estimaciones que deben calcularse en cada entorno. Ambos factores aconsejan excluir las dataciones efectuadas sobre este material.

El tema del efecto reserva merece también comentario aparte, ya que puede alterar la fiabilidad de las dataciones efectuadas sobre muestras de organismos cuya dieta hubiese incluido proporciones significativas de alimentos de origen acuático. En el caso de las Baleares, este efecto ha sido documentado en unas pocas muestras procedentes de Biniai Nou y de S'Illa des Porros (Van Strydonck y Maes 2001; Van Strydonck *et alii* 2004, e.p.). En tales casos, se sabe que la edad obtenida es ligeramente más antigua que la real, aunque el significado de "ligeramente" no ha podido precisarse con exactitud.

Los fenómenos de contaminación hacen referencia a la incorporación a una muestra dada de elementos ajenos a la misma y de cronología distinta, circunstancia que, obviamente, desvirtúa el resultado. El riesgo de contaminación puede obedecer a factores diversos. Unos atañen al almacenaje o conservación inadecuados de los materiales orgánicos, problemas que pueden afectar especialmente a potenciales muestras procedentes de excavaciones realizadas décadas atrás y que han permanecido desde entonces en lugares mal acondicionados o guardadas en envases contraindicados como, por poner un ejemplo extremo aunque no infrecuente, envueltas en hojas de periódico. Este tipo de problemas es de difícil detección por parte del laboratorio encargado del procesado y datación, por lo que la datación de muestras extraídas mucho tiempo atrás siempre puede suscitar recelos.

La contaminación también puede ser provocada por el efecto de procesos diagenéticos en los materiales muestreados. En estos casos, la incorporación de elementos ajenos en un material dado es una consecuencia de los procesos físico-químicos involucrados en la formación del yacimiento. Tal vez las muestras óseas sean las más susceptibles de experimentar este tipo de procesos (Van Strydonck, Boudin y Ervynck 2003, e.p.). En ellas, el colágeno, la fracción orgánica de los huesos que es el material datado, puede degradarse hasta desaparecer. El contenido en colágeno de los huesos frescos es superior al 20% del peso óseo, mientras que en huesos arqueológicos se considera que un contenido óptimo ronda el 10%. Por sí solo, un bajo contenido en colágeno perjudica la fiabilidad del resultado. Por si fuera poco, en tales casos este bajo contenido suele ser además un síntoma de la absorción de componentes externos, como los ácidos húmicos. Éstos se forman con posterioridad a la deposición del hueso, por lo cual la datación indicaría un momento más reciente, aunque imposible de precisar, en relación al de la muerte del organismo al que perteneció el hueso. De ahí que resulte crucial que los laboratorios comprueben la calidad de las muestras óseas, asegurándose de que el colágeno se ha conservado en cantidad suficiente como para garantizar que ha sido esta substancia la sometida a análisis. En este sentido, resulta útil calcular la *ratio* Carbono/Nitrógeno. Ambos elementos químicos se hallan presentes en los aminoácidos que componen el colágeno conforme una proporción determinada que se estima en <3,6. Si se obtienen valores más altos, ello indicaría la presencia de ácidos húmicos.

Para finalizar el apartado dedicado a los motivos de exclusión, hay que mencionar que también hemos dejado fuera todas aquellas dataciones con una desviación estándar superior a ±150 años. Los intervalos de incertidumbre superiores a 300 años radiocarbónicos de amplitud pueden ser síntoma de procesos de contaminación en la muestra, que pasaron inicialmente inadvertidos. Además, y en cualquier caso, el margen de incertidumbre resultante una vez efectuada la calibración de estas dataciones es de tal amplitud que minimiza seriamente su operatividad.

*Código de laboratorio*
Recoge la "matrícula" con la que los laboratorios identifican cada una de las dataciones efectuadas. Dicha matrícula está formada por un código alfabético propio de cada laboratorio (tabla 2.1.), al que se adjunta una numeración correlativa. El código de laboratorio es la "etiqueta" más fiable a la hora de referirse a una datación concreta. Es muy recomendable que esta información acompañe siempre la presentación o el comentario de las dataciones, ya que contribuye a detectar posibles errores o confusiones susceptibles de plantearse debido a la diversidad de valores numéricos mediante los cuales puede representarse una datación (véase *infra*).

Algunas dataciones han sido dadas a conocer con dos códigos (por ejemplo, KIK-2665/KIA-20461). El primero corresponde al laboratorio que ha efectuado el tratamiento químico de la muestra, mientras que el segundo identifica al laboratorio encargado de efectuar el cálculo de la edad. Es ésta la "matrícula" propia y definitiva de cada datación. El primer código sólo suele utilziarse en las publicaciones especializadas a cargo de los laboratorios de datación. Sin embargo, cuando se tenga conocimiento de él, figurará en el apartado de "Observaciones".

*Valor ap[1] (BP).*
Corresponde al valor de la datación en años radiocarbónicos convencionales expresado con respecto al presente (año 1950 del siglo pasado). Ante cualquier discrepancia al respecto observada entre diversas publicaciones, el valor BP publicado por el laboratorio (ya sea en *Radiocarbon*, *Archaeometry* o en colecciones propias, como las *Datelists* de IRPA/KIK) será considerado como el único válido.

Los valores de éste y los siguientes campos numéricos que expresen edades de nuestra era irán precedidos por un signo negativo ("-").

*Valor ane (BC).*
Corresponde al valor de la datación en años radiocarbónicos convencionales expresado con respecto al cambio de era.

---

[1] En el inventario que seguirá a continuación y en el Capítulo 3 emplearé, con ligeros cambios, la terminología propuesta inicialmente por Castro (1992: 32) para hacer referencia a las distintas maneras de expresar el tiempo en arqueología:
- "ane/dne": fecha "antes de nuestra era/de nuestra era" según la cronología radiocarbónica convencional basada en la vida media del C14 y establecida en 5568 años (valor Libby). Equivale a "bc" o "BC".
- "ap": fecha "antes del presente (año 1950)" según la cronología radiocarbónica convencional basada en la vida media del C14 y establecida en 5568 años (valor Libby). Equivale a "bp" o "BP".
- "cal ANE/DNE": fecha "antes de nuestra era/de nuestra era" según la cronología radiocarbónica calibrada dendrocronológicamente, que proporciona valores equiparables a años solares. Equivale a "cal BC" o "cal AD".
- "arq ANE/DNE": fecha "antes de nuestra era/de nuestra era" según la metodología arqueológica convencional fundada en paralelos tipológicos. En la tradición arqueológica de nuestro país, acostumbra a expresarse como "a.C" o "d.C.".
- "ANE/DNE": fecha "antes de nuestra era/de nuestra era" según las fechas incluidas en las fuentes escritas de la Antigüedad que han sido adaptadas a nuestro calendario.

| CÓDIGO | LABORATORIO / INSTITUCIÓN |
|---|---|
| Beta | Beta Analytic Inc. (Miami, EE.UU.). |
| CAMS/LLNL | Center for Accelerator Mass Spectrometry. Lawrence Livermore National Laboratory (Livermore, EE.UU.) |
| CSIC | Instituto Rocasolano. Consejo Superior de Investigaciones Científicas (Madrid, España). |
| ETH | Institut für Mittelenergiephysik. Eidgenössische Technische Hocshule (Zúrich, Suiza). |
| Gif | Centre des Faibles Radioactivités. Laboratoire Mixte CNRS-CEA (Gif-sur-Yvette, Francia). |
| HAR | Isotope Measurements Laboratory. Nuclear Applications Centre (Harwell, Reino Unido). |
| Hd | Institut für Umweltphysik. Universidad de Heidelberg (Heidelberg, Alemania) |
| Hv | Niedersächsisches Landesamt für Bodenforschung (Hannover, Alemania). |
| I | Teledyne Isotopes (New Jersey, EE.UU.). |
| IRPA/KIK | Institut Royal du Patrimoine Artistique/Koninklijk Instituut voor het Kunstpatrimonium (Bruselas, Bélgica). |
| KBN | Kaman Bio-Nuclear Inc. (Colorado Springs, EE.UU.). |
| KIA | Leibniz Labor für Alterbestimmung und Isotopenforschung. Universidad Christian-Albrechts (Kiel, Alemania). |
| OxA | Oxford Radiocarbon Accelerator Unit. Research Laboratory for Archaeology and the History of Art. Universidad de Oxford (Oxford, Reino Unido). |
| P | Radiocarbon Laboratory. Universidad de Pensilvania (Filadelfia, EE.UU.) |
| QL | Quaternary Isotope Laboratory. Department of Geological Sciences. Universidad de Washington (Seattle, EE.UU). |
| SI | Smithsonian Institution. Museo Nacional de los Estados Unidos (Washington, EE.UU.) |
| U | Institute of Physics. Universidad de Uppsala (Uppsala, Suecia). |
| Ua | Tandem Accelerator Laboratory. Universidad de Uppsala (Uppsala, Suecia). |
| UAB | Servei de Datació per Triti i Carboni 14. Universidad Autónoma de Barcelona (Barcelona, España). |
| UBAR | Laboratori de radiocarboni. Departament de Química analítica. Universidad de Barcelona (Barcelona, España). |
| UCLA | Institute of Geophysics. Universidad de California (Los Angeles, EE.UU.). |
| UGRA | Laboratorio de Datación por Carbono-14. Universidad de Granada (Granada, España). |
| UtC | R. J. Van de Graaf laboratorium. Universidad de Utrecht (Utrecht, Holanda). |
| Y | Peabody Museum. Universidad de Yale (New Haven, EE.UU). |

Tabla 2.1. Códigos de los laboratorios que han analizado muestras radiocarbónicas relativas a la serie balear.

±
Valor de la desviación tipo asociada a cada datación expresada en años radiocarbónicos.

*Valor cal ANE m*
Valor central (mediana) del intervalo de calibración a 1 sigma (68,2% de probabilidad) obtenido tras corregir el resultado proporcionado por el laboratorio expresado en años radiocarbónicos. La calibración se ha efectuado con la ayuda del programa *Calib* 4.3 (Stuiver y Reimer 2000), aplicando la opción de un promedio móvil que en todos los casos fue igual a la amplitud de la desviación tipo. Los límites del intervalo a 1 sigma sobre el que se ha calculado la mediana corresponden a los obtenidos mediante el método A calculado mediante el programa *Calib* 4.3.

*cal ANE 1 sigma*
Límites superior e inferior del intervalo de calibración a 1 sigma (68,2% de probabilidad). Los valores corresponden a los obtenidos mediante el método A, según el citado programa de calibración *Calib* 4.3.

*cal ANE 2 sigma*
Límites superior e inferior del intervalo de calibración a 2 sigma (95,4% de probabilidad). Los valores corresponden a los obtenidos mediante el método A, según el citado programa de calibración *Calib* 4.3.

*δ13C*
Valor del fraccionamiento isotópico del Carbono 13, expresado en ‰.

*δ15N*
Valor del fraccionamiento isotópico del Nitrógeno 15, expresado en ‰.

*C/N*
Proporción de Carbono y Nitrógeno presente en una muestra ósea. Resulta muy útil en la evaluación de la calidad de una muestra de este material, ya que permite detectar eventuales fenómenos de contaminación que distorsionarían el resultado.

*Muestra.*
Esta variable hace referencia al tipo de material datado. Si se dispone de más datos sobre la muestra, se incluirán en el campo "Registro arqueológico". Entre estas informaciones adicionales figuran la identificación específica en el caso de semillas, carbón vegetal, madera, coprolitos, conchas, avifauna y fauna terrestre; la determinación esquelética en huesos humanos y faunísticos y, finalmente, los códigos de inventario de las muestras asignados por los equipos encargados de la investigación de cada yacimiento. La lista incluye los siguientes tipos de muestras:

- Madera
- Carbón vegetal
- Hueso humano
- Hueso de fauna doméstica
- Hueso de ave
- Hueso *Eliomys*
- Hueso *Hypnomis*
- Hueso *Myotragus*
- Hueso sp. (sin especificar)
- Cabellos
- Coprolitos
- Semillas de cereal
- Semillas varias
- Fibra vegetal
- Carbonatos
- Conchas
- Mezcla
- Desconocida

Como puede verse, he seguido una clasificación basada en categorías amplias excepto en los endemismos baleáricos, debido a la relevancia de este tipo de muestras a la hora de clarificar el problema de la cronología del primer poblamiento insular.

*Conjunto.*
Hace referencia al tipo de estructura o unidad de registro de referencia, ya sea de origen antrópico o no, de donde procede la muestra datada. Las categorías empleadas se ajustan a tres clases de conjuntos distintas: de habitación, funerarios y naturales. En primera clase[2] distinguimos los siguientes:

- *Cueva natural de habitación.* Cavidad natural, cueva o abrigo, utilizado para fines habitacionales, sean éstos prolongados o no.
- *Asentamiento al aire libre.* Enclave habitacional formado por estructuras de vivienda caracterizadas por el uso minoritario de la piedra como material constructivo. Aunque su documentación dista mucho de ser detallada, resultan típicas del primer poblamiento insular.
- *Estructura naviforme.* Estructura de planta alargada y cierre absidal o apuntado, levantadas a base de bloques de piedra de considerable tamaño. En la bibliografía sobre la prehistoria insular se las conoce también como *navetes d'habitació.*
- *Hábitat en piedra.* Estructura o estructuras habitacionales de plantas diversas y alzados construidos en piedra, previas a la cronología establecida para los primeros talayots.
- *Talayot.* Estructuras monumentales turriformes de planta circular o cuadrada, que fueron destinadas a distintos usos y que constituyen las manifestaciones arqueológicas más abundantes y visibles de la prehistoria de Mallorca y Menorca.
- *Santuario.* Recintos de piedra de perímetro rectangular o en forma de herradura, dotados con frecuencia de columnas interiores. Son característicos de Mallorca y, al igual que sucede con las taulas menorquinas, se les atribuye una finalidad ritual.
- *Asentamiento talayótico.* Enclave habitacional formado por un número variable de estructuras de piedra sincrónicas al uso original de las construcciones monumentales de tipo talayot.
- *Taula.* Edificios de piedra con fachada recta o ligeramente cóncava, paredes laterales de tendencia curva y cierre absidal. En su interior, se distinguen divisiones menores del espacio bajo la forma de hornacinas y pequeñas exedras separadas por pilastras. La taula propiamente dicha ocupa una posición aproximadamente central. Esta estructura está formada a partir de la conjunción en "T" de dos grandes bloques paralelepípedos. Resultan propias de la isla de Menorca.
- *Asentamiento postalayótico.* Enclave habitacional datado con posterioridad al cese en el uso original de los talayots y hasta la romanización.
- *Asentamiento histórico.* Enclave habitacional datado con posterioridad a la conquista romana del archipiélago (123 antes de nuestra era "ANE").
- *Hábitat indeterminado.* Conjunto al que se atribuye una función habitacional, aunque por falta de información sea imposible o cuando menos controvertido encuadrarlo en alguna de las categorías anteriores.

Un segundo grupo incluye aquellos conjuntos destinados a usos funerarios[3].

[2] A fin de ampliar el conocimiento de los distintos temas relativos a la definición arquitectónica, hallazgos muebles, cronología y aspectos socio-económicos de los diferentes tipos de conjuntos habitacionales, recomendamos los siguiente títulos: Aramburu-Zabala (1998), Calvo, Guerrero y Salvà (2001a), Castro, Escoriza y Sanahuja (2003a), Fernández-Miranda (1978), Font Obrador y Mascaró (1964), Gasull, Lull y Sanahuja (1984a), Gornés y Gual (2001), Guerrero (1997b, 1999), Lull *et alii* (1999), Pericot (1975), Plantalamor (1991), Rosselló Bordoy (1964-1965, 1973, 1979), Waldren (1982a, 1998), Waldren, Ensenyat y Cubí (1990).

[3] Al objeto de profundizar en distintos temas relativos a la definición arquitectónica, contenidos, cronología y ritual de los diferentes tipos de conjuntos funerarios, recomendamos los siguiente títulos: Coll (1993, 1997), Díaz Andreu y Fernández-Miranda (1991), Ensenyat (1995), Enseñat Enseñat (1981), Fernández-Miranda (1978), Gornés (1993, 1995), Gornés *et alii* (1992), Guerrero y Calvo (2001), Hernández Gasch (1998),

- *Cueva natural de inhumación.* Cavidad natural que acogió a un número variable de deposiciones funerarias, en ocasiones varios centenares. Las noticias dispersas que indican signos de la acción del fuego no aportan datos concluyentes para afirmar la práctica normalizada de cremaciones o incineraciones, por lo que se trata habitualmente de inhumaciones.
- *Cueva natural de inhumación con muro de cierre.* Cavidad natural cuya entrada aparece tapiada por un muro ciclópeo, tan sólo interrumpido por un vano que permitía el acceso al recinto funerario. En este espacio se acumulaban los restos correspondientes a numerosas inhumaciones sucesivas.
- *Cueva natural de inhumación en cal.* Cavidad natural destinada a acoger un número variable de inhumaciones depositadas bajo una capa de cal aportada.
- *Dolmen.* Sepulcro de inhumación colectiva formado por una cámara de tendencia rectangular o, excepcionalmente, circular, delimitada por losas, recubierta por un túmulo y a la que se accede tras atravesar un corredor o pequeño vestíbulo y una puerta formada por una losa perforada en posición vertical.
- *Hipogeo con entrada megalítica.* Pequeña cavidad artificial de planta circular u oval, a la que se accede mediante un corredor adintelado construido mediante aparejo megalítico. Puede disponer de una fachada y de un refuerzo pseudotumular edificados también a base de grandes bloques.
- *Hipogeo de planta compleja* (se los conoce también como "Hipogeos del Hierro", de tipo III según Veny –1982a- o de Tipo B según Plantalamor -1991-). Cavidad artificial que puede adoptar plantas muy variadas. Como elementos arquitectónicos más significativos, suelen disponer de cámaras anejas, columnas interiores, techos planos, puerta rectangular, fachadas labradas e incluso patios frente a la entrada.
- *Hipogeo simple (*de tipo III según Veny –1982a- o de "forn"*).* Cavidad artificial de planta circular u oval que se comunica con el exterior mediante una simple abertura. Suelen ubicarse en la pared de barrancos o acantilados.
- *Naveta.* Estructura monumental de piedra que posee una planta alargada con cierre absidal, a la que se accede tras atravesar un corredor, en ocasiones dotado de una losa perforada a modo de puerta. La fachada puede presentar una concavidad más o menos acusada. Disponen de uno o dos pisos y resultan propias de Menorca. En la bibliografía reciben también el nombre de *naveta d'enterrament.*
- *Naveta de "tipo intermedio"*(Plantalamor 1991). Estructura pétrea que posee un perímetro exterior circular o ligeramente oval, y que acoge en su interior una cámara funeraria de tendencia absidal a la que se accede mediante un corredor que cuenta con una losa perforada a modo de puerta. Los ejemplares documentados tienden a concentrarse en la Menorca oriental.
- *Sepultura de triple paramento o de tipo "Ses Arenes".* Definida a partir de la reciente excavación del yacimiento de Ses Arenes de Baix y de la reevaluación de los vestigios arquitectónicos de otros contextos funerarios también menorquines, como Alcaidús y Son Ermità. Posee un perímetro de tendencia circular a base de grandes bloques que acoge una cámara de planta absidal; sin embargo, entre el paramento de la cámara y el del exterior aparece un tercero, cuya función residiría en aportar consistencia y estabilidad a la construcción. Todavía es pronto para evaluar el grado de proximidad y de filiación entre las sepulturas de tipo "Ses Arenes" y las englobadas bajo la categoría de "navetas de tipo intermedio" según Plantalamor (1991), aunque algunas semejanzas auguran tal vez un parentesco estrecho.
- *Varia funerario.* Bajo esta denominación se agrupan diversas manifestaciones funerarias datadas en su mayoría a partir de inicios del I milenio y, en especial, en su segunda mitad. Bajo este epígrafe se incluyen diversas prácticas funerarias singulares, otras prácticas documentadas todavía en escaso número pero que podrían estar sujetas a una normalización, así como conjuntos funerarios acerca de los cuales sólo disponemos del dato que les otorga dicha cualificación.

El tercer grupo incluye contextos de formación no antrópica.

- *Natural.* Hace referencia a diferentes tipos de contextos estratigráficos, fundamentalmente en cueva, cuya formación se produjo con anterioridad al poblamiento humano.
- *Sondeo polínico.* Alude a las dataciones efectuadas a partir de muestras tomadas de las columnas sedimentarias que se extraen a fin de documentar la evolución de la cobertura vegetal en un entorno dado, a través del análisis de los

---

Hernández Gasch *et alii* (1998), Lull *et alii* (1999, 2004-e.p.), Pericot (1975), Plantalamor (1991), Rosselló Bordoy (2000), Tarradell y Hernández Gasch (1998), Veny (1968, 1974, 1982a, 1984, 1987) y Waldren (1982a).

granos de polen contenidos en una sucesión estratigráfica.

Finalmente, a un reducido número de dataciones se le ha asignado el rótulo de "Indeterminada", al no haberse publicado datos que permitieran decidir claramente por alguna de las categorías enumeradas.

*Registro arqueológico.*
En este campo se incluye información relativa a la unidad de registro arqueológico de donde precede la muestra datada. A este respecto, se ha intentado recopilar la mayor cantidad de datos, desde la denominación concreta del conjunto estructural (por ejemplo, Talayot *1* de Son Fornés, Naveta *Sur* de Rafal Rubí, Hipogeo *21* de Calascoves) hasta la de la unidad mínima de registro a la que corresponde la datación (llámesele unidad estratigráfica, nivel, estrato, capa o conjunto). En algunos casos, también se menciona la fase de ocupación dentro de la secuencia del propio yacimiento. En otras ocasiones, el campo incluye una descripción más precisa del tipo de muestra. Así, por ejemplo, se añade la identificación específica en el caso de semillas, carbón vegetal, madera, coprolitos, conchas, avifauna y fauna doméstica, además de la determinación esquelética en huesos humanos y faunísticos. Lamentablemente, este nivel de detalle no ha podido alcanzarse más que en un número relativamente bajo de casos.

*Significado arqueológico.*
A la hora de evaluar el potencial inferencial de cualquier datación absoluta entran en juego diversas consideraciones, desde el tipo de material datado hasta la naturaleza de la unidad de registro en la cual se tomó la muestra. Por más que se haya repetido hasta la saciedad, he de reiterar que el evento radiocarbónico expresado en una datación absoluta no tiene necesariamente que coincidir en el tiempo con las manifestaciones que se pretende datar. Una fecha correspondiente a un yacimiento con talayots no nos informa necesariamente de un momento vinculado al uso activo de estas estructuras. Otra fecha correspondiente a una naveta sólo nos indicará un momento en el uso funerario de esta estructura si nos cercioramos de que el hueso datado es humano y que se halló como parte del nivel de osario. Una datación efectuada sobre madera de olivo procedente de la viga de un edificio debe ser leída de manera distinta a otra, obtenida también a partir de madera pero en este caso de brezo, procedente de un hogar. En el primer supuesto nos indica un momento previo, en una medida indeterminada, respecto a la construcción o reparación de aquel edificio, mientras que en el segundo el resultado informa probablemente acerca del último encendido de la estructura de combustión y, por consiguiente, de un evento muy próximo al abandono de la estructura.

Las afirmaciones anteriores, a primera vista banales, no siempre son atendidas en la práctica. En el apartado de "Significado arqueológico", sintetizaré la capacidad informativa de cada feha en relación a las manifestaciones arqueológicas más relevantes del yacimiento al que corresponda. La valoración asignada a cada una constituirá un elemento fundamental de cara al posterior análisis que desembocará en la propuesta de periodización expuesta en el Capítulo 3.

*Observaciones.*
Este campo recoge anotaciones de carácter variado. Las más frecuentes pretenden dejar constancia de errores o confusiones detectados en la publicación de las dataciones. Los más habituales hacen referencia a la asignación a una misma fecha de valores diferentes en lo que respecta a la desviación estándar o al valor ane/ap. También son relativamente numerosos los casos en que se producen discrepancias en cuanto al tipo de material datado, al contexto de procedencia o sobre la correcta asignación del código de laboratorio.

El campo "Observaciones" también recoge sistemáticamente los motivos que aconsejan excluir una determinada datación (véase *supra*). Así mismo, en los casos en que el laboratorio que efectuó el tratamiento químico de la muestra difiera del centro encargado del cálculo de la edad, incluiré en "Observaciones" el código que el primero de ellos asignó a la citada muestra tras las siglas "CLT" (por "Código del Laboratorio encargado del Tratamiento"). Finalmente, un número reducido de fechas cuentan con el valor "C13 carb", que alude a la tasa de recuperación de carbono tras el proceso de grafitización necesario para la preparación de la muestra que va a ser datada. Este citerio también resulta útil para detectar eventuales procesos de contaminación (Van Strydonck, Boudin y Ervynck 2003, e.p.).

*Bibliografía.*
Finalmente, bajo este epígrafe se recogen las referencias de los títulos relacionados con la publicación de cada fecha, así como de otros pormenores relacionados con la naturaleza o localización de la muestra. He procurado colocar en primer lugar la publicación en la cual se dio a conocer por vez primera, que en un cierto número de casos coincide con alguna de las listas o inventarios periódicos realizados por los propios laboratorios de datación (*Radiocarbon*, *Archaeometry*, *IRPA/KIK Datelists*).

A continuación, se expone el inventario completo de dataciones absolutas baleáricas. Al final de la obra se incluyen índices analíticos orientados a facilitar la consulta de esta base de datos.

**Yacimiento** Albufera d'Alcúdia

Sondeo polínico del que se han obtenido cinco dataciones. La serie incluye una datación preholocénica y cuatro holocénicas entre aproximadamente inicios del VI milenio cal ANE hasta el siglo II cal DNE. No tenemos noticia acerca del tipo de material datado. Vale la pena señalar que la datación ETH-11906 marca la transición en las Baleares entre el óptimo climático holocénico (Atlántico) y una vegetación de tipo xérico dominada por Olea y otras especies arbustivas (Burjachs et alii 1994: 206). Por su parte, ETH-11905 dataría una fase de intensa antropización, en la que destaca la presencia de Cerealia (Burjachs et alii 1994: 206).

Referencias: Burjachs et alii (1994), Pérez-Obiol et alii (2000).

| **Yacimiento** | **Isla** | **Municipio** | **Exclusión** |
|---|---|---|---|
| Albufera d'Alcúdia | Mallorca | Alcúdia/Muro | ✔ |

| **Código laboratorio** | **Valor ap(BP)** | **Valor ane(BC)** | ± | **Muestra** |
|---|---|---|---|---|
| | 32790 | 30840 | | Desconocido |

| **cal ANE m** | **cal ANE 1s** | **cal ANE 2s** | **cal ANE dir** | **δ 13C** | **δ 15N** | **C/N** |
|---|---|---|---|---|---|---|
| | | | | | | |

**Registro arqueológico**

Z = -19,5 m.

**Estructura** Sondeo polínico

**Significado arqueológico**

Nulo, al referirse a un proceso ecológico previo a la ocupación humana de las Baleares.

**Observaciones**

Se ignora la desviación tipo y excede el rango de calibración del programa.

**Bibliografía**

Pérez-Obiol et alii 2000: 78.

| Yacimiento | Isla | Municipio | Exclusión |
|---|---|---|---|
| Albufera d'Alcúdia | Mallorca | Alcúdia/Muro | ☐ |

| Código laboratorio | Valor ap(BP) | Valor ane(BC) | ± | Muestra |
|---|---|---|---|---|
| Ua-2732 | 7060 | 5110 | 110 | Desconocido |

| cal ANE m | cal ANE 1s | cal ANE 2s | cal ANE dir | δ 13C | δ 15N | C/N |
|---|---|---|---|---|---|---|
| 5930 | 6061 / 5798 | 6135 / 5726 | 5930 | | | |

**Registro arqueológico**

**Estructura** Sondeo polínico

**Significado arqueológico**

Por ahora es nulo, al no poder ser vinculada con ningún proceso de raíz antrópica.

**Observaciones**

**Bibliografía**

Burjachs et alii 1994: 204.

| Yacimiento | Isla | Municipio | Exclusión |
|---|---|---|---|
| Albufera d'Alcúdia | Mallorca | Alcúdia/Muro | ☐ |

| Código laboratorio | Valor ap(BP) | Valor ane(BC) | ± | Muestra |
|---|---|---|---|---|
| ETH-11906 | 6270 | 4320 | 70 | Desconocido |

| cal ANE m | cal ANE 1s | cal ANE 2s | cal ANE dir | δ 13C | δ 15N | C/N |
|---|---|---|---|---|---|---|
| 5255 | 5316 / 5194 | 5386 / 5028 | 5257 | | | |

**Registro arqueológico**

Ubicación: 39°47’33’’ N / 3°6’45’’ E. Z = -5,45 m.

**Estructura** Sondeo polínico

**Significado arqueológico**

Por el momento, el significado arqueológico es nulo, ya que no se ha probado la presencia humana en el archipiélago en fechas contemporáneas. En términos paleobotánicos, la fecha marca el cambio de la vegetación característica del óptimo climático holocénico por otra de tipo xérico.

**Observaciones**

Burjachs et alii (1994: tabla 1) publican erróneamente el código de laboratorio como Beta-6933*/ETH-11904. CLT: Beta-69335

**Bibliografía**

Burjachs et alii 1994: 204; Yll et alii 1999: tabla 1.

| Yacimiento | Isla | Municipio | Exclusión |
|---|---|---|---|
| Albufera d'Alcúdia | Mallorca | Alcúdia/Muro | ☐ |

| Código laboratorio | Valor ap(BP) | Valor ane(BC) | ± | Muestra |
|---|---|---|---|---|
| ETH-11905 | 2440 | 490 | 60 | Desconocido |

| cal ANE m | cal ANE 1s | cal ANE 2s | cal ANE dir | δ 13C | δ 15N | C/N |
|---|---|---|---|---|---|---|
| 573 | 752 / 394 | 777 / 393 | 495 | | | |

**Registro arqueológico**

Ubicación: 39°47'33'' N / 3°6'45'' E. Z = -4,00 m.

**Estructura** Sondeo polínico

**Significado arqueológico**

Corresponde a una fase de intensa antropización del paisaje, en la que destaca la presencia de polen de Cerealia.

**Observaciones**

Burjachs et alii (1994: tabla 1) publican erróneamente el código de laboratorio como Beta-69334/ETH-11904. CLT: Beta-69334

**Bibliografía**

Burjachs et alii 1994: 204; Yll et alii 1999: tabla 1.

| Yacimiento | Isla | Municipio | Exclusión |
|---|---|---|---|
| Albufera d'Alcúdia | Mallorca | Alcúdia/Muro | ☐ |

| Código laboratorio | Valor ap(BP) | Valor ane(BC) | ± | Muestra |
|---|---|---|---|---|
| ETH-11904 | -108 | -1842 | 1 | Desconocido |

| cal ANE m | cal ANE 1s | cal ANE 2s | cal ANE dir | δ 13C | δ 15N | C/N |
|---|---|---|---|---|---|---|
| -1824 | -1699 / -1950 | -1696 / -1951 | 2, -1815, -1830, -1881, -1 | | | |

**Registro arqueológico**

Ubicación: 39°47'33'' N / 3°6'45'' E. Z = -3,15 m.

**Estructura** Sondeo polínico

**Significado arqueológico**

Proporciona un referente actual o subactual para el nivel correspondiente del sondeo polínico.

**Observaciones**

Burjachs et alii (1994: tabla 1) publican erróneamente el código de laboratorio como Beta-69334/ETH-11904. Valor real = 107,7±0,7 bp. CLT: Beta-69333

**Bibliografía**

Burjachs et alii 1994: 204; Yll et alii 1999: tabla 1.

**Yacimiento** Alcaidús

La serie radiocarbónica de esta sepultura colectiva consta de seis dataciones, una de las cuales (KIA-13993) ha sido excluida por problemas de contaminación en la muestra. Todas las fechas fueron obtenidas a partir de muestras óseas humanas tomadas a raíz de los trabajos de limpieza y de excavación emprendidos recientemente. Gracias a ellos, hoy disponemos de una idea más clara sobre las características arquitectónicas del monumento, que permiten distanciarlo de los dólmenes y que le aproximan a un posible nuevo tipo de recintos funerarios ("sepulcros de triple paramento"), del que también formarían parte yacimientos como Ses Arenes de Baix y, posiblemente, Son Ermità, entre otros. La cronología de uso de la tumba colectiva de Alcaidús quedaría comprendida entre los siglos XVII y XIV cal ANE. En la publicación más reciente (Plantalamor y Marquès 2003), se echa a faltar la determinación esquelética y la lateralidad de las muestras óseas datadas, así como su ubicación contextual precisa.

Los abundantísimos restos cerámicos recogidos en diferentes sectores del exterior del monumento podrían corresponder al mismo intervalo de uso de la tumba, aunque la falta de conexiones estratigráficas seguras no permite descartar que se hallen representados recipientes correspondientes a una temporalidad más amplia.

Referencias: Plantalamor (1976/77), Plantalamor (1991), Plantalamor y Marquès (2003).

.

| **Yacimiento** | **Isla** | **Municipio** | **Exclusión** |
|---|---|---|---|
| Alcaidús | Menorca | Maó | ☐ |

| **Código laboratorio** | **Valor ap(BP)** | **Valor ane(BC)** | ± | **Muestra** |
|---|---|---|---|---|
| KIA-13989 | 3360 | 1410 | 30 | Hueso humano |

| **cal ANE m** | **cal ANE 1s** | **cal ANE 2s** | **cal ANE dir** | **δ 13C** | **δ 15N** | **C/N** |
|---|---|---|---|---|---|---|
| 1651 | 1689 / 1614 | 1724 / 1539 | 1658 | -19.82 | 7.95 | 2.79 |

**Registro arqueológico**

Hueso a z = -30 cm.

**Estructura** Sepulcro de triple paramento

**Significado arqueológico**

Data un episodio dentro del periodo de uso de la sepultura colectiva.

**Observaciones**

CLT: KIK-1819.

**Bibliografía**

Van Strydonck, Boudin y Ervynck 2002: tabla 2; Van Strydonck et alii 2002: 37; Van Strydonck y Boudin 2003: tabla 1.

| Yacimiento | Isla | Municipio | Exclusión |
|---|---|---|---|
| Alcaidús | Menorca | Maó | ☐ |

| Código laboratorio | Valor ap(BP) | Valor ane(BC) | | Muestra |
|---|---|---|---|---|
| KIA-13988 | 3340 | 1390 | ± 30 | Hueso humano |

| cal ANE m | cal ANE 1s | cal ANE 2s | cal ANE dir | δ 13C | δ 15N | C/N |
|---|---|---|---|---|---|---|
| 1609 | 1669 / 1550 | 1707 / 1525 | 1624 | -19.64 | 10.5 | 2.8 |

**Registro arqueológico**

Hueso a z = -20 cm.

**Estructura** Sepulcro de triple paramento

**Significado arqueológico**

Data un episodio dentro del periodo de uso de la sepultura colectiva.

**Observaciones**

CLT: KIK-1818.

**Bibliografía**

Van Strydonck, Boudin y Ervynck 2002: tabla 2; Van Strydonck et alii 2002: 37; Van Strydonck y Boudin 2003: tabla 1.

| Yacimiento | Isla | Municipio | Exclusión |
|---|---|---|---|
| Alcaidús | Menorca | Maó | ☐ |

| Código laboratorio | Valor ap(BP) | Valor ane(BC) | | Muestra |
|---|---|---|---|---|
| KIA-13992 | 3220 | 1270 | ± 35 | Hueso humano |

| cal ANE m | cal ANE 1s | cal ANE 2s | cal ANE dir | δ 13C | δ 15N | C/N |
|---|---|---|---|---|---|---|
| 1478 | 1520 / 1436 | 1551 / 1414 | 1493 | -19.79 | 8.64 | 2.83 |

**Registro arqueológico**

**Estructura** Sepulcro de triple paramento

**Significado arqueológico**

Data un episodio dentro del periodo de uso de la sepultura colectiva.

**Observaciones**

CLT: KIK-1822.

**Bibliografía**

Van Strydonck, Boudin y Ervynck 2002: tabla 2; Van Strydonck et alii 2002: 37; Van Strydonck y Boudin 2003: tabla 1.

| Yacimiento | Isla | Municipio | Exclusión |
|---|---|---|---|
| Alcaidús | Menorca | Maó | ☐ |

| Código laboratorio | Valor ap(BP) | Valor ane(BC) | ± | Muestra |
|---|---|---|---|---|
| KIA-13990 | 3110 | 1160 | 30 | Hueso humano |

| cal ANE m | cal ANE 1s | cal ANE 2s | cal ANE dir | δ 13C | δ 15N | C/N |
|---|---|---|---|---|---|---|
| 1394 | 1415 / 1373 | 1431 / 1295 | 1398 | -19.9 | 8.03 | 2.85 |

**Registro arqueológico**

**Estructura** Sepulcro de triple paramento

**Significado arqueológico**

Data un episodio dentro del periodo de uso de la sepultura colectiva.

**Observaciones**

CLT: KIK-1820.

**Bibliografía**

Van Strydonck, Boudin y Ervynck 2002: tabla 2; Van Strydonck et alii 2002: 37; Van Strydonck y Boudin 2003: tabla 1.

| Yacimiento | Isla | Municipio | Exclusión |
|---|---|---|---|
| Alcaidús | Menorca | Maó | ☐ |

| Código laboratorio | Valor ap(BP) | Valor ane(BC) | ± | Muestra |
|---|---|---|---|---|
| KIA-13991 | 3075 | 1125 | 35 | Hueso humano |

| cal ANE m | cal ANE 1s | cal ANE 2s | cal ANE dir | δ 13C | δ 15N | C/N |
|---|---|---|---|---|---|---|
| 1345 | 1400 / 1291 | 1418 / 1248 | 1368 | -19.75 | 8.44 | 2.77 |

**Registro arqueológico**

**Estructura** Sepulcro de triple paramento

**Significado arqueológico**

Data un episodio dentro del periodo de uso de la sepultura colectiva.

**Observaciones**

CLT: KIK-1821.

**Bibliografía**

Van Strydonck, Boudin y Ervynck 2002: tabla 2; Van Strydonck et alii 2002: 37; Van Strydonck y Boudin 2003: tabla 1.

| Yacimiento | Isla | Municipio | Exclusión |
|---|---|---|---|
| Alcaidús | Menorca | Maó | ✔ |

| Código laboratorio | Valor ap(BP) | Valor ane(BC) | | Muestra |
|---|---|---|---|---|
| KIA-13993 | 535 | -1415 | ± 35 | Hueso humano |

| cal ANE m | cal ANE 1s | cal ANE 2s | cal ANE dir | δ 13C | δ 15N | C/N |
|---|---|---|---|---|---|---|
| | | | | -30.4 | 0 | 0 |

**Registro arqueológico**

**Estructura** Sepulcro de triple paramento

**Significado arqueológico**

Nulo, debido a problemas de contaminación. La edad real es anterior al resultado en una medida indeterminada.

**Observaciones**

Excluida. Bajo contenido en colágeno (1,68%), circunstancia que sugiere que la muestra estaba contaminada. CLT: KIK-1823.

**Bibliografía**

Van Strydonck, Boudin y Ervynck 2002: tabla 2; Van Strydonck et alii 2002: 37; Van Strydonck y Boudin 2003: tabla 1.

**Yacimiento** Algaiarens-20

Apenas contamos con informaciones relativas a este yacimiento. Al parecer, la única datación disponible podría testimoniar una modalidad de enterramiento en cista poco conocida dentro del elenco de las prácticas funerarias de la segunda mitad del I milenio cal ANE.

Referencias: Mestres y de Nicolás (1999).

.

| Yacimiento | Isla | Municipio | Exclusión |
|---|---|---|---|
| Algaiarens-20 | Menorca | Ciutadella | ☐ |

| Código laboratorio | Valor ap(BP) | Valor ane(BC) | ± | Muestra |
|---|---|---|---|---|
| UBAR-423 | 2390 | 440 | 60 | Hueso fauna doméstica |

| cal ANE m | cal ANE 1s | cal ANE 2s | cal ANE dir | δ 13C | δ 15N | C/N |
|---|---|---|---|---|---|---|
| 456 | 510 / 401 | 748 / 363 | 433 | | | |

**Registro arqueológico**

Ajuar en urna. Inhumación en cista. Huesos de fauna (cabra, suido).

**Estructura** Varia funerario

**Significado arqueológico**

Data un momento en el uso de la sepultura.

**Observaciones**

**Bibliografía**

Mestres y de Nicolás 1999: apéndice.

**Yacimiento** Algendar

Sondeo polínico del que se dispone de cuatro dataciones. No tenemos noticia acerca del tipo de material datado. Los resultados se escalonan entre mediados del VIII y mediados del III milenios cal ANE. Las dos dataciones más recientes merecen comentario. La fecha CAMS-18673 marca el inicio del predominio de Olea, que se interpreta como síntoma de la implantación de una vegetación más xérica que la característica del óptimo climático holocénico (Yll et alii 1997: 341). Por su parte, CAMS-18672 indica un momento en el que se constatan especies vegetales propias de espacios abiertos, en cuya formación se sugiere la incidencia de factores antrópicos (Yll et alii 1997: 342).

Referencias: Yll et alii (1997), Pérez-Obiol et alii (2000).

.

| **Yacimiento** | **Isla** | **Municipio** | **Exclusión** |
|---|---|---|---|
| Algendar | Menorca | Ciutadella/Ferreries | ☐ |

| **Código laboratorio** | **Valor ap(BP)** | **Valor ane(BC)** | ± | **Muestra** |
|---|---|---|---|---|
| CAMS-18675 | 8550 | 6600 | 50 | Desconocido |

| **cal ANE m** | **cal ANE 1s** | **cal ANE 2s** | **cal ANE dir** | **δ 13C** | **δ 15N** | **C/N** |
|---|---|---|---|---|---|---|
| 7573 | 7596 / 7550 | 7630 / 7526 | 7567 | | | |

**Registro arqueológico**

Ubicación: 39°56'26'' N / 3°57'31'' E. Z = -23,45 m.

**Estructura** Sondeo polínico

**Significado arqueológico**

Nulo, al no poder ser vinculada con ningún proceso antrópico.

**Observaciones**

CLT: Beta-80374.

**Bibliografía**

Yll et alii 1997: tabla 1.

| Yacimiento | Isla | Municipio | Exclusión |
|---|---|---|---|
| Algendar | Menorca | Ciutadella/Ferreries | ☐ |

| Código laboratorio | Valor ap(BP) | Valor ane(BC) | ± | Muestra |
|---|---|---|---|---|
| CAMS-18674 | 6170 | 4220 | 70 | Desconocido |

| cal ANE m | cal ANE 1s | cal ANE 2s | cal ANE dir | δ 13C | δ 15N | C/N |
|---|---|---|---|---|---|---|
| 5126 | 5245 / 5008 | 5289 / 4891 | 5077 | | | |

**Registro arqueológico**

Ubicación: 39°56'26'' N / 3°57'31'' E. Z = -15,6 m.

**Estructura** Sondeo polínico

**Significado arqueológico**

Nulo, al no poder ser vinculada con ningún proceso antrópico.

**Observaciones**

CLT: Beta-80373.

**Bibliografía**

Yll et alii 1997: tabla 1.

| Yacimiento | Isla | Municipio | Exclusión |
|---|---|---|---|
| Algendar | Menorca | Ciutadella/Ferreries | ☐ |

| Código laboratorio | Valor ap(BP) | Valor ane(BC) | ± | Muestra |
|---|---|---|---|---|
| CAMS-18673 | 4940 | 2990 | 50 | Desconocido |

| cal ANE m | cal ANE 1s | cal ANE 2s | cal ANE dir | δ 13C | δ 15N | C/N |
|---|---|---|---|---|---|---|
| 3714 | 3759 / 3669 | 3806 / 3646 | 3703 | | | |

**Registro arqueológico**

Ubicación: 39°56'26'' N / 3°57'31'' E. Z = -9,35 m.

**Estructura** Sondeo polínico

**Significado arqueológico**

Nulo, al no poder ser vinculada con ningún proceso antrópico. En términos paleobotánicos, indica el inicio del predominio de Olea, que se interpreta como síntoma de la implantación de una vegetación más xérica que la característica del óptimo climático holocénico.

**Observaciones**

CLT: Beta-80372.

**Bibliografía**

Yll et alii 1997: tabla 1.

| Yacimiento | Isla | Municipio | Exclusión |
|---|---|---|---|
| Algendar | Menorca | Ciutadella/Ferreries | ☐ |

| Código laboratorio | Valor ap(BP) | Valor ane(BC) | ± | Muestra |
|---|---|---|---|---|
| CAMS-18672 | 4090 | 2140 | 60 | Desconocido |

| cal ANE m | cal ANE 1s | cal ANE 2s | cal ANE dir | δ 13C | δ 15N | C/N |
|---|---|---|---|---|---|---|
| 2625 | 2714 / 2536 | 2875 / 2479 | 2616 | | | |

**Registro arqueológico**

Ubicación: 39°56'26'' N / 3°57'31'' E. Z = -6,7 m.

**Estructura** Sondeo polínico

**Significado arqueológico**

La constatación de una cantidad significativa de polen de especies características de espacios abiertos se interpreta como el efecto de la intervención antrópica en el medio.

**Observaciones**

CLT: Beta-80371.

**Bibliografía**

Yll et alii 1997: tabla 1.

**Yacimiento** Biniac-L´Argentina

La serie de cinco dataciones de termoluminiscencia fueron obtenidas a partir de muestras cerámicas recogidas en el exterior del monumento funerario del mismo nombre (Biniac-L'Argentina Occidental). Pese a la pretensión de que dichos recipientes cerámicos formaron parte originalmente de los ajuares funerarios depositados en el interior de la tumba, no existen evidencias estratigráficas ni cronológicas que la sustenten. En el estado actual de nuestros conocimientos, los restos arqueológicos recuperados formaron parte, probablemente, de un asentamiento al aire libre cuya organización y características desconocemos. En conjunto, las cinco dataciones limitan un rango que cubre grosso modo la segunda mitad del III milenio y la primera del I milenio. Pese a las amplísimas desviaciones estándar que presentan los resultados, las fechas más altas constituyen las indicaciones de cronología absoluta más antiguas relacionadas con la presencia humana en Menorca.

Por otra parte, la única datación radiocarbónica asociada al uso del monumento funerario, clasificado dentro de las "navetas de tipo intermedio", se sitúa en pleno siglo IX cal ANE. La comparación entre este resultado y el de la serie de termoluminiscencia apoya la idea de que el monumento funerario fue utilizado con posterioridad a la fabricación y uso de la colección de recipientes hallados en un espacio al aire libre cercano.

Referencias: Plantalamor y López Pons (1983), Plantalamor (1991), García Orellana et alii (1996), García Orellana (1998).

.

| **Yacimiento** | **Isla** | **Municipio** | **Exclusión** |
|---|---|---|---|
| Biniac-L´Argentina | Menorca | Alaior | ☐ |

| **Código laboratorio** | **Valor ap(BP)** | **Valor ane(BC)** | ± | **Muestra** |
|---|---|---|---|---|
| Biniac-L´Argentina-3 | 4416 | 2416 | 289 | Cerámica |

| **cal ANE m** | **cal ANE 1s** | **cal ANE 2s** | **cal ANE dir** | **δ 13C** | **δ 15N** | **C/N** |
|---|---|---|---|---|---|---|
| | | | | | | |

**Registro arqueológico**

Exterior de la "naveta" occidental. La muestra cerámica procede de un vaso de boca abierta, atribuido al Pretalayótico.

**Estructura** Hábitat indeterminado

**Significado arqueológico**

No existe conexión estratigráfica ni estructural entre el contexto de procedencia de la muestra y la naveta occidental de Biniac L'Argentina. Por tanto, la propuesta de que las cerámicas datadas corresponden a piezas originalmente depositadas como ajuar funerario es sólo una hipótesis, no una evidencia de pleno derecho. La elevada incertidumbre de los resultados añade ambigüedad a su capacidad inferencial en términos cronológicos.

**Observaciones**

Fecha obtenida mediante el método de la termoluminiscencia (TL).

**Bibliografía**

García Orellana et alii 1996: tabla 3; García Orellana 1998: 41.

| Yacimiento | Isla | Municipio | Exclusión |
|---|---|---|---|
| Biniac-L´Argentina | Menorca | Alaior | ☐ |

| Código laboratorio | Valor ap(BP) | Valor ane(BC) | ± | Muestra |
|---|---|---|---|---|
| Biniac-L´Argentina-1 | 4303 | 2303 | 306 | Cerámica |

| cal ANE m | cal ANE 1s | cal ANE 2s | cal ANE dir | δ 13C | δ 15N | C/N |
|---|---|---|---|---|---|---|
| | | | | | | |

**Registro arqueológico**

Exterior de la "naveta" occidental. La muestra cerámica procede de un vaso troncocónico o de tipo toneliforme, atribuido al Pretalayótico.

**Estructura** Hábitat indeterminado

**Significado arqueológico**

No existe conexión estratigráfica ni estructural entre el contexto de procedencia de la muestra y la naveta occidental de Biniac L'Argentina. Por tanto, la propuesta de que las cerámicas datadas corresponden a piezas originalmente depositadas como ajuar funerario es sólo una hipótesis, no una evidencia de pleno derecho. La elevada incertidumbre de los resultados añade ambigüedad a su capacidad inferencial en términos cronológicos.

**Observaciones**

Fecha obtenida mediante el método de la termoluminiscencia (TL).

**Bibliografía**

García Orellana et alii 1996: tabla 3; García Orellana 1998: 41.

| Yacimiento | Isla | Municipio | Exclusión |
|---|---|---|---|
| Biniac-L´Argentina | Menorca | Alaior | ☐ |

| Código laboratorio | Valor ap(BP) | Valor ane(BC) | ± | Muestra |
|---|---|---|---|---|
| Biniac-L´Argentina-4 | 3868 | 1868 | 296 | Cerámica |

| cal ANE m | cal ANE 1s | cal ANE 2s | cal ANE dir | δ 13C | δ 15N | C/N |
|---|---|---|---|---|---|---|
| | | | | | | |

**Registro arqueológico**

Exterior de la "naveta" occidental. La muestra cerámica procede de un recipiente globular o esférico, atribuido al Pretalayótico.

**Estructura** Hábitat indeterminado

**Significado arqueológico**

No existe conexión estratigráfica ni estructural entre el contexto de procedencia de la muestra y la naveta occidental de Biniac L'Argentina. Por tanto, la propuesta de que las cerámicas datadas corresponden a piezas originalmente depositadas como ajuar funerario es sólo una hipótesis, no una evidencia de pleno derecho. La elevada incertidumbre de los resultados añade ambigüedad a su capacidad inferencial en términos cronológicos.

**Observaciones**

Fecha obtenida mediante el método de la termoluminiscencia (TL).

**Bibliografía**

García Orellana et alii 1996: tabla 3; García Orellana 1998: 41.

| Yacimiento | Isla | Municipio | Exclusión |
|---|---|---|---|
| Biniac-L´Argentina | Menorca | Alaior | ☐ |

| Código laboratorio | Valor ap(BP) | Valor ane(BC) | ± | Muestra |
|---|---|---|---|---|
| Biniac-L´Argentina-5 | 3715 | 1715 | 304 | Cerámica |

| cal ANE m | cal ANE 1s | cal ANE 2s | cal ANE dir | δ 13C | δ 15N | C/N |
|---|---|---|---|---|---|---|
| | | | | | | |

**Registro arqueológico**

Exterior de la "naveta" occidental. La muestra cerámica procede de un recipiente globular o esférico, atribuido al Pretalayótico.

**Estructura** Hábitat indeterminado

**Significado arqueológico**

No existe conexión estratigráfica ni estructural entre el contexto de procedencia de la muestra y la naveta occidental de Biniac L'Argentina. Por tanto, la propuesta de que las cerámicas datadas corresponden a piezas originalmente depositadas como ajuar funerario es sólo una hipótesis, no una evidencia de pleno derecho. La elevada incertidumbre de los resultados añade ambigüedad a su capacidad inferencial en términos cronológicos.

**Observaciones**

Fecha obtenida mediante el método de la termoluminiscencia (TL).

**Bibliografía**

García Orellana et alii 1996: tabla 3; García Orellana 1998: 41.

| Yacimiento | Isla | Municipio | Exclusión |
|---|---|---|---|
| Biniac-L´Argentina | Menorca | Alaior | ☐ |

| Código laboratorio | Valor ap(BP) | Valor ane(BC) | ± | Muestra |
|---|---|---|---|---|
| Biniac-L´Argentina-7 | 3649 | 1649 | 242 | Cerámica |

| cal ANE m | cal ANE 1s | cal ANE 2s | cal ANE dir | δ 13C | δ 15N | C/N |
|---|---|---|---|---|---|---|
| | | | | | | |

**Registro arqueológico**

Exterior de la "naveta" occidental. La muestra cerámica procede de un recipiente de morfología indeterminada..

**Estructura** Hábitat indeterminado

**Significado arqueológico**

No existe conexión estratigráfica ni estructural entre el contexto de procedencia de la muestra y la naveta occidental de Biniac L'Argentina. Por tanto, la propuesta de que las cerámicas datadas corresponden a piezas originalmente depositadas como ajuar funerario es sólo una hipótesis, no una evidencia de pleno derecho. La elevada incertidumbre de los resultados añade ambigüedad a su capacidad inferencial en términos cronológicos.

**Observaciones**

Fecha obtenida mediante el método de la termoluminiscencia (TL).

**Bibliografía**

García Orellana et alii 1996: tabla 3; García Orellana 1998: 41.

| Yacimiento | Isla | Municipio | Exclusión |
|---|---|---|---|
| Biniac-L´Argentina | Menorca | Alaior | ☐ |

| Código laboratorio | Valor ap(BP) | Valor ane(BC) | ± | Muestra |
|---|---|---|---|---|
| IRPA-1182 | 2720 | 770 | 35 | Hueso humano |

| cal ANE m | cal ANE 1s | cal ANE 2s | cal ANE dir | δ 13C | δ 15N | C/N |
|---|---|---|---|---|---|---|
| 864 | 900 / 827 | 930 / 814 | 848 | -17.8 | | |

**Registro arqueológico**

Monumento Occidental (Biniac -L'Argentina Oeste). Restos humanos correspondientes a las últimas inhumaciones.

**Estructura** Naveta tipo intermedio

**Significado arqueológico**

Data un episodio dentro del periodo de uso de la sepultura colectiva.

**Observaciones**

**Bibliografía**

Plantalamor y Van Strydonck 1997: 12; Van Strydonck et alii 1998: 31.

**Yacimiento** Biniai Nou

Los trabajos de excavación realizados en los hipogeos con entrada megalítica de Biniai Nou 1 y 2 proporcionaron una serie de muestras de huesos humanos que fueron datadas por radiocarbono. El estado de conservación del depósito de Biniai Nou 1 era deficiente y de él sólo se obtuvo una datación (UtC-8949). Su resultado es el más alto de la serie, aunque debe ser puesta en suspenso debido a que el cálculo de su edad puede estar distorsionado al alza como consecuencia del "efecto reserva". Según parece, el hueso datado perteneció a un individuo que consumió una dieta formada por una cantidad importante de recursos acuáticos.

En cambio, Biniai Nou 2 ofreció un mejor estado de conservación del depósito funerario. Se han obtenido ocho dataciones radiocarbónicas, todas ellas a partir de muestras de huesos humanos. Las discrepancias entre los dos informes publicados sobre el yacimiento (Gómez 2000; Plantalamor y Marquès 2001) suscitan ciertas dudas sobre cuál fue la estratigrafía en el interior de la cámara funeraria. Al parecer, en un momento determinado de la secuencia de enterramientos se acondicionó un enlosado en la cámara. Las dataciones vinculadas al nivel situado por debajo de dicho enlosado (UtC-8950, UtC-7847, UtC-9043) delimitan un intervalo general comprendido entre ca. 2000 y 1500 cal ANE, si bien es cierto que no se escalonan homogéneamente en su interior, lo cual abre la posibilidad de que se produjese algún hiato en el uso de la tumba. Por otra parte, las dataciones obtenidas a partir de muestras tomadas por encima del enlosado (UtC-8951, UtC-7845 y UtC-7846) se sitúan en momentos recientes. Las dos primeras se dispersan en la segunda mitad del II milenio cal ANE, mientras que la tercera se distancia ampliamente de las anteriores, situándose en torno al siglo IV cal ANE. En este último caso, cabría hablar más bien de una reutilización desvinculada de las prácticas funerarias que otorgaron el sentido originario al monumento.

De cara a la lectura adecuada de los abundantes materiales, sobre todo cerámicos, que ha proporcionado la excavación del yacimiento, conviene tener en cuenta dos factores importantes. En primer lugar, buena parte de dichos hallazgos proceden de sectores ubicados en el exterior de los recintos funerarios, por lo que su vinculación a dataciones concretas resulta problemática. Por otro lado, es de lamentar que no se facilite la ubicación contextual precisa de muchos de los hallazgos procedentes de los niveles funerarios del monumento 2, de forma que ignoramos si fueron recogidos por encima o por debajo del enlosado.

Referencias: Gómez (2000), Rubinos (2000), Plantalamor y Marquès (2001), Van Strydonck y Maes (2001), Van Strydonck et alii (2002).

| Yacimiento | Isla | Municipio | Exclusión |
|---|---|---|---|
| Biniai Nou | Menorca | Maó | ☐ |

| Código laboratorio | Valor ap(BP) | Valor ane(BC) | ± | Muestra |
|---|---|---|---|---|
| UtC-8949 | 3745 | 1795 | 40 | Hueso humano |

| cal ANE m | cal ANE 1s | cal ANE 2s | cal ANE dir | δ 13C | δ 15N | C/N |
|---|---|---|---|---|---|---|
| 2156 | 2208 / 2104 | 2275 / 2016 | 2153 | -19.92 | 11.39 | 2.88 |

**Registro arqueológico**

Monumento 1. Restos humanos hallados en una oquedad de la roca en el sector de la cámara (muestra nº 4).

**Estructura** Hipogeo entrada megalítica

**Significado arqueológico**

Por su posición estratigráfica, la muestra corresponde probablemente a una de las primeras inhumaciones. La influencia en la dieta de alimentos de origen acuático aconseja rebajar el resultado aproximadamente un siglo.

**Observaciones**

Van Strydonck y Maes 2001: 170 la publican con el código UtC-9849. CLT: KIK-1080.

**Bibliografía**

Rubinos 2000: 439; Van Strydonck y Maes 2001: 170; Van Strydonck et alii 2001: 30; Van Strydonck et alii 2004, e.p.: tabla 1.

| Yacimiento | Isla | Municipio | Exclusión |
|---|---|---|---|
| Biniai Nou | Menorca | Maó | ☐ |

| Código laboratorio | Valor ap(BP) | Valor ane(BC) | ± | Muestra |
|---|---|---|---|---|
| KIA-11902 | 3660 | 1710 | 25 | Hueso humano |

| cal ANE m | cal ANE 1s | cal ANE 2s | cal ANE dir | δ 13C | δ 15N | C/N |
|---|---|---|---|---|---|---|
| 2042 | 2111 / 1973 | 2126 / 1956 | 2025 | -19.39 | 9 | 2.8 |

**Registro arqueológico**

Monumento 2. Muestra nº 9.

**Estructura** Hipogeo entrada megalítica

**Significado arqueológico**

Data un momento, probablemente inicial, en el uso de la sepultura colectiva.

**Observaciones**

CLT: KIK-1598.

**Bibliografía**

Van Strydonck et alii 2002: 38; Van Strydonck et alii 2004, e.p.: tabla 1.

| Yacimiento | Isla | Municipio | Exclusión |
|---|---|---|---|
| Biniai Nou | Menorca | Maó | ☐ |

| Código laboratorio | Valor ap(BP) | Valor ane(BC) | ± | Muestra |
|---|---|---|---|---|
| UtC-8950 | 3635 | 1685 | 35 | Hueso humano |

| cal ANE m | cal ANE 1s | cal ANE 2s | cal ANE dir | δ 13C | δ 15N | C/N |
|---|---|---|---|---|---|---|
| 1988 | 2033 / 1943 | 2116 / 1902 | 1992 | -19.74 | 8.49 | 3.05 |

**Registro arqueológico**

Monumento 2. Restos humanos hallados en el sector de la cámara, bajo empedrado. Muestra nº 6.

**Estructura** Hipogeo entrada megalítica

**Significado arqueológico**

Data un momento inicial en el uso de la sepultura colectiva, previo a la remodelación que supuso el acondicionamiento de un empedrado en la cámara funeraria.

**Observaciones**

La relación isotópica de la muestra ósea datada denota una dieta omnívora. CLT: KIK-1076.

**Bibliografía**

Rubinos 2000: 439; Van Strydonck y Maes 2001: 170; Van Strydonck et alii 2001: 30.

| Yacimiento | Isla | Municipio | Exclusión |
|---|---|---|---|
| Biniai Nou | Menorca | Maó | ☐ |

| Código laboratorio | Valor ap(BP) | Valor ane(BC) | ± | Muestra |
|---|---|---|---|---|
| KIA-11901 | 3605 | 1655 | 30 | Hueso humano |

| cal ANE m | cal ANE 1s | cal ANE 2s | cal ANE dir | δ 13C | δ 15N | C/N |
|---|---|---|---|---|---|---|
| 1953 | 1999 / 1908 | 2030 / 1890 | 1953 | -19.62 | 9.83 | 2.84 |

**Registro arqueológico**

Monumento 2. Muestra nº 8.

**Estructura** Hipogeo entrada megalítica

**Significado arqueológico**

Data un momento, probablemente inicial, en el uso de la sepultura colectiva.

**Observaciones**

CLT: KIK-1597.

**Bibliografía**

Van Strydonck et alii 2002: 38; Van Strydonck et alii 2004, e.p.: tabla 1.

| Yacimiento | Isla | Municipio | Exclusión |
|---|---|---|---|
| Biniai Nou | Menorca | Maó | ☐ |

| Código laboratorio | Valor ap(BP) | Valor ane(BC) | | Muestra |
|---|---|---|---|---|
| UtC-7847 | 3310 | 1360 | ± 45 | Hueso humano |

| cal ANE m | cal ANE 1s | cal ANE 2s | cal ANE dir | δ 13C | δ 15N | C/N |
|---|---|---|---|---|---|---|
| 1589 | 1651 / 1527 | 1706 / 1486 | 1579 | -19.89 | | |

**Registro arqueológico**

Monumento 2. Restos humanos hallados en el sector de la cámara, bajo empedrado. Muestra nº 2 (BN248).

**Estructura** Hipogeo entrada megalítica

**Significado arqueológico**

Data un momento en el uso de la sepultura colectiva, previo a la remodelación que supuso el acondicionamiento de un empedrado en la cámara funeraria.

**Observaciones**

CLT: KIK-990.

**Bibliografía**

Rubinos 2000: 439; Van Strydonck y Maes 2001: 170; Van Strydonck et alii 2001: 30.

| Yacimiento | Isla | Municipio | Exclusión |
|---|---|---|---|
| Biniai Nou | Menorca | Maó | ☐ |

| Código laboratorio | Valor ap(BP) | Valor ane(BC) | | Muestra |
|---|---|---|---|---|
| UtC-9043 | 3290 | 1340 | ± 40 | Hueso humano |

| cal ANE m | cal ANE 1s | cal ANE 2s | cal ANE dir | δ 13C | δ 15N | C/N |
|---|---|---|---|---|---|---|
| 1564 | 1616 / 1513 | 1668 / 1474 | 1547 | -19.5 | 8.63 | 2.99 |

**Registro arqueológico**

Monumento 2. Restos humanos hallados en el sector de la cámara, bajo empedrado, en el interior del cuenco nº inv. 26919. Muestra nº 5.

**Estructura** Hipogeo entrada megalítica

**Significado arqueológico**

Data un momento en el uso de la sepultura colectiva, previo a la remodelación que supuso el acondicionamiento de un empedrado en la cámara funeraria.

**Observaciones**

La relación isotópica de la muestra ósea datada denota una dieta omnívora. CLT: KIK-1087.

**Bibliografía**

Rubinos 2000: 439; Van Strydonck y Maes 2001: 170; Van Strydonck et alii 2001: 30; Plantalamor y Marquès 2001: 98.

| Yacimiento | Isla | Municipio | Exclusión |
|---|---|---|---|
| Biniai Nou | Menorca | Maó | ☐ |

| Código laboratorio | Valor ap(BP) | Valor ane(BC) | ± | Muestra |
|---|---|---|---|---|
| UtC-8951 | 3200 | 1250 | 35 | Hueso humano |

| cal ANE m | cal ANE 1s | cal ANE 2s | cal ANE dir | δ 13C | δ 15N | C/N |
|---|---|---|---|---|---|---|
| 1466 | 1508 / 1424 | 1533 / 1404 | 1462 | -19.67 | 8.42 | 2.87 |

**Registro arqueológico**

Monumento 2. Restos humanos hallados en el sector de la cámara, sobre empedrado. Muestra nº 7.

**Estructura** Hipogeo entrada megalítica

**Significado arqueológico**

Data un momento de reutilización de la sepultura colectiva, posterior a la remodelación que supuso el acondicionamiento de un empedrado en la cámara funeraria.

**Observaciones**

La relación isotópica de la muestra ósea datada denota una dieta omnívora. CLT: KIK-1072.

**Bibliografía**

Rubinos 2000: 439; Van Strydonck y Maes 2001: 170; Van Strydonck et alii 2001: 30.

| Yacimiento | Isla | Municipio | Exclusión |
|---|---|---|---|
| Biniai Nou | Menorca | Maó | ☐ |

| Código laboratorio | Valor ap(BP) | Valor ane(BC) | ± | Muestra |
|---|---|---|---|---|
| UtC-7845 | 2935 | 985 | 40 | Hueso humano |

| cal ANE m | cal ANE 1s | cal ANE 2s | cal ANE dir | δ 13C | δ 15N | C/N |
|---|---|---|---|---|---|---|
| 1136 | 1222 / 1051 | 1284 / 1004 | 1134 | -19.65 | | |

**Registro arqueológico**

Monumento 2. Restos humanos hallados en el sector de la cámara, sobre empedrado. Muestra nº 3.

**Estructura** Hipogeo entrada megalítica

**Significado arqueológico**

Data un momento de reutilización de la sepultura colectiva, posterior a la remodelación que supuso el acondicionamiento de un empedrado en la cámara funeraria.

**Observaciones**

CLT: KIK-978.

**Bibliografía**

Rubinos 2000: 439; Van Strydonck y Maes 2001: 170; Van Strydonck et alii 2001: 30.

| Yacimiento | Isla | Municipio | Exclusión |
|---|---|---|---|
| Biniai Nou | Menorca | Maó | ☐ |

| Código laboratorio | Valor ap(BP) | Valor ane(BC) | | Muestra |
|---|---|---|---|---|
| UtC-7846 | 2270 | 320 | ± 45 | Hueso humano |

| cal ANE m | cal ANE 1s | cal ANE 2s | cal ANE dir | δ 13C | δ 15N | C/N |
|---|---|---|---|---|---|---|
| 317 | 390 / 244 | 412 / 196 | 370 | -19.48 | 10.66 | 2.79 |

**Registro arqueológico**

Monumento 2. Restos humanos hallados en el sector de la cámara, sobre empedrado. Muestra nº 1 (BN340).

**Estructura** Varia funerario

**Significado arqueológico**

Data una inhumación desvinculada cronológicamente del uso original de la sepultura. Puede entenderse como reutilización funeraria entre los restos de una estructura previa.

**Observaciones**

CLT: KIK-980.

**Bibliografía**

Rubinos 2000: 439; Van Strydonck y Maes 2001: 170; Van Strydonck et alii 2001: 30; Van Strydonck et alii 2004, e.p.: tabla 1.

**Yacimiento** Binicalaf

La única datación asociada a este asentamiento talayótico se realizó a partir de una muestra de vida larga procedente del hogar de una vivienda adosada al talayot. El resultado cae de lleno dentro del intervalo de incertidumbre conocido como "meseta de Hallstatt". Esperemos que la publicación completa de las excavaciones realizadas contribuya a proporcionar más luz sobre este momento.

Referencias: Plantalamor y Rita (1979).

| **Yacimiento** | **Isla** | **Municipio** | **Exclusión** |
|---|---|---|---|
| Binicalaf | Menorca | Maó | ☐ |

| **Código laboratorio** | **Valor ap(BP)** | **Valor ane(BC)** | ± | **Muestra** |
|---|---|---|---|---|
| HAR-2891 | 2570 | 620 | 100 | Carbón |

| **cal ANE m** | **cal ANE 1s** | **cal ANE 2s** | **cal ANE dir** | **δ 13C** | **δ 15N** | **C/N** |
|---|---|---|---|---|---|---|
| 689 | 838 / 540 | 906 / 435 | 760 | | | |

**Registro arqueológico**

Hogar en estructura de habitación rectangular adosada al talayot. Cata occidental.

**Estructura** Asentamiento talayótico

**Significado arqueológico**

La datación alude al uso final o abandono de una estructura habitacional conectada estratigráficamente a un talayot. Lamentablemente, su resolución cronológica se ve mermada al corresponder a una muestra de vida larga y situarse su calibración en el intervalo incierto de la "meseta de Hallstatt".

**Observaciones**

**Bibliografía**

Waldren 1982a: 507; 1982b: 1A: 29; 1986: tabla 16b; Plantalamor y Rita 1979: 83; Plantalamor 1991: 283.

**Yacimiento** Binigafull

La única datación disponible para este hipogeo en horno presenta una elevada desviación estándar que reduce su fiabilidad.

Referencias: Mestres y de Nicolás (1999).

| **Yacimiento** | **Isla** | **Municipio** | **Exclusión** |
|---|---|---|---|
| Binigafull | Menorca | Maó | ☑ |

| **Código laboratorio** | **Valor ap(BP)** | **Valor ane(BC)** | ± | **Muestra** |
|---|---|---|---|---|
| UBAR-427 | 2650 | 700 | 290 | Hueso humano |

| **cal ANE m** | **cal ANE 1s** | **cal ANE 2s** | **cal ANE dir** | **δ 13C** | **δ 15N** | **C/N** |
|---|---|---|---|---|---|---|
| | | | | | | |

**Registro arqueológico**

Nivel funerario expoliado de un hipogeo circular tipo "forn" o I de Veny (1982).

**Estructura** Hipogeo simple

**Significado arqueológico**

Alude genéricamente a un momento dentro del intervalo de uso de la sepultura colectiva. Sin embargo, la amplia desviación estándar reduce la fiabilidad de la datación.

**Observaciones**

Excluida por desviación tipo muy elevada.

**Bibliografía**

Mestres y de Nicolás 1999: apéndice.

**Yacimiento** Binimaimut

La única datación asociada a esta naveta se obtuvo a partir de una muestra de huesos humanos recogida de la terrera de una excavación clandestina. Pese a lo desafortunado de este contexto, podemos mantener que testimonia un momento en el uso del monumento funerario a caballo entre los siglos X y IX cal ANE.

Referencias: Mestres y de Nicolás (1999).

| **Yacimiento** | **Isla** | **Municipio** | **Exclusión** |
|---|---|---|---|
| Binimaimut | Menorca | Maó | ☐ |

| **Código laboratorio** | **Valor ap(BP)** | **Valor ane(BC)** | **Muestra** |
|---|---|---|---|
| UBAR-425 | 2760 | 810 ± 60 | Hueso humano |

| **cal ANE m** | **cal ANE 1s** | **cal ANE 2s** | **cal ANE dir** | **δ 13C** | **δ 15N** | **C/N** |
|---|---|---|---|---|---|---|
| 904 | 959 / 849 | 1043 / 809 | 889 | | | |

**Registro arqueológico**

Terrera de excavación clandestina.

**Estructura** Naveta

**Significado arqueológico**

Pese a lo desafortunado del contexto de procedencia de la muestra, el resultado puede considerarse representativo de un momento del uso funerario de la naveta.

**Observaciones**

**Bibliografía**

Mestres y de Nicolás 1999: apéndice.

**Yacimiento** Biniparratx Petit

Las once dataciones radiocarbónicas poseen el valor de pautar las diferentes ocupaciones en este asentamiento plurifásico y, además, de proporcionar balizas cronológicas muy útiles para la datación de los talayots en general. La excavación se realizó en cuatro sectores (A-D), aunque los más interesantes corresponden al talayot y áreas adyacentes (Sector D), y a la llamada "Casa Serra Belabre" (Sector B).

Bajo el paramento del talayot se excavaron los restos de una ocupación inmediatamente anterior a la construcción del turriforme. Del depósito sedimentario correspondiente (UE 205 y UE 206) se han datado cuatro muestras de huesos faunísticos (KIA-15221, KIA-15222, KIA-15220, KIA-15219) que se concentran entre inicios del X y finales del siglo IX cal ANE. Ello prueba que el turriforme no fue edificado antes del límite inferior del citado intervalo. Otra muestra de fauna, esta vez procedente de una unidad estratigráfica que se adosaba al paramento externo del talayot (UE 204) proporcionó una datación cuyo resultado cae en el intervalo de incertidumbre de la "meseta de Hallstatt" (KIA-15245). Combinando ambas observaciones, la fecha de construcción del talayot puede datarse con mucha probabilidad en algún momento de finales del siglo IX y de la primera mitad del siglo VIII cal ANE. Esta constatación reviste una especial importancia, ya que no abundan los casos en que puede asegurarse con tanta fiabilidad la exactitud en la datación de un talayot. Desde esta perspectiva, las dos fechas obtenidas a partir de sendas muestras de carbón vegetal tomadas de restos de elementos estructurales hallados en la parte alta del talayot (KIA-15698 y KIA-15699) se nos presentan como ejemplos paradigmáticos del "efecto de madera vieja". Sus resultados se sitúan entre los siglos XIV y XII cal ANE, nada menos que unos cuatro siglos antes de la construcción del talayot. Ejemplos como éste llaman a la reflexión a la hora de valorar las informaciones derivadas de la smuestras de vida larga.

En lo que respecta a la "Casa Serra Belabre", una datación realizada a partir de un hueso de fauna hallado en el relleno de sus muros (KIA-15218) garantiza que su construcción aconteció con posterioridad a finales del siglo V cal ANE.

Para finalizar el comentario de la serie, cabe señalar que la excavación del Sector A ha permitido documentar restos de una ocupación sincrónica a aquélla inmediatamente anterior a la construcción del talayot. Dos fechas entre finales del X e inicios del IX cal ANE, obtenidas a partir de muestras faunísticas, así lo atestiguan (KIA-15728 y KIA-15700; UE 30 y UE 8).

Referencias: Gornés et alii (2001), Guerrero et alii (2002).

| Yacimiento | Isla | Municipio | Exclusión |
|---|---|---|---|
| Biniparratx Petit | Menorca | Sant Lluís | ☐ |

| Código laboratorio | Valor ap(BP) | Valor ane(BC) | ± | Muestra |
|---|---|---|---|---|
| KIA-15698 | 3065 | 1115 | 35 | Carbón |

| cal ANE m | cal ANE 1s | cal ANE 2s | cal ANE dir | δ 13C | δ 15N | C/N |
|---|---|---|---|---|---|---|
| 1341 | 1395 / 1287 | 1413 / 1237 | 1344 | -23 | | |

**Registro arqueológico**

Talayot. Cámara superior. UE106. Pilastra nº 3. Muestra nº 1.

**Estructura** Talayot

**Significado arqueológico**

La datación, sobre muestra de vida larga, indica un momento varios siglos anterior a la construcción del monumento. Este evento puede situarse más ajustadamente a partir de las muestras procedentes de las UE206 y 205 del Sector D.

**Observaciones**

CLT: KIK-2026.

**Bibliografía**

Gornés et alii 2001: 233; Van Strydonck et alii 2002: 39; Guerrero et alii 2002: 515.

| Yacimiento | Isla | Municipio | Exclusión |
|---|---|---|---|
| Biniparratx Petit | Menorca | Sant Lluís | ☐ |

| Código laboratorio | Valor ap(BP) | Valor ane(BC) | ± | Muestra |
|---|---|---|---|---|
| KIA-15699 | 2965 | 1015 | 30 | Carbón |

| cal ANE m | cal ANE 1s | cal ANE 2s | cal ANE dir | δ 13C | δ 15N | C/N |
|---|---|---|---|---|---|---|
| 1194 | 1260 / 1128 | 1291 / 1059 | 1189 | -24.9 | | |

**Registro arqueológico**

Talayot. Cámara superior. UE106. Pilastra nº 2. Muestra nº 2.

**Estructura** Talayot

**Significado arqueológico**

La datación, sobre muestra de vida larga, indica un momento varios siglos anterior a la construcción del monumento. Este evento puede situarse más ajustadamente a partir de las muestras procedentes de las UE206 y 205 del Sector D.

**Observaciones**

CLT: KIK-2027.

**Bibliografía**

Gornés et alii 2001: 234; Van Strydonck et alii 2002: 39; Guerrero et alii 2002: 515.

| Yacimiento | Isla | Municipio | Exclusión |
|---|---|---|---|
| Biniparratx Petit | Menorca | Sant Lluís | ☐ |

| Código laboratorio | Valor ap(BP) | Valor ane(BC) | ± | Muestra |
|---|---|---|---|---|
| KIA-15221 | 2825 | 875 | 25 | Hueso fauna doméstica |

| cal ANE m | cal ANE 1s | cal ANE 2s | cal ANE dir | δ 13C | δ 15N | C/N |
|---|---|---|---|---|---|---|
| 963 | 1003 / 924 | 1032 / 908 | 981 | -20.14 | 4.52 | 2.77 |

**Registro arqueológico**

Sector D. Nivel bajo talayot UE206; conjunto 12; x (1) = 5,40, y (3) = 4,90. Grieta entre piedras basales 10-11 del talayot. Muestra nº 5.

**Estructura** Hábitat indeterminado

**Significado arqueológico**

La datación indica un momento de frecuentación o uso previo a la construcción del talayot. La fecha más próxima a este evento la proporciona la datación más reciente de la serie radiocarbónica de las UE206 y 205 (KIA-15219).

**Observaciones**

CLT: KIK-1989.

**Bibliografía**

Gornés et alii 2001: 231-232; Van Strydonck et alii 2002: 39; Guerrero et alii 2002: 514.

| Yacimiento | Isla | Municipio | Exclusión |
|---|---|---|---|
| Biniparratx Petit | Menorca | Sant Lluís | ☐ |

| Código laboratorio | Valor ap(BP) | Valor ane(BC) | ± | Muestra |
|---|---|---|---|---|
| KIA-15222 | 2775 | 825 | 40 | Hueso fauna doméstica |

| cal ANE m | cal ANE 1s | cal ANE 2s | cal ANE dir | δ 13C | δ 15N | C/N |
|---|---|---|---|---|---|---|
| 912 | 960 / 865 | 1012 / 832 | 911 | -21.56 | 5.55 | 2.58 |

**Registro arqueológico**

Sector D. Nivel bajo talayot UE206; conjunto 12, x (1) = 5,40, y (3) = 4,90. Grieta entre piedras basales 10-11 del talayot. Muestra nº 8.

**Estructura** Hábitat indeterminado

**Significado arqueológico**

La datación indica un momento de frecuentación o uso previo a la construcción del talayot. La fecha más próxima a este evento la proporciona la datación más reciente de la serie radiocarbónica de las UE206 y 205 (KIA-15219).

**Observaciones**

CLT: KIK-1990.

**Bibliografía**

Gornés et alii 2001: 231; Van Strydonck et alii 2002: 39; Guerrero et alii 2002: 514.

| Yacimiento | Isla | Municipio | Exclusión |
|---|---|---|---|
| Biniparratx Petit | Menorca | Sant Lluís | ☐ |

| Código laboratorio | Valor ap(BP) | Valor ane(BC) | ± | Muestra |
|---|---|---|---|---|
| KIA-15728 | 2765 | 815 | 30 | Hueso fauna doméstica |

| cal ANE m | cal ANE 1s | cal ANE 2s | cal ANE dir | δ 13C | δ 15N | C/N |
|---|---|---|---|---|---|---|
| 892 | 928 / 857 | 983 / 830 | 907 | -21 | | 2.83 |

**Registro arqueológico**

Sector A. UE30/BP01. Nivel de relleno entre las irregularidades de la roca.

**Estructura** Hábitat indeterminado

**Significado arqueológico**

La datación indica un momento de frecuentación o uso social del lugar previo a la construcción del talayot.

**Observaciones**

CLT: KIK-2056.

**Bibliografía**

Gornés et alii 2001: 233; Van Strydonck et alii 2002: 40; Guerrero et alii 2002: 515-515.

| Yacimiento | Isla | Municipio | Exclusión |
|---|---|---|---|
| Biniparratx Petit | Menorca | Sant Lluís | ☐ |

| Código laboratorio | Valor ap(BP) | Valor ane(BC) | ± | Muestra |
|---|---|---|---|---|
| KIA-15700 | 2735 | 785 | 30 | Hueso fauna doméstica |

| cal ANE m | cal ANE 1s | cal ANE 2s | cal ANE dir | δ 13C | δ 15N | C/N |
|---|---|---|---|---|---|---|
| 871 | 910 / 832 | 931 / 820 | 868 | -21.8 | | 2.66 |

**Registro arqueológico**

Sector A. UE8. Huesos de ovicáprido. Muestra nº 4.

**Estructura** Hábitat indeterminado

**Significado arqueológico**

La datación indica un momento de frecuentación o uso social del lugar previo a la construcción del talayot.

**Observaciones**

CLT: KIK-2028.

**Bibliografía**

Gornés et alii 2001: 232; Van Strydonck et alii 2002: 39; Guerrero et alii 2002: 514.

| Yacimiento | Isla | Municipio | Exclusión |
|---|---|---|---|
| Biniparratx Petit | Menorca | Sant Lluís | ☐ |

| Código laboratorio | Valor ap(BP) | Valor ane(BC) | | Muestra |
|---|---|---|---|---|
| KIA-15220 | 2735 | 785 ± | 25 | Hueso fauna doméstica |

| cal ANE m | cal ANE 1s | cal ANE 2s | cal ANE dir | δ 13C | δ 15N | C/N |
|---|---|---|---|---|---|---|
| 870 | 908 / 832 | 923 / 821 | 876, 868, 854 | -20.23 | 5.66 | 5.32 |

**Registro arqueológico**

Sector D. Nivel bajo talayot UE206; conjunto 14; x (1) = 5,00, y (3) = 5,25. Grieta entre las piedras basales 9-10 del talayot. Muestra nº 10.

**Estructura** Hábitat indeterminado

**Significado arqueológico**

La datación indica un momento de frecuentación o uso previo a la construcción del talayot. La fecha más próxima a este evento la proporciona la datación más reciente de la serie radiocarbónica de las UE206 y 205 (KIA-15219).

**Observaciones**

CLT: KIK-1988.

**Bibliografía**

Gornés et alii 2001: 231; Van Strydonck et alii 2002: 39; Guerrero et alii 2002: 513-514.

| Yacimiento | Isla | Municipio | Exclusión |
|---|---|---|---|
| Biniparratx Petit | Menorca | Sant Lluís | ☐ |

| Código laboratorio | Valor ap(BP) | Valor ane(BC) | | Muestra |
|---|---|---|---|---|
| KIA-15219 | 2685 | 735 ± | 30 | Hueso fauna doméstica |

| cal ANE m | cal ANE 1s | cal ANE 2s | cal ANE dir | δ 13C | δ 15N | C/N |
|---|---|---|---|---|---|---|
| 829 | 844 / 815 | 897 / 804 | 825 | -19.97 | 6.65 | 2.72 |

**Registro arqueológico**

Sector D. Nivel bajo talayot UE205 (tierra roja sobre roca); conjunto 17; x (1) = 4,45, y (3) = 6,60. Frente a grieta formada por las piedras basales 6-7 del talayot. Muestra nº 7.

**Estructura** Hábitat indeterminado

**Significado arqueológico**

La datación indica el momento de frecuentación o uso previo a la construcción del talayot, más próximo a dicho evento.

**Observaciones**

CLT: KIK-1987.

**Bibliografía**

Gornés et alii 2001: 230-231; Van Strydonck et alii 2002: 39; Guerrero et alii 2002: 513.

| Yacimiento | Isla | Municipio | Exclusión |
|---|---|---|---|
| Biniparratx Petit | Menorca | Sant Lluís | ☐ |

| Código laboratorio | Valor ap(BP) | Valor ane(BC) | | Muestra |
|---|---|---|---|---|
| KIA-15245 | 2475 | 525 | ± 30 | Hueso fauna doméstica |

| cal ANE m | cal ANE 1s | cal ANE 2s | cal ANE dir | δ 13C | δ 15N | C/N |
|---|---|---|---|---|---|---|
| 637 | 763 / 512 | 774 / 425 | 750, 696, 547 | -20.22 | 6.34 | 2.8 |

**Registro arqueológico**

Sector D. Nivel adosado al talayot UE204; conjunto 8; x (2) = 6,70, y (5) = 6,80; z = -103 cm. Huesos de ovicáprido. Muestra nº 9.

**Estructura** Asentamiento talayótico

**Significado arqueológico**

La datación señala un momento de actividad dentro del intervalo de la ocupación talayótica, ya que la UE204 se adosaba al exterior del talayot. De hecho una gran fogata realizada en este nivel afectó a las piedras del talayot.

**Observaciones**

Nivel sin cerámica a torno. CLT: KIK-2013.

**Bibliografía**

Gornés et alii 2001: 230, 232; Van Strydonck et alii 2002: 39; Guerrero et alii 2002: 514.

| Yacimiento | Isla | Municipio | Exclusión |
|---|---|---|---|
| Biniparratx Petit | Menorca | Sant Lluís | ☐ |

| Código laboratorio | Valor ap(BP) | Valor ane(BC) | | Muestra |
|---|---|---|---|---|
| KIA-15218 | 2370 | 420 | ± 30 | Hueso fauna doméstica |

| cal ANE m | cal ANE 1s | cal ANE 2s | cal ANE dir | δ 13C | δ 15N | C/N |
|---|---|---|---|---|---|---|
| 409 | 422 / 396 | 502 / 384 | 407 | -22.06 | 4.55 | 2.99 |

**Registro arqueológico**

Casa Serra Belabre. Trinchera de fundamentación del muro norte UE36. X = 206; z = 0,9.

**Estructura** Asentamiento postalayótico

**Significado arqueológico**

La datación indica un momento previo, en medida indeterminada, en relación a la construcción de una estructura habitacional de planta circular (Casa Serra Belabre).

**Observaciones**

CLT: KIK-1986.

**Bibliografía**

Gornés et alii 2001: 234; Van Strydonck et alii 2002: 39; Guerrero et alii 2002: 515.

| Yacimiento | Isla | Municipio | Exclusión |
|---|---|---|---|
| Biniparratx Petit | Menorca | Sant Lluís | ☐ |

| Código laboratorio | Valor ap(BP) | Valor ane(BC) | ± | Muestra |
|---|---|---|---|---|
| KIA-16278 | 130 | -1820 | 30 | Hueso humano |

| cal ANE m | cal ANE 1s | cal ANE 2s | cal ANE dir | δ 13C | δ 15N | C/N |
|---|---|---|---|---|---|---|
| -1812 | -1675 / -1950 | -1666 / -1952 | ver "Observaciones" | -17.9 | | |

**Registro arqueológico**

Sector A. Esqueleto de individuo neonato hallado en el nivel superficial junto al talayot.

**Estructura** Varia funerario

**Significado arqueológico**

La datación documenta una deposición funeraria de época moderna o contemporánea junto a las ruinas del talayot.

**Observaciones**

cal ANE dir: -1688, -1735, -1819, -1928, -1948. CLT: KIK-2089.

**Bibliografía**

Van Strydonck et alii 2002: 40.

**Yacimiento** Binipati Nou

La naveta de Binipati Nou tiene una planta en forma de herradura alargada, fachada ligeramente cóncava, acceso a través de losa perforada en posición central, antecámara empedrada que conduce a otra losa perforada y cámara prácticamente oval. Con diez dataciones radiocarbónicas, este yacimiento ostenta la marca más alta dentro del grupo de las navetas. Todas las dataciones fueron obtenidas a partir de restos óseos humanos, por lo que cabe esperar que ofrezcan una idea bastante aproximada del tiempo en que este sepulcro colectivo estuvo en uso. Dicho intervalo se establece entre, aproximadamente, inicios del siglo XI e inicios del IX cal ANE. El hecho de que hayan participado dos laboratorios distintos en la datación de la serie (Oxford y Bruselas) refuerza todavía más la fiabilidad del intervalo obtenido.

Referencias: Plantalamor y Sastre (1991).

.

| Yacimiento | Isla | Municipio | Exclusión |
|---|---|---|---|
| Binipati Nou | Menorca | Ciutadella | ☐ |

| Código laboratorio | Valor ap(BP) | Valor ane(BC) | ± | Muestra |
|---|---|---|---|---|
| OxA-5815 | 2900 | 950 | 70 | Hueso humano |

| cal ANE m | cal ANE 1s | cal ANE 2s | cal ANE dir | δ 13C | δ 15N | C/N |
|---|---|---|---|---|---|---|
| 1082 | 1197 / 968 | 1318 / 888 | 1069 | -19.2 | | |

**Registro arqueológico**

Inhumación colectiva. Húmero izquierdo de individuo adulto.

**Estructura** Naveta

**Significado arqueológico**

La datación indica un momento dentro del intervalo de uso de la sepultura de inhumación colectiva.

**Observaciones**

**Bibliografía**

Hedges et alii 1996: 409.

| Yacimiento | Isla | Municipio | Exclusión |
|---|---|---|---|
| Binipati Nou | Menorca | Ciutadella | ☐ |

| Código laboratorio | Valor ap(BP) | Valor ane(BC) | | Muestra |
|---|---|---|---|---|
| OxA-5814 | 2880 | 930 | ± 65 | Hueso humano |

| cal ANE m | cal ANE 1s | cal ANE 2s | cal ANE dir | δ 13C | δ 15N | C/N |
|---|---|---|---|---|---|---|
| 1055 | 1158 / 952 | 1269 / 879 | 1041 | -18.8 | | |

**Registro arqueológico**

Inhumación colectiva. Húmero izquierdo de individuo adulto.

**Estructura** Naveta

**Significado arqueológico**

La datación indica un momento dentro del intervalo de uso de la sepultura de inhumación colectiva.

**Observaciones**

**Bibliografía**

Hedges et alii 1996: 409.

| Yacimiento | Isla | Municipio | Exclusión |
|---|---|---|---|
| Binipati Nou | Menorca | Ciutadella | ☐ |

| Código laboratorio | Valor ap(BP) | Valor ane(BC) | | Muestra |
|---|---|---|---|---|
| OxA-5817 | 2860 | 910 | ± 65 | Hueso humano |

| cal ANE m | cal ANE 1s | cal ANE 2s | cal ANE dir | δ 13C | δ 15N | C/N |
|---|---|---|---|---|---|---|
| 1026 | 1119 / 934 | 1246 / 865 | 1013 | -19.3 | | |

**Registro arqueológico**

Inhumación colectiva. Húmero izquierdo de individuo adulto.

**Estructura** Naveta

**Significado arqueológico**

La datación indica un momento dentro del intervalo de uso de la sepultura de inhumación colectiva.

**Observaciones**

**Bibliografía**

Hedges et alii 1996: 410.

| Yacimiento | Isla | Municipio | Exclusión |
| --- | --- | --- | --- |
| Binipati Nou | Menorca | Ciutadella | ☐ |

| Código laboratorio | Valor ap(BP) | Valor ane(BC) | ± | Muestra |
| --- | --- | --- | --- | --- |
| UtC-5536 | 2825 | 875 | 30 | Hueso humano |

| cal ANE m | cal ANE 1s | cal ANE 2s | cal ANE dir | δ 13C | δ 15N | C/N |
| --- | --- | --- | --- | --- | --- | --- |
| 966 | 1009 / 922 | 1045 / 901 | 976 | -19.5 | | |

**Registro arqueológico**

Inhumación colectiva. Hueso sin identificar. Muestra 6c.

**Estructura** Naveta

**Significado arqueológico**

La datación indica un momento dentro del intervalo de uso de la sepultura de inhumación colectiva.

**Observaciones**

Datación de tripéptidos obtenidos de la digestión colagenasa de gelatina. CLT: KIK-721.

**Bibliografía**

Van Strydonck et alii 2001: 4.

| Yacimiento | Isla | Municipio | Exclusión |
| --- | --- | --- | --- |
| Binipati Nou | Menorca | Ciutadella | ☐ |

| Código laboratorio | Valor ap(BP) | Valor ane(BC) | ± | Muestra |
| --- | --- | --- | --- | --- |
| UtC-5532 | 2810 | 860 | 35 | Hueso humano |

| cal ANE m | cal ANE 1s | cal ANE 2s | cal ANE dir | δ 13C | δ 15N | C/N |
| --- | --- | --- | --- | --- | --- | --- |
| 955 | 1000 / 910 | 1038 / 865 | 946 | -19.5 | | |

**Registro arqueológico**

Inhumación colectiva. Hueso sin identificar. Muestra 6a.

**Estructura** Naveta

**Significado arqueológico**

La datación indica un momento dentro del intervalo de uso de la sepultura de inhumación colectiva.

**Observaciones**

Datación de tripéptidos obtenidos de la digestión colagenasa de gelatina. Misma muestra que IRPA-1176=IRPA-1186. CLT: KIK-739.

**Bibliografía**

Van Strydonck et alii 2001: 4; Van Strydonck, Boudin y Ervynck 2003 e.p.: tabla 3.

| Yacimiento | Isla | Municipio | Exclusión |
|---|---|---|---|
| Binipati Nou | Menorca | Ciutadella | ☐ |

| Código laboratorio | Valor ap(BP) | Valor ane(BC) | ± | Muestra |
|---|---|---|---|---|
| IRPA-1176=IRPA-1186 | 2790 | 840 | 30 | Hueso humano |

| cal ANE m | cal ANE 1s | cal ANE 2s | cal ANE dir | δ 13C | δ 15N | C/N |
|---|---|---|---|---|---|---|
| 936 | 973 / 900 | 1007 / 848 | 921 | -20.1 | | |

**Registro arqueológico**

Inhumación colectiva. Hueso sin identificar.

**Estructura** Naveta

**Significado arqueológico**

La datación indica un momento dentro del intervalo de uso de la sepultura de inhumación colectiva.

**Observaciones**

Combinación de dos dataciones: IRPA-1176: 2760±40 BP, delta C13: -16,49 por mil; IRPA-1186: 2815±40 BP, delta C13: -20,1 por mil. Ésta se vuelve a publicar (Van Strydonck, Boudin y Ervynck 2002: tabla 2) con delta 13C: -19,50 por mil; 15N: +11,83 por mil; delta 13Ccarb: -9,66 por mil. Misma muestra que UtC-5532. Van Strydonck et alii (2004, e.p.: tabla 1) publican un valor convencional combinado de 2803±35 BP.

**Bibliografía**

Plantalamor y Van Strydonck 1997: 23; Van Strydonck et alii 1998: 32; Van Strydonck, Boudin y Ervynck 2002: tabla 2; Van Strydonck, Boudin y Ervynck 2003 e.p.: tabla 3; Van Strydonck et alii 2004, e.p.: tabla 1.

| Yacimiento | Isla | Municipio | Exclusión |
|---|---|---|---|
| Binipati Nou | Menorca | Ciutadella | ☐ |

| Código laboratorio | Valor ap(BP) | Valor ane(BC) | ± | Muestra |
|---|---|---|---|---|
| OxA-5813 | 2770 | 820 | 65 | Hueso humano |

| cal ANE m | cal ANE 1s | cal ANE 2s | cal ANE dir | δ 13C | δ 15N | C/N |
|---|---|---|---|---|---|---|
| 916 | 979 / 853 | 1072 / 810 | 902 | -19.4 | | |

**Registro arqueológico**

Inhumación colectiva. Húmero izquierdo de individuo adulto.

**Estructura** Naveta

**Significado arqueológico**

La datación indica un momento dentro del intervalo de uso de la sepultura de inhumación colectiva.

**Observaciones**

**Bibliografía**

Hedges et alii 1996: 409.

| Yacimiento | Isla | Municipio | Exclusión |
|---|---|---|---|
| Binipati Nou | Menorca | Ciutadella | ☐ |

| Código laboratorio | Valor ap(BP) | Valor ane(BC) | ± | Muestra |
|---|---|---|---|---|
| OxA-5816 | 2770 | 820 | ± 65 | Hueso humano |

| cal ANE m | cal ANE 1s | cal ANE 2s | cal ANE dir | δ 13C | δ 15N | C/N |
|---|---|---|---|---|---|---|
| 916 | 979 / 853 | 1072 / 810 | 902 | -19.1 | | |

**Registro arqueológico**

Inhumación colectiva. Húmero izquierdo de individuo adulto.

**Estructura** Naveta

**Significado arqueológico**

La datación indica un momento dentro del intervalo de uso de la sepultura de inhumación colectiva.

**Observaciones**

**Bibliografía**

Hedges et alii 1996: 409.

| Yacimiento | Isla | Municipio | Exclusión |
|---|---|---|---|
| Binipati Nou | Menorca | Ciutadella | ☐ |

| Código laboratorio | Valor ap(BP) | Valor ane(BC) | ± | Muestra |
|---|---|---|---|---|
| UtC-5531 | 2765 | 815 | ± 40 | Hueso humano |

| cal ANE m | cal ANE 1s | cal ANE 2s | cal ANE dir | δ 13C | δ 15N | C/N |
|---|---|---|---|---|---|---|
| 900 | 944 / 856 | 1003 / 829 | 903 | -23.3 | | |

**Registro arqueológico**

Inhumación colectiva. Hueso sin identificar. Muestra 6b.

**Estructura** Naveta

**Significado arqueológico**

La datación indica un momento dentro del intervalo de uso de la sepultura de inhumación colectiva.

**Observaciones**

Datación de tripéptidos obtenidos de la digestión colagenasa de gelatina. Publicación presuntamente errónea como 6765±40BP en Van Strydonck et alii 2001: 4. CLT: KIK-720.

**Bibliografía**

Van Strydonck et alii 2001: 4; Van Strydonck 2002 e.p.: tabla 1.

| Yacimiento | Isla | Municipio | Exclusión |
|---|---|---|---|
| Binipati Nou | Menorca | Ciutadella | ☐ |

| Código laboratorio | Valor ap(BP) | Valor ane(BC) | | Muestra |
|---|---|---|---|---|
| OxA-5812 | 2750 | 800 | ± 70 | Hueso humano |

| cal ANE m | cal ANE 1s | cal ANE 2s | cal ANE dir | δ 13C | δ 15N | C/N |
|---|---|---|---|---|---|---|
| 900 | 960 / 840 | 1063 / 796 | 881 | -19.3 | | |

**Registro arqueológico**

Inhumación colectiva. Húmero izquierdo de individuo adulto.

**Estructura** Naveta

**Significado arqueológico**

La datación indica un momento dentro del intervalo de uso de la sepultura de inhumación colectiva.

**Observaciones**

**Bibliografía**

Hedges et alii 1996: 409.

**Yacimiento** Ca Na Costa

El dolmen de Ca Na Costa es el único ejemplar de este tipo de monumentos excavado en las Pitiusas. Su arquitectura también le separa de los modelos característicos de Mallorca y Menorca, al poseer una cámara de planta circular y un túmulo formado por tres anillos pétreos, uno de los cuales, el intermedio, tiene la particularidad de integrar una serie de ortostatos dispuestos radialmente.

La serie radiocarbónica consta de tres dataciones. La efectuada en primer lugar, BM-1677, fue calculada erróneamente por el laboratorio y ha de ser excluida. Recientemente, se han obtenido dos fechas más a partir de restos óseos recuperados en las excavaciones de los años setenta (KIA-14329 y KIA-14330). Los resultados de ambas han dado valores muy próximos entre sí. Tomadas en conjunto, delimitan un intervalo que cubre aproximadamente los siglos XIX y XVIII cal ANE. Por tanto, informan el funcionamiento del dolmen en esta temporalidad, aunque al disponer de tan sólo dos dataciones no podemos descartar que el intervalo completo de uso fuera más amplio.

Referencias: Fernández Gómez, Plantalamor y Topp (1984, 1987).

.

| Yacimiento | Isla | Municipio | Exclusión |
|---|---|---|---|
| Ca Na Costa | Formentera | Sant Francesc de Formentera | ☐ |

| Código laboratorio | Valor ap(BP) | Valor ane(BC) | ± | Muestra |
|---|---|---|---|---|
| KIA-14329 | 3595 | 1645 | 35 | Hueso humano |

| cal ANE m | cal ANE 1s | cal ANE 2s | cal ANE dir | δ 13C | δ 15N | C/N |
|---|---|---|---|---|---|---|
| 1944 | 1986 / 1901 | 2029 / 1875 | 1937 | -18.69 | 9.06 | 2.82 |

**Registro arqueológico**

Sepulcro megalítico de cámara circular y corredor. Calcáneo izquierdo. Muestra CNC-01.

**Estructura** Dolmen

**Significado arqueológico**

La datación indica un momento dentro del intervalo de uso de la sepultura de inhumación colectiva.

**Observaciones**

CLT: KIK-1898.

**Bibliografía**

Guerrero y Calvo 2001: 173; Van Strydonck et alii 2002: 47; Van Strydonck et alii 2004, e.p.: tabla 1.

| Yacimiento | Isla | Municipio | Exclusión |
|---|---|---|---|
| Ca Na Costa | Formentera | Sant Francesc de Formentera | ☐ |

| Código laboratorio | Valor ap(BP) | Valor ane(BC) | ± | Muestra |
|---|---|---|---|---|
| KIA-14330 | 3535 | 1585 | 40 | Hueso humano |

| cal ANE m | cal ANE 1s | cal ANE 2s | cal ANE dir | δ 13C | δ 15N | C/N |
|---|---|---|---|---|---|---|
| 1850 | 1915 / 1784 | 1972 / 1740 | 1888 | -18.79 | 12.74 | 2.73 |

**Registro arqueológico**

Sepulcro megalítico de cámara circular y corredor. Calcáneo izquierdo. Muestra CNC-02.

**Estructura** Dolmen

**Significado arqueológico**

La datación indica un momento dentro del intervalo de uso de la sepultura de inhumación colectiva.

**Observaciones**

CLT: KIK-1899.

**Bibliografía**

Guerrero y Calvo 2001: 173; Van Strydonck et alii 2002: 47; Van Strydonck et alii 2004, e.p.: tabla 1.

| Yacimiento | Isla | Municipio | Exclusión |
|---|---|---|---|
| Ca Na Costa | Formentera | Sant Francesc de Formentera | ☑ |

| Código laboratorio | Valor ap(BP) | Valor ane(BC) | ± | Muestra |
|---|---|---|---|---|
| BM-1677 | 3270 | 1320 | 80 | Hueso humano |

| cal ANE m | cal ANE 1s | cal ANE 2s | cal ANE dir | δ 13C | δ 15N | C/N |
|---|---|---|---|---|---|---|
| | | | | -18.9 | | |

**Registro arqueológico**

Sepulcro megalítico de cámara circular y corredor. Sector III de la cámara. Cuadro 4.

**Estructura** Dolmen

**Significado arqueológico**

Los errores del laboratorio al efectuar el cálculo anulan la utilidad de la datación, aun cuando probablemente el resultado ofrecido no esté demasiado alejado de la edad real.

**Observaciones**

Excluida. Imposible corregir los errores detectados en el laboratorio del British Museum (Bowman, Ambers y Leese 1990: 79). Costa y Fernández (1992) la publican con una desviación tipo de ±75.

**Bibliografía**

Burleigh, Ambers y Matthews 1982: 282; Fernández, Plantalamor y Topp 1987: 44; Costa y Fernández 1992: 295; Bowman, Ambers y Leese 1990: 79.

**Yacimiento** Ca Na Cotxera

En este asentamiento al aire libre se distinguieron tres niveles. El primero ("a") fue definido como superficial y contenía materiales de diversas épocas históricas. El segundo nivel ("b"), de carácter habitacional, excavó parcialmente el nivel inferior y se le asocia un recinto en piedra de planta trapezoidal. Finalmente, el tercer nivel ("c") proporcionó un amplio lote de cerámicas decoradas y fue vinculado con un perímetro murario exterior de mayores dimensiones que el anteriormente citado.

En una publicación anterior (Lull et alii 1999: 28-29), expresamos nuestras dudas acerca de que el nivel "c" se asociase al citado recinto de piedra. Por otro lado, sugerimos que la datación radiocarbónica disponible en aquel momento (Y-5515) se asociaba en realidad al nivel "c" en lugar de al nivel "b", como se había afirmado. La realización de dos dataciones más a partir de muestras de fauna procedentes del nivel "c" nos ha dado la razón (KIA-17389 y KIA-17390), ya que sus resultados coinciden plenamente con el de la fecha comentada anteriormente. Así pues, los valores conjuntos de las tres dataciones configuran un intervalo acotado aproximadamente entre 2200 y 2000 cal ANE, al que pueden asociarse los abundantes materiales de filiación campaniforme y también el repertorio de cerámicas lisas incluidos en el nivel "c".

Referencias: Cantarellas (1972a).

.

| **Yacimiento** | **Isla** | **Municipio** | **Exclusión** |
|---|---|---|---|
| Ca Na Cotxera | Mallorca | Muro | ☐ |

| **Código laboratorio** | **Valor ap(BP)** | **Valor ane(BC)** | ± | **Muestra** |
|---|---|---|---|---|
| KIA-17389 | 3770 | 1820 | 30 | Hueso fauna doméstica |

| **cal ANE m** | **cal ANE 1s** | **cal ANE 2s** | **cal ANE dir** | **δ 13C** | **δ 15N** | **C/N** |
|---|---|---|---|---|---|---|
| 2177 | 2218 / 2137 | 2289 / 2065 | 2192 | -18.7 | | 2.75 |

**Registro arqueológico**

Nivel C. Hueso atlas de oveja.

**Estructura** Asentamiento al aire libre

**Significado arqueológico**

La datación sitúa la primera ocupación del asentamiento en las postrimerías del III milenio cal ANE. Al nivel C se asocian cerámicas decoradas de estilo campaniforme.

**Observaciones**

CLT: KIK-2202.

**Bibliografía**

Guerrero 2002a: 212; Van Strydonck et alii 2002: 47.

| Yacimiento | Isla | Municipio | Exclusión |
|---|---|---|---|
| Ca Na Cotxera | Mallorca | Muro | ☐ |

| Código laboratorio | Valor ap(BP) | Valor ane(BC) | ± | Muestra |
|---|---|---|---|---|
| Y-5515 | 3750 | 1800 | 100 | Carbón |

| cal ANE m | cal ANE 1s | cal ANE 2s | cal ANE dir | δ 13C | δ 15N | C/N |
|---|---|---|---|---|---|---|
| 2156 | 2309 / 2004 | 2456 / 1874 | 2145 | | | |

**Registro arqueológico**

Nivel B según Cantarellas (aunque probablemente del nivel C). Hogar. Testigo 8, z = -62 cm.

**Estructura** Asentamiento al aire libre

**Significado arqueológico**

La datación coincide cronológicamente con las otras dos dataciones asociadas al nivel C. Muy probablemente, la muestra procedía en realidad de este nivel o bien se trataba de materiales redepositados en el nivel B.

**Observaciones**

**Bibliografía**

Cantarellas 1972a: 216; 1972b: 49; Waldren 1986: tabla 16; Lull et alii 1999: 29.

| Yacimiento | Isla | Municipio | Exclusión |
|---|---|---|---|
| Ca Na Cotxera | Mallorca | Muro | ☐ |

| Código laboratorio | Valor ap(BP) | Valor ane(BC) | ± | Muestra |
|---|---|---|---|---|
| KIA-17390 | 3710 | 1760 | 25 | Hueso fauna doméstica |

| cal ANE m | cal ANE 1s | cal ANE 2s | cal ANE dir | δ 13C | δ 15N | C/N |
|---|---|---|---|---|---|---|
| 2086 | 2134 / 2038 | 2190 / 2020 | 2124, 2067, 2064 | -19.6 | | 2.73 |

**Registro arqueológico**

Nivel C. Falange de bóvido.

**Estructura** Asentamiento al aire libre

**Significado arqueológico**

La datación sitúa la primera ocupación del asentamiento en las postrimerías del III milenio cal ANE. Al nivel C se asocian cerámicas decoradas de estilo campaniforme.

**Observaciones**

CLT: KIK-2203.

**Bibliografía**

Guerrero 2002a: 212; Van Strydonck et alii 2002: 47.

**Yacimiento** Cala Blanca

Las dos dataciones radiocarbónicas de este yacimiento proporcionan algunos de los hitos cronológicos más antiguos para fechar las estructuras de planta naviforme. La excavación permitió documentar tres niveles: el superior, que contenía materiales asignados a época talayótica, el inferior, asociado a materiales de filiación pretalayótica y un tercero, intermedio, que contenía piezas de difícil adscripción cultural. Pese a que las muestras de fauna datadas procedían del nivel superior, en una publicación anterior argumentamos que la más antigua debería corresponder en realidad a la ocupación inicial (Lull et alii 1999: 43-44). De esta forma, la secuencia ocupacional de la estructura quedaría enmarcada aproximadamente entre los siglos XVI y XIV cal ANE.

Referencias: Juan y Plantalamor (1997).

.

| **Yacimiento** | **Isla** | **Municipio** | **Exclusión** |
|---|---|---|---|
| Cala Blanca | Menorca | Ciutadella | ☐ |

| **Código laboratorio** | **Valor ap(BP)** | **Valor ane(BC)** | ± | **Muestra** |
|---|---|---|---|---|
| IRPA-1123 | 3320 | 1370 | ± 40 | Hueso fauna doméstica |

| **cal ANE m** | **cal ANE 1s** | **cal ANE 2s** | **cal ANE dir** | **δ 13C** | **δ 15N** | **C/N** |
|---|---|---|---|---|---|---|
| 1594 | 1656 / 1533 | 1709 / 1502 | 1602 | -19.7 | | |

**Registro arqueológico**

Estructura de habitación naviforme. Sector B-4. Nivel de arena roja.

**Estructura** Asentamiento de estructuras naviformes

**Significado arqueológico**

La datación resulta representativa de la primera ocupación de la estructura habitacional naviforme.

**Observaciones**

**Bibliografía**

Plantalamor y Van Strydonck 1997: 73; Van Strydonck et alii 1998: 34; Lull et alii 1999: 43-44.

| Yacimiento | Isla | Municipio | Exclusión |
|---|---|---|---|
| Cala Blanca | Menorca | Ciutadella | ☐ |

| Código laboratorio | Valor ap(BP) | Valor ane(BC) | | Muestra |
|---|---|---|---|---|
| IRPA-1124 | 3100 | 1150 ± | 40 | Hueso fauna doméstica |

| cal ANE m | cal ANE 1s | cal ANE 2s | cal ANE dir | δ 13C | δ 15N | C/N |
|---|---|---|---|---|---|---|
| 1368 | 1412 / 1325 | 1439 / 1278 | 1391 | -19.5 | | |

**Registro arqueológico**

Estructura de habitación naviforme. Sector B-2. Nivel de arena ocre.

**Estructura** Asentamiento de estructuras naviformes

**Significado arqueológico**

La datación resulta representativa de la segunda ocupación de la estructura habitacional naviforme.

**Observaciones**

**Bibliografía**

Plantalamor y Van Strydonck 1997: 69; Van Strydonck et alii 1998: 34; Lull et alii 1999: 43-44.

**Yacimiento** Cala Galdana

Sondeo polínico del que se dispone de cinco dataciones radiocarbónicas. Pese a que los materiales datados no ofrecen las mejores garantías (conchas y sedimento orgánico en cuatro de los cinco casos), la serie se concentra principalmente en la segunda mitad del VII milenio. En Cala Galdana, la transición hacia un tipo de vegetación más xérica observado en otros sondeos polínicos se data entre la datación más reciente de la serie (Ua-2729) y la que le sigue en antigüedad (Ua-2811), es decir, en algún momento del VI milenio cal ANE (Yll et alii 1994, 1999: 49).

Referencias: Yll et alii (1994), Pérez-Obiol et alii (2000).

.

| **Yacimiento** | **Isla** | **Municipio** | **Exclusión** |
|---|---|---|---|
| Cala Galdana | Menorca | Ciutadella/Ferreries | ☐ |

| **Código laboratorio** | **Valor ap(BP)** | **Valor ane(BC)** | ± | **Muestra** |
|---|---|---|---|---|
| Ua-2810 | 7685 | 5735 | 75 | Madera |

| **cal ANE m** | **cal ANE 1s** | **cal ANE 2s** | **cal ANE dir** | **δ 13C** | **δ 15N** | **C/N** |
|---|---|---|---|---|---|---|
| 6514 | 6578 / 6451 | 6661 / 6399 | 6497 | | | |

**Registro arqueológico**

Ubicación: 39°56'26'' N / 3°57'31'' E. Z = -20,10 m.

**Estructura** Sondeo polínico

**Significado arqueológico**

Nulo, al no poder ser vinculada con ningún proceso de raíz antrópica.

**Observaciones**

**Bibliografía**

Yll et alii 1994: 85, 1999: tabla 1.

**Yacimiento** Cala Galdana | **Isla** Menorca | **Municipio** Ciutadella/Ferreries | **Exclusión** ☑

| Código laboratorio | Valor ap(BP) | Valor ane(BC) | ± | Muestra |
|---|---|---|---|---|
| Ua-2730 | 7655 | 5705 | 85 | Conchas |

| cal ANE m | cal ANE 1s | cal ANE 2s | cal ANE dir | δ 13C | δ 15N | C/N |
|---|---|---|---|---|---|---|
| 6489 | 6552 / 6426 | 6653 / 6345 | 6483 | | | |

**Registro arqueológico**

Ubicación: 39°56'26'' N / 3°57'31'' E. Z = -14,45 m. Muestra de conchas de Ostrea.

**Estructura** Sondeo polínico

**Significado arqueológico**

Nulo, al no poder ser vinculada con ningún proceso de raíz antrópica.

**Observaciones**

Datación excluida por haberse realizado a partir de una muestra de conchas.

**Bibliografía**

Yll et alii 1994: 85, 1999: tabla 1.

---

**Yacimiento** Cala Galdana | **Isla** Menorca | **Municipio** Ciutadella/Ferreries | **Exclusión** ☐

| Código laboratorio | Valor ap(BP) | Valor ane(BC) | ± | Muestra |
|---|---|---|---|---|
| Ua-2731 | 7505 | 5555 | 105 | Mezcla |

| cal ANE m | cal ANE 1s | cal ANE 2s | cal ANE dir | δ 13C | δ 15N | C/N |
|---|---|---|---|---|---|---|
| 6352 | 6452 / 6251 | 6533 / 6138 | 6360 | | | |

**Registro arqueológico**

Ubicación: 39°56'26'' N / 3°57'31'' E. Z = -16,10 m. Muestra formada por sedimento orgánico.

**Estructura** Sondeo polínico

**Significado arqueológico**

Nulo, al no poder ser vinculada con ningún proceso de raíz antrópica.

**Observaciones**

**Bibliografía**

Yll et alii 1994: 85, 1999: tabla 1.

| Yacimiento | Isla | Municipio | Exclusión |
|---|---|---|---|
| Cala Galdana | Menorca | Ciutadella/Ferreries | ☑ |

| Código laboratorio | Valor ap(BP) | Valor ane(BC) | ± | Muestra |
|---|---|---|---|---|
| Ua-2811 | 7430 | 5480 | 75 | Conchas |

| cal ANE m | cal ANE 1s | cal ANE 2s | cal ANE dir | δ 13C | δ 15N | C/N |
|---|---|---|---|---|---|---|
| 6294 | 6382 / 6207 | 6437 / 6117 | 6276 | | | |

**Registro arqueológico**

Ubicación: 39°56'26'' N / 3°57'31'' E. Z = -20, 40 m. Muestra de conchas de Ostrea.

**Estructura** Sondeo polínico

**Significado arqueológico**

Nulo, al no poder ser vinculada con ningún proceso de raíz antrópica.

**Observaciones**

Datación excluida por haberse realizado a partir de una muestra de conchas.

**Bibliografía**

Yll et alii 1994: 85, 1999: tabla 1.

| Yacimiento | Isla | Municipio | Exclusión |
|---|---|---|---|
| Cala Galdana | Menorca | Ciutadella/Ferreries | ☑ |

| Código laboratorio | Valor ap(BP) | Valor ane(BC) | ± | Muestra |
|---|---|---|---|---|
| Ua-2729 | 6290 | 4340 | 80 | Conchas |

| cal ANE m | cal ANE 1s | cal ANE 2s | cal ANE dir | δ 13C | δ 15N | C/N |
|---|---|---|---|---|---|---|
| 5278 | 5349 / 5206 | 5425 / 5028 | 5270 | | | |

**Registro arqueológico**

Ubicación: 39°56'26'' N / 3°57'31'' E. Z = - 9,35 m. Muestra de conchas de Cerastoderma.

**Estructura** Sondeo polínico

**Significado arqueológico**

Nulo, al no poder ser vinculada con ningún proceso de raíz antrópica.

**Observaciones**

Datación excluida por haberse realizado a partir de una muestra de conchas.

**Bibliografía**

Yll et alii 1994: 85, 1999: tabla 1.

**Yacimiento** Cala Morell

En esta necrópolis hipogeica se han documentado sepulturas de diferentes épocas. Pese a que las primeras deposiciones funerarias corresponderían a hipogeos simples con entrada megalítica que podrían remontarse a la transición entre el III y el II milenios cal ANE, las dataciones radiocarbónicas efectuadas sólo documentan enterramientos mucho más recientes. El primero se asocia a una reutilización tardía del hipogeo nº 12, a finales del II milenio (KIK-1342/UtC-10074). Los dos siguientes se vinculan a los hipogeos nº 2 y 10 y datan de la segunda mitad del I milenio cal ANE, en contextos con presencia de materiales de importación.

Referencias: Juan y Plantalamor (1996).

| **Yacimiento** | **Isla** | **Municipio** | **Exclusión** |
|---|---|---|---|
| Cala Morell | Menorca | Ciutadella | ☐ |

| **Código laboratorio** | **Valor ap(BP)** | **Valor ane(BC)** | ± | **Muestra** |
|---|---|---|---|---|
| UtC-10074 | 2875 | 925 | 45 | Hueso humano |

| **cal ANE m** | **cal ANE 1s** | **cal ANE 2s** | **cal ANE dir** | **δ 13C** | **δ 15N** | **C/N** |
|---|---|---|---|---|---|---|
| 1039 | 1109 / 969 | 1193 / 914 | 1029 | -19.57 | 9.33 | 2.98 |

**Registro arqueológico**

Hipogeo nº 12 con corredor de mampostería. La muestra ósea procede de un cráneo humano.

**Estructura** Hipogeo entrada megalítica

**Significado arqueológico**

La sepultura guarda semejanza con los hipogeos dotados de estructuras pétreas de acceso realizadas en aparejo megalítico. Sin embargo, en este caso se utilizaron piedras de menor tamaño. Por otro lado, la datación obtenida resulta asincrónica respecto al uso original de los citados hipogeos con entrada megalítica, como los excavados y datados en Biniai Nou. La datación encaja mejor con la temporalidad propia de las cuevas de inhumación colectiva tapiadas con un muro de piedra en seco.

**Observaciones**

CLT: KIK-1342.

**Bibliografía**

Van Strydonck et alii 2001: 31; Van Strydonck, Boudin y Ervynck 2002: tabla 2.

| Yacimiento | Isla | Municipio | Exclusión |
|---|---|---|---|
| Cala Morell | Menorca | Ciutadella | ☐ |

| Código laboratorio | Valor ap(BP) | Valor ane(BC) | ± | Muestra |
|---|---|---|---|---|
| IRPA-1161 | 2245 | 295 | 40 | Hueso humano |

| cal ANE m | cal ANE 1s | cal ANE 2s | cal ANE dir | δ 13C | δ 15N | C/N |
|---|---|---|---|---|---|---|
| 300 | 379 / 222 | 394 / 187 | 363 | -17.5 | | |

**Registro arqueológico**

Hipogeo nº 2. Muestra tomada bajo el derrumbe de la fachada.

**Estructura** Hipogeo planta compleja

**Significado arqueológico**

La datación resulta congruente con la de los materiales cerámicos de importación a los que se asociaba la muestra.

**Observaciones**

**Bibliografía**

Plantalamor y Van Strydonck 1997: 41; Van Strydonck et alii 1998: 32.

| Yacimiento | Isla | Municipio | Exclusión |
|---|---|---|---|
| Cala Morell | Menorca | Ciutadella | ☐ |

| Código laboratorio | Valor ap(BP) | Valor ane(BC) | ± | Muestra |
|---|---|---|---|---|
| UtC-4354 | 2080 | 130 | 25 | Hueso humano |

| cal ANE m | cal ANE 1s | cal ANE 2s | cal ANE dir | δ 13C | δ 15N | C/N |
|---|---|---|---|---|---|---|
| 100 | 144 / 57 | 178 / 30 | 81 | -19.2 | | |

**Registro arqueológico**

Hipogeo nº 10. Nivel de inhumaciones.

**Estructura** Hipogeo planta compleja

**Significado arqueológico**

La fecha parece corresponder a enterramientos emplazados, según Plantalamor, en la transición entre el llamado Talayótico final y la implantación romana.

**Observaciones**

CLT: KIK-537.

**Bibliografía**

Plantalamor y Van Strydonck 1997: 44; Van Strydonck et alii 1998: 32.

**Yacimiento** Cala´n Caldés

Cueva natural de inhumación de la que se cuenta con una fecha radiocabónica. Ésta se sitúa en el primer tercio del II milenio y constituye una de las evidencias más antiguas del empleo de este tipo de contenedores funerarios en Menorca.

Referencias: Mestres y de Nicolás (1999).

.

| Yacimiento | Isla | Municipio | Exclusión |
|---|---|---|---|
| Cala´n Caldés | Menorca | Maó | ☐ |

| Código laboratorio | Valor ap(BP) | Valor ane(BC) | ± | Muestra |
|---|---|---|---|---|
| UBAR-414 | 3470 | 1520 | 60 | Hueso humano |

| cal ANE m | cal ANE 1s | cal ANE 2s | cal ANE dir | δ 13C | δ 15N | C/N |
|---|---|---|---|---|---|---|
| 1789 | 1872 / 1706 | 1931 / 1638 | 1758 | | | |

**Registro arqueológico**

Nivel de inhumaciones.

**Estructura** Cueva natural de inhumación

**Significado arqueológico**

La datación resulta sincrónica a la de otras manifestaciones análogas dentro de la variabilidad funeraria de la primera mitad del II milenio cal ANE. Sin embargo, la falta de una excavación sistemática reduce las posibilidades informativas de la datación.

**Observaciones**

**Bibliografía**

Mestres y de Nicolás 1999: apéndice.

**Yacimiento** Cala'n Porter

Sondeo polínico del que se dispone de cuatro dataciones radiocarbónicas (Yll et alii 1997: 343), acerca de las cuales desconocemos el material analizado. La serie cubre aproximadamente el intervalo comprendido entre principios del VII y finales del IV milenios cal ANE. La datación LLNL-95129 fecha la transición a un tipo de vegetación más xérico que el característico del óptimo holocénico en torno a finales del V o inicios del IV milenios cal ANE.

Referencias: Yll et alii (1997), Pérez-Obiol et alii (2000).

.

| **Yacimiento** | **Isla** | **Municipio** | **Exclusión** |
|---|---|---|---|
| Cala'n Porter | Menorca | Alaior | ☐ |

| **Código laboratorio** | **Valor ap(BP)** | **Valor ane(BC)** | ± | **Muestra** |
|---|---|---|---|---|
| Beta-67283 | 7920 | 5970 | 60 | Desconocido |

| **cal ANE m** | **cal ANE 1s** | **cal ANE 2s** | **cal ANE dir** | **δ 13C** | **δ 15N** | **C/N** |
|---|---|---|---|---|---|---|
| 6840 | 7002 / 6677 | 7043 / 6624 | 6759 | | | |

**Registro arqueológico**

Ubicación: 39°52'14''N / 4° 7' 53''E. Z = -24,0 m.

**Estructura** Sondeo polínico

**Significado arqueológico**

Nulo, al no poder ser vinculada con ningún proceso de raíz antrópica.

**Observaciones**

**Bibliografía**

Yll et alii 1997: tabla 1.

| Yacimiento | Isla | Municipio | Exclusión |
|---|---|---|---|
| Cala'n Porter | Menorca | Alaior | ☐ |

| Código laboratorio | Valor ap(BP) | Valor ane(BC) | ± | Muestra |
|---|---|---|---|---|
| LLNL-95131 | 7720 | 5770 | 60 | Desconocido |

| cal ANE m | cal ANE 1s | cal ANE 2s | cal ANE dir | δ 13C | δ 15N | C/N |
|---|---|---|---|---|---|---|
| 6543 | 6612 / 6474 | 6663 / 6445 | 6518 | | | |

**Registro arqueológico**

Ubicación: 39°52’14’’N / 4° 7’ 53’’E. Z = -20,8 m.

**Estructura** Sondeo polínico

**Significado arqueológico**

Nulo, al no poder ser vinculada con ningún proceso de raíz antrópica.

**Observaciones**

Publicada como 7770±60 bp en Pérez-Obiol et alii 2000: fig. 4. CLT: Beta-?.

**Bibliografía**

Yll et alii 1997: tabla 1.

| Yacimiento | Isla | Municipio | Exclusión |
|---|---|---|---|
| Cala'n Porter | Menorca | Alaior | ☐ |

| Código laboratorio | Valor ap(BP) | Valor ane(BC) | ± | Muestra |
|---|---|---|---|---|
| LLNL-95129 | 5120 | 3170 | 60 | Desconocido |

| cal ANE m | cal ANE 1s | cal ANE 2s | cal ANE dir | δ 13C | δ 15N | C/N |
|---|---|---|---|---|---|---|
| 3913 | 3987 / 3839 | 4031 / 3765 | 3949 | | | |

**Registro arqueológico**

Ubicación: 39°52’14’’N / 4° 7’ 53’’E. Z = -10,2 m.

**Estructura** Sondeo polínico

**Significado arqueológico**

Nulo, al no poder ser vinculada con ningún proceso de raíz antrópica. En términos paleobotánicos, indica la transición desde una vegetación típica del óptimo holocénico a otra de tipo más xérico.

**Observaciones**

CLT: Beta-?.

**Bibliografía**

Yll et alii 1997: tabla 1.

| Yacimiento | Isla | Municipio | Exclusión |
|---|---|---|---|
| Cala'n Porter | Menorca | Alaior | ☐ |

| Código laboratorio | Valor ap(BP) | Valor ane(BC) | ± | Muestra |
|---|---|---|---|---|
| LLNL-95128 | 4450 | 2500 | 50 | Desconocido |

| cal ANE m | cal ANE 1s | cal ANE 2s | cal ANE dir | δ 13C | δ 15N | C/N |
|---|---|---|---|---|---|---|
| 3156 | 3309 / 3002 | 3341 / 2929 | 3084 | | | |

**Registro arqueológico**

Ubicación: 39°52'14''N / 4° 7' 53''E. Z = -8,60 m.

**Estructura** Sondeo polínico

**Significado arqueológico**

Nulo, al no poder ser vinculada con ningún proceso de raíz antrópica.

**Observaciones**

CLT: Beta-?.

**Bibliografía**

Yll et alii 1997: tabla 1.

**Yacimiento** Calascoves

En esta extensa necrópolis se han documentado varios tipos de sepulcros funerarios colectivos: hipogeos de planta simple, cuevas naturales tapiadas con un muro e hipogeos complejos. El yacimiento ha sido intensamente expoliado desde antiguo y fue objeto de un estudio monográfico por parte de Veny (1982a). Años más tarde, la necrópolis fue reestudiada y se emprendió la excavación del hipogeo 21.

La serie radiocarbónica corresponde precisamente a dicho hipogeo que, por desgracia, también sufrió los efectos de las actividades clandestinas. Consta de siete dataciones, seis de ellas efectuadas a partir de huesos humanos, que constituyen la única baliza cronológica fiable para fechar el inicio delos hipogeos de planta compleja en Menorca. Los resultados delimitan un intervalo de uso que puede reemontarse a la transición entre los siglos IX y VIII cal ANE y haber perdurado hasta, al menos, la primera mitad del IV cal ANE (véase infra el apartado dedicado a la datación específica de los hipogeos complejos).

Referencias: Veny (1982a), Gornés (1993), Gornés y Gual (2000).

| Yacimiento | Isla | Municipio | Exclusión |
|---|---|---|---|
| Calascoves | Menorca | Alaior | ☐ |

| Código laboratorio | Valor ap(BP) | Valor ane(BC) | ± | Muestra |
|---|---|---|---|---|
| KIA-12682 | 2595 | 645 | 30 | Hueso humano |

| cal ANE m | cal ANE 1s | cal ANE 2s | cal ANE dir | δ 13C | δ 15N | C/N |
|---|---|---|---|---|---|---|
| 794 | 809 / 780 | 818 / 769 | 794 | -19.88 | 10.83 | 2.76 |

**Registro arqueológico**

Hipogeo XXI. Muestra: fémur. Ref.: CC21-Fe-51.

**Estructura** Hipogeo planta compleja

**Significado arqueológico**

Constituye una de las fechas más tempranas vinculadas al uso de un hipogeo de tipología reciente. Por desgracia, el estado de conservación de este contexto, muy alterado por excavaciones clandestinas, limita la potencialidad inferencial de la datación.

**Observaciones**

CLT: KIK-1665.

**Bibliografía**

Van Strydonck, Boudin y Ervynck 2002: tabla 2; Van Strydonck et alii 2002: 39.

| Yacimiento | Isla | Municipio | Exclusión |
|---|---|---|---|
| Calascoves | Menorca | Alaior | ☐ |

| Código laboratorio | Valor ap(BP) | Valor ane(BC) | | Muestra |
|---|---|---|---|---|
| IRPA-1185 | 2525 | 575 ± | 35 | Hueso humano |

| cal ANE m | cal ANE 1s | cal ANE 2s | cal ANE dir | δ 13C | δ 15N | C/N |
|---|---|---|---|---|---|---|
| 674 | 781 / 568 | 795 / 517 | 767 | -19.5 | 10.23 | 2.91 |

**Registro arqueológico**

Hipogeo XXI. Muestra ósea procedente de inhumaciones.

**Estructura** Hipogeo planta compleja

**Significado arqueológico**

Constituye una de las fechas más tempranas vinculadas al uso de un hipogeo de tipología reciente. Por desgracia, el estado de conservación de este contexto, muy alterado por excavaciones clandestinas, y la incertidumbre derivada de la amplitud del intervalo de calibración ("meseta de Hallstatt"), limitan la potencialidad inferencial de la datación.

**Observaciones**

**Bibliografía**

Plantalamor y Van Strydonck 1997: 39; Van Strydonck et alii 1998: 32; Van Strydonck, Boudin y Ervynck 2002: tabla 2.

| Yacimiento | Isla | Municipio | Exclusión |
|---|---|---|---|
| Calascoves | Menorca | Alaior | ☐ |

| Código laboratorio | Valor ap(BP) | Valor ane(BC) | | Muestra |
|---|---|---|---|---|
| KIA-12679 | 2480 | 530 ± | 25 | Hueso humano |

| cal ANE m | cal ANE 1s | cal ANE 2s | cal ANE dir | δ 13C | δ 15N | C/N |
|---|---|---|---|---|---|---|
| 644 | 765 / 524 | 774 / 428 | 754, 690, 554 | -20.31 | 10.71 | 2.86 |

**Registro arqueológico**

Hipogeo XXI. Muestra: fémur. Ref.: CC21-Fe-61.

**Estructura** Hipogeo planta compleja

**Significado arqueológico**

Constituye una de las fechas más tempranas vinculadas al uso de un hipogeo de tipología reciente. Por desgracia, el estado de conservación de este contexto, muy alterado por excavaciones clandestinas, y la incertidumbre derivada de la amplitud del intervalo de calibración ("meseta de Hallstatt"), limitan la potencialidad inferencial de la datación.

**Observaciones**

Delta 13Ccarb: -13,99 por mil. CLT: KIK-1662.

**Bibliografía**

Van Strydonck, Boudin y Ervynck 2002: tabla 2; Van Strydonck et alii 2002: 38; Van Strydonck et alii 2004, e.p.: tabla 1.

| Yacimiento | Isla | Municipio | Exclusión |
|---|---|---|---|
| Calascoves | Menorca | Alaior | ☐ |

| Código laboratorio | Valor ap(BP) | Valor ane(BC) | | Muestra |
|---|---|---|---|---|
| KIA-12681 | 2475 | 525 ± | 25 | Hueso humano |

| cal ANE m | cal ANE 1s | cal ANE 2s | cal ANE dir | δ 13C | δ 15N | C/N |
|---|---|---|---|---|---|---|
| 641 | 763 / 519 | 773 / 425 | 751, 696, 545 | -19.89 | 9.08 | 2.86 |

**Registro arqueológico**

Hipogeo XXI. Muestra: fémur. Ref.: CC21-Fe-14.

**Estructura** Hipogeo planta compleja

**Significado arqueológico**

Constituye una de las fechas más tempranas vinculadas al uso de un hipogeo de tipología reciente. Por desgracia, el estado de conservación de este contexto, muy alterado por excavaciones clandestinas, y la incertidumbre derivada de la amplitud del intervalo de calibración ("meseta de Hallstatt"), limitan la potencialidad inferencial de la datación.

**Observaciones**

CLT: KIK-1664.

**Bibliografía**

Van Strydonck, Boudin y Ervynck 2002: tabla 2; Van Strydonck et alii 2002: 38.

| Yacimiento | Isla | Municipio | Exclusión |
|---|---|---|---|
| Calascoves | Menorca | Alaior | ☐ |

| Código laboratorio | Valor ap(BP) | Valor ane(BC) | | Muestra |
|---|---|---|---|---|
| KIA-12680 | 2470 | 520 ± | 35 | Hueso humano |

| cal ANE m | cal ANE 1s | cal ANE 2s | cal ANE dir | δ 13C | δ 15N | C/N |
|---|---|---|---|---|---|---|
| 626 | 761 / 492 | 774 / 420 | 741, 701, 543 | -19.71 | 10.79 | 2.76 |

**Registro arqueológico**

Hipogeo XXI. Muestra: fémur. Ref.: CC21-Fe-17.

**Estructura** Hipogeo planta compleja

**Significado arqueológico**

Constituye una de las fechas más tempranas vinculadas al uso de un hipogeo de tipología reciente. Por desgracia, el estado de conservación de este contexto, muy alterado por excavaciones clandestinas, y la incertidumbre derivada de la amplitud del intervalo de calibración ("meseta de Hallstatt"), limitan la potencialidad inferencial de la datación.

**Observaciones**

CLT: KIK-1663.

**Bibliografía**

Van Strydonck, Boudin y Ervynck 2002: tabla 2; Van Strydonck et alii 2002: 38.

| Yacimiento | Isla | Municipio | Exclusión |
|---|---|---|---|
| Calascoves | Menorca | Alaior | ☐ |

| Código laboratorio | Valor ap(BP) | Valor ane(BC) | ± | Muestra |
|---|---|---|---|---|
| KIA-12678 | 2415 | 465 | 30 | Hueso humano |

| cal ANE m | cal ANE 1s | cal ANE 2s | cal ANE dir | δ 13C | δ 15N | C/N |
|---|---|---|---|---|---|---|
| 464 | 517 / 410 | 754 / 401 | 427 | -19.82 | 10.71 | |

**Registro arqueológico**

Hipogeo XXI. Muestra: fémur. Ref.: CC21-Fe-76.

**Estructura** Hipogeo planta compleja

**Significado arqueológico**

La datación se sitúa en momentos recientes de la secuencia prehistórica, cuando se documenta ampliamente el uso de los hipogeos de planta compleja asociados a materiales de importación.

**Observaciones**

Delta 13Ccarb: -12,86‰. CLT: KIK-1661.

**Bibliografía**

Van Strydonck, Boudin y Ervynck 2002: tabla 2; Van Strydonck et alii 2002: 38; Van Strydonck et alii 2004, e.p.: tabla 1.

| Yacimiento | Isla | Municipio | Exclusión |
|---|---|---|---|
| Calascoves | Menorca | Alaior | ☐ |

| Código laboratorio | Valor ap(BP) | Valor ane(BC) | ± | Muestra |
|---|---|---|---|---|
| IRPA-1021 | 2290 | 340 | 40 | Madera |

| cal ANE m | cal ANE 1s | cal ANE 2s | cal ANE dir | δ 13C | δ 15N | C/N |
|---|---|---|---|---|---|---|
| 380 | 395 / 364 | 414 / 226 | 380 | -26.8 | | |

**Registro arqueológico**

Hipogeo XXI. Muestra: fragmento de ataúd o de parihuela.

**Estructura** Hipogeo planta compleja

**Significado arqueológico**

La datación se sitúa en momentos recientes de la secuencia prehistórica, cuando se documenta ampliamente el uso de los hipogeos de planta compleja asociados a materiales de importación.

**Observaciones**

**Bibliografía**

Van Strydonck et alii 1995: 28.

**Yacimiento** Can Roig Nou

La única datación radiocarbónica asociada a esta triple estructura naviforme de habitación ofrece un resultado mucho más reciente que el esperado. Así, UBAR-391 ha proporcionado una fecha situable a inicios del siglo IV cal ANE, cuando dichos edificios tuvieron su momento de máxima expansión durante la segunda mitad del II milenio cal ANE (véase infra). Por tanto, la muestra seleccionada de huesos de fauna procedentes de las excavaciones realizadas décadas atrás, documenta una frecuentación o reocupación del lugar efectuada mucho tiempo después del abandono de las estructuras habitacionales originales.

Referencias: Rosselló Bordoy (1962, 1964-1965), Pons Homar (1999).

.

| Yacimiento | Isla | Municipio | Exclusión |
|---|---|---|---|
| Can Roig Nou | Mallorca | Felanitx | ☐ |

| Código laboratorio | Valor ap(BP) | Valor ane(BC) | ± | Muestra |
|---|---|---|---|---|
| UBAR-391 | 2310 | 360 | 80 | Hueso fauna doméstica |

| cal ANE m | cal ANE 1s | cal ANE 2s | cal ANE dir | δ 13C | δ 15N | C/N |
|---|---|---|---|---|---|---|
| 381 | 444 / 318 | 551 / 171 | 391 | | | |

**Registro arqueológico**

Estructura de habitación naviforme. Muestra NL-458.

**Estructura** Asentamiento de estructuras naviformes

**Significado arqueológico**

La datación resulta excesivamente tardía en relación con el periodo de vigencia original de las estructuras habitacionales de planta naviforme. Tal vez la muestra ósea datada represente una frecuentación reciente del lugar, sin descartar que pudiera sufrir algún problema de contaminación que explicase este resultado tan inesperado.

**Observaciones**

**Bibliografía**

Pons Homar 1999: tabla VII.

**Yacimiento** Can Sergent I

El yacimiento de Can Sergent I se compone de los restos muy alterados de una construcción de piedra caracterizada por dos alineamientos paralelos de losas interpretados como corredor y englobados en una supuesta cámara funeraria de planta circular. En la zona del corredor y en sus inmediaciones se recuperaron restos humanos correspondientes a un mínimo de cinco individuos, así como algunos fragmentos de cerámica y un pequeño puñal de bronce con dos remaches. Los resultados obtenidos por las dos dataciones radiocarbónicas (BM-1511 y BM-1510) realizadas a partir de muestras de los huesos humanos encontrados señalan una temporalidad reciente, entre los siglos IX y VI cal ANE. Ello cuestiona la atribución megalítica del uso funerario de esta estructura, ya de por sí atípica respecto a los modelos conocidos, y gana terreno la interpretación según la cual nos hallaríamos ante deposiciones funerarias efectuadas sobre un depósito arqueológico previo.

Referencias: Topp et alii (1979), Costa y Fernández Gómez (1992), Costa y Benito (2000).

.

| Yacimiento | Isla | Municipio | Exclusión |
|---|---|---|---|
| Can Sergent I | Eivissa | Sant Josep | ☐ |

| Código laboratorio | Valor ap(BP) | Valor ane(BC) | ± | Muestra |
|---|---|---|---|---|
| BM-1511 | 2670 | 720 | 60 | Hueso humano |

| cal ANE m | cal ANE 1s | cal ANE 2s | cal ANE dir | δ 13C | δ 15N | C/N |
|---|---|---|---|---|---|---|
| 832 | 868 / 795 | 934 / 768 | 833 | -20 | | |

**Registro arqueológico**

Sector NW. Exterior estructura de piedra. z = -0,45 m.

**Estructura** Varia funerario

**Significado arqueológico**

La falta de una asociación material segura reduce el potencial informativo de la datación. La datación documenta la presencia humana en la isla con anterioridad a la fundación de Ebusus según las fuentes clásicas (654/653 ANE).

**Observaciones**

Atribuida por Waldren (1986: tabla 6) al yacimiento de Ca Na Costa.

**Bibliografía**

Burleigh, Matthews y Ambers 1982: 251; Fernández, Plantalamor y Topp 1984: 767; Gómez Bellard y San Nicolás 1988: 211.

| Yacimiento | Isla | Municipio | Exclusión |
|---|---|---|---|
| Can Sergent I | Eivissa | Sant Josep | ☐ |

| Código laboratorio | Valor ap(BP) | Valor ane(BC) | ± | Muestra |
|---|---|---|---|---|
| BM-1510 | 2500 | 550 | ± 100 | Hueso humano |

| cal ANE m | cal ANE 1s | cal ANE 2s | cal ANE dir | δ 13C | δ 15N | C/N |
|---|---|---|---|---|---|---|
| 622 | 789 / 455 | 857 / 376 | 706 | -19.8 | | |

**Registro arqueológico**

Sector SW. Interior estructura de piedra. z = -0,20 m.

**Estructura** Varia funerario

**Significado arqueológico**

La falta de una asociación material segura reduce el potencial informativo de la datación.

**Observaciones**

Atribuida por Waldren (1986: tabla 6) al yacimiento de Ca Na Costa.

**Bibliografía**

Burleigh, Matthews y Ambers 1982: 251; Fernández, Plantalamor y Topp 1984: 767; Gómez Bellard y San Nicolás 1988: 211.

**Yacimiento** Canyamel

La única datación radiocarbónica se asocia al edificio "B" y fue obtenida a partir de huesos de fauna recuperados en las excavaciones realizadas a principios de los años setenta. El resultado informa sobre un momento de uso situado aproximadamente a finales del siglo XIV cal ANE. Como veremos, esta temporalidad encaja con la de la máxima vigencia de las estructuras habitacionales de planta naviforme.

Referencias: Rosselló Bordoy y Camps (1976), Pons Homar (1999).

.

| Yacimiento | Isla | Municipio | Exclusión |
|---|---|---|---|
| Canyamel | Mallorca | Capdepera | ☐ |

| Código laboratorio | Valor ap(BP) | Valor ane(BC) | ± | Muestra |
|---|---|---|---|---|
| UBAR-387 | 3060 | 1110 | 50 | Hueso fauna doméstica |

| cal ANE m | cal ANE 1s | cal ANE 2s | cal ANE dir | δ 13C | δ 15N | C/N |
|---|---|---|---|---|---|---|
| 1329 | 1393 / 1265 | 1425 / 1166 | 1337 | | | |

**Registro arqueológico**

Estructura B. Cuadrante SW del conjunto doble. Muestra NL-453.

**Estructura** Asentamiento de estructuras naviformes

**Significado arqueológico**

La datación indica un momento relativo al uso de la estructura. Desgraciadamente, apenas se han dado a conocer cuáles fueron los hallazgos asociados a la muestra datada.

**Observaciones**

**Bibliografía**

Pons Homar 1999: tabla VII.

**Yacimiento** Cap de Barbaria II

Recinto de grandes dimensiones y planta compleja formado por un conjunto de habitaciones adosadas, de tamaño y forma diversa, ubicado al sur de la isla Formentera. Los responsables de su excavación han distinguido dos fases constructivas que explicarían la adición estructuras y compartimentación de otras preexistentes caracterizadas como edificios de planta naviforme. La muestra datada procede de la estancia nº 5, interpretada como un gran recinto al aire libre con una hipotética función de corral y entre cuyos materiales se documentan restos de fundición de bronce. El resultado de la datación en pleno siglo V cal ANE plantea una distancia cronológica insalvable entre la muestra de fauna datada y la filiación naviforme del uso de la estructura. Tal vez la muestra corresponda a una reutilización reciente no detectada con claridad en la excavación.

Referencias: Costa y Fernández (1992), Costa y Benito (2000).

.

| **Yacimiento** | **Isla** | **Municipio** | **Exclusión** |
|---|---|---|---|
| Cap de Barbaria II | Formentera | Sant Josep | ☐ |

| **Código laboratorio** | **Valor ap(BP)** | **Valor ane(BC)** | ± | **Muestra** |
|---|---|---|---|---|
| UtC-8320 | 2393 | 443 | 43 | Hueso fauna doméstica |

| **cal ANE m** | **cal ANE 1s** | **cal ANE 2s** | **cal ANE dir** | **δ 13C** | **δ 15N** | **C/N** |
|---|---|---|---|---|---|---|
| 450 | 497 / 404 | 744 / 385 | 424 | | | |

**Registro arqueológico**

Corral/estancia 5-A. Nivel 2b. Trinchera de fundamentación del muro recto adosado. Hueso de cáprido.

**Estructura** Hábitat indeterminado

**Significado arqueológico**

La datación resulta demasiado reciente para lo esperado por los excavadores del yacimiento. Tal vez represente una reocupación tardía escasamente documentada por la acción de factores postdeposicionales.

**Observaciones**

**Bibliografía**

Costa y Benito 2000: 229; Calvo, Guerrero, Salvà 2001: 48, 60.

**Yacimiento** Cap de Forma

Los contextos exactos de procedencia de las muestras datadas de este yacimiento todavía permanecen inéditos. Tres de ellas sólo han sido referenciadas como "Cap de Forma/murada", mientras que a las dos restantes se las designa como "Cap de Forma 1 y 2". Cuatro de las cinco dataciones, KIA-21224, UtC-10075, UtC-10076 y UtC-10077, fueron obtenidas a partir de muestras de fauna, por lo que cabe pensar que correspondan a conjuntos habitacionales. En conjunto, conforman un intervalo cronológico entre, aproximadamente, el siglo XII y mediados del siglo IX cal ANE. Es de prever que, cuando se publiquen los contextos datados, esta serie aporte elementos de juicio muy valiosos para establecer la cronología de los primeros monumentos turriformes baleáricos, ya que el yacimiento cuenta con uno de ellos de planta pseudotrapezoidal.

Por último, la datación más reciente fue realizada a partir de restos humanos (KIA-21228), por lo que podría testimoniar una deposición funeraria en alguno de los hipogeos presentes en el yacimiento. Dicha deposición habría tenido lugar a caballo entre los siglos IV y III cal ANE.

Referencias: Plantalamor et alii (1999).

.

| Yacimiento | Isla | Municipio | Exclusión |
|---|---|---|---|
| Cap de Forma | Menorca | Maó | ☐ |

| Código laboratorio | Valor ap(BP) | Valor ane(BC) | ± | Muestra |
|---|---|---|---|---|
| UtC-10076 | 2930 | 980 | 35 | Hueso fauna doméstica |

| cal ANE m | cal ANE 1s | cal ANE 2s | cal ANE dir | δ13C | δ15N | C/N |
|---|---|---|---|---|---|---|
| 1119 | 1190 / 1048 | 1272 / 1007 | 1126 | -19.76 | 4.51 | 2.84 |

**Registro arqueológico**

"Cap de Forma 1". Muestra: fragmento de hueso de animal.

**Estructura** Hábitat indeterminado

**Significado arqueológico**

No se ha especificado el contexto de procedencia de la muestra. Sin embargo, es de prever que aporte luz acerca de la construcción y uso de las primeras estructuras monumentales turriformes en piedra.

**Observaciones**

CLT: KIK-1344.

**Bibliografía**

Van Strydonck et alii 2001: 31; Van Strydonck, Boudin y Ervynck 2002: tabla 2.

| Yacimiento | Isla | Municipio | Exclusión |
|---|---|---|---|
| Cap de Forma | Menorca | Maó | ☐ |

| Código laboratorio | Valor ap(BP) | Valor ane(BC) | ± | Muestra |
|---|---|---|---|---|
| KIA-21224 | 2915 | 965 | 30 | Hueso fauna doméstica |

| cal ANE m | cal ANE 1s | cal ANE 2s | cal ANE dir | δ 13C | δ 15N | C/N |
|---|---|---|---|---|---|---|
| 1088 | 1144 / 1032 | 1231 / 999 | 1104 | -21.59 | 5.55 | |

**Registro arqueológico**

Sector "murada". Muestra: fragmento de hueso de animal.

**Estructura** Hábitat indeterminado

**Significado arqueológico**

No se ha especificado el contexto de procedencia de la muestra. Sin embargo, es de prever que aporte luz acerca de la construcción y uso de las primeras estructuras monumentales turriformes en piedra.

**Observaciones**

Delta 13Ccarb = -10,20 por mil.

**Bibliografía**

Van Strydonck et alii 2004, e.p.: tabla 1.

| Yacimiento | Isla | Municipio | Exclusión |
|---|---|---|---|
| Cap de Forma | Menorca | Maó | ☐ |

| Código laboratorio | Valor ap(BP) | Valor ane(BC) | ± | Muestra |
|---|---|---|---|---|
| UtC-10077 | 2815 | 865 | 45 | Hueso fauna doméstica |

| cal ANE m | cal ANE 1s | cal ANE 2s | cal ANE dir | δ 13C | δ 15N | C/N |
|---|---|---|---|---|---|---|
| 958 | 1014 / 902 | 1088 / 855 | 957 | -20.79 | 3.47 | 2.82 |

**Registro arqueológico**

"Cap de Forma 2". Muestra: fragmento de hueso de animal.

**Estructura** Hábitat indeterminado

**Significado arqueológico**

No se ha especificado el contexto de procedencia de la muestra. Sin embargo, es de prever que aporte luz acerca de la construcción y uso de las primeras estructuras monumentales turriformes en piedra.

**Observaciones**

CLT: KIK-1346.

**Bibliografía**

Van Strydonck et alii 2001: 31; Van Strydonck, Boudin y Ervynck 2002: tabla 2.

| Yacimiento | Isla | Municipio | Exclusión |
|---|---|---|---|
| Cap de Forma | Menorca | Maó | ☐ |

| Código laboratorio | Valor ap(BP) | Valor ane(BC) | ± | Muestra |
|---|---|---|---|---|
| UtC-10075 | 2755 | 805 | 30 | Hueso fauna doméstica |

| cal ANE m | cal ANE 1s | cal ANE 2s | cal ANE dir | δ 13C | δ 15N | C/N |
|---|---|---|---|---|---|---|
| 883 | 920 / 846 | 971 / 826 | 899 | -21.28 | 6.05 | 2.83 |

**Registro arqueológico**

Sector "murada". Muestra: fragmento de hueso de animal.

**Estructura** Hábitat indeterminado

**Significado arqueológico**

No se ha especificado el contexto de procedencia de la muestra. Sin embargo, es de prever que aporte luz acerca de la construcción y uso de las primeras estructuras monumentales turriformes en piedra.

**Observaciones**

CLT: KIK-1343.

**Bibliografía**

Van Strydonck et alii 2001: 31; Van Strydonck, Boudin y Ervynck 2002: tabla 2.

| Yacimiento | Isla | Municipio | Exclusión |
|---|---|---|---|
| Cap de Forma | Menorca | Maó | ☐ |

| Código laboratorio | Valor ap(BP) | Valor ane(BC) | ± | Muestra |
|---|---|---|---|---|
| KIA-21228 | 2245 | 295 | 30 | Hueso humano |

| cal ANE m | cal ANE 1s | cal ANE 2s | cal ANE dir | δ 13C | δ 15N | C/N |
|---|---|---|---|---|---|---|
| 301 | 376 / 226 | 387 / 199 | 367 | -19.06 | 9.91 | |

**Registro arqueológico**

Sector "murada".

**Estructura** Varia funerario

**Significado arqueológico**

No se ha publicado el contexto de procedencia de la muestra datada. Si éste correspondiese a alguna de las tumbas de la necrópolis hipogeica, la datación indicaría un episodio dentro del periodo de uso de alguna de las sepulturas colectivas investigadas.

**Observaciones**

Delta 13Ccarb = -9,43 por mil.

**Bibliografía**

Van Strydonck et alii 2004, e.p.: tabla 1.

**Yacimiento** Capocorp Vell

La única datación radiocarbónica procedente de este espectacular yacimiento se asocia a un contexto de gran importancia para la definición de la cronología absoluta de las estructuras turriformes. La muestra datada se tomó de los anillos exteriores de una viga que forma parte de la techumbre de la cámara inferior del talayot cuadrado "A". Por tanto, a efectos de lectura radiocarbónica, informa sobre un momento presumiblemente muy cercano a la tala del árbol cuyo tronco constituyó la materia prima para la citada viga. El resultado sitúa este evento a caballo entre los siglos X y IX cal ANE, por lo que cabe suponer que la construcción del turriforme data de este momento o de pocos años más tarde.

.

| Yacimiento | Isla | Municipio | Exclusión |
|---|---|---|---|
| Capocorp Vell | Mallorca | Llucmajor | ☐ |

| Código laboratorio | Valor ap(BP) | Valor ane(BC) | ± | Muestra |
|---|---|---|---|---|
| KIA-12697 | 2775 | 825 | 35 | Madera |

| cal ANE m | cal ANE 1s | cal ANE 2s | cal ANE dir | δ 13C | δ 15N | C/N |
|---|---|---|---|---|---|---|
| 910 | 950 / 869 | 1002 / 833 | 912 | -24.6 | | |

**Registro arqueológico**

Talayot cuadrado A. Galería inferior. Viga de soporte conservada. Muestra de anillos exteriores.

**Estructura** Talayot

**Significado arqueológico**

La datación marca un momento cercano a la tala del árbol con el que se fabricó una de las vigas del talayot. Ello apoyaría la hipótesis de que la construcción de los talaiots ha de situarse en el siglo IX cal ANE.

**Observaciones**

CLT: KIK-1680.

**Bibliografía**

Van Strydonck et alii 2002: 47.

**Yacimiento** Clariana

El edificio navetiforme nº 3 de Clariana formaba parte de un asentamiento integrado por varias de estas estructuras. La única datación radiocarbónica informa sobre un momento relativo al uso, tal vez cercano al abandono de la citada estructura. Dicho momento puede situarse en torno a mediados del siglo XIV cal ANE.

Referencias: Plantalamor (1976), Plantalamor, Anglada y Rita (1977), Plantalamor y Anglada (1981), Plantalamor (1991).

.

| Yacimiento | Isla | Municipio | Exclusión |
|---|---|---|---|
| Clariana | Menorca | Ciutadella | ☐ |

| Código laboratorio | Valor ap(BP) | Valor ane(BC) | ± | Muestra |
|---|---|---|---|---|
| IRPA-1172 | 3070 | 1120 | 40 | Hueso fauna doméstica |

| cal ANE m | cal ANE 1s | cal ANE 2s | cal ANE dir | δ 13C | δ 15N | C/N |
|---|---|---|---|---|---|---|
| 1342 | 1398 / 1286 | 1419 / 1228 | 1352 | -17.6 | | |

**Registro arqueológico**

Habitación naviforme nº 3. Sector II. Nivel 1.

**Estructura** Asentamiento de estructuras naviformes

**Significado arqueológico**

La datación indica un momento relativo al uso de la estructura de habitación.

**Observaciones**

**Bibliografía**

Plantalamor y Van Strydonck 1997: 36; Van Strydonck et alii 1998: 32.

**Yacimiento** Closos de Can Gaià

Las excavaciones recientes en este extenso asentamiento de estructuras naviformes han tenido como protagonista la llamada "Naveta 1". La investigación realizada ha permitido distinguir seis niveles, desde el suelo natural (VI) hasta el estrato superficial actual (I). Dos de estos niveles incluyen restos de sendas ocupaciones prehistóricas sucesivas (V y III), y en ellos se centrará el comentario.

La estructura documentada más antigua es un hogar en fosa identificado en la zona del vano de acceso (subnivel Vb), al cual se asociaban restos muy fragmentados de cerámica. El hecho de que dicho hogar estuviese cubierto por una de las losas que acondicionaron la entrada a la "Naveta 1", y que la citada losa mostrase en su superficie inferior indicios de alteración térmica, ha sido interpretado como que ésta fue colocada cuando las brasas todavía se hallaban incandescentes. Dos dataciones efectuadas a partir de sendas muestras de carbón procedentes del hogar (KIA-11221 y KIA-11223) sitúan este evento ca. 1600 cal ANE, al ser esta fecha el resultado aproximado de la calibración de la datación más reciente (KIA-11223). Sin embargo, al tratarse de una fecha de vida larga, indica en realidad un momento previo, en una medida indeterminada, respecto al apagado del hogar y la supuestamente inmediata construcción del enlosado y del resto de la "Naveta 1". Evaluemos si existen otros datos que contribuyan a concretar la fecha fundacional del edificio.

Tras las dos dataciones más altas de la serie, hallamos dos fechas más (KIA-11222 y KIA-11224), también efectuadas a partir de muestras de carbón vegetal. Desconocemos el nivel de donde fueron tomadas y si pueden interpretarse como restos de elementos estructurales o bien de objetos muebles. Si se tratase de lo primero, deberíamos interpretar que constituyen indicadores de un momento previo, en una medida indeterminada, respecto a la construcción, y que dicho evento no se habría producido antes de finales del siglo XV cal ANE. El indicador más seguro sobre la primera ocupación de la "Naveta 1" es la datación KIA-11242, obtenida a partir de un hueso de fauna procedente del subnivel Va. Muy próximas a ésta se sitúan otras dos dataciones sobre carbón (UtC-8145 y UtC-8146) del mismo subnivel y que, en conjunto, cubren el intervalo comprendido por los siglos XII y XI cal ANE.

Así pues, a partir de los datos expuestos sabemos que "Naveta 1" se encontraba en uso a finales del II milenio cal ANE en su primera ocupación (subnivel Va). La cuestión relativa a la determinación del inicio de la misma se mantiene todavía abierta, aunque es muy poco probable que ello aconteciera antes de ca. 1600 cal ANE.

La segunda ocupación de la "Naveta 1" se refleja en el nivel III, dividido a su vez en los subniveles IIIa y IIIb. El subnivel IIIa incluía nódulos de arcilla que pudieron haber formado parte de la cubierta del edificio. Por su parte, en el subnivel IIIb se encontraron materiales dispuestos en posición primaria, aunque su distribución sólo abarca la mitad anterior del monumento. Ello testimonia una remodelación del espacio habitado, ya que al parecer la zona absidal interior quedó amortizada (nivel casi estéril IV). De esta manera, la actividad humana se centró en el sector más próximo a la entrada. Un muro redujo el vano del antiguo acceso y los hallazgos se concentraron alrededor de un gran bloque central con caras planas, asociado a abundantes restos de fauna y a un mortero. Esta remodelación arquitectónica supuso el paso de un edificio naviforme clásico a otro que sólo conservaba del anterior el perímetro externo.

Se dispone de cuatro dataciones para el nivel III. La más antigua, KIA-11231, es incluso más alta que las tres dataciones del nivel Va comentadas anteriormente, por lo que no puede descartarse que se trate de material redepositado. En lo que concierne a las tres restantes (KIA-11232, UtC-8141 y KIA-11229), delimitan un intervalo entre inicios del siglo X y mediados o finales del IX cal ANE. Como puede observarse, el inicio de la ocupación del nivel III enlaza perfectamente con el final de la del nivel V.

Tras el abandono prehistórico, acontecido tal vez a finales del siglo IX cal ANE, la "Naveta 1" fue frecuentada esporádicamente en época altomedieval, como testimonia la datación UtC-8143.

En las inmediaciones de la "Naveta 1" se ha excavado una construcción pétrea de planta rectangular y considerable tamaño. La técnica constructiva empleada difiere de la de las estructuras naviformes, ya que en la base de los muros se utilizaron grandes losas ortostáticas asentadas sobre el suelo rocoso. Según la hipótesis funcional propuesta, esta estructura funcionaría a modo de almacén. La duración de su intervalo de uso puede definirse a partir de tres dataciones efectuadas sobre muestras óseas (KIA-11233, KIA-11241 y KIA-11239), que cubren desde el siglo XIV a finales del IX cal ANE. Por tanto, almacén y naviforme fueron plenamente contemporáneos.

Referencias: Calvo y Salvà (1999), Calvo, Guerrero y Salvà (2001a), Salvà (2001), Hernández et alii (e.p.).

.

| Yacimiento | Isla | Municipio | Exclusión |
|---|---|---|---|
| Closos de Can Gaià | Mallorca | Felanitx | ☐ |

| Código laboratorio | Valor ap(BP) | Valor ane(BC) | ± | Muestra |
|---|---|---|---|---|
| KIA-11221 | 3390 | 1440 | 30 | Carbón |

| cal ANE m | cal ANE 1s | cal ANE 2s | cal ANE dir | δ 13C | δ 15N | C/N |
|---|---|---|---|---|---|---|
| 1686 | 1720 / 1651 | 1751 / 1612 | 1686 | 24.3 | | |

**Registro arqueológico**

"Naveta 1". Nivel 5b. Fosa-hogar bajo losa umbral nº 14. Muestra CG-141.

**Estructura** Asentamiento de estructuras naviformes

**Significado arqueológico**

La datación, efectuada sobre una muestra de vida larga, informa de un evento anterior, en una medida indeterminada, a la construcción de la "Naveta 1".

**Observaciones**

CLT: KIK-1470.

**Bibliografía**

Calvo, Guerrero y Salvà 2001a: 81; Salvà 2001: 126; Van Strydonck et alii 2002: 42.

| Yacimiento | Isla | Municipio | Exclusión |
|---|---|---|---|
| Closos de Can Gaià | Mallorca | Felanitx | ☐ |

| Código laboratorio | Valor ap(BP) | Valor ane(BC) | ± | Muestra |
|---|---|---|---|---|
| KIA-11223 | 3340 | 1390 | 30 | Carbón |

| cal ANE m | cal ANE 1s | cal ANE 2s | cal ANE dir | δ 13C | δ 15N | C/N |
|---|---|---|---|---|---|---|
| 1610 | 1669 / 1550 | 1707 / 1525 | 1624 | -24 | | |

**Registro arqueológico**

"Naveta 1". Nivel 5b. Fosa-hogar bajo losa umbral nº 14. Muestra CG-124.

**Estructura** Asentamiento de estructuras naviformes

**Significado arqueológico**

La datación, efectuada sobre una muestra de vida larga, informa de un evento anterior, en una medida indeterminada, a la construcción de la "Naveta 1".

**Observaciones**

CLT: KIK-1472.

**Bibliografía**

Calvo, Guerrero y Salvà 2001a: 81; Salvà 2001: 126; Van Strydonck et alii 2002: 42.

| Yacimiento | Isla | Municipio | Exclusión |
|---|---|---|---|
| Closos de Can Gaià | Mallorca | Felanitx | ☐ |

| Código laboratorio | Valor ap(BP) | Valor ane(BC) | ± | Muestra |
|---|---|---|---|---|
| KIA-11222 | 3245 | 1295 | 25 | Carbón |

| cal ANE m | cal ANE 1s | cal ANE 2s | cal ANE dir | δ 13C | δ 15N | C/N |
|---|---|---|---|---|---|---|
| 1512 | 1527 / 1498 | 1592 / 1440 | 1512 | -24.5 | | |

**Registro arqueológico**

"Naveta 1". Muestra CG-21.

**Estructura** Asentamiento de estructuras naviformes

**Significado arqueológico**

La datación, efectuada sobre una muestra de vida larga, informaría de un evento anterior, en una medida indeterminada, a la construcción de la "Naveta 1", si fuese posible asegurar que la madera de procedencia de la muestra correspondía a algún elemento estructural, como, por ejemplo, vigas o ramas empleadas para techar el edificio. La ausencia de fechas de vida corta anteriores a la serie de fechas sobre muestras de carbón podría apoyar esta posibilidad.

**Observaciones**

CLT: KIK-1471.

**Bibliografía**

Van Strydonck et alii 2002: 42.

| Yacimiento | Isla | Municipio | Exclusión |
|---|---|---|---|
| Closos de Can Gaià | Mallorca | Felanitx | ☐ |

| Código laboratorio | Valor ap(BP) | Valor ane(BC) | ± | Muestra |
|---|---|---|---|---|
| KIA-11224 | 3200 | 1250 | 25 | Carbón |

| cal ANE m | cal ANE 1s | cal ANE 2s | cal ANE dir | δ 13C | δ 15N | C/N |
|---|---|---|---|---|---|---|
| 1467 | 1506 / 1429 | 1518 / 1416 | 1452 | -23.8 | | |

**Registro arqueológico**

"Naveta 1". Muestra CG-142.

**Estructura** Asentamiento de estructuras naviformes

**Significado arqueológico**

La datación, efectuada sobre una muestra de vida larga, informaría de un evento anterior, en una medida indeterminada, a la construcción de la "Naveta 1", si fuese posible asegurar que la madera de procedencia de la muestra correspondía a algún elemento estructural, como por ejemplo, vigas o ramas empleadas para techar el edificio. La ausencia de fechas de vida corta anteriores a la serie de fechas sobre muestras de carbón podría apoyar esta posibilidad.

**Observaciones**

CLT: KIK-1473.

**Bibliografía**

Van Strydonck et alii 2002: 42.

| Yacimiento | Isla | Municipio | Exclusión |
|---|---|---|---|
| Closos de Can Gaià | Mallorca | Felanitx | ☐ |

| Código laboratorio | Valor ap(BP) | Valor ane(BC) | ± | Muestra |
|---|---|---|---|---|
| KIA-11233 | 3065 | 1115 | 35 | Hueso fauna doméstica |

| cal ANE m | cal ANE 1s | cal ANE 2s | cal ANE dir | δ 13C | δ 15N | C/N |
|---|---|---|---|---|---|---|
| 1341 | 1395 / 1287 | 1413 / 1237 | 1344 | -20.02 | 4.95 | 2.73 |

**Registro arqueológico**

Estructura rectangular de losas ortostáticas. Posible almacén. UE-26. Muestra CG-2085

**Estructura** Hábitat en piedra

**Significado arqueológico**

La datación indica un momento relativo al uso de la estructura.

**Observaciones**

CLT: KIK-1482.

**Bibliografía**

Calvo, Guerrero y Salvà 2001a: 81; Salvà 2001: 126; Van Strydonck et alii 2002: 43; Van Strydonck et alii 2004, e.p.: tabla 1.

| Yacimiento | Isla | Municipio | Exclusión |
|---|---|---|---|
| Closos de Can Gaià | Mallorca | Felanitx | ☐ |

| Código laboratorio | Valor ap(BP) | Valor ane(BC) | ± | Muestra |
|---|---|---|---|---|
| KIA-11241 | 3040 | 1090 | 25 | Hueso fauna doméstica |

| cal ANE m | cal ANE 1s | cal ANE 2s | cal ANE dir | δ 13C | δ 15N | C/N |
|---|---|---|---|---|---|---|
| 1321 | 1371 / 1272 | 1391 / 1212 | 1299 | -19.63 | 3.48 | 2.75 |

**Registro arqueológico**

Estructura rectangular de losas ortostáticas. Posible almacén. UE-32. Muestra CG-1939.

**Estructura** Hábitat en piedra

**Significado arqueológico**

La datación indica un momento relativo al uso de la estructura.

**Observaciones**

Calvo, Guerrero y Salvà 2001a: 81 y Salvà 2001:126 publican el valor 1080±25 ane. CLT: KIK-1492.

**Bibliografía**

Calvo, Guerrero y Salvà 2001a: 81; Salvà 2001: 126; Van Strydonck et alii 2002: 43; Van Strydonck et alii 2004, e.p.: tabla 1.

| Yacimiento | Isla | Municipio | Exclusión |
|---|---|---|---|
| Closos de Can Gaià | Mallorca | Felanitx | ☐ |

| Código laboratorio | Valor ap(BP) | Valor ane(BC) | ± | Muestra |
|---|---|---|---|---|
| KIA-11231 | 2960 | 1010 | 25 | Hueso fauna doméstica |

| cal ANE m | cal ANE 1s | cal ANE 2s | cal ANE dir | δ 13C | δ 15N | C/N |
|---|---|---|---|---|---|---|
| 1182 | 1239 / 1125 | 1279 / 1065 | 1188, 1156, 1153 | -20.2 | 4.7 | 2.76 |

**Registro arqueológico**

"Naveta 1". Nivel 3b. U.E. 9. Muestra CG-3398.

**Estructura** Hábitat en piedra

**Significado arqueológico**

La datación hace referencia a la ocupación del edificio correspondiente al nivel 3b, cuando la estructura había sido objeto de una importante remodelación interna. Sin embargo, su anterioridad respecto a otras dataciones de los niveles infrayacentes 5a y 4 podría significar que la muestra datada se encontró redepositada en el nivel 3.

**Observaciones**

CLT: KIK-1480.

**Bibliografía**

Calvo, Guerrero y Salvà 2001a: 81; Salvà 2001: 126; Van Strydonck et alii 2002: 42; Hernández et alii e.p.: cuadro 1; Van Strydonck et alii 2004, e.p.: tabla 1.

| Yacimiento | Isla | Municipio | Exclusión |
|---|---|---|---|
| Closos de Can Gaià | Mallorca | Felanitx | ☐ |

| Código laboratorio | Valor ap(BP) | Valor ane(BC) | ± | Muestra |
|---|---|---|---|---|
| UtC-8145 | 2926 | 976 | 44 | Carbón |

| cal ANE m | cal ANE 1s | cal ANE 2s | cal ANE dir | δ 13C | δ 15N | C/N |
|---|---|---|---|---|---|---|
| 1117 | 1199 / 1035 | 1281 / 977 | 1117 | | | |

**Registro arqueológico**

"Naveta 1". Nivel 5a. U.E.4, o bien UE 36.

**Estructura** Asentamiento de estructuras naviformes

**Significado arqueológico**

La datación, efectuada sobre una muestra de vida larga, informaría de un evento anterior, en una medida indeterminada, a la construcción de la "Naveta 1", si fuese posible asegurar que la madera de procedencia de la muestra correspondía a algún elemento estructural, como por ejemplo, vigas o ramas empleadas para techar el edificio en su forma original (ocupación vinculada al nivel 5a).

**Observaciones**

Muestra tomada en la UE 36, según Hernández et alii e.p.: cuadro 1.

**Bibliografía**

Calvo, Guerrero y Salvà 2001a: 81; Salvà 2001: 126; Hernández et alii e.p.: cuadro 1.

| Yacimiento | Isla | Municipio | Exclusión |
|---|---|---|---|
| Closos de Can Gaià | Mallorca | Felanitx | ☐ |

| Código laboratorio | Valor ap(BP) | Valor ane(BC) | ± | Muestra |
|---|---|---|---|---|
| KIA-11242 | 2890 | 940 | 35 | Hueso fauna doméstica |

| cal ANE m | cal ANE 1s | cal ANE 2s | cal ANE dir | δ 13C | δ 15N | C/N |
|---|---|---|---|---|---|---|
| 1062 | 1121 / 1004 | 1188 / 952 | 1045 | -19.32 | 3.02 | 2.72 |

**Registro arqueológico**

"Naveta 1". Nivel 5a. U.E. 36. Muestra CG-3043.

**Estructura** Asentamiento de estructuras naviformes

**Significado arqueológico**

La datación hace referencia a la primera ocupación del edificio correspondiente al nivel 5a.

**Observaciones**

CLT: KIK-1491.

**Bibliografía**

Calvo, Guerrero y Salvà 2001a: 81; Salvà 2001: 126; Van Strydonck et alii 2002: 43; Hernández et alii e.p.: cuadro 1; Van Strydonck et alii 2004, e.p.: tabla 1.

| Yacimiento | Isla | Municipio | Exclusión |
|---|---|---|---|
| Closos de Can Gaià | Mallorca | Felanitx | ☐ |

| Código laboratorio | Valor ap(BP) | Valor ane(BC) | ± | Muestra |
|---|---|---|---|---|
| UtC-8144 | 2876 | 926 | 39 | Carbón |

| cal ANE m | cal ANE 1s | cal ANE 2s | cal ANE dir | δ 13C | δ 15N | C/N |
|---|---|---|---|---|---|---|
| 1039 | 1099 / 979 | 1180 / 929 | 1029 | | | |

**Registro arqueológico**

"Naveta 1". Nivel 4. U.E. 4 y 5.

**Estructura** Asentamiento de estructuras naviformes

**Significado arqueológico**

La muestra datada podría estar en relación con la remodelación del espacio interior del edificio, que marca la última ocupación prehistórica.

**Observaciones**

Según Hernández et alii e.p.: cuadro 1, la muestra datada correspondía a un hueso de herbívoro.

**Bibliografía**

Calvo, Guerrero y Salvà 2001a: 81; Salvà 2001: 126; Hernández et alii e.p.: cuadro 1.

| Yacimiento | Isla | Municipio | Exclusión |
|---|---|---|---|
| Closos de Can Gaià | Mallorca | Felanitx | ☐ |

| Código laboratorio | Valor ap(BP) | Valor ane(BC) | ± | Muestra |
|---|---|---|---|---|
| UtC-8146 | 2865 | 915 | 41 | Carbón |

| cal ANE m | cal ANE 1s | cal ANE 2s | cal ANE dir | δ 13C | δ 15N | C/N |
|---|---|---|---|---|---|---|
| 1028 | 1090 / 965 | 1158 / 912 | 1017 | | | |

**Registro arqueológico**

"Naveta 1". Nivel 5a. U.E.4 y 5, o bien UE 36.

**Estructura** Asentamiento de estructuras naviformes

**Significado arqueológico**

La datación informaría de un evento anterior, en una medida indeterminada, a la construcción de la "Naveta 1", si se asegurase que la madera de la muestra correspondía a algún elemento estructural del nivel 5a, como vigas o ramas empleadas para techar el edificio. Sin embargo, esta posibilidad contradice el carácter reciente de la datación. Así pues, no hay que descartar que nos hallemos ante un fenómeno de redeposición y que la muestra corresponda realmente a la última ocupación prehistórica.

**Observaciones**

Muestra tomada en la UE 36, según Hernández et alii e.p.: cuadro 1.

**Bibliografía**

Calvo, Guerrero y Salvà 2001a: 81; Salvà 2001:126; Hernández et alii e.p.: cuadro 1.

| Yacimiento | Isla | Municipio | Exclusión |
|---|---|---|---|
| Closos de Can Gaià | Mallorca | Felanitx | ☐ |

| Código laboratorio | Valor ap(BP) | Valor ane(BC) | ± | Muestra |
|---|---|---|---|---|
| KIA-11232 | 2790 | 840 | 40 | Hueso fauna doméstica |

| cal ANE m | cal ANE 1s | cal ANE 2s | cal ANE dir | δ 13C | δ 15N | C/N |
|---|---|---|---|---|---|---|
| 930 | 977 / 883 | 1028 / 838 | 927 | -21.11 | 5.37 | 2.83 |

**Registro arqueológico**

"Naveta 1". Nivel 3. UE 34. Muestra CG-1588.

**Estructura** Hábitat en piedra

**Significado arqueológico**

La datación corresponde al último uso prehistórico del edificio, una vez realizada una importante remodelación de su espacio interior testimoniada en el nivel 3.

**Observaciones**

Salvà (2001:126) la recoge con el valor 790±30 ane. CLT: KIK-1481.

**Bibliografía**

Calvo, Guerrero y Salvà 2001a: 81; Salvà 2001: 126; Van Strydonck et alii 2002: 43; Hernández et alii e.p.: cuadro 1; Van Strydonck et alii 2004, e.p.: tabla 1.

| Yacimiento | Isla | Municipio | Exclusión |
|---|---|---|---|
| Closos de Can Gaià | Mallorca | Felanitx | ☐ |

| Código laboratorio | Valor ap(BP) | Valor ane(BC) | ± | Muestra |
|---|---|---|---|---|
| UtC-8141 | 2775 | 825 | 41 | Carbón |

| cal ANE m | cal ANE 1s | cal ANE 2s | cal ANE dir | δ 13C | δ 15N | C/N |
|---|---|---|---|---|---|---|
| 912 | 961 / 864 | 1014 / 832 | 911 | | | |

**Registro arqueológico**

"Naveta 1". Nivel 3b. UE 9.

**Estructura** Hábitat en piedra

**Significado arqueológico**

La datación corresponde al último uso prehistórico del edificio, una vez realizada una importante remodelación de su espacio interior testimoniada en el nivel 3.

**Observaciones**

**Bibliografía**

Calvo, Guerrero y Salvà 2001a: 81; Salvà 2001: 126; Hernández et alii e.p.: cuadro 1.

| Yacimiento | Isla | Municipio | Exclusión |
|---|---|---|---|
| Closos de Can Gaià | Mallorca | Felanitx | ☐ |

| Código laboratorio | Valor ap(BP) | Valor ane(BC) | | Muestra |
|---|---|---|---|---|
| KIA-11229 | 2740 | 790 | ± 30 | Hueso fauna doméstica |

| cal ANE m | cal ANE 1s | cal ANE 2s | cal ANE dir | δ 13C | δ 15N | C/N |
|---|---|---|---|---|---|---|
| 874 | 913 / 835 | 943 / 821 | 878 | -21.08 | 6.46 | 2.72 |

**Registro arqueológico**

"Naveta 1". Nivel 3. UE 34. Muestra CG-1317.

**Estructura** Hábitat en piedra

**Significado arqueológico**

La datación corresponde al último uso prehistórico del edificio, una vez realizada una importante remodelación de su espacio interior testimoniada en el nivel 3.

**Observaciones**

CLT: KIK-1478.

**Bibliografía**

Calvo, Guerrero y Salvà 2001a: 81; Salvà 2001: 126; Van Strydonck et alii 2002: 42; Hernández et alii e.p.: cuadro 1; Van Strydonck et alii 2004, e.p.: tabla 1.

| Yacimiento | Isla | Municipio | Exclusión |
|---|---|---|---|
| Closos de Can Gaià | Mallorca | Felanitx | ☐ |

| Código laboratorio | Valor ap(BP) | Valor ane(BC) | | Muestra |
|---|---|---|---|---|
| KIA-11239 | 2650 | 700 | ± 25 | Hueso fauna doméstica |

| cal ANE m | cal ANE 1s | cal ANE 2s | cal ANE dir | δ 13C | δ 15N | C/N |
|---|---|---|---|---|---|---|
| 814 | 821 / 807 | 834 / 794 | 814 | -20.43 | 4.84 | 2.76 |

**Registro arqueológico**

Estructura rectangular de losas ortostáticas. Posible almacén. UE-18. Muestra CG-1147

**Estructura** Hábitat en piedra

**Significado arqueológico**

La datación indica un momento relativo al uso de la estructura.

**Observaciones**

CLT: KIK-1494.

**Bibliografía**

Calvo, Guerrero y Salvà 2001a: 81; Salvà 2001: 126; Van Strydonck et alii 2002: 43; Van Strydonck et alii 2004, e.p.: tabla 1.

| Yacimiento | Isla | Municipio | Exclusión |
|---|---|---|---|
| Closos de Can Gaià | Mallorca | Felanitx | ☐ |

| Código laboratorio | Valor ap(BP) | Valor ane(BC) | ± | Muestra |
|---|---|---|---|---|
| KIA-11219 | 170 | -1780 | 20 | Carbón |

| cal ANE m | cal ANE 1s | cal ANE 2s | cal ANE dir | δ 13C | δ 15N | C/N |
|---|---|---|---|---|---|---|
| -1811 | -1669 / -1954 | -1663 / -1949 | Ver "Observaciones" | -25.2 | | |

**Registro arqueológico**

Muestra CG-34.

**Estructura** Indeterminada

**Significado arqueológico**

La presencia del material datado podría corresponder tanto a una frecuentación humana eventual en época reciente, como obedecer a una causalidad estrictamente natural.

**Observaciones**

cal ANE dir: -1676, -1771, -1803, -1939, -1943, -1939, -1954. CLT: KIK-1468.

**Bibliografía**

Van Strydonck et alii 2002: 42.

| Yacimiento | Isla | Municipio | Exclusión |
|---|---|---|---|
| Closos de Can Gaià | Mallorca | Felanitx | ☐ |

| Código laboratorio | Valor ap(BP) | Valor ane(BC) | ± | Muestra |
|---|---|---|---|---|
| UtC-8143 | | | | Desconocido |

| cal ANE m | cal ANE 1s | cal ANE 2s | cal ANE dir | δ 13C | δ 15N | C/N |
|---|---|---|---|---|---|---|
| | | | | | | |

**Registro arqueológico**

"Naveta 1". Nivel II. Hogar asociado a cerámicas de época bizantina.

**Estructura** Asentamiento histórico

**Significado arqueológico**

La datación informaría sobre una reocupación o frecuentación tardía del lugar, que apenas ha merecido atención en las publicaciones disponibles sobre el yacimiento.

**Observaciones**

Sólo se ha publicado la datación calibrada: c. 567 d.C.

**Bibliografía**

Fornés y Salvà (2001 e.p.: nota 12).

**Yacimiento** Corral des Porc

Esta cueva natural de enterramiento, de la que sólo contamos con informaciones fragmentarias, proporcionó al parecer abundantes hallazgos cerámicos, óseos y metálicos. La única datación radiocarbónica disponible presenta una desviación tipo excesivamente elevada. Sin embargo, una calibración aproximada situaría un momento en el uso de esta sepultura colectiva a mediados del II milenio.

Referencias: Cantarellas (1972b), Coll (1993), Pons Homar (1999).

| Yacimiento | Isla | Municipio | Exclusión |
|---|---|---|---|
| Corral des Porc | Mallorca | Lloseta | ✔ |

| Código laboratorio | Valor ap(BP) | Valor ane(BC) | ± | Muestra |
|---|---|---|---|---|
| UBAR-386 | 3260 | 1310 | 160 | Hueso humano |

| cal ANE m | cal ANE 1s | cal ANE 2s | cal ANE dir | δ 13C | δ 15N | C/N |
|---|---|---|---|---|---|---|
| | | | | | | |

**Registro arqueológico**

Cueva natural de inhumación. Muestra NL-452.

**Estructura** Cueva natural de inhumación

**Significado arqueológico**

Pese a su elevada desviación tipo, la datación sitúa la práctica de inhumaciones colectivas en cueva natural representada en este yacimiento en el mismo horizonte de sincronía que otras manifestaciones análogas de la primera mitad del II milenio cal ANE.

**Observaciones**

Excluida por desviación tipo muy elevada. El intervalo de calibración a 1s se establece entre 1725 y 1355.

**Bibliografía**

Pons Homar 1999: tabla VII.

**Yacimiento** Cotaina d´en Carreres

Edificio funerario de carácter colectivo clasificado por Plantalamor (1991) dentro de la categoría de "navetas de tipo intermedio", aunque su contorno exterior de tendencia alargada presenta afinidades con las navetas clásicas. La serie radiocarbónica cuenta con tres dataciones, todas ellas efectuadas a partir de huesos humanos, que certifican que el monumento estuvo en uso al menos entre finales del siglo XI y los inicios del VIII cal ANE. El hecho de que la calibración de la datación más reciente (CSIC-834) se sitúe en el intervalo de incertidumbre de la "meseta de Hallstatt" plantea la duda acerca de si la tumba fue amortizada a inicios del siglo VIII cal ANE, lo cual coincidiría aproximadamente con el cese generalizado de este tipo de construcciones funerarias (véase infra), o bien si registró algún uso entre los siglos VIII y VI cal ANE, periodo en que las manifestaciones funerarias en las Baleares cuentan con muy escasos testimonios arqueológicos.

Referencias: Plantalamor (1991).

| **Yacimiento** | **Isla** | **Municipio** | **Exclusión** |
|---|---|---|---|
| Cotaina d´en Carreres | Menorca | Alaior | ☐ |

| **Código laboratorio** | **Valor ap(BP)** | **Valor ane(BC)** | ± | **Muestra** |
|---|---|---|---|---|
| UBAR-424 | 2860 | 910 | 50 | Hueso humano |

| **cal ANE m** | **cal ANE 1s** | **cal ANE 2s** | **cal ANE dir** | **δ13C** | **δ15N** | **C/N** |
|---|---|---|---|---|---|---|
| 1018 | 1087 / 948 | 1175 / 888 | 1014 | | | |

**Registro arqueológico**

Muestra procedente de una excavación clandestina.

**Estructura** Naveta

**Significado arqueológico**

Pese a las desafortunadas circunstancias que precedieron a la toma de la muestra, el resultado sería indicativo de un episodio dento del intervalo de uso de la sepultura colectiva.

**Observaciones**

**Bibliografía**

Mestres y de Nicolás 1999: apéndice.

| Yacimiento | Isla | Municipio | Exclusión |
|---|---|---|---|
| Cotaina d´en Carreres | Menorca | Alaior | ☐ |

| Código laboratorio | Valor ap(BP) | Valor ane(BC) | ± | Muestra |
|---|---|---|---|---|
| IRPA-1046A=IRPA-1046 | 2575 | 625 | 42 | Hueso humano |

| cal ANE m | cal ANE 1s | cal ANE 2s | cal ANE dir | δ 13C | δ 15N | C/N |
|---|---|---|---|---|---|---|
| 784 | 801 / 767 | 823 / 569 | 785 | | | |

**Registro arqueológico**

Muestra procedente de una excavación clandestina.

**Estructura** Naveta

**Significado arqueológico**

Pese a las desafortunadas circunstancias que precedieron a la toma de la muestra, el resultado sería indicativo de un episodio dento del intervalo de uso de la sepultura colectiva.

**Observaciones**

El resultado definitivo surge de la ponderación de las fechas IRPA-1046A (700±60 ane, delta 13C: -19,6 por mil) e IRPA-1046B (550±60 ane, delta 13C: -18,6 por mil).

**Bibliografía**

Van Strydonck et alii 1995: 25.

| Yacimiento | Isla | Municipio | Exclusión |
|---|---|---|---|
| Cotaina d´en Carreres | Menorca | Alaior | ☐ |

| Código laboratorio | Valor ap(BP) | Valor ane(BC) | ± | Muestra |
|---|---|---|---|---|
| CSIC-834 | 2520 | 570 | 40 | Hueso humano |

| cal ANE m | cal ANE 1s | cal ANE 2s | cal ANE dir | δ 13C | δ 15N | C/N |
|---|---|---|---|---|---|---|
| 668 | 780 / 557 | 796 / 500 | 764 | | | |

**Registro arqueológico**

Fémur humano procedente de una excavación clandestina.

**Estructura** Naveta

**Significado arqueológico**

Pese a las desafortunadas circunstancias que precedieron a la toma de la muestra, el resultado sería indicativo de un episodio dento del intervalo de uso de la sepultura colectiva.

**Observaciones**

**Bibliografía**

Mestres y de Nicolás 1999: apéndice.

**Yacimiento** Cova de Can Martorellet

Disponemos de pocos datos relativos a esta cueva natural de enterramiento colectivo, que acogió a un elevado número de individuos y de elementos de ajuar. La serie radiocarbónica cuenta con cinco dataciones, lo cual le otorga una cierta entidad. Con la salvedad de una datación efectuada sobre una muestra de madera correspondiente a un peine (UtC-6870), las restantes fueron obtenidas a partir de restos óseos humanos. Su lectura conjunta permite definir un intervalo principal de uso de la cavidad sepulcral que cubre, aproximadamente, los siglos XIX y XVII cal ANE, es decir, unos cuatrocientos años. Alejada de esta concentración, en torno a inicios del siglo XIII cal ANE, hallamos la fecha KIA-15720. Esta distancia temporal podría indicar la reutilización esporádica de la cueva con posterioridad al intervalo de uso primigenio y al cual deberían vincularse la mayoría de los hallazgos.

Referencias: Pons Homar (1999).

.

| **Yacimiento** | **Isla** | **Municipio** | **Exclusión** |
|---|---|---|---|
| Cova de Can Martorellet | Mallorca | Pollença | ☐ |

| **Código laboratorio** | **Valor ap(BP)** | **Valor ane(BC)** | ± | **Muestra** |
|---|---|---|---|---|
| KIA-15714 | 3555 | 1605 | ± 30 | Hueso humano |

| **cal ANE m** | **cal ANE 1s** | **cal ANE 2s** | **cal ANE dir** | **δ 13C** | **δ 15N** | **C/N** |
|---|---|---|---|---|---|---|
| 1902 | 1926 / 1878 | 1964 / 1769 | 1900 | -19.05 | 8.47 | 2.71 |

**Registro arqueológico**

Cueva natural de inhumación colectiva. Muestra 1.

**Estructura** Cueva natural de inhumación

**Significado arqueológico**

La datación indica un episodio dentro del periodo de uso del recinto funerario de carácter colectivo.

**Observaciones**

CLT: KIK-2042.

**Bibliografía**

Van Strydonck et alii 2002: 48; Van Strydonck et alii 2004, e.p.: tabla 1.

| Yacimiento | Isla | Municipio | Exclusión |
|---|---|---|---|
| Cova de Can Martorellet | Mallorca | Pollença | ☐ |

| Código laboratorio | Valor ap(BP) | Valor ane(BC) | ± | Muestra |
|---|---|---|---|---|
| KIA-15721 | 3450 | 1500 | 30 | Hueso humano |

| cal ANE m | cal ANE 1s | cal ANE 2s | cal ANE dir | δ 13C | δ 15N | C/N |
|---|---|---|---|---|---|---|
| 1739 | 1765 / 1713 | 1876 / 1680 | 1747 | -19.26 | 7.96 | 2.71 |

**Registro arqueológico**

Cueva natural de inhumación colectiva. Muestra 3.

**Estructura** Cueva natural de inhumación

**Significado arqueológico**

La datación indica un episodio dentro del periodo de uso del recinto funerario de carácter colectivo.

**Observaciones**

CLT: KIK-2049.

**Bibliografía**

Van Strydonck et alii 2002: 48; Van Strydonck et alii 2004, e.p.: tabla 1.

| Yacimiento | Isla | Municipio | Exclusión |
|---|---|---|---|
| Cova de Can Martorellet | Mallorca | Pollença | ☐ |

| Código laboratorio | Valor ap(BP) | Valor ane(BC) | ± | Muestra |
|---|---|---|---|---|
| KIA-15722 | 3380 | 1430 | 30 | Hueso humano |

| cal ANE m | cal ANE 1s | cal ANE 2s | cal ANE dir | δ 13C | δ 15N | C/N |
|---|---|---|---|---|---|---|
| 1672 | 1712 / 1632 | 1745 / 1598 | 1677 | -21.4 | | 3.47 |

**Registro arqueológico**

Cueva natural de inhumación colectiva. Muestra 4.

**Estructura** Cueva natural de inhumación

**Significado arqueológico**

La datación indica un episodio dentro del periodo de uso del recinto funerario de carácter colectivo.

**Observaciones**

CLT: KIK-2050.

**Bibliografía**

Van Strydonck et alii 2002: 48.

| Yacimiento | Isla | Municipio | Exclusión |
|---|---|---|---|
| Cova de Can Martorellet | Mallorca | Pollença | ☐ |

| Código laboratorio | Valor ap(BP) | Valor ane(BC) | ± | Muestra |
|---|---|---|---|---|
| UtC-7860 | 3360 | 1410 | 40 | Madera |

| cal ANE m | cal ANE 1s | cal ANE 2s | cal ANE dir | δ 13C | δ 15N | C/N |
|---|---|---|---|---|---|---|
| 1652 | 1705 / 1599 | 1737 / 1530 | 1654 | -24.9 | | |

**Registro arqueológico**

Cueva natural de inhumación colectiva. Cámara 25, nº 737. Peine de madera.

**Estructura** Cueva natural de inhumación

**Significado arqueológico**

La datación indica un episodio dentro del periodo de uso del recinto funerario de carácter colectivo.

**Observaciones**

CLT: KIK-970.

**Bibliografía**

Van Strydonck et alii 2001: 32.

| Yacimiento | Isla | Municipio | Exclusión |
|---|---|---|---|
| Cova de Can Martorellet | Mallorca | Pollença | ☐ |

| Código laboratorio | Valor ap(BP) | Valor ane(BC) | ± | Muestra |
|---|---|---|---|---|
| KIA-15720 | 3025 | 1075 | 40 | Hueso humano |

| cal ANE m | cal ANE 1s | cal ANE 2s | cal ANE dir | δ 13C | δ 15N | C/N |
|---|---|---|---|---|---|---|
| 1288 | 1351 / 1226 | 1397 / 1141 | 1286 | -21.2 | | 2.88 |

**Registro arqueológico**

Cueva natural de inhumación colectiva. Muestra 2.

**Estructura** Cueva natural de inhumación

**Significado arqueológico**

La datación informa sobre una deposición funeraria relativamente tardía respecto al intervalo de uso original de la cueva.

**Observaciones**

CLT: KIK-2048.

**Bibliografía**

Van Strydonck et alii 2002: 48.

**Yacimiento** Cova de Canet

La serie radiocarbónica de este yacimiento consta de tres dataciones, una de las cuales es preholocénica (P-2540). Las dos restantes han gozado de cierto protagonismo a la hora de argumentar a favor de la presencia humana temprana en Mallorca. Pese a sus amplísimas desviaciones estándar, que nos ponen sobre aviso sobre la calidad de las propias muestras, los resultados apuntaban a una cronología francamente alta (ca. IX y VI milenios cal ANE).

Sin embargo, en una publicación anterior (Lull et alii 1999: 16) cuestionamos la fiabilidad de los contextos estratigráficos de procedencia como indicadores de una posible ocupación humana asociada a la manipulación de Myotragus y al uso de estructuras de combustión. Nada ha cambiado desde entonces en relación a esta conclusión, de forma que nos inclinamos a considerar que el depósito datado fue el resultado de procesos físicos de naturaleza no antrópica.

Referencias: Kopper (1984), Pons-Moyá y Coll (1986), Alcover et alii (2001).

| **Yacimiento** | **Isla** | **Municipio** | **Exclusión** |
|---|---|---|---|
| Cova de Canet | Mallorca | Esporles | ☑ |

| **Código laboratorio** | **Valor ap(BP)** | **Valor ane(BC)** | ± | **Muestra** |
|---|---|---|---|---|
| P-2540 | 32400 | 30450 | | Conchas |

| **cal ANE m** | **cal ANE 1s** | **cal ANE 2s** | **cal ANE dir** | **δ 13C** | **δ 15N** | **C/N** |
|---|---|---|---|---|---|---|
| | | | | | | |

**Registro arqueológico**

Cata 4. z = -20 a -40 cm (nivel de arcilla "terrarossa"). Muestra formada por conchas identificadas tentativamente como Tudorella ferruginea, Vallonia pulchella y Cryptomphalus asperus.

**Estructura** Natural

**Significado arqueológico**

Nulo, ya que se datan materiales anteriores a la ocupación humana de Mallorca.

**Observaciones**

Excluida por desviación-tipo muy elevada (+1980 y - 1600). 13Cw = +17,8±0,46 por mil.

**Bibliografía**

Meulengracht, McGovern y Lawn 1981: 238-239.

| Yacimiento | Isla | Municipio | Exclusión |
|---|---|---|---|
| Cova de Canet | Mallorca | Esporles | ☑ |

| Código laboratorio | Valor ap(BP) | Valor ane(BC) | ± | Muestra |
|---|---|---|---|---|
| P-2408 | 9170 | 7220 | ± 570 | Carbón |

| cal ANE m | cal ANE 1s | cal ANE 2s | cal ANE dir | δ 13C | δ 15N | C/N |
|---|---|---|---|---|---|---|
| | | | | | | |

**Registro arqueológico**

Cata I. Nivel B. z = -3 m. Nivel con huesos de Myotragus balearicus.

**Estructura** Natural

**Significado arqueológico**

Nulo, ya que no tenemos la seguridad de que los materiales sincrónicos a la muestra datada correspondan a un origen antrópico. Además, su elevada desviación estándar la convierte en poco fiable.

**Observaciones**

Excluida por desviación-tipo muy elevada.

**Bibliografía**

Kopper 1984: fig. 2; Pons-Moyà y Coll 1986: 32; Guerrero 1995: 16, 2000a: 24.

| Yacimiento | Isla | Municipio | Exclusión |
|---|---|---|---|
| Cova de Canet | Mallorca | Esporles | ☑ |

| Código laboratorio | Valor ap(BP) | Valor ane(BC) | ± | Muestra |
|---|---|---|---|---|
| Beta-6948 | 6370 | 4420 | ± 320 | Carbón |

| cal ANE m | cal ANE 1s | cal ANE 2s | cal ANE dir | δ 13C | δ 15N | C/N |
|---|---|---|---|---|---|---|
| | | | | | | |

**Registro arqueológico**

Cata II. Nivel D. z = -1 m.

**Estructura** Natural

**Significado arqueológico**

Nulo, ya que no tenemos la seguridad de que los materiales sincrónicos a la muestra datada correspondan a un origen antrópico. Además, su elevada desviación estándar la convierte en poco fiable.

**Observaciones**

Excluida por desviación-tipo muy elevada.

**Bibliografía**

Kopper 1984: fig. 2; Pons-Moyà y Coll 1986: 32.

**Yacimiento** Cova de Moleta

Este yacimiento es en realidad un complejo sistema de cavidades naturales que fue inicialmente dividido en tres sectores ("Cueva superior, intermedia e inferior"). Fue el primer yacimiento investigado en profundidad por W. Waldren y ha proporcionado evidencias paleontológicas (sobre todo de Myotragus) y arqueológicas que han desempeñado un papel central en el debate sobre los orígenes del poblamiento humano en Mallorca. Sin embargo, la definición de la secuencia estratigráfica y el análisis e interpretación de algunos de los hallazgos no se ha hallado exentos de problemas (Alcover et alii 2001). Por otro lado, el yacimiento también ha ofrecido restos artefactuales vinculados a los periodos "Pretalayótico", "Talayótico" y "Postalayótico" tradicionales.

En la actualidad disponemos de sesenta y una dataciones absolutas, algunas de ellas obtenidas por preocedimientos distintos al radiocarbono, que se remontan a hace más de 100.000 años. Las que nos interesan ocupan el tramo reciente de la secuencia. Hasta hace poco, la datación KBN-640d, era asociada al "Hombre de Muleta" y, por ende a la primera presencia inequívoca de seres humanos en el archipiélago, a inicios del V milenio cal ANE. Sin embargo, el resultado ha dado lugar a ciertas dudas a raíz de la naturaleza del material datado y de la complicada formación del depósito. Ramis y Alcover (2001a) cuestionaron abiertamente la validez de la datación y procedieron a fechar mediante AMS una vértebra humana procedente del mismo contexto estratigráfico donde se documentó el citado "Hombre de Muleta". El resultado (Beta-135404) resitúa los hallazgos más significativos de este yacimiento en un horizonte mucho más reciente, datable en las postrimerías del III milenio. A la hora de justificar estas notorias discrepancias, se apunta a que la determinación KBN-640d fue obtenida a finales de la década de los sesenta mediante técnicas convencionales que requirieron una elevada cantidad de material óseo (aproximadamente 500 g). Dado que, además, este tipo de material apareció muy fragmentado en la excavación, se sugiere que KBN-640d pudo haberse efectuado a partir de una muestra mezclada que incluiría, además de hueso humano, una cierta cantidad de material óseo de Myotragus. La gran antigüedad de estos últimos habría sobreelevado el resultado, lo cual explicaría la distancia entre las fechas proporcionadas por KBN-640d y Beta-135404.

Así pues, manteniendo en suspenso la validez de KBN-640d y de los supuestos materiales arcaicos a los que se asociaba (Ramis y Alcover 2001b; Alcover et alii 2001), la ocupación humana más antigua documentada en Moleta se remontaría a la segunda mitad del III milenio cal ANE (KIA-20213 y Beta-135404), y estaría expresada en un posible conjunto funerario colectivo. Con posterioridad a este uso, las dataciones Y-2359 y SI-652 podrían reflejar la utilización de la cavidad con fines habitacionales en los últimos momentos del II e inicios del I milenios cal ANE. Finalmente, las dataciones BM-1507 y SI-651A harían referencia a la ocupación "postalayótica" del lugar, ya en la segunda mitad del I milenio cal ANE.

Referencias: Graves y Waldren (1966), Waldren (1966, 1975, 1982), Waldren y Rosselló Bordoy (1975), Ramis y Alcover (2001a, b).

| Yacimiento | Isla | Municipio | Exclusión |
|---|---|---|---|
| Cova de Moleta | Mallorca | Sóller | ☐ |

| Código laboratorio | Valor ap(BP) | Valor ane(BC) | ± | Muestra |
|---|---|---|---|---|
| SC-RAA 2 | 107000 | 105000 | | Hueso Myotragus |

| cal ANE m | cal ANE 1s | cal ANE 2s | cal ANE dir | δ 13C | δ 15N | C/N |
|---|---|---|---|---|---|---|
| | | | | | | |

**Registro arqueológico**

Sector Z. Z = -650 cm.

**Estructura** Natural

**Significado arqueológico**

Nulo. La muestra procede de un contexto anterior a la ocupación humana de Mallorca.

**Observaciones**

Datación por racemización de aminoácidos. Valor BP aproximativo.

**Bibliografía**

Waldren 1972: 44.

| Yacimiento | Isla | Municipio | Exclusión |
|---|---|---|---|
| Cova de Moleta | Mallorca | Sóller | ☐ |

| Código laboratorio | Valor ap(BP) | Valor ane(BC) | ± | Muestra |
|---|---|---|---|---|
| Y-1f | 80000 | | | Carbonatos |

| cal ANE m | cal ANE 1s | cal ANE 2s | cal ANE dir | δ 13C | δ 15N | C/N |
|---|---|---|---|---|---|---|
| | | | | | | |

**Registro arqueológico**

Sector X base. Muestra de travertino del suelo de la cueva (núcleo de calcita).

**Estructura** Natural

**Significado arqueológico**

Nulo. La muestra procede de un contexto anterior a la ocupación humana de Mallorca.

**Observaciones**

Medición paleomagnética.

**Bibliografía**

Fernández-Miranda y Waldren 1979: 350; Waldren 1982a: 511; 1982b: 1A: 32; 1986: tabla 16e.

| Yacimiento | Isla | Municipio | Exclusión |
|---|---|---|---|
| Cova de Moleta | Mallorca | Sóller | ☐ |

| Código laboratorio | Valor ap(BP) | Valor ane(BC) | ± | Muestra |
|---|---|---|---|---|
| QL-128 | 58000 | | | Carbonatos |

| cal ANE m | cal ANE 1s | cal ANE 2s | cal ANE dir | δ 13C | δ 15N | C/N |
|---|---|---|---|---|---|---|
| | | | | | | |

**Registro arqueológico**

Sector X base. Muestra procedente del centro de una estalagmita.

**Estructura** Natural

**Significado arqueológico**

Nulo. La muestra procede de un contexto anterior a la ocupación humana de Mallorca.

**Observaciones**

Fernández-Miranda (1978: 326) se refiere a ella con el valor 57000 BP.

**Bibliografía**

Fernández-Miranda 1978: 326; Fernández-Miranda y Waldren 1979: 350; Waldren 1982a: 511; 1982b: 1A: 32; 1986: tabla 16e.

| Yacimiento | Isla | Municipio | Exclusión |
|---|---|---|---|
| Cova de Moleta | Mallorca | Sóller | ☐ |

| Código laboratorio | Valor ap(BP) | Valor ane(BC) | ± | Muestra |
|---|---|---|---|---|
| QL-127 | 48000 | | | Carbonatos |

| cal ANE m | cal ANE 1s | cal ANE 2s | cal ANE dir | δ 13C | δ 15N | C/N |
|---|---|---|---|---|---|---|
| | | | | | | |

**Registro arqueológico**

Sector X base. Muestra procedente de la parte exterior de una estalagmita.

**Estructura** Natural

**Significado arqueológico**

Nulo. La muestra procede de un contexto anterior a la ocupación humana de Mallorca.

**Observaciones**

**Bibliografía**

Fernández-Miranda y Waldren 1979: 350; Waldren 1982a: 511; 1982b: 1A: 32; 1986: tabla 16e.

| Yacimiento | Isla | Municipio | Exclusión |
|---|---|---|---|
| Cova de Moleta | Mallorca | Sóller | ☐ |

| Código laboratorio | Valor ap(BP) | Valor ane(BC) | ± | Muestra |
|---|---|---|---|---|
| HAR-2911 | 44800 | | 1600 | Hueso Myotragus |

| cal ANE m | cal ANE 1s | cal ANE 2s | cal ANE dir | δ13C | δ15N | C/N |
|---|---|---|---|---|---|---|
| | | | | | | |

**Registro arqueológico**

Sector Z. Z = -650 cm.

**Estructura** Natural

**Significado arqueológico**

Nulo. La muestra procede de un contexto anterior a la ocupación humana de Mallorca.

**Observaciones**

Datación por U/Th.

**Bibliografía**

Rae, Ivanovich y Sweeting 1984: tabla 3; Waldren 1986: tabla 16e.

| Yacimiento | Isla | Municipio | Exclusión |
|---|---|---|---|
| Cova de Moleta | Mallorca | Sóller | ☐ |

| Código laboratorio | Valor ap(BP) | Valor ane(BC) | ± | Muestra |
|---|---|---|---|---|
| SIO-1h | 42000 | 40050 | 1000 | Hueso Myotragus |

| cal ANE m | cal ANE 1s | cal ANE 2s | cal ANE dir | δ13C | δ15N | C/N |
|---|---|---|---|---|---|---|
| | | | | | | |

**Registro arqueológico**

Sector Z. Z = -600 cm.

**Estructura** Natural

**Significado arqueológico**

Nulo. La muestra procede de un contexto anterior a la ocupación humana de Mallorca.

**Observaciones**

Datación por racemización de aminoácidos con desviación estándar muy elevada.

**Bibliografía**

Waldren 1986: tabla 16e.

| Yacimiento | Isla | Municipio | Exclusión |
|---|---|---|---|
| Cova de Moleta | Mallorca | Sóller | ☑ |

| Código laboratorio | Valor ap(BP) | Valor ane(BC) | ± | Muestra |
|---|---|---|---|---|
| OxA-493 | 36000 | 34050 | 2500 | Hueso Myotragus |

| cal ANE m | cal ANE 1s | cal ANE 2s | cal ANE dir | δ 13C | δ 15N | C/N |
|---|---|---|---|---|---|---|
| | | | | | | |

**Registro arqueológico**

Sector X. Z = -150 cm.

**Estructura** Natural

**Significado arqueológico**

Nulo. La muestra procede de un contexto anterior a la ocupación humana de Mallorca.

**Observaciones**

Excluida por desviación-tipo muy elevada.

**Bibliografía**

Gowlett et alii 1986: 215.

| Yacimiento | Isla | Municipio | Exclusión |
|---|---|---|---|
| Cova de Moleta | Mallorca | Sóller | ☐ |

| Código laboratorio | Valor ap(BP) | Valor ane(BC) | ± | Muestra |
|---|---|---|---|---|
| HAR-2969 | 35400 | | 1400 | Hueso Myotragus |

| cal ANE m | cal ANE 1s | cal ANE 2s | cal ANE dir | δ 13C | δ 15N | C/N |
|---|---|---|---|---|---|---|
| | | | | | | |

**Registro arqueológico**

Sector M 12.

**Estructura** Natural

**Significado arqueológico**

Nulo. La muestra procede de un contexto anterior a la ocupación humana de Mallorca.

**Observaciones**

Datación por U/Th.

**Bibliografía**

Rae, Ivanovich y Sweeting 1984: tabla 3.

| Yacimiento | Isla | Municipio | Exclusión |
|---|---|---|---|
| Cova de Moleta | Mallorca | Sóller | ☐ |

| Código laboratorio | Valor ap(BP) | Valor ane(BC) | ± | Muestra |
|---|---|---|---|---|
| SC-RAA 1 | 34000 | 32000 | | Hueso Myotragus |

| cal ANE m | cal ANE 1s | cal ANE 2s | cal ANE dir | δ 13C | δ 15N | C/N |
|---|---|---|---|---|---|---|
| | | | | | | |

**Registro arqueológico**

Sector Z. Z = -450 cm.

**Estructura** Natural

**Significado arqueológico**

Nulo. La muestra procede de un contexto anterior a la ocupación humana de Mallorca.

**Observaciones**

Datación por racemización de aminoácidos. Valor BP aproximativo.

**Bibliografía**

Waldren 1972: 44.

| Yacimiento | Isla | Municipio | Exclusión |
|---|---|---|---|
| Cova de Moleta | Mallorca | Sóller | ☐ |

| Código laboratorio | Valor ap(BP) | Valor ane(BC) | ± | Muestra |
|---|---|---|---|---|
| SIO-1g | 32000 | 30050 | 715 | Hueso Myotragus |

| cal ANE m | cal ANE 1s | cal ANE 2s | cal ANE dir | δ 13C | δ 15N | C/N |
|---|---|---|---|---|---|---|
| | | | | | | |

**Registro arqueológico**

Sector Z. Z = -750 cm.

**Estructura** Natural

**Significado arqueológico**

Nulo. La muestra procede de un contexto anterior a la ocupación humana de Mallorca.

**Observaciones**

Datación por racemización de aminoácidos con desviación estándar muy elevada.

**Bibliografía**

Fernández-Miranda y Waldren 1979: 350; Waldren 1982a: 511; 1982b: 1A: 32; 1986: tabla 16e.

| Yacimiento | Isla | Municipio | Exclusión |
|---|---|---|---|
| Cova de Moleta | Mallorca | Sóller | ☑ |

| Código laboratorio | Valor ap(BP) | Valor ane(BC) | | Muestra |
|---|---|---|---|---|
| UCLA-1704a | 28600 | 26650 | ± 600 | Hueso Myotragus |

| cal ANE m | cal ANE 1s | cal ANE 2s | cal ANE dir | δ 13C | δ 15N | C/N |
|---|---|---|---|---|---|---|
| | | | | | | |

**Registro arqueológico**

Sector Z. Z = -604 cm.

**Estructura** Natural

**Significado arqueológico**

Nulo. La muestra procede de un contexto anterior a la ocupación humana de Mallorca.

**Observaciones**

Excluida por desviación-tipo muy elevada.

**Bibliografía**

Fernández-Miranda y Waldren 1979: 350; Waldren 1982a: 511; 1982b: 1A: 32; 1986: tabla 16e.

| Yacimiento | Isla | Municipio | Exclusión |
|---|---|---|---|
| Cova de Moleta | Mallorca | Sóller | ☐ |

| Código laboratorio | Valor ap(BP) | Valor ane(BC) | | Muestra |
|---|---|---|---|---|
| SIO-1c | 27000 | 25050 | ± 600 | Hueso Myotragus |

| cal ANE m | cal ANE 1s | cal ANE 2s | cal ANE dir | δ 13C | δ 15N | C/N |
|---|---|---|---|---|---|---|
| | | | | | | |

**Registro arqueológico**

Sector Z. Z = -475 cm.

**Estructura** Natural

**Significado arqueológico**

Nulo. La muestra procede de un contexto anterior a la ocupación humana de Mallorca.

**Observaciones**

Datación por racemización de aminoácidos con desviación estándar muy elevada.

**Bibliografía**

Fernández-Miranda y Waldren 1979: 350; Waldren 1982a: 511; 1982b: 1A: 32; 1986: tabla 16e.

| Yacimiento | Isla | Municipio | Exclusión |
|---|---|---|---|
| Cova de Moleta | Mallorca | Sóller | ☐ |

| Código laboratorio | Valor ap(BP) | Valor ane(BC) | ± | Muestra |
|---|---|---|---|---|
| HAR-2910 | 25800 | | 1300 | Hueso Myotragus |

| cal ANE m | cal ANE 1s | cal ANE 2s | cal ANE dir | δ 13C | δ 15N | C/N |
|---|---|---|---|---|---|---|
| | | | | | | |

**Registro arqueológico**

Sector Z. Z = -555 cm.

**Estructura** Natural

**Significado arqueológico**

Nulo. La muestra procede de un contexto anterior a la ocupación humana de Mallorca.

**Observaciones**

Datación por U/Th. Publicada por Waldren (1986: ficha de inventario 72a) con el código de laboratorio HAR-2912.

**Bibliografía**

Rae, Ivanovich y Sweeting 1984: tabla 3; Waldren 1986: tabla 16e.

| Yacimiento | Isla | Municipio | Exclusión |
|---|---|---|---|
| Cova de Moleta | Mallorca | Sóller | ☐ |

| Código laboratorio | Valor ap(BP) | Valor ane(BC) | ± | Muestra |
|---|---|---|---|---|
| HAR-2971 | 25700 | | 1100 | Hueso Myotragus |

| cal ANE m | cal ANE 1s | cal ANE 2s | cal ANE dir | δ 13C | δ 15N | C/N |
|---|---|---|---|---|---|---|
| | | | | | | |

**Registro arqueológico**

Sector X 15.

**Estructura** Natural

**Significado arqueológico**

Nulo. La muestra procede de un contexto anterior a la ocupación humana de Mallorca.

**Observaciones**

Datación por U/Th.

**Bibliografía**

Rae, Ivanovich y Sweeting 1984: tabla 3.

| Yacimiento | Isla | Municipio | Exclusión |
|---|---|---|---|
| Cova de Moleta | Mallorca | Sóller | ☐ |

| Código laboratorio | Valor ap(BP) | Valor ane(BC) | ± | Muestra |
|---|---|---|---|---|
| SI-647 | 23880 | 21930 | 1480 | Hueso Myotragus |

| cal ANE m | cal ANE 1s | cal ANE 2s | cal ANE dir | δ 13C | δ 15N | C/N |
|---|---|---|---|---|---|---|
| | | | | | | |

**Registro arqueológico**

Sector E. Z = -400 a -450 cm.

**Estructura** Natural

**Significado arqueológico**

Nulo. La muestra procede de un contexto anterior a la ocupación humana de Mallorca.

**Observaciones**

Excluida por desviación-tipo muy elevada. Fernández-Miranda y Waldren (1979: 350) y Waldren (1982a: 511; 1982b: 1A: 32 y 1986: tabla 16e) publican el valor 23800±480 bp.

**Bibliografía**

Stuckenrath y Mielke 1972: 404; Fernández-Miranda y Waldren 1979: 350; Waldren 1982a: 511; 1982b: 1A: 32; 1986: tabla 16e.

| Yacimiento | Isla | Municipio | Exclusión |
|---|---|---|---|
| Cova de Moleta | Mallorca | Sóller | ☐ |

| Código laboratorio | Valor ap(BP) | Valor ane(BC) | ± | Muestra |
|---|---|---|---|---|
| HAR-2933 | 23500 | | 1600 | Hueso Myotragus |

| cal ANE m | cal ANE 1s | cal ANE 2s | cal ANE dir | δ 13C | δ 15N | C/N |
|---|---|---|---|---|---|---|
| | | | | | | |

**Registro arqueológico**

Sector X 11.

**Estructura** Natural

**Significado arqueológico**

Nulo. La muestra procede de un contexto anterior a la ocupación humana de Mallorca.

**Observaciones**

Datación por U/Th.

**Bibliografía**

Rae, Ivanovich y Sweeting 1984: tabla 3; Waldren 1986: tabla 16d.

**Yacimiento:** Cova de Moleta
**Isla:** Mallorca
**Municipio:** Sóller
**Exclusión:** ☐

| Código laboratorio | Valor ap(BP) | Valor ane(BC) | ± | Muestra |
|---|---|---|---|---|
| HAR-2968 | 23300 | | 800 | Hueso Myotragus |

| cal ANE m | cal ANE 1s | cal ANE 2s | cal ANE dir | δ 13C | δ 15N | C/N |
|---|---|---|---|---|---|---|
| | | | | | | |

**Registro arqueológico**

Sector X 7B. Z = -50 cm.

**Estructura** Natural

**Significado arqueológico**

Nulo. La muestra procede de un contexto anterior a la ocupación humana de Mallorca.

**Observaciones**

Datación por U/Th. Waldren (2002: tabla 4) la publica como 5350 bp.

**Bibliografía**

Rae, Ivanovich y Sweeting 1984: tabla 3; Waldren 2002: tabla 4.

---

**Yacimiento:** Cova de Moleta
**Isla:** Mallorca
**Municipio:** Sóller
**Exclusión:** ☐

| Código laboratorio | Valor ap(BP) | Valor ane(BC) | ± | Muestra |
|---|---|---|---|---|
| HAR-2912 | 23200 | | 2300 | Hueso Myotragus |

| cal ANE m | cal ANE 1s | cal ANE 2s | cal ANE dir | δ 13C | δ 15N | C/N |
|---|---|---|---|---|---|---|
| | | | | | | |

**Registro arqueológico**

Sector E. Z = -355 cm.

**Estructura** Natural

**Significado arqueológico**

Nulo. La muestra procede de un contexto anterior a la ocupación humana de Mallorca.

**Observaciones**

Datación por U/Th.

**Bibliografía**

Rae, Ivanovich y Sweeting 1984: tabla 3; Waldren 1986: tabla 16e.

| Yacimiento | Isla | Municipio | Exclusión |
|---|---|---|---|
| Cova de Moleta | Mallorca | Sóller | ☐ |

| Código laboratorio | Valor ap(BP) | Valor ane(BC) | ± | Muestra |
|---|---|---|---|---|
| HAR-2932 | 19700 | | 1110 | Hueso Myotragus |

| cal ANE m | cal ANE 1s | cal ANE 2s | cal ANE dir | δ 13C | δ 15N | C/N |
|---|---|---|---|---|---|---|
| | | | | | | |

**Registro arqueológico**

Sector X 7E. Z = -100 cm.

**Estructura** Natural

**Significado arqueológico**

Nulo. La muestra procede de un contexto anterior a la ocupación humana de Mallorca.

**Observaciones**

Datación por U/Th.

**Bibliografía**

Rae, Ivanovich y Sweeting 1984: tabla 3; Waldren 1986: tabla 16d.

| Yacimiento | Isla | Municipio | Exclusión |
|---|---|---|---|
| Cova de Moleta | Mallorca | Sóller | ☑ |

| Código laboratorio | Valor ap(BP) | Valor ane(BC) | ± | Muestra |
|---|---|---|---|---|
| UCLA-1704e | 18980 | 17030 | 200 | Hueso Myotragus |

| cal ANE m | cal ANE 1s | cal ANE 2s | cal ANE dir | δ 13C | δ 15N | C/N |
|---|---|---|---|---|---|---|
| | | | | | | |

**Registro arqueológico**

Sector Z. Z = -400 cm.

**Estructura** Natural

**Significado arqueológico**

Nulo. La muestra procede de un contexto anterior a la ocupación humana de Mallorca.

**Observaciones**

Excluida por desviación estándar muy elevada. Racemización de ácido aspártico.

**Bibliografía**

Schroeder y Bada 1973: tabla 1; Fernández-Miranda y Waldren 1979: 350; Waldren 1982a: 497, 511; 1982b: 1A: 32; 1986: tabla 16e.

| Yacimiento | Isla | Municipio | Exclusión |
|---|---|---|---|
| Cova de Moleta | Mallorca | Sóller | ✔ |

| Código laboratorio | Valor ap(BP) | Valor ane(BC) | ± | Muestra |
|---|---|---|---|---|
| SI-650 | 18735 | 16785 | 555 | Hueso Myotragus |

| cal ANE m | cal ANE 1s | cal ANE 2s | cal ANE dir | δ13C | δ15N | C/N |
|---|---|---|---|---|---|---|
| | | | | | | |

**Registro arqueológico**

Sector X. Z = -350 a -400 cm..

**Estructura** Natural

**Significado arqueológico**

Nulo. La muestra procede de un contexto anterior a la ocupación humana de Mallorca.

**Observaciones**

Excluida por desviación estándar muy elevada. Waldren (1982a: 511; 1982b: 1A: 32 y 1986: tabla 16e) publica el valor 16805 ane.

**Bibliografía**

Stuckenrath y Mielke 1972: 404; Waldren 1972: 44; Fernández-Miranda y Waldren 1979: 350; Waldren 1982a: 511; 1982b: 1A: 32; 1986: tabla 16e.

| Yacimiento | Isla | Municipio | Exclusión |
|---|---|---|---|
| Cova de Moleta | Mallorca | Sóller | ✔ |

| Código laboratorio | Valor ap(BP) | Valor ane(BC) | ± | Muestra |
|---|---|---|---|---|
| SI-649 | 18100 | 16150 | 600 | Hueso Myotragus |

| cal ANE m | cal ANE 1s | cal ANE 2s | cal ANE dir | δ13C | δ15N | C/N |
|---|---|---|---|---|---|---|
| | | | | | | |

**Registro arqueológico**

Sector F. Z = -300 cm.

**Estructura** Natural

**Significado arqueológico**

Nulo. La muestra procede de un contexto anterior a la ocupación humana de Mallorca.

**Observaciones**

Excluida por desviación-tipo muy elevada.

**Bibliografía**

Stuckenrath y Mielke 1972: 404; Waldren 1972: 44; Fernández-Miranda y Waldren 1979: 350; Waldren 1982a: 511; 1982b: 1A: 32; 1986: tabla 16e.

**Yacimiento** Cova de Moleta | **Isla** Mallorca | **Municipio** Sóller | **Exclusión** ☑

| Código laboratorio | Valor ap(BP) | Valor ane(BC) | ± | Muestra |
|---|---|---|---|---|
| UCLA-1704d | 16850 | 14900 | 200 | Hueso Myotragus |

| cal ANE m | cal ANE 1s | cal ANE 2s | cal ANE dir | δ 13C | δ 15N | C/N |
|---|---|---|---|---|---|---|
| | | | | | | |

**Registro arqueológico**

Sector E. Z = -350 cm.

**Estructura** Natural

**Significado arqueológico**

Nulo. La muestra procede de un contexto anterior a la ocupación humana de Mallorca.

**Observaciones**

Excluida por desviación estándar muy elevada. Racemización de ácido aspártico.

**Bibliografía**

Schroeder y Bada 1973: tabla 1; Fernández-Miranda y Waldren 1979: 350; Waldren 1982a: 497, 511; 1982b: 1A: 31; 1986: tabla 16e.

---

**Yacimiento** Cova de Moleta | **Isla** Mallorca | **Municipio** Sóller | **Exclusión** ☐

| Código laboratorio | Valor ap(BP) | Valor ane(BC) | ± | Muestra |
|---|---|---|---|---|
| HAR-2934 | 16500 | | 2300 | Hueso Myotragus |

| cal ANE m | cal ANE 1s | cal ANE 2s | cal ANE dir | δ 13C | δ 15N | C/N |
|---|---|---|---|---|---|---|
| | | | | | | |

**Registro arqueológico**

Sector X 7C. Z = -65 cm.

**Estructura** Natural

**Significado arqueológico**

Nulo. La muestra procede de un contexto anterior a la ocupación humana de Mallorca.

**Observaciones**

Datación por U/Th.

**Bibliografía**

Rae, Ivanovich y Sweeting 1984: tabla 3; Waldren 1986: tabla 16d.

| Yacimiento | Isla | Municipio | Exclusión |
|---|---|---|---|
| Cova de Moleta | Mallorca | Sóller | ☐ |

| Código laboratorio | Valor ap(BP) | Valor ane(BC) | ± | Muestra |
|---|---|---|---|---|
| HAR-2909 | 16400 | | 1200 | Hueso Myotragus |

| cal ANE m | cal ANE 1s | cal ANE 2s | cal ANE dir | δ 13C | δ 15N | C/N |
|---|---|---|---|---|---|---|
| | | | | | | |

**Registro arqueológico**

Sector X 7G. Z = -145 cm.

**Estructura** Natural

**Significado arqueológico**

Nulo. La muestra procede de un contexto anterior a la ocupación humana de Mallorca.

**Observaciones**

Datación por U/Th. Mismo código de laboratorio que otra datación de Son Morell, ésta última con código correcto.

**Bibliografía**

Rae, Ivanovich y Sweeting 1984: tabla 3; Waldren 1986: tabla 16d.

| Yacimiento | Isla | Municipio | Exclusión |
|---|---|---|---|
| Cova de Moleta | Mallorca | Sóller | ☑ |

| Código laboratorio | Valor ap(BP) | Valor ane(BC) | ± | Muestra |
|---|---|---|---|---|
| SI-648 | 16335 | 14385 | 415 | Hueso Myotragus |

| cal ANE m | cal ANE 1s | cal ANE 2s | cal ANE dir | δ 13C | δ 15N | C/N |
|---|---|---|---|---|---|---|
| | | | | | | |

**Registro arqueológico**

Sector X. Z = -300 cm.

**Estructura** Natural

**Significado arqueológico**

Nulo. La muestra procede de un contexto anterior a la ocupación humana de Mallorca.

**Observaciones**

Excluida por desviación-tipo muy elevada.

**Bibliografía**

Stuckenrath y Mielke 1972: 404; Waldren 1972: 44; Fernández-Miranda y Waldren 1979: 350; Waldren 1982a: 511; 1982b: 1A: 31; 1986: tabla 16d.

| Yacimiento | Isla | Municipio | Exclusión |
|---|---|---|---|
| Cova de Moleta | Mallorca | Sóller | ☑ |

| Código laboratorio | Valor ap(BP) | Valor ane(BC) | ± | Muestra |
|---|---|---|---|---|
| SI-646 | 15885 | 13935 | 655 | Hueso Myotragus |

| cal ANE m | cal ANE 1s | cal ANE 2s | cal ANE dir | δ 13C | δ 15N | C/N |
|---|---|---|---|---|---|---|
| | | | | | | |

**Registro arqueológico**

Sector D. Z = -250 a -300 cm.

**Estructura** Natural

**Significado arqueológico**

Nulo. La muestra procede de un contexto anterior a la ocupación humana de Mallorca.

**Observaciones**

Excluida por desviación-tipo muy elevada. Muestra pequeña diluida.

**Bibliografía**

Stuckenrath y Mielke 1972: 404; Waldren 1972: 44; Fernández-Miranda y Waldren 1979: 350; Waldren 1982a: 510; 1982b: 1A: 31, 1986: tabla 16d.

| Yacimiento | Isla | Municipio | Exclusión |
|---|---|---|---|
| Cova de Moleta | Mallorca | Sóller | ☑ |

| Código laboratorio | Valor ap(BP) | Valor ane(BC) | ± | Muestra |
|---|---|---|---|---|
| UCLA-1704b | 14650 | 12700 | 850 | Hueso Myotragus |

| cal ANE m | cal ANE 1s | cal ANE 2s | cal ANE dir | δ 13C | δ 15N | C/N |
|---|---|---|---|---|---|---|
| | | | | | | |

**Registro arqueológico**

Sector Z. Z = -350 cm.

**Estructura** Natural

**Significado arqueológico**

Nulo. La muestra procede de un contexto anterior a la ocupación humana de Mallorca.

**Observaciones**

Excluida por desviación-tipo muy elevada. Waldren (1982a: 510; 1982b: 1A: 31, 1986: tabla 16d) se refiere a ella erróneamente con el código UCLA-170b. Waldren (1986: tabla 16d) sitúa la procedencia de la muestra datada en z = -250 cm.

**Bibliografía**

Fernández-Miranda y Waldren 1979: 350; Waldren 1982a: 510; 1982b: 1A: 31.

| Yacimiento | Isla | Municipio | Exclusión |
|---|---|---|---|
| Cova de Moleta | Mallorca | Sóller | ☑ |

| Código laboratorio | Valor ap(BP) | Valor ane(BC) | ± | Muestra |
|---|---|---|---|---|
| SI-645 | 14465 | 12515 | 315 | Hueso Myotragus |

| cal ANE m | cal ANE 1s | cal ANE 2s | cal ANE dir | δ 13C | δ 15N | C/N |
|---|---|---|---|---|---|---|
| | | | | | | |

**Registro arqueológico**

Sector Z. Z = -350 cm.

**Estructura** Natural

**Significado arqueológico**

Nulo. La muestra procede de un contexto anterior a la ocupación humana de Mallorca.

**Observaciones**

Excluida por desviación-tipo muy elevada. Muestra pequeña diluida. Waldren (1982a: 510; 1982b: 1A: 31, 1986: t.16d) se refiere a ella con el código SI-654b.

**Bibliografía**

Stuckenrath y Mielke 1972: 404; Waldren 1972: 44; Fernández-Miranda y Waldren 1979: 350; Waldren 1982a: 510; 1982b: 1A: 31, 1986: t.16.

| Yacimiento | Isla | Municipio | Exclusión |
|---|---|---|---|
| Cova de Moleta | Mallorca | Sóller | ☐ |

| Código laboratorio | Valor ap(BP) | Valor ane(BC) | ± | Muestra |
|---|---|---|---|---|
| HAR-2931 | 14200 | | 1100 | Hueso Myotragus |

| cal ANE m | cal ANE 1s | cal ANE 2s | cal ANE dir | δ 13C | δ 15N | C/N |
|---|---|---|---|---|---|---|
| | | | | | | |

**Registro arqueológico**

Sector X 13.

**Estructura** Natural

**Significado arqueológico**

Nulo. La muestra procede de un contexto anterior a la ocupación humana de Mallorca.

**Observaciones**

Datación por U/Th.

**Bibliografía**

Rae, Ivanovich y Sweeting 1984: tabla 3; Waldren 1986: tabla 16e.

| Yacimiento | Isla | Municipio | Exclusión |
|---|---|---|---|
| Cova de Moleta | Mallorca | Sóller | ☑ |

| Código laboratorio | Valor ap(BP) | Valor ane(BC) | ± | Muestra |
|---|---|---|---|---|
| OxA-495 | 14150 | 12200 | 200 | Hueso Myotragus |

| cal ANE m | cal ANE 1s | cal ANE 2s | cal ANE dir | δ 13C | δ 15N | C/N |
|---|---|---|---|---|---|---|
| | | | | | | |

**Registro arqueológico**

Sector Z. Z = -400 cm.

**Estructura** Natural

**Significado arqueológico**

Nulo. La muestra procede de un contexto anterior a la ocupación humana de Mallorca.

**Observaciones**

Excluida por desviación-tipo muy elevada.

**Bibliografía**

Gowlett et alii 1986: 215.

| Yacimiento | Isla | Municipio | Exclusión |
|---|---|---|---|
| Cova de Moleta | Mallorca | Sóller | ☑ |

| Código laboratorio | Valor ap(BP) | Valor ane(BC) | ± | Muestra |
|---|---|---|---|---|
| SI-654a | 14000 | 12050 | 350 | Hueso Myotragus |

| cal ANE m | cal ANE 1s | cal ANE 2s | cal ANE dir | δ 13C | δ 15N | C/N |
|---|---|---|---|---|---|---|
| | | | | | | |

**Registro arqueológico**

Sector Z. Z = -350 cm.

**Estructura** Natural

**Significado arqueológico**

Nulo. La muestra procede de un contexto anterior a la ocupación humana de Mallorca.

**Observaciones**

Excluida por desviación-tipo muy elevada. Curiosamente, comparte las mismas características que la datación identificada con el código SIO-1e.

**Bibliografía**

Waldren 1982a: 510; 1982b: 1A: 31, 1986: tabla 16d.

| Yacimiento | Isla | Municipio | Exclusión |
|---|---|---|---|
| Cova de Moleta | Mallorca | Sóller | ☐ |

| Código laboratorio | Valor ap(BP) | Valor ane(BC) | ± | Muestra |
|---|---|---|---|---|
| SIO-1e | 14000 | 12050 | 350 | Hueso Myotragus |

| cal ANE m | cal ANE 1s | cal ANE 2s | cal ANE dir | δ 13C | δ 15N | C/N |
|---|---|---|---|---|---|---|
| | | | | | | |

**Registro arqueológico**

Sector Z. Z = -350 cm.

**Estructura** Natural

**Significado arqueológico**

Nulo. La muestra procede de un contexto anterior a la ocupación humana de Mallorca.

**Observaciones**

Datación por racemización de aminoácidos. Tal vez sea la misma datación publicada con el código de laboratorio SIO-1a-RAA. Curiosamente, también comparte las mismas características que la datación identificada con el código SI-654a

**Bibliografía**

Fernández-Miranda y Waldren 1979: 350.

| Yacimiento | Isla | Municipio | Exclusión |
|---|---|---|---|
| Cova de Moleta | Mallorca | Sóller | ☐ |

| Código laboratorio | Valor ap(BP) | Valor ane(BC) | ± | Muestra |
|---|---|---|---|---|
| SIO-1a-RAA | 14000 | | | Hueso Myotragus |

| cal ANE m | cal ANE 1s | cal ANE 2s | cal ANE dir | δ 13C | δ 15N | C/N |
|---|---|---|---|---|---|---|
| | | | | | | |

**Registro arqueológico**

Sector Z. Z = -350 cm.

**Estructura** Natural

**Significado arqueológico**

Nulo. La muestra procede de un contexto anterior a la ocupación humana de Mallorca.

**Observaciones**

Datación por racemización de aminoácidos. Se añade el valor 12515±315.

**Bibliografía**

Waldren 2002: tabla 4.

| Yacimiento | Isla | Municipio | Exclusión |
|---|---|---|---|
| Cova de Moleta | Mallorca | Sóller | ☑ |

| Código laboratorio | Valor ap(BP) | Valor ane(BC) | ± | Muestra |
|---|---|---|---|---|
| OxA-496 | 12890 | 10940 | 180 | Hueso Myotragus |

| cal ANE m | cal ANE 1s | cal ANE 2s | cal ANE dir | δ 13C | δ 15N | C/N |
|---|---|---|---|---|---|---|
| | | | | | | |

**Registro arqueológico**

Sector Z. Z = -600 cm.

**Estructura** Natural

**Significado arqueológico**

Nulo. La muestra procede de un contexto anterior a la ocupación humana de Mallorca.

**Observaciones**

Excluida por desviación-tipo muy elevada.

**Bibliografía**

Gowlett et alii 1986: 215.

| Yacimiento | Isla | Municipio | Exclusión |
|---|---|---|---|
| Cova de Moleta | Mallorca | Sóller | ☑ |

| Código laboratorio | Valor ap(BP) | Valor ane(BC) | ± | Muestra |
|---|---|---|---|---|
| OxA-499 | 12100 | 10150 | 180 | Hueso Myotragus |

| cal ANE m | cal ANE 1s | cal ANE 2s | cal ANE dir | δ 13C | δ 15N | C/N |
|---|---|---|---|---|---|---|
| | | | | | | |

**Registro arqueológico**

Sector EF. Z = -200 a -300 cm.

**Estructura** Natural

**Significado arqueológico**

Nulo. La muestra procede de un contexto anterior a la ocupación humana de Mallorca.

**Observaciones**

Excluida por desviación-tipo muy elevada.

**Bibliografía**

Gowlett et alii 1986: 215.

| Yacimiento | Isla | Municipio | Exclusión |
|---|---|---|---|
| Cova de Moleta | Mallorca | Sóller | ☑ |

| Código laboratorio | Valor ap(BP) | Valor ane(BC) | ± | Muestra |
|---|---|---|---|---|
| OxA-497 | 12020 | 10070 | 160 | Hueso Myotragus |

| cal ANE m | cal ANE 1s | cal ANE 2s | cal ANE dir | δ 13C | δ 15N | C/N |
|---|---|---|---|---|---|---|
| | | | | | | |

**Registro arqueológico**

Sector O. Z = -175 cm.

**Estructura** Natural

**Significado arqueológico**

Nulo. La muestra procede de un contexto anterior a la ocupación humana de Mallorca.

**Observaciones**

Excluida por desviación-tipo muy elevada.

**Bibliografía**

Gowlett et alii 1986: 215.

| Yacimiento | Isla | Municipio | Exclusión |
|---|---|---|---|
| Cova de Moleta | Mallorca | Sóller | ☑ |

| Código laboratorio | Valor ap(BP) | Valor ane(BC) | ± | Muestra |
|---|---|---|---|---|
| KBN-640c | 10685 | 8735 | 3517 | Hueso Myotragus |

| cal ANE m | cal ANE 1s | cal ANE 2s | cal ANE dir | δ 13C | δ 15N | C/N |
|---|---|---|---|---|---|---|
| | | | | | | |

**Registro arqueológico**

Sector O. Z = -175 cm. Peso de la muestra: 39,6 g.

**Estructura** Natural

**Significado arqueológico**

Nulo. La muestra procede de un contexto anterior a la ocupación humana de Mallorca.

**Observaciones**

Excluida por desviación-tipo muy elevada. Rosselló Bordoy, Waldren y Kopper (1967: 5) y Waldren (1986: ficha de inventario nº 59) indican que la muestra estaba formada por huesos humanos.

**Bibliografía**

Rosselló Bordoy, Waldren y Kopper 1967: 5-6; Waldren y Kopper 1967: 51; Fernández-Miranda y Waldren 1979: 350; Waldren 1982a: 510; 1982b: 1A: 31; 1986: tabla 16d.

| Yacimiento | Isla | Municipio | Exclusión |
|---|---|---|---|
| Cova de Moleta | Mallorca | Sóller | ☑ |

| Código laboratorio | Valor ap(BP) | Valor ane(BC) | ± | Muestra |
|---|---|---|---|---|
| OxA-494 | 10500 | 8550 | 500 | Hueso Myotragus |

| cal ANE m | cal ANE 1s | cal ANE 2s | cal ANE dir | δ 13C | δ 15N | C/N |
|---|---|---|---|---|---|---|
| | | | | | | |

**Registro arqueológico**

Sector Z. Z = -300 cm.

**Estructura** Natural

**Significado arqueológico**

Nulo. La muestra procede de un contexto anterior a la ocupación humana de Mallorca.

**Observaciones**

Excluida por desviación-tipo muy elevada.

**Bibliografía**

Gowlett et alii 1986: 215.

| Yacimiento | Isla | Municipio | Exclusión |
|---|---|---|---|
| Cova de Moleta | Mallorca | Sóller | ☑ |

| Código laboratorio | Valor ap(BP) | Valor ane(BC) | ± | Muestra |
|---|---|---|---|---|
| OxA-498 | 9000 | 7050 | 3000 | Hueso Myotragus |

| cal ANE m | cal ANE 1s | cal ANE 2s | cal ANE dir | δ 13C | δ 15N | C/N |
|---|---|---|---|---|---|---|
| | | | | | | |

**Registro arqueológico**

Sector E. Z = -300 cm.

**Estructura** Natural

**Significado arqueológico**

Nulo. La muestra procede de un contexto anterior a la ocupación humana de Mallorca.

**Observaciones**

Excluida por desviación-tipo muy elevada.

**Bibliografía**

Gowlett et alii 1986: 215.

| Yacimiento | Isla | Municipio | Exclusión |
|---|---|---|---|
| Cova de Moleta | Mallorca | Sóller | ✔ |

| Código laboratorio | Valor ap(BP) | Valor ane(BC) | ± | Muestra |
|---|---|---|---|---|
| UCLA-1704f | 8800 | 6850 | 400 | Hueso Myotragus |

| cal ANE m | cal ANE 1s | cal ANE 2s | cal ANE dir | δ 13C | δ 15N | C/N |
|---|---|---|---|---|---|---|
| | | | | | | |

**Registro arqueológico**

Sector X. Z = -100 cm.

**Estructura** Natural

**Significado arqueológico**

Nulo. La muestra procede de un contexto anterior a la ocupación humana de Mallorca.

**Observaciones**

Excluida por desviación-tipo muy elevada.

**Bibliografía**

Fernández-Miranda y Waldren 1979: 350; Waldren 1986: tabla 16d.

| Yacimiento | Isla | Municipio | Exclusión |
|---|---|---|---|
| Cova de Moleta | Mallorca | Sóller | ✔ |

| Código laboratorio | Valor ap(BP) | Valor ane(BC) | ± | Muestra |
|---|---|---|---|---|
| UCLA-1704c | 8570 | 6620 | 350 | Hueso Myotragus |

| cal ANE m | cal ANE 1s | cal ANE 2s | cal ANE dir | δ 13C | δ 15N | C/N |
|---|---|---|---|---|---|---|
| | | | | | | |

**Registro arqueológico**

Sector O. Estrato 7. Z = -150 cm.

**Estructura** Natural

**Significado arqueológico**

Nulo. La muestra procede de un contexto anterior a la ocupación humana de Mallorca.

**Observaciones**

Excluida por desviación-tipo muy elevada. Racemización de ácido aspártico.

**Bibliografía**

Schroeder y Bada 1973: tabla 1; Fernández-Miranda y Waldren 1979: 350; Waldren 1982a: 510; 1982b: 1A: 31; 1986: tabla 16d.

| Yacimiento | Isla | Municipio | Exclusión |
|---|---|---|---|
| Cova de Moleta | Mallorca | Sóller | ☑ |

| Código laboratorio | Valor ap(BP) | Valor ane(BC) | ± | Muestra |
|---|---|---|---|---|
| KBN-640b | 8448 | 6498 | 1180 | Hueso Myotragus |

| cal ANE m | cal ANE 1s | cal ANE 2s | cal ANE dir | δ 13C | δ 15N | C/N |
|---|---|---|---|---|---|---|
| | | | | | | |

**Registro arqueológico**

Sector oeste ("F"). Z = -150 cm. Peso de la muestra: 85 g.

**Estructura** Natural

**Significado arqueológico**

Nulo. La muestra procede de un contexto anterior a la ocupación humana de Mallorca.

**Observaciones**

Excluida por desviación-tipo muy elevada. Rosselló, Waldren y Kopper (1967: 5) y Waldren y Kopper (1967: 51) le asignan el valor 5498 a.C.

**Bibliografía**

Rosselló Bordoy, Waldren y Kopper 1967: 5; Fernández-Miranda y Waldren 1979: 350; Waldren 1982a: 510; 1982b: 1A: 31; 1986: tabla 16d.

| Yacimiento | Isla | Municipio | Exclusión |
|---|---|---|---|
| Cova de Moleta | Mallorca | Sóller | ☐ |

| Código laboratorio | Valor ap(BP) | Valor ane(BC) | ± | Muestra |
|---|---|---|---|---|
| UCLA-1704j | 8300 | 6350 | 100 | Hueso Myotragus |

| cal ANE m | cal ANE 1s | cal ANE 2s | cal ANE dir | δ 13C | δ 15N | C/N |
|---|---|---|---|---|---|---|
| 7360 | 7497 / 7222 | 7545 / 7091 | 7366 | | | |

**Registro arqueológico**

Procedencia inédita.

**Estructura** Natural

**Significado arqueológico**

Nulo. La muestra procede de un contexto anterior a la ocupación humana de Mallorca.

**Observaciones**

**Bibliografía**

Fernández-Miranda y Waldren 1979: 350; Waldren 1986: tabla 16d.

**Yacimiento** Cova de Moleta | **Isla** Mallorca | **Municipio** Sóller | **Exclusión** ☐

| Código laboratorio | Valor ap(BP) | Valor ane(BC) | ± | Muestra |
|---|---|---|---|---|
| KBN-640a | 7135 | 5185 | 80 | Hueso Myotragus |

| cal ANE m | cal ANE 1s | cal ANE 2s | cal ANE dir | δ 13C | δ 15N | C/N |
|---|---|---|---|---|---|---|
| 6008 | 6079 / 5936 | 6147 / 5822 | 6021 | | | |

**Registro arqueológico**

Sector O. Estrato 7. Z = -150 cm. Peso de la muestra: 500 g.

**Estructura** Natural

**Significado arqueológico**

Esta muestra entra en la controversia sobre el inicio del poblamiento balear. Sin embargo, en la actualidad resulta difícil garantizar su asociación a pruebas inequívocas del asentamiento humano en Mallorca.

**Observaciones**

Waldren (1972: 44) se refiere a ella con el código KN-640-3a. Waldren (1982a: 510; 1982b: 1A: 31, 1986; tabla 16) la cita como KBN-460c; Rosselló Bordoy, Waldren y Kopper (1967: 6) y Waldren y Kopper (1967: 51) le asignan una desviación tipo de ±85.

**Bibliografía**

Rosselló Bordoy, Waldren y Kopper 1967: 6; Waldren y Kopper 1967: 51; Waldren 1972: 44; Fernández-Miranda y Waldren 1979: 350.

---

**Yacimiento** Cova de Moleta | **Isla** Mallorca | **Municipio** Sóller | **Exclusión** ☐

| Código laboratorio | Valor ap(BP) | Valor ane(BC) | ± | Muestra |
|---|---|---|---|---|
| KBN-640d | 5935 | 3985 | 110 | Hueso humano |

| cal ANE m | cal ANE 1s | cal ANE 2s | cal ANE dir | δ 13C | δ 15N | C/N |
|---|---|---|---|---|---|---|
| 4814 | 4922 / 4705 | 5075 / 4540 | 4801 | | | |

**Registro arqueológico**

Sector O. Estrato 7. Z = -150 cm. Peso de la muestra: 500 g. Muestra SM 54.

**Estructura** Indeterminada

**Significado arqueológico**

Se trata de la célebre datación del "Hombre de Muleta". Un nuevo análisis encargado recientemente por Ramis y Alcover ha planteado la sospecha de que la antigüedad del resultado original se debió a que la muestra se componía de una mezcla de huesos humanos y de Myotragus. Waldren (1972: 44) señaló en este sentido que la muestra constaba de "hueso humano asociado con huesos de Myotragus", aunque este aserto ha sido negado por Waldren, Ensenyat y Orvay (2002: 81-82).

**Observaciones**

Rosselló, Waldren y Koopper (1967: 6) la publican como 3984 ±109 ane. Waldren (1972: 44) le asigna el código KN-640-3b y, Waldren (1986: ficha de inventario nº 54), KBN-640b.

**Bibliografía**

Rosselló Bordoy, Waldren y Kopper 1967: 6; Waldren y Kopper 1967: 51-52; Waldren 1972: 44; Fernández-Miranda y Waldren 1979: 354; Waldren 1982a: 510; 1982b: 1A: 31, 1986: tabla 16d; Alcover y Ramis 2001.

| Yacimiento | Isla | Municipio | Exclusión |
|---|---|---|---|
| Cova de Moleta | Mallorca | Sóller | ✔ |

| Código laboratorio | Valor ap(BP) | Valor ane(BC) | | Muestra |
|---|---|---|---|---|
| KIA-14003 | 4165 | 2215 | ± 30 | Hueso humano |

| cal ANE m | cal ANE 1s | cal ANE 2s | cal ANE dir | δ 13C | δ 15N | C/N |
|---|---|---|---|---|---|---|
| | | | | -23.1 | | |

**Registro arqueológico**

"Moleta Petita". Área central. Tibia. Muestra SM-CD-150

**Estructura** Cueva natural de inhumación

**Significado arqueológico**

La mala calidad de la muestra invalida el resultado.

**Observaciones**

Excluida por bajo contenido en colágeno. CLT: KIK-1833.

**Bibliografía**

Van Strydonck et alii 2002: 42; Waldren, Ensenyat y Orvay 2002: tabla 3; Waldren 2002: tabla 4.

| Yacimiento | Isla | Municipio | Exclusión |
|---|---|---|---|
| Cova de Moleta | Mallorca | Sóller | ✔ |

| Código laboratorio | Valor ap(BP) | Valor ane(BC) | | Muestra |
|---|---|---|---|---|
| KIA-20462 | 4135 | 2185 | ± 25 | Hueso humano |

| cal ANE m | cal ANE 1s | cal ANE 2s | cal ANE dir | δ 13C | δ 15N | C/N |
|---|---|---|---|---|---|---|
| | | | | | | 7.29 |

**Registro arqueológico**

"Moleta Petita". Procedencia inédita. Tibia.

**Estructura** Cueva natural de inhumación

**Significado arqueológico**

La mala calidad de la muestra invalida el resultado.

**Observaciones**

Excluida por bajo contenido en colágeno (1.20%).

**Bibliografía**

Van Strydonck, Boudin y Ervynck 2003, e.p.: tabla 6.

| Yacimiento | Isla | Municipio | Exclusión |
|---|---|---|---|
| Cova de Moleta | Mallorca | Sóller | ☑ |

| Código laboratorio | Valor ap(BP) | Valor ane(BC) | ± | Muestra |
|---|---|---|---|---|
| KIA-14026 | 4055 | 2105 | 30 | Hueso humano |

| cal ANE m | cal ANE 1s | cal ANE 2s | cal ANE dir | δ 13C | δ 15N | C/N |
|---|---|---|---|---|---|---|
| | | | | -26.4 | | |

**Registro arqueológico**

"Moleta Petita". Área central. Diáfisis fémur. Muestra SM-CD-100-150.

**Estructura** Cueva natural de inhumación

**Significado arqueológico**

La mala calidad de la muestra invalida el resultado.

**Observaciones**

Excluida por bajo contenido en colágeno. CLT: KIK-1856.

**Bibliografía**

Van Strydonck et alii 2002: 42; Waldren, Ensenyat y Orvay 2002: tabla 3; Waldren 2002: tabla 4.

| Yacimiento | Isla | Municipio | Exclusión |
|---|---|---|---|
| Cova de Moleta | Mallorca | Sóller | ☑ |

| Código laboratorio | Valor ap(BP) | Valor ane(BC) | ± | Muestra |
|---|---|---|---|---|
| KIA-13998 | 4005 | 2055 | 50 | Hueso humano |

| cal ANE m | cal ANE 1s | cal ANE 2s | cal ANE dir | δ 13C | δ 15N | C/N |
|---|---|---|---|---|---|---|
| | | | | -30.1 | | |

**Registro arqueológico**

"Moleta Petita". Área central. Tibia. Muestra SM-X-200-300.

**Estructura** Cueva natural de inhumación

**Significado arqueológico**

La mala calidad de la muestra invalida el resultado.

**Observaciones**

Excluida por bajo contenido en colágeno. CLT: KIK-1828.

**Bibliografía**

Van Strydonck et alii 2002: 41; Waldren, Ensenyat y Orvay 2002: tabla 3; Waldren 2002: tabla 4.

**Yacimiento** Cova de Moleta | **Isla** Mallorca | **Municipio** Sóller | **Exclusión** ☑

| Código laboratorio | Valor ap(BP) | Valor ane(BC) | ± | Muestra |
|---|---|---|---|---|
| KIA-14008 | 3990 | 2040 | 50 | Hueso humano |

| cal ANE m | cal ANE 1s | cal ANE 2s | cal ANE dir | δ 13C | δ 15N | C/N |
|---|---|---|---|---|---|---|
| | | | | -24.3 | | |

**Registro arqueológico**

"Moleta Petita". Área central. Diáfisis tibia. Muestra SM-O-100-150.

**Estructura** Cueva natural de inhumación

**Significado arqueológico**

La mala calidad de la muestra invalida el resultado.

**Observaciones**

Excluida por bajo contenido en colágeno. CLT: KIK-1838.

**Bibliografía**

Van Strydonck et alii 2002: 42; Waldren, Ensenyat y Orvay 2002: tabla 3; Waldren 2002: tabla 4.

**Yacimiento** Cova de Moleta | **Isla** Mallorca | **Municipio** Sóller | **Exclusión** ☑

| Código laboratorio | Valor ap(BP) | Valor ane(BC) | ± | Muestra |
|---|---|---|---|---|
| KIA-14004 | 3880 | 1930 | 30 | Hueso humano |

| cal ANE m | cal ANE 1s | cal ANE 2s | cal ANE dir | δ 13C | δ 15N | C/N |
|---|---|---|---|---|---|---|
| | | | | -23.7 | | |

**Registro arqueológico**

"Moleta Petita". Área central. Fragmento de hueso. Muestra SM-O-100-150.

**Estructura** Cueva natural de inhumación

**Significado arqueológico**

La mala calidad de la muestra invalida el resultado.

**Observaciones**

Excluida por bajo contenido en colágeno. CLT: KIK-1834.

**Bibliografía**

Van Strydonck et alii 2002: 42; Waldren, Ensenyat y Orvay 2002: tabla 3; Waldren 2002: tabla 4.

| Yacimiento | Isla | Municipio | Exclusión |
|---|---|---|---|
| Cova de Moleta | Mallorca | Sóller | ☐ |

| Código laboratorio | Valor ap(BP) | Valor ane(BC) | ± | Muestra |
|---|---|---|---|---|
| KIA-20213 | 3850 | 1900 | 25 | Hueso humano |

| cal ANE m | cal ANE 1s | cal ANE 2s | cal ANE dir | δ 13C | δ 15N | C/N |
|---|---|---|---|---|---|---|
| 2310 | 2343 / 2277 | 2440 / 2213 | 2302 | -18.86 | 9.45 | 2.73 |

**Registro arqueológico**

Procedencia inédita. Falange humana. Muestra SM-E 008H.

**Estructura** Cueva natural de inhumación

**Significado arqueológico**

La datación indica el uso de algunas cuevas naturales como recintos funerarios colectivos por las primeras comunidades que poblaron Mallorca.

**Observaciones**

Delta 13Ccarb = -11,54 por mil. Recuperación de colágeno: 10,8% (muestra válida).

**Bibliografía**

Van Strydonck, Boudin y Ervynck 2003 e.p.: tabla 6; Van Strydonck et alii 2004, e.p.: tabla 1.

| Yacimiento | Isla | Municipio | Exclusión |
|---|---|---|---|
| Cova de Moleta | Mallorca | Sóller | ☐ |

| Código laboratorio | Valor ap(BP) | Valor ane(BC) | ± | Muestra |
|---|---|---|---|---|
| Beta-135404 | 3680 | 1730 | 60 | Hueso humano |

| cal ANE m | cal ANE 1s | cal ANE 2s | cal ANE dir | δ 13C | δ 15N | C/N |
|---|---|---|---|---|---|---|
| 2062 | 2151 / 1973 | 2240 / 1897 | 2051 | | | |

**Registro arqueológico**

Vértebra torácica humana. Muestra SM Mu 031 H.

**Estructura** Cueva natural de inhumación

**Significado arqueológico**

Es la datación que sirvió para cuestionar la validez de la datación KBN-640d ("Hombre de Muleta"). La datación indica el uso de algunas cuevas naturales como recintos funerarios por las primeras comunidades que poblaron Mallorca.

**Observaciones**

**Bibliografía**

Ramis y Alcover 2001a: 263.

| Yacimiento | Isla | Municipio | Exclusión |
|---|---|---|---|
| Cova de Moleta | Mallorca | Sóller | ☑ |

| Código laboratorio | Valor ap(BP) | Valor ane(BC) | ± | Muestra |
|---|---|---|---|---|
| KIA-13997 | 3615 | 1665 | 55 | Hueso humano |

| cal ANE m | cal ANE 1s | cal ANE 2s | cal ANE dir | δ 13C | δ 15N | C/N |
|---|---|---|---|---|---|---|
| | | | | -30.2 | | |

**Registro arqueológico**

"Moleta Petita". Área central. Fémur. Muestra SM-E-200-300.

**Estructura** Cueva natural de inhumación

**Significado arqueológico**

La mala calidad de la muestra invalida el resultado.

**Observaciones**

Excluida por bajo contenido en colágeno y contaminación por partículas de carbón más reciente. CLT: KIK-1827.

**Bibliografía**

Van Strydonck et alii 2002: 41; Waldren, Ensenyat y Orvay 2002: tabla 3; Waldren 2002: tabla 4.

| Yacimiento | Isla | Municipio | Exclusión |
|---|---|---|---|
| Cova de Moleta | Mallorca | Sóller | ☐ |

| Código laboratorio | Valor ap(BP) | Valor ane(BC) | ± | Muestra |
|---|---|---|---|---|
| Y-2359 | 2910 | 960 | 120 | Hueso sp |

| cal ANE m | cal ANE 1s | cal ANE 2s | cal ANE dir | δ 13C | δ 15N | C/N |
|---|---|---|---|---|---|---|
| 1109 | 1295 / 923 | 1414 / 838 | 1098 | | | |

**Registro arqueológico**

Sector O. Estrato 5. Hogar. Z = -75 cm. Peso de la muestra: 100 g.

**Estructura** Cueva natural de habitación

**Significado arqueológico**

La datación puede indicar el uso de la cueva como lugar de habitación a finales del II milenio cal ANE. Sin embargo, la afirmación de Waldren de que la muestra se asociaba a cerámica campaniforme no decorada aporta incentidumbre acerca de la fiabilidad y capacidad informativa de la datación.

**Observaciones**

Publicada erróneamente como 1960±120 ane en Waldren y Kopper (1967: 59), Waldren (1972: 43), Waldren y Rosselló Bordoy (1975: 107), Fernández-Miranda y Waldren (1979: 357), Waldren (1982a: 509; 1982b: 1A: 31 1986: nº47, 1992; 2002: tabla 4). Waldren 1986 la cita con el código Y-2359a. Waldren y Kopper (1967: 59) apuntan que la muestra estaba formada por una mezcla de carbón y hueso quemado

**Bibliografía**

Stuiver 1969: 638, Waldren y Rosselló 1975:107; Fernández-Miranda y Waldren 1979:357; Waldren 1982a: 509; 1982b: 1A: 31, 1986: nº47, 1992: tabla 1.

| Yacimiento | Isla | Municipio | Exclusión |
|---|---|---|---|
| Cova de Moleta | Mallorca | Sóller | ☐ |

| Código laboratorio | Valor ap(BP) | Valor ane(BC) | | Muestra |
|---|---|---|---|---|
| SI-652 | 2765 | 815 | ± 120 | Carbón |

| cal ANE m | cal ANE 1s | cal ANE 2s | cal ANE dir | δ 13C | δ 15N | C/N |
|---|---|---|---|---|---|---|
| 938 | 1057 / 820 | 1263 / 718 | 906 | | | |

**Registro arqueológico**

Sector O (III). Nivel inferior. Z = -60 cm.

**Estructura** Cueva natural de habitación

**Significado arqueológico**

La muestra fue atribuida al horizonte talayótico. Podría, en sintonía con la datación Y-2359, demarcar un horizonte de habitación con posterioridad al uso funerario de la cueva desde finales del III milenio cal ANE.

**Observaciones**

Waldren (1972: 43) sitúa la muestra a z = -15 cm. Según Fdez-Miranda y Waldren (1979: 350) la muestra se componía de huesos de cabra. Waldren (1982a: 508, 1982b: 1A: 29, 1986: tabla 16b) la cita como SI-552 y realizada a partir de huesos de cabra. Waldren (2002: tabla 4) la cita como SI-552 y le asigna el valor de 2760 bp (810 ane).

**Bibliografía**

Stuckenrath y Mielke 1972: 404; Waldren 1972: 43; Rosselló Bordoy 1973: 188, 1979: 191; Fernández-Miranda 1978: 326; Fernández-Miranda y Waldren 1979: 366; Waldren 1982a: 508, 1982b: 1A: 29; 2002: tabla 4.

| Yacimiento | Isla | Municipio | Exclusión |
|---|---|---|---|
| Cova de Moleta | Mallorca | Sóller | ☑ |

| Código laboratorio | Valor ap(BP) | Valor ane(BC) | | Muestra |
|---|---|---|---|---|
| KIA-20463 | 2670 | 720 | ± 25 | Hueso humano |

| cal ANE m | cal ANE 1s | cal ANE 2s | cal ANE dir | δ 13C | δ 15N | C/N |
|---|---|---|---|---|---|---|
| | | | | | | 5.36 |

**Registro arqueológico**

Procedencia inédita. Hueso largo humano. Muestra SM-Mu 145-H.

**Estructura** Cueva natural de inhumación

**Significado arqueológico**

La mala calidad de la muestra invalida el resultado.

**Observaciones**

Excluida por una baja recuperación de colágeno (1.82%).

**Bibliografía**

Van Strydonck, Boudin y Ervynck 2003 e.p.: tabla 6.

| Yacimiento | Isla | Municipio | Exclusión |
|---|---|---|---|
| Cova de Moleta | Mallorca | Sóller | ☐ |

| Código laboratorio | Valor ap(BP) | Valor ane(BC) | ± | Muestra |
|---|---|---|---|---|
| BM-1507 | 2360 | 410 | 90 | Hueso fauna doméstica |

| cal ANE m | cal ANE 1s | cal ANE 2s | cal ANE dir | δ 13C | δ 15N | C/N |
|---|---|---|---|---|---|---|
| 422 | 498 / 346 | 747 / 213 | 429 | -20.4 | | |

**Registro arqueológico**

Mandíbula de cabra doméstica. Muestra SMLC-25-50 cm

**Estructura** Cueva natural de habitación

**Significado arqueológico**

La datación informa sobre una ocupación reciente de la cueva.

**Observaciones**

**Bibliografía**

Burleigh y Clutton-Brock 1980: tabla 1; Burleigh, Matthews y Ambers 1982: 251; Van Strydonck, Boudin y Ervynck 2003, e.p.: tabla 1.

| Yacimiento | Isla | Municipio | Exclusión |
|---|---|---|---|
| Cova de Moleta | Mallorca | Sóller | ☐ |

| Código laboratorio | Valor ap(BP) | Valor ane(BC) | ± | Muestra |
|---|---|---|---|---|
| SI-651A | 2180 | 230 | 115 | Hueso fauna doméstica |

| cal ANE m | cal ANE 1s | cal ANE 2s | cal ANE dir | δ 13C | δ 15N | C/N |
|---|---|---|---|---|---|---|
| 226 | 366 / 87 | 470 / -76 | 237 | | | |

**Registro arqueológico**

Sectores C/D. Z = -50 cm. Hogar de cocina asociado a restos de huesos de cabras, ovejas... Muestra: hueso de cabra.

**Estructura** Cueva natural de habitación

**Significado arqueológico**

La datación informa sobre una ocupación reciente de la cueva. Sin embargo, la afirmación de que la muestra se asociaba a "materiales pretalayóticos", claramente extemporáneos respecto al resultado obtenido, plantea dudas sobre la fiabilidad informativa de la datación.

**Observaciones**

Waldren (1982a: 506; 1982b: 1A: 28, 1986: tabla 16) ha señalado que la muestra datada correspondía a carbón del hogar identificado en este contexto estratigráfico.

**Bibliografía**

Stuckenrath y Mielke 1972: 404; Fernández-Miranda 1978: 326; Waldren 1982a: 506; 1982b: 1A: 28, 1986: tabla 16.

| Yacimiento | Isla | Municipio | Exclusión |
|---|---|---|---|
| Cova de Moleta | Mallorca | Sóller | ✔ |

| Código laboratorio | Valor ap(BP) | Valor ane(BC) | | Muestra |
|---|---|---|---|---|
| SI-651B | 1595 | -355 | ± 100 | Hueso fauna doméstica |

| cal ANE m | cal ANE 1s | cal ANE 2s | cal ANE dir | δ 13C | δ 15N | C/N |
|---|---|---|---|---|---|---|
| | | | | | | |

**Registro arqueológico**

Sectores C/D. Z = -50 cm. Dientes de cabra del mismo muestreo que SI-651A.

**Estructura** Cueva natural de habitación

**Significado arqueológico**

La mala calidad de la muestra invalida el resultado.

**Observaciones**

Excluida por ser una muestra pequeña diluida.

**Bibliografía**

Stuckenrath y Mielke 1972: 404.

**Yacimiento** Cova de Sant Joan de Missa

Con los escasos datos disponibles sobre este yacimiento sepulcral, las dos dataciones radiocarbónicas ilustrarían un nivel funerario previo a otro más reciente caracterizado por la realización de inhumaciones bajo una capa de cal. La única información relevante para la problemática cronológica de los conjuntos sepulcrales baleáricos se refiere a que el uso de la cal tuvo que ser posterior a la datación más reciente (IRPA-1136).

Referencias: Plantalamor (1991).

| Yacimiento | Isla | Municipio | Exclusión |
|---|---|---|---|
| Cova de Sant Joan de Missa | Menorca | Ciutadella | ☐ |

| Código laboratorio | Valor ap(BP) | Valor ane(BC) | ± | Muestra |
|---|---|---|---|---|
| IRPA-1135 | 2580 | 630 | 40 | Carbón |

| cal ANE m | cal ANE 1s | cal ANE 2s | cal ANE dir | δ 13C | δ 15N | C/N |
|---|---|---|---|---|---|---|
| 786 | 802 / 770 | 823 / 580 | 787 | -24.5 | | |

**Registro arqueológico**

Cueva funeraria de enterramiento colectivo. Sector B-3. El carbón procede de una "cremación in situ" anterior al ritual de inhumaciones cubiertas con cal.

**Estructura** Hipogeo planta compleja

**Significado arqueológico**

La datación indica un momento anterior, en una medida indeterminada, al inicio del ritual de inhumación colectiva en cal. En sí misma, puede testimoniar el uso final de la cavidad como recinto funerario conforme al rito de inhumación colectiva, tal y como se documenta en otras cuevas menorquinas como Es Càrritx.

**Observaciones**

**Bibliografía**

Plantalamor y Van Strydonck 1997: 51; Van Strydonck et alii 1998: 33.

| Yacimiento | Isla | Municipio | Exclusión |
| --- | --- | --- | --- |
| Cova de Sant Joan de Missa | Menorca | Ciutadella | ☐ |

| Código laboratorio | Valor ap(BP) | Valor ane(BC) | ± | Muestra |
| --- | --- | --- | --- | --- |
| IRPA-1136 | 2460 | 510 | 40 | Carbón |

| cal ANE m | cal ANE 1s | cal ANE 2s | cal ANE dir | δ 13C | δ 15N | C/N |
| --- | --- | --- | --- | --- | --- | --- |
| 598 | 757 / 438 | 773 / 414 | 721, 719, 529 | -22.4 | | |

**Registro arqueológico**

Cueva funeraria de enterramiento colectivo. Sector C-1. El carbón procede de una "cremación in situ" anterior al ritual de inhumaciones cubiertas con cal.

**Estructura** Hipogeo planta compleja

**Significado arqueológico**

La datación indica un momento anterior, en una medida indeterminada, al inicio del ritual de inhumación colectiva en cal. En sí misma, puede testimoniar el uso final de la cavidad como recinto funerario conforme al rito de inhumación colectiva, tal y como se documenta en otras cuevas menorquinas, como Es Càrritx. La indefinición resultante de la amplitud del intervalo de calibración (el efecto de la "meseta de Hallstatt") reduce su valor informativo.

**Observaciones**

**Bibliografía**

Plantalamor y Van Strydonck 1997: 52; Van Strydonck et alii 1998: 33.

**Yacimiento** Cova de Ses Tapareses

No disponemos todavía de suficentes datos contextuales para valorar esta datación. En cualquier caso, la deficiente calidad de la muestra obvia cualquier comentario.

.

| Yacimiento | Isla | Municipio | Exclusión |
|---|---|---|---|
| Cova de Ses Tapareses | Menorca | | ☑ |

| Código laboratorio | Valor ap(BP) | Valor ane(BC) | ± | Muestra |
|---|---|---|---|---|
| KIA-20202 | 1330 | -620 | 30 | Hueso Myotragus |

| cal ANE m | cal ANE 1s | cal ANE 2s | cal ANE dir | δ 13C | δ 15N | C/N |
|---|---|---|---|---|---|---|
| | | | | | | 4.72 |

**Registro arqueológico**

Procedencia inédita. Hueso quemado de Myotragus balearicus.

**Estructura** Natural

**Significado arqueológico**

La mala calidad de la muestra invalida el resultado.

**Observaciones**

Excluida por baja recuperación de colágeno en hueso quemado (0.78%).

**Bibliografía**

Van Strydonck, Boudin y Ervynck 2003 e.p.: tabla 5.

**Yacimiento** Cova de Son Àngel

La única datación relativa a este yacimiento objeto de intervenciones clandestinas se limita a informar sobre la práctica de inhumaciones en cueva correspondientes a la segunda mitad del I milenio cal ANE.

.

| Yacimiento | Isla | Municipio | Exclusión |
|---|---|---|---|
| Cova de Son Àngel | Menorca | Ciutadella | ☐ |

| Código laboratorio | Valor ap(BP) | Valor ane(BC) | ± | Muestra |
|---|---|---|---|---|
| UBAR-429 | 2260 | 310 | 50 | Hueso humano |

| cal ANE m | cal ANE 1s | cal ANE 2s | cal ANE dir | δ 13C | δ 15N | C/N |
|---|---|---|---|---|---|---|
| 310 | 389 / 230 | 414 / 184 | 363 | | | |

**Registro arqueológico**

Terrera de excavación clandestina.

**Estructura** Cueva natural de inhumación

**Significado arqueológico**

La falta de datos contextuales impide realizar una valoración correcta.

**Observaciones**

**Bibliografía**

Mestres y de Nicolás 1999: apéndice.

**Yacimiento** Cova de Son Puig

Pese a que la mayor parte de los materiales de esta cueva retocada parecían adscribirse al "pretalayótico", las dataciones radiocaarbónicas sólo ilustran un uso reciente, encuadrable en el "postalayótico" en la segunda mitad del I milenio cal ANE.

Referencias: Waldren (1982a), Hoffman (1993).

.

| **Yacimiento** | **Isla** | **Municipio** | **Exclusión** |
|---|---|---|---|
| Cova de Son Puig | Mallorca | Deià | ☐ |

| **Código laboratorio** | **Valor ap(BP)** | **Valor ane(BC)** | ± | **Muestra** |
|---|---|---|---|---|
| Y-2673 | 2180 | 230 | 100 | Hueso humano |

| **cal ANE m** | **cal ANE 1s** | **cal ANE 2s** | **cal ANE dir** | **δ 13C** | **δ 15N** | **C/N** |
|---|---|---|---|---|---|---|
| 232 | 356 / 108 | 444 / -39 | 223 | | | |

**Registro arqueológico**

Cueva artificial circular. Muestra asociada a cerámica clásica.

**Estructura** Cueva de inhumación en cal

**Significado arqueológico**

La datación indica el momento de realización de una deposición funeraria propia de momentos muy recientes de la secuencia prehistórica.

**Observaciones**

**Bibliografía**

Waldren 1982a: 506; 1982b: 1A: 28, 1986: tabla 16.

| Yacimiento | Isla | Municipio | Exclusión |
|---|---|---|---|
| Cova de Son Puig | Mallorca | Deià | ☐ |

| Código laboratorio | Valor ap(BP) | Valor ane(BC) | | Muestra |
|---|---|---|---|---|
| Y-1791 | 2180 | 230 ± | 80 | Hueso humano |

| cal ANE m | cal ANE 1s | cal ANE 2s | cal ANE dir | δ 13C | δ 15N | C/N |
|---|---|---|---|---|---|---|
| 235 | 347 / 123 | 413 / 13 | 211 | | | |

**Registro arqueológico**

Cueva artificial circular. Sector centro-posterior ("rear center"). Fragmentos de hueso. Z =-100 cm. Peso de la muestra: 500 g.

**Estructura** Cueva de inhumación en cal

**Significado arqueológico**

La datación indica el momento de realización de una deposición funeraria propia de momentos muy recientes de la secuencia prehistórica.

**Observaciones**

Waldren (1982a: 504 y 1A:26) la cita con una desviación tipo de ±100, señalando además que la muestra datada se componía de carbón y hueso.

**Bibliografía**

Stuiver 1969: 637; Rosselló Bordoy, Waldren y Kopper 1967: 8; Waldren y Kopper 1967: 57-58; Waldren 1982a: 504; 1982b: 1A: 28.

**Yacimiento** Cova dels Coloms-Binigaus

Pese a que el depósito arqueológico y los hallazgos en este yacimiento resultan muy mal conocidos, la única datación efectuada posee el valor de informarnos de forma fiable acerca de la cronología de las piezas metálicas con claro simbolismo tauromorfo. La datación confirma el carácter reciente de estos artefactos, ya que la pieza datada en este caso habría sido fabricada a partir de finales del siglo V cal ANE.

.

| **Yacimiento** | **Isla** | **Municipio** | **Exclusión** |
|---|---|---|---|
| Cova dels Coloms-Binigaus | Menorca | Es Mercadal | ☐ |

| **Código laboratorio** | **Valor ap(BP)** | **Valor ane(BC)** | ± | **Muestra** |
|---|---|---|---|---|
| IRPA-1022 | 2350 | 400 | 50 | Carbón |

| **cal ANE m** | **cal ANE 1s** | **cal ANE 2s** | **cal ANE dir** | **δ 13C** | **δ 15N** | **C/N** |
|---|---|---|---|---|---|---|
| 408 | 434 / 382 | 519 / 356 | 407 | -24.8 | | |

**Registro arqueológico**

Carbón en el interior de un cuerno de bronce.

**Estructura** Varia funerario

**Significado arqueológico**

La datación indica un momento anterior, en una medida indeterminada, para la fabricación del cuerno de bronce. Muy probablemente, y tal como era de esperar, este tipo de objetos se encuadran en los momentos más recientes de la secuencia prehistórica.

**Observaciones**

**Bibliografía**

Van Strydonck et alii 1995: 29.

**Yacimiento** Cova dels Morts-Son Gallard

El abrigo de Son Gallard ha proporcionado una amplia secuencia de niveles habitacionales y funerarios que cubre los periodos tradicionales del "Pretalayótico", "Talayótico" y "Postalayótico". La serie radiocarbónica del yacimiento ilustra esta sucesión, aunque con desigual atención.

La datación más antigua, BM-1994R, fue utilizada por Waldren en apoyo de una fase neolítica con cerámicas lisas. Ahora bien, probablemente la datación se vea afectada por el "efecto de madera vieja", ya que sabemos que entre el valor indicado (inicios del IV milenio cal ANE) y las primeras evidencias seguras de presencia humana en Mallorca se abre un vacío de unos 1500 años (Lull et alii 2004-e.p.). Una distancia incluso superior es la que separa a BM-1994R de la siguiente datación en orden descendente: Y-1789. En este caso, la muestra se asociaba a un horizonte definido por dos enterramientos individuales practicados en estructuras cistoides y al cual se vincula cerámica campaniforme. La datación no desentona con otras determinaciones alusivas al uso de estas cerámicas decoradas en Mallorca.

A la luz de un grupo de dataciones obtenido recientemente, muy poco después de la utilización funeraria del abrigo éste pudo haber funcionado como lugar de habitación. El grupo de fechas en cuestión, cinco en total (KIA-23434, KIA-23435, KIA-23734, KIA-23436 y KIA-23441), fue obtenido a partir de muestras de fauna, aunque todavía no se han hecho públicos los contextos precisos de procedencia. En conjunto, delimitan un intervalo que cubre los siglos XXII a XIX cal ANE.

Años más tarde, en pleno siglo XVI cal ANE, una datación sobre huesos humanos puede delatar un nuevo cambio en la funcionalidad del abrigo (KIA-21215). Con posterioridad a ello, se documentan indicios de una ocupación de carácter indeterminado en el siglo IX cal ANE (KIA-23732) y, finalmente, de nuevo un uso funerario en la segunda mitad del I milenio, esta vez vinculado al "postalayótico" (Y-1859 y KIA-21214).

En suma, el abrigo de Son Gallard testimonia una compleja sucesión de ocupaciones habitacionales y funerarias que cubren algo más de dos milenios, en lo que constituye un registro arqueológico con una profundidad temporal pocas veces documentada. Sin duda, la publicación de los nuevos hallazgos y también de los materiales que quedaron en el tintero tras las excavaciones de los años sesenta, pueden convertir a este yacimiento en un referente para el estudio de la Prehistoria de Mallorca.

Referencias: Waldren (1982a).

**Yacimiento** Cova dels Morts-Son Gallard | **Isla** Mallorca | **Municipio** Deià | **Exclusión** ☐

| Código laboratorio | Valor ap(BP) | Valor ane(BC) | ± | Muestra |
|---|---|---|---|---|
| BM-1994R | 5160 | 3210 | 100 | Carbón |

| cal ANE m | cal ANE 1s | cal ANE 2s | cal ANE dir | δ 13C | δ 15N | C/N |
|---|---|---|---|---|---|---|
| 3966 | 4066 / 3865 | 4229 / 3733 | 3986 | -24.2 | | |

**Registro arqueológico**

Nivel inferior. Sección J6. Z = -160 cm. Referencia muestra 19.

**Estructura** Indeterminada

**Significado arqueológico**

La datación fue asociada por Waldren a cerámicas lisas neolíticas. En la actualidad, esta asunción debería recibir una confirmación más sólida, ya que los datos disponibles no autorizan a remontar la presencia humana en Mallorca a inicios del IV milenio, temporalidad demarcada por la datación que estamos considerando. Así pues, la datación de Muertos Gallard sólo indica un momento anterior, en una medida indeterminada, para los primeros testimonios del asentamiento humano.

**Observaciones**

Corrección de BM-1994: 2810±50 ane, repetida tras constatarse errores en el laboratorio del British Museum (BM).

**Bibliografía**

Burleigh, Ambers y Matthews 1983: 55; Waldren 1982a: 6; 1986: tabla 16d; 1998: 47,154-1566; Bowman, Ambers y Leese 1990: 76.

---

**Yacimiento** Cova dels Morts-Son Gallard | **Isla** Mallorca | **Municipio** Deià | **Exclusión** ☐

| Código laboratorio | Valor ap(BP) | Valor ane(BC) | ± | Muestra |
|---|---|---|---|---|
| Y-1789 | 3790 | 1840 | 80 | Carbón |

| cal ANE m | cal ANE 1s | cal ANE 2s | cal ANE dir | δ 13C | δ 15N | C/N |
|---|---|---|---|---|---|---|
| 2216 | 2344 / 2089 | 2458 / 1974 | 2217 | | | |

**Registro arqueológico**

Sector 6 (área del parapeto). Nivel 2. Z = -90 cm. Muestra AMG 45. Peso de la muestra: 100 g.

**Estructura** Cueva natural de inhumación

**Significado arqueológico**

La muestra de carbón se hallaba asociado a un enterramiento individual al que acompañaba cerámica campaniforme. El resultado no desentona con la cronología del final del fenómeno campaniforme en el Mediterraneo noroccidental.

**Observaciones**

Stuiver (1969: 637) sitúa la muestra a una cota de z = -100 cm. Rosselló Bordoy, Waldren y Kopper (1967: 6) señalan que la muestra se componía de carbón y huesos chamuscados. Se ignora si finalmente se procesó una muestra mezclada.

**Bibliografía**

Rosselló Bordoy, Waldren y Kopper 1967: 6; Waldren y Kopper 1967: 52; Stuiver 1969: 637; Waldren 1982a: 509; 1982b: 1A: 30, 1986: tabla 16c.

| Yacimiento | Isla | Municipio | Exclusión |
|---|---|---|---|
| Cova dels Morts-Son Gallard | Mallorca | Deià | ☐ |

| Código laboratorio | Valor ap(BP) | Valor ane(BC) | | | Muestra |
|---|---|---|---|---|---|
| KIA-23434 | 3745 | 1795 | ± | 25 | Hueso fauna doméstica |

| cal ANE m | cal ANE 1s | cal ANE 2s | cal ANE dir | δ 13C | δ 15N | C/N |
|---|---|---|---|---|---|---|
| 2162 | 2198 / 2127 | 2215 / 2045 | 2140 | -18.99 | 4.32 | |

**Registro arqueológico**

**Estructura** Indeterminada

**Significado arqueológico**

No disponemos de datos para proceder a una valoración adecuada.

**Observaciones**

Delta C13carb: -9,51 por mil.

**Bibliografía**

Van Strydonck et alii 2004, e.p.: tabla 1.

| Yacimiento | Isla | Municipio | Exclusión |
|---|---|---|---|
| Cova dels Morts-Son Gallard | Mallorca | Deià | ☐ |

| Código laboratorio | Valor ap(BP) | Valor ane(BC) | | | Muestra |
|---|---|---|---|---|---|
| KIA-23435 | 3660 | 1710 | ± | 25 | Hueso fauna doméstica |

| cal ANE m | cal ANE 1s | cal ANE 2s | cal ANE dir | δ 13C | δ 15N | C/N |
|---|---|---|---|---|---|---|
| 2042 | 2111 / 1973 | 2126 / 1956 | 2025 | -15.27 | 4.81 | |

**Registro arqueológico**

Hueso de bóvido (?).

**Estructura** Indeterminada

**Significado arqueológico**

No disponemos de datos para proceder a una valoración adecuada.

**Observaciones**

Delta C13carb: -8,07 por mil.

**Bibliografía**

Van Strydonck et alii 2004, e.p.: tabla 1.

| Yacimiento | Isla | Municipio | Exclusión |
|---|---|---|---|
| Cova dels Morts-Son Gallard | Mallorca | Deià | ☐ |

| Código laboratorio | Valor ap(BP) | Valor ane(BC) | ± | Muestra |
|---|---|---|---|---|
| KIA-23734 | 3595 | 1645 | 30 | Hueso fauna doméstica |

| cal ANE m | cal ANE 1s | cal ANE 2s | cal ANE dir | δ 13C | δ 15N | C/N |
|---|---|---|---|---|---|---|
| 1936 | 1969 / 1903 | 2022 / 1883 | 1938 | -19.97 | 7.71 | |

**Registro arqueológico**

Hueso de ovicáprido.

**Estructura** Indeterminada

**Significado arqueológico**

No disponemos de datos para proceder a una valoración adecuada.

**Observaciones**

**Bibliografía**

Van Strydonck et alii 2004, e.p.: tabla 1.

| Yacimiento | Isla | Municipio | Exclusión |
|---|---|---|---|
| Cova dels Morts-Son Gallard | Mallorca | Deià | ☐ |

| Código laboratorio | Valor ap(BP) | Valor ane(BC) | ± | Muestra |
|---|---|---|---|---|
| KIA-23436 | 3570 | 1620 | 33 | Hueso fauna doméstica |

| cal ANE m | cal ANE 1s | cal ANE 2s | cal ANE dir | δ 13C | δ 15N | C/N |
|---|---|---|---|---|---|---|
| 1919 | 1951 / 1888 | 2000 / 1796 | 1908 | -18.4 | 5.83 | |

**Registro arqueológico**

Hueso de ovicáprido.

**Estructura** Indeterminada

**Significado arqueológico**

No disponemos de datos para proceder a una valoración adecuada.

**Observaciones**

Delta C13carb: -9,67 por mil.

**Bibliografía**

Van Strydonck et alii 2004, e.p.: tabla 1.

| Yacimiento | Isla | Municipio | Exclusión |
|---|---|---|---|
| Cova dels Morts-Son Gallard | Mallorca | Deià | ☐ |

| Código laboratorio | Valor ap(BP) | Valor ane(BC) | ± | Muestra |
|---|---|---|---|---|
| KIA-23441 | 3485 | 1535 | 30 | Hueso fauna doméstica |

| cal ANE m | cal ANE 1s | cal ANE 2s | cal ANE dir | δ 13C | δ 15N | C/N |
|---|---|---|---|---|---|---|
| 1811 | 1876 / 1747 | 1899 / 1713 | 1767 | -19.51 | 5.82 | |

**Registro arqueológico**

**Estructura** Indeterminada

**Significado arqueológico**

No disponemos de datos para proceder a una valoración adecuada.

**Observaciones**

Delta C13carb: -10,02 por mil.

**Bibliografía**

Van Strydonck et alii 2004, e.p.: tabla 1.

| Yacimiento | Isla | Municipio | Exclusión |
|---|---|---|---|
| Cova dels Morts-Son Gallard | Mallorca | Deià | ☐ |

| Código laboratorio | Valor ap(BP) | Valor ane(BC) | ± | Muestra |
|---|---|---|---|---|
| KIA-21215 | 3295 | 1345 | 30 | Hueso humano |

| cal ANE m | cal ANE 1s | cal ANE 2s | cal ANE dir | δ 13C | δ 15N | C/N |
|---|---|---|---|---|---|---|
| 1567 | 1615 / 1519 | 1661 / 1502 | 1542 | -18.9 | 10.51 | |

**Registro arqueológico**

Procedencia inédita.

**Estructura** Cueva natural de inhumación

**Significado arqueológico**

La datación ilustra el uso del abrigo como espacio de inhumación colectiva a mediados del II milenio cal ANE, una práctica bien documentada en otros yacimientos baleáricos con cronologías análogas.

**Observaciones**

Delta 13Ccarb = -10,46‰.

**Bibliografía**

Van Strydonck et alii 2004, e.p.: tabla 1.

| Yacimiento | Isla | Municipio | Exclusión |
|---|---|---|---|
| Cova dels Morts-Son Gallard | Mallorca | Deià | ☐ |

| Código laboratorio | Valor ap(BP) | Valor ane(BC) | ± | Muestra |
|---|---|---|---|---|
| KIA-23732 | 2725 | 775 | 30 | Hueso fauna doméstica |

| cal ANE m | cal ANE 1s | cal ANE 2s | cal ANE dir | δ 13C | δ 15N | C/N |
|---|---|---|---|---|---|---|
| 865 | 903 / 828 | 923 / 817 | 850 | -19.55 | 3.65 | |

**Registro arqueológico**

**Estructura** Indeterminada

**Significado arqueológico**

No disponemos de datos para proceder a una valoración adecuada.

**Observaciones**

**Bibliografía**

Van Strydonck et alii 2004, e.p.: tabla 1.

| Yacimiento | Isla | Municipio | Exclusión |
|---|---|---|---|
| Cova dels Morts-Son Gallard | Mallorca | Deià | ☐ |

| Código laboratorio | Valor ap(BP) | Valor ane(BC) | ± | Muestra |
|---|---|---|---|---|
| Y-1859 | 2230 | 280 | 100 | Hueso humano |

| cal ANE m | cal ANE 1s | cal ANE 2s | cal ANE dir | δ 13C | δ 15N | C/N |
|---|---|---|---|---|---|---|
| 278 | 407 / 150 | 479 / 26 | 302 | | | |

**Registro arqueológico**

Sector centro derecha. Z = -50 cm. Huesos quemados en "cremation pit". Peso de la muestra: 400 g.

**Estructura** Cueva de inhumación en cal

**Significado arqueológico**

La datación indica el uso del abrigo como lugar de enterramiento en momentos recientes de la secuencia prehistórica.

**Observaciones**

Waldren (1982a: 504; 1982b: 1A: 26) le asigna una desviación estándar de ±80.

**Bibliografía**

Rosselló Bordoy, Waldren y Kopper 1967: 7; Waldren y Kopper 1967: 55; Stuiver 1969: 637; Waldren 1982a: 504; 1982b: 1A: 26.

| **Yacimiento** | **Isla** | **Municipio** | **Exclusión** |
|---|---|---|---|
| Cova dels Morts-Son Gallard | Mallorca | Deià | ☐ |

| **Código laboratorio** | **Valor ap(BP)** | **Valor ane(BC)** | ± | **Muestra** |
|---|---|---|---|---|
| KIA-21214 | 2135 | 185 | ± 30 | Hueso humano |

| **cal ANE m** | **cal ANE 1s** | **cal ANE 2s** | **cal ANE dir** | **δ 13C** | **δ 15N** | **C/N** |
|---|---|---|---|---|---|---|
| 159 | 190 / 128 | 335 / 70 | 176 | -19 | 11.09 | |

**Registro arqueológico**

Procedencia inédita.

**Estructura** Cueva de inhumación en cal

**Significado arqueológico**

La datación indica el uso del abrigo como lugar de enterramiento en momentos recientes de la secuencia prehistórica.

**Observaciones**

Delta 13Ccarb = -10,88 por mil.

**Bibliografía**

Van Strydonck et alii 2004, e.p.: tabla 1.

| **Yacimiento** | **Isla** | **Municipio** | **Exclusión** |
|---|---|---|---|
| Cova dels Morts-Son Gallard | Mallorca | Deià | ☐ |

| **Código laboratorio** | **Valor ap(BP)** | **Valor ane(BC)** | ± | **Muestra** |
|---|---|---|---|---|
| BM-1993R | 1240 | -710 | ± 100 | Carbón |

| **cal ANE m** | **cal ANE 1s** | **cal ANE 2s** | **cal ANE dir** | **δ 13C** | **δ 15N** | **C/N** |
|---|---|---|---|---|---|---|
| -790 | -670 / -909 | -615 / -976 | -769 | -25.3 | | |

**Registro arqueológico**

Bajo roca "F". Z = -90 cm. Referencia muestra 2 y 3.

**Estructura** Indeterminada

**Significado arqueológico**

La datación puede indicar el uso esporádico de la cueva en época histórica o bien un evento natural.

**Observaciones**

Corrección de BM-1993: 1095 ±35 dne, repetida tras constatarse errores en el laboratorio del British Museum (BM). Waldren (1986: tabla 16) le asigna el valor 1145±35 dne.

**Bibliografía**

Burleigh, Ambers y Matthews 1983: 55; Waldren 1982a: tabla 6; 1986: tabla 16; Bowman, Ambers y Leese 1990: 76.

**Yacimiento** Cova des Bouer

La más alta de las dos dataciones radiocarbónicas que componen la serie de este yacimiento (UtC-3739) informa sobre el uso sepulcral de la cavidad en el primer cuarto del II milenio cal ANE. Como veremos, se trata de uno de los conjuntos más antiguos documentados en Menorca hasta el momento y constribuye a definir un tipo de prácticas funerarias extendidas en las islas mayores del archipiélago. En cambio, sobre la segunda datación sólo sabemos que fue realizada a partir de una muestra de fauna, por lo que tal vez indique una ocupación del lugar a inicios del I milenio cal ANE.

Referencias: Mestres y de Nicolás (1999).

.

| **Yacimiento** | **Isla** | **Municipio** | **Exclusión** |
|---|---|---|---|
| Cova des Bouer | Menorca | Es Migjorn | ☐ |

| **Código laboratorio** | **Valor ap(BP)** | **Valor ane(BC)** | ± | **Muestra** |
|---|---|---|---|---|
| UtC-3739 | 3480 | 1530 | 50 | Hueso humano |

| **cal ANE m** | **cal ANE 1s** | **cal ANE 2s** | **cal ANE dir** | **δ 13C** | **δ 15N** | **C/N** |
|---|---|---|---|---|---|---|
| 1800 | 1879 / 1722 | 1923 / 1669 | 1774 | -19.5 | | |

**Registro arqueológico**

Nivel inferior, con inhumaciones colectivas.

**Estructura** Cueva natural de inhumación

**Significado arqueológico**

La datación indica el uso de la cueva como recinto de inhumación colectiva en la primera mitad del II milenio cal ANE.

**Observaciones**

CLT: KIK-397.

**Bibliografía**

Van Strydonck et alii 1998: 30.

| Yacimiento | Isla | Municipio | Exclusión |
|---|---|---|---|
| Cova des Bouer | Menorca | Es Migjorn | ☐ |

| Código laboratorio | Valor ap(BP) | Valor ane(BC) | ± | Muestra |
|---|---|---|---|---|
| UtC-3743 | 2770 | 820 | 35 | Hueso fauna doméstica |

| cal ANE m | cal ANE 1s | cal ANE 2s | cal ANE dir | δ 13C | δ 15N | C/N |
|---|---|---|---|---|---|---|
| 904 | 944 / 863 | 997 / 831 | 909 | -24.2 | | |

**Registro arqueológico**

Sector entrada de la cueva. Huesos de cabra.

**Estructura** Indeterminada

**Significado arqueológico**

A falta de más informaciones, la datación puede indicar la frecuentación antrópica de la misma o, simplemente, la muerte y deposición accidental del animal cuyo esqueleto ha sido datado.

**Observaciones**

CLT: KIK-401.

**Bibliografía**

Van Strydonck et alii 1998: 30.

evidencias para el conocimiento de las comunidades prehistóricas menorquinas. La secuencia de ocupaciones ha sido dividida en tres fases a partir de criterios estratigráficos, tipológicos y con el concurso de un total de treinta dataciones radioarbónicas.

La primera (Càrritx I) transcurrió entre ca. 1600 y 1450/1400 cal ANE, y se caracteriza por el uso de diversas salas de la cavidad (Salas 3, 6 y 7, principalmente) como escenario de prácticas político-ideológicas de diverso signo. La única datación vinculada a esta fase es UtC-7858, que data a inicios de esta temporalidad una serie de prácticas que involucraron la manipulación de falanges humanas en uno de los espacios más recónditos de la cavidad (Sala 6). La segunda fase (Càrritx II) está caracterizada por el uso de la primera sala de la cavidad como recinto sepulcral colectivo, que quedaba cerrado al exterior mediante un muro ciclópeo. Se han obtenido diecinueve dataciones radiocarbónicas a partir de muestras óseas humanas pertenecientes a individuos distintos de ambos sexos, que garantizan con suficiente fiabilidad que la Sala 1 fue utilizada con fines funerarios a lo largo de unos seiscientos años, entre aproximadamente 1450/1400 y 800 cal ANE. Paralelamente, los hallazgos efectuados en el depósito ritual de la Sala 5 informan sobre la realización de prácticas rituales expresadas en el corte de cabellos de ciertos individuos y su introducción en pequeños recipientes de madera o de asta. Dos de las dataciones sobre cabellos fueron redatadas por problemas en el proceso de análisis (OxA-6416 y OxA-5573), de forma que en la actualidad contamos con cuatro dataciones válidas: tres sobre cabellos y una sobre madera de uno de los recipientes que los contenían. En conjunto, garantizan que la deposición de cadáveres y el corte de cabellos formaron parte de un mismo ámbito de prácticas, que tuvo lugar durante los últimos siglos de uso del osario.

Por último, la tercera fase (Càrritx III) incluye una serie de acontecimientos de orden social y natural datados entre el siglo V cal ANE (enterramiento depositado en las ruinas del antiguo muro de cierre y presencia de fragmentos de parihuelas en la Sala 1) y el siglo VII cal DNE (coprolitos de ovicáprido).

Referencias: Lull et alii (1999), Rihuete (2003).

| Yacimiento | Isla | Municipio | Exclusión |
|---|---|---|---|
| Cova des Càrritx | Menorca | Ciutadella | ☐ |

| Código laboratorio | Valor ap(BP) | Valor ane(BC) | ± | Muestra |
|---|---|---|---|---|
| UtC-7858 | 3325 | 1375 | 40 | Hueso humano |

| cal ANE m | cal ANE 1s | cal ANE 2s | cal ANE dir | δ 13C | δ 15N | C/N |
|---|---|---|---|---|---|---|
| 1599 | 1659 / 1539 | 1712 / 1507 | 1606 | -19.4 | 9.62 | |

**Registro arqueológico**

Sala 6. Falanges humanas halladas entre las cenizas de un hogar.

**Estructura** Cueva natural de habitación

**Significado arqueológico**

La datación indica el uso de la profunda Sala 6 como escenario de prácticas ideológicas (fase Càrritx I).

**Observaciones**

CLT: KIK-961.

**Bibliografía**

Lull et alii 1999: 157; Van Strydonck et alii 2001: 31; Van Strydonck et alii 2004, e.p.: tabla 1.

| **Yacimiento** | **Isla** | **Municipio** | **Exclusión** |
|---|---|---|---|
| Cova des Càrritx | Menorca | Ciutadella | ☐ |

| **Código laboratorio** | **Valor ap(BP)** | **Valor ane(BC)** | ± | **Muestra** |
|---|---|---|---|---|
| Beta-123760 | 3180 | 1230 | 60 | Hueso humano |

| **cal ANE m** | **cal ANE 1s** | **cal ANE 2s** | **cal ANE dir** | **δ 13C** | **δ 15N** | **C/N** |
|---|---|---|---|---|---|---|
| 1451 | 1511 / 1391 | 1570 / 1327 | 1448 | -19 | | |

**Registro arqueológico**

Sala 1. Nivel I. Cuadro 11 A/B. Costillas de individuo infantil (huesos X1-5344 y 4655).

**Estructura** Cueva natural de inhumación murada

**Significado arqueológico**

La datación marca del inicio de la serie de dataciones asociadas al uso de la Sala 1 como recinto de inhumación colectiva (fase Càrritx II).

**Observaciones**

**Bibliografía**

Lull et alii 1999: 171.

| **Yacimiento** | **Isla** | **Municipio** | **Exclusión** |
|---|---|---|---|
| Cova des Càrritx | Menorca | Ciutadella | ☐ |

| **Código laboratorio** | **Valor ap(BP)** | **Valor ane(BC)** | ± | **Muestra** |
|---|---|---|---|---|
| OxA-10309 | 3175 | 1225 | 38 | Hueso humano |

| **cal ANE m** | **cal ANE 1s** | **cal ANE 2s** | **cal ANE dir** | **δ 13C** | **δ 15N** | **C/N** |
|---|---|---|---|---|---|---|
| 1448 | 1487 / 1408 | 1521 / 1384 | 1432 | -18.8 | | |

**Registro arqueológico**

Sala 1. Nivel I. Cuadro 14/15 F/G. Esqueleto articulado in situ de un hombre de 30-35 años (hueso X1-6111).

**Estructura** Cueva natural de inhumación murada

**Significado arqueológico**

La datación indica un momento dentro del intervalo de uso de la Sala 1 como recinto de inhumación colectiva (fase Càrritx II).

**Observaciones**

**Bibliografía**

Bronk Ramsey et alii 2002: 8; Rihuete 2003: tabla 1.1.

| Yacimiento | Isla | Municipio | Exclusión |
|---|---|---|---|
| Cova des Càrritx | Menorca | Ciutadella | ☑ |

| Código laboratorio | Valor ap(BP) | Valor ane(BC) | ± | Muestra |
|---|---|---|---|---|
| OxA-6416 | 3165 | 1215 | 45 | Cabellos |

| cal ANE m | cal ANE 1s | cal ANE 2s | cal ANE dir | δ 13C | δ 15N | C/N |
|---|---|---|---|---|---|---|
| | | | | -22.5 | | |

**Registro arqueológico**

Sala 5. Cabello humano contenido en contendor cilíndrico. Muestra 20.

**Estructura** Cueva natural de inhumación murada

**Significado arqueológico**

Nulo, al corresponder a una datación errónea.

**Observaciones**

Excluida por indicación expresa del laboratorio de datación (P. Pettitt, carta noviembre de 1997). La muestra fue redatada (OxA-7235).

**Bibliografía**

Bronk Ramsey et alii 2002: 8.

| Yacimiento | Isla | Municipio | Exclusión |
|---|---|---|---|
| Cova des Càrritx | Menorca | Ciutadella | ☐ |

| Código laboratorio | Valor ap(BP) | Valor ane(BC) | ± | Muestra |
|---|---|---|---|---|
| Beta-123755 | 3130 | 1180 | 70 | Hueso humano |

| cal ANE m | cal ANE 1s | cal ANE 2s | cal ANE dir | δ 13C | δ 15N | C/N |
|---|---|---|---|---|---|---|
| 1398 | 1468 / 1328 | 1546 / 1229 | 1392 | -22.9 | | |

**Registro arqueológico**

Sala 1. Nivel I. Cuadro 18 I. Astrágalo de hombre adulto (hueso X1-10409).

**Estructura** Cueva natural de inhumación murada

**Significado arqueológico**

La datación indica un momento dentro del intervalo de uso de la Sala 1 como recinto de inhumación colectiva (fase Càrritx II).

**Observaciones**

**Bibliografía**

Lull et alii 1999: 171.

| Yacimiento | Isla | Municipio | Exclusión |
|---|---|---|---|
| Cova des Càrritx | Menorca | Ciutadella | ☐ |

| Código laboratorio | Valor ap(BP) | Valor ane(BC) | | Muestra |
|---|---|---|---|---|
| OxA-7810 | 3100 | 1150 ± | 40 | Hueso humano |

| cal ANE m | cal ANE 1s | cal ANE 2s | cal ANE dir | δ 13C | δ 15N | C/N |
|---|---|---|---|---|---|---|
| 1368 | 1412 / 1325 | 1439 / 1278 | 1391 | -19.7 | | |

**Registro arqueológico**

Sala 1. Nivel I. Cuadro 15 M. Astrágalo derecho de mujer adulta (hueso X1-11457).

**Estructura** Cueva natural de inhumación murada

**Significado arqueológico**

La datación indica un momento dentro del intervalo de uso de la Sala 1 como recinto de inhumación colectiva (fase Càrritx II).

**Observaciones**

**Bibliografía**

Lull et alii 1999: 171; Bronk Ramsey et alii 2002: 8.

| Yacimiento | Isla | Municipio | Exclusión |
|---|---|---|---|
| Cova des Càrritx | Menorca | Ciutadella | ☐ |

| Código laboratorio | Valor ap(BP) | Valor ane(BC) | | Muestra |
|---|---|---|---|---|
| Beta-123758 | 3070 | 1120 ± | 60 | Hueso humano |

| cal ANE m | cal ANE 1s | cal ANE 2s | cal ANE dir | δ 13C | δ 15N | C/N |
|---|---|---|---|---|---|---|
| 1332 | 1400 / 1264 | 1461 / 1158 | 1347 | -19.8 | | |

**Registro arqueológico**

Sala 1. Nivel V. Cuadro 10 Cd. Astrágalo de hombre adulto (hueso X1-4450).

**Estructura** Cueva natural de inhumación murada

**Significado arqueológico**

La datación indica un momento dentro del intervalo de uso de la Sala 1 como recinto de inhumación colectiva (fase Càrritx II).

**Observaciones**

**Bibliografía**

Lull et alii 1999: 171.

| Yacimiento | Isla | Municipio | Exclusión |
|---|---|---|---|
| Cova des Càrritx | Menorca | Ciutadella | ☐ |

| Código laboratorio | Valor ap(BP) | Valor ane(BC) | ± | Muestra |
|---|---|---|---|---|
| OxA-7821 | 3030 | 1080 | 40 | Hueso humano |

| cal ANE m | cal ANE 1s | cal ANE 2s | cal ANE dir | δ 13C | δ 15N | C/N |
|---|---|---|---|---|---|---|
| 1294 | 1356 / 1231 | 1400 / 1149 | 1288 | -18.8 | | |

**Registro arqueológico**

Sala 1. Rampa W. Nivel III. Astrágalo derecho de hombre adulto (hueso XF-3433).

**Estructura** Cueva natural de inhumación murada

**Significado arqueológico**

La datación indica un momento dentro del intervalo de uso de la Sala 1 como recinto de inhumación colectiva (fase Càrritx II).

**Observaciones**

**Bibliografía**

Lull et alii 1999: 171; Bronk Ramsey et alii 2002: 8.

| Yacimiento | Isla | Municipio | Exclusión |
|---|---|---|---|
| Cova des Càrritx | Menorca | Ciutadella | ☐ |

| Código laboratorio | Valor ap(BP) | Valor ane(BC) | ± | Muestra |
|---|---|---|---|---|
| Beta-123759 | 3020 | 1070 | 60 | Hueso humano |

| cal ANE m | cal ANE 1s | cal ANE 2s | cal ANE dir | δ 13C | δ 15N | C/N |
|---|---|---|---|---|---|---|
| 1264 | 1360 / 1169 | 1408 / 1068 | 1275 | -18.9 | | |

**Registro arqueológico**

Sala 1. Nivel III. Cuadro 15 A. Astrágalo de mujer adulta (hueso X1-13200).

**Estructura** Cueva natural de inhumación murada

**Significado arqueológico**

La datación indica un momento dentro del intervalo de uso de la Sala 1 como recinto de inhumación colectiva (fase Càrritx II).

**Observaciones**

**Bibliografía**

Lull et alii 1999: 171.

| Yacimiento | Isla | Municipio | Exclusión |
|---|---|---|---|
| Cova des Càrritx | Menorca | Ciutadella | ☐ |

| Código laboratorio | Valor ap(BP) | Valor ane(BC) | ± | Muestra |
|---|---|---|---|---|
| Beta-123757 | 2990 | 1040 | 60 | Hueso humano |

| cal ANE m | cal ANE 1s | cal ANE 2s | cal ANE dir | δ 13C | δ 15N | C/N |
|---|---|---|---|---|---|---|
| 1222 | 1322 / 1123 | 1388 / 1024 | 1240 | -18.5 | | |

**Registro arqueológico**

Sala 1. Nivel I. Cuadro 10 Cd. Astrágalo de mujer adulta (hueso X1-223).

**Estructura** Cueva natural de inhumación murada

**Significado arqueológico**

La datación indica un momento dentro del intervalo de uso de la Sala 1 como recinto de inhumación colectiva (fase Càrritx II).

**Observaciones**

**Bibliografía**

Lull et alii 1999: 171.

| Yacimiento | Isla | Municipio | Exclusión |
|---|---|---|---|
| Cova des Càrritx | Menorca | Ciutadella | ☐ |

| Código laboratorio | Valor ap(BP) | Valor ane(BC) | ± | Muestra |
|---|---|---|---|---|
| Beta-123756 | 2980 | 1030 | 70 | Hueso humano |

| cal ANE m | cal ANE 1s | cal ANE 2s | cal ANE dir | δ 13C | δ 15N | C/N |
|---|---|---|---|---|---|---|
| 1202 | 1324 / 1081 | 1387 / 980 | 1217 | -23 | | |

**Registro arqueológico**

Sala 1. Nivel II. Cuadro 15 Gd. Astrágalo de hombre adulto (hueso X1-7345).

**Estructura** Cueva natural de inhumación murada

**Significado arqueológico**

La datación indica un momento dentro del intervalo de uso de la Sala 1 como recinto de inhumación colectiva (fase Càrritx II).

**Observaciones**

**Bibliografía**

Lull et alii 1999: 171.

| Yacimiento | Isla | Municipio | Exclusión |
|---|---|---|---|
| Cova des Càrritx | Menorca | Ciutadella | ☐ |

| Código laboratorio | Valor ap(BP) | Valor ane(BC) | ± | Muestra |
|---|---|---|---|---|
| OxA-10308 | 2972 | 1022 | 38 | Hueso humano |

| cal ANE m | cal ANE 1s | cal ANE 2s | cal ANE dir | δ 13C | δ 15N | C/N |
|---|---|---|---|---|---|---|
| 1204 | 1280 / 1128 | 1324 / 1048 | 1195 | -18.9 | | |

**Registro arqueológico**

Sala 1. Cuadro 7 C. Nivel I. Astrágalo de hombre adulto (hueso X1-18515).

**Estructura** Cueva natural de inhumación murada

**Significado arqueológico**

La datación indica un momento dentro del intervalo de uso de la Sala 1 como recinto de inhumación colectiva (fase Càrritx II).

**Observaciones**

**Bibliografía**

Bronk Ramsey et alii 2002: 8; Rihuete 2003: tabla 1.1.

| Yacimiento | Isla | Municipio | Exclusión |
|---|---|---|---|
| Cova des Càrritx | Menorca | Ciutadella | ☐ |

| Código laboratorio | Valor ap(BP) | Valor ane(BC) | ± | Muestra |
|---|---|---|---|---|
| OxA-7819 | 2965 | 1015 | 40 | Hueso humano |

| cal ANE m | cal ANE 1s | cal ANE 2s | cal ANE dir | δ 13C | δ 15N | C/N |
|---|---|---|---|---|---|---|
| 1191 | 1272 / 1110 | 1314 / 1034 | 1185 | -18.9 | | |

**Registro arqueológico**

Sala 1. Nivel I. Cuadros 12/13 B. Esternón de un hombre de entre 30 y 35 años (hueso X1-5047).

**Estructura** Cueva natural de inhumación murada

**Significado arqueológico**

La datación indica un momento dentro del intervalo de uso de la Sala 1 como recinto de inhumación colectiva (fase Càrritx II).

**Observaciones**

**Bibliografía**

Lull et alii 1999: 171; Bronk Ramsey et alii 2002: 8.

**Yacimiento** Cova des Càrritx | **Isla** Menorca | **Municipio** Ciutadella | **Exclusión** ☐

| Código laboratorio | Valor ap(BP) | Valor ane(BC) | ± | Muestra |
|---|---|---|---|---|
| OxA-7235 | 2935 | 985 | 45 | Cabellos |

| cal ANE m | cal ANE 1s | cal ANE 2s | cal ANE dir | δ13C | δ15N | C/N |
|---|---|---|---|---|---|---|
| 1136 | 1227 / 1046 | 1290 / 988 | 1135 | -20.3 | | |

**Registro arqueológico**

Sala 5. Cabellos humanos contenido en un tubo. Muestra 20.

**Estructura** Cueva natural de inhumación murada

**Significado arqueológico**

La datación cae dentro del intervalo de uso de la Sala 1 como recinto de inhumación colectiva. Los cabellos datados deben corresponder a alguno de los cadáveres depositados allí (fase Càrritx II).

**Observaciones**

Redatación de OxA-6416.

**Bibliografía**

Lull et alii 1999: 334; Bronk Ramsey et alii 2002: 8.

---

**Yacimiento** Cova des Càrritx | **Isla** Menorca | **Municipio** Ciutadella | **Exclusión** ☐

| Código laboratorio | Valor ap(BP) | Valor ane(BC) | ± | Muestra |
|---|---|---|---|---|
| OxA-7811 | 2915 | 965 | 40 | Hueso humano |

| cal ANE m | cal ANE 1s | cal ANE 2s | cal ANE dir | δ13C | δ15N | C/N |
|---|---|---|---|---|---|---|
| 1098 | 1170 / 1025 | 1255 / 975 | 1096 | -18.9 | | |

**Registro arqueológico**

Sala 1. Nivel IV. Cuadro 10 D. Astrágalo derecho de mujer adulta (hueso X1-19000).

**Estructura** Cueva natural de inhumación murada

**Significado arqueológico**

La datación indica un momento dentro del intervalo de uso de la Sala 1 como recinto de inhumación colectiva (fase Càrritx II).

**Observaciones**

**Bibliografía**

Lull et alii 1999: 171; Bronk Ramsey et alii 2002: 8.

| Yacimiento | Isla | Municipio | Exclusión |
|---|---|---|---|
| Cova des Càrritx | Menorca | Ciutadella | ☐ |

| Código laboratorio | Valor ap(BP) | Valor ane(BC) | ± | Muestra |
|---|---|---|---|---|
| OxA-7803 | 2875 | 925 | 40 | Hueso humano |

| cal ANE m | cal ANE 1s | cal ANE 2s | cal ANE dir | δ 13C | δ 15N | C/N |
|---|---|---|---|---|---|---|
| 1038 | 1099 / 977 | 1181 / 926 | 1028 | -19.1 | | |

**Registro arqueológico**

Sala 1. Nivel IV. Cuadro 15 Cd. Astrágalo derecho de mujer adulta (hueso X1-4981).

**Estructura** Cueva natural de inhumación murada

**Significado arqueológico**

La datación indica un momento dentro del intervalo de uso de la Sala 1 como recinto de inhumación colectiva (fase Càrritx II).

**Observaciones**

**Bibliografía**

Lull et alii 1999: 171; Bronk Ramsey et alii 2002: 8.

| Yacimiento | Isla | Municipio | Exclusión |
|---|---|---|---|
| Cova des Càrritx | Menorca | Ciutadella | ☐ |

| Código laboratorio | Valor ap(BP) | Valor ane(BC) | ± | Muestra |
|---|---|---|---|---|
| Beta-125219 | 2850 | 900 | 50 | Hueso humano |

| cal ANE m | cal ANE 1s | cal ANE 2s | cal ANE dir | δ 13C | δ 15N | C/N |
|---|---|---|---|---|---|---|
| 1006 | 1075 / 936 | 1166 / 878 | 1003 | -23.5 | | |

**Registro arqueológico**

Sala 1. Nivel I. Cuadro 15 Ba. Fémur izquierdo (hueso X1-6136).

**Estructura** Cueva natural de inhumación murada

**Significado arqueológico**

La datación indica un momento dentro del intervalo de uso de la Sala 1 como recinto de inhumación colectiva (fase Càrritx II).

**Observaciones**

**Bibliografía**

Lull et alii 1999: 171.

| Yacimiento | Isla | Municipio | Exclusión |
|---|---|---|---|
| Cova des Càrritx | Menorca | Ciutadella | ☐ |

| Código laboratorio | Valor ap(BP) | Valor ane(BC) | ± | Muestra |
|---|---|---|---|---|
| OxA-7812 | 2850 | 900 | 40 | Hueso humano |

| cal ANE m | cal ANE 1s | cal ANE 2s | cal ANE dir | δ 13C | δ 15N | C/N |
|---|---|---|---|---|---|---|
| 996 | 1050 / 943 | 1134 / 902 | 1004 | -19.7 | | |

**Registro arqueológico**

Sala 1. Nivel I. Cuadro 15 Cb. Astrágalo derecho de mujer adulta (hueso X1-1115).

**Estructura** Cueva natural de inhumación murada

**Significado arqueológico**

La datación indica un momento dentro del intervalo de uso de la Sala 1 como recinto de inhumación colectiva (fase Càrritx II).

**Observaciones**

**Bibliografía**

Lull et alii 1999: 171; Bronk Ramsey et alii 2002: 8.

| Yacimiento | Isla | Municipio | Exclusión |
|---|---|---|---|
| Cova des Càrritx | Menorca | Ciutadella | ☐ |

| Código laboratorio | Valor ap(BP) | Valor ane(BC) | ± | Muestra |
|---|---|---|---|---|
| Beta-125218 | 2840 | 890 | 50 | Hueso humano |

| cal ANE m | cal ANE 1s | cal ANE 2s | cal ANE dir | δ 13C | δ 15N | C/N |
|---|---|---|---|---|---|---|
| 989 | 1052 / 926 | 1155 / 870 | 986 | -20.1 | | |

**Registro arqueológico**

Sala 1. Nivel I. Cuadro 15 Bc. Fémur izquierdo (hueso X1-6156).

**Estructura** Cueva natural de inhumación murada

**Significado arqueológico**

La datación indica un momento dentro del intervalo de uso de la Sala 1 como recinto de inhumación colectiva (fase Càrritx II).

**Observaciones**

**Bibliografía**

Lull et alii 1999: 171.

| Yacimiento | Isla | Municipio | Exclusión |
|---|---|---|---|
| Cova des Càrritx | Menorca | Ciutadella | ☐ |

| Código laboratorio | Valor ap(BP) | Valor ane(BC) | ± | Muestra |
|---|---|---|---|---|
| Beta-125220 | 2820 | 870 | ± 50 | Cabellos |

| cal ANE m | cal ANE 1s | cal ANE 2s | cal ANE dir | δ 13C | δ 15N | C/N |
|---|---|---|---|---|---|---|
| 963 | 1026 / 900 | 1113 / 853 | 960 | -25.7 | | |

**Registro arqueológico**

Sala 5. Cabellos humanos contenidos en el contenedor cilíndrico n° 3.

**Estructura** Cueva natural de inhumación murada

**Significado arqueológico**

La datación cae dentro del intervalo de uso de la Sala 1 como recinto de inhumación colectiva. Los cabellos datados deben corresponder a alguno de los cadáveres depositados allí (fase Càrritx II).

**Observaciones**

**Bibliografía**

Lull et alii 1999: 334.

| Yacimiento | Isla | Municipio | Exclusión |
|---|---|---|---|
| Cova des Càrritx | Menorca | Ciutadella | ☐ |

| Código laboratorio | Valor ap(BP) | Valor ane(BC) | ± | Muestra |
|---|---|---|---|---|
| OxA-5772 | 2810 | 860 | ± 65 | Madera |

| cal ANE m | cal ANE 1s | cal ANE 2s | cal ANE dir | δ 13C | δ 15N | C/N |
|---|---|---|---|---|---|---|
| 956 | 1035 / 877 | 1154 / 839 | 949 | -23.5 | | |

**Registro arqueológico**

Sala 5. Muestra de contenedor trilobulado. Madera de Olea europea. Muestra 6B.

**Estructura** Cueva natural de inhumación murada

**Significado arqueológico**

La datación cae dentro del intervalo de uso de la Sala 1 como recinto de inhumación colectiva. La datación indica que la fabricación de este contenedor singular corresponde a la fase más reciente de utilización funeraria de la Sala 1 (fase Càrritx II).

**Observaciones**

**Bibliografía**

Hedges et alii 1996: 409; Lull et alii 1999: 334.

| Yacimiento | Isla | Municipio | Exclusión |
|---|---|---|---|
| Cova des Càrritx | Menorca | Ciutadella | ☐ |

| Código laboratorio | Valor ap(BP) | Valor ane(BC) | ± | Muestra |
|---|---|---|---|---|
| OxA-7823 | 2805 | 855 | 40 | Hueso humano |

| cal ANE m | cal ANE 1s | cal ANE 2s | cal ANE dir | δ 13C | δ 15N | C/N |
|---|---|---|---|---|---|---|
| 950 | 1001 / 900 | 1046 / 851 | 940 | -19 | | |

**Registro arqueológico**

Sala 1. Nivel IV. Rampa W 6/7. Astrágalo derecho de mujer adulta (hueso XF-7007).

**Estructura** Cueva natural de inhumación murada

**Significado arqueológico**

La datación indica un momento dentro del intervalo de uso de la Sala 1 como recinto de inhumación colectiva (fase Càrritx II).

**Observaciones**

**Bibliografía**

Lull et alii 1999: 171; Bronk Ramsey et alii 2002: 8.

| Yacimiento | Isla | Municipio | Exclusión |
|---|---|---|---|
| Cova des Càrritx | Menorca | Ciutadella | ☐ |

| Código laboratorio | Valor ap(BP) | Valor ane(BC) | ± | Muestra |
|---|---|---|---|---|
| OxA-7888 | 2710 | 760 | 75 | Hueso humano |

| cal ANE m | cal ANE 1s | cal ANE 2s | cal ANE dir | δ 13C | δ 15N | C/N |
|---|---|---|---|---|---|---|
| 867 | 923 / 811 | 1017 / 765 | 861 | -19.6 | | |

**Registro arqueológico**

Sala 1. Nivel IV. Rampa W 4/5. Cuadro 13 K. Astrágalo derecho de hombre adulto (hueso XF-7005).

**Estructura** Cueva natural de inhumación murada

**Significado arqueológico**

La datación indica un momento dentro del intervalo de uso de la Sala 1 como recinto de inhumación colectiva (fase Càrritx II).

**Observaciones**

**Bibliografía**

Lull et alii 1999: 171; Bronk Ramsey et alii 2002: 8.

| Yacimiento | Isla | Municipio | Exclusión |
|---|---|---|---|
| Cova des Càrritx | Menorca | Ciutadella | ☐ |

| Código laboratorio | Valor ap(BP) | Valor ane(BC) | ± | Muestra |
|---|---|---|---|---|
| OxA-7822 | 2680 | 730 | 40 | Hueso humano |

| cal ANE m | cal ANE 1s | cal ANE 2s | cal ANE dir | δ 13C | δ 15N | C/N |
|---|---|---|---|---|---|---|
| 833 | 857 / 809 | 904 / 792 | 829 | -19.2 | | |

**Registro arqueológico**

Sala 1. Nivel IV. Rampa W 2/3-Cuadro 11 K. Astrágalo derecho de hombre adulto (hueso XF-7002).

**Estructura** Cueva natural de inhumación murada

**Significado arqueológico**

La datación indica un momento terminal dentro del intervalo de uso de la Sala 1 como recinto de inhumación colectiva (fase Càrritx II).

**Observaciones**

**Bibliografía**

Lull et alii 1999: 171; Bronk Ramsey et alii 2002: 8.

| Yacimiento | Isla | Municipio | Exclusión |
|---|---|---|---|
| Cova des Càrritx | Menorca | Ciutadella | ☐ |

| Código laboratorio | Valor ap(BP) | Valor ane(BC) | ± | Muestra |
|---|---|---|---|---|
| OxA-8263 | 2585 | 635 | 40 | Cabellos |

| cal ANE m | cal ANE 1s | cal ANE 2s | cal ANE dir | δ 13C | δ 15N | C/N |
|---|---|---|---|---|---|---|
| 788 | 804 / 772 | 825 / 754 | 789 | -19.7 | | |

**Registro arqueológico**

Sala 5. Cabello humano contenido en contenedor trilobulado. Muestra 6C.

**Estructura** Cueva natural de inhumación murada

**Significado arqueológico**

La datación coincide con el momento terminal de uso funerario de la Sala 1. La muestra de cabellos debía pertenecer a uno de los últimos individuos inhumados en la Sala 1 (fase Càrritx II).

**Observaciones**

Redatación de muestra OxA-5773.

**Bibliografía**

Bronk Ramsey et alii 2002: 8.

| Yacimiento | Isla | Municipio | Exclusión |
|---|---|---|---|
| Cova des Càrritx | Menorca | Ciutadella | ☐ |

| Código laboratorio | Valor ap(BP) | Valor ane(BC) | ± | Muestra |
|---|---|---|---|---|
| Beta-125221 | 2480 | 530 | 50 | Madera |

| cal ANE m | cal ANE 1s | cal ANE 2s | cal ANE dir | δ 13C | δ 15N | C/N |
|---|---|---|---|---|---|---|
| 611 | 765 / 457 | 787 / 420 | 736, 675, 560 | -24.5 | | |

**Registro arqueológico**

Sala 1. Nivel I. Cuadro 14 Cd. Fragmento de parihuela de Pinus halepensis (objeto X1-VM-33).

**Estructura** Varia funerario

**Significado arqueológico**

La datación indica un momento previo, en una medida indeterminada, respecto a la tala del árbol utilizado en la fabricación de la parihuela. Este objeto acompañó a alguna deposición funeraria esporádica, de carácter intrusivo respecto al principal depósito de inhumaciones iniciado a mediados del II milenio cal ANE (fase Càrritx III).

**Observaciones**

**Bibliografía**

Lull et alii 1999: 366.

| Yacimiento | Isla | Municipio | Exclusión |
|---|---|---|---|
| Cova des Càrritx | Menorca | Ciutadella | ☑ |

| Código laboratorio | Valor ap(BP) | Valor ane(BC) | ± | Muestra |
|---|---|---|---|---|
| OxA-5773 | 2445 | 495 | 50 | Cabellos |

| cal ANE m | cal ANE 1s | cal ANE 2s | cal ANE dir | δ 13C | δ 15N | C/N |
|---|---|---|---|---|---|---|
| | | | | -19.9 | | |

**Registro arqueológico**

Sala 5. Cabellos humanos contenidos en el contenedor trilobulado. Muestra 6C.

**Estructura** Cueva natural de inhumación murada

**Significado arqueológico**

Pese a que la datación presenta probabilidades de corresponder al final del uso de la Sala 1 como recinto de inhumación y escenario de rituales en torno a los cabellos de los individuos fallecidos, el resultado se puso en suspenso al situarse mayoritariamente por debajo de las restantes fechas disponibles para el mismo contexto. Se barajó la posibilidad de que se tratase de un error de laboratorio. La redatación de otro material procedente de la muestra procesada originalmente (OxA-8263) avaló esta sospecha, ya que el segundo resultado se ajusta a lo esperado.

**Observaciones**

**Bibliografía**

Hedges et alii 1996: 409; Lull et alii 1999: 334.

| Yacimiento | Isla | Municipio | Exclusión |
|---|---|---|---|
| Cova des Càrritx | Menorca | Ciutadella | ☐ |

| Código laboratorio | Valor ap(BP) | Valor ane(BC) | ± | Muestra |
|---|---|---|---|---|
| OxA-7820 | 2380 | 430 | 40 | Hueso humano |

| cal ANE m | cal ANE 1s | cal ANE 2s | cal ANE dir | δ 13C | δ 15N | C/N |
|---|---|---|---|---|---|---|
| 420 | 442 / 397 | 734 / 382 | 416 | -19.2 | | |

**Registro arqueológico**

Sala 1. Nivel I sobre muro de cierre. Rampa 2W. Occipital de individuo subadulto (hueso XE-149).

**Estructura** Varia funerario

**Significado arqueológico**

La datación indica una deposición funeraria realizada entre las ruinas del muro que tapiaba la entrada a la Sala 1 cuando ésta era usada como recinto de inhumación colectiva. Dicha deposición tardía y esporádica es, por tanto, posterior al abandono del espacio funerario de la Sala 1. Además, resulta coherente con la datación Beta-125221, que data los restos de una parihuela funeraria (fase Càrritx III).

**Observaciones**

**Bibliografía**

Lull et alii 1999: 366; Bronk Ramsey et alii 2002: 8.

| Yacimiento | Isla | Municipio | Exclusión |
|---|---|---|---|
| Cova des Càrritx | Menorca | Ciutadella | ☐ |

| Código laboratorio | Valor ap(BP) | Valor ane(BC) | ± | Muestra |
|---|---|---|---|---|
| UtC-7859 | 1790 | -160 | 50 | Semilla varia |

| cal ANE m | cal ANE 1s | cal ANE 2s | cal ANE dir | δ 13C | δ 15N | C/N |
|---|---|---|---|---|---|---|
| -238 | -175 / -302 | -107 / -376 | -226 | -22.7 | | |

**Registro arqueológico**

Sala 1. Nivel I. Cuadro 15 B. Semilla de Olea europaea.

**Estructura** Natural

**Significado arqueológico**

La datación indica la frecuentación de roedores en la Sala 1 casi un milenio después del cese en el uso del lugar como recinto de inhumación colectiva. La semilla datada fue aportada por alguno de estos animales (fase Càrritx III).

**Observaciones**

CLT: KIK-979.

**Bibliografía**

Lull et alii 1999: 366; Van Strydonck et alii 2001: 31.

| Yacimiento | Isla | Municipio | Exclusión |
|---|---|---|---|
| Cova des Càrritx | Menorca | Ciutadella | ☐ |

| Código laboratorio | Valor ap(BP) | Valor ane(BC) | ± | Muestra |
|---|---|---|---|---|
| Hd-20011 | 1377 | -573 | 47 | Coprolito |

| cal ANE m | cal ANE 1s | cal ANE 2s | cal ANE dir | δ 13C | δ 15N | C/N |
|---|---|---|---|---|---|---|
| -656 | -631 / -682 | -595 / -715 | -659 | | | |

**Registro arqueológico**

Sala 1. Cuadro 15B. Coprolitos de ovicáprido.

**Estructura** Natural

**Significado arqueológico**

La datación indica la intrusión en la Sala 1 por parte de ovicápridos de época altomedieval (fase Càrritx III).

**Observaciones**

**Bibliografía**

Lull et alii 1999: 366.

**Yacimiento** Cova des Moro

Los depósitos estratigráficos documentados en esta cavidad se hallaban fuertemente alterados. Pese a ello, los hallazgos fueron relativamente abundantes y permitieron la propuesta de una secuencia habitacional estructurada en cinco fases: frecuentación inicial hasta 3000 BC, Calcolítico (ca. 2500-2000), un periodo de abandono (ca. 2000-1700/1600), Bronce Antiguo (ca. 1600-1400/1300) y Bronce Final/transición a la cultura talayótica (1400/1300-1100/1000).

Las seis dataciones realizadas ilustran de manera desigual esta fasificación. Las dos fechas más altas, Beta-162613 y UtC-6671, sitúan a dos especímenes de la fauna endémica en el XIII y el IX milenios cal ANE, respectivamente, sin conexión con rastros de presencia humana. Más tarde, una datación realizada a partir de carbón de un hogar (UtC-7877), otra a partir de hueso humano (UtC-7878) y una tercera a partir de huesos de fauna (Beta-155645) ponen de manifiesto diversas actividades en la cueva a lo largo de la segunda mitad del III milenio cal ANE. De hecho, todas ellas figuran entre las dataciones más antiguas relacionables con el inicio del asentamiento humano estable en Mallorca. Dos dataciones más sobre fauna (Beta-162165 y Beta-162619) podría testimoniar prácticas esporádicas llevadas a cabo a lo largo del II milenio cal ANE.

Referencias: Calvo, Guerrero y Salvà (2001b), Alcover (2004), Ramis, Santandreu y Carreras (2004 e.p.).

.

| Yacimiento | Isla | Municipio | Exclusión |
|---|---|---|---|
| Cova des Moro | Mallorca | Manacor | ☐ |

| Código laboratorio | Valor ap(BP) | Valor ane(BC) | ± | Muestra |
|---|---|---|---|---|
| Beta-162613 | 12250 | 10300 | 80 | Hueso Eliomys |

| cal ANE m | cal ANE 1s | cal ANE 2s | cal ANE dir | δ 13C | δ 15N | C/N |
|---|---|---|---|---|---|---|
| 12740 | 13294 / 12186 | 13483 / 12134 | 12269 | | | |

**Registro arqueológico**

Cueva natural. Hueso de Eliomys morpheus.

**Estructura** Natural

**Significado arqueológico**

Nulo. La datación se refiere a un taxón de fauna autóctona e indica un momento preholocénico, muy anterior al inicio de la presencia humana en Mallorca.

**Observaciones**

**Bibliografía**

Ramis, Santandreu y Carreras, 2004-e.p.; Alcover com. pers. 2004.

| Yacimiento | Isla | Municipio | Exclusión |
|---|---|---|---|
| Cova des Moro | Mallorca | Manacor | ☐ |

| Código laboratorio | Valor ap(BP) | Valor ane(BC) | ± | Muestra |
|---|---|---|---|---|
| UtC-6671 | 9410 | 7460 | 42 | Hueso Myotragus |

| cal ANE m | cal ANE 1s | cal ANE 2s | cal ANE dir | δ 13C | δ 15N | C/N |
|---|---|---|---|---|---|---|
| 8680 | 8748 / 8613 | 8778 / 8574 | 00, 8699, 8681, 8676, 86 | -20.8 | | |

**Registro arqueológico**

Cueva natural. Sin contexto. Cráneo de Myotragus balearicus con los cuernos roídos en "v".

**Estructura** Natural

**Significado arqueológico**

La datación muestra que el tipo de entalladuras en "V" documentadas en ciertas partes del esqueleto de los Myotragus se remonta antes del primer asentamiento humano en Mallorca. Ello apoyaría la afirmación de que tales entalladuras obedecen a una causalidad estrictamente zoológica, sin intervención de factores antrópicos.

**Observaciones**

**Bibliografía**

Ramis y Bover 2001: 267; Guerrero 2000a: 24.

| Yacimiento | Isla | Municipio | Exclusión |
|---|---|---|---|
| Cova des Moro | Mallorca | Manacor | ☐ |

| Código laboratorio | Valor ap(BP) | Valor ane(BC) | ± | Muestra |
|---|---|---|---|---|
| UtC-7877 | 3961 | 2011 | 42 | Carbón |

| cal ANE m | cal ANE 1s | cal ANE 2s | cal ANE dir | δ 13C | δ 15N | C/N |
|---|---|---|---|---|---|---|
| 2467 | 2491 / 2443 | 2580 / 2332 | 2471 | -24.8 | | |

**Registro arqueológico**

Cueva natural. Estructura de combustión nº 5. Muestra R4/R5. UE 3.

**Estructura** Cueva natural de habitación

**Significado arqueológico**

La datación indica un momento anterior, en una medida indeterminada aunque probablemente cercana, respecto al uso antrópico de la cueva testimoniado por la citada estructura de combustión.

**Observaciones**

Según Alcover (2004: tabla 4), la muestra procedería de la UE 106.

**Bibliografía**

Guerrero 2000a: 24; 2000b: 154; van den Borg 2001: 65; Alcover 2004: tabla 4.

| Yacimiento | Isla | Municipio | Exclusión |
|---|---|---|---|
| Cova des Moro | Mallorca | Manacor | ☐ |

| Código laboratorio | Valor ap(BP) | Valor ane(BC) | ± | Muestra |
|---|---|---|---|---|
| UtC-7878 | 3840 | 1890 | ± 60 | Hueso humano |

| cal ANE m | cal ANE 1s | cal ANE 2s | cal ANE dir | δ 13C | δ 15N | C/N |
|---|---|---|---|---|---|---|
| 2300 | 2410 / 2190 | 2471 / 2099 | 2290 | -19.5 | | |

**Registro arqueológico**

Cueva natural. Cráneo humano (CM95-6) de la sala inferior, hallado en posición secundaria (contexto detrítico).

**Estructura** Cueva natural de inhumación

**Significado arqueológico**

La datación indica el uso funerario de la cueva en un momento encuadrado en la segunda mitad del II milenio cal ANE.

**Observaciones**

Guerrero (2002: 154) indica que el resultado debería rebajarse en torno a un siglo, debido al efecto isotópico de una previsible dieta marina.

**Bibliografía**

Guerrero 2000a: 24; 2000b: 154; van der Borg 2001: 65.

| Yacimiento | Isla | Municipio | Exclusión |
|---|---|---|---|
| Cova des Moro | Mallorca | Manacor | ☐ |

| Código laboratorio | Valor ap(BP) | Valor ane(BC) | ± | Muestra |
|---|---|---|---|---|
| Beta-155645 | 3750 | 1800 | ± 40 | Hueso fauna doméstica |

| cal ANE m | cal ANE 1s | cal ANE 2s | cal ANE dir | δ 13C | δ 15N | C/N |
|---|---|---|---|---|---|---|
| 2162 | 2216 / 2108 | 2285 / 2021 | 2160 | | | |

**Registro arqueológico**

Cueva natural. UE 406 (mezclado). Mandíbula de cabra.

**Estructura** Cueva natural de habitación

**Significado arqueológico**

La datación puede ser indicadora de uno de los episodios de frecuentación humana de la cueva.

**Observaciones**

**Bibliografía**

Alcover et alii 2001: 34; Guerrero 2002: 216.

| Yacimiento | Isla | Municipio | Exclusión |
|---|---|---|---|
| Cova des Moro | Mallorca | Manacor | ☐ |

| Código laboratorio | Valor ap(BP) | Valor ane(BC) | ± | Muestra |
|---|---|---|---|---|
| Beta-162615 | 3420 | 1470 | 50 | Hueso fauna doméstica |

| cal ANE m | cal ANE 1s | cal ANE 2s | cal ANE dir | δ 13C | δ 15N | C/N |
|---|---|---|---|---|---|---|
| 1711 | 1763 / 1660 | 1873 / 1585 | 1715 | | | |

**Registro arqueológico**

Cueva natural. UE 106. Hueso de cabra.

**Estructura** Cueva natural de habitación

**Significado arqueológico**

La datación puede ser indicadora de uno de los episodios de frecuentación humana de la cueva.

**Observaciones**

**Bibliografía**

Alcover 2004: tabla 4; Ramis, Santandreu y Carreras, 2004-e.p.

| Yacimiento | Isla | Municipio | Exclusión |
|---|---|---|---|
| Cova des Moro | Mallorca | Manacor | ☐ |

| Código laboratorio | Valor ap(BP) | Valor ane(BC) | ± | Muestra |
|---|---|---|---|---|
| Beta-162619 | 2860 | 910 | 50 | Hueso fauna doméstica |

| cal ANE m | cal ANE 1s | cal ANE 2s | cal ANE dir | δ 13C | δ 15N | C/N |
|---|---|---|---|---|---|---|
| 1017 | 1087 / 948 | 1175 / 888 | 1014 | | | |

**Registro arqueológico**

Cueva natural. UE 406 (mezclado). Bóvido.

**Estructura** Cueva natural de habitación

**Significado arqueológico**

La datación puede ser indicadora de uno de los episodios de frecuentación humana de la cueva.

**Observaciones**

**Bibliografía**

Ramis, Santandreu y Carreras, 2004-e.p.; Alcover com. pers. 2004.

**Yacimiento** Cova des Mussol

La secuencia de ocupaciones registrada en esta cavidad ha sido dividida en cuatro fases. La primera (Mussol I) registró visitas de corta duración, probablemente de carácter ritual, centradas en el siglo XVI cal ANE. La datación Beta-110140, asociada al estrato III de la Sala 1, sitúa estas frecuentaciones iniciales en dicha temporalidad. Mussol II hace referencia al uso de espacios recónditos de la cueva como escenario de prácticas político-ideológicas a finales del II milenio cal ANE. Dos dataciones, Beta-110138 y Beta-110137, constituyen las balizas usadas para ubicarlas temporalmente. Las muestras de referencia proceden de sendas tallas de madera, una zooantropomorfa y otra antropomorfa, que suponen un hallazgo único en el panorama del Mediterráneo occidental (Micó 2004-e.p.). La tercera fase (Mussol III) se define a partir de la utilización de la Sala 1 como recinto funerario en torno a la transición entre el II y el I milenios cal ANE (datación Beta-110139). Resulta probable que coetáneamente algunos espacios interiores de la cueva recibieran ofrendas de objetos metálicos y de marfil. Por último, Mussol IV se expresa a partir de diferentes hallazgos dispersos que cabría datar en los siglos III y II arq ANE.

Referencias: Lull et alii (1999), Micó (2004, e.p.).

| Yacimiento | Isla | Municipio | Exclusión |
|---|---|---|---|
| Cova des Mussol | Menorca | Ciutadella | ☐ |

| Código laboratorio | Valor ap(BP) | Valor ane(BC) | ± | Muestra |
|---|---|---|---|---|
| Beta-110140 | 3290 | 1340 | 80 | Carbón |

| cal ANE m | cal ANE 1s | cal ANE 2s | cal ANE dir | δ 13C | δ 15N | C/N |
|---|---|---|---|---|---|---|
| 1574 | 1672 / 1476 | 1741 / 1386 | 1561 | -25 | | |

**Registro arqueológico**

Sala 1. Nivel III. Hogar.

**Estructura** Cueva natural de habitación

**Significado arqueológico**

La datación es indicativa de la primera fase de frecuentación antrópica de la cueva (fase Mussol I).

**Observaciones**

**Bibliografía**

Lull et alii 1999: 78.

| Yacimiento | Isla | Municipio | Exclusión |
|---|---|---|---|
| Cova des Mussol | Menorca | Ciutadella | ☐ |

| Código laboratorio | Valor ap(BP) | Valor ane(BC) | ± | Muestra |
|---|---|---|---|---|
| Beta-110138 | 3060 | 1110 | 50 | Madera |

| cal ANE m | cal ANE 1s | cal ANE 2s | cal ANE dir | δ 13C | δ 15N | C/N |
|---|---|---|---|---|---|---|
| 1329 | 1393 / 1256 | 1425 / 1166 | 1337 | -25.9 | | |

**Registro arqueológico**

Sala 3c. Talla zooantropomorfa (objeto VM-14a/15a). Olea europaea.

**Estructura** Cueva natural de habitación

**Significado arqueológico**

La datación es indicativa del uso de la cueva como lugar de prácticas político-ideológicas (fase Mussol II).

**Observaciones**

**Bibliografía**

Lull et alii 1999: 89.

| Yacimiento | Isla | Municipio | Exclusión |
|---|---|---|---|
| Cova des Mussol | Menorca | Ciutadella | ☐ |

| Código laboratorio | Valor ap(BP) | Valor ane(BC) | ± | Muestra |
|---|---|---|---|---|
| Beta-110137 | 2930 | 980 | 50 | Madera |

| cal ANE m | cal ANE 1s | cal ANE 2s | cal ANE dir | δ 13C | δ 15N | C/N |
|---|---|---|---|---|---|---|
| 1130 | 1225 / 1034 | 1296 / 966 | 1125 | -24.9 | | |

**Registro arqueológico**

Sala 3c. Busto antropomorfo (objeto VM-10a). Olea europaea.

**Estructura** Cueva natural de habitación

**Significado arqueológico**

La datación es indicativa del uso de la cueva como lugar de prácticas político-ideológicas (fase Mussol II).

**Observaciones**

**Bibliografía**

Lull et alii 1999: 89.

| Yacimiento | Isla | Municipio | Exclusión |
|---|---|---|---|
| Cova des Mussol | Menorca | Ciutadella | ☐ |

| Código laboratorio | Valor ap(BP) | Valor ane(BC) | ± | Muestra |
|---|---|---|---|---|
| Beta-110139 | 2850 | 900 | 50 | Hueso humano |

| cal ANE m | cal ANE 1s | cal ANE 2s | cal ANE dir | δ 13C | δ 15N | C/N |
|---|---|---|---|---|---|---|
| 1006 | 1075 / 936 | 1166 / 878 | 1003 | -22.9 | | |

**Registro arqueológico**

Sala 1. Inhumación de mujer sobre repisa rocosa natural.

**Estructura** Cueva natural de inhumación

**Significado arqueológico**

La datación indica el uso de la Sala 1 como recinto de inhumación colectiva (fase Mussol III).

**Observaciones**

**Bibliografía**

Lull et alii 1999: 116.

**Yacimiento** Cova des Myotragus

Las únicas referencias sobre este yacimiento se refieren al hallazgo de los restos faunísticos que le dieron el nombre.

.

| **Yacimiento** | **Isla** | **Municipio** | **Exclusión** |
|---|---|---|---|
| Cova des Myotragus | Menorca | Alaior | ☐ |

| **Código laboratorio** | **Valor ap(BP)** | **Valor ane(BC)** | ± | **Muestra** |
|---|---|---|---|---|
| Beta-177238 | 19480 | 17530 | 90 | Hueso Myotragus |

| **cal ANE m** | **cal ANE 1s** | **cal ANE 2s** | **cal ANE dir** | **δ 13C** | **δ 15N** | **C/N** |
|---|---|---|---|---|---|---|
| 21159 | 21544 / 20775 | 21972 / 20421 | 21147 | -20.6 | | |

**Registro arqueológico**

Tibia de Myotragus. Muestra MNIB 58428.

**Estructura** Natural

**Significado arqueológico**

Nulo, al no referirse la muestra a ninguna práctica social.

**Observaciones**

**Bibliografía**

Quintana et alii 2003: tabla 1.

**Yacimiento** Cova des Penyal Blanc

La única datación de este yacimiento nos informa sobre la presencia de Myotragus en el lugar a mediados del IV milenio cal ANE, en lo que hasta ahora constituye el testimonio fiable más reciente de la supervivencia de esta especie.

.

| Yacimiento | Isla | Municipio | Exclusión |
|---|---|---|---|
| Cova des Penyal Blanc | Cabrera | | ☐ |

| Código laboratorio | Valor ap(BP) | Valor ane(BC) | ± | Muestra |
|---|---|---|---|---|
| UtC-6517 | 4785 | 2835 | 40 | Hueso Myotragus |

| cal ANE m | cal ANE 1s | cal ANE 2s | cal ANE dir | δ 13C | δ 15N | C/N |
|---|---|---|---|---|---|---|
| 3586 | 3639 / 3534 | 3658 / 3510 | 3621 | | | |

**Registro arqueológico**

Contexto paleontológico.

**Estructura** Natural

**Significado arqueológico**

Nulo, al no vincularse a ningún contexto de prácticas sociales. Se trata de la datación válida más reciente disponible en la actualidad para ejemplares de Myotragus balearicus.

**Observaciones**

**Bibliografía**

Ramis y Alcover 2001: 267.

**Yacimiento** Cova des Tancats

Las cuatro dataciones disponibles para este yacimiento ilustran una problemática por desgracia demasiado frecuente en la arqueología insular: contextos estratigráficos poco definidos y deficientemente documentados, y dataciones radiocarbónicas cuyo sentido o finalidad se revela infructuoso. La datación más alta de la serie, UtC-3840, procede de huesos de Myotragus hallados en la superficie de un recinto en cueva. El resultado se sitúa a mediados del X milenio cal ANE. Le sigue una datación obtenida a partir de una muestra de carbón del nivel I (UtC-4152), donde al parecer se daba la asociación entre cerámicas y huesos de Myotragus. El resultado se sitúa en los siglos VIII y VI cal ANE, a todas luces un escenario demasiado reciente como para hacer creíble dicha convivencia. Por si fuera poco, otras dos dataciones más, UtC-4151 y UtC-4740, realizadas a partir de sendas muestras de carbón procedentes de niveles ubicados por encima y por debajo del anterior, ofrecen cronologías extremadamente recientes (siglos XIV-XVI cal DNE).

En suma, todo hace sospechar que el depósito de la Cova des Tancats se hallaba seriamente alterado. En tales condiciones, la toma de muestras para su datación difícilmente hará avanzar el conocimiento de forma fiable.

.

| Yacimiento | Isla | Municipio | Exclusión |
|---|---|---|---|
| Cova des Tancats | Menorca | Ciutadella | ☐ |

| Código laboratorio | Valor ap(BP) | Valor ane(BC) | ± | Muestra |
|---|---|---|---|---|
| UtC-3740 | 10020 | 8070 | 50 | Hueso Myotragus |

| cal ANE m | cal ANE 1s | cal ANE 2s | cal ANE dir | δ 13C | δ 15N | C/N |
|---|---|---|---|---|---|---|
| 9498 | 9642 / 9355 | 9992 / 9312 | 9428 | -24.2 | | |

**Registro arqueológico**

Cueva natural. Cámara en la entrada. Superficial.

**Estructura** Natural

**Significado arqueológico**

Nula. La datación indica un momento muy anterior a la primera ocupación humana de Menorca.

**Observaciones**

CLT: KIK-398.

**Bibliografía**

Van Strydonck et alii 1998: 30; Mestres y de Nicolás 1999: apéndice.

| Yacimiento | Isla | Municipio | Exclusión |
|---|---|---|---|
| Cova des Tancats | Menorca | Ciutadella | ☐ |

| Código laboratorio | Valor ap(BP) | Valor ane(BC) | ± | Muestra |
|---|---|---|---|---|
| UtC-4152 | 2495 | 545 | 40 | Carbón |

| cal ANE m | cal ANE 1s | cal ANE 2s | cal ANE dir | δ 13C | δ 15N | C/N |
|---|---|---|---|---|---|---|
| 644 | 770 / 519 | 787 / 433 | 753, 613, 578 | -23.4 | | |

**Registro arqueológico**

Cueva natural. Primer nivel bajo nivel de la entrada.

**Estructura** Indeterminada

**Significado arqueológico**

El contexto de procedencia de la muestra incluía la presencia de cerámica y restos de Myotragus. Sin embargo, no se dan las suficientes garantías estratigráficas para validar esta asociación. En este sentido, el resultado de la datación carece de referentes claros al cual referirse.

**Observaciones**

CLT: KIK-517.

**Bibliografía**

Van Strydonck et alii 1998: 30; Mestres y de Nicolás 1999: apéndice.

| Yacimiento | Isla | Municipio | Exclusión |
|---|---|---|---|
| Cova des Tancats | Menorca | Ciutadella | ☐ |

| Código laboratorio | Valor ap(BP) | Valor ane(BC) | ± | Muestra |
|---|---|---|---|---|
| UtC-4151 | 575 | -1375 | 40 | Carbón |

| cal ANE m | cal ANE 1s | cal ANE 2s | cal ANE dir | δ 13C | δ 15N | C/N |
|---|---|---|---|---|---|---|
| -1372 | -1328 / -1415 | -1298 / -1424 | -1403 | -24.4 | | |

**Registro arqueológico**

Cueva natural. Segundo nivel bajo nivel de la entrada. Conglomerado de carbón en la superficie del suelo de la cueva.

**Estructura** Indeterminada

**Significado arqueológico**

El resultado no se correlaciona con la pretendida posición estratigráfica de la muestra. El resultado es muy poco fiable.

**Observaciones**

CLT: KIK-515.

**Bibliografía**

Van Strydonck et alii 1998: 30; Mestres y de Nicolás 1999: apéndice.

| Yacimiento | Isla | Municipio | Exclusión |
|---|---|---|---|
| Cova des Tancats | Menorca | Ciutadella | ☐ |

| Código laboratorio | Valor ap(BP) | Valor ane(BC) | ± | Muestra |
|---|---|---|---|---|
| UtC-4740 | 320 | -1630 | 25 | Carbón |

| cal ANE m | cal ANE 1s | cal ANE 2s | cal ANE dir | δ 13C | δ 15N | C/N |
|---|---|---|---|---|---|---|
| -1570 | -1502 / -1638 | -1482 / -1647 | -1524, -1561, -1628 | -24.4 | | |

**Registro arqueológico**

Cueva natural. Nivel más profundo de la cueva, en contacto con el área en que se excavó la arcilla.

**Estructura** Indeterminada

**Significado arqueológico**

El resultado no se correlaciona con la pretendida posición estratigráfica de la muestra. El resultado es muy poco fiable.

**Observaciones**

CLT: KIK-596.

**Bibliografía**

Van Strydonck et alii 1998: 31; Mestres y de Nicolás 1999: apéndice.

**Yacimiento** Cova dets Alexandres

Por lo que sabemos, la datación se refiere a un contexto estrictamente ecológico. En ausencia de datos complementarios, su relevancia para la arqueología es nula.

.

| Yacimiento | Isla | Municipio | Exclusión |
|---|---|---|---|
| Cova dets Alexandres | Mallorca | Escorca | ☑ |

| Código laboratorio | Valor ap(BP) | Valor ane(BC) | ± | Muestra |
|---|---|---|---|---|
| P-2705 | 4070 | 2120 | 250 | Carbón |

| cal ANE m | cal ANE 1s | cal ANE 2s | cal ANE dir | δ 13C | δ 15N | C/N |
|---|---|---|---|---|---|---|
| | | | | | | |

**Registro arqueológico**

Nivel a una cota de z = - 60 a -70 cm, de un sondeo de 6 m de profundidad.

**Estructura** Natural

**Significado arqueológico**

Nulo. Al parecer, la datación se relaciona con un contexto exclusivamente geológico.

**Observaciones**

Excluida por desviación tipo muy elevada (+1980 y - 1600). 13Cw = +17,8±0,46 por mil.

**Bibliografía**

Meulengracht, McGovern y Lawn 1981: 239.

**Yacimiento** Cova Estreta

Este yacimiento paleontológico ha proporcionado algunas pruebas relevantes contra los argumentos que defendían una colonización temprana de Mallorca por parte de poblaciones humanas que ensayaron la domesticación de Myotragus. En Cova Estreta se han documentado horquillas en forma de "v" sobre huesos de esta especie, así como acumulaciones de coprolitos (recordemos, elementos ambos esgrimidos por Waldren como efecto de prácticas de estabulación), sin que sea posible conectar tales evidencias con ningún tipo de acción antrópica.

Las dos dataciones radiocarbónicas de Cova Estreta se efectuaron a partir de muestras de Hypnomis y de Myotragus y sus resultados se sitúan entre mediados del VI y mediados del V milenios cal ANE. Como veremos más adelante, esta temporalidad resulta bastante anterior a las primeras evidencias seguras de un poblamiento humano estable en Mallorca.

Referencias: Alcover et alii (1999, 2001), Ramis y Bover (2001).

.

| **Yacimiento** | **Isla** | **Municipio** | **Exclusión** |
|---|---|---|---|
| Cova Estreta | Mallorca | Pollença | ☐ |

| **Código laboratorio** | **Valor ap(BP)** | **Valor ane(BC)** | ± | **Muestra** |
|---|---|---|---|---|
| UtC-5175 | 6357 | 4407 | 44 | Hueso Hypnomis |

| **cal ANE m** | **cal ANE 1s** | **cal ANE 2s** | **cal ANE dir** | **δ 13C** | **δ 15N** | **C/N** |
|---|---|---|---|---|---|---|
| 5326 | 5360 / 5292 | 5441 / 5254 | 5333 | | | |

**Registro arqueológico**

Cueva natural. Huesos de Hypnomis morpheus asociados a coprolitos de Myotragus balearicus.

**Estructura** Natural

**Significado arqueológico**

Nulo. La datación corresponde a un contexto sin restos de actividad antrópica. Data un especimen correspondiente a la fauna autóctona prehumana de Mallorca.

**Observaciones**

**Bibliografía**

Alcover et alii 1999; Guerrero 2000a: 24; 2000b: 141.

| Yacimiento | Isla | Municipio | Exclusión |
|---|---|---|---|
| Cova Estreta | Mallorca | Pollença | ☐ |

| Código laboratorio | Valor ap(BP) | Valor ane(BC) | ± | Muestra |
|---|---|---|---|---|
| UtC-5171 | 5720 | 3770 | 60 | Hueso Myotragus |

| cal ANE m | cal ANE 1s | cal ANE 2s | cal ANE dir | δ 13C | δ 15N | C/N |
|---|---|---|---|---|---|---|
| 4564 | 4637 / 4490 | 4727 / 4414 | 4542 | -21 | | |

**Registro arqueológico**

Cueva natural. Fémur de Myotragus balearicus.

**Estructura** Natural

**Significado arqueológico**

Nulo. La datación corresponde a un contexto sin restos de actividad antrópica. Data un especimen correspondiente a la fauna autóctona prehumana de Mallorca.

**Observaciones**

**Bibliografía**

Alcover et alii 1999; Ramis y Bover 2001: 265; Guerrero 2000a: 24.

**Yacimiento** Cova Gregòria

Disponemos de tan pocos datos en relación a las cavidades funerarias designadas con "A" y "B", que efectuar cualquier valoración a partir de la estricta evidencia radiocarbónica resulta prematuro. Sólo nos resta confiar en que una investigación rigurosa aporte el marco adecuado en el cual interpretar la actual serie de dataciones y otras que puedan efectuarse en el futuro.

| Yacimiento | Isla | Municipio | Exclusión |
|---|---|---|---|
| Cova Gregòria | Mallorca | Valldemossa | ☐ |

| Código laboratorio | Valor ap(BP) | Valor ane(BC) | ± | Muestra |
|---|---|---|---|---|
| KIA-23406 | 3115 | 1165 | 30 | Hueso humano |

| cal ANE m | cal ANE 1s | cal ANE 2s | cal ANE dir | δ 13C | δ 15N | C/N |
|---|---|---|---|---|---|---|
| 1398 | 1418 / 1378 | 1434 / 1298 | 1401 | -18.83 | 9.12 | |

**Registro arqueológico**

Cueva B. Inhumación colectiva. Hueso pequeño de extremidades hallado en superficie. Recogido por M. Van Strydonck.

**Estructura** Cueva natural de inhumación

**Significado arqueológico**

Las confusas circunstancias de la toma de la muestra y la ambigüedad y escasez de las informaciones contextuales desaconsejan cualquier pronunciamiento por ahora.

**Observaciones**

Delta 13Ccarb: -9,43 por mil.

**Bibliografía**

Van Strydonck et alii 2004, e.p.: tabla 1.

| Yacimiento | Isla | Municipio | Exclusión |
|---|---|---|---|
| Cova Gregòria | Mallorca | Valldemossa | ☐ |

| Código laboratorio | Valor ap(BP) | Valor ane(BC) | ± | Muestra |
|---|---|---|---|---|
| KIA-23137 | 2620 | 670 | 35 | Hueso humano |

| cal ANE m | cal ANE 1s | cal ANE 2s | cal ANE dir | δ 13C | δ 15N | C/N |
|---|---|---|---|---|---|---|
| 803 | 819 / 788 | 832 / 773 | 803 | -18.79 | 10.17 | |

**Registro arqueológico**

Cueva A. Inhumación colectiva. Fémur humano recogido por M. Davies. Muestra SFO.CG.R1.

**Estructura** Cueva natural de inhumación

**Significado arqueológico**

Las confusas circunstancias de la toma de la muestra y la ambigüedad y escasez de las informaciones contextuales desaconsejan cualquier pronunciamiento por ahora.

**Observaciones**

Delta 13Ccarb: -10,82 por mil.

**Bibliografía**

Van Strydonck et alii 2004, e.p.: tabla 1.

| Yacimiento | Isla | Municipio | Exclusión |
|---|---|---|---|
| Cova Gregòria | Mallorca | Valldemossa | ☐ |

| Código laboratorio | Valor ap(BP) | Valor ane(BC) | ± | Muestra |
|---|---|---|---|---|
| KIA-23134 | 2585 | 635 | 30 | Hueso humano |

| cal ANE m | cal ANE 1s | cal ANE 2s | cal ANE dir | δ 13C | δ 15N | C/N |
|---|---|---|---|---|---|---|
| 791 | 805 / 777 | 815 / 766 | 789 | -18.75 | 9.72 | |

**Registro arqueológico**

Cueva A. Inhumación colectiva. Fémur humano recogido por M. Davies. Muestra SFO.CG.L2.

**Estructura** Cueva natural de inhumación

**Significado arqueológico**

Las confusas circunstancias de la toma de la muestra y la ambigüedad y escasez de las informaciones contextuales desaconsejan cualquier pronunciamiento por ahora.

**Observaciones**

Delta 13Ccarb: -10,57 por mil.

**Bibliografía**

Van Strydonck et alii 2004, e.p.: tabla 1.

| Yacimiento | Isla | Municipio | Exclusión |
|---|---|---|---|
| Cova Gregòria | Mallorca | Valldemossa | ☐ |

| Código laboratorio | Valor ap(BP) | Valor ane(BC) | ± | Muestra |
|---|---|---|---|---|
| KIA-23133 | 2520 | 570 | 30 | Hueso humano |

| cal ANE m | cal ANE 1s | cal ANE 2s | cal ANE dir | δ 13C | δ 15N | C/N |
|---|---|---|---|---|---|---|
| 671 | 777 / 566 | 790 / 525 | 767 | -18.76 | 9.91 | |

**Registro arqueológico**

Cueva A. Inhumación colectiva. Fémur humano recogido por M. Davies. Muestra SFO.CG.L3.

**Estructura** Cueva natural de inhumación

**Significado arqueológico**

Las confusas circunstancias de la toma de la muestra y la ambigüedad y escasez de las informaciones contextuales desaconsejan cualquier pronunciamiento por ahora.

**Observaciones**

Delta 13Ccarb: -9,28 por mil.

**Bibliografía**

Van Strydonck et alii 2004, e.p.: tabla 1.

| Yacimiento | Isla | Municipio | Exclusión |
|---|---|---|---|
| Cova Gregòria | Mallorca | Valldemossa | ☐ |

| Código laboratorio | Valor ap(BP) | Valor ane(BC) | ± | Muestra |
|---|---|---|---|---|
| KIA-23135 | 2510 | 560 | 30 | Hueso humano |

| cal ANE m | cal ANE 1s | cal ANE 2s | cal ANE dir | δ 13C | δ 15N | C/N |
|---|---|---|---|---|---|---|
| 661 | 774 / 549 | 786 / 514 | 763 | -18.77 | 9.29 | |

**Registro arqueológico**

Cueva A. Inhumación colectiva. Fémur humano recogido por M. Davies. Muestra SFO.CG.R5.

**Estructura** Cueva natural de inhumación

**Significado arqueológico**

Las confusas circunstancias de la toma de la muestra y la ambigüedad y escasez de las informaciones contextuales desaconsejan cualquier pronunciamiento por ahora.

**Observaciones**

**Bibliografía**

Van Strydonck et alii 2004, e.p.: tabla 1.

| Yacimiento | Isla | Municipio | Exclusión |
|---|---|---|---|
| Cova Gregòria | Mallorca | Valldemossa | ☐ |

| Código laboratorio | Valor ap(BP) | Valor ane(BC) | ± | Muestra |
|---|---|---|---|---|
| KIA-23136 | 2460 | 510 | 30 | Hueso humano |

| cal ANE m | cal ANE 1s | cal ANE 2s | cal ANE dir | δ 13C | δ 15N | C/N |
|---|---|---|---|---|---|---|
| 596 | 758 / 434 | 769 / 417 | 734, 713, 530 | -18.79 | 10.14 | |

**Registro arqueológico**

Cueva A. Inhumación colectiva. Fémur humano recogido por M. Davies. Muestra SFO.CG.R4.

**Estructura** Cueva natural de inhumación

**Significado arqueológico**

Las confusas circunstancias de la toma de la muestra y la ambigüedad y escasez de las informaciones contextuales desaconsejan cualquier pronunciamiento por ahora.

**Observaciones**

Delta 13Ccarb: -11,23 por mil.

**Bibliografía**

Van Strydonck et alii 2004, e.p.: tabla 1.

**Yacimiento** Coval Simó

Las excavaciones en este abrigo rocoso de la Sierra de Tramuntana han permitido documentar una amplia secuencia estratigráfica que ha sido sintetizada en seis horizontes culturales:

1. Horizonte preantrópico.
2. Horizonte antrópico de cerámicas lisas.
3. Horizonte calcolítico de cerámicas incisas.
4. Horizonte de la edad del Hierro.
5. Horizonte medieval.
6. Horizontes modernos y contemporáneos.

El "Horizonte antrópico de cerámicas lisas" interesa especialmente a la caracterización del primer poblamiento en Mallorca. Está representado en las unidades estratigráficas 7, 23 y 28 y ha proporcionado el hallazgo de cuencos, vasos troncocónicos y un fragmento de un recipiente toneliforme. Es de destacar la ausencia de huesos de Myotragus. Por desgracia, todavía no se dispone de ninguna datación radiocarbónica asociada a este conjunto de materiales, que consideramos de gran interés en el panorama actual de la investigación.

En cambio, se dispone de tres dataciones asociadas al horizonte siguiente con presencia de cerámicas incisas (Beta-154196, KIA-15726 y KIA-14323). Éstas corresponden a la UE35, a la UE33 situada sobre la anterior y a la UE64. En conjunto, limitan un rango que cubre los dos últimos siglos del III milenio cal ANE.

Además, otras dos dataciones (KIA-15727 y KIA-17391) se asociarían a una nueva facies inmediatamente posterior. Dicha facies se caracteriza por la presencia de cerámicas globulares de borde indicado y vasos Horguen con paralelos en el nivel B de Ca Na Cotxera. Según los resultados de ambas dataciones, habría que ubicarla principalmente en el siglo XVIII cal ANE.

Sobre las restantes dos dataciones de la serie, sólo cabe señalar que KIA-15725 corresponde a los horizontes históricos recientes, y que KIA-14324 ha sido excluida por problemas de contaminación en la muestra.

Referencias: Coll (2000, 2001).

| Yacimiento | Isla | Municipio | Exclusión |
|---|---|---|---|
| Coval Simó | Mallorca | Escorca | ☐ |

| Código laboratorio | Valor ap(BP) | Valor ane(BC) | ± | Muestra |
|---|---|---|---|---|
| Beta-154196 | 3760 | 1810 | 40 | Hueso fauna doméstica |

| cal ANE m | cal ANE 1s | cal ANE 2s | cal ANE dir | δ 13C | δ 15N | C/N |
|---|---|---|---|---|---|---|
| 2172 | 2228 / 2117 | 2298 / 2035 | 2171 | | | |

**Registro arqueológico**

Cueva natural. Sector G8. UE35. M1 o M2 izquierdo de ovicáprido (muestra: MNIB 80508).

**Estructura** Cueva natural de habitación

**Significado arqueológico**

La datación indica la ocupación humana de la cueva a finales del III milenio cal ANE, en el llamado "Horizonte calcolítico de cerámicas incisas".

**Observaciones**

**Bibliografía**

Coll 2001: 165.

| Yacimiento | Isla | Municipio | Exclusión |
|---|---|---|---|
| Coval Simó | Mallorca | Escorca | ☐ |

| Código laboratorio | Valor ap(BP) | Valor ane(BC) | ± | Muestra |
|---|---|---|---|---|
| KIA-15726 | 3740 | 1790 | 30 | Hueso fauna doméstica |

| cal ANE m | cal ANE 1s | cal ANE 2s | cal ANE dir | δ 13C | δ 15N | C/N |
|---|---|---|---|---|---|---|
| 2132 | 2195 / 2069 | 2219 / 2034 | 2139 | -17.9 | | 3 |

**Registro arqueológico**

Cueva natural. UE-64/F-7. Molar de ovicáprido.

**Estructura** Cueva natural de habitación

**Significado arqueológico**

La datación indica la ocupación humana de la cueva a finales del III milenio cal ANE, en el llamado "Horizonte calcolítico de cerámicas incisas".

**Observaciones**

CLT: KIK-2054.

**Bibliografía**

Guerrero 2002a: 216; Van Strydonck et alii 2002: 48.

| Yacimiento | Isla | Municipio | Exclusión |
|---|---|---|---|
| Coval Simó | Mallorca | Escorca | ☐ |

| Código laboratorio | Valor ap(BP) | Valor ane(BC) | ± | Muestra |
|---|---|---|---|---|
| KIA-14323 | 3670 | 1720 | 30 | Hueso fauna doméstica |

| cal ANE m | cal ANE 1s | cal ANE 2s | cal ANE dir | δ 13C | δ 15N | C/N |
|---|---|---|---|---|---|---|
| 2057 | 2117 / 1997 | 2134 / 1954 | 2030 | -22.8 | 5.3 | 2.79 |

**Registro arqueológico**

Cueva natural. Sector G8. UE33. G8. Interior de hogar. Diáfisis tibia izquierda de ovicáprido (muestra: MNIB 66498).

**Estructura** Cueva natural de habitación

**Significado arqueológico**

La datación indica la ocupación humana de la cueva a finales del III milenio cal ANE, en el llamado "Horizonte calcolítico de cerámicas incisas".

**Observaciones**

En Van Strydonck et alii (2004, e.p.: tabla 1) se publica un valor delta 13C de -21,61 por mil. CLT: KIK-1892.

**Bibliografía**

Coll 2001: 165; Van Strydonck et alii 2002: 48, 2004, e.p.: tabla 1.

| Yacimiento | Isla | Municipio | Exclusión |
|---|---|---|---|
| Coval Simó | Mallorca | Escorca | ☐ |

| Código laboratorio | Valor ap(BP) | Valor ane(BC) | ± | Muestra |
|---|---|---|---|---|
| KIA-15727 | 3470 | 1520 | 30 | Hueso fauna doméstica |

| cal ANE m | cal ANE 1s | cal ANE 2s | cal ANE dir | δ 13C | δ 15N | C/N |
|---|---|---|---|---|---|---|
| 1794 | 1858 / 1731 | 1891 / 1702 | 1757 | -21.1 | | |

**Registro arqueológico**

Cueva natural. UE66/F7. Falange de fauna.

**Estructura** Cueva natural de habitación

**Significado arqueológico**

La datación puede situar cronológicamente una facies cerámica paralelizada con el nivel B de Ca Na Cotxera y situada estratigráficamente por encima del horizonte de cerámicas incisas.

**Observaciones**

CLT: KIK-2055.

**Bibliografía**

Van Strydonck et alii 2002: 48.

**Yacimiento** Coval Simó | **Isla** Mallorca | **Municipio** Escorca | **Exclusión** ☐

**Código laboratorio** KIA-17391 | **Valor ap(BP)** 3435 | **Valor ane(BC)** 1485 ± 25 | **Muestra** Hueso fauna doméstica

| cal ANE m | cal ANE 1s | cal ANE 2s | cal ANE dir | δ 13C | δ 15N | C/N |
|---|---|---|---|---|---|---|
| 1727 | 1755 / 1699 | 1774 / 1676 | 1735 | -20.7 | | 2.69 |

**Registro arqueológico**

Cueva natural. UE48/CS-5. Hueso de ovicáprido.

**Estructura** Cueva natural de habitación

**Significado arqueológico**

La datación puede situar cronológicamente una facies cerámica paralelizada con el nivel B de Ca Na Cotxera y situada estratigráficamente por encima del horizonte de cerámicas incisas.

**Observaciones**

CLT: KIK-2204.

**Bibliografía**

Van Strydonck et alii 2002: 48.

---

**Yacimiento** Coval Simó | **Isla** Mallorca | **Municipio** Escorca | **Exclusión** ☑

**Código laboratorio** KIA-14324 | **Valor ap(BP)** 955 | **Valor ane(BC)** -995 ± 40 | **Muestra** Hueso fauna doméstica

| cal ANE m | cal ANE 1s | cal ANE 2s | cal ANE dir | δ 13C | δ 15N | C/N |
|---|---|---|---|---|---|---|
| | | | | -22.8 | | 6.95 |

**Registro arqueológico**

Cueva natural. Sector F9. UE35. F9. Fragmento del extremo proximal de metacarpo derecho de Capra hircus (muestra: MNIB 66500).

**Estructura** Cueva natural de habitación

**Significado arqueológico**

Nulo, al tratarse de una muestra contaminada, cuyo resultado es equívoco.

**Observaciones**

Excluida por bajo porcentaje de colágeno (menor del 10%). Desaconsejada por M. Van Strydonck en Coll (2001: 165 y 2002: 48). CLT: KIK-1893.

**Bibliografía**

Coll 2001: 165; Van Strydonck et alii 2002: 48.

| Yacimiento | Isla | Municipio | Exclusión |
|---|---|---|---|
| Coval Simó | Mallorca | Escorca | ☐ |

| Código laboratorio | Valor ap(BP) | Valor ane(BC) | ± | Muestra |
|---|---|---|---|---|
| KIA-15725 | 370 | -1580 | 25 | Hueso fauna doméstica |

| cal ANE m | cal ANE 1s | cal ANE 2s | cal ANE dir | δ 13C | δ 15N | C/N |
|---|---|---|---|---|---|---|
| 1537 | -1468 / -1607 | -1448 / -1628 | -1485 | -22.8 | | 2.79 |

**Registro arqueológico**

Cueva natural. Sector G8. UE48/F7. Molar.

**Estructura** Indeterminada

**Significado arqueológico**

Probablemente corresponda a los horizontes históricos de época reciente documentados en los estratos superiores del yacimiento.

**Observaciones**

CLT: KIK-2053.

**Bibliografía**

Van Strydonck et alii 2002: 48.

**Yacimiento** Coves d´Addaia

Como en otras ocasiones, una muestra descontextualizada procedente de la terrera de una excavación clandestina se limita a aportar un dato puntual. En este caso, la única datación de esta necrópolis de cuevas e hipogeos informa de la práctica de enterramientos en época reciente, en torno al cambio de era.

Referencias: Mestres y de Nicolás (1999).

**Yacimiento** Coves d´Addaia
**Isla** Menorca
**Municipio** Es Mercadal
**Exclusión** ☐

| Código laboratorio | Valor ap(BP) | Valor ane(BC) | ± | Muestra |
|---|---|---|---|---|
| UBAR-430 | 2040 | 90 | 110 | Hueso humano |

| cal ANE m | cal ANE 1s | cal ANE 2s | cal ANE dir | δ 13C | δ 15N | C/N |
|---|---|---|---|---|---|---|
| 42 | 181 / -97 | 329 / -194 | 48 | | | |

**Registro arqueológico**
Hipogeo. Muestra procedente de sedimentos removidos por una excavación clandestina.

**Estructura** Varia funerario

**Significado arqueológico**
La datación puede referirse genéricamente al uso de hipogeos en el marco del abanico de prácticas funerarias típicas de momentos tardíos de la secuencia prehistórica.

**Observaciones**

**Bibliografía**
Mestres y de Nicolás 1999: apéndice.

**Yacimiento** Es Figueral de Son Real

El asentamiento de Es Figueral de Son Real está formado por un conjunto de edificaciones de planta absidal densamente agrupadas y dispuestas en torno a una construcción central situada sobre una plataforma elevada. Las excavaciones realizadas en los años sesenta permitieron definir tres fases prehistóricas:
·Fase 1. Adaptación de la duna de arenisca para obtener una amplia plataforma donde cimentar la cámara elevada.
·Fase 2. Construcción del nivel inferior de los grupos de edificios absidales, los cuales pueden ser contemporáneos, aunque las cámaras más alejadas del monumento central serían algo posteriores a las más próximas.
·Fase 3. Edificación del monumento de doble ábside situado al este.

Las dos fechas radiocarbónicas de cronología prehistórica disponibles para este yacimiento proceden de la estratigrafía documentada en el sector absidal de la cámara elevada. Ambas se adscriben al "nivel intermedio" (estratos II y III), caracterizado por la abundancia de cenizas y carbones, que supondría el abandono "talayótico". La muestra Y-1856 procedía del estrato III, mientras que Y-1857 se extrajo de una escombrera situada en la parte posterior de un muro curvo que sirvió para reacondicionar la cámara elevada en un momento avanzado de su utilización. Ambas dataciones son casi idénticas y corresponden a muestras de vida larga que pueden ser interpretadas como procedentes de materiales leñosos utilizados en la construcción o acondicionamiento de este espacio. Las dos presentan sus valores centrales en pleno siglo XII cal ANE. Pese a la incertidumbre inherente al carácter de las muestras, cabe sugerir que la ocupación a que hacen referencia podría situarse en los últimos dos siglos del II milenio cal ANE e incluso inicios del I milenio cal ANE. Conviene señalar que el asentamiento pudo tener una ocupación previa, testimoniada por los estratos IV y V en el ábside de la cámara, para la que no se dispone de ninguna datación absoluta.

La serie radiocarbónica del yacimiento cuenta con una tercera datación, Y-1858, que hay que vincular con los restos de una ocupación de época islámica sobre los restos del depósito prehistórico.

Referencias: Rosselló Bordoy y Camps Coll (1972), Pons Homar (1999).

| **Yacimiento** | **Isla** | **Municipio** | **Exclusión** |
|---|---|---|---|
| Es Figueral de Son Real | Mallorca | Santa Margalida | ☐ |

| **Código laboratorio** | **Valor ap(BP)** | **Valor ane(BC)** | ± | **Muestra** |
|---|---|---|---|---|
| Y-1856 | 2960 | 1010 | 80 | Carbón |

| **cal ANE m** | **cal ANE 1s** | **cal ANE 2s** | **cal ANE dir** | **δ13C** | **δ15N** | **C/N** |
|---|---|---|---|---|---|---|
| 1180 | 1314 / 1046 | 1382 / 932 | 1184 | | | |

**Registro arqueológico**

Estructura naviforme sobre monumento elevado central. Estrato III. Incendio. Peso de la muestra = 60 g.

**Estructura** Hábitat en piedra

**Significado arqueológico**

La datación puede referirse genéricamente a la construcción/uso de la estructura pseudonaviforme central del área excavada.

**Observaciones**

Rosselló Bordoy (1973: 188) publica una desviación tipo de ±120.

**Bibliografía**

Rosselló Bordoy, Waldren y Kopper 1967: 7; Waldren y Kopper 1967: 52; Stuiver 1969: 637; Rosselló y Camps 1972: 134.

| Yacimiento | Isla | Municipio | Exclusión |
|---|---|---|---|
| Es Figueral de Son Real | Mallorca | Santa Margalida | ☐ |

| Código laboratorio | Valor ap(BP) | Valor ane(BC) | ± | Muestra |
|---|---|---|---|---|
| Y-1857 | 2920 | 970 | ± 80 | Carbón |

| cal ANE m | cal ANE 1s | cal ANE 2s | cal ANE dir | δ 13C | δ 15N | C/N |
|---|---|---|---|---|---|---|
| 1115 | 1250 / 980 | 1355 / 891 | 1108 | | | |

**Registro arqueológico**

Estructura naviforme sobre monumento elevado central. Escombrera en muro curvo que reacondiciona el naviforme. Peso de la muestra = 60 g.

**Estructura** Hábitat en piedra

**Significado arqueológico**

La datación puede referirse genéricamente a la construcción/uso de la estructura pseudonaviforme central del área excavada.

**Observaciones**

Rosselló Bordoy,Waldren y Kopper (1967: 7), Rosselló y Camps (1972: 134), entre muchos otros, han publicado y utilizado esta datación con el valor 1050±120 ane.

**Bibliografía**

Rosselló Bordoy, Waldren y Kopper 1967: 7; Stuiver 1969: 637; Rosselló y Camps 1972: 134; Fernández-Miranda 1978: 328; Fernández-Miranda y Waldren 1979: 364.

| Yacimiento | Isla | Municipio | Exclusión |
|---|---|---|---|
| Es Figueral de Son Real | Mallorca | Santa Margalida | ☐ |

| Código laboratorio | Valor ap(BP) | Valor ane(BC) | ± | Muestra |
|---|---|---|---|---|
| Y-1858 | 990 | -960 | ± 80 | Carbón |

| cal ANE m | cal ANE 1s | cal ANE 2s | cal ANE dir | δ 13C | δ 15N | C/N |
|---|---|---|---|---|---|---|
| -1054 | -966 / -1141 | -901 / -1223 | -1013 | | | |

**Registro arqueológico**

Complejo norte. Hogar en el sector de la plataforma elevada. Peso de la muestra = 60 g.

**Estructura** Asentamiento histórico

**Significado arqueológico**

La datación se corresponde con la cronología esperada de los materiales asociados al hogar de donde procede la muestra (cerámica musulmana y un atizador de hierro).

**Observaciones**

**Bibliografía**

Rosselló Bordoy, Waldren y Kopper 1967: 8; Waldren y Kopper 1967: 58-59; Stuiver 1969: 637.

**Yacimiento** Es Forat de ses Aritges

La serie de seis dataciones radiocarbónicas se planeó con la finalidad definir la duración de esta cavidad natural con cierre ciclópeo como recinto de inhumación colectiva. Todas las muestras datadas corresponden a huesos humanos de individuos diferentes, procedentes de una única fase de deposición funeraria que sumó alrededor de un centenar de individuos. El intervalo demarcado por la serie comprende aproximadamente entre 1400 y 1000 cal ANE. Junto con la Cova des Càrritx, Es Forat de Ses Aritges constituye el segundo indicador más fiable a la hora de definir la cronología absoluta de las cuevas naturales “muradas”.

Referencias: Lull et alii (1999, 2005 e.p.).

.

| Yacimiento | Isla | Municipio | Exclusión |
|---|---|---|---|
| Es Forat de ses Aritges | Menorca | Ciutadella | ☐ |

| Código laboratorio | Valor ap(BP) | Valor ane(BC) | ± | Muestra |
|---|---|---|---|---|
| UtC-7856 | 3170 | 1220 | 35 | Hueso humano |

| cal ANE m | cal ANE 1s | cal ANE 2s | cal ANE dir | δ 13C | δ 15N | C/N |
|---|---|---|---|---|---|---|
| 1442 | 1477 / 1408 | 1514 / 1385 | 1428 | -19.4 | | |

**Registro arqueológico**

Nivel IV. Cuadro 34 (z = -143/-156 cm). Astrágalo izquierdo de hombre adulto. Articulado nº 16.

**Estructura** Cueva natural de inhumación murada

**Significado arqueológico**

La datación indica el inicio del uso del lugar como recinto de inhumación colectiva.

**Observaciones**

CLT: KIK-962.

**Bibliografía**

Lull et alii 1999: 172; Van Strydonck et alii 2001: 32.

| Yacimiento | Isla | Municipio | Exclusión |
|---|---|---|---|
| Es Forat de ses Aritges | Menorca | Ciutadella | ☐ |

| Código laboratorio | Valor ap(BP) | Valor ane(BC) | ± | Muestra |
|---|---|---|---|---|
| UtC-7854 | 3090 | 1140 | 35 | Hueso humano |

| cal ANE m | cal ANE 1s | cal ANE 2s | cal ANE dir | δ 13C | δ 15N | C/N |
|---|---|---|---|---|---|---|
| 1355 | 1407 / 1303 | 1426 / 1277 | 1383 | -19.26 | 8.82 | |

**Registro arqueológico**

Nivel IIIb. Cuadro 14 (z = -140/-144 cm). Astrágalo derecho de mujer adulta.

**Estructura** Cueva natural de inhumación murada

**Significado arqueológico**

La datación indica un momento dentro del intervalo de uso del abrigo como recinto de inhumación colectiva.

**Observaciones**

CLT: KIK-972.

**Bibliografía**

Lull et alii 1999: 172; Van Strydonck et alii 2001: 31, 2004, e.p.: tabla 1.

| Yacimiento | Isla | Municipio | Exclusión |
|---|---|---|---|
| Es Forat de ses Aritges | Menorca | Ciutadella | ☐ |

| Código laboratorio | Valor ap(BP) | Valor ane(BC) | ± | Muestra |
|---|---|---|---|---|
| UtC-7853 | 3060 | 1110 | 35 | Hueso humano |

| cal ANE m | cal ANE 1s | cal ANE 2s | cal ANE dir | δ 13C | δ 15N | C/N |
|---|---|---|---|---|---|---|
| 1338 | 1391 / 1285 | 1410 / 1229 | 1324 | -19.69 | 9.2 | |

**Registro arqueológico**

Nivel IIb (z = -120/-135 cm). Astrágalo derecho de hombre adulto.

**Estructura** Cueva natural de inhumación murada

**Significado arqueológico**

La datación indica un momento dentro del intervalo de uso del abrigo como recinto de inhumación colectiva.

**Observaciones**

CLT: KIK-960.

**Bibliografía**

Lull et alii 1999: 172; Van Strydonck et alii 2001: 31, 2004, e.p.: tabla 1.

**Yacimiento** | **Isla** | **Municipio** | **Exclusión**

| Yacimiento | Isla | Municipio | Exclusión |
|---|---|---|---|
| Es Forat de ses Aritges | Menorca | Ciutadella | ☐ |

| Código laboratorio | Valor ap(BP) | Valor ane(BC) | ± | Muestra |
|---|---|---|---|---|
| UtC-7857 | 2965 | 1015 | 40 | Hueso humano |

| cal ANE m | cal ANE 1s | cal ANE 2s | cal ANE dir | δ 13C | δ 15N | C/N |
|---|---|---|---|---|---|---|
| 1191 | 1272 / 1110 | 1314 / 1034 | 1185 | -19.47 | 8.21 | |

**Registro arqueológico**

Nivel IVb. Cuadro 36 (z = -145/-158 cm). Astrágalo derecho de hombre adulto. Articulado nº 34.

**Estructura** Cueva natural de inhumación murada

**Significado arqueológico**

La datación indica un momento dentro del intervalo de uso del abrigo como recinto de inhumación colectiva.

**Observaciones**

CLT: KIK-965.

**Bibliografía**

Lull et alii 1999: 172; Van Strydonck et alii 2001: 32, 2004, e.p.: tabla 1.

---

| Yacimiento | Isla | Municipio | Exclusión |
|---|---|---|---|
| Es Forat de ses Aritges | Menorca | Ciutadella | ☐ |

| Código laboratorio | Valor ap(BP) | Valor ane(BC) | ± | Muestra |
|---|---|---|---|---|
| UtC-7855 | 2905 | 955 | 35 | Hueso humano |

| cal ANE m | cal ANE 1s | cal ANE 2s | cal ANE dir | δ 13C | δ 15N | C/N |
|---|---|---|---|---|---|---|
| 1080 | 1141 / 1020 | 1225 / 977 | 1078 | -19.24 | 10.21 | |

**Registro arqueológico**

Nivel IV. Cuadro 12 (z = -145/-155 cm). Astrágalo derecho de hombre adulto.

**Estructura** Cueva natural de inhumación murada

**Significado arqueológico**

La datación indica un momento dentro del intervalo de uso del abrigo como recinto de inhumación colectiva.

**Observaciones**

CLT: KIK-975.

**Bibliografía**

Lull et alii 1999: 172; Van Strydonck et alii 2001: 32, 2004, e.p.: tabla 1.

| Yacimiento | Isla | Municipio | Exclusión |
|---|---|---|---|
| Es Forat de ses Aritges | Menorca | Ciutadella | ☐ |

| Código laboratorio | Valor ap(BP) | Valor ane(BC) | ± | Muestra |
|---|---|---|---|---|
| UtC-7852 | 2875 | 925 | 35 | Hueso humano |

| cal ANE m | cal ANE 1s | cal ANE 2s | cal ANE dir | δ 13C | δ 15N | C/N |
|---|---|---|---|---|---|---|
| 1043 | 1099 / 987 | 1176 / 933 | 1027 | -19.27 | 9.68 | |

**Registro arqueológico**

Nivel II. Sobre muro de cierre (z = -48/-53 cm). Cráneo 3 (temporal). Mujer de entre 40 y 50 años (hueso H-108).

**Estructura** Cueva natural de inhumación murada

**Significado arqueológico**

La datación informa sobre una de las últimas deposiciones funerarias y, por tanto, del abandono de la sepultura, ya que los huesos datados fueron hallados sobre el muro ciclópeo que había servido anteriormente para tapiar la entrada del abrigo.

**Observaciones**

CLT: KIK-974.

**Bibliografía**

Lull et alii 1999: 172; Van Strydonck et alii 2001: 31, 2004, e.p.: tabla 1.

**Yacimiento** Es Grau

Tenemos pocas informaciones para contextualizar apropiadamente la única datación de este yacimiento. Nos limitaremos a señalar que ésta atestigua la práctica de deposiciones funerarias en una "cueva parcialmente retocada" a caballo entre los siglos IX y VIII cal ANE.

Referencias: Mestres y de Nicolás (1999).

.

| **Yacimiento** | **Isla** | **Municipio** | **Exclusión** |
|---|---|---|---|
| Es Grau | Menorca | Maó | ☐ |

| **Código laboratorio** | **Valor ap(BP)** | **Valor ane(BC)** | ± | **Muestra** |
|---|---|---|---|---|
| UBAR-428 | 2610 | 660 | 100 | Hueso humano |

| **cal ANE m** | **cal ANE 1s** | **cal ANE 2s** | **cal ANE dir** | **δ 13C** | **δ 15N** | **C/N** |
|---|---|---|---|---|---|---|
| 792 | 864 / 719 | 948 / 461 | 796 | | | |

**Registro arqueológico**

Cueva natural funeraria parcialmente retocada. Muestra puesta al descubierto por excavación clandestina.

**Estructura** Varia funerario

**Significado arqueológico**

La datación informa sobe la realización de deposiciones funerarias en este lugar. Lamentablemente, las circunstancias previas a la toma de la muestra y la escasa información sobre el yacimiento imposibilitan efectuar comentarios adicionales.

**Observaciones**

**Bibliografía**

Mestres y de Nicolás 1999: apéndice.

**Yacimiento** Es Pouàs

Las siete dataciones radiocarbónicas de este yacimiento ibicenco abren un intervalo muy amplio que se inicia hace unos 30.000 años. Las dataciones más tardías, comprendidas aproximadamente entre finales del VI y mediados del V milenios cal ANE fueron inicialmente asociadas a una ocupación humana. Sin embargo, recientemente se tiende a reconocer que no aluden directamente a un fenómeno de este tipo (véase al respecto de este cambio interpretativo Alcover, McMinn y Altaba 1994, Costa y Benito 2000, Alcover et alii 2001, Costa y Guerrero 2002). Recordemos que ninguna de estas dataciones fue obtenida a partir de muestras óseas de especies introducidas antrópicamente.

Referencias: Alcover, McMinn y Altaba (1994), Alcover et alii (2001), Alcover (2003).

.

| **Yacimiento** | **Isla** | **Municipio** | **Exclusión** |
|---|---|---|---|
| Es Pouàs | Eivissa | Sant Antoni | ☐ |

| **Código laboratorio** | **Valor ap(BP)** | **Valor ane(BC)** | ± | **Muestra** |
|---|---|---|---|---|
| UtC-2929 | 30700 | 28750 | 600 | Hueso ave |

| **cal ANE m** | **cal ANE 1s** | **cal ANE 2s** | **cal ANE dir** | **δ 13C** | **δ 15N** | **C/N** |
|---|---|---|---|---|---|---|
| | | | | -19.4 | | |

**Registro arqueológico**

Cavidad natural. Contexto A3 n8. Huesos de ave sin especificar.

**Estructura** Natural

**Significado arqueológico**

Nulo, al no asociarse la muestra a ningún indicio de práctica social.

**Observaciones**

**Bibliografía**

Alcover 2003: 146.

| Yacimiento | Isla | Municipio | Exclusión |
|---|---|---|---|
| Es Pouàs | Eivissa | Sant Antoni | ☐ |

| Código laboratorio | Valor ap(BP) | Valor ane(BC) | ± | Muestra |
|---|---|---|---|---|
| UtC-2928 | 26200 | 24250 | 300 | Hueso ave |

| cal ANE m | cal ANE 1s | cal ANE 2s | cal ANE dir | δ 13C | δ 15N | C/N |
|---|---|---|---|---|---|---|
| | | | | -19.4 | | |

**Registro arqueológico**

Cavidad natural. Contexto A3 n6. Huesos de ave sin especificar.

**Estructura** Natural

**Significado arqueológico**

Nulo, al no asociarse la muestra a ningún indicio de práctica social.

**Observaciones**

La desviación estándar publicada es: -300 / +400.

**Bibliografía**

Alcover 2003: 146.

| Yacimiento | Isla | Municipio | Exclusión |
|---|---|---|---|
| Es Pouàs | Eivissa | Sant Antoni | ☐ |

| Código laboratorio | Valor ap(BP) | Valor ane(BC) | ± | Muestra |
|---|---|---|---|---|
| UtC-6674 | 23030 | 21080 | 150 | Hueso ave |

| cal ANE m | cal ANE 1s | cal ANE 2s | cal ANE dir | δ 13C | δ 15N | C/N |
|---|---|---|---|---|---|---|
| | | | | -18.6 | | |

**Registro arqueológico**

Cavidad natural. Contexto A3 n5. Huesos de Corvus corax.

**Estructura** Natural

**Significado arqueológico**

Nulo, al no asociarse la muestra a ningún indicio de práctica social.

**Observaciones**

**Bibliografía**

Alcover 2003: 146.

| Yacimiento | Isla | Municipio | Exclusión |
|---|---|---|---|
| Es Pouàs | Eivissa | Sant Antoni | ☐ |

| Código laboratorio | Valor ap(BP) | Valor ane(BC) | ± | Muestra |
|---|---|---|---|---|
| UtC-6673 | 16170 | 14220 | 90 | Hueso ave |

| cal ANE m | cal ANE 1s | cal ANE 2s | cal ANE dir | δ 13C | δ 15N | C/N |
|---|---|---|---|---|---|---|
| 17343 | 17661 / 17025 | 17996 / 16730 | 17338 | -16.7 | | |

**Registro arqueológico**

Cavidad natural. Contexto A3 n3. Vértebra de Grus grus.

**Estructura** Natural

**Significado arqueológico**

Nulo, al no asociarse la muestra a ningún indicio de práctica social.

**Observaciones**

**Bibliografía**

Alcover 2003: 146.

| Yacimiento | Isla | Municipio | Exclusión |
|---|---|---|---|
| Es Pouàs | Eivissa | Sant Antoni | ☐ |

| Código laboratorio | Valor ap(BP) | Valor ane(BC) | ± | Muestra |
|---|---|---|---|---|
| UtC-6222 | 6130 | 4180 | 80 | Hueso ave |

| cal ANE m | cal ANE 1s | cal ANE 2s | cal ANE dir | δ 13C | δ 15N | C/N |
|---|---|---|---|---|---|---|
| 5070 | 5211 / 4929 | 5273 / 4815 | 5031 | -25 | | |

**Registro arqueológico**

Cavidad natural. Contexto A3 (=n1-n3 sup). Z = -60 a -80 cm. Hueso de ave (fragmento distal de tibiotarso de Rallus sp. "rascló"), al parecer quemado.

**Estructura** Natural

**Significado arqueológico**

La datación haría referencia a un evento natural anterior a la presencia humana en Eivissa.

**Observaciones**

**Bibliografía**

Costa y Benito 2000: 229; Guerrero 2000a: 24; Alcover et alii 2001: 41; Alcover 2003: 146.

**Yacimiento** Es Pouàs | **Isla** Eivissa | **Municipio** Sant Antoni | **Exclusión** ☐

**Código laboratorio** CSIC-870 | **Valor ap(BP)** 5770 | **Valor ane(BC)** 3820 ± 100 | **Muestra** Hueso ave

**cal ANE m** 4625 | **cal ANE 1s** 4760 / 4490 | **cal ANE 2s** 4820 / 4402 | **cal ANE dir** 4611 | **δ13C** | **δ15N** | **C/N**

**Registro arqueológico**

Cavidad natural. Huesos de avifauna no identificados asociados a ovicápridos.

**Estructura** Natural

**Significado arqueológico**

Pese a las aseveraciones iniciales, parece que el contexto de donde procee la muestra no se asocia a actividad antrópica. La datación haría referencia a un evento natural anterior a la presencia humana en Eivissa.

**Observaciones**

Costa y Benito (2000: 241) se hacen eco de la datación con el valor 5950 ap (4000 ane).

**Bibliografía**

Alcover, McMinn y Altaba 1994; Gómez Bellard 1995: 449; Guerrero 1995: 21; Costa y Benito 2000: 229; Alcover et alii 2001: 41.

---

**Yacimiento** Es Pouàs | **Isla** Eivissa | **Municipio** Sant Antoni | **Exclusión** ☐

**Código laboratorio** UtC-6516 | **Valor ap(BP)** 5650 | **Valor ane(BC)** 3700 ± 60 | **Muestra** Hueso ave

**cal ANE m** 4470 | **cal ANE 1s** 4532 / 4408 | **cal ANE 2s** 4629 / 4360 | **cal ANE dir** 4483 | **δ13C** | **δ15N** | **C/N**

**Registro arqueológico**

Cavidad natural. Hueso de ave (Anser erythropus, oca de talla pequeña), al parecer quemado.

**Estructura** Natural

**Significado arqueológico**

La datación haría referencia a un evento natural anterior a la presencia humana en Eivissa.

**Observaciones**

**Bibliografía**

Costa y Benito 2000: 229; Guerrero 2000a: 24; Alcover et alii 2001: 41.

**Yacimiento** Es Tudons

La serie radiocarbónica de uno de los monumentos más emblemáticos de la prehistoria menorquina consta de cuatro dataciones. Todas ellas fueron efectuadas a partir de muestras de huesos humanos procedentes del interior de la naveta, que seguramente llegó a acoger centenares de esqueletos en los dos pisos de que disponía. Desconocemos a cuál de los cuatro niveles de deposiciones funerarias definidos durante las excavaciones corresponden las muestras datadas. Pese a que en estas condiciones contar con tan sólo cuatro dataciones puede no ser suficientemente representativo del intervalo de uso del recinto funerario, es interesante constatar que todas ellas se concentran en un lapso relativamente restringido de tiempo, concretamente entre inicios del siglo X y finales del IX cal ANE.

Referencias: Serra (1965), Pericot (1975), Plantalamor (1991).

| Yacimiento | Isla | Municipio | Exclusión |
|---|---|---|---|
| Es Tudons | Menorca | Ciutadella | ☐ |

| Código laboratorio | Valor ap(BP) | Valor ane(BC) | ± | Muestra |
|---|---|---|---|---|
| IRPA-1179 | 2820 | 870 | 40 | Hueso humano |

| cal ANE m | cal ANE 1s | cal ANE 2s | cal ANE dir | δ 13C | δ 15N | C/N |
|---|---|---|---|---|---|---|
| 964 | 1015 / 912 | 1079 / 867 | 963 | -18.8 | 9.08 | |

**Registro arqueológico**

Huesos procedentes de la cámara funeraria. Sector D.

**Estructura** Naveta

**Significado arqueológico**

La datación indica un momento dentro del intervalo de uso del recinto de inhumación colectiva.

**Observaciones**

Delta 13Ccarb: -9,43 por mil. En Van Strydonck et alii (2004, e.p.: tabla 1) se publica un valor delta 13C de -19,46 por mil.

**Bibliografía**

Plantalamor y Van Strydonck 1997: 22; Van Strydonck et alii 1998: 31.

| Yacimiento | Isla | Municipio | Exclusión |
|---|---|---|---|
| Es Tudons | Menorca | Ciutadella | ☐ |

| Código laboratorio | Valor ap(BP) | Valor ane(BC) | ± | Muestra |
|---|---|---|---|---|
| IRPA-1181 | 2780 | 830 | 35 | Hueso humano |

| cal ANE m | cal ANE 1s | cal ANE 2s | cal ANE dir | δ 13C | δ 15N | C/N |
|---|---|---|---|---|---|---|
| 918 | 961 / 876 | 1007 / 835 | 916 | -19.4 | | |

**Registro arqueológico**

Huesos procedentes de la cámara funeraria. Sector B8.

**Estructura** Naveta

**Significado arqueológico**

La datación indica un momento dentro del intervalo de uso del recinto de inhumación colectiva.

**Observaciones**

**Bibliografía**

Plantalamor y Van Strydonck 1997: 16; Van Strydonck et alii 1998: 31.

| Yacimiento | Isla | Municipio | Exclusión |
|---|---|---|---|
| Es Tudons | Menorca | Ciutadella | ☐ |

| Código laboratorio | Valor ap(BP) | Valor ane(BC) | ± | Muestra |
|---|---|---|---|---|
| IRPA-1178 | 2740 | 790 | 40 | Hueso humano |

| cal ANE m | cal ANE 1s | cal ANE 2s | cal ANE dir | δ 13C | δ 15N | C/N |
|---|---|---|---|---|---|---|
| 876 | 918 / 835 | 969 / 820 | 872 | -19.5 | | |

**Registro arqueológico**

Huesos procedentes de la cámara funeraria. Sector A2.

**Estructura** Naveta

**Significado arqueológico**

La datación indica un momento dentro del intervalo de uso del recinto de inhumación colectiva.

**Observaciones**

**Bibliografía**

Plantalamor y Van Strydonck 1997: 15; Van Strydonck et alii 1998: 31.

| Yacimiento | Isla | Municipio | Exclusión |
|---|---|---|---|
| Es Tudons | Menorca | Ciutadella | ☐ |

| Código laboratorio | Valor ap(BP) | Valor ane(BC) | ± | Muestra |
|---|---|---|---|---|
| IRPA-1184 | 2690 | 740 | 35 | Hueso humano |

| cal ANE m | cal ANE 1s | cal ANE 2s | cal ANE dir | δ 13C | δ 15N | C/N |
|---|---|---|---|---|---|---|
| 838 | 860 / 817 | 907 / 800 | 830 | -19.4 | | |

**Registro arqueológico**

Huesos procedentes de la cámara funeraria. Sector C.

**Estructura** Naveta

**Significado arqueológico**

La datación indica un momento dentro del intervalo de uso del recinto de inhumación colectiva.

**Observaciones**

**Bibliografía**

Plantalamor y Van Strydonck 1997: 21; Van Strydonck et alii 1998: 31.

**Yacimiento** Ferragut Nou

Pese a que el yacimiento se ha documentado en estado de casi total destrucción, hay elementos para clasificarlo como sepulcro dolménico (cámara angular, puerta perforada). La única datación disponible fue realizada a partir de huesos humanos procedentes de la terrera originada por una excavación clandestina, y su resultado permite proponer que el monumento funerario habría estado en funcionamiento al menos a inicios del siglo XVI cal ANE.

Referencias: Gornés et alii (1992).

| **Yacimiento** | **Isla** | **Municipio** | **Exclusión** |
|---|---|---|---|
| Ferragut Nou | Menorca | Es Mercadal | ☐ |

| **Código laboratorio** | **Valor ap(BP)** | **Valor ane(BC)** | ± | **Muestra** |
|---|---|---|---|---|
| UBAR-413 | 3300 | 1350 | 60 | Hueso humano |

| **cal ANE m** | **cal ANE 1s** | **cal ANE 2s** | **cal ANE dir** | **δ 13C** | **δ 15N** | **C/N** |
|---|---|---|---|---|---|---|
| 1582 | 1656 / 1507 | 1717 / 1444 | 1566 | | | |

**Registro arqueológico**

Huesos humanos recuperados tras excavación clandestina.

**Estructura** Dolmen

**Significado arqueológico**

Pese a las desafortunadas circunstancias previas a la toma de la muestra, probablemente la datación indica un momento dentro del intervalo de uso del recinto megalítico de inhumación colectiva.

**Observaciones**

**Bibliografía**

Mestres y de Nicolás 1999: apéndice.

**Yacimiento** Forma Nou

El resultado de la única datación radiocarbónica asociada a esta sepultura hipogeica sufre los problemas de incertidumbre derivados del aplanamiento de la curva de calibración. Debido a ello, no resulta posible precisar dentro del amplio intervalo comprendido entre mediados del siglo VIII y el siglo V cal ANE el momento de uso de la tumba testimoniado por el hueso humano datado.

| Yacimiento | Isla | Municipio | Exclusión |
|---|---|---|---|
| Forma Nou | Menorca | Maó | ☐ |

| Código laboratorio | Valor ap(BP) | Valor ane(BC) | ± | Muestra |
|---|---|---|---|---|
| UtC-4742 | 2470 | 520 | 30 | Hueso humano |

| cal ANE m | cal ANE 1s | cal ANE 2s | cal ANE dir | δ 13C | δ 15N | C/N |
|---|---|---|---|---|---|---|
| 634 | 762 / 505 | 772 / 422 | 744, 701, 542 | -18.9 | | |

**Registro arqueológico**

Fémur humano en concreción de carbonatos.

**Estructura** Hipogeo planta compleja

**Significado arqueológico**

La datación indica la realización de una deposición funeraria en este lugar. Por desgracia, la falta de datos contextuales y la indeterminación del resultado calibrado limitan las posibilidades inferenciales de la datación.

**Observaciones**

Van Strydonck et alii (1998: 30) apuntan que se trataba de huesos humanos y animales integrados en una concreción de carbonatos. CLT: KIK-592.

**Bibliografía**

Van Strydonck et alii 1998:30.

**Yacimiento** Hospitalet

Asentamiento plurifásico formado por varias estructuras naviformes, un talayot cuadrado y numerosos restos de otras construcciones asociadas. La serie radiocarbónica del yacimiento corresponde por entero a la llamada "Naveta de Ponent", una estructura naviforme que conservaba su ajuar intacto. En éste destaca una serie de moldes de fundición de objetos de bronce y una extensa gama de recipientes cerámicos (grandes recipientes toneliformes o globulares con borde exvasado, cazuelas carenadas, vasos troncocónicos y cuencos). Las tres dataciones fueron efectuadas a partir de sendaas muestras de carbón asociadas al hogar emplazado en el centro de la cámara naviforme (UBAR-390, UBAR-389 y UBAR-388). Sus valores centrales se concentran en el siglo XIV cal ANE. Teniendo en cuenta la homogeneidad de los resultados y el contexto de procedencia de las muestras (presumiblemente la última utilización de una estructura de combustión), el abandono del naviforme se habría producido a partir de finales del mismo siglo XIV cal ANE, tal vez no mucho más tarde de esta fecha. Sería de gran interés la datación de alguna muestra de fauna (de hecho, ello se intentó aunque con resultados infructuosos) asociada al uso final del mencionado hogar, a fin de asegurar esta hipótesis cronológica.

Se ha dado a conocer recientemente una nueva datación (KIA-23769) que, a tenor de su resultado, debe corresponder a una de las ocupaciones tardías documentadas en el yacimiento.

Referencias: Rosselló Bordoy (1983, 1986/1989, 1992), Pons Homar (1999).

.

| **Yacimiento** | **Isla** | **Municipio** | **Exclusión** |
|---|---|---|---|
| Hospitalet | Mallorca | Manacor | ☐ |

| **Código laboratorio** | **Valor ap(BP)** | **Valor ane(BC)** | ± | **Muestra** |
|---|---|---|---|---|
| UBAR-390 | 3140 | 1190 | 60 | Carbón |

| **cal ANE m** | **cal ANE 1s** | **cal ANE 2s** | **cal ANE dir** | **δ 13C** | **δ 15N** | **C/N** |
|---|---|---|---|---|---|---|
| 1412 | 1468 / 1355 | 1537 / 1270 | 1406 | | | |

**Registro arqueológico**

Naviforme occidental ("de ponent"). Hogar central. Muestra NL-457.

**Estructura** Asentamiento de estructuras naviformes

**Significado arqueológico**

Esta datación, conjuntamente con otras dos casi idénticas referidas a la misma estructura de combustión, informarían sobre un momento de uso de la estructura naviforme en torno a 1400/1300 cal ANE.

**Observaciones**

**Bibliografía**

Pons Homar 1999: 154, tabla VII.

| Yacimiento | Isla | Municipio | Exclusión |
|---|---|---|---|
| Hospitalet | Mallorca | Manacor | ☐ |

| Código laboratorio | Valor ap(BP) | Valor ane(BC) | ± | Muestra |
|---|---|---|---|---|
| UBAR-389 | 3110 | 1160 | ± 50 | Carbón |

| cal ANE m | cal ANE 1s | cal ANE 2s | cal ANE dir | δ 13C | δ 15N | C/N |
|---|---|---|---|---|---|---|
| 1378 | 1423 / 1333 | 1482 / 1261 | 1392 | | | |

**Registro arqueológico**

Naviforme occidental ("de ponent"). Hogar central. Muestra NL-456.

**Estructura** Asentamiento de estructuras naviformes

**Significado arqueológico**

Esta datación, conjuntamente con otras dos casi idénticas referidas a la misma estructura de combustión, informarían sobre un momento de uso de la estructura naviforme en torno a 1400/1300 cal ANE.

**Observaciones**

**Bibliografía**

Pons Homar 1999: 154, tabla VII.

| Yacimiento | Isla | Municipio | Exclusión |
|---|---|---|---|
| Hospitalet | Mallorca | Manacor | ☐ |

| Código laboratorio | Valor ap(BP) | Valor ane(BC) | ± | Muestra |
|---|---|---|---|---|
| UBAR-388 | 3070 | 1120 | ± 50 | Carbón |

| cal ANE m | cal ANE 1s | cal ANE 2s | cal ANE dir | δ 13C | δ 15N | C/N |
|---|---|---|---|---|---|---|
| 1336 | 1398 / 1275 | 1435 / 1176 | 1348 | | | |

**Registro arqueológico**

Naviforme occidental ("de ponent"). Hogar central. Muestra NL-455.

**Estructura** Asentamiento de estructuras naviformes

**Significado arqueológico**

Esta datación, conjuntamente con otras dos casi idénticas referidas a la misma estructura de combustión, informarían sobre un momento de uso de la estructura naviforme en torno a 1400/1300 cal ANE.

**Observaciones**

**Bibliografía**

Pons Homar 1999: 154, tabla VII.

| Yacimiento | Isla | Municipio | Exclusión |
|---|---|---|---|
| Hospitalet | Mallorca | Manacor | ☐ |

| Código laboratorio | Valor ap(BP) | Valor ane(BC) | ± | Muestra |
|---|---|---|---|---|
| KIA-23769 | 2205 | 255 | 30 | Hueso fauna doméstica |

| cal ANE m | cal ANE 1s | cal ANE 2s | cal ANE dir | δ 13C | δ 15N | C/N |
|---|---|---|---|---|---|---|
| 279 | 364 / 194 | 375 / 178 | 338, 306, 221 | -19.97 | 5.61 | |

**Registro arqueológico**

**Estructura** Asentamiento postalayótico

**Significado arqueológico**

No disponemos de datos para proceder a una valoración adecuada.

**Observaciones**

**Bibliografía**

Van Strydonck et alii 2004, e.p.: tabla 1.

**Yacimiento** KF14

Sondeo polínico realizado en el fondo marino en un punto cercano a la costa NW de Menorca. Se cuenta con dos dataciones radiocarbónicas, una de las cuales se refiere a momentos preholocénicos y se halla fuera del alcance de la actual curva de calibración dendrocronológica. La segunda datación se asocia a un depósito formado a inicios del Holoceno (Yll et alii 1999: 48).

Referencias: Yll et alii (1999), Pérez-Obiol et alii (2000).

.

| **Yacimiento** | **Isla** | **Municipio** | **Exclusión** |
|---|---|---|---|
| KF14 | Menorca | | ☐ |

| **Código laboratorio** | **Valor ap(BP)** | **Valor ane(BC)** | ± | **Muestra** |
|---|---|---|---|---|
| Beta-70898 | 23410 | 21460 | ± 120 | Desconocido |

| **cal ANE m** | **cal ANE 1s** | **cal ANE 2s** | **cal ANE dir** | **δ 13C** | **δ 15N** | **C/N** |
|---|---|---|---|---|---|---|
| | | | | | | |

**Registro arqueológico**

Sondeo submarino al NW de la isla de Menorca. Ubicación: 40° 7' N / 3° 53' E. Z = -2,0 m.

**Estructura** Sondeo polínico

**Significado arqueológico**

Nulo. La datación se refiere a eventos de orden natural muy anteriores al poblamiento humano de las Baleares.

**Observaciones**

Calibración imposible, porque el valor convencional excede el rango admitido por la actual curva.

**Bibliografía**

Yll et alii 1999: tabla 1.

| Yacimiento | Isla | Municipio | Exclusión |
|---|---|---|---|
| KF14 | Menorca | | ☐ |

| Código laboratorio | Valor ap(BP) | Valor ane(BC) | ± | Muestra |
|---|---|---|---|---|
| Beta-70897 | 9110 | 7160 | 60 | Desconocido |

| cal ANE m | cal ANE 1s | cal ANE 2s | cal ANE dir | δ 13C | δ 15N | C/N |
|---|---|---|---|---|---|---|
| 8293 | 8331 / 8255 | 8464 / 8223 | 8288 | | | |

**Registro arqueológico**

Sondeo submarino al NW de la isla de Menorca. Ubicación: 40° 7' N / 3° 53' E. Z = -0,49 m.

**Estructura** Sondeo polínico

**Significado arqueológico**

Por ahora es nulo, al no poder ser vinculada con ningún proceso de raíz antrópica.

**Observaciones**

**Bibliografía**

Yll et alii 1999: tabla 1.

**Yacimiento** La Cova

La naveta de La Cova presenta una planta de herradura alargada con ábside parabólico y fachada ligeramente cóncava. Posee una antecámara de forma trapezoidal, separada de la cámara por una losa perforada. En la excavación se distinguieron tres estratos. El estrato 1 testimonia diversas frecuentaciones en época romana y árabe. El estrato 2, por su parte, incluía el depósito funerario principal, que deparó el hallazgo de numerosos huesos humanos y de piezas de ajuar en cerámica, metal y hueso. El estrato 3 se hallaba por debajo del anterior sólo en determinados sectores, y contenía algunos huesos mal conservados y fragmentos cerámicos de recipientes de mayores dimensiones que los del estrato II.

Presumiblemente, las tres dataciones radiocarbónicas efectuadas sobre muestras de huesos humanos proceden del estrato 2. Los resultados se concentran principalmente en los siglos XI y X cal ANE. Ello permite sostener que la tumba colectiva estuvo en funcionamiento cuando menos a lo largo de este intervalo. Sin embargo, sería aconsejable ampliar el muestreo radiocarbónico, ya que tres dataciones se antojan pocas a la vista de la envergadura del depósito funerario. Por otro lado, el análisis de los materiales del estrato 3 resultaría de gran interés de cara a averiguar si el monumento tuvo un uso funerario previo al documentado en el estrato 2.

Referencias: Veny (1982b).

| Yacimiento | Isla | Municipio | Exclusión |
|---|---|---|---|
| La Cova | Menorca | Ciutadella | ☐ |

| Código laboratorio | Valor ap(BP) | Valor ane(BC) | ± | Muestra |
|---|---|---|---|---|
| Ua-19716 | 2905 | 955 | 50 | Hueso humano |

| cal ANE m | cal ANE 1s | cal ANE 2s | cal ANE dir | δ 13C | δ 15N | C/N |
|---|---|---|---|---|---|---|
| 1087 | 1168 / 1006 | 1270 / 939 | 1082 | | | |

**Registro arqueológico**

Huesos procedentes de la cámara funeraria. 1° metatarso izquierdo.

**Estructura** Naveta

**Significado arqueológico**

La datación indica un momento dentro del intervalo de uso del recinto de inhumación colectiva.

**Observaciones**

**Bibliografía**

Gómez y Rubinos e.p./a: tabla 1.

| Yacimiento | Isla | Municipio | Exclusión |
|---|---|---|---|
| La Cova | Menorca | Ciutadella | ☐ |

| Código laboratorio | Valor ap(BP) | Valor ane(BC) | ± | Muestra |
|---|---|---|---|---|
| Ua-19717 | 2905 | 955 | 45 | Hueso humano |

| cal ANE m | cal ANE 1s | cal ANE 2s | cal ANE dir | δ 13C | δ 15N | C/N |
|---|---|---|---|---|---|---|
| 1087 | 1164 / 1011 | 1254 / 949 | 1084 | | | |

**Registro arqueológico**

Huesos procedentes de la cámara funeraria. 1° metatarso derecho.

**Estructura** Naveta

**Significado arqueológico**

La datación indica un momento dentro del intervalo de uso del recinto de inhumación colectiva.

**Observaciones**

**Bibliografía**

Gómez y Rubinos e.p./a: tabla 1.

| Yacimiento | Isla | Municipio | Exclusión |
|---|---|---|---|
| La Cova | Menorca | Ciutadella | ☐ |

| Código laboratorio | Valor ap(BP) | Valor ane(BC) | ± | Muestra |
|---|---|---|---|---|
| Ua-19715 | 2840 | 890 | 50 | Hueso humano |

| cal ANE m | cal ANE 1s | cal ANE 2s | cal ANE dir | δ 13C | δ 15N | C/N |
|---|---|---|---|---|---|---|
| 989 | 1052 / 926 | 1155 / 870 | 986 | | | |

**Registro arqueológico**

Huesos procedentes de la cámara funeraria. 1° metatarso izquierdo.

**Estructura** Naveta

**Significado arqueológico**

La datación indica un momento dentro del intervalo de uso del recinto de inhumación colectiva.

**Observaciones**

**Bibliografía**

Gómez y Rubinos e.p./a: tabla 1.

**Yacimiento** Llucalari 3

La única datación válida asociada a un hipogeo simple procede, como en tantas otras veces, de una muestra recogida en la terrera de una excavación clandestina. Pese a ello, posee el valor de informarnos, con todas las precauciones que impone las desafortunadas circunstancias contextuales, que este tipo de contenedores funerarios tan faltos de investigaciones se hallaba en uso a mediados del siglo IX cal ANE.

.

| **Yacimiento** | **Isla** | **Municipio** | **Exclusión** |
|---|---|---|---|
| Llucalari 3 | Menorca | Alaior | ☐ |

| **Código laboratorio** | **Valor ap(BP)** | **Valor ane(BC)** | ± | **Muestra** |
|---|---|---|---|---|
| Ua-19718 | 2705 | 755 | 40 | Hueso humano |

| **cal ANE m** | **cal ANE 1s** | **cal ANE 2s** | **cal ANE dir** | **δ 13C** | **δ 15N** | **C/N** |
|---|---|---|---|---|---|---|
| 853 | 885 / 822 | 928 / 800 | 839 | | | |

**Registro arqueológico**

Hipogeo de tipo I. Hueso descubierto por excavación clandestina. Hemimandíbula derecha.

**Estructura** Hipogeo simple

**Significado arqueológico**

La datación indica un momento dentro del intervalo de uso del recinto de inhumación colectiva.

**Observaciones**

**Bibliografía**

Gómez y Rubinos e.p./a: tabla 1.

**Yacimiento** Mongofre Nou

Las informaciones publicadas sobre este yacimiento plurifásico en cueva son todavía muy escasas. Al parecer, la primera ocupación fue de carácter habitacional, a la que siguió otra funeraria. Los estratos más antiguos se caracterizan por la presencia de diferentes capas de ceniza y tierra carbonosa, cuya interpretación como restos de una actividad centrada en la estabulación de ganado (Calvo, Guerrero y Salvà 2002: 173) todavía debe ser contrastada. Por su parte, el uso funerario de la cavidad supuso la construcción de un muro de cierre y la deposición sucesiva de cadáveres, algunos de los cuales fueron colocados en posición fetal.

La serie radiocarbónica suma ocho dataciones. La fecha más antigua, UBAR-418 (segunda mitad del IV milenio cal ANE), se distancia ampliamente del resto, por lo que podría corresponder a materiales depositados por factores estrictamente naturales. Cuatro dataciones asociadas a las ocupaciones habitacionales (UBAR-531, UBAR-419, UBAR-490 y UBAR-530) aportan informaciones más fiables. En conjunto, testimoniarían el uso de la cueva a lo largo de la mayor parte de la primera mitad del II milenio cal ANE. Por lo que respecta a la utilización de la cueva como recinto funerario, tres dataciones (UBAR-416, UBAR-417 y UBAR-415) demarcan un periodo de uso que cubriría el siglo X y al menos la primera mitad del IX cal ANE. Así pues, entre ambas etapa de utilización de la cueva parece abrirse un hiato de al menos cinco siglos.

Referencias: Mestres y de Nicolás (1999), López Pons (2001).

.

| **Yacimiento** | **Isla** | **Municipio** | **Exclusión** |
|---|---|---|---|
| Mongofre Nou | Menorca | Maó | ☐ |

| **Código laboratorio** | **Valor ap(BP)** | **Valor ane(BC)** | ± | **Muestra** |
|---|---|---|---|---|
| UBAR-418 | 4580 | 2630 | 60 | Ceniza |

| **cal ANE m** | **cal ANE 1s** | **cal ANE 2s** | **cal ANE dir** | **δ 13C** | **δ 15N** | **C/N** |
|---|---|---|---|---|---|---|
| 3354 | 3389 / 3320 | 3507 / 3089 | 3353 | | | |

**Registro arqueológico**

Cueva natural. Nivel 2 bajo inhumaciones. Capas de ceniza y tierra carbonosa.

**Estructura** Natural

**Significado arqueológico**

No hay datos suficientes para afirmar que el contexto de donde procede la muestra datada incluya restos de actividades antrópicas.

**Observaciones**

**Bibliografía**

Mestres y de Nicolás 1999: apéndice.

| Yacimiento | Isla | Municipio | Exclusión |
|---|---|---|---|
| Mongofre Nou | Menorca | Maó | ☐ |

| Código laboratorio | Valor ap(BP) | Valor ane(BC) | ± | Muestra |
|---|---|---|---|---|
| UBAR-531 | 3475 | 1525 | 50 | Hueso fauna doméstica |

| cal ANE m | cal ANE 1s | cal ANE 2s | cal ANE dir | δ 13C | δ 15N | C/N |
|---|---|---|---|---|---|---|
| 1796 | 1875 / 1718 | 1919 / 1663 | 1767 | | | |

**Registro arqueológico**

Cueva natural. Horizonte prefunerario. Nivel 10. Cuadro A-1. Hueso de ovicáprido.

**Estructura** Cueva natural de habitación

**Significado arqueológico**

Probablemente, la datación indica la ocupación de la cueva por alguna de las primeras comunidades humanas que poblaron Menorca.

**Observaciones**

**Bibliografía**

de Nicolás, comunicación oral durante los cursos de Illa del Rei (1999), recogido por Calvo, Guerrero y Salvà (2001b: 36, nota 11) y por Guerrero (2002b: 155).

| Yacimiento | Isla | Municipio | Exclusión |
|---|---|---|---|
| Mongofre Nou | Menorca | Maó | ☐ |

| Código laboratorio | Valor ap(BP) | Valor ane(BC) | ± | Muestra |
|---|---|---|---|---|
| UBAR-419 | 3370 | 1420 | 80 | Ceniza |

| cal ANE m | cal ANE 1s | cal ANE 2s | cal ANE dir | δ 13C | δ 15N | C/N |
|---|---|---|---|---|---|---|
| 1650 | 1739 / 1560 | 1860 / 1475 | 1671 | | | |

**Registro arqueológico**

Cueva natural. Nivel 5. Capas de ceniza y tierra carbonosa.

**Estructura** Cueva natural de habitación

**Significado arqueológico**

La datación resulta aproximadamente sincrónica a otra que informa sobre la ocupación de la cueva, en una época en que no hay dudas sobre el poblamiento humano de Menorca.

**Observaciones**

Guerrero (2002b: 155) sitúa la muestra datada en el cuadro C-2, nivel 9.

**Bibliografía**

Mestres y de Nicolás 1999: apéndice; Guerrero 2002b: 155.

| Yacimiento | Isla | Municipio | Exclusión |
|---|---|---|---|
| Mongofre Nou | Menorca | Maó | ☐ |

| Código laboratorio | Valor ap(BP) | Valor ane(BC) | ± | Muestra |
|---|---|---|---|---|
| UBAR-490 | 3370 | 1420 | 80 | Desconocido |

| cal ANE m | cal ANE 1s | cal ANE 2s | cal ANE dir | δ 13C | δ 15N | C/N |
|---|---|---|---|---|---|---|
| 1650 | 1739 / 1560 | 1860 / 1475 | 1671 | | | |

**Registro arqueológico**

Cueva natural. Horizonte prefunerario.

**Estructura** Cueva natural de habitación

**Significado arqueológico**

Probablemente, la datación indica la ocupación humana de la cueva, en una época en que no hay dudas sobre el poblamiento humano de Menorca..

**Observaciones**

**Bibliografía**

de Nicolás, comunicación oral durante los cursos de Illa del Rei (1999), recogido por Calvo, Guerrero y Salvà (2001b: 36, nota 11).

| Yacimiento | Isla | Municipio | Exclusión |
|---|---|---|---|
| Mongofre Nou | Menorca | Maó | ☐ |

| Código laboratorio | Valor ap(BP) | Valor ane(BC) | ± | Muestra |
|---|---|---|---|---|
| UBAR-530 | 3330 | 1380 | 50 | Hueso fauna doméstica |

| cal ANE m | cal ANE 1s | cal ANE 2s | cal ANE dir | δ 13C | δ 15N | C/N |
|---|---|---|---|---|---|---|
| 1610 | 1681 / 1539 | 1726 / 1494 | 1607 | | | |

**Registro arqueológico**

Cueva natural. Horizonte prefunerario. Nivel 8. Cuadro A-1. Hueso de ovicáprido.

**Estructura** Cueva natural de habitación

**Significado arqueológico**

Probablemente, la datación indica la ocupación humana de la cueva, en una época en que no hay dudas sobre el poblamiento humano de Menorca..

**Observaciones**

**Bibliografía**

de Nicolás, comunicación oral durante los cursos de Illa del Rei (1999), recogido por Calvo, Guerrero y Salvà (2001b: 36, nota 11; 2001b: 81, tab. III) y por Guerrero (2002b: 155).

| Yacimiento | Isla | Municipio | Exclusión |
|---|---|---|---|
| Mongofre Nou | Menorca | Maó | ☐ |

| Código laboratorio | Valor ap(BP) | Valor ane(BC) | | Muestra |
|---|---|---|---|---|
| UBAR-416 | 2830 | 880 ± | 60 | Hueso humano |

| cal ANE m | cal ANE 1s | cal ANE 2s | cal ANE dir | δ 13C | δ 15N | C/N |
|---|---|---|---|---|---|---|
| 978 | 1057 / 898 | 1165 / 852 | 969 | | | |

**Registro arqueológico**

Horizonte funerario. Nivel 1 inferior. Sector C-2. Huesos de mujer fallecida entre los 40-50 años. Inhumación en posición fetal.

**Estructura** Cueva natural de inhumación murada

**Significado arqueológico**

La datación indica un momento dentro del intervalo de uso del recinto de inhumación colectiva.

**Observaciones**

**Bibliografía**

Mestres y de Nicolás 1999: apéndice.

| Yacimiento | Isla | Municipio | Exclusión |
|---|---|---|---|
| Mongofre Nou | Menorca | Maó | ☐ |

| Código laboratorio | Valor ap(BP) | Valor ane(BC) | | Muestra |
|---|---|---|---|---|
| UBAR-417 | 2770 | 820 ± | 60 | Hueso humano |

| cal ANE m | cal ANE 1s | cal ANE 2s | cal ANE dir | δ 13C | δ 15N | C/N |
|---|---|---|---|---|---|---|
| 912 | 972 / 853 | 1060 / 814 | 900 | | | |

**Registro arqueológico**

Horizonte funerario. Nivel 1. Sector B3. Huesos de mujer fallecida entre los 12-14 años. Inhumación en posición fetal.

**Estructura** Cueva natural de inhumación murada

**Significado arqueológico**

La datación indica un momento dentro del intervalo de uso del recinto de inhumación colectiva.

**Observaciones**

**Bibliografía**

Mestres y de Nicolás 1999: apéndice.

| Yacimiento | Isla | Municipio | Exclusión |
|---|---|---|---|
| Mongofre Nou | Menorca | Maó | ☐ |

| Código laboratorio | Valor ap(BP) | Valor ane(BC) | | | Muestra |
|---|---|---|---|---|---|
| UBAR-415 | 2730 | 780 | ± | 60 | Hueso humano |

| cal ANE m | cal ANE 1s | cal ANE 2s | cal ANE dir | δ 13C | δ 15N | C/N |
|---|---|---|---|---|---|---|
| 881 | 931 / 831 | 1002 / 794 | 867 | | | |

**Registro arqueológico**

Horizonte funerario. Nivel 1 superior. Hueso hallado en la terrera de una excavación clandestina.

**Estructura** Cueva natural de inhumación murada

**Significado arqueológico**

La datación indica un momento dentro del intervalo de uso del recinto de inhumación colectiva.

**Observaciones**

**Bibliografía**

Mestres y de Nicolás 1999: apéndice.

**Yacimiento** Montplé

Este sepulcro dolménico de cámara rectangular y losa perforada para el acceso cuenta con la serie radiocarbónica más extensa de su clase Sus siete dataciones fueron realizadas a partir de muestras de huesos humanos recogidos en intervenciones antiguas. Tomadas en conjunto, se concentran en un intervalo relativamente estrecho que comprende los siglos XVIII a XVI cal ANE, aunque el predominio, en lo que a tendencias centrales se refiere, corresponde netamente al siglo XVIII cal ANE.

Referencias: Plantalamor (1976/1977, 1991).

.

| **Yacimiento** | **Isla** | **Municipio** | **Exclusión** |
|---|---|---|---|
| Montplé | Menorca | Maó | ☐ |

| **Código laboratorio** | **Valor ap(BP)** | **Valor ane(BC)** | ± | **Muestra** |
|---|---|---|---|---|
| OxA-5809 | 3460 | 1510 | 65 | Hueso humano |

| **cal ANE m** | **cal ANE 1s** | **cal ANE 2s** | **cal ANE dir** | **δ 13C** | **δ 15N** | **C/N** |
|---|---|---|---|---|---|---|
| 1779 | 1867 / 1691 | 1931 / 1592 | 1746 | -19.1 | | |

**Registro arqueológico**

Fémur izquierdo de individuo adulto.

**Estructura** Dolmen

**Significado arqueológico**

La datación indica un momento dentro del intervalo de uso del recinto de inhumación colectiva.

**Observaciones**

**Bibliografía**

Hedges et alii 1996: 409.

| Yacimiento | Isla | Municipio | Exclusión |
|---|---|---|---|
| Montplé | Menorca | Maó | ☐ |

| Código laboratorio | Valor ap(BP) | Valor ane(BC) | ± | Muestra |
|---|---|---|---|---|
| IRPA-1183 | 3435 | 1485 | 35 | Hueso humano |

| cal ANE m | cal ANE 1s | cal ANE 2s | cal ANE dir | δ 13C | δ 15N | C/N |
|---|---|---|---|---|---|---|
| 1728 | 1760 / 1695 | 1862 / 1655 | 1726 | -19.5 | | |

**Registro arqueológico**

Huesos procedentes del nivel de inhumaciones..

**Estructura** Dolmen

**Significado arqueológico**

La datación indica un momento dentro del intervalo de uso del recinto de inhumación colectiva.

**Observaciones**

**Bibliografía**

Plantalamor y Van Strydonck 1997: 29; Van Strydonck et alii 1998: 32.

| Yacimiento | Isla | Municipio | Exclusión |
|---|---|---|---|
| Montplé | Menorca | Maó | ☐ |

| Código laboratorio | Valor ap(BP) | Valor ane(BC) | ± | Muestra |
|---|---|---|---|---|
| OxA-5811 | 3425 | 1475 | 65 | Hueso humano |

| cal ANE m | cal ANE 1s | cal ANE 2s | cal ANE dir | δ 13C | δ 15N | C/N |
|---|---|---|---|---|---|---|
| 1718 | 1781 / 1655 | 1894 / 1558 | 1719 | -19.3 | | |

**Registro arqueológico**

Fémur izquierdo de individuo adulto.

**Estructura** Dolmen

**Significado arqueológico**

La datación indica un momento dentro del intervalo de uso del recinto de inhumación colectiva.

**Observaciones**

**Bibliografía**

Hedges et alii 1996: 409.

| Yacimiento | Isla | Municipio | Exclusión |
|---|---|---|---|
| Montplé | Menorca | Maó | ☐ |

| Código laboratorio | Valor ap(BP) | Valor ane(BC) | ± | Muestra |
|---|---|---|---|---|
| OxA-5806 | 3415 | 1465 | 75 | Hueso humano |

| cal ANE m | cal ANE 1s | cal ANE 2s | cal ANE dir | δ 13C | δ 15N | C/N |
|---|---|---|---|---|---|---|
| 1714 | 1809 / 1619 | 1905 / 1534 | 1709 | -18.9 | | |

**Registro arqueológico**

Fémur izquierdo de individuo adulto.

**Estructura** Dolmen

**Significado arqueológico**

La datación indica un momento dentro del intervalo de uso del recinto de inhumación colectiva.

**Observaciones**

**Bibliografía**

Hedges et alii 1996: 409.

| Yacimiento | Isla | Municipio | Exclusión |
|---|---|---|---|
| Montplé | Menorca | Maó | ☐ |

| Código laboratorio | Valor ap(BP) | Valor ane(BC) | ± | Muestra |
|---|---|---|---|---|
| OxA-5808 | 3410 | 1460 | 60 | Hueso humano |

| cal ANE m | cal ANE 1s | cal ANE 2s | cal ANE dir | δ 13C | δ 15N | C/N |
|---|---|---|---|---|---|---|
| 1701 | 1762 / 1640 | 1874 / 1551 | 1708 | -19.6 | | |

**Registro arqueológico**

Fémur izquierdo de individuo adulto.

**Estructura** Dolmen

**Significado arqueológico**

La datación indica un momento dentro del intervalo de uso del recinto de inhumación colectiva.

**Observaciones**

**Bibliografía**

Hedges et alii 1996: 409.

| Yacimiento | Isla | Municipio | Exclusión |
|---|---|---|---|
| Montplé | Menorca | Maó | ☐ |

| Código laboratorio | Valor ap(BP) | Valor ane(BC) | ± | Muestra |
|---|---|---|---|---|
| OxA-5807 | 3405 | 1455 | 60 | Hueso humano |

| cal ANE m | cal ANE 1s | cal ANE 2s | cal ANE dir | δ 13C | δ 15N | C/N |
|---|---|---|---|---|---|---|
| 1694 | 1754 / 1635 | 1871 / 1548 | 1703 | -19.1 | | |

**Registro arqueológico**

Fémur izquierdo de individuo adulto.

**Estructura** Dolmen

**Significado arqueológico**

La datación indica un momento dentro del intervalo de uso del recinto de inhumación colectiva.

**Observaciones**

**Bibliografía**

Hedges et alii 1996: 409.

| Yacimiento | Isla | Municipio | Exclusión |
|---|---|---|---|
| Montplé | Menorca | Maó | ☐ |

| Código laboratorio | Valor ap(BP) | Valor ane(BC) | ± | Muestra |
|---|---|---|---|---|
| OxA-5810 | 3280 | 1330 | 65 | Hueso humano |

| cal ANE m | cal ANE 1s | cal ANE 2s | cal ANE dir | δ 13C | δ 15N | C/N |
|---|---|---|---|---|---|---|
| 1557 | 1635 / 1479 | 1710 / 1410 | 1550 | -19.1 | | |

**Registro arqueológico**

Fémur izquierdo de individuo adulto.

**Estructura** Dolmen

**Significado arqueológico**

La datación indica un momento dentro del intervalo de uso del recinto de inhumación colectiva.

**Observaciones**

Plantalamor y Van Strydonck (1997: 75) se refieren a esta datación asignándole erróneamente el valor 330±65 ane.

**Bibliografía**

Hedges et alii 1996: 409.

**Yacimiento** Pas den Revull

Yacimiento sito en el Barranc d'Algendar y conocido también con el nombre de "Sa Penya Fosca". Las únicas noticias se refieren al hallazgo de huesos de Myotragus.

.

| **Yacimiento** | **Isla** | **Municipio** | **Exclusión** |
|---|---|---|---|
| Pas den Revull | Menorca | Ferreries | ☐ |

| **Código laboratorio** | **Valor ap(BP)** | **Valor ane(BC)** | ± | **Muestra** |
|---|---|---|---|---|
| Beta-177237 | 5060 | 3110 | 40 | Hueso Myotragus |

| **cal ANE m** | **cal ANE 1s** | **cal ANE 2s** | **cal ANE dir** | **δ 13C** | **δ 15N** | **C/N** |
|---|---|---|---|---|---|---|
| 3863 | 3939 / 3788 | 3961 / 3745 | 3921, 3883, 3817 | -20.9 | | |

**Registro arqueológico**

Fragmento de mandíbula de Myotragus. Muestra MNIB 81758.

**Estructura** Natural

**Significado arqueológico**

Nulo, al no asociarse la muestra a ninguna práctica social. Se trata de la datación de Myotragus más reciente obtenida en Menorca.

**Observaciones**

**Bibliografía**

Quintana et alii 2003: tabla 1.

**Yacimiento** Pollentia

Ciudad romana de 15 a 20 ha localizada junto a la actual ciudad de Alcúdia. El conocimiento de este enclave se basa tanto en la documentación de las fuentes escritas como en la dilatada historia de intervenciones arqueológicas que se remontan al año 1923 y continúan hasta la actualidad. Además del célebre barrio residencial recuperado en la finca de la Portella, el área del foro y el teatro, se han documentado otros núcleos del conjunto urbano, varias necrópolis y estructuras defensivas que, en conjunto, documentan una ocupación hasta el siglo IV arq DNE que se prolonga en época tardorromana y medieval.

El enclave de época romana fue fundado sobre un asentamiento indígena que podría remontarse al siglo V arq ANE según los materiales de importación más antiguos. La cuestión de la fundación de la ciudad ha sido objeto de debate dada la distancia cronológica entre la fecha histórica atribuida a la conquista romana de la isla (123 ANE) y la evidencias arqueológicas más antiguas, que actualmente se sitúan en el primer cuarto del siglo I arq ANE. De ahí el interés de la muestra empleada en la datación, ya que procede del estuco de un edificio con materiales de época republicana. No obstante, el resultado obtenido es claramente anómalo, probablemente por problemas de contaminación de la muestra.

Referencias: Tarradell, Arribas y Rosselló Bordoy (1978), Fernández Miranda (1983), Cerdá (1999), Orfila (2000), Orfila y Arribas (2000).

.

| **Yacimiento** | **Isla** | **Municipio** | **Exclusión** |
|---|---|---|---|
| Pollentia | Mallorca | Alcúdia | ☑ |

| **Código laboratorio** | **Valor ap(BP)** | **Valor ane(BC)** | ± | **Muestra** |
|---|---|---|---|---|
| Y-2668 | 8000 | 6050 | | Carbonatos |

| **cal ANE m** | **cal ANE 1s** | **cal ANE 2s** | **cal ANE dir** | **δ 13C** | **δ 15N** | **C/N** |
|---|---|---|---|---|---|---|
| | | | | | | |

**Registro arqueológico**

Estuco de un edificio del periodo romano republicano, datado por paralelos en 30 arq ANE.

**Estructura** Asentamiento histórico

**Significado arqueológico**

Obviamente, el resultado no tiene nada que ver con la edad real del contexto social de donde procede la muestra. El resultado anómalo tiene que ver con las peculiaridades físico-químicas de la muestra datada.

**Observaciones**

Excluida, por haberse realizado a partir de carbonatos. El resultado es claramente anómalo. Ignoramos el valor de la desviación tipo.

**Bibliografía**

Stuiver y Waldren 1975: 476.

**Yacimiento** Pou Celat

Este yacimiento del llano mallorquín ha proporcionado una interesante datación del tramo de muralla hipotéticamente asociada con los restos de un talayot circular y otras estructuras de carácter habitacional. El lienzo de muralla posee el típico paramento externo formado a base de grandes ortostatos verticales sobre zócalo de losas planas y fue objeto de una intervención arqueológica con motivo de las obras de restauración. Durante estos trabajos se recuperaron diferentes materiales de filiación talayótica procedentes del relleno, que hicieron suponer a su excavador una cronología afín. La muestra de fauna sobre la que se ha realizado la única datación disponible procede igualmente del relleno y, por tanto, proporciona un nuevo terminus post quem a su construcción. En este caso, sin embargo, rebaja en algunos siglos la cronología inicialmente propuesta al situarla a partir del siglo V cal ANE.

Referencias: Pons Homar (1994, 1999).

| **Yacimiento** | **Isla** | **Municipio** | **Exclusión** |
|---|---|---|---|
| Pou Celat | Mallorca | Porreres | ☐ |

| **Código laboratorio** | **Valor ap(BP)** | **Valor ane(BC)** | ± | **Muestra** |
|---|---|---|---|---|
| KIA-15713 | 2405 | 455 | 30 | Hueso fauna doméstica |

| **cal ANE m** | **cal ANE 1s** | **cal ANE 2s** | **cal ANE dir** | **δ 13C** | **δ 15N** | **C/N** |
|---|---|---|---|---|---|---|
| 456 | 505 / 407 | 750 / 397 | 423 | -23.3 | | 2.86 |

**Registro arqueológico**

Hueso de fauna hallado en el relleno de la muralla. Muestra 7A.

**Estructura** Asentamiento postalayótico

**Significado arqueológico**

La datación indica un momento anterior, en una medida indeterminada, respecto a la construcción de la muralla.

**Observaciones**

CLT: KIK-2041.

**Bibliografía**

Van Strydonck et alii 2002: 49.

**Yacimiento** Puig de sa Morisca

La mayor parte de las informaciones publicadas de este yacimiento hacen referencia a datos obtenidos a partir de prospecciones superficiales y se han centrado fundamentalmente en el estudio del material cerámico de importación. La serie radiocarbónica consta por ahora de trece dataciones que cubren un prolongado lapso temporal desde finales del II milenio cal ANE hasta mediados del I milenio cal DNE.

Referencias: Guerrero (1982, 1999), Quintana (1999, 2000).

.

| Yacimiento | Isla | Municipio | Exclusión |
|---|---|---|---|
| Puig de sa Morisca | Mallorca | Calvià | ☐ |

| Código laboratorio | Valor ap(BP) | Valor ane(BC) | ± | Muestra |
|---|---|---|---|---|
| KIA-17998 | 2985 | 1035 | 25 | Hueso fauna doméstica |

| cal ANE m | cal ANE 1s | cal ANE 2s | cal ANE dir | δ 13C | δ 15N | C/N |
|---|---|---|---|---|---|---|
| 1212 | 1276 / 1148 | 1303 / 1119 | 1232, 1215, 1215 | -19.4 | | 2.77 |

**Registro arqueológico**

Hueso de cabra de un contexto previo a la construcción de la torre. Muestra SM00-14.

**Estructura** Hábitat indeterminado

**Significado arqueológico**

La datación informa sobre una ocupación anterior escasamente documentada.

**Observaciones**

CLT: KIK-2325.

**Bibliografía**

Van Strydonck et alii 2002: 44.

| Yacimiento | Isla | Municipio | Exclusión |
|---|---|---|---|
| Puig de sa Morisca | Mallorca | Calvià | ☐ |

| Código laboratorio | Valor ap(BP) | Valor ane(BC) | ± | Muestra |
|---|---|---|---|---|
| KIA-17979 | 2885 | 935 | 25 | Hueso fauna doméstica |

| cal ANE m | cal ANE 1s | cal ANE 2s | cal ANE dir | δ 13C | δ 15N | C/N |
|---|---|---|---|---|---|---|
| 951 | 988 / 914 | 1136 / 984 | 932 | -20.8 | | 2.8 |

**Registro arqueológico**

Hueso de oveja de un contexto previo a la construcción de la torre. Muestra SM00-17.

**Estructura** Hábitat indeterminado

**Significado arqueológico**

La datación informa sobre una ocupación anterior escasamente documentada.

**Observaciones**

CLT: KIK-2306.

**Bibliografía**

Van Strydonck et alii 2002: 44.

| Yacimiento | Isla | Municipio | Exclusión |
|---|---|---|---|
| Puig de sa Morisca | Mallorca | Calvià | ☐ |

| Código laboratorio | Valor ap(BP) | Valor ane(BC) | ± | Muestra |
|---|---|---|---|---|
| KIA-17980 | 2835 | 885 | 35 | Hueso fauna doméstica |

| cal ANE m | cal ANE 1s | cal ANE 2s | cal ANE dir | δ 13C | δ 15N | C/N |
|---|---|---|---|---|---|---|
| 977 | 1024 / 930 | 1097 / 899 | 983 | -20.2 | | 2.77 |

**Registro arqueológico**

Hueso de cerdo de un contexto previo a la construcción de la torre. Muestra SM99-11.

**Estructura** Hábitat indeterminado

**Significado arqueológico**

La datación informa sobre una ocupación anterior escasamente documentada.

**Observaciones**

CLT: KIK-2307.

**Bibliografía**

Van Strydonck et alii 2002: 44.

| Yacimiento | Isla | Municipio | Exclusión |
|---|---|---|---|
| Puig de sa Morisca | Mallorca | Calvià | ☐ |

| Código laboratorio | Valor ap(BP) | Valor ane(BC) | ± | Muestra |
|---|---|---|---|---|
| KIA-17981 | 2660 | 710 | 30 | Hueso fauna doméstica |

| cal ANE m | cal ANE 1s | cal ANE 2s | cal ANE dir | δ 13C | δ 15N | C/N |
|---|---|---|---|---|---|---|
| 818 | 828 / 808 | 853 / 793 | 817 | -22.7 | | 2.75 |

**Registro arqueológico**

Molar de bóvido de un contexto previo a la construcción de la torre. Muestra SM00-16.

**Estructura** Hábitat indeterminado

**Significado arqueológico**

La datación informa sobre una ocupación anterior escasamente documentada.

**Observaciones**

CLT: KIK-2308.

**Bibliografía**

Van Strydonck et alii 2002: 43-44.

| Yacimiento | Isla | Municipio | Exclusión |
|---|---|---|---|
| Puig de sa Morisca | Mallorca | Calvià | ☐ |

| Código laboratorio | Valor ap(BP) | Valor ane(BC) | ± | Muestra |
|---|---|---|---|---|
| KIA-18734 | 2525 | 575 | 25 | Hueso fauna doméstica |

| cal ANE m | cal ANE 1s | cal ANE 2s | cal ANE dir | δ 13C | δ 15N | C/N |
|---|---|---|---|---|---|---|
| 678 | 779 / 578 | 789 / 540 | 770 | -19.3 | | 2.89 |

**Registro arqueológico**

Hueso de cabra de un contexto previo a la construcción de la torre. Muestra SM99-64.

**Estructura** Hábitat indeterminado

**Significado arqueológico**

La datación informa sobre una ocupación anterior escasamente documentada.

**Observaciones**

CLT: KIK-2338.

**Bibliografía**

Van Strydonck et alii 2002: 44.

| Yacimiento | Isla | Municipio | Exclusión |
|---|---|---|---|
| Puig de sa Morisca | Mallorca | Calvià | ☐ |

| Código laboratorio | Valor ap(BP) | Valor ane(BC) | ± | Muestra |
|---|---|---|---|---|
| UtC-10028 | 2507 | 557 | 37 | Carbón |

| cal ANE m | cal ANE 1s | cal ANE 2s | cal ANE dir | δ 13C | δ 15N | C/N |
|---|---|---|---|---|---|---|
| 657 | 774 / 540 | 790 / 441 | 761 | | | |

**Registro arqueológico**

**Estructura** Hábitat indeterminado

**Significado arqueológico**

No disponemos de datos para proceder a una valoración adecuada.

**Observaciones**

**Bibliografía**

Guerrero, com. pers. (2000).

| Yacimiento | Isla | Municipio | Exclusión |
|---|---|---|---|
| Puig de sa Morisca | Mallorca | Calvià | ☐ |

| Código laboratorio | Valor ap(BP) | Valor ane(BC) | ± | Muestra |
|---|---|---|---|---|
| UtC-10031 | 2466 | 516 | 49 | Hueso fauna doméstica |

| cal ANE m | cal ANE 1s | cal ANE 2s | cal ANE dir | δ 13C | δ 15N | C/N |
|---|---|---|---|---|---|---|
| 600 | 757 / 444 | 782 / 414 | 542 | | | |

**Registro arqueológico**

**Estructura** Hábitat indeterminado

**Significado arqueológico**

No disponemos de datos para proceder a una valoración adecuada.

**Observaciones**

**Bibliografía**

Guerrero, com. pers. (2000).

| Yacimiento | Isla | Municipio | Exclusión |
|---|---|---|---|
| Puig de sa Morisca | Mallorca | Calvià | ☐ |

| Código laboratorio | Valor ap(BP) | Valor ane(BC) | ± | Muestra |
|---|---|---|---|---|
| UtC-10033 | 2466 | 516 | 43 | Hueso fauna doméstica |

| cal ANE m | cal ANE 1s | cal ANE 2s | cal ANE dir | δ 13C | δ 15N | C/N |
|---|---|---|---|---|---|---|
| 600 | 757 / 444 | 778 / 417 | 722, 712, 540 | | | |

**Registro arqueológico**

**Estructura** Hábitat indeterminado

**Significado arqueológico**

No disponemos de datos para proceder a una valoración adecuada.

**Observaciones**

**Bibliografía**

Guerrero, com. pers. (2000).

| Yacimiento | Isla | Municipio | Exclusión |
|---|---|---|---|
| Puig de sa Morisca | Mallorca | Calvià | ☐ |

| Código laboratorio | Valor ap(BP) | Valor ane(BC) | ± | Muestra |
|---|---|---|---|---|
| UtC-10029 | 2387 | 437 | 43 | Hueso fauna doméstica |

| cal ANE m | cal ANE 1s | cal ANE 2s | cal ANE dir | δ 13C | δ 15N | C/N |
|---|---|---|---|---|---|---|
| 440 | 480 / 401 | 740 / 383 | 422 | | | |

**Registro arqueológico**

**Estructura** Asentamiento postalayótico

**Significado arqueológico**

No disponemos de datos para proceder a una valoración adecuada.

**Observaciones**

**Bibliografía**

Guerrero, com. pers. (2000).

| Yacimiento | Isla | Municipio | Exclusión |
|---|---|---|---|
| Puig de sa Morisca | Mallorca | Calvià | ☐ |

| Código laboratorio | Valor ap(BP) | Valor ane(BC) | ± | Muestra |
|---|---|---|---|---|
| UtC-10032 | 2373 | 423 | 42 | Hueso fauna doméstica |

| cal ANE m | cal ANE 1s | cal ANE 2s | cal ANE dir | δ 13C | δ 15N | C/N |
|---|---|---|---|---|---|---|
| 416 | 438 / 394 | 728 / 378 | 413 | | | |

**Registro arqueológico**

**Estructura** Asentamiento postalayótico

**Significado arqueológico**

No disponemos de datos para proceder a una valoración adecuada.

**Observaciones**

**Bibliografía**

Guerrero, com. pers. (2000).

| Yacimiento | Isla | Municipio | Exclusión |
|---|---|---|---|
| Puig de sa Morisca | Mallorca | Calvià | ☐ |

| Código laboratorio | Valor ap(BP) | Valor ane(BC) | ± | Muestra |
|---|---|---|---|---|
| UtC-10030 | 2358 | 408 | 38 | Hueso fauna doméstica |

| cal ANE m | cal ANE 1s | cal ANE 2s | cal ANE dir | δ 13C | δ 15N | C/N |
|---|---|---|---|---|---|---|
| 408 | 425 / 390 | 503 / 374 | 407 | | | |

**Registro arqueológico**

**Estructura** Asentamiento postalayótico

**Significado arqueológico**

No disponemos de datos para proceder a una valoración adecuada.

**Observaciones**

**Bibliografía**

Guerrero, com. pers. (2000).

| Yacimiento | Isla | Municipio | Exclusión |
|---|---|---|---|
| Puig de sa Morisca | Mallorca | Calvià | ☐ |

| Código laboratorio | Valor ap(BP) | Valor ane(BC) | ± | Muestra |
|---|---|---|---|---|
| UtC-10026 | 1764 | -186 | 36 | Madera |

| cal ANE m | cal ANE 1s | cal ANE 2s | cal ANE dir | δ 13C | δ 15N | C/N |
|---|---|---|---|---|---|---|
| -280 | -223 / -336 | -161 / -381 | -255 | | | |

**Registro arqueológico**

**Estructura** Asentamiento histórico

**Significado arqueológico**

No disponemos de datos para proceder a una valoración adecuada.

**Observaciones**

**Bibliografía**

Guerrero, com. pers. (2000).

| Yacimiento | Isla | Municipio | Exclusión |
|---|---|---|---|
| Puig de sa Morisca | Mallorca | Calvià | ☐ |

| Código laboratorio | Valor ap(BP) | Valor ane(BC) | ± | Muestra |
|---|---|---|---|---|
| UtC-10027 | 1007 | -943 | 35 | Carbón |

| cal ANE m | cal ANE 1s | cal ANE 2s | cal ANE dir | δ 13C | δ 15N | C/N |
|---|---|---|---|---|---|---|
| -1014 | -999 / -1028 | -977 / -1127 | -1013 | | | |

**Registro arqueológico**

**Estructura** Asentamiento histórico

**Significado arqueológico**

No disponemos de datos para proceder a una valoración adecuada.

**Observaciones**

**Bibliografía**

Guerrero, com. pers. (2000).

**Yacimiento** Puig de ses Torretes

La única datación radiocarbónica disponible para este yacimiento al aire libre ha proporcionado la determinación cronológica más antigua para un contexto inequívoco de ocupación humana en Ibiza. En Puig de ses Torretes se han distinguido dos niveles de ocupación. El más reciente (nivel 2) corresponde a una cabaña de planta circular con zócalo de mampostería, mientras que el más antiguo (nivel 3) descansa sobre la roca natural y ha proporcionado evidencias de actividades metalúrgicas, de molienda y de consumo alimentario. La datación fue efectuada a partir de un hueso de bóvido procedente del nivel 3, que atestigua que la primera ocupación del lugar aconteció en torno a la transición entre el III y el II milenios cal ANE.

Referencias: Costa y Fernández Gómez (1992), Costa y Benito (2000).

.

| **Yacimiento** | **Isla** | **Municipio** | **Exclusión** |
|---|---|---|---|
| Puig de ses Torretes | Eivissa | Santa Eulària | ☐ |

| **Código laboratorio** | **Valor ap(BP)** | **Valor ane(BC)** | ± | **Muestra** |
|---|---|---|---|---|
| UtC-8319 | 3645 | 1695 | ± 42 | Hueso fauna doméstica |

| **cal ANE m** | **cal ANE 1s** | **cal ANE 2s** | **cal ANE dir** | **δ 13C** | **δ 15N** | **C/N** |
|---|---|---|---|---|---|---|
| 1996 | 2049 / 1944 | 2136 / 1899 | 2001 | | | |

**Registro arqueológico**

Sector 0. Nivel 3 bajo estructura 0.01. Hueso de bóvido.

**Estructura** Asentamiento al aire libre

**Significado arqueológico**

La datación indica un momento en la ocupación de este asentamiento al aire libre. En la actualidad, constituye la datación más antigua referida a la presencia humana segura en Eivissa.

**Observaciones**

**Bibliografía**

Costa y Benito 2000: 229, 244; Guerrero 2000a: 24.

**Yacimiento** Puig d'en Pau

Apenas contamos con informaciones relativas a este yacimiento mallorquín, por lo que habremos de esperar a la publicación de los hallazgos antes de efectuar una valoración de la serie radiocarbónica que, como puede observarse, delimita un intervalo entre aproximadamente finales del siglo X e inicios del siglo VIII cal ANE.

.

| **Yacimiento** | **Isla** | **Municipio** | **Exclusión** |
|---|---|---|---|
| Puig d'en Pau | Mallorca | Costitx | ☐ |

| **Código laboratorio** | **Valor ap(BP)** | **Valor ane(BC)** | ± | **Muestra** |
|---|---|---|---|---|
| KIA-14821 | 2770 | 820 | 30 | Hueso fauna doméstica |

| **cal ANE m** | **cal ANE 1s** | **cal ANE 2s** | **cal ANE dir** | **δ 13C** | **δ 15N** | **C/N** |
|---|---|---|---|---|---|---|
| 904 | 938 / 871 | 988 / 832 | 911 | -20.91 | 1.77 | 2.84 |

**Registro arqueológico**

Asentamiento. UE200.

**Estructura** Hábitat indeterminado

**Significado arqueológico**

La datación puede referirse a una ocupación previa a la mayoría de los materiales recuperados, tipológicamente más recientes (com. pers. de Biel Pons Homar).

**Observaciones**

CLT: KIK-1939.

**Bibliografía**

Van Strydonck et alii 2002: 49; 2004, e.p.: tabla 1.

| Yacimiento | Isla | Municipio | Exclusión |
|---|---|---|---|
| Puig d'en Pau | Mallorca | Costitx | ☐ |

| Código laboratorio | Valor ap(BP) | Valor ane(BC) | ± | Muestra |
|---|---|---|---|---|
| KIA-14823 | 2735 | 785 | 40 | Hueso fauna doméstica |

| cal ANE m | cal ANE 1s | cal ANE 2s | cal ANE dir | δ 13C | δ 15N | C/N |
|---|---|---|---|---|---|---|
| 873 | 913 / 833 | 963 / 816 | 867 | -21.19 | 7.86 | 2.8 |

**Registro arqueológico**

Asentamiento. UE186.

**Estructura** Hábitat indeterminado

**Significado arqueológico**

La datación puede referirse a una ocupación previa a la mayoría de los materiales recuperados, tipológicamente más recientes (com. pers. de Biel Pons Homar).

**Observaciones**

CLT: KIK-1941.

**Bibliografía**

Van Strydonck et alii 2002: 49; 2004, e.p.: tabla 1.

| Yacimiento | Isla | Municipio | Exclusión |
|---|---|---|---|
| Puig d'en Pau | Mallorca | Costitx | ☐ |

| Código laboratorio | Valor ap(BP) | Valor ane(BC) | ± | Muestra |
|---|---|---|---|---|
| KIA-14820 | 2590 | 640 | 35 | Hueso fauna doméstica |

| cal ANE m | cal ANE 1s | cal ANE 2s | cal ANE dir | δ 13C | δ 15N | C/N |
|---|---|---|---|---|---|---|
| 790 | 806 / 775 | 821 / 763 | 791 | -20.4 | 4.12 | 2.81 |

**Registro arqueológico**

Asentamiento. UE207.

**Estructura** Hábitat indeterminado

**Significado arqueológico**

La datación puede referirse a una ocupación previa a la mayoría de los materiales recuperados, tipológicamente más recientes (com. pers. de Biel Pons Homar).

**Observaciones**

CLT: KIK-1939.

**Bibliografía**

Van Strydonck et alii 2002: 49; 2004, e.p.: tabla 1.

| Yacimiento | Isla | Municipio | Exclusión |
|---|---|---|---|
| Puig d'en Pau | Mallorca | Costitx | ☐ |

| Código laboratorio | Valor ap(BP) | Valor ane(BC) | ± | Muestra |
|---|---|---|---|---|
| KIA-14822 | 2545 | 595 | 30 | Hueso fauna doméstica |

| cal ANE m | cal ANE 1s | cal ANE 2s | cal ANE dir | δ 13C | δ 15N | C/N |
|---|---|---|---|---|---|---|
| 775 | 787 / 764 | 802 / 559 | 775 | -20.45 | 2.35 | 2.85 |

**Registro arqueológico**

Asentamiento. UE554.

**Estructura** Hábitat indeterminado

**Significado arqueológico**

La datación puede referirse a una ocupación previa a la mayoría de los materiales recuperados, tipológicamente más recientes (com. pers. de Biel Pons Homar).

**Observaciones**

CLT: KIK-1940.

**Bibliografía**

Van Strydonck et alii 2002: 49; 2004, e.p.: tabla 1.

| Yacimiento | Isla | Municipio | Exclusión |
|---|---|---|---|
| Puig d'en Pau | Mallorca | Costitx | ☑ |

| Código laboratorio | Valor ap(BP) | Valor ane(BC) | ± | Muestra |
|---|---|---|---|---|
| KIA-12700 | 1260 | -690 | 40 | Hueso fauna doméstica |

| cal ANE m | cal ANE 1s | cal ANE 2s | cal ANE dir | δ 13C | δ 15N | C/N |
|---|---|---|---|---|---|---|
| | | | | -29 | | 8.3 |

**Registro arqueológico**

Asentamiento. UE434.

**Estructura** Hábitat indeterminado

**Significado arqueológico**

El comentario sería idéntico al de las restantes dataciones de la serie de este yacimiento, aunque lo anómalo del resultado prima sobre cualquier otra consideración.

**Observaciones**

Excluida por deficiente calidad de la muestra (hueso con una proporción muy elevada de C/N). CLT: KIK-1683.

**Bibliografía**

Van Strydonck et alii 2002: 48-49.

**Yacimiento** Pula

Yacimiento al aire libre caracterizado por una construcción a modo de túmulo escalonado con rampas periféricas que conducen a una cámara elevada. Diversas estructuras habitacionales se adosaban al exterior de dicho túmulo, entre ellas una especie de porche acondicionado sobre un nivel de escombros e interpretado como un espacio de trabajo y convivencia. Las informaciones relativas al yacimiento y a los contextos de procedencia de las dos dataciones radiocarbónicas realizadas son escasas y poco claras. La fecha más antigua (P-1404) fue, al parecer, obtenida a partir de una muestra de carbón tomada del nivel inferior en la estratigrafía del área del "porche" (el nivel de escombros citado) (Rosselló Bordoy 1992: 424-425). Cabe desestimar, pues, la noticia inicial que señalaba que la muestra procedía de "un nivel de 0,60 cm situado sobre un enlosado irregular que servía de piso a la cámara elevada" (Camps y Rosselló Bordoy 1970: 852) si ello significa que el "piso" mencionado se ubicaba en la parte superior del propio monumento. De esta forma, los abundantes hallazgos arqueológicos realizados en el nivel del porche resultan posteriores a mediados del II milenio cal ANE.

La datación más reciente (BM-1998R) también fue obtenida a partir de una muestra de vida larga. En este caso, dicha muestra procedería del relleno de la cámara superior, prácticamente estéril y que fue abandonada tras un incendio. Si asumimos que la muestra formó parte de un elemento leñoso estructural del monumento escalonado, la construcción del mismo debería ser posterior, en una medida indeterminada, a aproximadamente 1200 cal ANE, que es el punto central del intervalo de calibración a 1 sigma. Ello supone asimismo que los materiales del porche serían también posteriores a la fecha de construcción del túmulo, ya que dicho porche se apoyaba en el paramento externo de aquél. Por tanto, sugiero una cronología a partir de los siglos XII/XI cal ANE para la construcción del monumento y las estructuras adosadas.

Referencias: Rosselló Bordoy (1973, 1992).

.

**Yacimiento:** Pula | **Isla:** Mallorca | **Municipio:** Son Servera | **Exclusión:** ☐

**Código laboratorio:** P-1404 | **Valor ap(BP):** 3260 | **Valor ane(BC):** 1310 ± 60 | **Muestra:** Carbón

| cal ANE m | cal ANE 1s | cal ANE 2s | cal ANE dir | δ 13C | δ 15N | C/N |
|---|---|---|---|---|---|---|
| 1526 | 1587 / 1465 | 1684 / 1403 | 1532 | | | |

**Registro arqueológico**

Nivel inferior de la estratigrafía del sector porche, adosado al monumento escalonado o túmulo. Capa de cenizas (según Rosselló Bordoy 1992).

**Estructura** Hábitat en piedra

**Significado arqueológico**

La datación informa sobre un momento previo, en una medida determinada, a las construcciones del asentamiento. Parece que la muestra procede de un contexto exterior al monumento escalonado, en la base de la estratigrafía del yacimiento.

**Observaciones**

Publicada en ocasiones con el código P-1438 (Rosselló Bordoy 1973: 188) o UP-1438 (Waldren 1986: tabla 16c). Stuckenrath y Lawn (1969: 159) y Camps y Rosselló Bordoy (1970: 852) señalan que la muestra procede de un nivel sobre enlosado en el piso de la cámara elevada (nivel más bajo).

**Bibliografía**

Stuckenrath y Lawn 1969: 159; Camps y Rosselló Bordoy 1970: 851-852; Rosselló Bordoy y Camps 1972: 161; Rosselló Bordoy 1992: 424-425.

| Yacimiento | Isla | Municipio | Exclusión |
|---|---|---|---|
| Pula | Mallorca | Son Servera | ☐ |

| Código laboratorio | Valor ap(BP) | Valor ane(BC) | ± | Muestra |
|---|---|---|---|---|
| BM-1998R | 2990 | 1040 | 100 | Carbón |

| cal ANE m | cal ANE 1s | cal ANE 2s | cal ANE dir | δ13C | δ15N | C/N |
|---|---|---|---|---|---|---|
| 1206 | 1352 / 1061 | 1464 / 920 | 1228 | -24.2 | | |

**Registro arqueológico**

Relleno de la cámara superior del sector del monumento escalonado. Incendio. (según Rosselló Bordoy 1992).

**Estructura** Hábitat en piedra

**Significado arqueológico**

La datación informa sobre un momento previo, en una medida determinada, a la tala de un árbol utilizado como elemento constructivo. Los materiales asociados serían posteriores al resultado obtenido.

**Observaciones**

Corrección de la datación inicial BM-1998: 695±40 ane.

**Bibliografía**

Burleigh, Ambers y Matthews 1983: 55; Bowman, Ambers y Leese 1990: 76; Waldren 1986: tabla 16, nº inv. 23a; 1992, nº113 y 153; Rosselló Bordoy 1992: 424-425.

**Yacimiento** Punta de S´Escullar

Sólo una de las tres dataciones efectuadas a partir de muestras óseas de este abrigo destinado a usos funerarios ha ofrecido un resultado correcto (IRPA-1139). Éste informa sobre la práctica de la inhumación en cal aproximadamente en un momento avanzado del siglo II cal ANE. Las escasas noticias publicadas hasta ahora impiden efectuar ninguna valoración adicional.

Referencias: Plantalamor (1991).

.

| **Yacimiento** | **Isla** | **Municipio** | **Exclusión** |
|---|---|---|---|
| Punta de S´Escullar | Menorca | Ciutadella | ☐ |

| **Código laboratorio** | **Valor ap(BP)** | **Valor ane(BC)** | ± | **Muestra** |
|---|---|---|---|---|
| IRPA-1139 | 2105 | 155 | 40 | Hueso humano |

| **cal ANE m** | **cal ANE 1s** | **cal ANE 2s** | **cal ANE dir** | **δ 13C** | **δ 15N** | **C/N** |
|---|---|---|---|---|---|---|
| 125 | 178 / 72 | 206 / 20 | 134 | -19.2 | | |

**Registro arqueológico**

Cueva funeraria. Estrato 3. Sector 8C.

**Estructura** Cueva de inhumación en cal

**Significado arqueológico**

La datación informa sobre la práctica de inhumaciones en cal, una de las formas de enterramiento típicas de los momentos más recientes de la secuencia prehistórica.

**Observaciones**

**Bibliografía**

Plantalamor y Van Strydonck 1997: 59; Van Strydonck et alii 1998: 33.

| Yacimiento | Isla | Municipio | Exclusión |
|---|---|---|---|
| Punta de S´Escullar | Menorca | Ciutadella | ☑ |

| Código laboratorio | Valor ap(BP) | Valor ane(BC) | ± | Muestra |
|---|---|---|---|---|
| UtC-4741 | 1795 | -155 | 30 | Hueso humano |

| cal ANE m | cal ANE 1s | cal ANE 2s | cal ANE dir | δ 13C | δ 15N | C/N |
|---|---|---|---|---|---|---|
| | | | | -24 | | |

**Registro arqueológico**

Cueva funeraria. Estrato 4. Cuadro 7-D. Huesos con "cremación in situ".

**Estructura** Cueva de inhumación en cal

**Significado arqueológico**

La consideración del carácter erróneo del resultado obvia cualquier comentario.

**Observaciones**

Excluida por contaminación en la muestra (Van Strydonck et alii 1998: 33). CLT: KIK-595.

**Bibliografía**

Plantalamor y Van Strydonck 1997: 47; Van Strydonck et alii 1998: 32-33.

| Yacimiento | Isla | Municipio | Exclusión |
|---|---|---|---|
| Punta de S´Escullar | Menorca | Ciutadella | ☑ |

| Código laboratorio | Valor ap(BP) | Valor ane(BC) | ± | Muestra |
|---|---|---|---|---|
| UtC-3935 | 1690 | -260 | 55 | Hueso humano |

| cal ANE m | cal ANE 1s | cal ANE 2s | cal ANE dir | δ 13C | δ 15N | C/N |
|---|---|---|---|---|---|---|
| | | | | -24.9 | | |

**Registro arqueológico**

Cueva funeraria. Estrato 4. Sector E-C. Huesos quemados.

**Estructura** Cueva de inhumación en cal

**Significado arqueológico**

La consideración del carácter erróneo del resultado obvia cualquier comentario.

**Observaciones**

Excluida por contaminación en la muestra (Van Strydonck et alii 1998: 33). CLT: KIK-439.

**Bibliografía**

Van Strydonck et alii 1998: 33.

**Yacimiento** Rafal Rubí

En la finca de este nombre se han identificado dos navetas de similares características, conocidas como Rafal Rubí Norte y Sur. La naveta meridional es la mejor conocida. Presenta planta alargada, fachada recta y final en ábside; corredor de entrada, separado de la cámara por una losa perforada y una cámara superior, a la que se accede por una chimenea abierta en el techo del corredor. Precisamente fue esta cámara superior la que acaparó los trabajos de excavación de finales de los años sesenta, ya que el piso inferior estaba vacío al haber sido aprovechado como corral. La estratigrafía observada constaba de tres niveles: un superficial estéril, una capa de tierra vegetal también estéril y, finalmente, una tercera capa de tierra amarillenta de entre 50-60 cm de potencia, con abundantes restos de enterramientos.

Salvo la datación IRPA-1142, procedente de un contexto incierto y cuyo resultado está desvinculado del uso funerario original, las restantes seis dataciones radiocarbónicas se efectuaron a partir de muestras óseas humanas tomadas presumiblemente del material procedente de la cámara superior de la naveta. Una de éstas (KIA-16274) ha sido excluida por posibles problemas de contaminación. Las otras presentan valores centrales que se concentran principalmente en el siglo XIV cal ANE. La única excepción es KIA-15730, que se sitúa a finales del siglo XI cal ANE. Desconocemos la determinación osteológica de las muestras datadas (tipo de hueso y lateralidad), datos muy importantes a la hora de valorar una serie radiocarbónica procedente de un conjunto funerario con un prolongado periodo de utilización.

En lo que respecta a la naveta Norte, tan sólo contamos con una datación radiocarbónica (IRPA-1170), obtenida también a partir de una muestra de huesos humanos, cuyo resultado se encuentra a caballo de los siglos X y IX cal ANE.

Referencias: Serra y Rosselló Bordoy (1971), Plantalamor (1991).

.

| Yacimiento | Isla | Municipio | Exclusión |
|---|---|---|---|
| Rafal Rubí | Menorca | Alaior | ☐ |

| Código laboratorio | Valor ap(BP) | Valor ane(BC) | ± | Muestra |
|---|---|---|---|---|
| KIA-16270 | 3090 | 1140 | 30 | Hueso humano |

| cal ANE m | cal ANE 1s | cal ANE 2s | cal ANE dir | δ 13C | δ 15N | C/N |
|---|---|---|---|---|---|---|
| 1358 | 1406 / 1311 | 1422 / 1282 | 1385 | -19.76 | 8.24 | 2.88 |

**Registro arqueológico**

Naveta Sur. Muestra NM 4.

**Estructura** Naveta

**Significado arqueológico**

La datación indica un momento dentro del intervalo de uso del recinto de inhumación colectiva.

**Observaciones**

CLT: KIK-2081.

**Bibliografía**

Van Strydonck et alii 2002: 43; 2004, e.p.: tabla 1.

| Yacimiento | Isla | Municipio | Exclusión |
|---|---|---|---|
| Rafal Rubí | Menorca | Alaior | ☐ |

| Código laboratorio | Valor ap(BP) | Valor ane(BC) | ± | Muestra |
|---|---|---|---|---|
| KIA-16269 | 3085 | 1135 | 25 | Hueso humano |

| cal ANE m | cal ANE 1s | cal ANE 2s | cal ANE dir | δ 13C | δ 15N | C/N |
|---|---|---|---|---|---|---|
| 1355 | 1402 / 1308 | 1416 / 1281 | 1384 | -20.1 | 8.87 | 2.84 |

**Registro arqueológico**

Naveta Sur. Muestra NM 3.

**Estructura** Naveta

**Significado arqueológico**

La datación indica un momento dentro del intervalo de uso del recinto de inhumación colectiva.

**Observaciones**

En Van Strydonck et alii (2004, e.p.: tabla 1) se publica un valor delta 13C de -20,20 por mil. CLT: KIK-2080.

**Bibliografía**

Van Strydonck et alii 2002: 43; 2004, e.p.: tabla 1.

| Yacimiento | Isla | Municipio | Exclusión |
|---|---|---|---|
| Rafal Rubí | Menorca | Alaior | ☐ |

| Código laboratorio | Valor ap(BP) | Valor ane(BC) | ± | Muestra |
|---|---|---|---|---|
| KIA-16272 | 3050 | 1100 | 30 | Hueso humano |

| cal ANE m | cal ANE 1s | cal ANE 2s | cal ANE dir | δ 13C | δ 15N | C/N |
|---|---|---|---|---|---|---|
| 1329 | 1381 / 1278 | 1403 / 1219 | 1304 | -19.88 | 8.59 | 2.91 |

**Registro arqueológico**

Naveta Sur. Muestra NM 2.

**Estructura** Naveta

**Significado arqueológico**

La datación indica un momento dentro del intervalo de uso del recinto de inhumación colectiva.

**Observaciones**

CLT: KIK-2083.

**Bibliografía**

Van Strydonck et alii 2002: 43; 2004, e.p.: tabla 1.

| Yacimiento | Isla | Municipio | Exclusión |
|---|---|---|---|
| Rafal Rubí | Menorca | Alaior | ☐ |

| Código laboratorio | Valor ap(BP) | Valor ane(BC) | ± | Muestra |
|---|---|---|---|---|
| KIA-16271 | 3035 | 1085 | ± 30 | Hueso humano |

| cal ANE m | cal ANE 1s | cal ANE 2s | cal ANE dir | δ 13C | δ 15N | C/N |
|---|---|---|---|---|---|---|
| 1314 | 1366 / 1262 | 1394 / 1191 | 1291 | -20.35 | 8.46 | 2.86 |

**Registro arqueológico**

Naveta Sur. Muestra NM 1.

**Estructura** Naveta

**Significado arqueológico**

La datación indica un momento dentro del intervalo de uso del recinto de inhumación colectiva.

**Observaciones**

CLT: KIK-2082.

**Bibliografía**

Van Strydonck et alii 2002: 43; 2004, e.p.: tabla 1.

| Yacimiento | Isla | Municipio | Exclusión |
|---|---|---|---|
| Rafal Rubí | Menorca | Alaior | ☐ |

| Código laboratorio | Valor ap(BP) | Valor ane(BC) | ± | Muestra |
|---|---|---|---|---|
| KIA-15730 | 2870 | 920 | ± 30 | Hueso humano |

| cal ANE m | cal ANE 1s | cal ANE 2s | cal ANE dir | δ 13C | δ 15N | C/N |
|---|---|---|---|---|---|---|
| 1028 | 1067 / 989 | 1133 / 930 | 1023 | -19.83 | 7.8 | 2.86 |

**Registro arqueológico**

Naveta Sur. Muestra NM 5.

**Estructura** Naveta

**Significado arqueológico**

La datación indica un momento dentro del intervalo de uso del recinto de inhumación colectiva.

**Observaciones**

CLT: KIK-2058.

**Bibliografía**

Van Strydonck et alii 2002: 43; 2004, e.p.: tabla 1.

| Yacimiento | Isla | Municipio | Exclusión |
|---|---|---|---|
| Rafal Rubí | Menorca | Alaior | ☐ |

| Código laboratorio | Valor ap(BP) | Valor ane(BC) | | Muestra |
|---|---|---|---|---|
| IRPA-1170 | 2765 | 815 | ± 40 | Hueso humano |

| cal ANE m | cal ANE 1s | cal ANE 2s | cal ANE dir | δ 13C | δ 15N | C/N |
|---|---|---|---|---|---|---|
| 900 | 944 / 856 | 1003 / 829 | 903 | -18.9 | 7.56 | |

**Registro arqueológico**

Naveta Norte. Huesos de la cámara superior.

**Estructura** Naveta

**Significado arqueológico**

La datación indica un momento dentro del intervalo de uso del recinto de inhumación colectiva.

**Observaciones**

En Van Strydonck et alii (2004, e.p.: tabla 1) se publica un valor delta 13C de -19,56 por mil.

**Bibliografía**

Plantalamor y Van Strydonck 1997: 26; Van Strydonck et alii 1998: 32; 2004, e.p.: tabla 1.

| Yacimiento | Isla | Municipio | Exclusión |
|---|---|---|---|
| Rafal Rubí | Menorca | Alaior | ☑ |

| Código laboratorio | Valor ap(BP) | Valor ane(BC) | | Muestra |
|---|---|---|---|---|
| KIA-16274 | 2410 | 460 | ± 30 | Hueso humano |

| cal ANE m | cal ANE 1s | cal ANE 2s | cal ANE dir | δ 13C | δ 15N | C/N |
|---|---|---|---|---|---|---|
| | | | | -19.6 | | 3.62 |

**Registro arqueológico**

Naveta Sur. Muestra NM 6.

**Estructura** Naveta

**Significado arqueológico**

La consideración del carácter erróneo del resultado obvia cualquier comentario.

**Observaciones**

Excluida por posible contaminación, a tenor del bajo porcentaje de colágeno recuperado y del escaso rendimiento en CO2 del colágeno. CLT: KIK-2085.

**Bibliografía**

Van Strydonck et alii 2002: 43.

**Yacimiento** Rafal Rubí
**Isla** Menorca
**Municipio** Alaior
**Exclusión** ☐

**Código laboratorio** IRPA-1142
**Valor ap(BP)** 400
**Valor ane(BC)** -1550 ± 35
**Muestra** Carbón

| cal ANE m | cal ANE 1s | cal ANE 2s | cal ANE dir | δ 13C | δ 15N | C/N |
|---|---|---|---|---|---|---|
| -1466 | -1445 / -1486 | -1428 / -1615 | -1465 | -23.7 | | |

**Registro arqueológico**

Naveta Sur. Carbón vegetal hallado en las excavaciones Mª L. Serra. Contexto incierto.

**Estructura** Indeterminada

**Significado arqueológico**

La fecha puede hacer referencia a una frecuentación esporádica del yacimiento en época histórica, o bien estrictamente a un evento de orden natural.

**Observaciones**

**Bibliografía**

Plantalamor y Van Strydonck 1997: 74; Van Strydonck et alii 1998: 34.

**Yacimiento** S´Aigua Dolça

Este sepulcro dolménico consta de una cámara rectangular con tendencia hexagonal a la que se accede desde una antecámara o corredor tras atravesar una losa perforada a modo de puerta. Estos espacios están circundados por un túmulo circular delimitado por un perímetro externo de losas hincadas. El depósito arqueológico estaba afectado por la erosión y las labores agrícolas, pero las excavaciones realizadas en los años 1995 y 1996 permitieron documentar tres horizontes de ocupación a los que se adscriben diferentes restos correspondientes a diferentes episodios funerarios sucesivos: huesos humanos pertenecientes a treinta y cuatro individuos, recipientes cerámicos (un cuenco de base rehundida, un vaso troncocónico con cordón aplicado por debajo del borde, un vaso carenado), objetos de cobre y bronce (un cuchillo, varios punzones), botones de hueso, colmillo y piedra, colgantes de incisivo de suido, cuentas de collar de concha y dos afiladores de piedra fragmentados. En el exterior del monumento también se recuperaron otros materiales dispersos que cabría vincular con los momentos de construcción y uso del dolmen.

La serie radiocarbónica está formada por cinco dataciones, todas ellas efectuadas a partir de huesos humanos hallados en el interior del sepulcro. Los resultados se hallan muy próximos entre sí y, en conjunto, informan de que el uso del sepulcro pudo haber cubierto aproximadamentelos siglos XVIII y XVII.

Referencias: Guerrero, Coll y Calvo (1998), Coll (2003), Guerrero, Calvo y Coll (2003).

.

| Yacimiento | Isla | Municipio | Exclusión |
|---|---|---|---|
| S´Aigua Dolça | Mallorca | Artà | ☐ |

| Código laboratorio | Valor ap(BP) | Valor ane(BC) | ± | Muestra |
|---|---|---|---|---|
| KIA-15223 | 3485 | 1535 | 40 | Hueso humano |

| cal ANE m | cal ANE 1s | cal ANE 2s | cal ANE dir | δ 13C | δ 15N | C/N |
|---|---|---|---|---|---|---|
| 1808 | 1884 / 1733 | 1910 / 1700 | 1774 | -19.6 | 9.4 | 2.66 |

**Registro arqueológico**

Inhumación colectiva. Cámara. U.E. 19.

**Estructura** Dolmen

**Significado arqueológico**

La datación indica un momento inicial dentro del intervalo de uso de la estructura funeraria.

**Observaciones**

CLT: KIK-1991.

**Bibliografía**

Van Strydonck et alii 2002: 44; Van Strydonck, Boudin, Ervynck 2003: tabla 4.

| Yacimiento | Isla | Municipio | Exclusión |
|---|---|---|---|
| S´Aigua Dolça | Mallorca | Artà | ☐ |

| Código laboratorio | Valor ap(BP) | Valor ane(BC) | ± | Muestra |
|---|---|---|---|---|
| UtC-4744 | 3460 | 1510 | 40 | Hueso humano |

| cal ANE m | cal ANE 1s | cal ANE 2s | cal ANE dir | δ 13C | δ 15N | C/N |
|---|---|---|---|---|---|---|
| 1780 | 1847 / 1714 | 1894 / 1667 | 1749 | -19.3 | | |

**Registro arqueológico**

Inhumación colectiva. Cámara. U.E. 13.

**Estructura** Dolmen

**Significado arqueológico**

La datación indica un momento determinado dentro del intervalo de uso de la estructura funeraria.

**Observaciones**

Plantalamor y Van Strydonck (1997: 75) publican erróneamente el valor convencional 1410±40 ane. CLT: KIK-591.

**Bibliografía**

Calvo, Coll y Guerrero 1997: 26; Plantalamor y Van Strydonck 1997: 75; Van Strydonck et alii 1998: 29; Van Strydonck, Boudin y Ervynck 2003: tabla 4.

| Yacimiento | Isla | Municipio | Exclusión |
|---|---|---|---|
| S´Aigua Dolça | Mallorca | Artà | ☐ |

| Código laboratorio | Valor ap(BP) | Valor ane(BC) | ± | Muestra |
|---|---|---|---|---|
| KIA-15224 | 3420 | 1470 | 30 | Hueso humano |

| cal ANE m | cal ANE 1s | cal ANE 2s | cal ANE dir | δ 13C | δ 15N | C/N |
|---|---|---|---|---|---|---|
| 1716 | 1749 / 1683 | 1768 / 1640 | 1716 | -19.4 | 8.1 | 2.73 |

**Registro arqueológico**

Inhumación colectiva. Cámara. U.E. 17.

**Estructura** Dolmen

**Significado arqueológico**

La datación indica un momento determinado dentro del intervalo de uso de la estructura funeraria.

**Observaciones**

CLT: KIK-1992.

**Bibliografía**

Van Strydonck et alii 2002: 44; Van Strydonck, Boudin, Ervynck 2003: tabla 4.

**Yacimiento** S´Aigua Dolça | **Isla** Mallorca | **Municipio** Artà | **Exclusión** ☐

| Código laboratorio | Valor ap(BP) | Valor ane(BC) | ± | Muestra |
|---|---|---|---|---|
| UtC-4736 | 3380 | 1430 | ± 40 | Hueso humano |

| cal ANE m | cal ANE 1s | cal ANE 2s | cal ANE dir | δ 13C | δ 15N | C/N |
|---|---|---|---|---|---|---|
| 1672 | 1717 / 1626 | 1754 / 1549 | 1675 | -19.8 | | |

**Registro arqueológico**

Inhumación colectiva. Cámara. U.E. 10.

**Estructura** Dolmen

**Significado arqueológico**

La datación indica un momento determinado dentro del intervalo de uso de la estructura funeraria.

**Observaciones**

CLT: KIK-593.

**Bibliografía**

Calvo, Coll y Guerrero 1997: 26; Plantalamor y Van Strydonck 1997: 75; Van Strydonck et alii 1998: 29; Van Strydonck, Boudin y Ervynck 2003: tabla 4.

---

**Yacimiento** S´Aigua Dolça | **Isla** Mallorca | **Municipio** Artà | **Exclusión** ☐

| Código laboratorio | Valor ap(BP) | Valor ane(BC) | ± | Muestra |
|---|---|---|---|---|
| UtC-4739 | 3365 | 1415 | ± 30 | Hueso humano |

| cal ANE m | cal ANE 1s | cal ANE 2s | cal ANE dir | δ 13C | δ 15N | C/N |
|---|---|---|---|---|---|---|
| 1658 | 1700 / 1617 | 1729 / 1542 | 1663 | -19.6 | | |

**Registro arqueológico**

Inhumación colectiva. Cámara. U.E. 14.

**Estructura** Dolmen

**Significado arqueológico**

La datación indica un momento reciente dentro del intervalo de uso de la estructura funeraria.

**Observaciones**

CLT: KIK-605.

**Bibliografía**

Calvo, Coll y Guerrero 1997: 26; Plantalamor y Van Strydonck 1997: 75; Van Strydonck et alii 1998: 30; Van Strydonck, Boudin y Ervynck 2003: tabla 4.

**Yacimiento** S´Alblegall

Las informaciones relativas al hipogeo nº 3 de la necrópolis de S'Alblegall proceden de la recogida y análisis de algunos materiales visibles en superficie. Actualmente, el sepulcro se encuentra muy afectado por la erosión, por lo que resulta complicado reconstruir su morfología original. Sobre la superficie del suelo y apenas cubiertos por una fina capa de polvo caído de las paredes de "marès", eran visibles restos óseos humanos, algunos con indicios de combustión y otros no, así como una apreciable cantidad de semillas, glumas y aristas carbonizadas. El análisis de estos restos botánicos ha revelado que en su mayoría corresponden a cebada vestida.

De las dos dataciones radiocarbónicas realizadas, una es errónea porque la cantidad de colágeno conservado era insuficiente (KIA-19517). En cambio, la segunda, realizada a partir de semillas, resulta completamente válida (KIA-16277) e indica una edad de mediados del siglo XV cal ANE. Subscribimos la interpretación de los autores del estudio publicado, en virtud de la cual la combustión intencional del grano se habría producido cuando el material osteológico ya se había depositado. Sólo así se explica tanto la conservación de una importante cantidad de macrorrestos como las huellas de combustión identificadas en parte de los huesos humanos. Así pues, la datación KIA-16277 indica que el uso funerario de la cavidad se prolongó durante un lapso temporal indeterminado pero, en todo caso, previo a ca. 1450 cal ANE.

Referencias: Arnau, Gornés y Stika (2003).

.

| **Yacimiento** | **Isla** | **Municipio** | **Exclusión** |
|---|---|---|---|
| S´Alblegall | Menorca | Ferreries | ☐ |

| **Código laboratorio** | **Valor ap(BP)** | **Valor ane(BC)** | ± | **Muestra** |
|---|---|---|---|---|
| KIA-16277 | 3180 | 1230 | 30 | Semilla cereal |

| **cal ANE m** | **cal ANE 1s** | **cal ANE 2s** | **cal ANE dir** | **δ 13C** | **δ 15N** | **C/N** |
|---|---|---|---|---|---|---|
| 1454 | 1491 / 1417 | 1514 / 1400 | 1434 | -23.4 | | |

**Registro arqueológico**

Hipogeo nº 3. Nivel ceniciento en superficie con abundantes semillas de cebada vestida.

**Estructura** Varia funerario

**Significado arqueológico**

La datación proporciona probablemente una indicación del momento de amortización del hipogeo.

**Observaciones**

Yacimiento conocido también como Cova des Blat y Cova de sa Paret. KIK-2088.

**Bibliografía**

Arnau, Gornés y Stika 2003: 125; Van Strydonck et alii 2002: 39.

| Yacimiento | Isla | Municipio | Exclusión |
|---|---|---|---|
| S´Alblegall | Menorca | Ferreries | ✔ |

| Código laboratorio | Valor ap(BP) | Valor ane(BC) | ± | Muestra |
|---|---|---|---|---|
| KIA-19517 | 2440 | 490 | ± 35 | Hueso humano |

| cal ANE m | cal ANE 1s | cal ANE 2s | cal ANE dir | δ13C | δ15N | C/N |
|---|---|---|---|---|---|---|
| | | | | | | |

**Registro arqueológico**

Hipogeo nº 3. Nivel ceniciento en superficie. Huesos quemados visibles en superficie.

**Estructura** Varia funerario

**Significado arqueológico**

La mala calidad de la muestra impide realizar una valoración de su significado.

**Observaciones**

Excluida por baja recuperación de colágeno en hueso quemado. La fecha real debe ser anterior (sin precisar).

**Bibliografía**

Arnau, Gornés y Stika 2003: 125.

**Yacimiento** S´Embarcador de Salairó

Las tres dataciones radiocarbónicas disponibles para este yacimiento funerario corresponden a contextos de inhumación en cista. Las escasas informaciones publicadas dificultan valorar estos datos aislados. Atendiendo estrictamente a los valores radiocarbónicos, cabe señalar que dos dataciones (UBAR-420 y UBAR-421) presentan resultados bastante próximos entre sí, dentro de un intervalo general que comprendería grosso modo los siglos IV y III cal ANE. De ahí que sorprenda el alejamiento de la tercera datación con respecto a estas dos. En concreto, UBAR-422 ha ofrecido un resultado en torno a los inicios del siglo V cal DNE, o sea, prácticamente siete siglos más tarde. Reitero una vez más que la escasez de datos contextuales impide ahondar en esta aparente anomalía.

Referencias: Mestres y de Nicolás (1999).

| **Yacimiento** | **Isla** | **Municipio** | **Exclusión** |
|---|---|---|---|
| S´Embarcador de Salairó | Menorca | Es Mercadal | ☐ |

| **Código laboratorio** | **Valor ap(BP)** | **Valor ane(BC)** | ± | **Muestra** |
|---|---|---|---|---|
| UBAR-420 | 2250 | 300 | 50 | Hueso humano |

| **cal ANE m** | **cal ANE 1s** | **cal ANE 2s** | **cal ANE dir** | **δ 13C** | **δ 15N** | **C/N** |
|---|---|---|---|---|---|---|
| 301 | 384 / 218 | 409 / 175 | 358 | | | |

**Registro arqueológico**

Inhumación individual en cista.

**Estructura** Varia funerario

**Significado arqueológico**

La datación indicaría el momento correspondiente a esta deposición funeraria individual, de la que disponemos de muy pocos datos.

**Observaciones**

**Bibliografía**

Mestres y de Nicolás 1999: apéndice.

| Yacimiento | Isla | Municipio | Exclusión |
|---|---|---|---|
| S´Embarcador de Salairó | Menorca | Es Mercadal | ☐ |

| Código laboratorio | Valor ap(BP) | Valor ane(BC) | | | Muestra |
|---|---|---|---|---|---|
| UBAR-421 | 2170 | 220 | ± | 50 | Hueso humano |

| cal ANE m | cal ANE 1s | cal ANE 2s | cal ANE dir | δ 13C | δ 15N | C/N |
|---|---|---|---|---|---|---|
| 248 | 343 / 153 | 371 / 80 | 193 | | | |

**Registro arqueológico**

Inhumación individual en cista.

**Estructura** Varia funerario

**Significado arqueológico**

La datación indicaría el momento correspondiente a esta deposición funeraria individual, de la que disponemos de muy pocos datos.

**Observaciones**

**Bibliografía**

Mestres y de Nicolás 1999: apéndice.

| Yacimiento | Isla | Municipio | Exclusión |
|---|---|---|---|
| S´Embarcador de Salairó | Menorca | Es Mercadal | ☐ |

| Código laboratorio | Valor ap(BP) | Valor ane(BC) | | | Muestra |
|---|---|---|---|---|---|
| UBAR-422 | 1630 | -320 | ± | 50 | Hueso humano |

| cal ANE m | cal ANE 1s | cal ANE 2s | cal ANE dir | δ 13C | δ 15N | C/N |
|---|---|---|---|---|---|---|
| -426 | -379 / -474 | -305 / -559 | -426 | | | |

**Registro arqueológico**

Inhumación individual en cista.

**Estructura** Varia funerario

**Significado arqueológico**

La datación indicaría el momento correspondiente a esta deposición funeraria individual, de la que disponemos de muy pocos datos. Llama la atención la apreciable distancia temporal entre esta fecha y el resto de la serie radiocarbónica del yacimiento.

**Observaciones**

**Bibliografía**

Mestres y de Nicolás 1999: apéndice.

**Yacimiento** S´llla dels Porros

Las excavaciones en este yacimiento han permitido documentar una interesante secuencia de usos habitacionales y funerarios. Los restos más antiguos se hallan en el sector occidental del yacimiento y corresponden a estructuras de habitación construidas a base de losas hincadas y sólo conservadas fragmentariamente (estructuras T-2, T-3 y, tal vez, T-1, T-8, T-9 y T11). Los hallazgos efectuados en ellas han llevado a interpretar estos espacios como un lugar de culto o bien como una instalación dedicada a la explotación de los recursos marinos. Cuatro dataciones radiocarbónicas (KIA-11868, KIA-11246, KIA-11243 y KIA-11244) sitúan esta primera fase de ocupación aproximadamente entre los siglos XIV y IX cal ANE.

Posteriormente, el mismo sector occidental acogió un área funeraria integrada por sepulturas de pequeñas dimensiones construidas en piedra. La mejor conservada (estructura T-10) ha sido vinculada con el tipo "micronaveta", definido a partir de la excavación de la cercana necrópolis de Son Real. Su cronología resulta incierta, aunque ha sido estimada en torno a los siglos VI-V arq ANE a partir de paralelos tipológicos con materiales de importación (hebilla de cinturón del tipo CII de Cerdeño y un fragmento de arranque de asa de un oinochoe etrusco). Aproximadamente a esta misma temporalidad se adscriben varios enterramientos infantiles en fosa localizados en la base del primer monumento funerario colectivo de grandes dimensiones, el "Círculo C" (véase infra). Sabemos que dos dataciones (KIA-11245 y KIA-11240) fueron efectuadas a partir de muestras óseas de individuos de corta edad, por lo que si correspondiesen a dichos enterramientos infantiles en fosa confirmarían plenamente la propuesta de una cronología dentro del siglo V.

Poco tiempo después, el lugar registró la construcción de varias cámaras de enterramiento colectivo. Se trata de tres recintos adosados de planta curva, conocidos con los nombres de "Círculos A, B y C", que proporcionaron abundantes restos funerarios. La cronología propuesta para el inicio de la utilización (Círculo C) se sitúa en el siglo IV arq ANE o tal vez algo antes, mientras que el derrumbe de estas estructuras se habría producido probablemente a finales del siglo I arq ANE. Posteriormente, el área ocupada originalmente por los círculos A y B registró una serie de enterramientos individuales en fosa, primero en posición fetal y posteriormente en posición supina. Aunque los autores no han publicado todavía la interpretación de la secuencia del yacimiento a la luz de la nueva serie de dataciones radiocarbónicas, una valoración somera de la misma parece confirmar el esquema propuesto. El grupo de fechas iniciado por KIA-11869 y que finaliza con I-4524 (inhumación individual en cuclillas) se vincula a los restos funerarios comentados y delimita un intervalo general entre finales del siglo V cal ANE y finales del siglo II cal DNE, en perfecto ajuste con la cronología propuesta por el equipo de investigación del yacimiento.

Referencias: Tarradell (1964), Hernández Gasch et alii (1998).

| Yacimiento | Isla | Municipio | Exclusión |
|---|---|---|---|
| S´Illa dels Porros | Mallorca | Santa Margalida | ☐ |

| Código laboratorio | Valor ap(BP) | Valor ane(BC) | ± | Muestra |
|---|---|---|---|---|
| KIA-11868 | 3100 | 1150 | 35 | Hueso fauna doméstica |

| cal ANE m | cal ANE 1s | cal ANE 2s | cal ANE dir | δ 13C | δ 15N | C/N |
|---|---|---|---|---|---|---|
| 1368 | 1411 / 1325 | 1431 / 1285 | 1392 | -20.22 | 3.88 | 2.81 |

**Registro arqueológico**

Fragmento proximal de radio de bóvido adulto.

**Estructura** Hábitat en piedra

**Significado arqueológico**

La datación indica un momento determinado de la ocupación del lugar con fines habitacionales, previo al acondicionamiento de la necrópolis.

**Observaciones**

Delta 13Ccarb = -7,56 por mil. CLT: KIK-1530.

**Bibliografía**

Van Strydonck, Boudin y Ervynck 2002: tabla 2; Van Strydonck et alii 2002: 40, 2004, e.p.: tabla 1.

| Yacimiento | Isla | Municipio | Exclusión |
|---|---|---|---|
| S´Illa dels Porros | Mallorca | Santa Margalida | ☐ |

| Código laboratorio | Valor ap(BP) | Valor ane(BC) | ± | Muestra |
|---|---|---|---|---|
| KIA-11246 | 3040 | 1090 | 30 | Hueso fauna doméstica |

| cal ANE m | cal ANE 1s | cal ANE 2s | cal ANE dir | δ 13C | δ 15N | C/N |
|---|---|---|---|---|---|---|
| 1320 | 1372 / 1269 | 1397 / 1198 | 1295 | -20.23 | 8.08 | 2.93 |

**Registro arqueológico**

Fragmento de mandíbula inferior de bóvido. Muestra IP-97-UE118.

**Estructura** Hábitat en piedra

**Significado arqueológico**

La datación indica un momento determinado de la ocupación del lugar con fines habitacionales, previo al acondicionamiento de la necrópolis.

**Observaciones**

Delta 13Ccarb = -7,91 por mil. CLT: KIK-1508.

**Bibliografía**

Van Strydonck, Boudin y Ervynck 2002: tabla 2; Van Strydonck et alii 2002: 40, 2004, e.p.: tabla 1.

**Yacimiento** S´llla dels Porros
**Isla** Mallorca
**Municipio** Santa Margalida
**Exclusión** ☐

| Código laboratorio | Valor ap(BP) | Valor ane(BC) | ± | Muestra |
|---|---|---|---|---|
| KIA-11243 | 2975 | 1025 | 25 | Hueso fauna doméstica |

| cal ANE m | cal ANE 1s | cal ANE 2s | cal ANE dir | δ 13C | δ 15N | C/N |
|---|---|---|---|---|---|---|
| 1203 | 1268 / 1138 | 1298 / 1110 | 1205 | -21.27 | 3.7 | 2.84 |

**Registro arqueológico**
Primera falange de cabra. Muestra IPC-97-UE110.

**Estructura** Hábitat en piedra

**Significado arqueológico**
La datación indica un momento determinado de la ocupación del lugar con fines habitacionales, previo al acondicionamiento de la necrópolis.

**Observaciones**
Delta 13Ccarb = -7,76 por mil. CLT: KIK-1504.

**Bibliografía**
Van Strydonck, Boudin y Ervynck 2002: tabla 2; Van Strydonck et alii 2002: 40, 2004, e.p.: tabla 1.

---

**Yacimiento** S´llla dels Porros
**Isla** Mallorca
**Municipio** Santa Margalida
**Exclusión** ☐

| Código laboratorio | Valor ap(BP) | Valor ane(BC) | ± | Muestra |
|---|---|---|---|---|
| KIA-11244 | 2765 | 815 | 30 | Hueso fauna doméstica |

| cal ANE m | cal ANE 1s | cal ANE 2s | cal ANE dir | δ 13C | δ 15N | C/N |
|---|---|---|---|---|---|---|
| 892 | 928 / 857 | 983 / 830 | 907 | -19.68 | 2.41 | 2.88 |

**Registro arqueológico**
Fragmento de cuerno de cabra. Muestra IPC-97-UE112.

**Estructura** Hábitat en piedra

**Significado arqueológico**
La datación indica un momento determinado de la ocupación del lugar con fines habitacionales, previo al acondicionamiento de la necrópolis.

**Observaciones**
Delta 13Ccarb = -8,03 por mil. CLT: KIK-1505.

**Bibliografía**
Van Strydonck, Boudin y Ervynck 2002: tabla 2; Van Strydonck et alii 2002: 40, 2004, e.p.: tabla 1.

| Yacimiento | Isla | Municipio | Exclusión |
|---|---|---|---|
| S'Illa dels Porros | Mallorca | Santa Margalida | ☐ |

| Código laboratorio | Valor ap(BP) | Valor ane(BC) | ± | Muestra |
|---|---|---|---|---|
| I-4584 | 2430 | 480 | ± 200 | Carbón |

| cal ANE m | cal ANE 1s | cal ANE 2s | cal ANE dir | δ 13C | δ 15N | C/N |
|---|---|---|---|---|---|---|
| | | | | | | |

**Registro arqueológico**

Cámara B. Capa inferior. Muestra SR-1848.

**Estructura** Varia funerario

**Significado arqueológico**

La amplia desviación tipo reduce la fiabilidad de la muestra.

**Observaciones**

Excluida, por presentar una desviación tipo muy elevada. Tarradell (1970: 26) señala que la muestra procedía del nivel inferior de la cámara A.

**Bibliografía**

Tarradell 1964: 28; Rosselló,Waldren y Koopper 1967: 5; Fernández-Miranda y Waldren 1979: 370; Hernández Gasch et alii 1998: 73.

| Yacimiento | Isla | Municipio | Exclusión |
|---|---|---|---|
| S'Illa dels Porros | Mallorca | Santa Margalida | ☐ |

| Código laboratorio | Valor ap(BP) | Valor ane(BC) | ± | Muestra |
|---|---|---|---|---|
| KIA-11245 | 2410 | 460 | ± 25 | Hueso humano |

| cal ANE m | cal ANE 1s | cal ANE 2s | cal ANE dir | δ 13C | δ 15N | C/N |
|---|---|---|---|---|---|---|
| 456 | 504 / 409 | 748 / 400 | 422 | -19 | 10.11 | 2.8 |

**Registro arqueológico**

Huesos de feto o neonato. Muestra IP-98-1-I.

**Estructura** Varia funerario

**Significado arqueológico**

La datación indica un momento inicial dentro del intervalo de uso de la necrópolis.

**Observaciones**

CLT: KIK-1507.

**Bibliografía**

Van Strydonck, Boudin y Ervynck 2002: tabla 2; Van Strydonck et alii 2002: 40, 2004, e.p.: tabla 1.

**Yacimiento**: S´llla dels Porros
**Isla**: Mallorca
**Municipio**: Santa Margalida
**Exclusión**: ☐

**Código laboratorio**: KIA-11240
**Valor ap(BP)**: 2395
**Valor ane(BC)**: 445 ± 25
**Muestra**: Hueso humano

| cal ANE m | cal ANE 1s | cal ANE 2s | cal ANE dir | δ 13C | δ 15N | C/N |
|---|---|---|---|---|---|---|
| 416 | 429 / 404 | 736 / 396 | 415 | -19.9 | 12.04 | 2.85 |

**Registro arqueológico**
Huesos de feto o neonato. Muestra IPC-96-2.

**Estructura**: Varia funerario

**Significado arqueológico**
La datación indica un momento determinado dentro del intervalo de uso de la necrópolis.

**Observaciones**
CLT: KIK-1493.

**Bibliografía**
Van Strydonck, Boudin y Ervynck 2002: tabla 2; Van Strydonck et alii 2002: 40, 2004, e.p.: tabla 1.

---

**Yacimiento**: S´llla dels Porros
**Isla**: Mallorca
**Municipio**: Santa Margalida
**Exclusión**: ☐

**Código laboratorio**: KIA-11869
**Valor ap(BP)**: 2375
**Valor ane(BC)**: 425 ± 25
**Muestra**: Hueso humano

| cal ANE m | cal ANE 1s | cal ANE 2s | cal ANE dir | δ 13C | δ 15N | C/N |
|---|---|---|---|---|---|---|
| 409 | 419 / 399 | 498 / 390 | 407 | -19.46 | 9.92 | 2.78 |

**Registro arqueológico**
Vértebra humana. Muestra IP-N-7.

**Estructura**: Varia funerario

**Significado arqueológico**
La datación indica un momento determinado dentro del intervalo de uso de la necrópolis.

**Observaciones**
Delta 13Ccarb = -7,92 por mil. CLT: KIK-1533.

**Bibliografía**
Van Strydonck, Boudin y Ervynck 2002: tabla 2; Van Strydonck et alii 2002: 40, 2004, e.p.: tabla 1.

| Yacimiento | Isla | Municipio | Exclusión |
|---|---|---|---|
| S´Illa dels Porros | Mallorca | Santa Margalida | ☐ |

| Código laboratorio | Valor ap(BP) | Valor ane(BC) | ± | Muestra |
|---|---|---|---|---|
| KIA-11870 | 2285 | 335 | 25 | Hueso humano |

| cal ANE m | cal ANE 1s | cal ANE 2s | cal ANE dir | δ 13C | δ 15N | C/N |
|---|---|---|---|---|---|---|
| 380 | 388 / 372 | 397 / 248 | 380 | -19.13 | 6.84 | 2.79 |

**Registro arqueológico**

Vértebra humana. Muestra IP-97-SW-7.

**Estructura** Varia funerario

**Significado arqueológico**

La datación indica un momento determinado dentro del intervalo de uso de la necrópolis.

**Observaciones**

Delta 13Ccarb = -7,39 por mil. CLT: KIK-1532.

**Bibliografía**

Van Strydonck, Boudin y Ervynck 2002: tabla 2; Van Strydonck et alii 2002: 40, 2004, e.p.: tabla 1.

| Yacimiento | Isla | Municipio | Exclusión |
|---|---|---|---|
| S´Illa dels Porros | Mallorca | Santa Margalida | ☐ |

| Código laboratorio | Valor ap(BP) | Valor ane(BC) | ± | Muestra |
|---|---|---|---|---|
| KIA-13535 | 2275 | 325 | 25 | Hueso humano |

| cal ANE m | cal ANE 1s | cal ANE 2s | cal ANE dir | δ 13C | δ 15N | C/N |
|---|---|---|---|---|---|---|
| 376 | 384 / 368 | 394 / 228 | 377 | -19.8 | 11.04 | 2.78 |

**Registro arqueológico**

Ísquion derecho. Muestra IPC-50-1964.

**Estructura** Varia funerario

**Significado arqueológico**

La datación indica un momento determinado dentro del intervalo de uso de la necrópolis.

**Observaciones**

CLT: KIK-1770.

**Bibliografía**

Van Strydonck, Boudin y Ervynck 2002: tabla 2; Van Strydonck et alii 2002: 40, 2004, e.p.: tabla 1.

**Yacimiento** S´Illa dels Porros | **Isla** Mallorca | **Municipio** Santa Margalida | **Exclusión** ☐

| Código laboratorio | Valor ap(BP) | Valor ane(BC) | ± | Muestra |
|---|---|---|---|---|
| KIA-13537 | 2185 | 235 | 30 | Hueso humano |

| cal ANE m | cal ANE 1s | cal ANE 2s | cal ANE dir | δ 13C | δ 15N | C/N |
|---|---|---|---|---|---|---|
| 267 | 351 / 184 | 370 / 161 | 203 | -19.21 | 10.91 | 2.8 |

**Registro arqueológico**

Tercera vértebra lumbar. IP-97-SW-6.

**Estructura** Varia funerario

**Significado arqueológico**

La datación indica un momento determinado dentro del intervalo de uso de la necrópolis.

**Observaciones**

CLT: KIK-1772.

**Bibliografía**

Van Strydonck, Boudin y Ervynck 2002: tabla 2; Van Strydonck et alii 2002: 41, 2004, e.p.: tabla 1.

---

**Yacimiento** S´Illa dels Porros | **Isla** Mallorca | **Municipio** Santa Margalida | **Exclusión** ☐

| Código laboratorio | Valor ap(BP) | Valor ane(BC) | ± | Muestra |
|---|---|---|---|---|
| KIA-13567 | 2170 | 220 | 55 | Hueso humano |

| cal ANE m | cal ANE 1s | cal ANE 2s | cal ANE dir | δ 13C | δ 15N | C/N |
|---|---|---|---|---|---|---|
| 244 | 343 / 145 | 375 / 68 | 194 | -19.63 | 11.73 | 2.74 |

**Registro arqueológico**

Hueso sacro. Muestra IP-96-NW-1.

**Estructura** Varia funerario

**Significado arqueológico**

La datación indica un momento determinado dentro del intervalo de uso de la necrópolis.

**Observaciones**

CLT: KIK-1802.

**Bibliografía**

Van Strydonck, Boudin y Ervynck 2002: tabla 2; Van Strydonck et alii 2002: 41, 2004, e.p.: tabla 1.

| Yacimiento | Isla | Municipio | Exclusión |
|---|---|---|---|
| S´llla dels Porros | Mallorca | Santa Margalida | ☐ |

| Código laboratorio | Valor ap(BP) | Valor ane(BC) | ± | Muestra |
|---|---|---|---|---|
| KIA-13533 | 2165 | 215 | 35 | Hueso humano |

| cal ANE m | cal ANE 1s | cal ANE 2s | cal ANE dir | δ 13C | δ 15N | C/N |
|---|---|---|---|---|---|---|
| 250 | 330 / 170 | 363 / 98 | 189 | -19.62 | 12.43 | 2.75 |

**Registro arqueológico**

Hueso sacro. Muestra IPB-conj. 7-10-1961.

**Estructura** Varia funerario

**Significado arqueológico**

La datación indica un momento reciente dentro del intervalo de uso de la necrópolis.

**Observaciones**

CLT: KIK-1768.

**Bibliografía**

Van Strydonck, Boudin y Ervynck 2002: tabla 2; Van Strydonck et alii 2002: 40, 2004, e.p.: tabla 1.

| Yacimiento | Isla | Municipio | Exclusión |
|---|---|---|---|
| S´llla dels Porros | Mallorca | Santa Margalida | ☐ |

| Código laboratorio | Valor ap(BP) | Valor ane(BC) | ± | Muestra |
|---|---|---|---|---|
| KIA-13531 | 2005 | 55 | 25 | Hueso humano |

| cal ANE m | cal ANE 1s | cal ANE 2s | cal ANE dir | δ 13C | δ 15N | C/N |
|---|---|---|---|---|---|---|
| 1 | 36 / -34 | 60 / -66 | -1 | -19.33 | 11.07 | 2.82 |

**Registro arqueológico**

Temporal izquierdo. Muestra IPB-7-1960.

**Estructura** Varia funerario

**Significado arqueológico**

La datación indica un momento determinado dentro del intervalo de uso de la necrópolis.

**Observaciones**

CLT: KIK-1766.

**Bibliografía**

Van Strydonck, Boudin y Ervynck 2002: tabla 2; Van Strydonck et alii 2002: 40, 2004, e.p.: tabla 1.

| Yacimiento | Isla | Municipio | Exclusión |
|---|---|---|---|
| S´Illa dels Porros | Mallorca | Santa Margalida | ☐ |

| Código laboratorio | Valor ap(BP) | Valor ane(BC) | ± | Muestra |
|---|---|---|---|---|
| KIA-13532 | 1905 | -45 | 25 | Hueso humano |

| cal ANE m | cal ANE 1s | cal ANE 2s | cal ANE dir | δ 13C | δ 15N | C/N |
|---|---|---|---|---|---|---|
| -97 | -72 / -123 | -51 / -150 | -95 | -19.73 | 9.68 | 2.81 |

**Registro arqueológico**

Hueso humano sin especificar. Muestra IPA-4-1964.

**Estructura** Varia funerario

**Significado arqueológico**

La datación indica un momento determinado dentro del intervalo de uso de la necrópolis.

**Observaciones**

CLT: KIK-1767.

**Bibliografía**

Van Strydonck, Boudin y Ervynck 2002: tabla 2; Van Strydonck et alii 2002: 40, 2004, e.p.: tabla 1.

| Yacimiento | Isla | Municipio | Exclusión |
|---|---|---|---|
| S´Illa dels Porros | Mallorca | Santa Margalida | ☐ |

| Código laboratorio | Valor ap(BP) | Valor ane(BC) | ± | Muestra |
|---|---|---|---|---|
| I-4524 | 1850 | -100 | 95 | Hueso humano |

| cal ANE m | cal ANE 1s | cal ANE 2s | cal ANE dir | δ 13C | δ 15N | C/N |
|---|---|---|---|---|---|---|
| -181 | -72 / -290 | 45 / -400 | -160 | | | |

**Registro arqueológico**

Inhumación individual en cuclillas. Uso final de la necrópolis.

**Estructura** Varia funerario

**Significado arqueológico**

La datación indica un momento final dentro del intervalo de uso de la necrópolis.

**Observaciones**

**Bibliografía**

Tarradell 1970: 25-26; Fernández-Miranda 1978: 329.

| Yacimiento | Isla | Municipio | Exclusión |
|---|---|---|---|
| S´llla dels Porros | Mallorca | Santa Margalida | ✔ |

| Código laboratorio | Valor ap(BP) | Valor ane(BC) | ± | Muestra |
|---|---|---|---|---|
| KIA-14002 | 1555 | -395 | 35 | Hueso humano |

| cal ANE m | cal ANE 1s | cal ANE 2s | cal ANE dir | δ 13C | δ 15N | C/N |
|---|---|---|---|---|---|---|
| | | | | -37.2 | | 10.42 |

**Registro arqueológico**

Fragmento de hueso. Muestra IPC/19641.

**Estructura** Varia funerario

**Significado arqueológico**

El carácter anómalo del resultado debido a la contaminación de la muestra, obvia cualquier comentario.

**Observaciones**

Excluida, por contaminación de la muestra, debida a la deficiente conservación del hueso (Van Strydonck et alii 2002: 41). CLT: KIK-1832.

**Bibliografía**

Van Strydonck, Boudin y Ervynck 2002: tabla 2; Van Strydonck et alii 2002: 41.

**Yacimiento** S´Illot

Yacimiento plurifásico formado por numerosas estructuras en piedra, entre las que destaca un monumento turriforme con viviendas adosadas, una muralla perimetral conservada fragmentariamente y diversos recintos de planta en herradura. Las excavaciones se desarrollaron en los años sesenta y setenta y tuvieron como principal foco de atención el área ocupada por el monumento turriforme ("Edificio NE") y las habitaciones adosadas a su exterior. El Edificio NE presenta un contorno irregular y acoge un espacio singular en forma de "U". Esta estructura se levantó sobre un relleno artificial que, a su vez, descansaba sobre los restos de una construcción más antigua amortizada tras un incendio.

Dos de las tres dataciones radiocarbónicas disponibles para el yacimiento (Hv-1716 y Hv-1717) fueron obtenidas a partir de sendas muestras de carbón que corresponden verosímilmente a fragmentos de las vigas o ramajes que integraban la techumbre de dicha cabaña antigua. Por tanto, señalarían un momento previo, en una medida indeterminada, respecto a la construcción de la misma. Atendiendo a la datación más reciente de las dos (Hv-1717), la edificación de la cabaña habría tenido lugar a partir de inicios del siglo XII cal ANE.

La tercera datación, Hv-1718, también fue obtenida a partir de una muestra de carbón, aunque en este caso tomada en la zona ocupada por una habitación adosada al Edificio NE y documentada en el corte 15. En esta habitación se observaron varios niveles de frecuentación. La muestra datada procedía de un hogar del estrato inferior y su resultado se sitúa a mediados del siglo IX cal ANE. Con las precauciones que aconseja la valoración de las muestras de vida larga, cabe sugerir que indica un momento posterior a la construcción del Edificio NE, al cual, como he señalado, se adosa la habitación del corte 15. De ser así, la propia construcción del Edificio NE dataría de algún momento comprendido entre los siglos XII y IX cal ANE como máximo. Dado que el límite superior de este intervalo correspondería en realidad a la construcción de la cabaña inferior, el rango temporal en el que ubicar la edificación del turriforme debe ser más estrecho. En este sentido, propongo restringirlo al periodo comprendido entre los siglos XI y IX cal ANE.

El yacimiento ha proporcionado evidencias de ocupaciones posteriores a la temporalidad demarcada por la tercera y última de las dataciones de la serie radiocarbónica. Las mejor documentadas corresponden todavía a tiempos prerromanos, aunque también se registraron materiales relevantes de época tardorromana y bizantina.

Referencias: Frey y Rosselló Bordoy (1964), Rosselló Bordoy y Frey (1966), Frey (1968, 1969), Pingel (1969), Uerpmann (1971), Krause (1977, 1978).

| Yacimiento | Isla | Municipio | Exclusión |
|---|---|---|---|
| S´Illot | Mallorca | Sant Llorenç | ☐ |

| Código laboratorio | Valor ap(BP) | Valor ane(BC) | ± | Muestra |
|---|---|---|---|---|
| Hv-1716 | 3080 | 1130 | 75 | Carbón |

| cal ANE m | cal ANE 1s | cal ANE 2s | cal ANE dir | δ 13C | δ 15N | C/N |
|---|---|---|---|---|---|---|
| 1340 | 1424 / 1255 | 1506 / 1122 | 1355 | | | |

**Registro arqueológico**

Corte XIV. Nivel de base, bajo nivel 8. Nivel inferior de monumento central. Z = -5 m.

**Estructura** Hábitat en piedra

**Significado arqueológico**

La datación indica un momento anterior, en una medida indeterminada, respecto a las construcciones de las que el material datado formaría parte.

**Observaciones**

**Bibliografía**

Frey 1968: 75; Rosselló y Camps 1972: 161.

| Yacimiento | Isla | Municipio | Exclusión |
|---|---|---|---|
| S´Illot | Mallorca | Sant Llorenç | ☐ |

| Código laboratorio | Valor ap(BP) | Valor ane(BC) | ± | Muestra |
|---|---|---|---|---|
| Hv-1717 | 2960 | 1010 | 90 | Carbón |

| cal ANE m | cal ANE 1s | cal ANE 2s | cal ANE dir | δ 13C | δ 15N | C/N |
|---|---|---|---|---|---|---|
| 1175 | 1323 / 1027 | 1403 / 912 | 1185 | | | |

**Registro arqueológico**

Corte XIV. Encima del nivel de base, sobre nivel 8. Nivel superior de la cámara del monumento central.

**Estructura** Hábitat en piedra

**Significado arqueológico**

La datación indica un momento anterior, en una medida indeterminada, respecto a la construcción de que el material datado formaba parte.

**Observaciones**

**Bibliografía**

Frey 1968: 75; Rosselló y Camps 1972: 161.

| Yacimiento | Isla | Municipio | Exclusión |
|---|---|---|---|
| S´Illot | Mallorca | Sant Llorenç | ☐ |

| Código laboratorio | Valor ap(BP) | Valor ane(BC) | ± | Muestra |
|---|---|---|---|---|
| Hv-1718 | 2690 | 740 | ± 60 | Carbón |

| cal ANE m | cal ANE 1s | cal ANE 2s | cal ANE dir | δ 13C | δ 15N | C/N |
|---|---|---|---|---|---|---|
| 844 | 884 / 805 | 952 / 778 | 845 | | | |

**Registro arqueológico**

Corte XV. Habitación adosada al monumento central. Bajo nivel 7. Hogar. Z = -150 cm.

**Estructura** Asentamiento talayótico

**Significado arqueológico**

La datación indica un momento anterior, en una medida indeterminada, respecto a la construcción de que el material datado formaba parte.

**Observaciones**

**Bibliografía**

Frey 1968: 75.

**Yacimiento** Sa Cala

La única datación radiocarbónica de este yacimiento pone de manifiesto la ocupación del lugar a principios del siglo VIII cal ANE; es decir, más de un siglo antes de la fundación de la ciudad de Ibiza en 654 ANE. Testimonios como éste o como el de Can Sergent I contribuyen a desvelar poco a poco indicios de la población pitiusa que presumiblemente encontrarán los grupos coloniales feno-púnicos.

.

| Yacimiento | Isla | Municipio | Exclusión |
|---|---|---|---|
| Sa Cala | Formentera | Sant Francesc de Formentera | ☐ |

| Código laboratorio | Valor ap(BP) | Valor ane(BC) | ± | Muestra |
|---|---|---|---|---|
| KIA-20215 | 2565 | 615 | 25 | Hueso fauna doméstica |

| cal ANE m | cal ANE 1s | cal ANE 2s | cal ANE dir | δ 13C | δ 15N | C/N |
|---|---|---|---|---|---|---|
| 784 | 795 / 773 | 807 / 763 | 782 | -18.9 | 10.43 | |

**Registro arqueológico**

Asentamiento. Hueso de perro.

**Estructura** Hábitat indeterminado

**Significado arqueológico**

No disponemos de datos para proceder a una valoración adecuada.

**Observaciones**

**Bibliografía**

Van Strydonck et alii 2004, e.p.: tabla 1.

**Yacimiento** Sa Creu des Ramis

Las intervenciones realizadas en este yacimiento de estructuras naviformes permanecen prácticamente inéditas, por lo que resulta prematuro efectuar una valoración de las dos dataciones radiocarbónicas disponibles. Éstas, realizadas a partir de huesos de fauna, se sitúan en un intervalo que cubre los siglos XII y XI cal ANE.

.

| **Yacimiento** | **Isla** | **Municipio** | **Exclusión** |
|---|---|---|---|
| Sa Creu des Ramis | Menorca | Maó | ☐ |

| **Código laboratorio** | **Valor ap(BP)** | **Valor ane(BC)** | ± | **Muestra** |
|---|---|---|---|---|
| KIA-20080 | 2960 | 1010 | 25 | Hueso fauna doméstica |

| **cal ANE m** | **cal ANE 1s** | **cal ANE 2s** | **cal ANE dir** | **δ 13C** | **δ 15N** | **C/N** |
|---|---|---|---|---|---|---|
| 1182 | 1239 / 1125 | 1279 / 1065 | 1188, 1156, 1153 | -19.93 | 5.63 | |

**Registro arqueológico**

**Estructura** Asentamiento de estructuras naviformes

**Significado arqueológico**

No disponemos de datos para proceder a una valoración adecuada. En principio, el tipo de muestra indicaría un momento dentro del intervalo de uso de la estructura.

**Observaciones**

**Bibliografía**

Van Strydonck et alii 2004, e.p.: tabla 1.

| Yacimiento | Isla | Municipio | Exclusión |
|---|---|---|---|
| Sa Creu des Ramis | Menorca | Maó | ☐ |

| Código laboratorio | Valor ap(BP) | Valor ane(BC) | ± | Muestra |
|---|---|---|---|---|
| KIA-20069 | 2890 | 940 | 25 | Hueso fauna doméstica |

| cal ANE m | cal ANE 1s | cal ANE 2s | cal ANE dir | δ 13C | δ 15N | C/N |
|---|---|---|---|---|---|---|
| 1062 | 1111 / 1013 | 1169 / 988 | 1041 | -21.75 | 7.69 | |

**Registro arqueológico**

**Estructura** Asentamiento de estructuras naviformes

**Significado arqueológico**

No disponemos de datos para proceder a una valoración adecuada. En principio, el tipo de muestra indicaría un momento dentro del intervalo de uso de la estructura.

**Observaciones**

**Bibliografía**

Van Strydonck et alii 2004, e.p.: tabla 1.

**Yacimiento** Sa Punta

El yacimiento arqueológico fue descubierto en una gran cavidad natural con las características propias de una sima. Los datos que sabemos de él se deben exclusivamente a las notas recogidas por el espeleólogo J. A. Encinas, uno de sus descubridores. La datación procede de una muestra de madera atribuida a un sarcófago. Tal relación parece justificada por la abundancia de restos humanos hallados en superficie, el listado de materiales cerámicos, metálicos y óseos que al parecer componían el ajuar funerario y caracterizan otros contextos sincrónicos (espada de antenas, puntas de lanza, puñal de hierro, brazaletes de bronce y hierro, tintinabulla, tapones de hueso, collares de pasta vítrea y copas de cerámica), así como el centenar de fragmentos leñosos a partir de los cuales se ha reconstruido la figura de un ataúd tauromorfo. La única datación disponible sitúa la fabricación del ataúd con posterioridad a finales del siglo IV cal ANE.

Referencias: Pons Homar (1988).

.

| Yacimiento | Isla | Municipio | Exclusión |
|---|---|---|---|
| Sa Punta | Mallorca | Pollença | ☐ |

| Código laboratorio | Valor ap(BP) | Valor ane(BC) | ± | Muestra |
|---|---|---|---|---|
| CSIC-37 | 2270 | 320 | 110 | Madera |

| cal ANE m | cal ANE 1s | cal ANE 2s | cal ANE dir | δ 13C | δ 15N | C/N |
|---|---|---|---|---|---|---|
| 319 | 444 / 194 | 682 / 62 | 339 | | | |

**Registro arqueológico**

Cueva natural. Ataúd tauromorfo. Muestra en superficie.

**Estructura** Varia funerario

**Significado arqueológico**

La datación indica un momento previo, en una medida indeterminada, a la fabricación del ataúd tauromorfo. Resulta verosímil asociar este tipo de contenedores al mundo de las formas de enterramiento de los momentos finales de la secuencia prehistórica.

**Observaciones**

**Bibliografía**

Almagro Gorbea, M. 1970: 28; Fernández-Miranda 1978: 329; Rosselló Bordoy 1979: 192.

**Yacimiento** Sa Regana des Cans

Dado que las excavaciones realizadas en este yacimiento hipogeico por C. Veny permanecen inéditas, carecemos de elementos para valorar las dos dataciones disponibles que, por otro lado, tampoco aportan demasiado. Una de ellas, QL-146, ha sido excluida por haber sido obtenida a partir de una muestra de carbonatos. La segunda, QL-145, fue realizada a partir de una muestra de vida larga y, además, la calibración coincide con el intervalo de incertidumbre de la "meseta de Hallstatt".

.

| **Yacimiento** | **Isla** | **Municipio** | **Exclusión** |
|---|---|---|---|
| Sa Regana des Cans | Menorca | Alaior | ☐ |

| **Código laboratorio** | **Valor ap(BP)** | **Valor ane(BC)** | ± | **Muestra** |
|---|---|---|---|---|
| QL-145 | 2450 | 500 | 40 | Carbón |

| **cal ANE m** | **cal ANE 1s** | **cal ANE 2s** | **cal ANE dir** | **δ 13C** | **δ 15N** | **C/N** |
|---|---|---|---|---|---|---|
| 592 | 752 / 431 | 769 / 410 | 516 | | | |

**Registro arqueológico**

Hipogeo con inhumaciones en cal.

**Estructura** Hipogeo planta compleja

**Significado arqueológico**

La datación indica la práctica de esta forma de enterramiento típica de los momentos finales de la secuencia prehistórica. Sin embargo, el hecho de corresponder a una muestra de vida larga sugiere que el resultado es anterior, en una medida incierta, respecto a las deposiciones funerarias asociadas.

**Observaciones**

**Bibliografía**

Alonso et alii 1978: 178; Fernández-Miranda 1978: 330; Waldren 1982a: 507; 1982b: 1A: 29, 1986: t. 16a.

| Yacimiento | Isla | Municipio | Exclusión |
|---|---|---|---|
| Sa Regana des Cans | Menorca | Alaior | ✔ |

| Código laboratorio | Valor ap(BP) | Valor ane(BC) | ± | Muestra |
|---|---|---|---|---|
| QL-146 | 2030 | 80 | 40 | Carbonatos |

| cal ANE m | cal ANE 1s | cal ANE 2s | cal ANE dir | δ 13C | δ 15N | C/N |
|---|---|---|---|---|---|---|
| 28 | 77 / -22 | 148 / -60 | 28 | | | |

**Registro arqueológico**

Hipogeo con inhumaciones en cal. Excavación de C. Veny.

**Estructura** Hipogeo planta compleja

**Significado arqueológico**

La datación indica la práctica de esta forma de enterramiento típica de los momentos finales de la secuencia prehistórica. Sin embargo, el hecho de corresponder a una muestra de vida larga sugiere que el resultado es anterior, en una medida incierta, respecto a las deposiciones funerarias asociadas.

**Observaciones**

Excluida por proceder de una muestra de carbonatos.

**Bibliografía**

Alonso et alii 1978: 178; Fernández-Miranda 1978: 330; Waldren 1982a: 506; 1982b: 1A: 28, 1986: tabla 16.

**Yacimiento** Sa Talaia de Torre Petxina

Este yacimiento, ubicado a escasa distancia de la Cova des Càrritx, fue intensamente expoliado a raíz de una intervención clandestina. Sin embargo, gracias al trabajo de documentación realizado por Joan C. de Nicolás (com. pers.) sabemos que contenía los restos de un horno cerámico donde se preservaron decenas de vasijas de fabricación defectuosa entre las que destacan, por su abundancia, los vasos troncocónicos con agarradera lateral y decoración de la misma a base de impresiones circulares, tan frecuentes en contextos fechables a partir de inicios del I milenio cal ANE. El análisis de las dos muestras de fauna seleccionadas para su datación radiocarbónica presenta problemas de contaminación y de contextualización y, por desgracia, no permiten otorgar una cronología absoluta fiable a este importante conjunto de materiales.

| Yacimiento | Isla | Municipio | Exclusión |
|---|---|---|---|
| Sa Talaia de Torre Petxina | Menorca | Ciutadella | ✔ |

| Código laboratorio | Valor ap(BP) | Valor ane(BC) | ± | Muestra |
|---|---|---|---|---|
| UtC-4150 | 2520 | 570 | 50 | Hueso fauna doméstica |

| cal ANE m | cal ANE 1s | cal ANE 2s | cal ANE dir | δ 13C | δ 15N | C/N |
|---|---|---|---|---|---|---|
| 664 | 783 / 545 | 802 / 445 | 758 | -22.9 | | |

**Registro arqueológico**

Horno cerámico. Muestra B.

**Estructura** Asentamiento talayótico

**Significado arqueológico**

La datación informaría acerca de un momento relacionado con el uso de un horno para la producción cerámica. El laboratorio expresó sus temores de que la muestra estuviera contaminada.

**Observaciones**

Excluida por sospechas de contaminación por ácidos húmicos. Datación efectuada sobre la fracción B del hueso. Tratamiento NaOH. CLT: KIK-513.

**Bibliografía**

Van Strydonck et alii 1998: 31; Mestres y de Nicolás 1999: apéndice.

| Yacimiento | Isla | Municipio | Exclusión |
|---|---|---|---|
| Sa Talaia de Torre Petxina | Menorca | Ciutadella | ☐ |

| Código laboratorio | Valor ap(BP) | Valor ane(BC) | ± | Muestra |
|---|---|---|---|---|
| UtC-4149 | 2040 | 90 | ± 50 | Hueso fauna doméstica |

| cal ANE m | cal ANE 1s | cal ANE 2s | cal ANE dir | δ 13C | δ 15N | C/N |
|---|---|---|---|---|---|---|
| | | | | -23 | | |

**Registro arqueológico**

Horno cerámico. Muestra A.

**Estructura** Asentamiento talayótico

**Significado arqueológico**

La consideración del carácter erróneo del resultado obvia cualquier comentario.

**Observaciones**

Excluida por contaminación en la muestra. CLT: KIK-512.

**Bibliografía**

Van Strydonck et alii 1998: 31; Mestres y de Nicolás 1999: apéndice.

**Yacimiento** Sanitja

Ciudad de época romana identificada con la Sanisera de los textos clásicos, fundada junto al puerto natural del mismo nombre al norte de la isla de Menorca. Las excavaciones, iniciadas a finales de los años 70, aunque todavía sin una publicación monográfica rigurosa, han puesto al descubierto los restos de un campamento militar que podría datar de los inicios de la conquista, una necrópolis y un área de residencia con talleres de época bajoimperial, así como otros materiales y estructuras que documentarían una frecuentación hasta el siglo VI arq DNE. La única datación radiocarbónica actualmente disponible atestigua una utilización funeraria del lugar durante época medieval.

Referencias: Rita et alii (1988), Sanitja (1996), Contreras (2004).

.

| **Yacimiento** | **Isla** | **Municipio** | **Exclusión** |
|---|---|---|---|
| Sanitja | Menorca | Es Mercadal | ☐ |

| **Código laboratorio** | **Valor ap(BP)** | **Valor ane(BC)** | ± | **Muestra** |
|---|---|---|---|---|
| CSIC-40 | 810 | -1140 | 110 | Hueso humano |

| **cal ANE m** | **cal ANE 1s** | **cal ANE 2s** | **cal ANE dir** | **δ13C** | **δ15N** | **C/N** |
|---|---|---|---|---|---|---|
| -1202 | -1113 / -1290 | -978 / -1362 | -1219 | | | |

**Registro arqueológico**

Tumba medieval.

**Estructura** Varia funerario

**Significado arqueológico**

La datación indica la cronología de una deposición funeraria de época medieval.

**Observaciones**

**Bibliografía**

Alonso et alii 1978: 178.

**Yacimiento** Sant Agustí Vell

Yacimiento con una gran densidad de restos arquitectónicos visibles en superficie, que corresponden a dos talayots, varios recintos de planta circular interpretadas como viviendas, un recinto de taula, diversos hipogeos y restos de otras construcciones. La datación posee un gran valor, ya que fue obtenida a partir de una muestra de madera extraída de una de las vigas que sostienen todavía la techumbre del talayot circular nº 1. De ahí que indique un terminus post quem para la construcción de dicha estructura. El resultado permite inferir que el árbol de donde procedía la viga fue talado probablemente en la primera mitad del siglo IX cal ANE. Como veremos más adelante, este contexto de Sant Agustí Vell constituye uno de los apoyos más sólidos con que contamos a la hora de definir la cronología absoluta a los talayots.

Referencias: Plantalamor (1991, 1996).

.

| **Yacimiento** | **Isla** | **Municipio** | **Exclusión** |
|---|---|---|---|
| Sant Agustí Vell | Menorca | Es Migjorn | ☐ |

| **Código laboratorio** | **Valor ap(BP)** | **Valor ane(BC)** | ± | **Muestra** |
|---|---|---|---|---|
| CSIC-680 | 2750 | 800 | ± 50 | Madera |

| **cal ANE m** | **cal ANE 1s** | **cal ANE 2s** | **cal ANE dir** | **δ 13C** | **δ 15N** | **C/N** |
|---|---|---|---|---|---|---|
| 892 | 940 / 843 | 1007 / 812 | 883 | | | |

**Registro arqueológico**

Talayot circular 1. Viga que sostiene la techumbre.

**Estructura** Talayot

**Significado arqueológico**

La datación indica un momento previo, en una medida indeterminada aunque probablemente corta, respecto a la construcción del talayot.

**Observaciones**

Según Plantalamor (1996: 180), la madera de la viga es de acebuche.

**Bibliografía**

Mestres y de Nicolás 1999: apéndice.

**Yacimiento** Sant Tomàs

La tipología arquitectónica de este yacimiento, definido como hipogeo con fachada megalítica, presenta evidentes paralelismos con sepulturas bien datadas a finales del III milenio y en la primera itad del II milenio cal ANE, como por ejemplo Biniai Nou 2. Sin embargo, las dos dataciones radiocarbónicas efectuadas a partir de muestras de vida corta no han confirmado la previsión inicial. Una de ellas, KIA-15732, se realizó a partir de huesos de fauna que han resultado ser de aproximadamente el siglo III cal ANE. Por su parte, la segunda ha ofrecido un resultado todavía más decepcionante, ya que la muestra de huesos humanos ha revelado una edad de mediados del siglo VI cal DNE. Tales sorpresas ponen de relieve una vez más la importancia de llevar a cabo una excavación y registro minuciosos, que permitan afrontar con fiabilidad el delicado tema de la selección de las muestras orgánicas que convenga datar.

Referencias: Plantalamor (1991).

| Yacimiento | Isla | Municipio | Exclusión |
|---|---|---|---|
| Sant Tomàs | Menorca | Es Migjorn | ☐ |

| Código laboratorio | Valor ap(BP) | Valor ane(BC) | ± | Muestra |
|---|---|---|---|---|
| KIA-15732 | 2185 | 235 | 30 | Hueso fauna doméstica |

| cal ANE m | cal ANE 1s | cal ANE 2s | cal ANE dir | δ 13C | δ 15N | C/N |
|---|---|---|---|---|---|---|
| 267 | 351 / 184 | 370 / 161 | 203 | -21.18 | 6.21 | 2.92 |

**Registro arqueológico**

Yacimiento hipogeico con entrada megalítica. Muestra 2.

**Estructura** Indeterminada

**Significado arqueológico**

La tipología arquitectónica del monumento reclama una cronología de entre finales del III y mediados del II cal ANE (Biniai Nou). Sin embargo, la muestra datada indica un evento mucho más reciente, desvinculado de las prácticas funerarias originales. Tal vez responda a una reocupación humana o a una intrusión faunística accidental.

**Observaciones**

CLT: KIK-2060.

**Bibliografía**

Van Strydonck et alii 2002: 49, 2004, e.p.: tabla 1.

| Yacimiento | Isla | Municipio | Exclusión |
|---|---|---|---|
| Sant Tomàs | Menorca | Es Migjorn | ☐ |

| Código laboratorio | Valor ap(BP) | Valor ane(BC) | ± | Muestra |
|---|---|---|---|---|
| KIA-15713 | 1525 | -425 | 30 | Hueso humano |

| cal ANE m | cal ANE 1s | cal ANE 2s | cal ANE dir | δ 13C | δ 15N | C/N |
|---|---|---|---|---|---|---|
| -553 | -522 / -584 | -442 / -616 | -553 | -19.4 | | 2.81 |

**Registro arqueológico**

Yacimiento hipogeico con entrada megalítica. Muestra 1.

**Estructura** Varia funerario

**Significado arqueológico**

La tipología arquitectónica del monumento reclama una cronología de entre finales del III y mediados del II cal ANE (Biniai Nou). Sin embargo, la muestra datada indica la reutilización del lugar para los mismos fines funerarios, aunque en una época mucho más reciente y sin ninguna vinculación de continuidad respecto a las prácticas funerarias originales.

**Observaciones**

CLT: KIK-2059.

**Bibliografía**

Van Strydonck et alii 2002: 49.

**Yacimiento** Santa Catalina de Sena

La datación se efectuó en el contexto de una investigación encaminada a evaluar la fiabilidad cronológica de las muestras de carbonatos. En este caso, el resultado radiocarbónico coincidió en buena medida con las expectativas cronológicas basadas en métodos arqueológicos e historiográficos para esta iglesia de la ciudad de Palma de Mallorca.

.

| Yacimiento | Isla | Municipio | Exclusión |
|---|---|---|---|
| Santa Catalina de Sena | Mallorca | Palma | ✔ |

| Código laboratorio | Valor ap(BP) | Valor ane(BC) | ± | Muestra |
|---|---|---|---|---|
| Y-2671 | 950 | -1000 | 100 | Carbonatos |

| cal ANE m | cal ANE 1s | cal ANE 2s | cal ANE dir | δ 13C | δ 15N | C/N |
|---|---|---|---|---|---|---|
| -1087 | -970 / -1204 | -896 / -1253 | 1070 | | | |

**Registro arqueológico**

Estuco.

**Estructura** Asentamiento histórico

**Significado arqueológico**

La muestra se asociaba a cerámica islámica datada ca. 1000-1200 arq ANE.

**Observaciones**

Excluida por proceder de una muestra de carbonatos.

**Bibliografía**

Stuiver y Waldren 1975: 476.

**Yacimiento** Santa Ponça

La única datación asociada a este sondeo polínico ofrece un resultado dentro de la primera mitad del VI milenio cal ANE. Al parecer, se vincula a taxones vegetales que indican una mayor humedad que en la actualidad (Pérez-Obiol et alii 2000: 78).

Referencias: Pérez-Obiol et alii (2000).

| **Yacimiento** | **Isla** | **Municipio** | **Exclusión** |
|---|---|---|---|
| Santa Ponça | Mallorca | Calvià | ☐ |

| **Código laboratorio** | **Valor ap(BP)** | **Valor ane(BC)** | ± | **Muestra** |
|---|---|---|---|---|
| | 6930 | 4980 | 80 | Desconocido |

| **cal ANE m** | **cal ANE 1s** | **cal ANE 2s** | **cal ANE dir** | **δ 13C** | **δ 15N** | **C/N** |
|---|---|---|---|---|---|---|
| 5799 | 5868 / 5729 | 5964 / 5679 | 5784 | | | |

**Registro arqueológico**

Base del sondeo de 15,3 m de profundidad.

**Estructura** Sondeo polínico

**Significado arqueológico**

Nulo, al no poder vincularse cronológicamente con la presencia humana en Mallorca.

**Observaciones**

**Bibliografía**

Pérez-Obiol et alii 2000: 78, citando a Parra et alii 1992.

**Yacimiento** Ses Arenes de Baix

Este yacimiento recientemente excavado presenta unos rasgos arquitectónicos que aportan novedades importantes para la comprensión de la tradición menorquina de construcciones funerarias en piedra. Presenta un muro perimetral circular o ligeramente oval construido a base de grandes bloques, que acoge una cámara de contorno arriñonado a la que se accede tras atravesar un corredor enlosado. Todo el conjunto se asienta directamente sobre la roca natural. Entre el paramento de la cámara y el que delimita el exterior se ha observado la presencia de un paramento intermedio levantado con piedras de considerable tamaño, cuya función residiría en estabilizar las tensiones generadas por el espeso relleno murario y la techumbre (de ahí la denominación, siquiera provisional, de "sepulcro de triple paramento", que utilizo en este trabajo). En su interior se han recuperado los restos desarticulados de decenas de individuos y un ajuar poco abundante en el que destacan un brazalete de bronce y más de cincuenta botones de colmillo de suido con perforación en "v". Posiblemente el ajuar funerario fue más abundante, ya que la excavación ha permitido detectar evidencias de una intervención clandestina en la parte anterior de la cámara.

La serie radiocarbónica consta en la actualidad de siete dataciones, todas ellas realizadas a partir de huesos humanos de individuos diferentes, que cubren el intervalo entre el siglo XVII e inicios del XIII cal ANE.

Una de las cuestiones que el estudio del yacimiento deberá valorar es el grado de vinculación entre construcciones como Ses Arenes de Baix (y, posiblemente, otras muy similares como Son Ermità o Rafal des Capità), la arquitectura dolménica inmediatamente anterior, y las navetas posteriores en todas sus variedades, especialmente aquéllas que han sido bautizadas como de "tipo intermedio".

.

| Yacimiento | Isla | Municipio | Exclusión |
|---|---|---|---|
| Ses Arenes de Baix | Menorca | Ciutadella | ☐ |

| Código laboratorio | Valor ap(BP) | Valor ane(BC) | ± | Muestra |
|---|---|---|---|---|
| KIA-23150 | 3390 | 1440 | 35 | Hueso humano |

| cal ANE m | cal ANE 1s | cal ANE 2s | cal ANE dir | δ 13C | δ 15N | C/N |
|---|---|---|---|---|---|---|
| 1684 | 1721 / 1647 | 1755 / 1595 | 1689 | -18.64 | 8.51 | 2.5 |

**Registro arqueológico**

Nivel de inhumaciones en cámara. Astrágalo. Muestra A6.

**Estructura** Sepulcro de triple paramento

**Significado arqueológico**

La datación indica un momento dentro del intervalo de uso del recinto de inhumación colectiva.

**Observaciones**

Recuperación de colágeno: 14%. CLT: KIK-3065.

**Bibliografía**

Van Strydonck et alii 2004, e.p.: tabla 1.

| Yacimiento | Isla | Municipio | Exclusión |
|---|---|---|---|
| Ses Arenes de Baix | Menorca | Ciutadella | ☐ |

| Código laboratorio | Valor ap(BP) | Valor ane(BC) | ± | Muestra |
|---|---|---|---|---|
| KIA-23402 | 3290 | 1340 | 25 | Hueso humano |

| cal ANE m | cal ANE 1s | cal ANE 2s | cal ANE dir | δ 13C | δ 15N | C/N |
|---|---|---|---|---|---|---|
| 1564 | 1610 / 1518 | 1629 / 1506 | 1535 | -18.43 | 8.96 | 2.6 |

**Registro arqueológico**

Nivel de inhumaciones en cámara. Astrágalo. Muestra A3.

**Estructura** Sepulcro de triple paramento

**Significado arqueológico**

La datación indica un momento dentro del intervalo de uso del recinto de inhumación colectiva.

**Observaciones**

Recuperación de colágeno: 16,08%. CLT: KIK-3081.

**Bibliografía**

Van Strydonck et alii 2004, e.p.: tabla 1.

| Yacimiento | Isla | Municipio | Exclusión |
|---|---|---|---|
| Ses Arenes de Baix | Menorca | Ciutadella | ☐ |

| Código laboratorio | Valor ap(BP) | Valor ane(BC) | ± | Muestra |
|---|---|---|---|---|
| KIA-23407 | 3240 | 1290 | 25 | Hueso humano |

| cal ANE m | cal ANE 1s | cal ANE 2s | cal ANE dir | δ 13C | δ 15N | C/N |
|---|---|---|---|---|---|---|
| 1504 | 1524 / 1484 | 1582 / 1435 | 1510 | -18.01 | 9.79 | 2.5 |

**Registro arqueológico**

Tibia infantil en la base del relleno murario, cerca de la entrada. Muestra B1.

**Estructura** Sepulcro de triple paramento

**Significado arqueológico**

Pese a no proceder de la cámara funeraria, la datación corresponde a un momento sincrónico a la utilización de ésta. Se están investigando los procesos deposicionales o postdeposicionales que pudieron haber situado la tibia infantil datada en la base del relleno murario.

**Observaciones**

Recuperación de colágeno: 16,08%. CLT: KIK-3086.

**Bibliografía**

Van Strydonck et alii 2004, e.p.: tabla 1.

| Yacimiento | Isla | Municipio | Exclusión |
|---|---|---|---|
| Ses Arenes de Baix | Menorca | Ciutadella | ☐ |

| Código laboratorio | Valor ap(BP) | Valor ane(BC) | ± | Muestra |
|---|---|---|---|---|
| KIA-23149 | 3225 | 1275 | 35 | Hueso humano |

| cal ANE m | cal ANE 1s | cal ANE 2s | cal ANE dir | δ 13C | δ 15N | C/N |
|---|---|---|---|---|---|---|
| 1481 | 1522 / 1440 | 1568 / 1417 | 1497 | -18.13 | 8.94 | 2.8 |

**Registro arqueológico**

Nivel de inhumaciones en cámara. Astrágalo. Muestra A2.

**Estructura** Sepulcro de triple paramento

**Significado arqueológico**

La datación indica un momento dentro del intervalo de uso del recinto de inhumación colectiva.

**Observaciones**

Recuperación de colágeno: 8,94%. CLT: KIK-3064.

**Bibliografía**

Van Strydonck et alii 2004, e.p.: tabla 1.

| Yacimiento | Isla | Municipio | Exclusión |
|---|---|---|---|
| Ses Arenes de Baix | Menorca | Ciutadella | ☐ |

| Código laboratorio | Valor ap(BP) | Valor ane(BC) | ± | Muestra |
|---|---|---|---|---|
| KIA-23405 | 3185 | 1235 | 25 | Hueso humano |

| cal ANE m | cal ANE 1s | cal ANE 2s | cal ANE dir | δ 13C | δ 15N | C/N |
|---|---|---|---|---|---|---|
| 1459 | 1497 / 1422 | 1512 / 1409 | 1437 | -18.88 | 8.57 | 2.6 |

**Registro arqueológico**

Nivel de inhumaciones en cámara. Astrágalo. Muestra A5.

**Estructura** Sepulcro de triple paramento

**Significado arqueológico**

La datación indica un momento dentro del intervalo de uso del recinto de inhumación colectiva.

**Observaciones**

Recuperación de colágeno: 7,54%. CLT: KIK-3084.

**Bibliografía**

Van Strydonck et alii 2004, e.p.: tabla 1.

| Yacimiento | Isla | Municipio | Exclusión |
|---|---|---|---|
| Ses Arenes de Baix | Menorca | Ciutadella | ☐ |

| Código laboratorio | Valor ap(BP) | Valor ane(BC) | ± | Muestra |
|---|---|---|---|---|
| KIA-23404 | 3085 | 1135 | 25 | Hueso humano |

| cal ANE m | cal ANE 1s | cal ANE 2s | cal ANE dir | δ 13C | δ 15N | C/N |
|---|---|---|---|---|---|---|
| 1355 | 1402 / 1308 | 1416 / 1281 | 1384 | -18.6 | 9.3 | 2.7 |

**Registro arqueológico**

Nivel de inhumaciones en cámara. Astrágalo. Muestra A4.

**Estructura** Sepulcro de triple paramento

**Significado arqueológico**

La datación indica un momento dentro del intervalo de uso del recinto de inhumación colectiva.

**Observaciones**

Recuperación de colágeno: 7,4%. CLT: KIK-3083.

**Bibliografía**

Van Strydonck et alii 2004, e.p.: tabla 1.

| Yacimiento | Isla | Municipio | Exclusión |
|---|---|---|---|
| Ses Arenes de Baix | Menorca | Ciutadella | ☐ |

| Código laboratorio | Valor ap(BP) | Valor ane(BC) | ± | Muestra |
|---|---|---|---|---|
| KIA-23403 | 3025 | 1075 | 25 | Hueso humano |

| cal ANE m | cal ANE 1s | cal ANE 2s | cal ANE dir | δ 13C | δ 15N | C/N |
|---|---|---|---|---|---|---|
| 1279 | 1309 / 1249 | 1383 / 1194 | 1281 | -18.44 | 8.47 | 2.5 |

**Registro arqueológico**

Nivel de inhumaciones en cámara. Astrágalo. Muestra A1.

**Estructura** Sepulcro de triple paramento

**Significado arqueológico**

La datación indica un momento dentro del intervalo de uso del recinto de inhumación colectiva.

**Observaciones**

Recuperación de colágeno: 11,4%. CLT: KIK-3082.

**Bibliografía**

Van Strydonck et alii 2004, e.p.: tabla 1.

**Yacimiento** Ses Païsses

Las excavaciones dirigidas por Lilliu a finales de los cincuenta e inicios de los sesenta proporcionaron elementos clave para el establecimiento de una de las primeras y más influyentes periodizaciones de lo "talayótico" balear. Los trabajos se centraron en un talayot y en diversos recintos ("habitaciones") cercanos, en los cuales se constató una sucesión de ocupaciones prehistóricas desde aproximadamente 1200 arq ANE y el cambio de era. El yacimiento presenta además una muralla perimetral con varios accesos, que han centrado la atención de las excavaciones recientes del año 2000 (Hernández Gasch y Aramburu 2001).

La única datación radiocarbónica obtenida poco tiempo después de las primeras excavaciones es Gif-1247. Los responsables del laboratorio de datación la publicaron como correspondiente a la "Habitación 12" (Delibrias, Guillier y Labeyrie 1971: 227), aunque en las publicaciones no se menciona ninguna habitación con esta numeración. Por ello, resulta probable que la datación se refiera a la Habitación 10 (Castro, Escoriza y Sanahuja 2003a: 104). Esta estructura se halla en el sector occidental del yacimiento. Muestra un recinto de tendencia absidal de grandes dimensiones y potentes muros de piedra, con subdivisiones internas y una entrada situada en posición excéntrica que se abre en el muro recto de la fachada. La muralla perimetral del poblado se adosa en dos puntos al paramento externo de la Habitación 10. La excavación de su interior reveló un nivel inicial datado en el Talayótico II (siglos VIII-V arq ANE). La ocupación correspondiente a este nivel finalizó en un violento episodio de incendio. Sobre las ruinas se registró un nivel de reutilización funeraria entre los siglos V y II arq ANE.

La muestra de carbón vegetal que proporcionó la citada datación Gif-1247 no cuenta con una contextualización clara. Cabe, no obstante, la posibilidad de que formase parte de los restos de la techumbre de la habitación. Si así fuera, informaría de que la casa fue construida en algún momento indeterminado a partir de ca. 1100 cal ANE y antes de la edificación de la muralla. Respecto a este segundo evento, las excavaciones recientes han aportado nuevos datos aunque no del todo concluyentes. En el año 2000 se excavó un sector del poblado adyacente a la puerta Este de la muralla, en el que se identificaron varias unidades estratigráficas asociadas con la construcción y uso inicial de la muralla. Tres de ellas, además, proporcionaron materiales orgánicos (huesos de fauna) que fueron objeto de sendas dataciones radiocarbónicas. La unidad estratigráfica 60 (UE 60) hace referencia a una estructura de regularización del terreno con vistas a la construcción de la muralla (datación KIA-14319); UE 77 alude a los sedimentos que rellenaban la trinchera de fundamentación de la propia muralla (KIA-11867), mientras que UE 72 era un depósito formado mayoritariamente por la acumulación de restos constructivos producida a raíz de dicha edificación (KIA-11890).

La datación de la UE 60 indica un momento inicial del siglo VIII cal ANE y encabeza la serie en orden de antigüedad descendiente. Sin embargo, no puede ser considerada como indicador inequívoco del episodio de construcción de la muralla, ya que la datación de la UE 77 corresponde a un contexto todavía previo a la edificación y ofrece un resultado cronológico más reciente. Podríamos interpretar que los restos de fauna objeto de los análisis radiocarbónicos formaban parte de materiales redepositados en rellenos constructivos. Lamentablemente, la segunda de las fechas citadas, KIA-11867, cae en el intervalo plano de la "meseta de Hallstatt", por lo que la precisión del terminus ante quem que representa respecto a la construcción de la muralla adolece de un amplio margen de imprecisión. La tercera de las fechas es, por razones de vinculación estratigráfica, la que más se aproximaría a la determinación del momento de construcción de la muralla, ya que la UE 72 se adosa a su primera hilada. KIA-11890 presenta el valor convencional más bajo de la serie, pero, de nuevo, el resultado de la calibración se sitúa en el fatídico intervalo plano de la curva.

Los directores de la excavación afirman que la construcción de la muralla fue la única actividad edilicia anterior a la Habitación 20 (sector R-20), datada en el siglo V arq ANE. Este hecho, unido a la ausencia de materiales de importación en las tres unidades estratigráficas fechadas por radiocarbono, sugieren una cronología probablemente anterior al siglo V aunque, por desgracia, difícil de concretar con mayor precisión.

Así pues, pese a los esfuerzos realizados hasta el momento la cronología absoluta de la Habitación 10 y de la muralla de Ses Païsses todavía resta sin determinar con la suficiente fiabilidad. Como veremos en el Capítulo 3, hay argumentos para defender que los grandes recintos amurallados corresponden a momentos tardíos de la secuencia, a partir de los siglos VI/V cal ANE. Respecto a la ubicación temporal de estructuras habitacionales como la Habitación 10, situar su construcción sobre la única base de la datación radiocarbónica Gif-1247 resulta bastante arriesgado. Por ahora, sólo cabe señalar que esta habitación fue construida en algún momento entre finales del II milenio cal ANE y la construcción de la muralla..

Referencias: Lilliu y Biancofiore (1959), Lilliu (1960, 1962, 1965), Hernández Gasch y Aramburu (2001).

.

| **Yacimiento** | **Isla** | **Municipio** | **Exclusión** |
|---|---|---|---|
| Ses Païsses | Mallorca | Artà | ☐ |

| **Código laboratorio** | **Valor ap(BP)** | **Valor ane(BC)** | ± | **Muestra** |
|---|---|---|---|---|
| Gif-1247 | 2900 | 950 | ± 110 | Carbón |

| **cal ANE m** | **cal ANE 1s** | **cal ANE 2s** | **cal ANE dir** | **δ 13C** | **δ 15N** | **C/N** |
|---|---|---|---|---|---|---|
| 1095 | 1269 / 921 | 1374 / 843 | 1082 | | | |

**Registro arqueológico**

Nivel de incendio de la casa 12, aunque seguramente es un error y corresponde a la nº 10. Z = -90. Peso de la muestra = 100 g.

**Estructura** Hábitat en piedra

**Significado arqueológico**

La datación indica un momento previo, en una medida indeterminada, respecto al uso de dicha estructura. La naturaleza de la muestra y las dudas sobre los materiales inequívocamente asociados, la convierten en poco resolutiva.

**Observaciones**

Waldren (1986: tabla 16) se refiere a ella asignándole una desviación tipo de ±120.

**Bibliografía**

Delibrias, Guillier y Labeyrie 1971: 227; Rosselló Bordoy 1973: 188; Waldren 1986: tabla 16.

| Yacimiento | Isla | Municipio | Exclusión |
|---|---|---|---|
| Ses Païsses | Mallorca | Artà | ☐ |

| Código laboratorio | Valor ap(BP) | Valor ane(BC) | ± | Muestra |
|---|---|---|---|---|
| KIA-14319 | 2565 | 615 | 30 | Hueso fauna doméstica |

| cal ANE m | cal ANE 1s | cal ANE 2s | cal ANE dir | δ 13C | δ 15N | C/N |
|---|---|---|---|---|---|---|
| 783 | 796 / 770 | 810 / 759 | 781 | -20.6 | | 2.78 |

**Registro arqueológico**

Sector Puerta Este/Norte, zona Habitación 20. Hueso animal sp. Ref. SP00-UE60.

**Estructura** Asentamiento talayótico

**Significado arqueológico**

La muestra procede de una estructura enlosada para la regularización del terreno, la cual se adosaba a la primera hilada de la muralla. Podría datar la construcción de la muralla o, si el hueso fue incorporado como relleno, indicar un momento previo a dicho evento.

**Observaciones**

CLT: KIK-1888.

**Bibliografía**

Van Strydonck et alii 2002: 44; Hernández Gasch y Aramburu 2001: 36.

| Yacimiento | Isla | Municipio | Exclusión |
|---|---|---|---|
| Ses Païsses | Mallorca | Artà | ☐ |

| Código laboratorio | Valor ap(BP) | Valor ane(BC) | ± | Muestra |
|---|---|---|---|---|
| KIA-11867 | 2525 | 575 | 25 | Hueso fauna doméstica |

| cal ANE m | cal ANE 1s | cal ANE 2s | cal ANE dir | δ 13C | δ 15N | C/N |
|---|---|---|---|---|---|---|
| 678 | 779 / 578 | 789 / 540 | 770 | -20.04 | 2.82 | 2.8 |

**Registro arqueológico**

Sector Puerta Este/Sur, zona "Corral". UE77. Mandíbula de ovicáprido. Ref. SP00-UE77.

**Estructura** Asentamiento talayótico

**Significado arqueológico**

La muestra procede del relleno de la trinchera de cimentación de la muralla, por lo que la fecha indica un momento anterior, en una medida indeterminada, respecto a la edificación de esta estructura.

**Observaciones**

CLT: KIK-1585.

**Bibliografía**

Van Strydonck et alii 2002: 44, 2004, e.p.: tabla 1; Hernández Gasch y Aramburu 2001: 17.

| Yacimiento | Isla | Municipio | Exclusión |
|---|---|---|---|
| Ses Païsses | Mallorca | Artà | ☐ |

| Código laboratorio | Valor ap(BP) | Valor ane(BC) | ± | Muestra |
|---|---|---|---|---|
| KIA-11890 | 2475 | 525 | 25 | Hueso fauna doméstica |

| cal ANE m | cal ANE 1s | cal ANE 2s | cal ANE dir | δ 13C | δ 15N | C/N |
|---|---|---|---|---|---|---|
| 641 | 763 / 519 | 773 / 425 | 751, 696, 545 | -24.24 | 8.3 | 2.89 |

**Registro arqueológico**

Sector Puerta Este/Sur, zona "Corral". UE72. Pelvis, probablemente de oveja. Ref. SP00-UE72.

**Estructura** Asentamiento talayótico

**Significado arqueológico**

La muestra procede de un nivel formado por restos de cantería adosado a la muralla. La fecha podría datar el momento de construcción de ésta. Por desgracia, la calibración muestra un amplio grado de incertidumbre.

**Observaciones**

CLT: KIK-1586.

**Bibliografía**

Van Strydonck et alii 2002: 44, 2004, e.p.: tabla 1; Hernández Gasch y Aramburu 2001: 16.

**Yacimiento** Ses Roques de Son Baduia

Las informaciones publicadas sobre este yacimiento atañen más a su nutrida serie radiocarbónica que a la descripción de los hallazgos arqueológicos realizados en él. Contamos en total con trece dataciones, todas ellas efectuadas a partir de muestras óseas. La datación más alta, UtC-7115, se vincula a un contexto anterior a la construcción del edificio naviforme que, de hecho acaparó la atención de las excavaciones. El resultado se sitúa en la transición entre los siglos XVIII y XVII cal ANE. Aproximadamente unos tres siglos después, aproximadamente a inicios del siglo XIV cal ANE, tenemos la primera constancia de la ocupación de la estructura naviforme (datación UtC-7109). Según lo indicado por UtC-7114, UtC-7050, UtC-7112, UtC-7113, UtC-7110, UtC-9019, UtC-4859, UtC-9020 y UtC-7111, dicha ocupación se habría prolongado hasta mediados del siglo XI cal ANE. Conviene hacer constar que el tipo de muestra sobre el que se efectuaron las dataciones UtC-9019 y UtC-9020 pudo no ser hueso humano, tal y como se ha dado a conocer, sino más bien huesos de fauna, que por otro lado es el material que ha proporcionado las restantes dataciones (Van Strydonck com. pers.).

Tras el abandono de la estructura naviforme, el lugar todavía pudo ser reocupado o al menos frecuentado entre finales del siglo XI y mediados del X cal ANE, a tenor de lo que indican las dos dataciones más recientes de la serie (UtC-7108 y UtC-7107).

.

| Yacimiento | Isla | Municipio | Exclusión |
|---|---|---|---|
| Ses Roques de Son Baduia | Mallorca | Valldemossa | ☐ |

| Código laboratorio | Valor ap(BP) | Valor ane(BC) | ± | Muestra |
|---|---|---|---|---|
| UtC-7115 | 3400 | 1450 | 35 | Hueso fauna doméstica |

| cal ANE m | cal ANE 1s | cal ANE 2s | cal ANE dir | δ 13C | δ 15N | C/N |
|---|---|---|---|---|---|---|
| 1694 | 1732 / 1657 | 1762 / 1609 | 1703 | | | |

**Registro arqueológico**

Nivel rojo inferior, previo al edificio naviforme.

**Estructura** Asentamiento al aire libre

**Significado arqueológico**

La datación indica sobre la ocupación del lugar con anterioridad a la implantación de las estructuras habitacionales de planta naviforme. Los problemas relacionados con la formación del depósito arqueológico en este tipo de suelos rojos no permite garantizar que la muestra date la cerámica campaniforme hallada en las proximidades.

**Observaciones**

**Bibliografía**

W. Waldren, com. pers. (1999).

**Yacimiento** Ses Roques de Son Baduia | **Isla** Mallorca | **Municipio** Valldemossa | **Exclusión** ☐

| Código laboratorio | Valor ap(BP) | Valor ane(BC) | ± | Muestra |
|---|---|---|---|---|
| UtC-7109 | 3100 | 1150 | 35 | Hueso fauna doméstica |

| cal ANE m | cal ANE 1s | cal ANE 2s | cal ANE dir | δ 13C | δ 15N | C/N |
|---|---|---|---|---|---|---|
| 1368 | 1411 / 1325 | 1431 / 1285 | 1392 | -20.8 | | |

**Registro arqueológico**

Ocupación del edificio naviforme sobre fragmentos de campaniforme. Cuadrante 3E8.

**Estructura** Asentamiento de estructuras naviformes

**Significado arqueológico**

La datación indica un momento dentro del intervalo de uso de la estructura habitacional naviforme.

**Observaciones**

CLT: KIK-897.

**Bibliografía**

Van Strydonck et alii 2001: 34.

---

**Yacimiento** Ses Roques de Son Baduia | **Isla** Mallorca | **Municipio** Valldemossa | **Exclusión** ☐

| Código laboratorio | Valor ap(BP) | Valor ane(BC) | ± | Muestra |
|---|---|---|---|---|
| UtC-7114 | 3090 | 1140 | 35 | Hueso fauna doméstica |

| cal ANE m | cal ANE 1s | cal ANE 2s | cal ANE dir | δ 13C | δ 15N | C/N |
|---|---|---|---|---|---|---|
| 1355 | 1407 / 1303 | 1426 / 1277 | 1383 | | | |

**Registro arqueológico**

Edificio naviforme. Junto muro.

**Estructura** Asentamiento de estructuras naviformes

**Significado arqueológico**

La datación indica un momento dentro del intervalo de uso de la estructura habitacional naviforme.

**Observaciones**

**Bibliografía**

W. Waldren, com. pers. (1999).

| Yacimiento | Isla | Municipio | Exclusión |
|---|---|---|---|
| Ses Roques de Son Baduia | Mallorca | Valldemossa | ☐ |

| Código laboratorio | Valor ap(BP) | Valor ane(BC) | ± | Muestra |
|---|---|---|---|---|
| UtC-7050 | 3045 | 1095 | 40 | Hueso fauna doméstica |

| cal ANE m | cal ANE 1s | cal ANE 2s | cal ANE dir | δ 13C | δ 15N | C/N |
|---|---|---|---|---|---|---|
| 1318 | 1380 / 1256 | 1406 / 1173 | 1297 | -20.8 | | |

**Registro arqueológico**

Bajo muro de edificio naviforme. Mismo lugar que KIK-913. Cuadrante 3G5.

**Estructura** Asentamiento de estructuras naviformes

**Significado arqueológico**

La posición estratigráfica de la muestra indica su anterioridad respecto a la construcción del edificio naviforme. No obstante, sorprendentemente el resultado es más reciente que otros valores asociados al uso de dicho edificio. Es posible que la muestra corresponda en realidad a un residuo faunístico depositado en algún momento sincrónico al uso de la estructura naviforme.

**Observaciones**

CLT: KIK-912.

**Bibliografía**

Van Strydonck et alii 2001: 34.

| Yacimiento | Isla | Municipio | Exclusión |
|---|---|---|---|
| Ses Roques de Son Baduia | Mallorca | Valldemossa | ☐ |

| Código laboratorio | Valor ap(BP) | Valor ane(BC) | ± | Muestra |
|---|---|---|---|---|
| UtC-7112 | 3030 | 1080 | 70 | Hueso fauna doméstica |

| cal ANE m | cal ANE 1s | cal ANE 2s | cal ANE dir | δ 13C | δ 15N | C/N |
|---|---|---|---|---|---|---|
| 1274 | 1373 / 1175 | 1442 / 1055 | 1292 | | | |

**Registro arqueológico**

Bajo muro de edificio naviforme.

**Estructura** Asentamiento de estructuras naviformes

**Significado arqueológico**

La posición estratigráfica de la muestra indica su anterioridad respecto a la construcción del edificio naviforme. No obstante, sorprendentemente el resultado es más reciente que otros valores asociados al uso de dicho edificio. Es posible que la muestra corresponda en realidad a un residuo faunístico depositado en algún momento sincrónico al uso de la estructura naviforme.

**Observaciones**

**Bibliografía**

W. Waldren, com. pers. (1999).

| Yacimiento | Isla | Municipio | Exclusión |
|---|---|---|---|
| Ses Roques de Son Baduia | Mallorca | Valldemossa | ☐ |

| Código laboratorio | Valor ap(BP) | Valor ane(BC) | ± | Muestra |
|---|---|---|---|---|
| UtC-7113 | 2990 | 1040 | 35 | Hueso fauna doméstica |

| cal ANE m | cal ANE 1s | cal ANE 2s | cal ANE dir | δ 13C | δ 15N | C/N |
|---|---|---|---|---|---|---|
| 1222 | 1288 / 1156 | 1350 / 1100 | 1238 | | | |

**Registro arqueológico**

Edificio naviforme. Junto muro.

**Estructura** Asentamiento de estructuras naviformes

**Significado arqueológico**

La datación indica un momento dentro del intervalo de uso de la estructura habitacional naviforme.

**Observaciones**

**Bibliografía**

W. Waldren, com. pers. (1999).

| Yacimiento | Isla | Municipio | Exclusión |
|---|---|---|---|
| Ses Roques de Son Baduia | Mallorca | Valldemossa | ☐ |

| Código laboratorio | Valor ap(BP) | Valor ane(BC) | ± | Muestra |
|---|---|---|---|---|
| UtC-9019 | 2960 | 1010 | 40 | Hueso humano |

| cal ANE m | cal ANE 1s | cal ANE 2s | cal ANE dir | δ 13C | δ 15N | C/N |
|---|---|---|---|---|---|---|
| 1178 | 1258 / 1099 | 1299 / 1029 | 1180 | -20.01 | 5.06 | |

**Registro arqueológico**

Cuadrante 3E8.

**Estructura** Varia funerario

**Significado arqueológico**

No disponemos de datos para proceder a una valoración adecuada. Hay serias dudas sobre si la muestra era un hueso humano.

**Observaciones**

Van Strydonck, Boudin y Ervynck (2001: tabla 2) señalan que la muestra datada estaba formada por huesos de fauna. CLT: KIK-1126.

**Bibliografía**

Van Strydonck et alii 2001: 34; Van Strydonck, Boudin y Ervynck 2001: tabla 2; Van Strydonck et alii 2004, e.p.: tabla 1.

| Yacimiento | Isla | Municipio | Exclusión |
|---|---|---|---|
| Ses Roques de Son Baduia | Mallorca | Valldemossa | ☐ |

| Código laboratorio | Valor ap(BP) | Valor ane(BC) | ± | Muestra |
|---|---|---|---|---|
| UtC-7110 | 2960 | 1010 | 35 | Hueso fauna doméstica |

| cal ANE m | cal ANE 1s | cal ANE 2s | cal ANE dir | δ 13C | δ 15N | C/N |
|---|---|---|---|---|---|---|
| 1178 | 1249 / 1107 | 1292 / 1038 | 1182, 1166, 1164 | -20.68 | 8.77 | |

**Registro arqueológico**

Edificio naviforme. Parte inferior del relleno del muro (mismo lugar que KIK-913). Cuadrante 3G5.

**Estructura** Asentamiento de estructuras naviformes

**Significado arqueológico**

La datación indica un momento dentro del intervalo de uso de la estructura habitacional naviforme.

**Observaciones**

CLT: KIK-911.

**Bibliografía**

Van Strydonck et alii 2001: 34; Van Strydonck et alii 2004, e.p.: tabla 1.

| Yacimiento | Isla | Municipio | Exclusión |
|---|---|---|---|
| Ses Roques de Son Baduia | Mallorca | Valldemossa | ☐ |

| Código laboratorio | Valor ap(BP) | Valor ane(BC) | ± | Muestra |
|---|---|---|---|---|
| UtC-4859 | 2930 | 980 | 35 | Hueso fauna doméstica |

| cal ANE m | cal ANE 1s | cal ANE 2s | cal ANE dir | δ 13C | δ 15N | C/N |
|---|---|---|---|---|---|---|
| 1119 | 1190 / 1048 | 1272 / 1007 | 1126 | -20.7 | | |

**Registro arqueológico**

Edificio naviforme. Cata exploratoria.

**Estructura** Asentamiento de estructuras naviformes

**Significado arqueológico**

La datación indica un momento dentro del intervalo de uso de la estructura habitacional naviforme.

**Observaciones**

Van Strydonck, Waldren y Hendrix (1998: 745) señalan que la muestra datada estaba formada por carbón vegetal. CLT: KIK-623.

**Bibliografía**

Van Strydonck, Waldren y Hendrix 1998: 745; Van Strydonck et alii 2001: 34.

| Yacimiento | Isla | Municipio | Exclusión |
|---|---|---|---|
| Ses Roques de Son Baduia | Mallorca | Valldemossa | ☐ |

| Código laboratorio | Valor ap(BP) | Valor ane(BC) | ± | Muestra |
|---|---|---|---|---|
| UtC-9020 | 2900 | 950 | 45 | Hueso humano |

| cal ANE m | cal ANE 1s | cal ANE 2s | cal ANE dir | δ 13C | δ 15N | C/N |
|---|---|---|---|---|---|---|
| 1080 | 1154 / 1007 | 1248 / 942 | 1067 | -21.62 | 5.24 | |

**Registro arqueológico**

Cuadrante 4E5.

**Estructura** Varia funerario

**Significado arqueológico**

No disponemos de datos para proceder a una valoración adecuada. Hay serias dudas sobre si la muestra era un hueso humano.

**Observaciones**

Van Strydonck, Boudin y Ervynck (2001: tabla 2) y Van Strydonck et alii (2004, e.p.: tabla 1) señalan que la muestra datada estaba formada por huesos de fauna. CLT: KIK-1124.

**Bibliografía**

Van Strydonck et alii 2001: 34; Van Strydonck, Boudin y Ervynck 2001: tabla 2; Van Strydonck et alii 2004, e.p.: tabla 1.

| Yacimiento | Isla | Municipio | Exclusión |
|---|---|---|---|
| Ses Roques de Son Baduia | Mallorca | Valldemossa | ☐ |

| Código laboratorio | Valor ap(BP) | Valor ane(BC) | ± | Muestra |
|---|---|---|---|---|
| UtC-7111 | 2880 | 930 | 40 | Hueso fauna doméstica |

| cal ANE m | cal ANE 1s | cal ANE 2s | cal ANE dir | δ 13C | δ 15N | C/N |
|---|---|---|---|---|---|---|
| 1047 | 1109 / 985 | 1186 / 931 | 1034 | -20.9 | | |

**Registro arqueológico**

Nivel III, sobre nivel campaniforme y tierra estéril. Cuadrante 3E8.

**Estructura** Asentamiento de estructuras naviformes

**Significado arqueológico**

La datación podría indicar un momento dentro del intervalo de uso de la estructura habitacional naviforme.

**Observaciones**

CLT: KIK-915.

**Bibliografía**

Van Strydonck et alii 2001: 34.

| Yacimiento | Isla | Municipio | Exclusión |
|---|---|---|---|
| Ses Roques de Son Baduia | Mallorca | Valldemossa | ☐ |

| Código laboratorio | Valor ap(BP) | Valor ane(BC) | ± | Muestra |
|---|---|---|---|---|
| UtC-7108 | 2865 | 915 | 35 | Hueso fauna doméstica |

| cal ANE m | cal ANE 1s | cal ANE 2s | cal ANE dir | δ13C | δ15N | C/N |
|---|---|---|---|---|---|---|
| 1022 | 1071 / 974 | 1139 / 921 | 1018 | -20.8 | | |

**Registro arqueológico**

Nivel II. Tras abandono naviforme. Casi superficial en el sector del relleno de un muro. Cuadrante 2G8.

**Estructura** Indeterminada

**Significado arqueológico**

La posición estratigráfica indica que el momento demarcado por la datación sería inmediatamente posterior al abandono del edificio naviforme.

**Observaciones**

CLT: KIK-913.

**Bibliografía**

Van Strydonck et alii 2001: 34.

| Yacimiento | Isla | Municipio | Exclusión |
|---|---|---|---|
| Ses Roques de Son Baduia | Mallorca | Valldemossa | ☐ |

| Código laboratorio | Valor ap(BP) | Valor ane(BC) | ± | Muestra |
|---|---|---|---|---|
| UtC-7107 | 2805 | 855 | 35 | Hueso fauna doméstica |

| cal ANE m | cal ANE 1s | cal ANE 2s | cal ANE dir | δ13C | δ15N | C/N |
|---|---|---|---|---|---|---|
| 950 | 995 / 906 | 1032 / 860 | 941 | -20.8 | | |

**Registro arqueológico**

Nivel I. Tras abandono naviforme. Casi superficial en sector del relleno de un muro. Cuadrante 3G8.

**Estructura** Indeterminada

**Significado arqueológico**

La posición estratigráfica indica que el momento demarcado por la datación sería inmediatamente posterior al abandono del edificio naviforme.

**Observaciones**

CLT: KIK-917.

**Bibliografía**

Van Strydonck et alii 2001: 34.

**Yacimiento** Ses Roques Llises

La buena conservación del sepulcro megalítico de Ses Roques Llises ha contribuido a que sea considerado como uno de los mejores exponentes del fenómeno dolménico en las Baleares. Se trata un dolmen de corredor con cámara rectangular, corredor de acceso trapezoidal y contrafuerte exterior de contorno oval. La estratigrafía del tramo central de la cámara incluía tres niveles:

1. Nivel superficial de raíces, hojas y tierra vegetal.
2. Masa de humus con restos cerámicos y huesos, todo ello muy degradado.
3. Piedras asentadas sobre una capa de arcilla grisácea. En los espacios libres se localizan diversos vasos.

Entre los hallazgos efectuados, destacan fragmentos de vasos con cordón inciso paralelo al borde, algunos recipientes carenados y globulares, un botón de perforación en "v", dos fragmentos de brazal de arquero de pizarra y un puñalito y un punzón de metal.

Recientemente, se ha dado a conocer una serie de cinco dataciones radiocarbónicas, todas ellas efectuadas a partir de huesos humanos. Como veremos en el apartado dedicado a la cronología absoluta de los dólmenes en el Capítulo 3, cuatro de estas cinco dataciones resultan sorprendentemente bajas en relación al grueso de la serie radiocarbónica de este tipo de construcciones funerarias. Así, salvo la datación más antigua de Ses Roques Llises (KIA-18761), que se sitúa a inicios del siglo XVII cal ANE, las restantes cuatro lo hacen entre finales del siglo XV y mediados del XI cal ANE. Esperemos que el o los responsables de haber encargado la serie radiocarbónica publiquen informaciones precisas acerca de la localización original de las muestras y de la determinación osteológica de las mismas, a fin de que podamos valorar los resultados en su justa medida. De lo contrario, los nuevos datos habrán suscitado, paradójicamente, más dudas que certezas.

Referencias: Plantalamor (1976/77), Rosselló Bordoy, Plantalamor y López Pons (1980).

.

| Yacimiento | Isla | Municipio | Exclusión |
|---|---|---|---|
| Ses Roques Llises | Menorca | Alaior | ☐ |

| Código laboratorio | Valor ap(BP) | Valor ane(BC) | ± | Muestra |
|---|---|---|---|---|
| KIA-18761 | 3395 | 1445 | 35 | Hueso humano |

| cal ANE m | cal ANE 1s | cal ANE 2s | cal ANE dir | δ 13C | δ 15N | C/N |
|---|---|---|---|---|---|---|
| 1689 | 1725 / 1653 | 1758 / 1605 | 1694 | -19.21 | 10.7 | |

**Registro arqueológico**

**Estructura** Dolmen

**Significado arqueológico**

Pese a no disponer de datos sobre el contexto de procedencia de la muestra, es de prever que la datación indique un momento dentro del intervalo de uso del recinto de inhumación colectiva.

**Observaciones**

Delta 13Ccarb = -9,04 por mil.

**Bibliografía**

Van Strydonck et alii 2004, e.p.: tabla 1.

| Yacimiento | Isla | Municipio | Exclusión |
|---|---|---|---|
| Ses Roques Llises | Menorca | Alaior | ☐ |

| Código laboratorio | Valor ap(BP) | Valor ane(BC) | ± | Muestra |
|---|---|---|---|---|
| KIA-20204 | 3135 | 1185 | 35 | Hueso humano |

| cal ANE m | cal ANE 1s | cal ANE 2s | cal ANE dir | δ 13C | δ 15N | C/N |
|---|---|---|---|---|---|---|
| 1409 | 1430 / 1388 | 1483 / 1319 | 1410 | -19.33 | 9.02 | |

**Registro arqueológico**

**Estructura** Dolmen

**Significado arqueológico**

Pese a no disponer de datos sobre el contexto de procedencia de la muestra, es de prever que la datación indique un momento dentro del intervalo de uso del recinto de inhumación colectiva.

**Observaciones**

**Bibliografía**

Van Strydonck et alii 2004, e.p.: tabla 1.

---

| Yacimiento | Isla | Municipio | Exclusión |
|---|---|---|---|
| Ses Roques Llises | Menorca | Alaior | ☐ |

| Código laboratorio | Valor ap(BP) | Valor ane(BC) | ± | Muestra |
|---|---|---|---|---|
| KIA-18762 | 3030 | 1080 | 40 | Hueso humano |

| cal ANE m | cal ANE 1s | cal ANE 2s | cal ANE dir | δ 13C | δ 15N | C/N |
|---|---|---|---|---|---|---|
| 1293 | 1356 / 1231 | 1400 / 1149 | 1288 | -20.18 | 10.36 | |

**Registro arqueológico**

**Estructura** Dolmen

**Significado arqueológico**

Pese a no disponer de datos sobre el contexto de procedencia de la muestra, es de prever que la datación indique un momento dentro del intervalo de uso del recinto de inhumación colectiva.

**Observaciones**

Delta 13Ccarb = -8,72 por mil.

**Bibliografía**

Van Strydonck et alii 2004, e.p.: tabla 1.

| Yacimiento | Isla | Municipio | Exclusión |
|---|---|---|---|
| Ses Roques Llises | Menorca | Alaior | ☐ |

| Código laboratorio | Valor ap(BP) | Valor ane(BC) | ± | Muestra |
|---|---|---|---|---|
| KIA-18767 | 2955 | 1005 | 30 | Hueso humano |

| cal ANE m | cal ANE 1s | cal ANE 2s | cal ANE dir | δ 13C | δ 15N | C/N |
|---|---|---|---|---|---|---|
| 1173 | 1237 / 1109 | 1285 / 1041 | 1180, 1164, 1151 | -19.59 | 9.63 | |

**Registro arqueológico**

**Estructura** Dolmen

**Significado arqueológico**

Pese a no disponer de datos sobre el contexto de procedencia de la muestra, es de prever que la datación indique un momento dentro del intervalo de uso del recinto de inhumación colectiva.

**Observaciones**

Delta 13Ccarb = -9,14 por mil.

**Bibliografía**

Van Strydonck et alii 2004, e.p.: tabla 1.

| Yacimiento | Isla | Municipio | Exclusión |
|---|---|---|---|
| Ses Roques Llises | Menorca | Alaior | ☐ |

| Código laboratorio | Valor ap(BP) | Valor ane(BC) | ± | Muestra |
|---|---|---|---|---|
| KIA-21225 | 2890 | 940 | 25 | Hueso humano |

| cal ANE m | cal ANE 1s | cal ANE 2s | cal ANE dir | δ 13C | δ 15N | C/N |
|---|---|---|---|---|---|---|
| 1062 | 1111 / 1013 | 1169 / 988 | 1041 | -19.84 | 8.36 | |

**Registro arqueológico**

**Estructura** Dolmen

**Significado arqueológico**

Pese a no disponer de datos sobre el contexto de procedencia de la muestra, es de prever que la datación indique un momento dentro del intervalo de uso del recinto de inhumación colectiva.

**Observaciones**

Delta 13Ccarb = -7,15 por mil.

**Bibliografía**

Van Strydonck et alii 2004, e.p.: tabla 1.

**Yacimiento** Ses Talaies de Can Jordi

La única datación radiocarbónica de este yacimiento procede de una muestra de carbón vegetal que formó parte de una viga de la techumbre que cubría una habitación radial adosada al talayot. Ello sitúa la construcción de dicha habitación a partir de inicios del siglo VIII cal ANE y, por ende, remonta la edificación del talayot a un momento anterior a dicha temporalidad, probablemente no muy alejado de ella. La citada datación ha sido citada para acotar la cronología de las dos espadas de bronce halladas de manera fortuita en el yacimiento

Referencias: Aguiló, Covas y Carreras (1979), Pons Homar (1999), Carreras (2001).

.

| Yacimiento | Isla | Municipio | Exclusión |
|---|---|---|---|
| Ses Talaies de Can Jordi | Mallorca | Santanyí | ☐ |

| Código laboratorio | Valor ap(BP) | Valor ane(BC) | ± | Muestra |
|---|---|---|---|---|
| | 2580 | 630 | 30 | Carbón |

| cal ANE m | cal ANE 1s | cal ANE 2s | cal ANE dir | δ 13C | δ 15N | C/N |
|---|---|---|---|---|---|---|
| 789 | 803 / 775 | 814 / 764 | 787 | | | |

**Registro arqueológico**

Habitación radial adosada a talayot. Muestra de material empleado en la techumbre.

**Estructura** Asentamiento talayótico

**Significado arqueológico**

La datación indica un momento anterior, en una medida indeterminada aunque probablemente no muy lejana, respecto a la construcción de la estructura adosada al talayot.

**Observaciones**

**Bibliografía**

Pons Homar 1999: 61.

**Yacimiento** So Na Caçana

Espectacular yacimiento formado por un conjunto de grandes construcciones en piedra, turriformes, de taula y otras con distintos tipos de planta, que ha sido interpretado como un centro de carácter cultual. Las publicaciones sobre el yacimiento distan mucho de ser exhaustivas y ello dificulta la valoración de la serie radiocarbónica, que por el momento suma siete dataciones. La datación de C14 más alta (IRPA-1138) indica que aproximadamente a partir de la transición entre los siglos XIII y XII cal ANE entró en uso el edificio de muro curvo 3B, en una ocupación que parece concluir mucho después, tal vez a finales del siglo IX cal ANE (CSIC-737). No hay pruebas que confirmen que el gran monumento turriforme de planta cuadrangular (monumento nº 4) estuviese en funcionamiento en el último cuarto del II milenio. Las dataciones de C14 asociadas a muros adosados a su fachada (IRPA-1137, CSIC-739 y CSIC-738) fueron obtenidas a partir de muestras de vida larga y se distribuyen en un intervalo aproximado entre finales del siglo X y finales del IX cal ANE. Ello sólo asegura que el monumento fue aproximadamente contemporáneo a esta etapa, o bien construido en un momento anterior, aunque por ahora indeterminado.

Por otro lado, la datación IRPA-1138 informa probablemente sobre el momento de abandono de la estructura 3A, a mediados del siglo V cal ANE. Finalmente, UtC-4022 data un momento indeterminado en el uso de la taula ("monumento 5") pero, en cualquier caso, de cronología muy reciente, próxima al cambio de era.

Referencias: Plantalamor (1991).

| **Yacimiento** | **Isla** | **Municipio** | **Exclusión** |
|---|---|---|---|
| So Na Caçana | Menorca | Alaior | ☐ |

| **Código laboratorio** | **Valor ap(BP)** | **Valor ane(BC)** | ± | **Muestra** |
|---|---|---|---|---|
| IRPA-1138 | 2990 | 1040 | 40 | Carbón |

| **cal ANE m** | **cal ANE 1s** | **cal ANE 2s** | **cal ANE dir** | **δ 13C** | **δ 15N** | **C/N** |
|---|---|---|---|---|---|---|
| 1221 | 1290 / 1152 | 1359 / 1081 | 1238 | -23.5 | | |

**Registro arqueológico**

Monumento 3B. Zona absidal. En contacto entre monumentos 4 y 5. Cuadrante E1. Nivel de arena y piedras.

**Estructura** Hábitat en piedra

**Significado arqueológico**

No disponemos de datos para proceder a una valoración adecuada.

**Observaciones**

**Bibliografía**

Plantalamor y Van Strydonck 1997: 55; Van Strydonck et alii 1998: 33.

| Yacimiento | Isla | Municipio | Exclusión |
|---|---|---|---|
| So Na Caçana | Menorca | Alaior | ☐ |

| Código laboratorio | Valor ap(BP) | Valor ane(BC) | ± | Muestra |
|---|---|---|---|---|
| IRPA-1137 | 2790 | 840 | 40 | Carbón |

| cal ANE m | cal ANE 1s | cal ANE 2s | cal ANE dir | δ 13C | δ 15N | C/N |
|---|---|---|---|---|---|---|
| 930 | 977 / 883 | 1028 / 838 | 927 | -22.9 | | |

**Registro arqueológico**

Monumento 4. Base del muro adosado a la fachada.

**Estructura** Hábitat indeterminado

**Significado arqueológico**

No disponemos de datos para proceder a una valoración adecuada.

**Observaciones**

**Bibliografía**

Plantalamor y Van Strydonck 1997: 54; Van Strydonck et alii 1998: 33.

| Yacimiento | Isla | Municipio | Exclusión |
|---|---|---|---|
| So Na Caçana | Menorca | Alaior | ☐ |

| Código laboratorio | Valor ap(BP) | Valor ane(BC) | ± | Muestra |
|---|---|---|---|---|
| CSIC-739 | 2710 | 760 | 40 | Carbón |

| cal ANE m | cal ANE 1s | cal ANE 2s | cal ANE dir | δ 13C | δ 15N | C/N |
|---|---|---|---|---|---|---|
| 858 | 892 / 824 | 933 / 803 | 842 | | | |

**Registro arqueológico**

Monumento 4. Abandono de la estructura central. Muro adosado a la fachada.

**Estructura** Asentamiento talayótico

**Significado arqueológico**

No disponemos de datos para proceder a una valoración adecuada.

**Observaciones**

**Bibliografía**

Plantalamor 1991: 381; Alonso com. pers.

| Yacimiento | Isla | Municipio | Exclusión |
|---|---|---|---|
| So Na Caçana | Menorca | Alaior | ☐ |

| Código laboratorio | Valor ap(BP) | Valor ane(BC) | ± | Muestra |
|---|---|---|---|---|
| CSIC-738 | 2680 | 730 | 40 | Carbón |

| cal ANE m | cal ANE 1s | cal ANE 2s | cal ANE dir | δ 13C | δ 15N | C/N |
|---|---|---|---|---|---|---|
| 833 | 857 / 809 | 904 / 792 | 829 | | | |

**Registro arqueológico**

Monumento 4. Abandono de la estructura central. Muro adosado a la fachada.

**Estructura** Asentamiento talayótico

**Significado arqueológico**

No disponemos de datos para proceder a una valoración adecuada.

**Observaciones**

**Bibliografía**

Plantalamor 1991: 381; Alonso com. pers.

| Yacimiento | Isla | Municipio | Exclusión |
|---|---|---|---|
| So Na Caçana | Menorca | Alaior | ☐ |

| Código laboratorio | Valor ap(BP) | Valor ane(BC) | ± | Muestra |
|---|---|---|---|---|
| CSIC-737 | 2620 | 670 | 40 | Carbón |

| cal ANE m | cal ANE 1s | cal ANE 2s | cal ANE dir | δ 13C | δ 15N | C/N |
|---|---|---|---|---|---|---|
| 804 | 823 / 786 | 839 / 769 | 801 | | | |

**Registro arqueológico**

Monumento 3B. Zona absidal. Nivel de Abandono. Construcción Monumento 3A.

**Estructura** Asentamiento talayótico

**Significado arqueológico**

No disponemos de datos para proceder a una valoración adecuada.

**Observaciones**

**Bibliografía**

Plantalamor 1991: 387; Alonso com. pers.

**Yacimiento**: So Na Caçana | **Isla**: Menorca | **Municipio**: Alaior | **Exclusión**: ☐

**Código laboratorio**: IRPA-1128 | **Valor ap(BP)**: 2410 | **Valor ane(BC)**: 460 ± 40 | **Muestra**: Hueso fauna doméstica

| cal ANE m | cal ANE 1s | cal ANE 2s | cal ANE dir | δ 13C | δ 15N | C/N |
|---|---|---|---|---|---|---|
| 464 | 518 / 411 | 753 / 393 | 433 | 21.05 | 9.57 | |

**Registro arqueológico**

Monumento 3A. Cuadro E5. Nivel de abandono anterior al muro longitudinal.

**Estructura**: Asentamiento postalayótico

**Significado arqueológico**

No disponemos de datos para proceder a una valoración adecuada.

**Observaciones**

**Bibliografía**

Plantalamor y Van Strydonck 1997: 56; Van Strydonck et alii 1998: 33, 2004, e.p.: tabla 1.

---

**Yacimiento**: So Na Caçana | **Isla**: Menorca | **Municipio**: Alaior | **Exclusión**: ☐

**Código laboratorio**: UtC-4022 | **Valor ap(BP)**: 2020 | **Valor ane(BC)**: 70 ± 60 | **Muestra**: Carbón

| cal ANE m | cal ANE 1s | cal ANE 2s | cal ANE dir | δ 13C | δ 15N | C/N |
|---|---|---|---|---|---|---|
| 20 | 97 / -56 | 171 / -109 | 13 | -24.1 | | |

**Registro arqueológico**

Recinto de taula (Monumento 5). Nivel 3. Último nivel de utilización. Cuadro C2.

**Estructura**: Taula

**Significado arqueológico**

No disponemos de datos para proceder a una valoración adecuada. Aparentemente, la datación aludiría a un momento de uso del recinto de taula.

**Observaciones**

CLT: KIK-454.

**Bibliografía**

Plantalamor y Van Strydonck 1997: 53; Van Strydonck et alii 1998: 33.

**Yacimiento** Son Bauló de Dalt

Son Bauló de Dalt fue el primer monumento funerario clasificado como dolmen en las Baleares. El monumento consta de una cámara rectangular, separada por una losa perforada de una antecámara también rectangular de menores dimensiones. Ambos espacios quedan delimitados por un círculo de piedras hincadas verticalmente en el suelo que, a su vez, se enclava sobre una plataforma de mayores dimensiones. Las excavaciones realizadas en la cámara, cuyo depósito arqueológico se hallaba bastante afectado, proporcionaron materiales cerámicos, óseos, líticos, metálicos y restos humanos correspondientes a varios individuos.

En los últimos años se ha procedido a la datación de diferentes muestras óseas, procedentes de las excavaciones realizadas a principios de los sesenta. La serie radiocarbónica suma cuatro fechas que delimitan un intervalo aproximado entre la segunda mitad del siglo XIX y la primera del XVI cal ANE. No hemos podido acceder al conocimiento de la determinación osteológica de los huesos objeto de las dataciones.

Referencias: Rosselló Coll y Mascaró (1962), Rosselló Bordoy (1966).

| Yacimiento | Isla | Municipio | Exclusión |
|---|---|---|---|
| Son Bauló de Dalt | Mallorca | Santa Margalida | ☐ |

| Código laboratorio | Valor ap(BP) | Valor ane(BC) | ± | Muestra |
|---|---|---|---|---|
| KIA-13224 | 3480 | 1530 | ± 30 | Hueso humano |

| cal ANE m | cal ANE 1s | cal ANE 2s | cal ANE dir | δ 13C | δ 15N | C/N |
|---|---|---|---|---|---|---|
| 1808 | 1872 / 1744 | 1896 / 1709 | 1763 | -19.57 | 9.58 | 2.87 |

**Registro arqueológico**

Hueso de un individuo. Muestra 2.

**Estructura** Dolmen

**Significado arqueológico**

La datación indica un momento dentro del intervalo de uso del recinto de inhumación colectiva.

**Observaciones**

CLT: KIK-1721.

**Bibliografía**

Van Strydonck, Boudin y Ervynck 2002: tabla 2; Van Strydonck et alii 2002: 45, 2004, e.p.: tabla 1.

| Yacimiento | Isla | Municipio | Exclusión |
|---|---|---|---|
| Son Bauló de Dalt | Mallorca | Santa Margalida | ☐ |

| Código laboratorio | Valor ap(BP) | Valor ane(BC) | ± | Muestra |
|---|---|---|---|---|
| UBAR-385 | 3470 | 1520 | ± 120 | Hueso humano |

| cal ANE m | cal ANE 1s | cal ANE 2s | cal ANE dir | δ 13C | δ 15N | C/N |
|---|---|---|---|---|---|---|
| 1778 | 1925 / 1630 | 2092 / 1505 | 1779 | | | |

**Registro arqueológico**

Muestra NL-449.

**Estructura** Dolmen

**Significado arqueológico**

La datación indica un momento dentro del intervalo de uso del recinto de inhumación colectiva.

**Observaciones**

**Bibliografía**

Pons Homar 1999: tabla VII.

| Yacimiento | Isla | Municipio | Exclusión |
|---|---|---|---|
| Son Bauló de Dalt | Mallorca | Santa Margalida | ☐ |

| Código laboratorio | Valor ap(BP) | Valor ane(BC) | ± | Muestra |
|---|---|---|---|---|
| KIA-13225 | 3365 | 1415 | ± 30 | Hueso humano |

| cal ANE m | cal ANE 1s | cal ANE 2s | cal ANE dir | δ 13C | δ 15N | C/N |
|---|---|---|---|---|---|---|
| 1659 | 1700 / 1617 | 1729 / 1542 | 1663 | -19.76 | 9.03 | 2.94 |

**Registro arqueológico**

Hueso de un individuo. Muestra 3.

**Estructura** Dolmen

**Significado arqueológico**

La datación indica un momento dentro del intervalo de uso del recinto de inhumación colectiva.

**Observaciones**

CLT: KIK-1722.

**Bibliografía**

Van Strydonck, Boudin y Ervynck 2002: tabla 2; Van Strydonck et alii 2002: 45, 2004, e.p.: tabla 1.

| Yacimiento | Isla | Municipio | Exclusión |
|---|---|---|---|
| Son Bauló de Dalt | Mallorca | Santa Margalida | ☐ |

| Código laboratorio | Valor ap(BP) | Valor ane(BC) | ± | Muestra |
|---|---|---|---|---|
| KIA-11903 | 3305 | 1355 | ± 25 | Hueso sp |

| cal ANE m | cal ANE 1s | cal ANE 2s | cal ANE dir | δ 13C | δ 15N | C/N |
|---|---|---|---|---|---|---|
| 1573 | 1620 / 1526 | 1666 / 1511 | 1594, 1567, 1544 | -21.3 | | 2.92 |

**Registro arqueológico**

Hueso probablemente humano. Muestra 1. "Mixed sample".

**Estructura** Dolmen

**Significado arqueológico**

La datación indica un momento dentro del intervalo de uso del recinto de inhumación colectiva.

**Observaciones**

CLT: KIK-1599.

**Bibliografía**

Van Strydonck, Boudin y Ervynck 2002: tabla 2; Van Strydonck et alii 2002: 44.

**Yacimiento** Son Blanc

Yacimiento funerario del que disponemos de escasísimas informaciones. La única datación (KIA-20084) disponible sitúa una deposición funeraria a mediados del siglo IX cal ANE. Esperemos que la publicación de nuevos datos permitan contextualizar más adecuadamente los datos radiocarbónicos.

.

| Yacimiento | Isla | Municipio | Exclusión |
|---|---|---|---|
| Son Blanc | Menorca | Ciutadella | ☐ |

| Código laboratorio | Valor ap(BP) | Valor ane(BC) | ± | Muestra |
|---|---|---|---|---|
| KIA-20084 | 2730 | 780 | 30 | Hueso humano |

| cal ANE m | cal ANE 1s | cal ANE 2s | cal ANE dir | δ 13C | δ 15N | C/N |
|---|---|---|---|---|---|---|
| 868 | 907 / 829 | 927 / 818 | 856 | -19.07 | 12.1 | |

**Registro arqueológico**

Inhumación individual.

**Estructura** Varia funerario

**Significado arqueológico**

No disponemos de datos para proceder a una valoración adecuada.

**Observaciones**

**Bibliografía**

Van Strydonck et alii 2004, e.p.: tabla 1; Gornés, com. pers (10-2004).

**Yacimiento** Son Boronat

La excavación de esta cueva natural empleada como recinto funerario permitió documentar un único nivel arqueológico con diferentes tipos de enterramientos: cuatro inhumaciones simples (deposiciones sin contenedor funerario, directamente sobre el suelo de la cueva), dos en ataúdes y dos más en parihuelas de madera, siete en urnas de cerámica y dos en urnas de piedra. Las muestras de madera extraídas de cada uno de los ataúdes (identificadas como Picea y Larix, especies alóctonas en el contexto balear) proporcionan una cronología a partir del siglo V cal ANE que está en consonancia con algunos materiales del ajuar funerario. La presencia de urnas de piedra y de dos vasos de importación indicaría que la cueva fue utilizada como necrópolis hasta el siglo II arq ANE.

Referencias: Guerrero (1979).

| **Yacimiento** | **Isla** | **Municipio** | **Exclusión** |
|---|---|---|---|
| Son Boronat | Mallorca | Calvià | ☐ |

| **Código laboratorio** | **Valor ap(BP)** | **Valor ane(BC)** | ± | **Muestra** |
|---|---|---|---|---|
| BM-1518 | 2390 | 440 | 45 | Madera |

| **cal ANE m** | **cal ANE 1s** | **cal ANE 2s** | **cal ANE dir** | **δ 13C** | **δ 15N** | **C/N** |
|---|---|---|---|---|---|---|
| 449 | 496 / 402 | 745 / 382 | 423 | -24.6 | | |

**Registro arqueológico**

Cueva natural de enterramiento. Ataúd. Muestra SB1. Madera de Picea sp. o Larix sp. Madera de alerce según Kew Gardens (Waldren 1986: tabla 16a).

**Estructura** Varia funerario

**Significado arqueológico**

La datación indica un momento previo, en una medida indeterminada, a la fabricación del ataúd. Es ligeramente anterior a la datación BM-1517, por lo que al auténtico término para la fabricación del ataúd lo ofrece esta segunda fecha. Con todo, resulta verosímil asociar este tipo de contenedores al mundo de las formas de enterramiento de los momentos finales de la secuencia prehistórica.

**Observaciones**

**Bibliografía**

Burleigh, Matthews y Ambers 1982: 252; Waldren 1986: tabla 16a, Guerrero 1979: 50, 1987: 166.

| Yacimiento | Isla | Municipio | Exclusión |
|---|---|---|---|
| Son Boronat | Mallorca | Calvià | ☐ |

| Código laboratorio | Valor ap(BP) | Valor ane(BC) | ± | Muestra |
|---|---|---|---|---|
| BM-1517 | 2350 | 400 | 35 | Madera |

| cal ANE m | cal ANE 1s | cal ANE 2s | cal ANE dir | δ 13C | δ 15N | C/N |
|---|---|---|---|---|---|---|
| 402 | 416 / 388 | 440 / 374 | 401 | | | |

**Registro arqueológico**

Cueva natural de enterramiento. Ataúd. Madera de Picea sp. o Larix sp. Muestra SB1.

**Estructura** Varia funerario

**Significado arqueológico**

La datación indica un momento previo, en una medida indeterminada, a la fabricación del ataúd. Resulta verosímil asociar este tipo de contenedores al mundo de las formas de enterramiento de los momentos finales de la secuencia prehistórica.

**Observaciones**

**Bibliografía**

Burleigh, Matthews y Ambers 1982: 251; Guerrero 1979: 50, 1987: 166.

**Yacimiento** Son Ermità

Esta construcción funeraria fue dada a conocer tras una serie de actividades incontroladas que afectaron al depósito arqueológico. A partir de los elementos observables en superficie, se trata de un monumento de planta circular con un corredor corto que conduce a una cámara en la que es visible la losa de cabecera. Es posible observar en el relleno murario indicios superficiales de la presencia de un tercer paramento, al igual que sucede en yacimiento como Ses Arenes de Baix. Los hallazgos muebles dados a conocer incluyen diferentes tipos de recipientes cerámicos (ollitas, cuencos, vasos troncocónicos), un punzón de cobre o bronce, otro de hueso y una interesante colección de botones de hueso y, sobre todo, de colmillo de suido.

La única datación radiocarbónica fue realizada a partir de una muestra de huesos humanos recogidos en la terrera de una excavación clandestina. Pese a lo lamentable del contexto en que fueron recogidos, sirven para informar de la práctica de inhumaciones en Son Ermità hacia mediados del siglo XV cal ANE.

Referencias: Gornés et alii (1992).

| Yacimiento | Isla | Municipio | Exclusión |
|---|---|---|---|
| Son Ermità | Menorca | Ferreries | ☐ |

| Código laboratorio | Valor ap(BP) | Valor ane(BC) | ± | Muestra |
|---|---|---|---|---|
| UBAR-412 | 3170 | 1220 | 70 | Hueso humano |

| cal ANE m | cal ANE 1s | cal ANE 2s | cal ANE dir | δ 13C | δ 15N | C/N |
|---|---|---|---|---|---|---|
| 1443 | 1515 / 1371 | 1578 / 1286 | 1439 | | | |

**Registro arqueológico**

Sepultura de inhumación colectiva. Muestra procedente de la escombrera de una excavación clandestina.

**Estructura** Sepulcro de triple paramento

**Significado arqueológico**

A pesar de las circunstancias que rodearon la toma de la muestra, resulta verosímil que la datación indique un momento dentro del intervalo de uso del recinto de inhumación colectiva.

**Observaciones**

**Bibliografía**

Mestres y de Nicolás 1999: apéndice.

**Yacimiento** Son Ferragut (Puig Morter)

El análisis de las excavaciones en el Edificio Alfa del Puig Morter de Son Ferragut ha permitido cuestionar la identificación de "santuarios" mallorquines a partir del modelo arquitectónico definido por un edificio exento de aparejo ciclópeo y grandes dimensiones, planta absidal o cuadrangular y columnas interiores. Por el contrario, el edificio en cuestión, que sólo presenta una fase de ocupación, respondería a las características de una vivienda utilizada por una unidad doméstica, hasta ahora sin parangón en el registro arqueológico de Baleares.

Las dataciones radiocarbónicas disponibles han sido objeto de un detallado comentario y análisis en la extensa monografía sobre el yacimiento (Castro, Escoriza y Sanahuja 2003a:174-181). Se tratan los problemas derivados de la contextualización y características de las muestras, así como de la calibración dendrocronológica en el intervalo correspondiente al segundo cuarto del I milenio. Para la construcción del edificio, se propone una cronología de ca. 750-700 cal ANE basada en las dos dataciones obtenidas a partir de sendas muestras de carbón vegetal procedentes de vigas de Olea (IRPA-1257 y IRPA-1258) empleadas en la cubierta del edificio. El abandono, acontecido tras un episodio de incendio, quedaría establecido hacia ca. 525-475 cal ANE en función de la evaluación conjunta de: a.) una muestra de fauna (Beta 123761), que formaría parte de los desechos alimentarios; b.) otra de madera de Pinus (Beta-123763), interpretada como parte del mobiliario introducido en la estancia poco tiempo antes de su destrucción, y c.) la tipología de los materiales de importación hallados en los niveles formados tras el incendio, cuya cronología se sitúa a partir de ca. 400 arq ANE.

Referencias: Castro, Escoriza y Sanahuja (2003a).

.

| Yacimiento | Isla | Municipio | Exclusión |
|---|---|---|---|
| Son Ferragut (Puig Morter) | Mallorca | Sineu | ☐ |

| Código laboratorio | Valor ap(BP) | Valor ane(BC) | ± | Muestra |
|---|---|---|---|---|
| IRPA-1258 | 2590 | 640 | 30 | Carbón |

| cal ANE m | cal ANE 1s | cal ANE 2s | cal ANE dir | δ 13C | δ 15N | C/N |
|---|---|---|---|---|---|---|
| 792 | 805 / 779 | 817 / 767 | 791 | -24 | | |

**Registro arqueológico**

Edificio Alfa. Conjunto VA1. Cuadro 4 (K5). Habitación SE (Estancia A). Viga de Olea europaea.

**Estructura** Asentamiento talayótico

**Significado arqueológico**

La datación indica un momento previo, en una medida indeterminada, a la tala del árbol utilizado en la construcción de la techumbre del edificio.

**Observaciones**

**Bibliografía**

Van Strydonck et alii 2001: 35; Castro, Escoriza y Sanahuja 2003b: 181.

| Yacimiento | Isla | Municipio | Exclusión |
|---|---|---|---|
| Son Ferragut (Puig Morter) | Mallorca | Sineu | ☐ |

| Código laboratorio | Valor ap(BP) | Valor ane(BC) | ± | Muestra |
|---|---|---|---|---|
| IRPA-1257 | 2560 | 610 | 30 | Carbón |

| cal ANE m | cal ANE 1s | cal ANE 2s | cal ANE dir | δ 13C | δ 15N | C/N |
|---|---|---|---|---|---|---|
| 781 | 792 / 770 | 808 / 572 | 779 | -21.8 | | |

**Registro arqueológico**

Edificio Alfa. Conjunto VA2. Cuadro 2 (L3). Habitación SE (Estancia A). Viga de Olea europaea.

**Estructura** Asentamiento talayótico

**Significado arqueológico**

La datación indica un momento previo, en una medida indeterminada, a la tala del árbol utilizado en la construcción de la techumbre del edificio.

**Observaciones**

**Bibliografía**

Van Strydonck et alii 2001: 35; Castro, Escoriza y Sanahuja 2003b: 181.

| Yacimiento | Isla | Municipio | Exclusión |
|---|---|---|---|
| Son Ferragut (Puig Morter) | Mallorca | Sineu | ☐ |

| Código laboratorio | Valor ap(BP) | Valor ane(BC) | ± | Muestra |
|---|---|---|---|---|
| Beta-123762 | 2520 | 570 | 60 | Hueso fauna doméstica |

| cal ANE m | cal ANE 1s | cal ANE 2s | cal ANE dir | δ 13C | δ 15N | C/N |
|---|---|---|---|---|---|---|
| 658 | 784 / 532 | 813 / 437 | 752 | | | |

**Registro arqueológico**

Edificio Alfa. Conjunto IVA2. Cuadro 2 (J2). Fragmento distal de húmero de Bos taurus.

**Estructura** Asentamiento talayótico

**Significado arqueológico**

La datación indicaría un momento dentro del uso del edificio, aunque el aplanamiento de la curva de calibración ("meseta de Hallstatt") no permite establecerlo con precisión.

**Observaciones**

**Bibliografía**

Castro, Escoriza y Sanahuja 2003b: 181.

| Yacimiento | Isla | Municipio | Exclusión |
|---|---|---|---|
| Son Ferragut (Puig Morter) | Mallorca | Sineu | ☐ |

| Código laboratorio | Valor ap(BP) | Valor ane(BC) | ± | Muestra |
|---|---|---|---|---|
| UtC-9489 | 2470 | 520 | 35 | Madera |

| cal ANE m | cal ANE 1s | cal ANE 2s | cal ANE dir | δ 13C | δ 15N | C/N |
|---|---|---|---|---|---|---|
| 629 | 760 / 498 | 774 / 420 | 741,701,543 | -23.9 | | |

**Registro arqueológico**

Edificio Alfa. Conjunto IIIA1. Cuadro 6 (H9). Pasillo. Peine de Erica sp.

**Estructura** Asentamiento talayótico

**Significado arqueológico**

La datación indicaría un momento dentro del uso del edificio, probablemente hacia su final, aunque el aplanamiento de la curva de calibración ("meseta de Hallstatt") no permite establecerlo con precisión dentro del amplio intervalo comprendido entre los siglos VIII a VI.

**Observaciones**

CLT: KIK-1219.

**Bibliografía**

Van Strydonck et alii 2001: 35; Castro, Escoriza y Sanahuja 2003b: 181.

| Yacimiento | Isla | Municipio | Exclusión |
|---|---|---|---|
| Son Ferragut (Puig Morter) | Mallorca | Sineu | ☐ |

| Código laboratorio | Valor ap(BP) | Valor ane(BC) | ± | Muestra |
|---|---|---|---|---|
| Beta-123763 | 2420 | 470 | 40 | Carbón |

| cal ANE m | cal ANE 1s | cal ANE 2s | cal ANE dir | δ 13C | δ 15N | C/N |
|---|---|---|---|---|---|---|
| 569 | 722 / 416 | 758 / 397 | 440 | | | |

**Registro arqueológico**

Edificio Alfa. Conjunto VA1. Cuadro 2/4 (M2/K5). Estancia A. Madera de Pinus halepensis.

**Estructura** Asentamiento talayótico

**Significado arqueológico**

La datación indica un momento previo, en una medida indeterminada, a la tala del árbol utilizado en la construcción o reparación de la techumbre del edificio.

**Observaciones**

**Bibliografía**

Castro, Escoriza y Sanahuja 2003b: 181.

| Yacimiento | Isla | Municipio | Exclusión |
|---|---|---|---|
| Son Ferragut (Puig Morter) | Mallorca | Sineu | ☐ |

| Código laboratorio | Valor ap(BP) | Valor ane(BC) | ± | Muestra |
|---|---|---|---|---|
| Beta-123761 | 2410 | 460 | 80 | Hueso fauna doméstica |

| cal ANE m | cal ANE 1s | cal ANE 2s | cal ANE dir | δ 13C | δ 15N | C/N |
|---|---|---|---|---|---|---|
| 560 | 716 / 405 | 772 / 332 | 456 | | | |

**Registro arqueológico**

Edificio Alfa. Conjunto VIA2. Cuadro 3 (D4/D6). Estancia B. Diáfisis y epífisis de ovicáprido.

**Estructura** Asentamiento talayótico

**Significado arqueológico**

La datación indicaría un momento dentro del uso del edificio, probablemente hacia su final, aunque el aplanamiento de la curva de calibración ("meseta de Hallstatt") no permite establecerlo con precisión.

**Observaciones**

**Bibliografía**

Castro, Escoriza y Sanahuja 2003b: 181.

**Yacimiento** Son Ferrandell-Oleza/olivar

El objetivo al realizar estas dos dataciones fue comprobar el supuesto carácter milenario de algunos de los olivos que crecían en la finca actual. Como puede observarse, los resultados no avalan su pretendida antigüedad.

| Yacimiento | Isla | Municipio | Exclusión |
|---|---|---|---|
| Son Ferrandell-Oleza/olivar | Mallorca | Valldemossa | ☐ |

| Código laboratorio | Valor ap(BP) | Valor ane(BC) | ± | Muestra |
|---|---|---|---|---|
| BM-2002R | 230 | -1720 | 110 | Madera |

| cal ANE m | cal ANE 1s | cal ANE 2s | cal ANE dir | δ 13C | δ 15N | C/N |
|---|---|---|---|---|---|---|
| -1733 | -1517 / -1949 | -1419 / -1955 | -1623 | | | |

**Registro arqueológico**

Madera de olivo actual. Parte central expuesta de un tronco de 2 m de diámetro.

**Estructura** Natural

**Significado arqueológico**

La datación contradice la supuesta edad milenaria de algunos olivos de gran tamaño.

**Observaciones**

Corrección de BM-2002 (moderno), cuyo valor delta C13 era -23,8 por mil.

**Bibliografía**

Ambers, Matthews y Burleigh 1985: 522; Bowman, Ambers y Leese 1990: 76.

| Yacimiento | Isla | Municipio | Exclusión |
|---|---|---|---|
| Son Ferrandell-Oleza/olivar | Mallorca | Valldemossa | ☐ |

| Código laboratorio | Valor ap(BP) | Valor ane(BC) | ± | Muestra |
|---|---|---|---|---|
| BM-2001R | 30 | -1920 | 100 | Madera |

| cal ANE m | cal ANE 1s | cal ANE 2s | cal ANE dir | δ 13C | δ 15N | C/N |
|---|---|---|---|---|---|---|
| -1871 | -1787 / -1955 | -1625 / -1955 | -1953 | | | |

**Registro arqueológico**

Madera de olivo actual. Centro del árbol.

**Estructura** Natural

**Significado arqueológico**

La datación contradice la supuesta edad milenaria de algunos olivos de gran tamaño.

**Observaciones**

Corrección de BM-2001: -1775±30 dne, cuyo valor delta C13 era -25,6 por mil.

**Bibliografía**

Burleigh, Ambers y Matthews 1984: 71; Bowman, Ambers y Leese 1990: 76.

**Yacimiento** Son Ferrandell-Oleza-OS

El Asentamiento Antiguo de Son Ferrandell-Oleza (Old Settlement – "OS") ha sido objeto de varias campañas de excavación que han permitido el descubrimiento de abundantes restos muebles e inmuebles, así como la generación de una nutrida serie radiocarbónica formada por treinta y nueve dataciones. Las publicaciones realizadas han hecho especial hincapié en los elementos arquitectónicos que propiciaron la interpretación del yacimiento como "granja calcolítica" (un recinto de planta rectangular de 246 m de perímetro, dos edificios de planta absidal, un canal de aprovisionamiento de agua alimentado por una cisterna exterior, además de otros elementos arquitectónicos de menor entidad), en los abundantes fragmentos de cerámica campaniforme y en la industria lítica tallada.

En una publicación anterior, argumentamos que el recinto rectangular y las destacadas estructuras de piedra asociadas no resultaban plenamente sincrónicos al intervalo definido a partir de la serie radiocarbónica (Lull et alii 1999: 29-32). En este sentido, había que desvincular la construcción y uso de estas estructuras, cuya cronología no fue anterior a ca. 1600 cal ANE, de los numerosos hallazgos de filiación campaniforme y epicampaniforme que corresponderían a un asentamiento pobremente documentado a nivel estructural, pero que habría funcionado durante buena parte de la segunda mitad del III milenio cal ANE y de la primera mitad del II milenio cal ANE. Esta constatación ha sido rápidamente aceptada por otros autores (Calvo y Guerrero 2002; Calvo, Guerrero y Salvà 2002), quienes han argumentado que el asentamiento inicial estaría formado por una agregación de cabañas de planta circular con zócalo de piedra. Respecto al análisis de la secuencia ocupacional en el Asentamiento Antiguo, hay que reconocer, gracias a la consulta de una publicación inadvertida hasta hace tan sólo unos meses (Hoffman 1993: 181-183), que la división en dos fases que propusimos autónomamente en 1999 también fue planteada por E. Sanders en 1987, aunque este investigador nunca llegó a publicarla.

Desde la citada revisión efectuada por Lull et alii (1999: 29-32), hemos tenido conocimiento de otras dataciones radiocarbónicas que reafirman la principal conclusión expresada allí. Las dataciones CAMS-7244, UtC-9023, UtC-9022, UtC-8952, CAMS-7074, KIA-20484, UtC-9021, KIA-16267, KIA-16268 y CAMS-7243 se refieren a contextos estratigráficos anteriores a las grandes estructuras en piedra y todaas ellas se sitúan en diferentes momentos entre los siglos XXIV y XVII cal ANE. De esta forma, UtC-3192, a caballo entre los siglos XVII y XVI cal ANE, sigue siendo la datación más reciente relativa a un contexto preconstructivo del complejo habitacional mejor documentado arquitectónicamente.

Las fechas que datan la ocupación caracterizada por las dos estructuras absidales de habitación y las construcciones asociadas delimitan un intervalo que cubre los siglos XVI-XIV cal ANE. A este respecto, vale la pena indicar la novedad de la datación QL-4040, asociada a una de las habitaciones absidales y que hasta hace poco nos había pasado inadvertida.

Disponemos de varias dataciones que corresponderían a momentos posteriores al abandono de la segunda fase constructiva prehistórica (QL-4041, BM-2297R, BM-1982R, QL-1861, QL-1858, QL-1860, IRPA-893, IRPA-888, IRPA-1052, IRPA-1023, IRPA-892 e IRPA-889). No disponemos de elementos para valorar si todas ellas testimonian diferentes ocupaciones humanas del lugar. A excepción de una datación sobre la que desconocemos la naturaleza de la muestra (QL-4041), todas las demás fueron obtenidas a partir de carbón vegetal. Por este motivo, no podemos excluir que respondan a diferentes episodios de incendio de la vegetación, motivados o no por la acción antrópica.

Referencias: Waldren (1984, 1987, 1998), Waldren, Sanders y Coll (1984), Morell y Querol (1987), Waldren, Ensenyat y Cubí (1990), Hoffman (1993).

| Yacimiento | Isla | Municipio | Exclusión |
|---|---|---|---|
| Son Ferrandell-Oleza-OS | Mallorca | Valldemossa | ☐ |

| Código laboratorio | Valor ap(BP) | Valor ane(BC) | ± | Muestra |
|---|---|---|---|---|
| BM-1843R | 4030 | 2080 | 110 | Carbón |

| cal ANE m | cal ANE 1s | cal ANE 2s | cal ANE dir | δ 13C | δ 15N | C/N |
|---|---|---|---|---|---|---|
| 2552 | 2695 / 2408 | 2890 / 2248 | 2545 | | | |

**Registro arqueológico**

Asentamiento antiguo (OS). Hogar en la base de los fundamentos del muro E.

**Estructura** Asentamiento al aire libre

**Significado arqueológico**

La datación indica un momento previo, en una medida indeterminada, al uso de la madera como combustible. Sin embargo, el examen del resto de la serie muestra que dicha medida fue corta. La muestra estaba asociada directamente a cerámica campaniforme.

**Observaciones**

Corrección de BM-1843: 2000±60 ane, cuyo valor delta C13 era -23,9‰, y que en Waldren (1982a: 509, 1986: ficha inv. nº 47a) aparece con una desviación tipo de ±65, mientras que en Waldren 1997: tabla 2 lo hace con ±100.

**Bibliografía**

Burleigh, Ambers y Matthews 1982: 282; Bowman, Ambers y Leese 1990: 76; Waldren 1982a: 509, 1986: tabla 16c, 1990: tabla 1; 1992 : tabla 4; 1997: tabla 2.

| Yacimiento | Isla | Municipio | Exclusión |
|---|---|---|---|
| Son Ferrandell-Oleza-OS | Mallorca | Valldemossa | ☐ |

| Código laboratorio | Valor ap(BP) | Valor ane(BC) | ± | Muestra |
|---|---|---|---|---|
| CAMS-7244 | 3850 | 1900 | 70 | Hueso fauna doméstica |

| cal ANE m | cal ANE 1s | cal ANE 2s | cal ANE dir | δ 13C | δ 15N | C/N |
|---|---|---|---|---|---|---|
| 2313 | 2432 / 2194 | 2504 / 2088 | 2303 | | | |

**Registro arqueológico**

Asentamiento antiguo (OS). SW-EF/16. Interior del asentamiento, cerca del muro Sur. Hueso largo trabajado (muestra 83B22).

**Estructura** Asentamiento al aire libre

**Significado arqueológico**

La datación indica un momento inicial en la primera fase de ocupación del asentamiento.

**Observaciones**

**Bibliografía**

Hoffman 1993: tabla 6.1.

| Yacimiento | Isla | Municipio | Exclusión |
|---|---|---|---|
| Son Ferrandell-Oleza-OS | Mallorca | Valldemossa | ☐ |

| Código laboratorio | Valor ap(BP) | Valor ane(BC) | ± | Muestra |
|---|---|---|---|---|
| QL-1636 | 3790 | 1840 | 90 | Carbón |

| cal ANE m | cal ANE 1s | cal ANE 2s | cal ANE dir | δ 13C | δ 15N | C/N |
|---|---|---|---|---|---|---|
| 2220 | 2365 / 2075 | 2487 / 1952 | 2217 | | | |

**Registro arqueológico**

Asentamiento antiguo (OS). Muro N. Hogar en base de entrada norte.

**Estructura** Asentamiento al aire libre

**Significado arqueológico**

La datación indica un momento inicial en la primera fase de ocupación del asentamiento y se asocia a cerámica campaniforme, a cuya cronología general se ajusta.

**Observaciones**

**Bibliografía**

Waldren 1982a: tabla 8, 1986: tabla 16c; 1987a: fig. 6, nº2, 1990: tabla 1; 1992: tabla 4.

| Yacimiento | Isla | Municipio | Exclusión |
|---|---|---|---|
| Son Ferrandell-Oleza-OS | Mallorca | Valldemossa | ☐ |

| Código laboratorio | Valor ap(BP) | Valor ane(BC) | ± | Muestra |
|---|---|---|---|---|
| UtC-9023 | 3680 | 1730 | 45 | Carbón |

| cal ANE m | cal ANE 1s | cal ANE 2s | cal ANE dir | δ 13C | δ 15N | C/N |
|---|---|---|---|---|---|---|
| 2058 | 2128 / 1988 | 2185 / 1923 | 2039 | -25.3 | | |

**Registro arqueológico**

Asentamiento antiguo (OS). Sector EW INT-CC. Relleno interior de muro.

**Estructura** Asentamiento al aire libre

**Significado arqueológico**

La datación indica un momento anterior, en una medida indeterminada, para la edificación del muro en cuyo relleno se halló la muestra. El resultado cae dentro del intervalo correspondiente a la primera ocupación del asentamiento.

**Observaciones**

CLT: KIK-1123.

**Bibliografía**

Van Strydonck et alii 2001: 32.

| Yacimiento | Isla | Municipio | Exclusión |
|---|---|---|---|
| Son Ferrandell-Oleza-OS | Mallorca | Valldemossa | ☐ |

| Código laboratorio | Valor ap(BP) | Valor ane(BC) | ± | Muestra |
|---|---|---|---|---|
| UtC-9022 | 3620 | 1670 | ± 50 | Hueso sp |

| cal ANE m | cal ANE 1s | cal ANE 2s | cal ANE dir | δ 13C | δ 15N | C/N |
|---|---|---|---|---|---|---|
| 1967 | 2026 / 1908 | 2114 / 1857 | 1979 | -20.22 | 8.15 | |

**Registro arqueológico**

Asentamiento antiguo (OS). Sector EW INT-B. Relleno interior de muro. En contacto con la muestra analizada KIK-1123/UtC-9023.

**Estructura** Asentamiento al aire libre

**Significado arqueológico**

La datación indica un momento determinado dentro de la primera fase de ocupación del asentamiento.

**Observaciones**

CLT: KIK-1117.

**Bibliografía**

Van Strydonck et alii 2001: 32, 2004, e.p.: tabla 1.

| Yacimiento | Isla | Municipio | Exclusión |
|---|---|---|---|
| Son Ferrandell-Oleza-OS | Mallorca | Valldemossa | ☐ |

| Código laboratorio | Valor ap(BP) | Valor ane(BC) | ± | Muestra |
|---|---|---|---|---|
| UtC-8952 | 3585 | 1635 | ± 35 | Hueso fauna doméstica |

| cal ANE m | cal ANE 1s | cal ANE 2s | cal ANE dir | δ 13C | δ 15N | C/N |
|---|---|---|---|---|---|---|
| 1932 | 1970 / 1895 | 2016 / 1857 | 1920 | -19.88 | 4.71 | |

**Registro arqueológico**

Asentamiento antiguo (OS). Sector WC EXW. Contexto contra el paramento externo del muro W. Ref. nº 100.

**Estructura** Asentamiento al aire libre

**Significado arqueológico**

La datación indica un momento determinado dentro de la primera fase de ocupación del asentamiento y se asocia a fragmentos cerámicos con decoración de boquique.

**Observaciones**

CLT: KIK-1084.

**Bibliografía**

Van Strydonck et alii 2001: 32, 2004, e.p.: tabla 1.

| Yacimiento | Isla | Municipio | Exclusión |
|---|---|---|---|
| Son Ferrandell-Oleza-OS | Mallorca | Valldemossa | ☐ |

| Código laboratorio | Valor ap(BP) | Valor ane(BC) | ± | Muestra |
|---|---|---|---|---|
| UtC-2742 | 3550 | 1600 | 110 | Carbón |

| cal ANE m | cal ANE 1s | cal ANE 2s | cal ANE dir | δ13C | δ15N | C/N |
|---|---|---|---|---|---|---|
| 1884 | 2033 / 1736 | 2191 / 1600 | 1874 | -23.3 | | |

**Registro arqueológico**

Asentamiento antiguo (OS). Sector SWF. Nivel II de QB3. Sobre relleno de la roca.

**Estructura** Asentamiento al aire libre

**Significado arqueológico**

La datación indica un momento determinado dentro de la primera fase de ocupación del asentamiento.

**Observaciones**

**Bibliografía**

Van Strydonck et alii 1995: 23.

| Yacimiento | Isla | Municipio | Exclusión |
|---|---|---|---|
| Son Ferrandell-Oleza-OS | Mallorca | Valldemossa | ☐ |

| Código laboratorio | Valor ap(BP) | Valor ane(BC) | ± | Muestra |
|---|---|---|---|---|
| CAMS-7074 | 3540 | 1590 | 70 | Hueso fauna doméstica |

| cal ANE m | cal ANE 1s | cal ANE 2s | cal ANE dir | δ13C | δ15N | C/N |
|---|---|---|---|---|---|---|
| 1858 | 1957 / 1759 | 2064 / 1693 | 1874 | | | |

**Registro arqueológico**

Asentamiento antiguo (OS). SWF-A3, bajo muro Sur. Botón de colmillo.

**Estructura** Asentamiento al aire libre

**Significado arqueológico**

La datación indica un momento determinado dentro de la primera fase de ocupación del asentamiento.

**Observaciones**

**Bibliografía**

Hoffman 1993: tabla 6.1, p. 187.

| Yacimiento | Isla | Municipio | Exclusión |
|---|---|---|---|
| Son Ferrandell-Oleza-OS | Mallorca | Valldemossa | ☐ |

| Código laboratorio | Valor ap(BP) | Valor ane(BC) | ± | Muestra |
|---|---|---|---|---|
| QL-4042 | 3490 | 1540 | 80 | Carbón |

| cal ANE m | cal ANE 1s | cal ANE 2s | cal ANE dir | δ 13C | δ 15N | C/N |
|---|---|---|---|---|---|---|
| 1804 | 1906 / 1702 | 2010 / 1598 | 1807 | | | |

**Registro arqueológico**

Asentamiento antiguo (OS). CH1. Bajo relleno del muro adosado a al muro Sur.

**Estructura** Asentamiento al aire libre

**Significado arqueológico**

La datación indica un momento anterior, en una medida indeterminada, para la edificación del muro bajo el cual se halló la muestra. El resultado se sitúa dentro del intervalo correspondiente a la primera ocupación del asentamiento.

**Observaciones**

**Bibliografía**

Waldren et alii 1990: 12, tabla 1.

| Yacimiento | Isla | Municipio | Exclusión |
|---|---|---|---|
| Son Ferrandell-Oleza-OS | Mallorca | Valldemossa | ☐ |

| Código laboratorio | Valor ap(BP) | Valor ane(BC) | ± | Muestra |
|---|---|---|---|---|
| QL-1859 | 3490 | 1540 | 30 | Hueso fauna doméstica |

| cal ANE m | cal ANE 1s | cal ANE 2s | cal ANE dir | δ 13C | δ 15N | C/N |
|---|---|---|---|---|---|---|
| 1816 | 1880 / 1751 | 1901 / 1718 | 1770 | | | |

**Registro arqueológico**

Asentamiento antiguo (OS). Relleno de terraza antigua 1-2 (AT1-2).

**Estructura** Asentamiento al aire libre

**Significado arqueológico**

La datación corresponde a una muestra depositada en un momento determinado dentro del intervalo correspondiente a la primera ocupación del asentamiento.

**Observaciones**

Waldren (1986: tabla 16) la cita con una desviación tipo de ±80. Hoffman (1993: tabla 6.1) señala que el material datado era carbón vegetal.

**Bibliografía**

Waldren 1986: tabla 16c; Waldren et alii 1990: 9, tabla 1; Waldren 1992: t. 4; Hoffman 1993: tabla 6.1.

| Yacimiento | Isla | Municipio | Exclusión |
|---|---|---|---|
| Son Ferrandell-Oleza-OS | Mallorca | Valldemossa | ☐ |

| Código laboratorio | Valor ap(BP) | Valor ane(BC) | ± | Muestra |
|---|---|---|---|---|
| KIA-20484 | 3480 | 1530 | 25 | Hueso fauna doméstica |

| cal ANE m | cal ANE 1s | cal ANE 2s | cal ANE dir | δ 13C | δ 15N | C/N |
|---|---|---|---|---|---|---|
| 1809 | 1870 / 1748 | 1890 / 1719 | 1762 | -19.3 | 4.16 | |

**Registro arqueológico**

Asentamiento antiguo (OS). Bajo muro, probablemente de la estructura "H4".

**Estructura** Asentamiento al aire libre

**Significado arqueológico**

La datación indica un momento determinado dentro de la primera fase de ocupación del asentamiento.

**Observaciones**

Delta 13Ccarb: -8,81 por mil.

**Bibliografía**

Van Strydonck et alii 2004, e.p.: tabla 1; Van Strydonck com. pers.

| Yacimiento | Isla | Municipio | Exclusión |
|---|---|---|---|
| Son Ferrandell-Oleza-OS | Mallorca | Valldemossa | ☐ |

| Código laboratorio | Valor ap(BP) | Valor ane(BC) | ± | Muestra |
|---|---|---|---|---|
| QL-4100 | 3470 | 1520 | 50 | Hueso fauna doméstica |

| cal ANE m | cal ANE 1s | cal ANE 2s | cal ANE dir | δ 13C | δ 15N | C/N |
|---|---|---|---|---|---|---|
| 1791 | 1870 / 1712 | 1914 / 1658 | 1760 | | | |

**Registro arqueológico**

Asentamiento antiguo (OS). SW. Sector muro Sur.

**Estructura** Asentamiento al aire libre

**Significado arqueológico**

La datación indica un momento determinado dentro de la primera fase de ocupación del asentamiento.

**Observaciones**

**Bibliografía**

Waldren et alii 1990: tabla 1; Hoffman 1993: tabla 6.1.

| Yacimiento | Isla | Municipio | Exclusión |
|---|---|---|---|
| Son Ferrandell-Oleza-OS | Mallorca | Valldemossa | ☐ |

| Código laboratorio | Valor ap(BP) | Valor ane(BC) | ± | Muestra |
|---|---|---|---|---|
| UtC-9021 | 3460 | 1510 | 45 | Hueso sp |

| cal ANE m | cal ANE 1s | cal ANE 2s | cal ANE dir | δ 13C | δ 15N | C/N |
|---|---|---|---|---|---|---|
| 1780 | 1850 / 1710 | 1897 / 1657 | 1746 | -20.31 | 4.73 | |

**Registro arqueológico**

Asentamiento antiguo (OS). Sector EW INT-B. Relleno sedimentario en una grieta de la roca bajo la esquina SE del muro perimetral.

**Estructura** Asentamiento al aire libre

**Significado arqueológico**

La datación indica un momento anterior, en una medida indeterminada, para la edificación del muro bajo el cual se halló la muestra. El resultado se sitúa dentro del intervalo correspondiente a la primera ocupación del asentamiento.

**Observaciones**

CLT: KIK-1118.

**Bibliografía**

Van Strydonck et alii 2001: 32, 2004, e.p.: tabla 1.

| Yacimiento | Isla | Municipio | Exclusión |
|---|---|---|---|
| Son Ferrandell-Oleza-OS | Mallorca | Valldemossa | ☐ |

| Código laboratorio | Valor ap(BP) | Valor ane(BC) | ± | Muestra |
|---|---|---|---|---|
| QL-4043 | 3450 | 1500 | 110 | Hueso fauna doméstica |

| cal ANE m | cal ANE 1s | cal ANE 2s | cal ANE dir | δ 13C | δ 15N | C/N |
|---|---|---|---|---|---|---|
| 1750 | 1885 / 1616 | 2042 / 1504 | 1755 | | | |

**Registro arqueológico**

Asentamiento antiguo (OS). Secor CH1.

**Estructura** Asentamiento al aire libre

**Significado arqueológico**

La datación indica un momento determinado dentro de la primera fase de ocupación del asentamiento.

**Observaciones**

**Bibliografía**

Waldren et alii 1990: tabla 1; Hoffman 1993: tabla 6.1.

| Yacimiento | Isla | Municipio | Exclusión |
|---|---|---|---|
| Son Ferrandell-Oleza-OS | Mallorca | Valldemossa | ☐ |

| Código laboratorio | Valor ap(BP) | Valor ane(BC) | ± | Muestra |
|---|---|---|---|---|
| KIA-16267 | 3430 | 1480 | 30 | Hueso fauna doméstica |

| cal ANE m | cal ANE 1s | cal ANE 2s | cal ANE dir | δ 13C | δ 15N | C/N |
|---|---|---|---|---|---|---|
| 1722 | 1754 / 1690 | 1852 / 1662 | 1725 | -19.3 | | 2.93 |

**Registro arqueológico**

Asentamiento antiguo (OS). Sector WCS. Hueso procedente de la base del canal.

**Estructura** Asentamiento al aire libre

**Significado arqueológico**

Ignoramos si la muestra procedía del relleno que colmató el canal o del sedimento infrayacente. En cualquier caso, la datación se sitúa a finales de la primera fase de ocupación del asentamiento.

**Observaciones**

CLT: KIK-2078.

**Bibliografía**

Van Strydonck et alii 2002: 46.

| Yacimiento | Isla | Municipio | Exclusión |
|---|---|---|---|
| Son Ferrandell-Oleza-OS | Mallorca | Valldemossa | ☐ |

| Código laboratorio | Valor ap(BP) | Valor ane(BC) | ± | Muestra |
|---|---|---|---|---|
| KIA-16268 | 3405 | 1455 | 35 | Hueso fauna doméstica |

| cal ANE m | cal ANE 1s | cal ANE 2s | cal ANE dir | δ 13C | δ 15N | C/N |
|---|---|---|---|---|---|---|
| 1699 | 1738 / 1661 | 1765 / 1613 | 1707 | -18.4 | | 2.98 |

**Registro arqueológico**

Asentamiento antiguo (OS). Sector SW.A6. Hueso procedente de la base del muro Sur.

**Estructura** Asentamiento al aire libre

**Significado arqueológico**

La datación indica un momento anterior, en una medida indeterminada, para la edificación del muro bajo el cual se halló la muestra. El resultado se sitúa dentro del intervalo correspondiente a la primera ocupación del asentamiento.

**Observaciones**

CLT: KIK-2079.

**Bibliografía**

Van Strydonck et alii 2002: 46.

| Yacimiento | Isla | Municipio | Exclusión |
|---|---|---|---|
| Son Ferrandell-Oleza-OS | Mallorca | Valldemossa | ☐ |

| Código laboratorio | Valor ap(BP) | Valor ane(BC) | ± | Muestra |
|---|---|---|---|---|
| BM-2312R | 3390 | 1440 | 100 | Hueso fauna doméstica |

| cal ANE m | cal ANE 1s | cal ANE 2s | cal ANE dir | δ 13C | δ 15N | C/N |
|---|---|---|---|---|---|---|
| 1684 | 1809 / 1559 | 1933 / 1459 | 1684 | | | |

**Registro arqueológico**

Asentamiento antiguo (OS). Bajo lajas del extremo sur del canal WC. Huesos de bóvido y cabra.

**Estructura** Asentamiento al aire libre

**Significado arqueológico**

La datación indica un momento anterior, en una medida indeterminada, para la edificación de la estructura bajo la cual se halló la muestra. El resultado se sitúa dentro del intervalo correspondiente a la primera ocupación del asentamiento.

**Observaciones**

Corrección de BM-2312: 1260±80 ane, cuyo valor delta C13 era -19,2‰.

**Bibliografía**

Waldren 1986: tabla 16c; Ambers, Burleigh y Matthews 1987: 75; Waldren et alii 1990: 11, tabla 1; 1992: tabla 4.; Bowman, Ambers y Leese 1990: 76.

| Yacimiento | Isla | Municipio | Exclusión |
|---|---|---|---|
| Son Ferrandell-Oleza-OS | Mallorca | Valldemossa | ☐ |

| Código laboratorio | Valor ap(BP) | Valor ane(BC) | ± | Muestra |
|---|---|---|---|---|
| CAMS-7243 | 3360 | 1410 | 60 | Hueso fauna doméstica |

| cal ANE m | cal ANE 1s | cal ANE 2s | cal ANE dir | δ 13C | δ 15N | C/N |
|---|---|---|---|---|---|---|
| 1640 | 1716 / 1564 | 1782 / 1505 | 1654 | | | |

**Registro arqueológico**

Asentamiento antiguo (OS). Sector EXW-A16. Procedente de las "construcciones de piedra al W de las estructuras de piedra". Botón de colmillo (muestra 83B17).

**Estructura** Asentamiento al aire libre

**Significado arqueológico**

La datación indica un momento reciente dentro de la primera fase de ocupación del asentamiento.

**Observaciones**

**Bibliografía**

Hoffman 1993: tabla 6.1, p. 187.

| Yacimiento | Isla | Municipio | Exclusión |
|---|---|---|---|
| Son Ferrandell-Oleza-OS | Mallorca | Valldemossa | ☑ |

| Código laboratorio | Valor ap(BP) | Valor ane(BC) | ± | Muestra |
|---|---|---|---|---|
| BM-1988R | 3350 | 1400 | 310 | Hueso fauna doméstica |

| cal ANE m | cal ANE 1s | cal ANE 2s | cal ANE dir | δ 13C | δ 15N | C/N |
|---|---|---|---|---|---|---|
| | | | | | | |

**Registro arqueológico**

Asentamiento antiguo (OS). Corte exploratorio Oeste. Nivel II.

**Estructura** Asentamiento al aire libre

**Significado arqueológico**

La muestra estaba asociada a campaniforme, pero la amplísima desviación tipo prácticamente anula su fiabilidad.

**Observaciones**

Excluida por presentar una desviación tipo muy elevada. Corrección de BM-1988: 1200±300 ane, cuyo valor delta C13 era -20,2 por mil.

**Bibliografía**

Burleigh, Ambers y Matthews 1984: 70-71; Bowman, Ambers y Leese 1990: 76.

| Yacimiento | Isla | Municipio | Exclusión |
|---|---|---|---|
| Son Ferrandell-Oleza-OS | Mallorca | Valldemossa | ☐ |

| Código laboratorio | Valor ap(BP) | Valor ane(BC) | ± | Muestra |
|---|---|---|---|---|
| BM-1698R | 3350 | 1400 | 100 | Hueso fauna doméstica |

| cal ANE m | cal ANE 1s | cal ANE 2s | cal ANE dir | δ 13C | δ 15N | C/N |
|---|---|---|---|---|---|---|
| 1638 | 1750 / 1525 | 1880 / 1411 | 1631 | | | |

**Registro arqueológico**

Asentamiento antiguo (OS). Exterior W1 (EXW1). Abandono. Muestra del Círculo 1. Z = 0/10 cm.

**Estructura** Asentamiento al aire libre

**Significado arqueológico**

La datación indica un momento reciente dentro de la primera fase de ocupación del asentamiento.

**Observaciones**

Corrección de BM-1698: 1140±70 ane, cuyo valor delta C13 era -22,0 por mil. Waldren (1982b: 1A:30 y 1986: tabla 16c) la presentan con el valor 1145±70 ane. Curiosamente, Bowman et alii 1990: 79 indican que fue imposible corregir el valor erróneo inicial, pero se da como corregida ("R") en, por ejemplo, Waldren (1998: 116).

**Bibliografía**

Burleigh, Ambers y Matthews 1982: 282; Waldren 1982a: 509; 1982b: 1A: 30; 1986: tabla 16c; 1987: 6,11; Waldren et alii 1990:11, tabla 1; Bowman, Ambers y Leese 1990: 79

| Yacimiento | Isla | Municipio | Exclusión |
|---|---|---|---|
| Son Ferrandell-Oleza-OS | Mallorca | Valldemossa | ☐ |

| Código laboratorio | Valor ap(BP) | Valor ane(BC) | ± | Muestra |
|---|---|---|---|---|
| UtC-3192 | 3310 | 1360 | 70 | Hueso fauna doméstica |

| cal ANE m | cal ANE 1s | cal ANE 2s | cal ANE dir | δ 13C | δ 15N | C/N |
|---|---|---|---|---|---|---|
| 1596 | 1681 / 1512 | 1742 / 1435 | 1575 | -19.8 | | |

**Registro arqueológico**

Asentamiento antiguo (OS). Muestra hallada en el relleno del muro delimitador del espacio H4.

**Estructura** Asentamiento al aire libre

**Significado arqueológico**

La datación indica un momento anterior, en una medida indeterminada aunque breve, para la edificación de la estructura en cuyo relleno se halló la muestra.

**Observaciones**

En Waldren et alii (1990: tabla 1, Waldren 1997: tabla 2. y 1998: tabla 2) se presenta el valor 1350±60 ane.

**Bibliografía**

Waldren et alii 1990: tabla 1; Van Strydonck et alii 1995: 23; Waldren 1997: tabla 2.

| Yacimiento | Isla | Municipio | Exclusión |
|---|---|---|---|
| Son Ferrandell-Oleza-OS | Mallorca | Valldemossa | ☐ |

| Código laboratorio | Valor ap(BP) | Valor ane(BC) | ± | Muestra |
|---|---|---|---|---|
| QL-1896 | 3280 | 1330 | 120 | Hueso fauna doméstica |

| cal ANE m | cal ANE 1s | cal ANE 2s | cal ANE dir | δ 13C | δ 15N | C/N |
|---|---|---|---|---|---|---|
| 1556 | 1689 / 1422 | 1838 / 1303 | 1559 | | | |

**Registro arqueológico**

Asentamiento antiguo (OS). Sector WCS. Interior estructura central de piedra CSS.

**Estructura** Asentamiento de estructuras naviformes

**Significado arqueológico**

La datación indica un momento correspondiente a la ocupación de la estructura de planta naviforme y demarca el inicio de la segunda fase del asentamiento.

**Observaciones**

**Bibliografía**

Waldren 1987: 226, fig. 6, nº 7, 1990: tabla 1; Hoffman 1993: tabla 6.1.

| Yacimiento | Isla | Municipio | Exclusión |
|---|---|---|---|
| Son Ferrandell-Oleza-OS | Mallorca | Valldemossa | ☐ |

| Código laboratorio | Valor ap(BP) | Valor ane(BC) | ± | Muestra |
|---|---|---|---|---|
| QL-4040 | 3260 | 1310 | 100 | Carbón |

| cal ANE m | cal ANE 1s | cal ANE 2s | cal ANE dir | δ 13C | δ 15N | C/N |
|---|---|---|---|---|---|---|
| 1539 | 1651 / 1427 | 1766 / 1328 | 1537 | | | |

**Registro arqueológico**

Asentamiento antiguo (OS). Estructura CSS.

**Estructura** Asentamiento de estructuras naviformes

**Significado arqueológico**

La datación indica un momento correspondiente a la ocupación de la estructura de planta naviforme, coherente con la fecha de vida corta QL-1896, y demarca junto a ésta el inicio de la segunda fase del asentamiento.

**Observaciones**

Sorprendentemente, no sabemos que haya sido publicada por Waldren.

**Bibliografía**

Hoffman 1993: tabla 6.1.

| Yacimiento | Isla | Municipio | Exclusión |
|---|---|---|---|
| Son Ferrandell-Oleza-OS | Mallorca | Valldemossa | ☐ |

| Código laboratorio | Valor ap(BP) | Valor ane(BC) | ± | Muestra |
|---|---|---|---|---|
| QL-? | 3240 | 1290 | 30 | Desconocido |

| cal ANE m | cal ANE 1s | cal ANE 2s | cal ANE dir | δ 13C | δ 15N | C/N |
|---|---|---|---|---|---|---|
| 1500 | 1527 / 1474 | 1593 / 1430 | 1510 | | | |

**Registro arqueológico**

Asentamiento antiguo (OS). Sector WC. Exterior cercano al canal.

**Estructura** Asentamiento de estructuras naviformes

**Significado arqueológico**

La datación indica un momento determinado dentro de la segunda fase de ocupación del asentamiento.

**Observaciones**

El propio Waldren confesó desconocer el código de identificación del laboratorio de datación.

**Bibliografía**

Waldren et alii 1990: tabla 1.

| Yacimiento | Isla | Municipio | Exclusión |
|---|---|---|---|
| Son Ferrandell-Oleza-OS | Mallorca | Valldemossa | ☐ |

| Código laboratorio | Valor ap(BP) | Valor ane(BC) | ± | Muestra |
|---|---|---|---|---|
| QL-4191 | 3180 | 1230 | 80 | Desconocido |

| cal ANE m | cal ANE 1s | cal ANE 2s | cal ANE dir | δ 13C | δ 15N | C/N |
|---|---|---|---|---|---|---|
| 1451 | 1536 / 1366 | 1622 / 1274 | 1450 | | | |

**Registro arqueológico**

Asentamiento antiguo (OS). Sector cercano a muro Sur.

**Estructura** Asentamiento de estructuras naviformes

**Significado arqueológico**

La datación indica un momento determinado dentro de la segunda fase de ocupación del asentamiento.

**Observaciones**

**Bibliografía**

Waldren et alii 1990: tabla 1.

| Yacimiento | Isla | Municipio | Exclusión |
|---|---|---|---|
| Son Ferrandell-Oleza-OS | Mallorca | Valldemossa | ☐ |

| Código laboratorio | Valor ap(BP) | Valor ane(BC) | ± | Muestra |
|---|---|---|---|---|
| HAR-3490 | 3070 | 1120 | 50 | Hueso fauna doméstica |

| cal ANE m | cal ANE 1s | cal ANE 2s | cal ANE dir | δ 13C | δ 15N | C/N |
|---|---|---|---|---|---|---|
| 1336 | 1398 / 1275 | 1435 / 1176 | 1348 | | | |

**Registro arqueológico**

Asentamiento antiguo (OS). Exterior de la zona de captación del canal. Z = 0/10 cm. Abandono del asentamiento.

**Estructura** Asentamiento de estructuras naviformes

**Significado arqueológico**

La datación indica un momento determinado dentro de la segunda fase de ocupación del asentamiento.

**Observaciones**

En Waldren (1982a: 509; 1982b: 1A: 30) se publica HAR-?

**Bibliografía**

Waldren 1982a: 509; 1982b: 1A: 30; Waldren 1986: tabla 16c; 1987: fig. 6, nº 9; 1990: tabla 1, 1992: tabla 4.

| Yacimiento | Isla | Municipio | Exclusión |
|---|---|---|---|
| Son Ferrandell-Oleza-OS | Mallorca | Valldemossa | ☑ |

| Código laboratorio | Valor ap(BP) | Valor ane(BC) | ± | Muestra |
|---|---|---|---|---|
| QL-4044 | 2990 | 1040 | 160 | Desconocido |

| cal ANE m | cal ANE 1s | cal ANE 2s | cal ANE dir | δ 13C | δ 15N | C/N |
|---|---|---|---|---|---|---|
| | | | | | | |

**Registro arqueológico**

Asentamiento antiguo (OS). Estructura de cabaña circular CHS. Abandono del asentamiento.

**Estructura** Asentamiento de estructuras naviformes

**Significado arqueológico**

El valor convencional de la datación se ajusta al hecho de corresponder a las postrimerías de la segunda fase de ocupación del asentamiento. Lamentablemente, la amplia desviación estándar compromete su validez.

**Observaciones**

Excluida por presentar una desviación tipo muy elevada.

**Bibliografía**

Waldren et alii 1990: tabla 1; 1998: 103.

| Yacimiento | Isla | Municipio | Exclusión |
|---|---|---|---|
| Son Ferrandell-Oleza-OS | Mallorca | Valldemossa | ☐ |

| Código laboratorio | Valor ap(BP) | Valor ane(BC) | ± | Muestra |
|---|---|---|---|---|
| QL-4041 | 2750 | 800 | 120 | Desconocido |

| cal ANE m | cal ANE 1s | cal ANE 2s | cal ANE dir | δ 13C | δ 15N | C/N |
|---|---|---|---|---|---|---|
| 918 | 1027 / 809 | 1234 / 701 | 896 | | | |

**Registro arqueológico**

Asentamiento antiguo (OS). Sector muro sur (SW).

**Estructura** Indeterminada

**Significado arqueológico**

La falta de información contextual sobre la procedencia de la muestra y el hecho de descolgarse del límite inferior establecido para el final de la segunda ocupación del asentamiento plantean dudas sobre la significación del resultado.

**Observaciones**

**Bibliografía**

Waldren et alii 1990: tabla 1.

| Yacimiento | Isla | Municipio | Exclusión |
|---|---|---|---|
| Son Ferrandell-Oleza-OS | Mallorca | Valldemossa | ☐ |

| Código laboratorio | Valor ap(BP) | Valor ane(BC) | ± | Muestra |
|---|---|---|---|---|
| BM-2297R | 2280 | 330 | 120 | Carbón |

| cal ANE m | cal ANE 1s | cal ANE 2s | cal ANE dir | δ 13C | δ 15N | C/N |
|---|---|---|---|---|---|---|
| 332 | 464 / 200 | 717 / 47 | 348 | | | |

**Registro arqueológico**

Asentamiento antiguo (OS). Sector EXW. Cuadro Q15-16, junto a la acequia.

**Estructura** Indeterminada

**Significado arqueológico**

La falta de información contextual sobre la procedencia de la muestra y el hecho de descolgarse del límite inferior establecido para el final de la segunda ocupación del asentamiento plantean dudas sobre la significación del resultado. Además, la mención de que la datación se asocia a un nivel con campaniforme ilustra la dificultad que la formación de en yacimientos como Son Ferrandell-Oleza de obtener series estratigráficas fiables.

**Observaciones**

Corrección de BM-2297: 190±80 ane, cuyo valor delta C13 era -24,2 por mil. Publicada como de Torralba d'en Salord en Waldren (1992: tabla 8).

**Bibliografía**

Ambers, Burleigh y Matthews 1987: 75; Waldren 1986: tabla 16; Bowman, Ambers y Leese 1990: 76.

| Yacimiento | Isla | Municipio | Exclusión |
|---|---|---|---|
| Son Ferrandell-Oleza-OS | Mallorca | Valldemossa | ☐ |

| Código laboratorio | Valor ap(BP) | Valor ane(BC) | ± | Muestra |
|---|---|---|---|---|
| BM-1982R | 2050 | 100 | 110 | Carbón |

| cal ANE m | cal ANE 1s | cal ANE 2s | cal ANE dir | δ 13C | δ 15N | C/N |
|---|---|---|---|---|---|---|
| 56 | 196 / -84 | 341 / -181 | 64 | | | |

**Registro arqueológico**

Asentamiento antiguo (OS). Estructura C2, bajo empedrado. Base de terraza moderna. Carbón producto de la quema de vegetación natural.

**Estructura** Indeterminada

**Significado arqueológico**

Según parece, la acumulación de carbón vegetal de donde se extrajo la muestra datada podría corresponder al incendio de la vegetación. No disponemos de argumentos para vincular esta fecha con alguna ocupación del yacimiento.

**Observaciones**

Corrección de BM-1982: 240±60 dne, cuyo valor delta C13 era -24,5 por mil.

**Bibliografía**

Burleigh, Ambers y Matthews 1983: 55; Waldren 1986: tabla 16; Bowman, Ambers y Leese 1990: 76.

| Yacimiento | Isla | Municipio | Exclusión |
|---|---|---|---|
| Son Ferrandell-Oleza-OS | Mallorca | Valldemossa | ☐ |

| Código laboratorio | Valor ap(BP) | Valor ane(BC) | ± | Muestra |
|---|---|---|---|---|
| QL-1861 | 1730 | -220 | 12 | Carbón |

| cal ANE m | cal ANE 1s | cal ANE 2s | cal ANE dir | δ13C | δ15N | C/N |
|---|---|---|---|---|---|---|
| -300 | -259 / -342 | -253 / -382 | -265, -277, -330 | | | |

**Registro arqueológico**

Asentamiento antiguo (OS). Base de muro de terraza moderna. Tal vez producto de la quema de la vegetación.

**Estructura** Indeterminada

**Significado arqueológico**

Según parece, la acumulación de carbón vegetal de donde se extrajo la muestra datada podría corresponder al incendio de la vegetación. No disponemos de argumentos para vincular esta fecha con alguna ocupación del yacimiento.

**Observaciones**

**Bibliografía**

Waldren 1986: tabla 16.

| Yacimiento | Isla | Municipio | Exclusión |
|---|---|---|---|
| Son Ferrandell-Oleza-OS | Mallorca | Valldemossa | ☐ |

| Código laboratorio | Valor ap(BP) | Valor ane(BC) | ± | Muestra |
|---|---|---|---|---|
| QL-1858 | 1670 | -280 | 15 | Carbón |

| cal ANE m | cal ANE 1s | cal ANE 2s | cal ANE dir | δ13C | δ15N | C/N |
|---|---|---|---|---|---|---|
| -399 | -386 / -412 | -336 / -421 | -399 | | | |

**Registro arqueológico**

Asentamiento antiguo (OS). Niveles superiores. Tal vez producto de incendios naturales o de la quema de la vegetación.

**Estructura** Indeterminada

**Significado arqueológico**

Según parece, la acumulación de carbón vegetal de donde se extrajo la muestra datada podría corresponder al incendio de la vegetación. No disponemos de argumentos para vincular esta fecha con alguna ocupación del yacimiento.

**Observaciones**

**Bibliografía**

Waldren 1986: tabla 16.

| Yacimiento | Isla | Municipio | Exclusión |
|---|---|---|---|
| Son Ferrandell-Oleza-OS | Mallorca | Valldemossa | ☐ |

| Código laboratorio | Valor ap(BP) | Valor ane(BC) | ± | Muestra |
|---|---|---|---|---|
| QL-1860 | 1650 | -300 | 15 | Carbón |

| cal ANE m | cal ANE 1s | cal ANE 2s | cal ANE dir | δ 13C | δ 15N | C/N |
|---|---|---|---|---|---|---|
| -409 | -398 / -420 | -353 / -430 | -411 | | | |

**Registro arqueológico**

Asentamiento antiguo (OS). Niveles superiores. Tal vez producto de incendios naturales o de la quema de la vegetación.

**Estructura** Indeterminada

**Significado arqueológico**

Según parece, la acumulación de carbón vegetal de donde se extrajo la muestra datada podría corresponder al incendio de la vegetación. No disponemos de argumentos para vincular esta fecha con alguna ocupación del yacimiento.

**Observaciones**

**Bibliografía**

Waldren 1986: tabla 16.

| Yacimiento | Isla | Municipio | Exclusión |
|---|---|---|---|
| Son Ferrandell-Oleza-OS | Mallorca | Valldemossa | ☐ |

| Código laboratorio | Valor ap(BP) | Valor ane(BC) | ± | Muestra |
|---|---|---|---|---|
| IRPA-893 | 1600 | -350 | 50 | Carbón |

| cal ANE m | cal ANE 1s | cal ANE 2s | cal ANE dir | δ 13C | δ 15N | C/N |
|---|---|---|---|---|---|---|
| -470 | -410 / -531 | -357 / -580 | -446 | -23.8 | | |

**Registro arqueológico**

Asentamiento antiguo (OS). Sector SW. Nivel QAO.

**Estructura** Indeterminada

**Significado arqueológico**

No disponemos de argumentos para vincular esta fecha con alguna ocupación del yacimiento.

**Observaciones**

**Bibliografía**

Dauchot-Dehon y Van Strydonck 1992: 81.

| Yacimiento | Isla | Municipio | Exclusión |
|---|---|---|---|
| Son Ferrandell-Oleza-OS | Mallorca | Valldemossa | ☐ |

| Código laboratorio | Valor ap(BP) | Valor ane(BC) | ± | Muestra |
|---|---|---|---|---|
| IRPA-888 | 1530 | -580 | 50 | Carbón |

| cal ANE m | cal ANE 1s | cal ANE 2s | cal ANE dir | δ 13C | δ 15N | C/N |
|---|---|---|---|---|---|---|
| -529 | -465 / -594 | -424 / -632 | -555 | -24.9 | | |

**Registro arqueológico**

Asentamiento antiguo (OS). Sector OSW. Nivel QD13.

**Estructura** Indeterminada

**Significado arqueológico**

No disponemos de argumentos para vincular esta fecha con alguna ocupación del yacimiento.

**Observaciones**

**Bibliografía**

Dauchot-Dehon y Van Strydonck 1992: 81.

| Yacimiento | Isla | Municipio | Exclusión |
|---|---|---|---|
| Son Ferrandell-Oleza-OS | Mallorca | Valldemossa | ☐ |

| Código laboratorio | Valor ap(BP) | Valor ane(BC) | ± | Muestra |
|---|---|---|---|---|
| IRPA-1052 | 1040 | -910 | 50 | Carbón |

| cal ANE m | cal ANE 1s | cal ANE 2s | cal ANE dir | δ 13C | δ 15N | C/N |
|---|---|---|---|---|---|---|
| -994 | -968 / -1019 | -908 / -1055 | -996 | -25.6 | | |

**Registro arqueológico**

Asentamiento antiguo (OS). Zona EW1. Hogar.

**Estructura** Asentamiento histórico

**Significado arqueológico**

El hecho de proceder de un hogar vincula el resultado de la muestra analizada con una ocupación o frecuentación medieval prácticamente inédita.

**Observaciones**

**Bibliografía**

Van Strydonck et alii 1995: 23.

| Yacimiento | Isla | Municipio | Exclusión |
|---|---|---|---|
| Son Ferrandell-Oleza-OS | Mallorca | Valldemossa | ☐ |

| Código laboratorio | Valor ap(BP) | Valor ane(BC) | ± | Muestra |
|---|---|---|---|---|
| IRPA-1023 | 850 | -1100 | 40 | Carbón |

| cal ANE m | cal ANE 1s | cal ANE 2s | cal ANE dir | δ 13C | δ 15N | C/N |
|---|---|---|---|---|---|---|
| -1210 | -1181 / -1240 | -1052 / -1262 | -1199 | -25.6 | | |

**Registro arqueológico**

Asentamiento antiguo (OS). Zona EW2. Hogar. Muestra obtenida de la flotación de sedimentos.

**Estructura** Asentamiento histórico

**Significado arqueológico**

El hecho de proceder de un hogar vincula el resultado de la muestra analizada con una ocupación o frecuentación medieval prácticamente inédita.

**Observaciones**

**Bibliografía**

Van Strydonck et alii 1995: 23.

| Yacimiento | Isla | Municipio | Exclusión |
|---|---|---|---|
| Son Ferrandell-Oleza-OS | Mallorca | Valldemossa | ☐ |

| Código laboratorio | Valor ap(BP) | Valor ane(BC) | ± | Muestra |
|---|---|---|---|---|
| IRPA-892 | 185 | -1765 | 40 | Carbón |

| cal ANE m | cal ANE 1s | cal ANE 2s | cal ANE dir | δ 13C | δ 15N | C/N |
|---|---|---|---|---|---|---|
| -1801 | -1655 / -1947 | -1645 / -1913 | -1666, -1943, -1945 | -24.1 | | |

**Registro arqueológico**

Asentamiento antiguo (OS). Sector WWE. Nivel QC18.

**Estructura** Indeterminada

**Significado arqueológico**

No disponemos de argumentos para vincular esta fecha con alguna ocupación del yacimiento.

**Observaciones**

**Bibliografía**

Dauchot-Dehon y Van Strydonck 1992: 81.

| Yacimiento | Isla | Municipio | Exclusión |
|---|---|---|---|
| Son Ferrandell-Oleza-OS | Mallorca | Valldemossa | ☐ |

| Código laboratorio | Valor ap(BP) | Valor ane(BC) | ± | Muestra |
|---|---|---|---|---|
| IRPA-889 | 110 | -1840 | 40 | Carbón |

| cal ANE m | cal ANE 1s | cal ANE 2s | cal ANE dir | δ 13C | δ 15N | C/N |
|---|---|---|---|---|---|---|
| -1815 | -1679 / -1952 | -1664 / -1954 | Ver "Observaciones" | -24.5 | | |

**Registro arqueológico**

Asentamiento antiguo (OS). Sector EW. Nivel Q154.

**Estructura** Indeterminada

**Significado arqueológico**

No disponemos de argumentos para vincular esta fecha con alguna ocupación del yacimiento.

**Observaciones**

cal ANE dir: -1853, -1895, -1918, -1915, -1949.

**Bibliografía**

Dauchot-Dehon y Van Strydonck 1992: 81.

**Yacimiento** Son Ferrandell-Oleza-WOS

El yacimiento situado al oeste del Asentamiento Antiguo de Son Ferrandell-Oleza (Western Old Settlement – "WOS") ha proporcionado evidencias de áreas de vertedero y de estructuras interpretadas como dólmenes por Waldren, su excavador. Sin embargo, ante la aparente ausencia de restos humanos la hipótesis que gana terreno es que se tratase de estructuras habitacionales de planta circular con zócalo de piedra (Calvo, Guerrero y Salvà 2002; Lull et alii 2004-e.p.).

Disponemos de veintiuna dataciones radiocarbónicas, la mayoría efectuadas a partir de huesos de fauna. El grueso de la serie se concentra en un intervalo que podríamos acotar aproximadamente entre 2300 y 1700 cal ANE. Ello garantiza la contemporaneidad entre la primera fase de ocupación prehistórica del Asentamiento Antiguo con el asentamiento constatado en WOS.

Con posterioridad a ca. 1700 cal ANE, contamos con otras balizas cronológicas de difícil interpretación. La fecha KIA-12274, ca. 1400 cal ANE, podría vincularse a una frecuentación ocasional del lugar o a un asentamiento inadvertido arqueológicamente. Por su parte, las dataciones KIA-12272, KIA-12269, IRPA-1303 e IRPA-1304 se concentran en los primeros siglos de nuestra era. El hecho de que todas ellas hayan sido obtenidas a partir de muestras de carbón remite a un fenómeno análogo comentado a propósito de la serie del OS. En uno y otro caso, es posible que respondan a episodios de incendio, respecto a los cuales ignoramos si fueron motivados antrópicamente o no.

Referencias: Waldren (1998, 2001).

.

| Yacimiento | Isla | Municipio | Exclusión |
|---|---|---|---|
| Son Ferrandell-Oleza-WOS | Mallorca | Valldemossa | ☐ |

| Código laboratorio | Valor ap(BP) | Valor ane(BC) | ± | Muestra |
|---|---|---|---|---|
| CAMS-7072 | 3840 | 1890 | 70 | Hueso fauna doméstica |

| cal ANE m | cal ANE 1s | cal ANE 2s | cal ANE dir | δ 13C | δ 15N | C/N |
|---|---|---|---|---|---|---|
| 2298 | 2418 / 2179 | 2497 / 2080 | 2289 | | | |

**Registro arqueológico**

Al oeste del asentamiento antiguo (WOS). I/M-1/5. Artefacto indeterminado de hueso fabricado sobre tibia (muestra 83B30).

**Estructura** Asentamiento al aire libre

**Significado arqueológico**

La datación ilustra el asentamiento en el lugar sincrónicamente a la primera fase de ocupación en el asentamiento antiguo (OS).

**Observaciones**

**Bibliografía**

Hoffman 1993: tabla 6.1, p. 189.

| Yacimiento | Isla | Municipio | Exclusión |
|---|---|---|---|
| Son Ferrandell-Oleza-WOS | Mallorca | Valldemossa | ☐ |

| Código laboratorio | Valor ap(BP) | Valor ane(BC) | ± | Muestra |
|---|---|---|---|---|
| QL-1592 | 3700 | 1750 | 30 | Carbón |

| cal ANE m | cal ANE 1s | cal ANE 2s | cal ANE dir | δ 13C | δ 15N | C/N |
|---|---|---|---|---|---|---|
| 2080 | 2133 / 2028 | 2182 / 1988 | 2115, 2084, 2055 | | | |

**Registro arqueológico**

Al oeste del asentamiento antiguo (WOS). Zona de combustión al oeste del asentamiento W17. Cuadro J9. Vertedero. Asociada a supuesta estructura dolménica.

**Estructura** Asentamiento al aire libre

**Significado arqueológico**

La datación ilustra el asentamiento en el lugar sincrónicamente a la primera fase de ocupación en el asentamiento antiguo (OS).

**Observaciones**

Waldren (1982: tabla 8) ofrece el valor 1770±30 ane.

**Bibliografía**

Waldren 1982a: 509; 1986: tabla 16c, 1990: tabla 1, 1992: tabla 4; 2001: 244.

| Yacimiento | Isla | Municipio | Exclusión |
|---|---|---|---|
| Son Ferrandell-Oleza-WOS | Mallorca | Valldemossa | ☐ |

| Código laboratorio | Valor ap(BP) | Valor ane(BC) | ± | Muestra |
|---|---|---|---|---|
| BM-1981R | 3640 | 1690 | 100 | Carbón |

| cal ANE m | cal ANE 1s | cal ANE 2s | cal ANE dir | δ 13C | δ 15N | C/N |
|---|---|---|---|---|---|---|
| 1998 | 2133 / 1862 | 2294 / 1732 | 1984 | | | |

**Registro arqueológico**

Al oeste del asentamiento antiguo (WOS). Sector W40. Cuadro J3 (ref. G13) (ref antigua: cata exploratoria S. sección Q-J3). Hogar en zona de vertedero. Asociada a supuesta estructura dolménica.

**Estructura** Asentamiento al aire libre

**Significado arqueológico**

La datación ilustra el asentamiento en el lugar sincrónicamente a la primera fase de ocupación en el asentamiento antiguo (OS).

**Observaciones**

Corrección de BM-1981: 1770±35 ane, que Waldren (2001: 244) publica con una desviación tipo de ±50. Waldren (2001: 244) asigna a BM-1981R el resultado convencional de 1770±30 ane, cuyo valor delta C13 era -23,0 por mil.

**Bibliografía**

Burleigh, Ambers y Matthews 1983: 55; Waldren 1986: tabla 16c, 1990: tabla 1, 1992: tabla 4; Bowman, Ambers y Leese 1990: 76; Waldren 2001: 244.

| Yacimiento | Isla | Municipio | Exclusión |
|---|---|---|---|
| Son Ferrandell-Oleza-WOS | Mallorca | Valldemossa | ☐ |

| Código laboratorio | Valor ap(BP) | Valor ane(BC) | ± | Muestra |
|---|---|---|---|---|
| KIA-10583 | 3625 | 1675 | ± 30 | Hueso fauna doméstica |

| cal ANE m | cal ANE 1s | cal ANE 2s | cal ANE dir | δ 13C | δ 15N | C/N |
|---|---|---|---|---|---|---|
| 1977 | 2020 / 1934 | 2111 / 1901 | 1967 | -20.3 | | 2.84 |

**Registro arqueológico**

Al oeste del asentamiento antiguo (WOS). Asociada a supuesta estructura dolménica. Cuadro 5M9. Hueso de bóvido entre el paramento interior de la cámara y el del exterior de la estructura.

**Estructura** Asentamiento al aire libre

**Significado arqueológico**

La datación ilustra el asentamiento en el lugar sincrónicamente a la primera fase de ocupación en el asentamiento antiguo (OS).

**Observaciones**

Referencia de la muestra SFO.WOS.DOL#4. CLT: KIK-1433.

**Bibliografía**

Waldren 2001: 244; Van Strydonck et alii 2002: 45.

| Yacimiento | Isla | Municipio | Exclusión |
|---|---|---|---|
| Son Ferrandell-Oleza-WOS | Mallorca | Valldemossa | ☐ |

| Código laboratorio | Valor ap(BP) | Valor ane(BC) | ± | Muestra |
|---|---|---|---|---|
| KIA-10582 | 3625 | 1675 | ± 30 | Hueso fauna doméstica |

| cal ANE m | cal ANE 1s | cal ANE 2s | cal ANE dir | δ 13C | δ 15N | C/N |
|---|---|---|---|---|---|---|
| 1977 | 2020 / 1934 | 2111 / 1901 | 1967 | -20.3 | | 2.84 |

**Registro arqueológico**

Al oeste del asentamiento antiguo (WOS). Asociada a supuesta estructura dolménica. Cuadro 5M6. Hueso de bóvido entre el paramento interior de la cámara y el del exterior de la estructura.

**Estructura** Asentamiento al aire libre

**Significado arqueológico**

La datación ilustra el asentamiento en el lugar sincrónicamente a la primera fase de ocupación en el asentamiento antiguo (OS).

**Observaciones**

Referencia de la muestra SFO.WOS.DOL#7. CLT: KIK-1432.

**Bibliografía**

Waldren 2001: 244; Van Strydonck et alii 2002: 45.

| Yacimiento | Isla | Municipio | Exclusión |
|---|---|---|---|
| Son Ferrandell-Oleza-WOS | Mallorca | Valldemossa | ☐ |

| Código laboratorio | Valor ap(BP) | Valor ane(BC) | ± | Muestra |
|---|---|---|---|---|
| UtC-10079 | 3605 | 1655 | 35 | Hueso fauna doméstica |

| cal ANE m | cal ANE 1s | cal ANE 2s | cal ANE dir | δ 13C | δ 15N | C/N |
|---|---|---|---|---|---|---|
| 1954 | 2001 / 1907 | 2038 / 1884 | 1950 | -20.5 | 3.58 | |

**Registro arqueológico**

Al oeste del asentamiento antiguo (WOS). Asociada a supuesta estructura dolménica. Cuadro 6M4. Hueso de bóvido entre el paramento interior de la cámara y el del exterior de la estructura.

**Estructura** Asentamiento al aire libre

**Significado arqueológico**

La datación ilustra el asentamiento en el lugar sincrónicamente a la primera fase de ocupación en el asentamiento antiguo (OS).

**Observaciones**

En Van Strydonck et alii (2004, e.p.: tabla 1) se publica el valor delta 13C de -20,73 por mil. CLT: KIK-1348.

**Bibliografía**

Waldren 2001: 244; Van Strydonck et alii 2001: 32, 2004, e.p.: tabla 1.

| Yacimiento | Isla | Municipio | Exclusión |
|---|---|---|---|
| Son Ferrandell-Oleza-WOS | Mallorca | Valldemossa | ☐ |

| Código laboratorio | Valor ap(BP) | Valor ane(BC) | ± | Muestra |
|---|---|---|---|---|
| KIA-11228 | 3565 | 1615 | 35 | Hueso fauna doméstica |

| cal ANE m | cal ANE 1s | cal ANE 2s | cal ANE dir | δ 13C | δ 15N | C/N |
|---|---|---|---|---|---|---|
| 1915 | 1948 / 1883 | 1998 / 1776 | 1905 | -19.6 | | 2.83 |

**Registro arqueológico**

Al oeste del asentamiento antiguo (WOS). Asociada a supuesta estructura dolménica. Cuadro 5M5. Hueso de ovicáprido en el interior de la cámara.

**Estructura** Asentamiento al aire libre

**Significado arqueológico**

La datación ilustra el asentamiento en el lugar sincrónicamente a la primera fase de ocupación en el asentamiento antiguo (OS).

**Observaciones**

Referencia muestra SFO.WOS.DOL#13. CLT: KIK-1477.

**Bibliografía**

Van Strydonck et alii 2002: 45.

| Yacimiento | Isla | Municipio | Exclusión |
|---|---|---|---|
| Son Ferrandell-Oleza-WOS | Mallorca | Valldemossa | ☐ |

| Código laboratorio | Valor ap(BP) | Valor ane(BC) | | Muestra |
|---|---|---|---|---|
| KIA-10560 | 3550 | 1600 | ± 30 | Hueso fauna doméstica |

| cal ANE m | cal ANE 1s | cal ANE 2s | cal ANE dir | δ 13C | δ 15N | C/N |
|---|---|---|---|---|---|---|
| 1896 | 1919 / 1874 | 1961 / 1765 | 1897 | -20.2 | | 2.83 |

**Registro arqueológico**

Al oeste del asentamiento antiguo (WOS). Asociada a supuesta estructura dolménica. Cuadro 5L7. Hueso de ovicáprido en el interior de la cámara.

**Estructura** Asentamiento al aire libre

**Significado arqueológico**

La datación ilustra el asentamiento en el lugar sincrónicamente a la primera fase de ocupación en el asentamiento antiguo (OS).

**Observaciones**

Referencia muestra SFO.WOS.DOL#12. CLT: KIK-1391.

**Bibliografía**

Waldren 2001: 244; Van Strydonck et alii 2002: 45.

---

| Yacimiento | Isla | Municipio | Exclusión |
|---|---|---|---|
| Son Ferrandell-Oleza-WOS | Mallorca | Valldemossa | ☐ |

| Código laboratorio | Valor ap(BP) | Valor ane(BC) | | Muestra |
|---|---|---|---|---|
| KIA-10557 | 3540 | 1590 | ± 30 | Hueso fauna doméstica |

| cal ANE m | cal ANE 1s | cal ANE 2s | cal ANE dir | δ 13C | δ 15N | C/N |
|---|---|---|---|---|---|---|
| 1857 | 1908 / 1806 | 1953 / 1759 | 1892 | -20.8 | | 2.79 |

**Registro arqueológico**

Al oeste del asentamiento antiguo (WOS). Asociada a supuesta estructura dolménica. Cuadro 5M3. Hueso de bóvido entre el paramento interior de la cámara y el del exterior de la estructura.

**Estructura** Asentamiento al aire libre

**Significado arqueológico**

La datación ilustra el asentamiento en el lugar sincrónicamente a la primera fase de ocupación en el asentamiento antiguo (OS).

**Observaciones**

Referencia de la muestra SFO.WOS.DOL#2. CLT: KIK-1395.

**Bibliografía**

Waldren 2001: 244; Van Strydonck et alii 2002: 45.

| Yacimiento | Isla | Municipio | Exclusión |
|---|---|---|---|
| Son Ferrandell-Oleza-WOS | Mallorca | Valldemossa | ☐ |

| Código laboratorio | Valor ap(BP) | Valor ane(BC) | ± | Muestra |
|---|---|---|---|---|
| KIA-12268 | 3460 | 1510 | 30 | Hueso fauna doméstica |

| cal ANE m | cal ANE 1s | cal ANE 2s | cal ANE dir | δ 13C | δ 15N | C/N |
|---|---|---|---|---|---|---|
| 1752 | 1783 / 1721 | 1883 / 1687 | 1753 | -20.8 | | 2.82 |

**Registro arqueológico**

Al oeste del asentamiento antiguo (WOS). Asociada a supuesta estructura dolménica.

**Estructura** Asentamiento al aire libre

**Significado arqueológico**

La datación ilustra el asentamiento en el lugar sincrónicamente a la primera fase de ocupación en el asentamiento antiguo (OS).

**Observaciones**

Referencia de la muestra SFO.WOS.DOL-III#2. CLT: KIK-1628.

**Bibliografía**

Van Strydonck et alii 2002: 45.

| Yacimiento | Isla | Municipio | Exclusión |
|---|---|---|---|
| Son Ferrandell-Oleza-WOS | Mallorca | Valldemossa | ☐ |

| Código laboratorio | Valor ap(BP) | Valor ane(BC) | ± | Muestra |
|---|---|---|---|---|
| KIA-12273 | 3450 | 1500 | 30 | Hueso fauna doméstica |

| cal ANE m | cal ANE 1s | cal ANE 2s | cal ANE dir | δ 13C | δ 15N | C/N |
|---|---|---|---|---|---|---|
| 1739 | 1765 / 1713 | 1876 / 1680 | 1747 | -21.3 | | 2.84 |

**Registro arqueológico**

Al oeste del asentamiento antiguo (WOS). Asociada a supuesta estructura dolménica. Hueso hallado en el exterior del muro E.

**Estructura** Asentamiento al aire libre

**Significado arqueológico**

La datación ilustra el asentamiento en el lugar sincrónicamente a la primera fase de ocupación en el asentamiento antiguo (OS).

**Observaciones**

Referencia de la muestra SFO.WOS.DOL-III#7. CLT: KIK-1633.

**Bibliografía**

Van Strydonck et alii 2002: 46.

| Yacimiento | Isla | Municipio | Exclusión |
|---|---|---|---|
| Son Ferrandell-Oleza-WOS | Mallorca | Valldemossa | ☐ |

| Código laboratorio | Valor ap(BP) | Valor ane(BC) | ± | Muestra |
|---|---|---|---|---|
| KIA-12270 | 3445 | 1495 | 40 | Hueso fauna doméstica |

| cal ANE m | cal ANE 1s | cal ANE 2s | cal ANE dir | δ 13C | δ 15N | C/N |
|---|---|---|---|---|---|---|
| 1739 | 1776 / 1703 | 1886 / 1654 | 1736 | -20.8 | | 2.82 |

**Registro arqueológico**

Al oeste del asentamiento antiguo (WOS). Asociada a supuesta estructura dolménica. Hueso hallado en el exterior del muro E.

**Estructura** Asentamiento al aire libre

**Significado arqueológico**

La datación ilustra el asentamiento en el lugar sincrónicamente a la primera fase de ocupación en el asentamiento antiguo (OS).

**Observaciones**

Referencia muestra SFO.WOS.DOL-III#4. CLT: KIK-1630.

**Bibliografía**

Van Strydonck et alii 2002: 46.

| Yacimiento | Isla | Municipio | Exclusión |
|---|---|---|---|
| Son Ferrandell-Oleza-WOS | Mallorca | Valldemossa | ☐ |

| Código laboratorio | Valor ap(BP) | Valor ane(BC) | ± | Muestra |
|---|---|---|---|---|
| KIA-10558 | 3445 | 1495 | 30 | Hueso fauna doméstica |

| cal ANE m | cal ANE 1s | cal ANE 2s | cal ANE dir | δ 13C | δ 15N | C/N |
|---|---|---|---|---|---|---|
| 1736 | 1762 / 1709 | 1871 / 1674 | 1743 | -19.9 | | 2.82 |

**Registro arqueológico**

Al oeste del asentamiento antiguo (WOS). Asociada a supuesta estructura dolménica. Cuadro 5L8. Hueso de bóvido hallado en el interior de la cámara.

**Estructura** Asentamiento al aire libre

**Significado arqueológico**

La datación ilustra el asentamiento en el lugar sincrónicamente a la primera fase de ocupación en el asentamiento antiguo (OS).

**Observaciones**

La muestra procedería del Sector 5M5, según en Van Strydonck et alii (2002: 45). CLT: KIK-1397. Referencia de la muestra SFO.WOS.DOL#9.

**Bibliografía**

Waldren 2001: 244; Van Strydonck et alii 2002: 45.

| Yacimiento | Isla | Municipio | Exclusión |
|---|---|---|---|
| Son Ferrandell-Oleza-WOS | Mallorca | Valldemossa | ☐ |

| Código laboratorio | Valor ap(BP) | Valor ane(BC) | ± | Muestra |
|---|---|---|---|---|
| KIA-10559 | 3440 | 1490 | 35 | Hueso fauna doméstica |

| cal ANE m | cal ANE 1s | cal ANE 2s | cal ANE dir | δ13C | δ15N | C/N |
|---|---|---|---|---|---|---|
| 1734 | 1763 / 1705 | 1874 / 1659 | 1734 | -20 | | 2.84 |

**Registro arqueológico**

Al oeste del asentamiento antiguo (WOS). Asociada a supuesta estructura dolménica. Cuadro 5L7. Hueso de ovicáprido de la antecámara del supuesto dolmen.

**Estructura** Asentamiento al aire libre

**Significado arqueológico**

La datación ilustra el asentamiento en el lugar sincrónicamente a la primera fase de ocupación en el asentamiento antiguo (OS).

**Observaciones**

Referencia de la muestra SFO.WOS.DOL#11. CLT: KIK-1394.

**Bibliografía**

Waldren 2001: 244; Van Strydonck et alii 2002: 45.

| Yacimiento | Isla | Municipio | Exclusión |
|---|---|---|---|
| Son Ferrandell-Oleza-WOS | Mallorca | Valldemossa | ☐ |

| Código laboratorio | Valor ap(BP) | Valor ane(BC) | ± | Muestra |
|---|---|---|---|---|
| KIA-12267 | 3440 | 1490 | 30 | Hueso fauna doméstica |

| cal ANE m | cal ANE 1s | cal ANE 2s | cal ANE dir | δ13C | δ15N | C/N |
|---|---|---|---|---|---|---|
| 1732 | 1759 / 1705 | 1863 / 1669 | 1738 | -20.4 | | 2.8 |

**Registro arqueológico**

Al oeste del asentamiento antiguo (WOS). Asociada a supuesta estructura dolménica.

**Estructura** Asentamiento al aire libre

**Significado arqueológico**

La datación ilustra el asentamiento en el lugar sincrónicamente a la primera fase de ocupación en el asentamiento antiguo (OS).

**Observaciones**

Referencia de la muestra SFO.WOS.DOL-II#1. CLT: KIK-1627.

**Bibliografía**

Van Strydonck et alii 2002: 45.

| Yacimiento | Isla | Municipio | Exclusión |
|---|---|---|---|
| Son Ferrandell-Oleza-WOS | Mallorca | Valldemossa | ☐ |

| Código laboratorio | Valor ap(BP) | Valor ane(BC) | ± | Muestra |
|---|---|---|---|---|
| KIA-12275 | 3420 | 1470 | 40 | Hueso fauna doméstica |

| cal ANE m | cal ANE 1s | cal ANE 2s | cal ANE dir | δ 13C | δ 15N | C/N |
|---|---|---|---|---|---|---|
| 1710 | 1751 / 1670 | 1850 / 1622 | 1716 | -20.1 | | 2.75 |

**Registro arqueológico**

Al oeste del asentamiento antiguo (WOS). Asociada a supuesta estructura dolménica. Sector 2M4.

**Estructura** Asentamiento al aire libre

**Significado arqueológico**

La datación ilustra el asentamiento en el lugar sincrónicamente a la primera fase de ocupación en el asentamiento antiguo (OS).

**Observaciones**

Referencia de la muestra SFO.WOS.DOL#9. CLT: KIK-1635.

**Bibliografía**

Van Strydonck et alii 2002: 46.

| Yacimiento | Isla | Municipio | Exclusión |
|---|---|---|---|
| Son Ferrandell-Oleza-WOS | Mallorca | Valldemossa | ☐ |

| Código laboratorio | Valor ap(BP) | Valor ane(BC) | ± | Muestra |
|---|---|---|---|---|
| KIA-12274 | 3130 | 1180 | 35 | Hueso fauna doméstica |

| cal ANE m | cal ANE 1s | cal ANE 2s | cal ANE dir | δ 13C | δ 15N | C/N |
|---|---|---|---|---|---|---|
| 1405 | 1427 / 1384 | 1472 / 1304 | 1407 | -21.5 | | 2.92 |

**Registro arqueológico**

Al oeste del asentamiento antiguo (WOS). Asociada a supuesta estructura dolménica. Sector 2M8.

**Estructura** Hábitat indeterminado

**Significado arqueológico**

La datación ilustra el asentamiento en el lugar sincrónicamente a la segunda fase de ocupación en el asentamiento antiguo (OS).

**Observaciones**

Referencia de la muestra SFO.WOS.DOL#8. CLT: KIK-1634.

**Bibliografía**

Van Strydonck et alii 2002: 46.

| Yacimiento | Isla | Municipio | Exclusión |
|---|---|---|---|
| Son Ferrandell-Oleza-WOS | Mallorca | Valldemossa | ☐ |

| Código laboratorio | Valor ap(BP) | Valor ane(BC) | ± | Muestra |
|---|---|---|---|---|
| KIA-12272 | 1835 | -115 | 25 | Carbón |

| cal ANE m | cal ANE 1s | cal ANE 2s | cal ANE dir | δ 13C | δ 15N | C/N |
|---|---|---|---|---|---|---|
| -181 | -137 / -225 | -108 / -240 | -200 | -26 | | |

**Registro arqueológico**

Al oeste del asentamiento antiguo (WOS). Asociada a supuesta estructura dolménica. Muestra "from the outer W wall".

**Estructura** Indeterminada

**Significado arqueológico**

La datación se distancia netamente del resto de la serie. A diferencia de las dataciones con valores altos, ha sido realizada a partir de un fragmento de carbón. No disponemos de datos para proceder a una valoración adecuada.

**Observaciones**

Referencia de la muestra SFO.WOS.DOL-II#6. CLT: KIK-1632.

**Bibliografía**

Van Strydonck et alii 2002: 46.

| Yacimiento | Isla | Municipio | Exclusión |
|---|---|---|---|
| Son Ferrandell-Oleza-WOS | Mallorca | Valldemossa | ☐ |

| Código laboratorio | Valor ap(BP) | Valor ane(BC) | ± | Muestra |
|---|---|---|---|---|
| KIA-12269 | 1725 | -225 | 25 | Carbón |

| cal ANE m | cal ANE 1s | cal ANE 2s | cal ANE dir | δ 13C | δ 15N | C/N |
|---|---|---|---|---|---|---|
| -314 | -262 / -366 | -239 / -401 | -355 | -27.2 | | |

**Registro arqueológico**

Al oeste del asentamiento antiguo (WOS). Asociada a supuesta estructura dolménica. Muestra procedente del extremo sur del interior de la cámara.

**Estructura** Indeterminada

**Significado arqueológico**

La datación se distancia netamente del resto de la serie. A diferencia de las dataciones con valores altos, ha sido realizada a partir de un fragmento de carbón. No disponemos de datos para proceder a una valoración adecuada.

**Observaciones**

Referencia de la muestra SFO.WOS.DOL-III#3. CLT: KIK-1629.

**Bibliografía**

Van Strydonck et alii 2002: 46.

| Yacimiento | Isla | Municipio | Exclusión |
|---|---|---|---|
| Son Ferrandell-Oleza-WOS | Mallorca | Valldemossa | ☐ |

| Código laboratorio | Valor ap(BP) | Valor ane(BC) | ± | Muestra |
|---|---|---|---|---|
| IRPA-1303 | 1715 | -235 | 35 | Carbón |

| cal ANE m | cal ANE 1s | cal ANE 2s | cal ANE dir | δ 13C | δ 15N | C/N |
|---|---|---|---|---|---|---|
| -332 | -272 / -392 | -232 / -416 | -346 | -23.4 | | |

**Registro arqueológico**

Al oeste del asentamiento antiguo (WOS). Asociada a supuesta estructura dolménica. Sector 9M5.

**Estructura** Indeterminada

**Significado arqueológico**

La datación se distancia netamente del resto de la serie. A diferencia de las dataciones con valores altos, ha sido realizada a partir de un fragmento de carbón. No disponemos de datos para proceder a una valoración adecuada.

**Observaciones**

Referencia de la muestra SFO.WOS.DOL-III#10.

**Bibliografía**

Van Strydonck et alii 2002: 46.

| Yacimiento | Isla | Municipio | Exclusión |
|---|---|---|---|
| Son Ferrandell-Oleza-WOS | Mallorca | Valldemossa | ☐ |

| Código laboratorio | Valor ap(BP) | Valor ane(BC) | ± | Muestra |
|---|---|---|---|---|
| IRPA-1304 | 1620 | -330 | 30 | Carbón |

| cal ANE m | cal ANE 1s | cal ANE 2s | cal ANE dir | δ 13C | δ 15N | C/N |
|---|---|---|---|---|---|---|
| -428 | -408 / -448 | -384 / -530 | -425 | -23.1 | | |

**Registro arqueológico**

Al oeste del asentamiento antiguo (WOS). Asociada a supuesta estructura dolménica. Muestra procedente de la zona central.

**Estructura** Indeterminada

**Significado arqueológico**

La datación se distancia netamente del resto de la serie. A diferencia de las dataciones con valores altos, ha sido realizada a partir de un fragmento de carbón. No disponemos de datos para proceder a una valoración adecuada.

**Observaciones**

Referencia de la muestra SFO.WOS.DOL-II#5.

**Bibliografía**

Van Strydonck et alii 2002: 46.

**Yacimiento** Son Ferrandell-Oleza-YS

El yacimiento conocido como Asentamiento Reciente de Son Ferrandell-Oleza (Younger Settlement – "YS") ha sido objeto de diversas campañas de excavación centradas en sus cuatro talayots y en áreas y estructuras anejas. A raíz de ello se dispone de una extensa serie radiocarbónica que aporta datos interesantes para definir fundamentalmente la cronología de uso de los talayots. Realizaremos el repaso de las mismas según del monumento al que se hallen vinculadas.

La secuencia estratigráfica del Talayot 1 (T1) señalaba un nivel de preconstrucción (stage 1), al que sucedía una segunda fase de construcción y uso (stages 2 y 3), un nivel de reocupación y remodelación de la cámara (stage 4) y, por último, un uso sepulcral de las ruinas bajo la forma de un enterramiento en cal sobre las piedras de la antigua columna. El grupo de seis dataciones asociadas a contextos preconstructivos (QL-1531, IRPA-1041, HAR-3413, UtC-4731, UtC-4575 y UtC-4363) marcan un intervalo entre ca. 1200 y mediados del siglo XI cal ANE. En consecuencia, hemos de asumir por ahora que la construcción fue posterior al límite inferior del citado intervalo. La datación IRPA-813 (ca. 1000 cal ANE) podría ser la primera que atestiguase la construcción del monumento, ya que la muestra procede de un estrato que según se dice choca con el paramento externo del talayot. No obstante, al tratarse del característico nivel de tierra roja sobre la roca que cubre toda la zona y que incluye materiales inclusive campaniformes, es mejor considerarla con prudencia. La siguiente fecha, HAR-3458, procede de un posible hogar situado en el interior de la cámara y adscrito estratigráficamente a la fase 2. El resultado de la calibración se sitúa en el intervalo plano de la curva de calibración, pero permite plantear que el edificio se encontraba en funcionamiento en torno a lo siglos VIII/VI cal ANE. En suma, según todos estos datos podemos sugerir que la construcción del T1 aconteció en algún momento entre finales del siglo XI y el siglo VIII cal ANE, sin que podamos precisar más dentro de este intervalo.

Otras dataciones nos informan sobre la temporalidad de uso del T1, fundamentalmente la que atañe a la remodelación de la cámara. Sin embargo, dos de ellas presentan problemas. Probablemente, IRPA-1012 corresponda a un fragmento de carbón redepositado o exhiba el efecto de la "madera vieja", ya que resulta más antigua que otras dataciones asignadas a niveles estratigráficamente inferiores. Por su parte, el hueso de fauna de BM-1842N posiblemente se halló redepositado, ya que el resultado experimenta la misma inversión estratigráfica. Ya con mayor seguridad contextual, QL-1534, IRPA-986 e IRPA-989, coinciden en situarse en el intervalo plano. Teniendo en cuenta que se trata de muestras de vida larga, cabe proponer que el final de esta segunda fase de ocupación del interior del T1 dataría aproximadamente de o a partir de mediados del siglo VI cal ANE.

Posteriormente, las ruinas del talayot acogieron un enterramiento en cal. Las dataciones que pretenden situarlo fueron realizadas a partir de muestras de carbonatos (IRPA-778), por lo que son poco fiables. Aun así, coinciden en señalar una cronología reciente, acorde con otros contextos funerarios donde se registra el uso de la cal en tumbas al aire libre (Son Fornés).

La secuencia estratigráfica del Talayot 2 (T2) se divide en tres estratos. El estrato 1 representaría el abandono del edificio. El estrato 2 es un nivel de acumulación con cenizas y carbones resultantes del incendio y colapso de un techo de madera y paja. Por último, estrato 3 se sitúa en la base del interior de la cámara y a él se asocia un pequeño hogar situado cerca del pie de la columna. Disponemos de dos fechas del estrato 3, ambas a partir de carbones, unos probablemente procedente del piso y otros del hogar (IRPA-1044 y QL-4098). Conjuntamente, se sitúan entre finales del siglo IX y comienzos del VIII cal ANE. Las dos dataciones del estrato 2, IRPA-1045 y HAR-3459, que presumiblemente incluiría materiales de la techumbre vinculables a la edificación del T2, caen el intervalo plano de la curva de calibración. A partir de estas indicaciones, cabe sugerir que la construcción del monumento podría situarse en algún momento del siglo VIII cal ANE. Por otro lado, la datación I-5398 del estrato 1 apuntaría a que el T2 se encontraba ya abandonado en la primera mitad del siglo V cal ANE. Finalmente, la datación IRPA-886 testimonia un evento de naturaleza indeterminada ocurrido en fecha muy reciente.

La secuencia del Talayot 4 (T4) es la más compleja. Incluye siete fases, desde los momentos de construcción y primer uso hasta frecuentaciones romanas. El inicio (fase 1) podría remontarse a partir de mediados del siglo X cal ANE si nos atenemos a la fecha más reciente (IRPA-907) de las dos de vida larga vinculadas al contexto 126 (la segunda datación es IRPA-1043). Sobre estas fechas, como ocurre en todas las muestras procedentes de contextos basales sobre la roca, planea la duda sobre si realmente testimonian momentos preconstructivos.

Si avanzamos en la secuencia, observaremos un hecho interesante. Las dataciones de la fase 4 (IRPA-1042 e IRPA-880, contextos 120 y 109) señalan un momento más antiguo que las de las fases 2 y 3 y prácticamente sucesivo a las de la fase 1. Aquéllas se asocian a materiales que podrían ser interpretados como de derrumbe de cubiertas y se sitúan entre la segunda mitad del siglo X y la segunda del IX cal ANE. Si consideramos que se trata de muestras de vida larga procedentes de estructuras constructivas, cabe plantear que la edificación del T4 tuviese lugar en torno a finales del siglo IX cal ANE. Desde esta perspectiva, deja de sorprender que las fases 2 y 3 posean dataciones más recientes que las de la fase 4, ya que incluirían materiales relacionados con el uso del talayot y, por tanto, más recientes que los elementos estructurales del propio edificio. En este sentido, las dataciones de la fase 2 (IRPA-1016) y 3 (IRPA-881), ambas a partir de muestras de carbón, se sitúan a inicios del siglo VIII cal ANE. Para fechar el final talayótico del monumento, no resulta concluyente una datación de un carbón errático hallado en un contexto de la fase 7 (fase con material romano de importación) (IRPA-1015). Dicho abandono queda reflejado a nivel estratigráfico en los contextos adscritos a las fases 5 y 6, que registran la construcción de un muro medianero, la presencia de restos humanos y algunas cerámicas púnico-ebusitanas (el hallazgo de algunos fragmentos de estas cerámicas en la fase 4 puede ser explicado por preocesos de filtración tras el derrumbe de los alzados del talayot).

Las áreas excavadas al exterior de los talayots también merecen ser tenidas en consideración. La datación QL-4190 corresponde a un sector cercano al T1 y ha sido sincronizada con su fase 2, es decir, con el primer momento de uso. El resultado se coloca a mediados del siglo IX cal ANE. Por su parte, KIA-20208 y UtC-1262 también proceden de áreas exteriores aunque cercanas al T1. Ambas se sitúan aproximadamente a mediados del siglo IX e inicios del siglo VIII cal ANE. En conjunto, estas tres dataciones se distribuyen en la franja reciente del intervalo estimativo en cuyo interior debió producirse la construcción del monumento (véase supra) y, pese a no ser concluyentes en este sentido, apuntan a que dicho evento pudo acontecer probablemente en el siglo IX cal ANE.

Tomada de un contexto preconstructivo en el exterior del Talayot 3 (T3), la muestra de vida corta que proporcionó la datación UtC-5126 informaría que la edificación del mismo tuvo lugar con posterioridad a los primeros años del siglo VIII cal ANE. En cambio, la datación UtC-5123, asignada al nivel constructivo, informaría de un momento de uso a partir de mediados del siglo VIII cal ANE. Considerando ambas dataciones, sugiero que la construcción del T3 se produjo durante la primera mitad del siglo VIII cal ANE.

En lo que respecta a los exteriores del T4, la datación UtC-1155 indicaría que el monumento todavía no habría sido edificado hacia mediados del siglo X cal ANE, lo cual resulta coherente con la cronología constructiva propuesta (véase supra). Por lo que respecta a UtC-1154, su calibración se sitúa en el tramo plano de la curva y su contexto de procedencia no arroja luz sobre la problemática que nos ocupa.

Conviene señalar asimismo que tres dataciones más asociadas a dos estructuras, concretamente el Anexo a la "Casa de los Caballos" (House of the Horses – "HH") (QL-4075) y la "Torre de Vigía" (Watchtower – "WT") (QL-4074 y BM-1511), se concentran en la segunda mitad del siglo IX cal ANE.

En suma, la revisión de la serie radiocarbónica del Asentamiento Reciente permite concluir que resulta extremadamente improbable que la construcción de ni siquiera alguno de los talayots se remonte al II milenio cal ANE. Aunque con ciertas dudas, la edificación de los mismos puede datarse con mayor probabilidad en un intervalo que va desde mediados o finales del IX a inicios del siglo VIII cal ANE. Por tanto, coincido en gran medida con la conclusión a la que llegaron Van Strydonck, Waldren y Hendrix (1998: 744). Las dataciones relativas al abandono de los talayots resultan menos abundantes y precisas. En este sentido, la fecha del estrato 1 del T2 indicaría en todo caso que el derrumbe de estas estructuras aconteció antes del siglo V cal ANE.

Referencias: Waldren (1986), Waldren y Van Strydonck (1993), Chapman, Van Strydonck y Waldren (1993), Chapman y Grant (1995).

| Yacimiento | Isla | Municipio | Exclusión |
|---|---|---|---|
| Son Ferrandell-Oleza-YS | Mallorca | Valldemossa | ☐ |

| Código laboratorio | Valor ap(BP) | Valor ane(BC) | ± | Muestra |
|---|---|---|---|---|
| IRPA-1041 | 2970 | 1020 | 55 | Carbón |

| cal ANE m | cal ANE 1s | cal ANE 2s | cal ANE dir | δ 13C | δ 15N | C/N |
|---|---|---|---|---|---|---|
| 1186 | 1286 / 1087 | 1364 / 1009 | 1200, 1186, 1185 | -24.5 | | |

**Registro arqueológico**

Asentamiento reciente (YS). Exterior del Talayot 1, delante de la entrada. Sector 1A. Nivel IV (preconstructivo) o stratum 5. En intersticio de la roca. Zona del hogar exterior. Muestra nº 11. Fase 1.

**Estructura** Hábitat indeterminado

**Significado arqueológico**

La datación ilustra la ocupación del lugar con anterioridad a la construcción del Talayot 1.

**Observaciones**

**Bibliografía**

Waldren 1992: tablas 4, 7; Waldren y Van Strydonck 1993: 6; Chapman et alii 1993: tabla 2; Van Strydonck et alii 1995: 22.

| Yacimiento | Isla | Municipio | Exclusión |
|---|---|---|---|
| Son Ferrandell-Oleza-YS | Mallorca | Valldemossa | ☐ |

| Código laboratorio | Valor ap(BP) | Valor ane(BC) | ± | Muestra |
|---|---|---|---|---|
| UtC-4731 | 2960 | 1010 | 35 | Hueso sp |

| cal ANE m | cal ANE 1s | cal ANE 2s | cal ANE dir | δ 13C | δ 15N | C/N |
|---|---|---|---|---|---|---|
| 1178 | 1249 / 1107 | 1292 / 1038 | 1182, 1166, 1164 | -20.6 | | |

**Registro arqueológico**

Asentamiento reciente (YS). Bajo muro del Talayot 1.

**Estructura** Hábitat indeterminado

**Significado arqueológico**

La datación ilustra la ocupación del lugar con anterioridad a la construcción del Talayot 1. La asociación de la muestra a cerámica campaniforme ilustra los problemas tafonómicos en yacimientos con un pobre desarrollo estratigráfico.

**Observaciones**

CLT: KIK-605.

**Bibliografía**

Van Strydonck et alii 1998: 29; Van Strydonck, Waldren y Hendrix 1998: 739.

| Yacimiento | Isla | Municipio | Exclusión |
|---|---|---|---|
| Son Ferrandell-Oleza-YS | Mallorca | Valldemossa | ☐ |

| Código laboratorio | Valor ap(BP) | Valor ane(BC) | ± | Muestra |
|---|---|---|---|---|
| UtC-4575 | 2950 | 1000 | 35 | Hueso sp |

| cal ANE m | cal ANE 1s | cal ANE 2s | cal ANE dir | δ 13C | δ 15N | C/N |
|---|---|---|---|---|---|---|
| 1168 | 1237 / 1099 | 1288 / 1027 | 1153 | -20.4 | | |

**Registro arqueológico**

Asentamiento reciente (YS). Bajo la entrada del Talayot 1.

**Estructura** Hábitat indeterminado

**Significado arqueológico**

La datación ilustra la ocupación del lugar con anterioridad a la construcción del Talayot 1.

**Observaciones**

CLT: KIK-579.

**Bibliografía**

Van Strydonck et alii 1998: 29; Van Strydonck, Waldren y Hendrix 1998: 744.

| Yacimiento | Isla | Municipio | Exclusión |
|---|---|---|---|
| Son Ferrandell-Oleza-YS | Mallorca | Valldemossa | ☐ |

| Código laboratorio | Valor ap(BP) | Valor ane(BC) | ± | Muestra |
|---|---|---|---|---|
| UtC-4363 | 2950 | 1000 | 25 | Carbón |

| cal ANE m | cal ANE 1s | cal ANE 2s | cal ANE dir | δ 13C | δ 15N | C/N |
|---|---|---|---|---|---|---|
| 1160 | 1209 / 1112 | 1273 / 1044 | 1168, 1163, 1142 | -24.1 | | |

**Registro arqueológico**

Asentamiento reciente (YS). Bajo la entrada del Talayot 1.

**Estructura** Hábitat indeterminado

**Significado arqueológico**

La datación ilustra la ocupación del lugar con anterioridad a la construcción del Talayot 1.

**Observaciones**

CLT: KIK-548.

**Bibliografía**

Van Strydonck et alii 1998: 29; Van Strydonck, Waldren y Hendrix 1998: 739.

| Yacimiento | Isla | Municipio | Exclusión |
|---|---|---|---|
| Son Ferrandell-Oleza-YS | Mallorca | Valldemossa | ☐ |

| Código laboratorio | Valor ap(BP) | Valor ane(BC) | ± | Muestra |
|---|---|---|---|---|
| HAR-3413 | 2910 | 960 | 100 | Carbón |

| cal ANE m | cal ANE 1s | cal ANE 2s | cal ANE dir | δ 13C | δ 15N | C/N |
|---|---|---|---|---|---|---|
| 1106 | 1269 / 944 | 1366 / 860 | 1095 | | | |

**Registro arqueológico**

Asentamiento reciente (YS). Asociada genéricamente al Talayot 1. Fase 1.

**Estructura** Hábitat indeterminado

**Significado arqueológico**

La datación ilustra la ocupación del lugar con anterioridad a la construcción del Talayot 1.

**Observaciones**

Waldren (1992: tabla 7) le asigna el valor convencional de 940 ane.

**Bibliografía**

Waldren 1982a: 508, 1982b: 1A: 30; 1986: tabla 16b, 1992: tabla 7; Chapman et alii 1993: tabla 2.

| Yacimiento | Isla | Municipio | Exclusión |
|---|---|---|---|
| Son Ferrandell-Oleza-YS | Mallorca | Valldemossa | ☐ |

| Código laboratorio | Valor ap(BP) | Valor ane(BC) | ± | Muestra |
|---|---|---|---|---|
| IRPA-1043 | 2910 | 960 | 50 | Carbón |

| cal ANE m | cal ANE 1s | cal ANE 2s | cal ANE dir | δ 13C | δ 15N | C/N |
|---|---|---|---|---|---|---|
| 1092 | 1173 / 1012 | 1274 / 945 | 1086 | -22.9 | | |

**Registro arqueológico**

Asentamiento reciente (YS). Talayot 4. Interior cámara. Contexto 126. Fase 1.

**Estructura** Talayot

**Significado arqueológico**

La muestra datada fue recuperada en un contexto definido en el interior del talayot. Sin embargo, al tratarse de una muestra de vida larga podría indicar un momento anterior, en una medida indeterminada, respecto a la constucción y uso de esta estructura monumental.

**Observaciones**

**Bibliografía**

Chapman et alii 1993: tabla 1; Van Strydonck et alii 1995: 22.

| Yacimiento | Isla | Municipio | Exclusión |
|---|---|---|---|
| Son Ferrandell-Oleza-YS | Mallorca | Valldemossa | ☐ |

| Código laboratorio | Valor ap(BP) | Valor ane(BC) | ± | Muestra |
|---|---|---|---|---|
| QL-1531 | 2910 | 960 | 40 | Carbón |

| cal ANE m | cal ANE 1s | cal ANE 2s | cal ANE dir | δ 13C | δ 15N | C/N |
|---|---|---|---|---|---|---|
| 1088 | 1158 / 1019 | 1247 / 969 | 1092 | | | |

**Registro arqueológico**

Asentamiento reciente (YS). En intersticio de la roca bajo la cámara del Talayot 1. Nivel preconstructivo (stratum 5). Muestra 1. Fase 1.

**Estructura** Hábitat indeterminado

**Significado arqueológico**

La datación ilustra la ocupación del lugar con anterioridad a la construcción del Talayot 1.

**Observaciones**

Waldren (1982a: 508) publica el valor convencional de 940±40 ane, mientras que en Waldren (1992: tabla 4) se presenta como 940±100 ane.

**Bibliografía**

Waldren 1982a: 508, 1992: tabla 4; Waldren y Van Strydonck 1993: 6; Chapman et alii 1993: tabla 2.

| Yacimiento | Isla | Municipio | Exclusión |
|---|---|---|---|
| Son Ferrandell-Oleza-YS | Mallorca | Valldemossa | ☐ |

| Código laboratorio | Valor ap(BP) | Valor ane(BC) | ± | Muestra |
|---|---|---|---|---|
| BM-1842N | 2850 | 900 | 70 | Hueso fauna doméstica |

| cal ANE m | cal ANE 1s | cal ANE 2s | cal ANE dir | δ 13C | δ 15N | C/N |
|---|---|---|---|---|---|---|
| 1008 | 1107 / 910 | 1245 / 858 | 996 | | | |

**Registro arqueológico**

Asentamiento reciente (YS). Talayot 1. Fase 5 (2ª ocupación en el interior cámara). Hueso en hogar. Muestra 6.

**Estructura** Talayot

**Significado arqueológico**

El hecho de que la datación presente un valor mucho más antiguo que otras procedentes de contextos estratigráficamente anteriores plantea la posibilidad de que dicha muestra se encontrase redepositada.

**Observaciones**

Corrección de BM-1842: 480±230 ane, cuyo valor delta C13 era -21,7 por mil. El material datado sería carbón según Waldren y Van Strydonck (1993: 7).

**Bibliografía**

Burleigh, Ambers y Matthews 1982: 282; Waldren 1986: tabla 16a, 1992: t. 7; Bowman, Ambers y Leese 1990: tabla 1; Waldren y Van Strydonck 1993: 7-8; Chapman et alii 1993: tabla 2.

| Yacimiento | Isla | Municipio | Exclusión |
|---|---|---|---|
| Son Ferrandell-Oleza-YS | Mallorca | Valldemossa | ☐ |

| Código laboratorio | Valor ap(BP) | Valor ane(BC) | ± | Muestra |
|---|---|---|---|---|
| IRPA-813 | 2830 | 880 | 100 | Carbón |

| cal ANE m | cal ANE 1s | cal ANE 2s | cal ANE dir | δ 13C | δ 15N | C/N |
|---|---|---|---|---|---|---|
| 1003 | 1127 / 879 | 1301 / 810 | 971 | -25 | | |

**Registro arqueológico**

Asentamiento reciente (YS). Exterior del Talayot 1. Sector entrada. Stratum 4 (tierra roja sobre roca madre). Muestra 2. Fase 1.

**Estructura** Hábitat indeterminado

**Significado arqueológico**

La datación ilustra la ocupación del lugar con anterioridad a la construcción del Talayot 1.

**Observaciones**

Publicada como IRPA-782 en Waldren, Ensenyat y Cubí (1990: tabla 1, aquí T1E) y Waldren (1992: tabla 4).

**Bibliografía**

Dauchot-Dehon et alii 1989: 197; Waldren y Van Strydonck 1993: 6-7; Chapman et alii 1993: tabla 2.

| Yacimiento | Isla | Municipio | Exclusión |
|---|---|---|---|
| Son Ferrandell-Oleza-YS | Mallorca | Valldemossa | ☐ |

| Código laboratorio | Valor ap(BP) | Valor ane(BC) | ± | Muestra |
|---|---|---|---|---|
| IRPA-907 | 2815 | 865 | 60 | Carbón |

| cal ANE m | cal ANE 1s | cal ANE 2s | cal ANE dir | δ 13C | δ 15N | C/N |
|---|---|---|---|---|---|---|
| 958 | 1020 / 895 | 1151 / 846 | 955 | -23 | | |

**Registro arqueológico**

Asentamiento reciente (YS). Talayot 4. Interior cámara. Contexto 126. Fase 1.

**Estructura** Talayot

**Significado arqueológico**

La muestra datada fue recuperada en un contexto definido en el interior del talayot. Sin embargo, al tratarse de una muestra de vida larga podría indicar un momento anterior, en una medida indeterminada, respecto a la constucción y uso de esta estructura monumental.

**Observaciones**

**Bibliografía**

Dauchot-Dehon y Van Strydonck 1992: 81; Waldren 1992: tabla 4; Chapman et alii 1993: tabla 1.

| Yacimiento | Isla | Municipio | Exclusión |
|---|---|---|---|
| Son Ferrandell-Oleza-YS | Mallorca | Valldemossa | ☐ |

| Código laboratorio | Valor ap(BP) | Valor ane(BC) | ± | Muestra |
|---|---|---|---|---|
| UtC-1155 | 2810 | 860 | 70 | Hueso fauna doméstica |

| cal ANE m | cal ANE 1s | cal ANE 2s | cal ANE dir | δ 13C | δ 15N | C/N |
|---|---|---|---|---|---|---|
| 959 | 1045 / 873 | 1168 / 831 | 948 | -21.6 | | |

**Registro arqueológico**

Asentamiento reciente (YS). Exterior del Talayot 4. Contexto 033, anterior a estructura 002. Fase 1.

**Estructura** Hábitat indeterminado

**Significado arqueológico**

La datación ilustra la ocupación del lugar con anterioridad a la construcción del Talayot 4.

**Observaciones**

CLT: KIK-12.

**Bibliografía**

Waldren 1992: tablas 4, 7; Van Strydonck et alii 1995: 23.

| Yacimiento | Isla | Municipio | Exclusión |
|---|---|---|---|
| Son Ferrandell-Oleza-YS | Mallorca | Valldemossa | ☐ |

| Código laboratorio | Valor ap(BP) | Valor ane(BC) | ± | Muestra |
|---|---|---|---|---|
| IRPA-1042 | 2790 | 840 | 50 | Carbón |

| cal ANE m | cal ANE 1s | cal ANE 2s | cal ANE dir | δ 13C | δ 15N | C/N |
|---|---|---|---|---|---|---|
| 930 | 989 / 872 | 1056 / 837 | 928 | -26.2 | | |

**Registro arqueológico**

Asentamiento reciente (YS). Talayot 4. Interior cámara. Contexto 120. Fase 4.

**Estructura** Talayot

**Significado arqueológico**

La muestra datada fue recuperada en un contexto definido en el interior del talayot. Sin embargo, al tratarse de una muestra de vida larga podría indicar un momento anterior, en una medida indeterminada, respecto a la constucción y uso de esta estructura monumental.

**Observaciones**

**Bibliografía**

Chapman et alii 1993: tabla 1; Van Strydonck et alii 1995: 22.

| Yacimiento | Isla | Municipio | Exclusión |
|---|---|---|---|
| Son Ferrandell-Oleza-YS | Mallorca | Valldemossa | ☐ |

| Código laboratorio | Valor ap(BP) | Valor ane(BC) | ± | Muestra |
|---|---|---|---|---|
| QL-4190 | 2730 | 780 | 30 | Carbón |

| cal ANE m | cal ANE 1s | cal ANE 2s | cal ANE dir | δ 13C | δ 15N | C/N |
|---|---|---|---|---|---|---|
| 868 | 907 / 829 | 927 / 818 | 856 | | | |

**Registro arqueológico**

Asentamiento reciente (YS). Exterior del Talayot 1. Muestra 4. Fase 2.

**Estructura** Asentamiento talayótico

**Significado arqueológico**

La datación podría indicar un momento previo a la construcción del talayot o bien inmediatamente sincrónico con sus primeros usos.

**Observaciones**

**Bibliografía**

Waldren 1992: tabla 4; Waldren y Van Strydonck 1993: 7; Chapman et alii 1993: tabla 2.

| Yacimiento | Isla | Municipio | Exclusión |
|---|---|---|---|
| Son Ferrandell-Oleza-YS | Mallorca | Valldemossa | ☐ |

| Código laboratorio | Valor ap(BP) | Valor ane(BC) | ± | Muestra |
|---|---|---|---|---|
| KIA-20208 | 2705 | 755 | 30 | Hueso fauna doméstica |

| cal ANE m | cal ANE 1s | cal ANE 2s | cal ANE dir | δ 13C | δ 15N | C/N |
|---|---|---|---|---|---|---|
| 849 | 877 / 821 | 912 / 812 | 834 | -20.44 | 8.99 | |

**Registro arqueológico**

Asentamiento reciente (YS). Estructura talayótica cerca del Talayot 1.

**Estructura** Asentamiento talayótico

**Significado arqueológico**

La datación indicaría un momento de uso del edificio. Faltan datos contextuales para valorar su relación con el Talayot 1.

**Observaciones**

Delta 13Ccarb = -9,99 por mil.

**Bibliografía**

Van Strydonck et alii 2004, e.p.: tabla 1; Van Strydonck, com. pers. (2004).

| Yacimiento | Isla | Municipio | Exclusión |
|---|---|---|---|
| Son Ferrandell-Oleza-YS | Mallorca | Valldemossa | ☐ |

| Código laboratorio | Valor ap(BP) | Valor ane(BC) | ± | Muestra |
|---|---|---|---|---|
| QL-4074 | 2700 | 750 | 30 | Carbón |

| cal ANE m | cal ANE 1s | cal ANE 2s | cal ANE dir | δ 13C | δ 15N | C/N |
|---|---|---|---|---|---|---|
| 841 | 863 / 819 | 910 / 810 | 831 | | | |

**Registro arqueológico**

Asentamiento reciente (YS). Torre de vigía ("Watching Tower", WT). Hogar en la base de muro semicircular.

**Estructura** Asentamiento talayótico

**Significado arqueológico**

La datación indica una ocupación aproximadamente sincrónica con el primer uso de las estructuras talayóticas del asentamiento.

**Observaciones**

**Bibliografía**

Waldren 1992: tabla 4; Waldren y Van Strydonck 1993: 19.

| Yacimiento | Isla | Municipio | Exclusión |
|---|---|---|---|
| Son Ferrandell-Oleza-YS | Mallorca | Valldemossa | ☐ |

| Código laboratorio | Valor ap(BP) | Valor ane(BC) | ± | Muestra |
|---|---|---|---|---|
| IRPA-880 | 2680 | 730 | 60 | Carbón |

| cal ANE m | cal ANE 1s | cal ANE 2s | cal ANE dir | δ 13C | δ 15N | C/N |
|---|---|---|---|---|---|---|
| 838 | 877 / 799 | 945 / 773 | 841 | -22.4 | | |

**Registro arqueológico**

Asentamiento reciente (YS). Talayot 4. Interior cámara. Contexto 109. Fase 4.

**Estructura** Talayot

**Significado arqueológico**

La datación indica un momento anterior, aunque probablemente cercano, respecto a la construcción y uso del talayot.

**Observaciones**

**Bibliografía**

Dauchot-Dehon y Van Strydonck 1992: 81; Waldren 1992: tabla 4.; Chapman et alii 1993: tabla 1.

| Yacimiento | Isla | Municipio | Exclusión |
|---|---|---|---|
| Son Ferrandell-Oleza-YS | Mallorca | Valldemossa | ☐ |

| Código laboratorio | Valor ap(BP) | Valor ane(BC) | ± | Muestra |
|---|---|---|---|---|
| BM-1511(¿?) | 2670 | 720 | 60 | Carbón |

| cal ANE m | cal ANE 1s | cal ANE 2s | cal ANE dir | δ 13C | δ 15N | C/N |
|---|---|---|---|---|---|---|
| 832 | 868 / 795 | 934 / 768 | 833 | | | |

**Registro arqueológico**

Asentamiento reciente (YS). Torre de vigía ("Watching Tower", WT). Hogar en la base de muro semicircular.

**Estructura** Asentamiento talayótico

**Significado arqueológico**

Si la datación corresponde realmente a Son Ferrandell (véase "Observaciones"), ilustra la ocupación del lugar en torno a los momentos de construcción de los talayots.

**Observaciones**

La fecha y el código de laboratorio coinciden con una de Can Sergent I, certificada por su publicación en "Radiocarbon". No obstante, se detallan características contextuales de Son Ferrandell-Oleza/YS en Waldren y Van Strydonck (1993: 19). Waldren (1986: tabla 16b) la atribuye a Ca Na Costa.

**Bibliografía**

Waldren 1992: tablas 4, 7; Waldren y Van Strydonck 1993: 19.

| Yacimiento | Isla | Municipio | Exclusión |
|---|---|---|---|
| Son Ferrandell-Oleza-YS | Mallorca | Valldemossa | ☐ |

| Código laboratorio | Valor ap(BP) | Valor ane(BC) | ± | Muestra |
|---|---|---|---|---|
| QL-4075 | 2660 | 710 | 30 | Carbón |

| cal ANE m | cal ANE 1s | cal ANE 2s | cal ANE dir | δ 13C | δ 15N | C/N |
|---|---|---|---|---|---|---|
| 818 | 828 / 808 | 853 / 793 | 817 | | | |

**Registro arqueológico**

Asentamiento reciente (YS). Anexo a la Casa de los Caballos 1 (HH1) (anterior a la HH). Cara interna del muro norte. Estrato 4.

**Estructura** Asentamiento talayótico

**Significado arqueológico**

La datación indica una ocupación aproximadamente sincrónica con el primer uso de las estructuras talayóticas del asentamiento.

**Observaciones**

Muestra asociada a huesos humanos quemados.

**Bibliografía**

Waldren 1992: tabla 4; Waldren y Van Strydonck 1993: 9; 1997: tabla 2.

| Yacimiento | Isla | Municipio | Exclusión |
|---|---|---|---|
| Son Ferrandell-Oleza-YS | Mallorca | Valldemossa | ☐ |

| Código laboratorio | Valor ap(BP) | Valor ane(BC) | ± | Muestra |
|---|---|---|---|---|
| IRPA-1044 | 2625 | 675 | 60 | Carbón |

| cal ANE m | cal ANE 1s | cal ANE 2s | cal ANE dir | δ 13C | δ 15N | C/N |
|---|---|---|---|---|---|---|
| 810 | 844 / 777 | 882 / 740 | 803 | -23.9 | | |

**Registro arqueológico**

Asentamiento reciente (YS). Talayot 2. Sector 2B. Estrato 3 (base).

**Estructura** Talayot

**Significado arqueológico**

La datación indica un momento anterior, aunque probablemente cercano, respecto a la construcción y uso del talayot.

**Observaciones**

**Bibliografía**

Waldren 1992: tabla 4; Van Strydonck et alii 1995: 22.

| Yacimiento | Isla | Municipio | Exclusión |
|---|---|---|---|
| Son Ferrandell-Oleza-YS | Mallorca | Valldemossa | ☐ |

| Código laboratorio | Valor ap(BP) | Valor ane(BC) | ± | Muestra |
|---|---|---|---|---|
| UtC-1262 | 2600 | 650 | 70 | Hueso fauna doméstica |

| cal ANE m | cal ANE 1s | cal ANE 2s | cal ANE dir | δ 13C | δ 15N | C/N |
|---|---|---|---|---|---|---|
| 794 | 835 / 752 | 877 / 524 | 792 | -21.4 | | |

**Registro arqueológico**

Asentamiento reciente (YS). Estructura a 10 m al sur del Talayot 1 (XMI). Nivel 2 inferior.

**Estructura** Asentamiento talayótico

**Significado arqueológico**

La datación indica una ocupación aproximadamente sincrónica con el primer uso de las estructuras talayóticas del asentamiento.

**Observaciones**

Waldren (1992: tabla 4) le asigna el código IRPA-1262 y, en la tabla 7, la desviación ±60.Waldren y Van Strydonck (1993: 8) señalan que se dató carbón de un hogar del estrato 3 (el inferior). CLT: KIK-29.

**Bibliografía**

Waldren 1992: tabla 4; Van Strydonck et alii 1995: 23.

| Yacimiento | Isla | Municipio | Exclusión |
|---|---|---|---|
| Son Ferrandell-Oleza-YS | Mallorca | Valldemossa | ☐ |

| Código laboratorio | Valor ap(BP) | Valor ane(BC) | ± | Muestra |
|---|---|---|---|---|
| IRPA-881 | 2580 | 630 | 60 | Carbón |

| cal ANE m | cal ANE 1s | cal ANE 2s | cal ANE dir | δ 13C | δ 15N | C/N |
|---|---|---|---|---|---|---|
| 781 | 812 / 750 | 851 / 527 | 784 | -23.8 | | |

**Registro arqueológico**

Asentamiento reciente (YS). Talayot 4. Interior cámara. Contexto 115. Fase 3.

**Estructura** Talayot

**Significado arqueológico**

La muestra datada fue recuperada en un contexto definido en el interior del talayot. Al tratarse de una muestra de vida larga, podría indicar un momento cercano, en una medida indeterminada, respecto a la constucción y uso de esta estructura monumental.

**Observaciones**

**Bibliografía**

Dauchot-Dehon y Van Strydonck 1992: 81; Waldren 1992: tabla 4.; Chapman et alii 1993: tabla 1.

| Yacimiento | Isla | Municipio | Exclusión |
|---|---|---|---|
| Son Ferrandell-Oleza-YS | Mallorca | Valldemossa | ☐ |

| Código laboratorio | Valor ap(BP) | Valor ane(BC) | ± | Muestra |
|---|---|---|---|---|
| QL-4098 | 2580 | 630 | 30 | Carbón |

| cal ANE m | cal ANE 1s | cal ANE 2s | cal ANE dir | δ 13C | δ 15N | C/N |
|---|---|---|---|---|---|---|
| 789 | 803 / 775 | 814 / 764 | 787 | | | |

**Registro arqueológico**

Asentamiento reciente (YS). Talayot 2. Sector 2A. Estrato 3. Hogar junto la base de la columna central.

**Estructura** Talayot

**Significado arqueológico**

La muestra datada fue recuperada en un contexto definido en el interior del talayot. Pese a tratarse de una muestra de vida larga, el hecho de proceder de un hogar podría indicar un momento asimilable al inicio del uso del talayot.

**Observaciones**

Waldren (1992: tabla 7) la asigna al Talayot 4.

**Bibliografía**

Waldren 1992: tablas 4, 7; Waldren y Van Strydonck 1993: 9.

**Yacimiento** Son Ferrandell-Oleza-YS | **Isla** Mallorca | **Municipio** Valldemossa | **Exclusión** ☐

| Código laboratorio | Valor ap(BP) | Valor ane(BC) | ± | Muestra |
|---|---|---|---|---|
| IRPA-1012 | 2560 | 610 | 80 | Carbón |

| cal ANE m | cal ANE 1s | cal ANE 2s | cal ANE dir | δ 13C | δ 15N | C/N |
|---|---|---|---|---|---|---|
| 695 | 817 / 573 | 868 / 448 | 764 | -23.7 | | |

**Registro arqueológico**

Asentamiento reciente (YS). Talayot 1. Estrato de incendio sobre el del piso en el interior cámara. A 65 cm bajo la superficie del T1. Muestra 10. Fase 4.

**Estructura** Talayot

**Significado arqueológico**

Si la muestra datada procediese de elementos leñosos utilizados en la techumbre y posteriormente depositados sobre el piso, la datación indicaría un momento cercano a la construcción y uso del talayot. Lamentablemente, el aplanamiento de la curva de calibración ("meseta de Hallstatt") impide precisar más dicho momento.

**Observaciones**

**Bibliografía**

Waldren 1992: tabla 4; Chapman et alii 1993: tabla 2; Van Strydonck et alii 1995: 22.

---

**Yacimiento** Son Ferrandell-Oleza-YS | **Isla** Mallorca | **Municipio** Valldemossa | **Exclusión** ☐

| Código laboratorio | Valor ap(BP) | Valor ane(BC) | ± | Muestra |
|---|---|---|---|---|
| UtC-5126 | 2560 | 610 | 40 | Hueso fauna doméstica |

| cal ANE m | cal ANE 1s | cal ANE 2s | cal ANE dir | δ 13C | δ 15N | C/N |
|---|---|---|---|---|---|---|
| 778 | 795 / 762 | 813 / 554 | 779 | -21 | | |

**Registro arqueológico**

Asentamiento reciente (YS). Exterior del Talayot 3. Contexto 012. Bajo piedras en la entrada a la estructura 1, junto a la estructura 2. Momento de preconstrucción.

**Estructura** Asentamiento talayótico

**Significado arqueológico**

La datación indicaría un momento previo, aunque seguramente cercano, respecto a la edificación del talayot.

**Observaciones**

CLT: KIK-654.

**Bibliografía**

Van Strydonck et alii 1998: 29.

| Yacimiento | Isla | Municipio | Exclusión |
|---|---|---|---|
| Son Ferrandell-Oleza-YS | Mallorca | Valldemossa | ☐ |

| Código laboratorio | Valor ap(BP) | Valor ane(BC) | ± | Muestra |
|---|---|---|---|---|
| IRPA-1016 | 2545 | 595 | 45 | Carbón |

| cal ANE m | cal ANE 1s | cal ANE 2s | cal ANE dir | δ 13C | δ 15N | C/N |
|---|---|---|---|---|---|---|
| 770 | 791 / 750 | 809 / 517 | 773 | -24.2 | | |

**Registro arqueológico**

Asentamiento reciente (YS). Talayot 4. Contexto 112. Abandono dentro del T4. Fase 2.

**Estructura** Talayot

**Significado arqueológico**

La datación indica un momento determinado dentro del intervalo de la primera ocupación del talayot.

**Observaciones**

Waldren (1992: tabla 4) la publica con el valor convencional de 610±60 ane, mientras que Waldren (1997: 29, 1998: tabla 2) se refieren a ella con el valor de 590±45 ane.

**Bibliografía**

Waldren 1992: tabla 4.; Chapman et alii 1993: tabla 1; Van Strydonck et alii 1995: 22; Waldren 1997: 29, 1998: tabla 2.

| Yacimiento | Isla | Municipio | Exclusión |
|---|---|---|---|
| Son Ferrandell-Oleza-YS | Mallorca | Valldemossa | ☐ |

| Código laboratorio | Valor ap(BP) | Valor ane(BC) | ± | Muestra |
|---|---|---|---|---|
| HAR-3458 | 2540 | 590 | 60 | Carbón |

| cal ANE m | cal ANE 1s | cal ANE 2s | cal ANE dir | δ 13C | δ 15N | C/N |
|---|---|---|---|---|---|---|
| 676 | 792 / 560 | 827 / 453 | 765 | | | |

**Registro arqueológico**

Asentamiento reciente (YS). Talayot 1. Interior cámara, cerca de la base de la columna. Nivel de ocupación. Muestra 3. Fase 2.

**Estructura** Talayot

**Significado arqueológico**

La datación indica un momento determinado dentro del intervalo de uso del talayot.

**Observaciones**

Waldren (1992: tabla 7) la publica con una desviación tipo de ±80.

**Bibliografía**

Waldren 1982a: 507; 1982b: 1A: 29, 1986: tabla 16a, 1992: tabla 4; Waldren y Van Strydonck 1993: 7; Chapman et alii 1993: tabla 2.

| Yacimiento | Isla | Municipio | Exclusión |
|---|---|---|---|
| Son Ferrandell-Oleza-YS | Mallorca | Valldemossa | ☐ |

| Código laboratorio | Valor ap(BP) | Valor ane(BC) | | Muestra |
|---|---|---|---|---|
| QL-1534 | 2540 | 590 | ± 40 | Carbón |

| cal ANE m | cal ANE 1s | cal ANE 2s | cal ANE dir | δ 13C | δ 15N | C/N |
|---|---|---|---|---|---|---|
| 688 | 788 / 589 | 803 / 523 | 771 | | | |

**Registro arqueológico**

Asentamiento reciente (YS). Talayot 1.

**Estructura** Talayot

**Significado arqueológico**

A falta de más datos, parece probable que la datación indique un momento determinado dentro del intervalo de uso del talayot.

**Observaciones**

Resulta extraño que no se mencione en Waldren (1982b, 1986), Waldren y Van Strydonck (1993) ni en Chapman et alii (1993).

**Bibliografía**

Waldren 1982a: 507; Waldren 1992: tabla 1.

| Yacimiento | Isla | Municipio | Exclusión |
|---|---|---|---|
| Son Ferrandell-Oleza-YS | Mallorca | Valldemossa | ☐ |

| Código laboratorio | Valor ap(BP) | Valor ane(BC) | | Muestra |
|---|---|---|---|---|
| IRPA-986 | 2520 | 570 | ± 50 | Carbón |

| cal ANE m | cal ANE 1s | cal ANE 2s | cal ANE dir | δ 13C | δ 15N | C/N |
|---|---|---|---|---|---|---|
| 664 | 783 / 545 | 802 / 445 | 758 | -23.2 | | |

**Registro arqueológico**

Asentamiento reciente (YS). Talayot 1. Fase 5 (2ª ocupación del interior de la cámara). A 100 cm bajo la superficie del T1. Muestra 8.

**Estructura** Talayot

**Significado arqueológico**

La datación indica un momento determinado dentro del intervalo de uso del talayot.

**Observaciones**

**Bibliografía**

Waldren 1992: tabla 4; Chapman et alii 1993: tabla 2; Van Strydonck et alii 1995: 22.

| Yacimiento | Isla | Municipio | Exclusión |
|---|---|---|---|
| Son Ferrandell-Oleza-YS | Mallorca | Valldemossa | ☐ |

| Código laboratorio | Valor ap(BP) | Valor ane(BC) | ± | Muestra |
|---|---|---|---|---|
| IRPA-1045 | 2500 | 550 | 50 | Carbón |

| cal ANE m | cal ANE 1s | cal ANE 2s | cal ANE dir | δ 13C | δ 15N | C/N |
|---|---|---|---|---|---|---|
| 642 | 775 / 510 | 794 / 429 | 748 | -24.3 | | |

**Registro arqueológico**

Asentamiento reciente (YS). Talayot 2. Sector 1B. Estrato 2. Nivel de incendio. Testigo de la Sección II.

**Estructura** Talayot

**Significado arqueológico**

Si la muestra datada procediese de elementos leñosos utilizados en la techumbre y posteriormente depositados sobre el piso, la datación indicaría un momento cercano a la construcción y uso del talayot. Lamentablemente, el aplanamiento de la curva de calibración ("meseta de Hallstatt") impide precisar más dicho momento.

**Observaciones**

**Bibliografía**

Waldren 1992: tabla 4; Chapman et alii 1993: tabla 2; Waldren y Van Strydonck 1993: 9; Van Strydonck et alii 1995: 22; Waldren 1997: 29.

| Yacimiento | Isla | Municipio | Exclusión |
|---|---|---|---|
| Son Ferrandell-Oleza-YS | Mallorca | Valldemossa | ☑ |

| Código laboratorio | Valor ap(BP) | Valor ane(BC) | ± | Muestra |
|---|---|---|---|---|
| QL-1533 | 2500 | 550 | 40 | Carbonatos |

| cal ANE m | cal ANE 1s | cal ANE 2s | cal ANE dir | δ 13C | δ 15N | C/N |
|---|---|---|---|---|---|---|
| 649 | 772 / 526 | 789 / 436 | 755 | | | |

**Registro arqueológico**

Asentamiento reciente (YS). Talayot 1. Estrato 3 (2° nivel de ocupación). Interior cámara. Muestra 5. Fase 4.

**Estructura** Talayot

**Significado arqueológico**

La datación se ajusta genéricamente a la cronología esperada para el uso del talayot. Lamentablemente, la naturaleza de la muestra y la incerteza asociada a su calibración, restan utilidad al resultado.

**Observaciones**

Excluida, por haberse realizado a partir de carbonatos.

**Bibliografía**

Waldren 1982a: 507, 1986: ficha inv. 18c; 1992: tabla 4; Waldren y Van Strydonck 1993: 7; Chapman et alii 1993: tabla 2.

| Yacimiento | Isla | Municipio | Exclusión |
|---|---|---|---|
| Son Ferrandell-Oleza-YS | Mallorca | Valldemossa | ☐ |

| Código laboratorio | Valor ap(BP) | Valor ane(BC) | ± | Muestra |
|---|---|---|---|---|
| UtC-1154 | 2490 | 540 | 80 | Hueso fauna doméstica |

| cal ANE m | cal ANE 1s | cal ANE 2s | cal ANE dir | δ 13C | δ 15N | C/N |
|---|---|---|---|---|---|---|
| 612 | 770 / 455 | 824 / 403 | 716, 644, 614 | -21 | | |

**Registro arqueológico**

Asentamiento reciente (YS). Exterior del Talayot 4. Contexto 002 dentro de muro 002. Fase 1 de las estructuras exteriores.

**Estructura** Asentamiento talayótico

**Significado arqueológico**

La datación indica un momento determinado de la ocupación del asentamiento talayótico.

**Observaciones**

CLT: KIK-11.

**Bibliografía**

Waldren 1992: tabla 4; Chapman et alii 1993: tabla 1; Van Strydonck et alii 1995: 23.

| Yacimiento | Isla | Municipio | Exclusión |
|---|---|---|---|
| Son Ferrandell-Oleza-YS | Mallorca | Valldemossa | ☐ |

| Código laboratorio | Valor ap(BP) | Valor ane(BC) | ± | Muestra |
|---|---|---|---|---|
| IRPA-989 | 2490 | 540 | 50 | Carbón |

| cal ANE m | cal ANE 1s | cal ANE 2s | cal ANE dir | δ 13C | δ 15N | C/N |
|---|---|---|---|---|---|---|
| 632 | 771 / 494 | 790 / 425 | 742, 653, 579 | -24.6 | | |

**Registro arqueológico**

Asentamiento reciente (YS). Talayot 1. Segunda ocupación del interior de la cámara. A 35 cm bajo la superficie del T1. Muestra 9. Fase 5.

**Estructura** Talayot

**Significado arqueológico**

La datación indica un momento determinado dentro del intervalo de uso del talayot.

**Observaciones**

**Bibliografía**

Waldren 1992: tabla 4; Chapman et alii 1993: tabla 2; Van Strydonck et alii 1995: 22.

| Yacimiento | Isla | Municipio | Exclusión |
|---|---|---|---|
| Son Ferrandell-Oleza-YS | Mallorca | Valldemossa | ☐ |

| Código laboratorio | Valor ap(BP) | Valor ane(BC) | ± | Muestra |
|---|---|---|---|---|
| IRPA-1015 | 2475 | 525 | 40 | Carbón |

| cal ANE m | cal ANE 1s | cal ANE 2s | cal ANE dir | δ 13C | δ 15N | C/N |
|---|---|---|---|---|---|---|
| 624 | 763 / 486 | 763 / 486 | 742, 686, 553 | -24.6 | | |

**Registro arqueológico**

Asentamiento reciente (YS). Talayot 4. Contexto 103. Abandono. Fase 7.

**Estructura** Talayot

**Significado arqueológico**

La datación indica un momento determinado dentro del intervalo de uso del talayot.

**Observaciones**

**Bibliografía**

Waldren 1992: tabla 4; Chapman et alii 1993: tabla 1; Van Strydonck et alii 1995: 22.

| Yacimiento | Isla | Municipio | Exclusión |
|---|---|---|---|
| Son Ferrandell-Oleza-YS | Mallorca | Valldemossa | ☐ |

| Código laboratorio | Valor ap(BP) | Valor ane(BC) | ± | Muestra |
|---|---|---|---|---|
| HAR-3459 | 2460 | 510 | 80 | Carbón |

| cal ANE m | cal ANE 1s | cal ANE 2s | cal ANE dir | δ 13C | δ 15N | C/N |
|---|---|---|---|---|---|---|
| 594 | 753 / 436 | 807 / 380 | 524 | | | |

**Registro arqueológico**

Asentamiento reciente (YS). Talayot 2. Sector 2B. Estrato 2.

**Estructura** Talayot

**Significado arqueológico**

La datación indica un momento determinado dentro del intervalo de uso del talayot.

**Observaciones**

Waldren (1986: tabla 16a) la publica con el valor convencional de 2400 bp.

**Bibliografía**

Waldren 1982a: 507; 1982b: 1A: 29, 1986: tabla 16a, 1992: tabla 4; Waldren y Van Strydonck 1993: 18; Chapman et alii 1993: 115.

| Yacimiento | Isla | Municipio | Exclusión |
|---|---|---|---|
| Son Ferrandell-Oleza-YS | Mallorca | Valldemossa | ☐ |

| Código laboratorio | Valor ap(BP) | Valor ane(BC) | ± | Muestra |
|---|---|---|---|---|
| UtC-5123 | 2460 | 510 | 30 | Carbón |

| cal ANE m | cal ANE 1s | cal ANE 2s | cal ANE dir | δ 13C | δ 15N | C/N |
|---|---|---|---|---|---|---|
| 596 | 758 / 434 | 769 / 417 | 734, 713, 530 | -24.5 | | |

**Registro arqueológico**

Asentamiento reciente (YS). Exterior Talayot 3. Contexto 014. Nivel constructivo. Estructura 2 (al E del T3). Carbón de Olea.

**Estructura** Asentamiento talayótico

**Significado arqueológico**

La datación indica un momento determinado de la ocupación del asentamiento que, dada la naturaleza de la muestra y la información disponible, no podemos precisar.

**Observaciones**

CLT: KIK-649.

**Bibliografía**

Van Strydonck et alii 1998: 29.

| Yacimiento | Isla | Municipio | Exclusión |
|---|---|---|---|
| Son Ferrandell-Oleza-YS | Mallorca | Valldemossa | ☐ |

| Código laboratorio | Valor ap(BP) | Valor ane(BC) | ± | Muestra |
|---|---|---|---|---|
| I-5398 | 2400 | 450 | 60 | Carbón |

| cal ANE m | cal ANE 1s | cal ANE 2s | cal ANE dir | δ 13C | δ 15N | C/N |
|---|---|---|---|---|---|---|
| 470 | 534 / 405 | 755 / 370 | 438 | | | |

**Registro arqueológico**

Asentamiento reciente (YS). Talayot 2. Sector 2B. Estrato 1. Abandono.

**Estructura** Hábitat indeterminado

**Significado arqueológico**

La datación podría indicar un momento inmediatamente posterior al derrumbe del talayot.

**Observaciones**

Waldren (1982a: 506; 1982b: 1A: 28) la publica con el código incompleto I-?

**Bibliografía**

Waldren 1982a: 507; 1982b: 1A: 28, 1986: tabla 16a; 1992: tabla 4; Waldren y Van Strydonck 1993: 9.

| Yacimiento | Isla | Municipio | Exclusión |
|---|---|---|---|
| Son Ferrandell-Oleza-YS | Mallorca | Valldemossa | ☐ |

| Código laboratorio | Valor ap(BP) | Valor ane(BC) | ± | Muestra |
|---|---|---|---|---|
| IRPA-885 | 2100 | 150 | 65 | Carbón |

| cal ANE m | cal ANE 1s | cal ANE 2s | cal ANE dir | δ 13C | δ 15N | C/N |
|---|---|---|---|---|---|---|
| 113 | 185 / 42 | 337 / -46 | 124 | -23.3 | | |

**Registro arqueológico**

Asentamiento reciente (YS). Sección WW. Estrato 1. Muro de cabaña al sur del corte HH (House of the Horses). Z = 0 a -80 cm.

**Estructura** Asentamiento histórico

**Significado arqueológico**

Asociada a tejas romanas usadas en el hogar.

**Observaciones**

Waldren (1992: tabla 4) la publica con el valor convencional de 2100 bp.

**Bibliografía**

Dauchot-Dehon y Van Strydonck 1992: 81; Waldren 1992: tabla 4; Waldren y Van Strydonck 1993: 9.

| Yacimiento | Isla | Municipio | Exclusión |
|---|---|---|---|
| Son Ferrandell-Oleza-YS | Mallorca | Valldemossa | ☑ |

| Código laboratorio | Valor ap(BP) | Valor ane(BC) | ± | Muestra |
|---|---|---|---|---|
| IRPA-778 (frac. 100%) | 1990 | 40 | 60 | Carbonatos |

| cal ANE m | cal ANE 1s | cal ANE 2s | cal ANE dir | δ 13C | δ 15N | C/N |
|---|---|---|---|---|---|---|
| -11 | 57 / -79 | 144 / -139 | -19 | | | |

**Registro arqueológico**

Asentamiento reciente (YS). Talayot 1. Enterramiento en cal entre las ruinas del T1. Fase 5.

**Estructura** Varia funerario

**Significado arqueológico**

La datación se ajusta genéricamente al periodo de vigencia de la práctica de inhumaciones en cal. Sin embargo, la naturaleza de la muestra datada suscitan dudas sobre la precisión del resultado.

**Observaciones**

Excluida, por haberse realizado a partir de carbonatos. Fracción datante: 100%. Frac. isotópico: -11,58%. Waldren (1992: t. 7) y Chapman et alii (1993: t. 2) publican 150±45 ane, y Van Strydonck y Waldren (1990: t. 2) le asignan una desviación tipo de ±55. Quizás fue publicada como IRPA-776 en Waldren (1992: t. 4; 1997: t. 2, 1998: 116).

**Bibliografía**

Dauchot-Dehon y Van Strydonck 1989: tabla 1; Van Strydonck y Waldren 1990: tabla 2; Waldren 1992: tabla 7; Chapman et alii 1993: tabla 2.

| Yacimiento | Isla | Municipio | Exclusión |
|---|---|---|---|
| Son Ferrandell-Oleza-YS | Mallorca | Valldemossa | ☑ |

| Código laboratorio | Valor ap(BP) | Valor ane(BC) | ± | Muestra |
|---|---|---|---|---|
| IRPA-710 (fracción 53%) | 1965 | 15 | 55 | Carbonatos |

| cal ANE m | cal ANE 1s | cal ANE 2s | cal ANE dir | δ 13C | δ 15N | C/N |
|---|---|---|---|---|---|---|
| 33 | 14 / -99 | 90 / -168 | -47 | | | |

**Registro arqueológico**

Asentamiento reciente (YS). Talayot 1. Enterramiento en cal.

**Estructura** Varia funerario

**Significado arqueológico**

La datación se ajusta genéricamente al periodo de vigencia de la práctica de inhumaciones en cal. Sin embargo, la naturaleza de la muestra datada suscitan dudas sobre la precisión del resultado.

**Observaciones**

Excluida, por haberse realizado a partir de carbonatos. Waldren (1992: tabla 3; 1997: 30) la publica como correspondiente a Son Matge. Fracción datante: 53%.

**Bibliografía**

Dauchot-Dehon y Van Strydonck 1989: tabla 1; Van Strydonck y Waldren 1990: tabla 2; Waldren 1992: tabla 3; 1997: 30.

| Yacimiento | Isla | Municipio | Exclusión |
|---|---|---|---|
| Son Ferrandell-Oleza-YS | Mallorca | Valldemossa | ☑ |

| Código laboratorio | Valor ap(BP) | Valor ane(BC) | ± | Muestra |
|---|---|---|---|---|
| IRPA-710 (fracción 98%) | 1790 | -160 | 60 | Carbonatos |

| cal ANE m | cal ANE 1s | cal ANE 2s | cal ANE dir | δ 13C | δ 15N | C/N |
|---|---|---|---|---|---|---|
| -241 | -167 / -315 | -99 / -391 | -225 | | | |

**Registro arqueológico**

Asentamiento reciente (YS). Talayot 1. Enterramiento en cal.

**Estructura** Varia funerario

**Significado arqueológico**

La naturaleza de la muestra datada suscita dudas sobre la fiabilidad del resultado.

**Observaciones**

Excluida, por haberse realizado a partir de carbonatos. Fracción datante: 98%. Fraccionamiento isotópico: -17,71%. Van Strydonck y Waldren 1990: tabla 2 la publican con una desviación tipo de ±55.

**Bibliografía**

Dauchot-Dehon y Van Strydonck 1989: tabla 1; Van Strydonck y Waldren 1990: tabla 2.

| Yacimiento | Isla | Municipio | Exclusión |
|---|---|---|---|
| Son Ferrandell-Oleza-YS | Mallorca | Valldemossa | ☑ |

| Código laboratorio | Valor ap(BP) | Valor ane(BC) | ± | Muestra |
|---|---|---|---|---|
| IRPA-710 (fracción 16%) | 1560 | -390 | 60 | Carbonatos |

| cal ANE m | cal ANE 1s | cal ANE 2s | cal ANE dir | δ 13C | δ 15N | C/N |
|---|---|---|---|---|---|---|
| -509 | -436 / -582 | -375 / -622 | -502 | | | |

**Registro arqueológico**

Asentamiento reciente (YS). Talayot 1. Enterramiento en cal.

**Estructura** Varia funerario

**Significado arqueológico**

La naturaleza de la muestra datada suscita dudas sobre la fiabilidad del resultado.

**Observaciones**

Excluida, por haberse realizado a partir de carbonatos. Fracción datante: 16%. Fraccionamiento isotópico: -14,49%.

**Bibliografía**

Dauchot-Dehon y Van Strydonck 1989: tabla 1; Van Strydonck y Waldren 1990: tabla 2.

| Yacimiento | Isla | Municipio | Exclusión |
|---|---|---|---|
| Son Ferrandell-Oleza-YS | Mallorca | Valldemossa | ☑ |

| Código laboratorio | Valor ap(BP) | Valor ane(BC) | ± | Muestra |
|---|---|---|---|---|
| IRPA-778 (fracción 50%) | 1520 | -430 | 60 | Carbonatos |

| cal ANE m | cal ANE 1s | cal ANE 2s | cal ANE dir | δ 13C | δ 15N | C/N |
|---|---|---|---|---|---|---|
| -540 | -474 / -606 | -416 / -646 | -566 | | | |

**Registro arqueológico**

Asentamiento reciente (YS). Talayot 1. Enterramiento en cal entre las ruinas del T1. Fase 5.

**Estructura** Varia funerario

**Significado arqueológico**

La naturaleza de la muestra datada suscita dudas sobre la fiabilidad del resultado.

**Observaciones**

Excluida, por haberse realizado a partir de carbonatos. Fracción datante: 50%. Fraccionamiento isotópico: -17,6%. Waldren (1992: tabla 7) y Chapman et alii (1993: tabla 2) le asignan el valor convencional 150±45 ane, mientras que Van Strydonck y Waldren (1990: tabla 2) la publican con una desviación estándar de ±55.

**Bibliografía**

Dauchot-Dehon y Van Strydonck 1989: tabla 1; Van Strydonck y Waldren 1990: tabla 2; Waldren 1992: tabla 7; Waldren y Van Strydonck 1993: 8; Chapman et alii 1993: tabla 2.

| Yacimiento | Isla | Municipio | Exclusión |
|---|---|---|---|
| Son Ferrandell-Oleza-YS | Mallorca | Valldemossa | ☑ |

| Código laboratorio | Valor ap(BP) | Valor ane(BC) | ± | Muestra |
|---|---|---|---|---|
| IRPA-778 (fracción 17%) | 1520 | -430 | 60 | Carbonatos |

| cal ANE m | cal ANE 1s | cal ANE 2s | cal ANE dir | δ 13C | δ 15N | C/N |
|---|---|---|---|---|---|---|
| -540 | -474 / -606 | -416 / -646 | -566 | | | |

**Registro arqueológico**

Asentamiento reciente (YS). Talayot 1. Enterramiento en cal entre las ruinas del T1. Fase 5.

**Estructura** Varia funerario

**Significado arqueológico**

La naturaleza de la muestra datada suscita dudas sobre la fiabilidad del resultado.

**Observaciones**

Excluida, por haberse realizado a partir de carbonatos. Fracción datante: 17%. Fraccionamiento isotópico: -17,49%. Waldren (1992: tabla 7) y Chapman et alii (1993: tabla 2) la publican con el valor convencional de 150±45 ane, mientras que Van Strydonck y Waldren (1990: tabla 2) le asignan una desviación estándar de ±55.

**Bibliografía**

Dauchot-Dehon y Van Strydonck 1989: tabla 1; Van Strydonck y Waldren 1990: tabla 2; Waldren 1992: tabla 7; Waldren y Van Strydonck 1993: 8; Chapman et alii 1993: tabla 2.

| Yacimiento | Isla | Municipio | Exclusión |
|---|---|---|---|
| Son Ferrandell-Oleza-YS | Mallorca | Valldemossa | ☑ |

| Código laboratorio | Valor ap(BP) | Valor ane(BC) | ± | Muestra |
|---|---|---|---|---|
| IRPA-778 (fracción 30%) | 1490 | -460 | 60 | Carbonatos |

| cal ANE m | cal ANE 1s | cal ANE 2s | cal ANE dir | δ 13C | δ 15N | C/N |
|---|---|---|---|---|---|---|
| -573 | -518 / -628 | -440 / -661 | -586 | | | |

**Registro arqueológico**

Asentamiento reciente (YS). Talayot 1. Enterramiento en cal entre las ruinas del T1. Fase 5.

**Estructura** Varia funerario

**Significado arqueológico**

La naturaleza de la muestra datada suscita dudas sobre la fiabilidad del resultado.

**Observaciones**

Excluida, por haberse realizado a partir de carbonatos. Fracción datante: 30%. Fraccionamiento isotópico: -16,32%. Waldren (1992: tabla 7) y Chapman et alii (1993: tabla 2) la publican con el valor convencional de 150±45 ane, mientras que Van Strydonck y Waldren (1990: tabla 2) le asignan una desviación estándar de ±55.

**Bibliografía**

Dauchot-Dehon y Van Strydonck 1989: tabla 1; Van Strydonck y Waldren 1990: tabla 2; Waldren 1992: tabla 7; Waldren y Van Strydonck 1993: 8; Chapman et alii 1993: tabla 2.

| Yacimiento | Isla | Municipio | Exclusión |
|---|---|---|---|
| Son Ferrandell-Oleza-YS | Mallorca | Valldemossa | ☐ |

| Código laboratorio | Valor ap(BP) | Valor ane(BC) | ± | Muestra |
|---|---|---|---|---|
| IRPA-886 | 680 | -1270 | 50 | Carbón |

| cal ANE m | cal ANE 1s | cal ANE 2s | cal ANE dir | δ 13C | δ 15N | C/N |
|---|---|---|---|---|---|---|
| -1296 | -1269 / -1324 | -1251 / -1397 | -1288 | -24.2 | | |

**Registro arqueológico**

Asentamiento reciente (YS). Talayot 2. Carbón sobre el suelo de la entrada.

**Estructura** Indeterminada

**Significado arqueológico**

Sin duda, la datación debe corresponder con algún tipo de intrusión de naturaleza desconocida, muy posterior al uso original del talayot.

**Observaciones**

Waldren (1992: tabla 4) la publica con una desviación estándar de ±35.

**Bibliografía**

Dauchot-Dehon y Van Strydonck 1992: 81; Waldren 1992: tabla 4.

**Yacimiento** Son Fornés

Este yacimiento plurifásico ubicado en el centro de Mallorca es uno de los enclaves más relevantes del panorama arqueológico balear. Las diez campañas de excavación realizadas hasta el momento han permitido documentar cuatro fases de ocupación. La primera, datada entre los siglos IX y VI cal ANE, corresponde a la época talayótica. A ella pertenecen los tres talayots excavados y una serie de viviendas conectadas con ellos, que han proporcionado datos cruciales para el conocimiento de la organización económica y política de estas comunidades. El poblado talayótico fue destruido y sustituido por un nuevo agregado habitacional, que caracteriza la fase postalayótica (siglo VI cal ANE - finales del siglo III arq ANE). En torno a las ruinas de los talayots se construyeron diversas estructuras de vivienda que no parecen responder a una ordenación urbanística planificada. Al parecer, la mayoría quedaron al exterior de un recinto amurallado que comenzamos a conocer a raíz de las excavaciones de los años 2002 y 2003. En esta fase se documentan los primeros materiales de importación (ánforas y cerámica de mesa púnico-ebusitanas, cuentas de vídrio), que probablemente arribaron a Mallorca por intermedio de Ibiza. Aproximadamente a finales del siglo III arq ANE se produjo una importante remodelación del asentamiento que inicia la tercera fase de la secuencia o "Clásica". Los recintos arquitectónicos investigados hasta el momento parecen acoger actividades diferenciadas de producción, almacenaje y consumo, en las que destaca el uso de abundantes contenedores anfóricos de filiación púnico-ebusitana e itálica, vajilla de mesa importada, una gran cantidad de cerámica a mano de factura local y un amplio elenco de artefactos de hierro. Esta ocupación fue pediendo importancia a lo largo del siglo I arq DNE hasta llegar a ser prácticamente abandonada a finales de dicha centuria. Con posterioridad a esta fecha se ha documentado una ocupación de época tardorromana y altomedieval, pobremente testimoniada en cuanto a estructuras arquitectónicas, aunque destacable en lo que se refiere a restos cerámicos de importación.

La serie radiocarbónica del yacimiento cuenta con treinta y cinco determinaciones, de las cuales es necesario descartar cinco debido a errores de laboratorio (CSIC-438, CSIC-439, CSIC-529 y CSIC-530) o a la excesiva amplitud de la desviación estándar (UGRA-121). De las treinta dataciones válidas, un tercio procede de contextos estratigráficos con estructuras y materiales de filiación talayótica. Concretamente, los tres talayots excavados disponen de cuatro fechas (UGRA-123, I-12124, KIA-22259 y UtC-9327) que datan su construcción, uso y posterior abandono entre los siglos IX y VI ANE. El límite más reciente presenta, no obstante, los problemas de imprecisión de la curva de calibración, problemas que atañen igualmente a las cinco unidades de habitación construidas con posterioridad a los talayots pero cuyo funcionamiento fue coetáneo a los mismos como indican las afinidades en el equipaje material, y que cuentan con cinco dataciones más (I-12123, I-11381, UGRA-122, I-11382, I-12125). Finalmente, hay dos dataciones más que podemos adscribir al periodo de vigencia de los talayots. Por un lado, una muestra de carbón procedente del estrato basal del sector de entrada al poblado (I-12126) data la frecuentación previa a la remodelación postalayótica en el intervalo de la "meseta de Hallstatt". La segunda muestra procede del sector excavado al sur del Talayot 2 durante la campaña del año 2003 (Zona E) y corresponde al hueso de una mano humana (KIA-23147) que formaba parte del relleno de una cubeta excavada en la roca. La posición estratigráfica de dicha cubeta asegura una cronología anterior a la construcción de la rampa de acceso de una vivienda postalayótica (HPT1) y entre los materiales del relleno se registraron fragmentos cerámicos de indudable filiación talayótica. La datación obtenida confirma esta cronología, aunque la peculiaridad del contexto, que podría definirse como una acumulación de restos humanos en posición secundaria, supone una novedad en el registro arqueológico de la época (véase Capítulo 3).

De las excavaciones recientes en un tramo de la muralla que cierra un área de aproximadamente 6000 metros cuadrados en la parte más elevada del yacimiento, proceden dos muestras de vida corta que aportan un "terminus post quem" (KIA-20461) y un "terminus ante quem" (KIA-20473) para la constrrucción de dicho lienzo murario. Pese a que, nuevamente, los resultados se inscriben en la franja de baja resolución de la curva de calibración, el registro arqueológico documentado permite acotar su construcción entre finales del siglo VI y la primera mitad del V cal ANE, justo tras la destrucción del poblado talayótico. Además, el equipaje material de la estructura adosada a esta construcción y que procede de los niveles asociados a la muestra datada es análogo al de las tres habitaciones postalayóticas excavadas en el sector meridional del yacimiento, cuya construcción, uso y abandono se fecha entre los siglos V y III cal ANE a partir de una serie formada por ocho dataciones radiocarbónicas (UAB-3, UAB-6, UAB-7, UAB-12, KIA-11889, KIA-12698, KIA-11888 y KIA-11886). De época postalayótica son también los restos de un posible enterramiento arrasado por la ulterior remodelación urbanística del poblado, documentado a partir de dos pies de un mismo individuo fechados mediante una falange (KIK-3035/KIA-23120). Este tipo de enterramientos puntuales en lugares periféricos del hábitat tendrán una continuidad posterior, como así lo atestiguan los restos de dos inhumaciones en cal (UtC-

2287 y UtC-2286) y de una cista de mampostería (KIA-23128) datados en el siglo II cal ANE.

Por otro lado, las dataciones UAB-9 y UAB-8 documentan contextos de relleno con una escasa utilidad cronológica situables en los momentos en torno al cambio de era. Finalmente, la fecha UAB-4 podría ser indicativa, en términos genéricos, de la ocupación altomedieval testimoniada fundamentalmente gracias a los restos de recipientes cerámicos hallados en contextos superficiales.

Referencias: Díez et alii (1980), Gasull, Lull y Sanahuja (1981, 1984a, b, c), Dueñas et alii (1986), Lull et alii (2001).

| **Yacimiento** | **Isla** | **Municipio** | **Exclusión** |
|---|---|---|---|
| Son Fornés | Mallorca | Montuïri | ☐ |

| **Código laboratorio** | **Valor ap(BP)** | **Valor ane(BC)** | ± | **Muestra** |
|---|---|---|---|---|
| UGRA-123 | 2700 | 750 | 120 | Carbón |

| **cal ANE m** | **cal ANE 1s** | **cal ANE 2s** | **cal ANE dir** | **δ 13C** | **δ 15N** | **C/N** |
|---|---|---|---|---|---|---|
| 862 | 956 / 768 | 901 / 811 | 858 | | | |

**Registro arqueológico**

Talayot 2. Interior de la cámara. Estrato III (antiguo III/2 inferior). Z = -3,57 m.

**Estructura** Talayot

**Significado arqueológico**

La datación podría indicar una fecha cercana a la construcción del talayot.

**Observaciones**

**Bibliografía**

Gasull, Lull y Sanahuja 1984b: 1262, 1251, nota 2; González Gómez et alii 1985: 614.

| Yacimiento | Isla | Municipio | Exclusión |
|---|---|---|---|
| Son Fornés | Mallorca | Montuïri | ☐ |

| Código laboratorio | Valor ap(BP) | Valor ane(BC) | ± | Muestra |
|---|---|---|---|---|
| KIA-22259 | 2695 | 745 | 25 | Hueso fauna doméstica |

| cal ANE m | cal ANE 1s | cal ANE 2s | cal ANE dir | δ 13C | δ 15N | C/N |
|---|---|---|---|---|---|---|
| 832 | 847 / 818 | 901 / 811 | 826 | -20.03 | | 2.8 |

**Registro arqueológico**

Talayot 3. Conjunto IV A2. Triangulado nº 6. 1ª falange de Capra hircus.

**Estructura** Talayot

**Significado arqueológico**

La datación indica un momento asimilable al uso inicial de esta estructura.

**Observaciones**

Recuperación colágeno: 18%. CLT: KIK-2939.

**Bibliografía**

Van Strydonck et alii 2004, e.p.: tabla 1.

| Yacimiento | Isla | Municipio | Exclusión |
|---|---|---|---|
| Son Fornés | Mallorca | Montuïri | ☐ |

| Código laboratorio | Valor ap(BP) | Valor ane(BC) | ± | Muestra |
|---|---|---|---|---|
| KIA-23147 | 2645 | 695 | 35 | Hueso humano |

| cal ANE m | cal ANE 1s | cal ANE 2s | cal ANE dir | δ 13C | δ 15N | C/N |
|---|---|---|---|---|---|---|
| 812 | 827 / 797 | 851 / 783 | 814 | -18.73 | 11.96 | |

**Registro arqueológico**

Zona E1 aneja al Talayot 2. Conjunto VI B2/a. Triangulado nº 16. Falange medial del 5º dedo de la mano derecha.

**Estructura** Varia funerario

**Significado arqueológico**

La datación revela la práctica de deposiciones funerarias inéditas en una fecha cercana a la fundación del poblado talayótico.

**Observaciones**

Recuperación colágeno: 7%. CLT: KIK-3062.

**Bibliografía**

Van Strydonck et alii 2004 e.p.: tabla 1.

| Yacimiento | Isla | Municipio | Exclusión |
|---|---|---|---|
| Son Fornés | Mallorca | Montuïri | ☐ |

| Código laboratorio | Valor ap(BP) | Valor ane(BC) | ± | Muestra |
|---|---|---|---|---|
| I-11381 | 2560 | 610 | ± 85 | Carbón |

| cal ANE m | cal ANE 1s | cal ANE 2s | cal ANE dir | δ13C | δ15N | C/N |
|---|---|---|---|---|---|---|
| 690 | 820 / 560 | 875 / 443 | 760 | | | |

**Registro arqueológico**

Habitación talayótica 3 (HT-3). Corte 17 sur (ZA/SW). Estrato III (antiguo II). Carbones hallados sobre piso de habitación.

**Estructura** Asentamiento talayótico

**Significado arqueológico**

La datación sería reveladora del momento de construcción o del uso de la estructura habitacional. Lamentablemente, la calibración padece los efectos del aplanamiento de la "meseta de Hallstatt", por lo que este momento no puede ser situado con mayor precisión.

**Observaciones**

**Bibliografía**

Gasull, Lull y Sanahuja 1981: 211, nota 2; Gasull, Lull y Sanahuja 1984b: 1262.

| Yacimiento | Isla | Municipio | Exclusión |
|---|---|---|---|
| Son Fornés | Mallorca | Montuïri | ☐ |

| Código laboratorio | Valor ap(BP) | Valor ane(BC) | ± | Muestra |
|---|---|---|---|---|
| I-11382 | 2540 | 590 | ± 85 | Carbón |

| cal ANE m | cal ANE 1s | cal ANE 2s | cal ANE dir | δ13C | δ15N | C/N |
|---|---|---|---|---|---|---|
| 660 | 809 / 510 | 865 / 432 | 748 | | | |

**Registro arqueológico**

Habitación talayótica 5 (HT-5). Corte 18. Estrato V (antiguo III). Junto escalera. Viga.

**Estructura** Asentamiento talayótico

**Significado arqueológico**

La datación sería reveladora del momento de construcción o del uso de la estructura habitacional. Lamentablemente, la calibración padece los efectos del aplanamiento de la "meseta de Hallstatt", por lo que este momento no puede ser situado con mayor precisión.

**Observaciones**

**Bibliografía**

Gasull, Lull y Sanahuja 1984b: 1262.

| Yacimiento | Isla | Municipio | Exclusión |
|---|---|---|---|
| Son Fornés | Mallorca | Montuïri | ☐ |

| Código laboratorio | Valor ap(BP) | Valor ane(BC) | ± | Muestra |
|---|---|---|---|---|
| I-12124 | 2540 | 590 | 80 | Carbón |

| cal ANE m | cal ANE 1s | cal ANE 2s | cal ANE dir | δ 13C | δ 15N | C/N |
|---|---|---|---|---|---|---|
| 664 | 805 / 524 | 860 / 436 | 752 | | | |

**Registro arqueológico**

Talayot 2. Interior de la cámara. Estrato II (antiguo II/2). Z = -4,70 m.

**Estructura** Talayot

**Significado arqueológico**

La datación revelaría un momento del uso del talayot. Lamentablemente, la calibración padece los efectos del aplanamiento de la "meseta de Hallstatt", por lo que este momento no puede ser situado con mayor precisión.

**Observaciones**

**Bibliografía**

Gasull, Lull y Sanahuja 1984b: 1262, 1251, nota 3.

| Yacimiento | Isla | Municipio | Exclusión |
|---|---|---|---|
| Son Fornés | Mallorca | Montuïri | ☐ |

| Código laboratorio | Valor ap(BP) | Valor ane(BC) | ± | Muestra |
|---|---|---|---|---|
| UGRA-122 | 2490 | 540 | 130 | Carbón |

| cal ANE m | cal ANE 1s | cal ANE 2s | cal ANE dir | δ 13C | δ 15N | C/N |
|---|---|---|---|---|---|---|
| 612 | 796 / 427 | 896 / 291 | 663 | | | |

**Registro arqueológico**

Habitación talayótica 5 (HT-5). Estrato V (antiguo V/2). Sector E. Piso. Viga. Z = -1,54 m.

**Estructura** Asentamiento talayótico

**Significado arqueológico**

La datación sería reveladora del momento de construcción o del uso de la estructura habitacional. Lamentablemente, la calibración padece los efectos del aplanamiento de la "meseta de Hallstatt", por lo que este momento no puede ser situado con mayor precisión.

**Observaciones**

**Bibliografía**

Gasull, Lull y Sanahuja 1984b: 1262; González Gómez et alii 1985: 614.

| Yacimiento | Isla | Municipio | Exclusión |
|---|---|---|---|
| Son Fornés | Mallorca | Montuïri | ☐ |

| Código laboratorio | Valor ap(BP) | Valor ane(BC) | ± | Muestra |
|---|---|---|---|---|
| I-12126 | 2490 | 540 | 80 | Carbón |

| cal ANE m | cal ANE 1s | cal ANE 2s | cal ANE dir | δ 13C | δ 15N | C/N |
|---|---|---|---|---|---|---|
| 612 | 769 / 456 | 824 / 403 | 726,644,614 | | | |

**Registro arqueológico**

Zona B. Sector "Entrada poblado". Conjunto 1. Junto a Estructura circular y muro 3. Z = -5,45 m.

**Estructura** Asentamiento talayótico

**Significado arqueológico**

La datación sería reveladora de un momento dentro de la ocupación del poblado talayótico. Lamentablemente, la calibración padece los efectos del aplanamiento de la "meseta de Hallstatt", por lo que este momento no puede ser situado con mayor precisión.

**Observaciones**

**Bibliografía**

Inédita.

---

| Yacimiento | Isla | Municipio | Exclusión |
|---|---|---|---|
| Son Fornés | Mallorca | Montuïri | ☐ |

| Código laboratorio | Valor ap(BP) | Valor ane(BC) | ± | Muestra |
|---|---|---|---|---|
| UtC-9327 | 2490 | 540 | 50 | Hueso fauna doméstica |

| cal ANE m | cal ANE 1s | cal ANE 2s | cal ANE dir | δ 13C | δ 15N | C/N |
|---|---|---|---|---|---|---|
| 632 | 771 / 494 | 790 / 425 | 742,653,579 | -19.51 | 8.91 | |

**Registro arqueológico**

Talayot 1. Corte X. Estrato II. Mandíbula derecha de Ovis aries.

**Estructura** Talayot

**Significado arqueológico**

La datación indicaría un momento cercano al final del uso del Talayot 1. Lamentablemente, la calibración padece los efectos del aplanamiento de la "meseta de Hallstatt", por lo que este momento no puede ser situado con mayor precisión.

**Observaciones**

CLT: KIK-1210.

**Bibliografía**

Van Strydonck et alii 2001: 33, 2004, e.p.: tabla 1.

| Yacimiento | Isla | Municipio | Exclusión |
|---|---|---|---|
| Son Fornés | Mallorca | Montuïri | ☐ |

| Código laboratorio | Valor ap(BP) | Valor ane(BC) | ± | Muestra |
|---|---|---|---|---|
| I-12123 | 2470 | 520 | 80 | Carbón |

| cal ANE m | cal ANE 1s | cal ANE 2s | cal ANE dir | δ 13C | δ 15N | C/N |
|---|---|---|---|---|---|---|
| 600 | 758 / 443 | 813 / 389 | 546 | | | |

**Registro arqueológico**

Habitación talayótica 1 (HT-1). Corte 1. Estrato II. Nivel superior del hogar.

**Estructura** Asentamiento talayótico

**Significado arqueológico**

La datación indicaría un momento cercano al final de esta estructura de habitación. Lamentablemente, la calibración padece los efectos del aplanamiento de la "meseta de Hallstatt", por lo que este momento no puede ser situado con mayor precisión.

**Observaciones**

**Bibliografía**

Gasull, Lull y Sanahuja 1981: 211, nota 2; Gasull, Lull y Sanahuja 1984b: 1262.

| Yacimiento | Isla | Municipio | Exclusión |
|---|---|---|---|
| Son Fornés | Mallorca | Montuïri | ☐ |

| Código laboratorio | Valor ap(BP) | Valor ane(BC) | ± | Muestra |
|---|---|---|---|---|
| KIA-11887 | 2460 | 510 | 25 | Hueso fauna doméstica |

| cal ANE m | cal ANE 1s | cal ANE 2s | cal ANE dir | δ 13C | δ 15N | C/N |
|---|---|---|---|---|---|---|
| 595 | 758 / 432 | 768 / 418 | 739,712,531 | -21.13 | 3.38 | 2.76 |

**Registro arqueológico**

Habitación postalayótica 1 (HPT-1). Sector B. Estrato II2. Piso de habitación.

**Estructura** Asentamiento postalayótico

**Significado arqueológico**

La selección de la muestra pretendía datar el uso o amortización de la HPT1. Sin embargo, el resultado fue más antiguo de lo esperado y motivó la datación de una segunda muestra de vida corta (semillas de cereal) del mismo contexto (KIK-1681/KIA-12698), esta vez con un resultado más satisfactorio.

**Observaciones**

No hay que descartar un posible error de laboratorio o bien la datación de un hueso talayótico redepositado en este estrato postalayótico. CLT: KIK-1575.

**Bibliografía**

Van Strydonck et alii 2002: 46, 2004, e.p.: tabla 1.

**Yacimiento** Son Fornés | **Isla** Mallorca | **Municipio** Montuïri | **Exclusión** ☑

| Código laboratorio | Valor ap(BP) | Valor ane(BC) | ± | Muestra |
|---|---|---|---|---|
| UGRA-121 | 2450 | 500 | ± 190 | Carbón |

| cal ANE m | cal ANE 1s | cal ANE 2s | cal ANE dir | δ13C | δ15N | C/N |
|---|---|---|---|---|---|---|
| | | | | | | |

**Registro arqueológico**

Habitación talayótica 1 (HT-1). Corte 1. Estrato II (antiguo II/2). Z = -3,28 m.

**Estructura** Asentamiento talayótico

**Significado arqueológico**

La muestra fue seleccionada a fin de determinar el uso final de esta estructura habitacional. Desgraciadamente, la elevada desviación estándar hace poco fiable esta datación.

**Observaciones**

Excluida por presentar una desviación tipo muy elevada.

**Bibliografía**

Gasull, Lull y Sanahuja 1984b: 1262; González Gómez et alii 1985: 614.

---

**Yacimiento** Son Fornés | **Isla** Mallorca | **Municipio** Montuïri | **Exclusión** ☐

| Código laboratorio | Valor ap(BP) | Valor ane(BC) | ± | Muestra |
|---|---|---|---|---|
| KIA-20461 | 2450 | 500 | ± 25 | Hueso fauna doméstica |

| cal ANE m | cal ANE 1s | cal ANE 2s | cal ANE dir | δ13C | δ15N | C/N |
|---|---|---|---|---|---|---|
| 591 | 755 / 427 | 765 / 414 | 522 | -19.74 | 7.13 | 3.2 |

**Registro arqueológico**

Edificio rectangular G4. Subconjunto II A2. Vértebra lumbar de ovicáprido.

**Estructura** Asentamiento talayótico

**Significado arqueológico**

La datación indicaría un momento cercano al final de esta estructura de habitación. Lamentablemente, la calibración padece los efectos del aplanamiento de la "meseta de Hallstatt", por lo que este momento no puede ser situado con mayor precisión.

**Observaciones**

Delta 13Ccarb: -10,67 por mil. Recuperación colágeno: 9,05%. CLT: KIK-2665.

**Bibliografía**

Van Strydonck et alii 2004 e.p.: tabla 1.

**Yacimiento** Son Fornés
**Isla** Mallorca
**Municipio** Montuïri
**Exclusión** ☐

**Código laboratorio** KIA-20473
**Valor ap(BP)** 2425
**Valor ane(BC)** 475 ± 25
**Muestra** Hueso fauna doméstica

| cal ANE m | cal ANE 1s | cal ANE 2s | cal ANE dir | δ 13C | δ 15N | C/N |
|---|---|---|---|---|---|---|
| 575 | 735 / 415 | 757 / 404 | 429 | -19.49 | 10.23 | 2.7 |

**Registro arqueológico**
Recinto limitado por la muralla G1. Subconjunto V A3. Pelvis de Bos taurus.

**Estructura** Asentamiento postalayótico

**Significado arqueológico**
La datación indicaría un momento relativo al uso o final de esta estructura de habitación. Lamentablemente, la calibración padece los efectos del aplanamiento de la "meseta de Hallstatt", por lo que este momento no puede ser situado con mayor precisión.

**Observaciones**
Delta 13Ccarb: -10,20 por mil. Recuperación colágeno: 8,42%. CLT: KIK-2667.

**Bibliografía**
Van Strydonck et alii 2004 e.p.: tabla 1.

---

**Yacimiento** Son Fornés
**Isla** Mallorca
**Municipio** Montuïri
**Exclusión** ☐

**Código laboratorio** I-12125
**Valor ap(BP)** 2410
**Valor ane(BC)** 460 ± 80
**Muestra** Carbón

| cal ANE m | cal ANE 1s | cal ANE 2s | cal ANE dir | δ 13C | δ 15N | C/N |
|---|---|---|---|---|---|---|
| 560 | 717 / 404 | 772 / 332 | 456 | | | |

**Registro arqueológico**
Habitación talayótica 5 (HT-5). Estrato V. Sobre losas planas del hogar.

**Estructura** Asentamiento talayótico

**Significado arqueológico**
La datación indicaría un momento cercano al final de esta estructura de habitación. Lamentablemente, la calibración padece los efectos del aplanamiento de la "meseta de Hallstatt", por lo que este momento no puede ser situado con mayor precisión.

**Observaciones**

**Bibliografía**
Castro, Lull y Micó 1996: apéndice.

| Yacimiento | Isla | Municipio | Exclusión |
|---|---|---|---|
| Son Fornés | Mallorca | Montuïri | ☐ |

| Código laboratorio | Valor ap(BP) | Valor ane(BC) | ± | Muestra |
|---|---|---|---|---|
| KIA-11889 | 2405 | 455 | 25 | Hueso fauna doméstica |

| cal ANE m | cal ANE 1s | cal ANE 2s | cal ANE dir | δ 13C | δ 15N | C/N |
|---|---|---|---|---|---|---|
| 454 | 500 / 407 | 745 / 399 | 419 | -21.31 | 3.01 | 2.8 |

**Registro arqueológico**

Habitación postalayótica 2 (HPT-2). Estrato II2. Piso de habitación.

**Estructura** Asentamiento postalayótico

**Significado arqueológico**

La datación indicaría un momento relativo al uso de esta estructura de habitación.

**Observaciones**

Delta 13Ccarb: -9,56 por mil. CLT: KIK-1577.

**Bibliografía**

Van Strydonck et alii 2002: 47, 2004, e.p.: tabla 1.

| Yacimiento | Isla | Municipio | Exclusión |
|---|---|---|---|
| Son Fornés | Mallorca | Montuïri | ☐ |

| Código laboratorio | Valor ap(BP) | Valor ane(BC) | ± | Muestra |
|---|---|---|---|---|
| UAB-12 | 2355 | 405 | 70 | Carbón |

| cal ANE m | cal ANE 1s | cal ANE 2s | cal ANE dir | δ 13C | δ 15N | C/N |
|---|---|---|---|---|---|---|
| 418 | 465 / 370 | 729 / 265 | 418 | | | |

**Registro arqueológico**

Habitación postalayótica 3 (HPT-3). Corte 14bis. Estrato III/2A. Viga.

**Estructura** Asentamiento postalayótico

**Significado arqueológico**

La datación indicaría un momento relativo a la construcción o primer uso de esta estructura de habitación.

**Observaciones**

**Bibliografía**

Castro, Lull y Micó 1996: apéndice.

| Yacimiento | Isla | Municipio | Exclusión |
|---|---|---|---|
| Son Fornés | Mallorca | Montuïri | ✔ |

| Código laboratorio | Valor ap(BP) | Valor ane(BC) | ± | Muestra |
|---|---|---|---|---|
| CSIC-530 | 2350 | 400 | ± 50 | Carbón |

| cal ANE m | cal ANE 1s | cal ANE 2s | cal ANE dir | δ 13C | δ 15N | C/N |
|---|---|---|---|---|---|---|
| 408 | 432 / 383 | 519 / 356 | 407 | | | |

**Registro arqueológico**

Habitación talayótica 5 (HT-5). Corte 18-Este. Estrato III (antiguo IIa). Muestra junto a escalera.

**Estructura** Asentamiento talayótico

**Significado arqueológico**

La muestra fue seleccionada a fin de determinar el uso final de esta estructura habitacional. Sin embargo, ésta, como las restantes dataciones de la serie del CSIC de Son Fornés, proporcionan valores recientes, inconsistentes con el resto de las dataciones disponibles y con el registro estratigráfico de las respectivas zonas donde se efectuó el muestreo radiocarbónico.

**Observaciones**

Excluida por probable error de laboratorio.

**Bibliografía**

Inédita.

| Yacimiento | Isla | Municipio | Exclusión |
|---|---|---|---|
| Son Fornés | Mallorca | Montuïri | ✔ |

| Código laboratorio | Valor ap(BP) | Valor ane(BC) | ± | Muestra |
|---|---|---|---|---|
| CSIC-529 | 2350 | 400 | ± 50 | Carbón |

| cal ANE m | cal ANE 1s | cal ANE 2s | cal ANE dir | δ 13C | δ 15N | C/N |
|---|---|---|---|---|---|---|
| 408 | 432 / 383 | 519 / 356 | 407 | | | |

**Registro arqueológico**

Habitación talayótica 1 (HT-1). Corte 1. Estrato II.

**Estructura** Asentamiento talayótico

**Significado arqueológico**

La muestra fue seleccionada a fin de determinar el uso final de esta estructura habitacional. Sin embargo, ésta, como las restantes dataciones de la serie del CSIC de Son Fornés, proporcionan valores recientes, inconsistentes con el resto de las dataciones disponibles y con el registro estratigráfico de las respectivas zonas donde se efectuó el muestreo radiocarbónico.

**Observaciones**

Excluida por probable error de laboratorio.

**Bibliografía**

Inédita.

| Yacimiento | Isla | Municipio | Exclusión |
|---|---|---|---|
| Son Fornés | Mallorca | Montuïri | ☑ |

| Código laboratorio | Valor ap(BP) | Valor ane(BC) | ± | Muestra |
|---|---|---|---|---|
| CSIC-439A=CSIC-439B | 2325 | 375 | 35 | Carbón |

| cal ANE m | cal ANE 1s | cal ANE 2s | cal ANE dir | δ 13C | δ 15N | C/N |
|---|---|---|---|---|---|---|
| 392 | 405 / 379 | 423 / 367 | 392 | | | |

**Registro arqueológico**

Habitación talayótica 2 (HT-2). Corte 7. Estrato III2 (antiguo III).

**Estructura** Asentamiento talayótico

**Significado arqueológico**

La muestra fue seleccionada a fin de determinar el uso final de esta estructura habitacional. Sin embargo, ésta, como las restantes dataciones de la serie del CSIC de Son Fornés, proporcionan valores recientes, inconsistentes con el resto de las dataciones disponibles y con el registro estratigráfico de las respectivas zonas donde se efectuó el muestreo radiocarbónico.

**Observaciones**

Excluida por probable error de laboratorio. Ponderación de las dataciones CSIC-439A: 380±50 ane y CSIC-439B: 370±50 ane.

**Bibliografía**

Inédita.

| Yacimiento | Isla | Municipio | Exclusión |
|---|---|---|---|
| Son Fornés | Mallorca | Montuïri | ☑ |

| Código laboratorio | Valor ap(BP) | Valor ane(BC) | ± | Muestra |
|---|---|---|---|---|
| CSIC-438 | 2320 | 370 | 50 | Carbón |

| cal ANE m | cal ANE 1s | cal ANE 2s | cal ANE dir | δ 13C | δ 15N | C/N |
|---|---|---|---|---|---|---|
| 394 | 417 / 370 | 452 / 243 | 393 | | | |

**Registro arqueológico**

Talayot 1. Interior cámara. Cortes 9/12. Estrato II.

**Estructura** Talayot

**Significado arqueológico**

La muestra fue seleccionada a fin de determinar el uso final de esta estructura habitacional. Sin embargo, ésta, como las restantes dataciones de la serie del CSIC de Son Fornés, proporcionan valores recientes, inconsistentes con el resto de las dataciones disponibles y con el registro estratigráfico de las respectivas zonas donde se efectuó el muestreo radiocarbónico.

**Observaciones**

Excluida por probable error de laboratorio.

**Bibliografía**

Inédita.

| **Yacimiento** | **Isla** | **Municipio** | **Exclusión** |
|---|---|---|---|
| Son Fornés | Mallorca | Montuïri | ☐ |

| **Código laboratorio** | **Valor ap(BP)** | **Valor ane(BC)** | ± | **Muestra** |
|---|---|---|---|---|
| KIA-12698 | 2295 | 345 | 25 | Semilla cereal |

| **cal ANE m** | **cal ANE 1s** | **cal ANE 2s** | **cal ANE dir** | **δ 13C** | **δ 15N** | **C/N** |
|---|---|---|---|---|---|---|
| 383 | 391 / 375 | 400 / 365 | 382 | -19.9 | | |

**Registro arqueológico**

Habitación postalayótica 1 (HPT-1). Estrato II2. Piso de habitación. Cerealia sp.

**Estructura** Asentamiento postalayótico

**Significado arqueológico**

La datación indicaría un momento relativo al uso o final de la primera ocupación de esta estructura de habitación.

**Observaciones**

CLT: KIK-1681.

**Bibliografía**

Van Strydonck et alii 2002: 47.

| **Yacimiento** | **Isla** | **Municipio** | **Exclusión** |
|---|---|---|---|
| Son Fornés | Mallorca | Montuïri | ☐ |

| **Código laboratorio** | **Valor ap(BP)** | **Valor ane(BC)** | ± | **Muestra** |
|---|---|---|---|---|
| UAB-6 | 2280 | 330 | 75 | Carbón |

| **cal ANE m** | **cal ANE 1s** | **cal ANE 2s** | **cal ANE dir** | **δ 13C** | **δ 15N** | **C/N** |
|---|---|---|---|---|---|---|
| 332 | 420 / 243 | 473 / 155 | 366 | | | |

**Registro arqueológico**

Habitación postalayótica 1 (HPT-1). Sector B. Estrato II. X = 4,70 m; Y = 2,60 m; Z = -5,17 m.

**Estructura** Asentamiento postalayótico

**Significado arqueológico**

La datación indicaría un momento relativo al hiato entre la primera y la segunda ocupación de esta estructura de habitación.

**Observaciones**

**Bibliografía**

Castro, Lull y Micó 1996: apéndice.

| Yacimiento | Isla | Municipio | Exclusión |
|---|---|---|---|
| Son Fornés | Mallorca | Montuïri | ☐ |

| Código laboratorio | Valor ap(BP) | Valor ane(BC) | ± | Muestra |
|---|---|---|---|---|
| KIA-11888 | 2270 | 320 | 25 | Hueso fauna doméstica |

| cal ANE m | cal ANE 1s | cal ANE 2s | cal ANE dir | δ 13C | δ 15N | C/N |
|---|---|---|---|---|---|---|
| 375 | 383 / 367 | 392 / 223 | 376 | -20.54 | 9.05 | 2.88 |

**Registro arqueológico**

Habitación postalayótica 1 (HPT-1). Estrato I2 (antiguo estrato I5 base). Z = de -4,55/60 a -4,89 m.

**Estructura** Asentamiento postalayótico

**Significado arqueológico**

La datación indicaría un momento relativo al uso de la segunda ocupación de esta estructura de habitación.

**Observaciones**

Delta 13Ccarb: -7,36 por mil. CLT: KIK-1576.

**Bibliografía**

Van Strydonck et alii 2002: 47, 2004, e.p.: tabla 1.

| Yacimiento | Isla | Municipio | Exclusión |
|---|---|---|---|
| Son Fornés | Mallorca | Montuïri | ☐ |

| Código laboratorio | Valor ap(BP) | Valor ane(BC) | ± | Muestra |
|---|---|---|---|---|
| KIA-23120 | 2265 | 315 | 30 | Hueso humano |

| cal ANE m | cal ANE 1s | cal ANE 2s | cal ANE dir | δ 13C | δ 15N | C/N |
|---|---|---|---|---|---|---|
| 319 | 382 / 257 | 394 / 215 | 373 | -18.68 | 11.87 | 2.7 |

**Registro arqueológico**

Zona E3. Conjunto II A8. Triangulado nº 2. Falange proximal del 3º dedo de la mano derecha.

**Estructura** Varia funerario

**Significado arqueológico**

La datación indicaría el momento de una deposición funeraria tal vez truncada por una remodelación constructiva.

**Observaciones**

Recuperación colágeno: 20%. CLT: KIK-3035.

**Bibliografía**

Van Strydonck et alii 2004 e.p.: tabla 1.

| Yacimiento | Isla | Municipio | Exclusión |
|---|---|---|---|
| Son Fornés | Mallorca | Montuïri | ☐ |

| Código laboratorio | Valor ap(BP) | Valor ane(BC) | ± | Muestra |
|---|---|---|---|---|
| UAB-3 | 2245 | 295 | 70 | Carbón |

| cal ANE m | cal ANE 1s | cal ANE 2s | cal ANE dir | δ 13C | δ 15N | C/N |
|---|---|---|---|---|---|---|
| 298 | 394 / 203 | 438 / 128 | 339 | | | |

**Registro arqueológico**

Habitación postalayótica 1 (HPT-1). Estrato I2 base (antiguo I/5base). Z = -4,86 m; X = 3,00 m; Y = 4,70 m.

**Estructura** Asentamiento postalayótico

**Significado arqueológico**

La datación indicaría un momento relativo al uso de la segunda ocupación de esta estructura de habitación.

**Observaciones**

**Bibliografía**

Castro, Lull y Micó 1996: apéndice.

| Yacimiento | Isla | Municipio | Exclusión |
|---|---|---|---|
| Son Fornés | Mallorca | Montuïri | ☐ |

| Código laboratorio | Valor ap(BP) | Valor ane(BC) | ± | Muestra |
|---|---|---|---|---|
| UAB-7 | 2230 | 280 | 75 | Carbón |

| cal ANE m | cal ANE 1s | cal ANE 2s | cal ANE dir | δ 13C | δ 15N | C/N |
|---|---|---|---|---|---|---|
| 284 | 387 / 181 | 437 / 105 | 325 | | | |

**Registro arqueológico**

Habitación postalayótica 2 (HPT-2). Estrato II2 (antiguo I/3). Viga sobre enlosado.

**Estructura** Asentamiento postalayótico

**Significado arqueológico**

La datación indicaría un momento relativo a la ocupación de esta estructura de habitación.

**Observaciones**

**Bibliografía**

Castro, Lull y Micó 1996: apéndice.

| Yacimiento | Isla | Municipio | Exclusión |
|---|---|---|---|
| Son Fornés | Mallorca | Montuïri | ☐ |

| Código laboratorio | Valor ap(BP) | Valor ane(BC) | ± | Muestra |
|---|---|---|---|---|
| KIA-11886 | 2210 | 260 | 25 | Hueso fauna doméstica |

| cal ANE m | cal ANE 1s | cal ANE 2s | cal ANE dir | δ 13C | δ 15N | C/N |
|---|---|---|---|---|---|---|
| 282 | 365 / 198 | 375 / 187 | 347,301,220 | -21.25 | 4.78 | |

**Registro arqueológico**

Habitación postalayótica 3 (HPT-3). Estrato III/2.

**Estructura** Asentamiento postalayótico

**Significado arqueológico**

La datación indicaría un momento relativo a la ocupación de esta estructura de habitación.

**Observaciones**

Delta 13Ccarb: -8,97 por mil. CLT: KIK-1574.

**Bibliografía**

Van Strydonck et alii 2002: 46, 2004, e.p.: tabla 1.

| Yacimiento | Isla | Municipio | Exclusión |
|---|---|---|---|
| Son Fornés | Mallorca | Montuïri | ☐ |

| Código laboratorio | Valor ap(BP) | Valor ane(BC) | ± | Muestra |
|---|---|---|---|---|
| UtC-2287 | 2150 | 200 | 40 | Hueso humano |

| cal ANE m | cal ANE 1s | cal ANE 2s | cal ANE dir | δ 13C | δ 15N | C/N |
|---|---|---|---|---|---|---|
| 174 | 207 / 142 | 360 / 74 | 179 | -19.3 | 13.39 | |

**Registro arqueológico**

Zona C-Sur. Estrato II. Sepultura nº 2. Mujer adulta. Inhumación en cal en el interior de una fosa poco profunda al aire libre. Falange proximal del 5º dedo de la mano izquierda.

**Estructura** Varia funerario

**Significado arqueológico**

La datación indica el momento en que se efectuó esta deposición funeraria.

**Observaciones**

Recuperación colágeno: 12,99%. CLT: KIK-191.

**Bibliografía**

Van Strydonck et alii 1995: 29, 2004, e.p.: tabla 1.

| Yacimiento | Isla | Municipio | Exclusión |
|---|---|---|---|
| Son Fornés | Mallorca | Montuïri | ☐ |

| Código laboratorio | Valor ap(BP) | Valor ane(BC) | ± | Muestra |
|---|---|---|---|---|
| UAB-13 | 2140 | 190 | ± 90 | Carbón |

| cal ANE m | cal ANE 1s | cal ANE 2s | cal ANE dir | δ 13C | δ 15N | C/N |
|---|---|---|---|---|---|---|
| 184 | 311 / 58 | 400 / -56 | 164 | | | |

**Registro arqueológico**

Habitación postalayótica 1 (HPT-1). Estrato I2. Relleno de cisterna.

**Estructura** Asentamiento postalayótico

**Significado arqueológico**

La datación corresponde al momento de colmatación y amortización de la cisterna de la HPT-1, en un contexto claro de abandono.

**Observaciones**

**Bibliografía**

Castro, Lull y Micó 1996: apéndice.

| Yacimiento | Isla | Municipio | Exclusión |
|---|---|---|---|
| Son Fornés | Mallorca | Montuïri | ☐ |

| Código laboratorio | Valor ap(BP) | Valor ane(BC) | ± | Muestra |
|---|---|---|---|---|
| UtC-2286 | 2100 | 150 | ± 40 | Hueso humano |

| cal ANE m | cal ANE 1s | cal ANE 2s | cal ANE dir | δ 13C | δ 15N | C/N |
|---|---|---|---|---|---|---|
| 122 | 175 / 70 | 203 / 15 | 126 | -19.4 | 12.18 | |

**Registro arqueológico**

Zona B. Estrato superficial. Sepultura nº 1. Mujer adulta e individuo perinatal. Inhumación en cal en el interior de una fosa poco profunda al aire libre.

**Estructura** Varia funerario

**Significado arqueológico**

La datación indica el momento en que se efectuó esta deposición funeraria.

**Observaciones**

CLT: KIK-190.

**Bibliografía**

Van Strydonck et alii 1995: 29, 2004, e.p.: tabla 1.

| Yacimiento | Isla | Municipio | Exclusión |
|---|---|---|---|
| Son Fornés | Mallorca | Montuïri | ☐ |

| Código laboratorio | Valor ap(BP) | Valor ane(BC) | ± | Muestra |
|---|---|---|---|---|
| KIA-23128 | 2095 | 145 | 30 | Hueso humano |

| cal ANE m | cal ANE 1s | cal ANE 2s | cal ANE dir | δ 13C | δ 15N | C/N |
|---|---|---|---|---|---|---|
| 118 | 171 / 66 | 187 / 30 | 111 | -18.42 | 11.68 | 2.7 |

**Registro arqueológico**

Zona G. Conjunto I A2. Tumba 3. Hombre adulto. Inhumación en estructura cistoide.

**Estructura** Varia funerario

**Significado arqueológico**

La datación indica el momento en que se efectuó esta deposición funeraria.

**Observaciones**

CLT: KIK-3043.

**Bibliografía**

Van Strydonck et alii 2004 e.p.: tabla 1.

| Yacimiento | Isla | Municipio | Exclusión |
|---|---|---|---|
| Son Fornés | Mallorca | Montuïri | ☐ |

| Código laboratorio | Valor ap(BP) | Valor ane(BC) | ± | Muestra |
|---|---|---|---|---|
| UAB-9 | 2030 | 80 | 70 | Carbón |

| cal ANE m | cal ANE 1s | cal ANE 2s | cal ANE dir | δ 13C | δ 15N | C/N |
|---|---|---|---|---|---|---|
| 34 | 124 / -57 | 200 / -122 | 29 | | | |

**Registro arqueológico**

Habitación postalayótica 3 (HPT-3). Corte 14bis. Estrato III (antiguo IV/2-3). Relleno en cisterna.

**Estructura** Asentamiento histórico

**Significado arqueológico**

La datación corresponde al momento de colmatación y amortización de la cisterna de la HPT-3 con materiales residuales, en un contexto claro de abandono.

**Observaciones**

**Bibliografía**

Castro, Lull y Micó 1996: apéndice.

| Yacimiento | Isla | Municipio | Exclusión |
|---|---|---|---|
| Son Fornés | Mallorca | Montuïri | ☐ |

| Código laboratorio | Valor ap(BP) | Valor ane(BC) | ± | Muestra |
|---|---|---|---|---|
| UAB-8 | 1970 | 20 | 80 | Carbón |

| cal ANE m | cal ANE 1s | cal ANE 2s | cal ANE dir | δ 13C | δ 15N | C/N |
|---|---|---|---|---|---|---|
| -34 | 57 / -126 | 156 / -203 | -45 | | | |

**Registro arqueológico**

Habitación postalayótica 2 (HPT-2). Estrato II (antiguo I/2). Triangulado nº 8. Z = -5,71 m.

**Estructura** Asentamiento postalayótico

**Significado arqueológico**

La datación resulta ligeramente más reciente de lo esperado, según los resultados de otras dataciones radiocarbónicas y la tipología de los materiales asociados.

**Observaciones**

**Bibliografía**

Castro, Lull y Micó 1996: apéndice.

| Yacimiento | Isla | Municipio | Exclusión |
|---|---|---|---|
| Son Fornés | Mallorca | Montuïri | ☐ |

| Código laboratorio | Valor ap(BP) | Valor ane(BC) | ± | Muestra |
|---|---|---|---|---|
| UAB-4 | 1350 | -600 | 70 | Carbón |

| cal ANE m | cal ANE 1s | cal ANE 2s | cal ANE dir | δ 13C | δ 15N | C/N |
|---|---|---|---|---|---|---|
| -674 | -629 / -718 | -585 / -827 | -665 | | | |

**Registro arqueológico**

Zona Z/N. Corte 1 de la campaña de 1982. Zona cisterna W. Z = -5,47 m.

**Estructura** Asentamiento histórico

**Significado arqueológico**

La datación resulta coherente con los restos de la ocupación altomedieval documentados fragmentariamente en el yacimiento. Sin embargo, en este caso no es posible vincular la datación con ningún conjunto estructural claramente definido.

**Observaciones**

**Bibliografía**

Castro, Lull y Micó 1996: apéndice.

**Yacimiento** Son Maimó

La datación radiocarbónica de uno de los ataúdes de madera recuperados en esta cueva artificial señala una cronología a partir de la segunda mitad del siglo V cal ANE para este tipo de contenedor funerario. La fecha, además, proporciona otro dato cronológico interesante, ya que en los diferentes sectores excavados el nivel de ataúdes apareció siempre por debajo de los paquetes con evidencias de inhumación en cal y, por tanto, establece un terminus post quem para la práctica de este ritual funerario.

La estratigrafía tripartita de Son Maimó, con un nivel inferior de tierras arcillosas, otro intermedio o carbonoso formado por los enterramientos en contenedor de madera, y otro superior definido por las inhumaciones en cal, ha sido objeto de una revisión por parte de diferentes autores (Coll 1989, Hernández Gasch 1998) debido, esencialmente, a tres motivos: a) falta de concreción respecto a la posición estratigráfica que ocupaba un cierto número de materiales publicados como procedentes del nivel "carbonoso e inferior"; b.) presencia de restos humanos en el nivel inferior que podrían dar cuenta de prácticas funerarias anteriores a las del nivel de ataúdes, y c.) la cronología de algunos materiales hallados en el nivel que ocupaban los contenedores de madera no van más allá del siglo II arq ANE. Estas críticas no afectan tanto a la cronología de los ataúdes en sí (pese a que también podría aducirse que han sido datados a partir de muestras de vida larga), como a los ejercicios de cronología cruzada que afectan a materiales tipológicamente afines hallados en otros yacimientos. Es decir, la cronología del nivel con ataúdes de Son Maimó rebasa el marco del siglo V extendiéndose hasta el II, y éste debería ser el rango utilizado a la hora de proponer cronologías relativas basadas en paralelismos de materiales.

Referencias: Amorós (1974), Veny (1977), Coll (1989), Hernández Gasch (1998).

.

| **Yacimiento** | **Isla** | **Municipio** | **Exclusión** |
|---|---|---|---|
| Son Maimó | Mallorca | Petra | ☐ |

| **Código laboratorio** | **Valor ap(BP)** | **Valor ane(BC)** | ± | **Muestra** |
|---|---|---|---|---|
| QL-144 | 2370 | 420 | 50 | Madera |

| **cal ANE m** | **cal ANE 1s** | **cal ANE 2s** | **cal ANE dir** | **δ 13C** | **δ 15N** | **C/N** |
|---|---|---|---|---|---|---|
| 421 | 450 / 392 | 733 / 367 | 417 | | | |

**Registro arqueológico**

Cueva artificial funeraria. Nivel II. Ataúd.

**Estructura** Varia funerario

**Significado arqueológico**

La datación indica un momento previo, en una medida indeterminada, respecto a la fabricación del ataúd.

**Observaciones**

**Bibliografía**

Veny 1977: 154; Alonso et alii 1978: 177; Guerrero 1987: 165.

**Yacimiento** Son Marroig

El pequeño abrigo de Son Marroig presenta una única cámara que fue utilizada como recinto de enterramiento colectivo. Según su excavador, los enterramientos siguieron un ritual secundario y a ellos se asocia el hallazgo de varios vasos característicos de la fase campaniforme tardía. La única datación radiocarbónica sitúa esta práctica funeraria en el primer tercio del II milenio cal ANE.

Referencias: Waldren (1982a).

| **Yacimiento** | **Isla** | **Municipio** | **Exclusión** |
|---|---|---|---|
| Son Marroig | Mallorca | Deià | ☐ |

| **Código laboratorio** | **Valor ap(BP)** | **Valor ane(BC)** | ± | **Muestra** |
|---|---|---|---|---|
| Y-1824 | 3470 | 1520 | ± 120 | Hueso humano |

| **cal ANE m** | **cal ANE 1s** | **cal ANE 2s** | **cal ANE dir** | **δ 13C** | **δ 15N** | **C/N** |
|---|---|---|---|---|---|---|
| 1777 | 1925 / 1630 | 2092 / 1505 | 1779 | | | |

**Registro arqueológico**

Cueva natural funeraria. Sector central. Nivel inferior. Z = -50. Peso de la muestra: 500 g.

**Estructura** Cueva natural de inhumación

**Significado arqueológico**

La datación indica la práctica de inhumaciones colectivas en la cueva entre el primer y segundo cuarto del II milenio cal ANE, de forma sincrónica a lo documentado en otros yacimientos baleáricos.

**Observaciones**

Waldren (1982a: 509; 1982b: 1A: 30, 1986: tabla 16) se refiere a ella con el código Y-1856. Rosselló Bordoy, Waldren y Kooper (1967: 6-7), Waldren (1992: tabla 1) entre otros, le asignan una desviación tipo de ±80.

**Bibliografía**

Rosselló, Waldren y Kopper 1967: 6-7; Waldren y Kopper 1967: 52, 54; Stuiver 1969: 637; Fernández-Miranda 1978: 328; Fernández-Miranda y Waldren 1979: 362.

**Yacimiento** Son Mas

Las campañas de excavación realizadas en este yacimiento plurifásico han permitido definir una secuencia de ocupaciones jalonada por decenas de dataciones radiocarbónicas. Según la publicación más reciente y completa (Van Strydonck, Waldren y Hendrix 1998), en Son Mas se distinguen varias fases:
1. Fase preconstructiva pretalayótica entre ca. 2100 y 1840, caracterizada por la abundancia de cerámicas campaniforme. Tras esta fase se abriría un hiato de varios siglos.
2. Fase de preconstrucción o subconstrucción del santuario, el edificio en piedra de mayor entidad del yacimiento, iniciada en el siglo XIV cal ANE.
3. Construcción del santuario en la primera mitad del siglo VIII.
4. Fundación del barrio artesanal cercano, no antes del siglo V.
5. Abandono en los siglos III/II arq ANE, según la cronología sugerida por los materiales cerámicos de importación.

La serie radiocarbónica incluye cincuenta y seis dataciones, que han sido realizadas a partir de muestras de distinto tipo recogidas en diferentes sectores. Las cuatro dataciones más altas de la serie (UtC-4676, IRPA-909, IRPA-908 y UtC-2020) atestiguan efectivamente que la primera ocupación del lugar, a la cual se vincula el hallazgo de abundantes fragmentos de cerámicas de filiación campaniforme, data de finales del III e inicios del II milenio cal ANE. Tras varios siglos de hiato, las dataciones UtC-5892 y UtC-2756 encabezan el resto de la serie, que se desarrolla desde los siglos XIV/XIII cal ANE en adelante sin vacíos apreciables.

A partir de ahora, la principal cuestión estriba en aproximarnos al máximo a la fecha de construcción del santuario y del barrio cercano. Las fechas más recientes indicadoras de momentos previos, en una medida indeterminada, respecto a la construcción del santuario son UtC-4857 y UtC-5374. La primera se obtuvo a partir de muestras óseas humanas procedentes de una tumba desarticulada al construir el muro del santuario, mientras que la segunda se obtuvo a partir de carbón hallado en el relleno del muro de este edificio. En consecuencia, el santuario se construyó después de inicios del siglo VIII cal ANE. Ahora bien, ¿mucho o poco tiempo después?

Por desgracia, las dataciones efectuadas a partir de muestras recogidas en el nivel III (ocupacional) del interior del santuario (UtC-1002, IRPA-1025, UtC-1257, IRPA-836 y QL-4246) sitúan sus resultados calibrados en el tramo plano de la curva, lo cual delimita un amplio intervalo entre entre inicios del VIII y finales del siglo VI cal ANE. La cuestión, pues, permanece abierta, toda vez que no resulta posible determinar si el edificio se levantó en el 750 o, pongamos por caso, en el 550 cal ANE. Por añadidura, si nos fijamos en las restantes dataciones vinculadas con el santuario todavía hallamos más elementos para la discusión. Así, bajo el umbral de entrada (es decir, un contexto aparentemente preconstructivo) se obtuvo una muestra de carbón cuya datación (UtC-1001) ha proporcionado un resultado en torno al siglo III cal ANE. Por otra parte, el momento de amortización del edificio quedaría establecido a partir de la datación QL-4201, aproximadamente en el siglo I cal ANE. Entre ambas se delimita un intervalo de unos dos siglos que podría corresponder al uso de la construcción, en este hipotético caso completamente tardío.

En suma, en el estado actual de nuestros conocimientos, sobre la definición del intervalo de uso del santuario de Son Mas planean demasiadas dudas. Parece claro que fue construido después de 800/750 cal ANE, pero ignoramos si su fundación remite al siglo VIII, al VI cal ANE o, incluso, al siglo III cal ANE (Castro, Escoriza y Sanahuja 2003a: 110). En estos casos, cuando el radiocarbono y la estratigrafía no permiten despejar tantas incertidumbres, resulta crucial atender a la tipología de los artefactos muebles asociados a los diferentes niveles de preconstrucción, ocupación y abandono. Lamentablemente, éstos todavía no han sido publicados.

En cuanto a la fundación del "sector barrio", cabe vincular varias dataciones a diferentes contextos y episodios previos (UtC-4170, IRPA-1051, UtC-4167, UtC-3190 y UtC-5426). Precisamente es ésta última la que proporciona la indicación temporal más reciente de entre los contextos preconstructivos (ca. primera mitad del siglo V cal ANE). Al parecer, las dataciones ya seguras y abundantes relacionadas con pisos y a veces con actividad de fundición de plomo (IRPA-1066, UtC-3188, UtC-3933) se distribuyen entre mediados y finales del mismo siglo V cal ANE. Más adelante, las dataciones UtC-3189, UtC-3045, UtC-9018, UtC-3046 e IRPA-1026 testimonian el funcionamiento del sector hasta más allá del cambio de era. No obstante, en este sentido, Waldren (1996) puntualizó que el abandono se habría producido entre los siglos III y II cal ANE, pero que el sector fue frecuentado esporádicamente hasta ca. 200 arq DNE. En sí mismas, las dataciones radiocarbónicas disponibles no cuestionan este panorama.

Referencias: Waldren (1996, 1998), Van Strydonck, Waldren y Hendrix (1998).

| Yacimiento | Isla | Municipio | Exclusión |
|---|---|---|---|
| Son Mas | Mallorca | Valldemossa | ☐ |

| Código laboratorio | Valor ap(BP) | Valor ane(BC) | ± | Muestra |
|---|---|---|---|---|
| UtC-4676 | 3775 | 1825 | 35 | Carbón |

| cal ANE m | cal ANE 1s | cal ANE 2s | cal ANE dir | δ 13C | δ 15N | C/N |
|---|---|---|---|---|---|---|
| 2186 | 2232 / 2140 | 2303 / 2063 | 2197 | -25.8 | | |

**Registro arqueológico**

Zona exterior santuario. Cuadrante 12W.9.

**Estructura** Asentamiento al aire libre

**Significado arqueológico**

La datación indica la ocupación del lugar con anterioridad a la construcción del santuario y en sincronía con la primera fase de ocupación en el cercano Son Ferrandell-Oleza/OS-WOS.

**Observaciones**

CLT: KIK-568.

**Bibliografía**

Van Strydonck Waldren y Hendrix 1998: 739; Van Strydonck et alii 1998: 28.

| Yacimiento | Isla | Municipio | Exclusión |
|---|---|---|---|
| Son Mas | Mallorca | Valldemossa | ☐ |

| Código laboratorio | Valor ap(BP) | Valor ane(BC) | ± | Muestra |
|---|---|---|---|---|
| IRPA-909 | 3580 | 1630 | 60 | Carbón |

| cal ANE m | cal ANE 1s | cal ANE 2s | cal ANE dir | δ13C | δ15N | C/N |
|---|---|---|---|---|---|---|
| 1928 | 1995 / 1861 | 2087 / 1740 | 1921 | -25 | | |

**Registro arqueológico**

Zona exterior santuario. Cuadrante 8O.9. Nivel III 9. Fase pre-construcción. Muestra 2.

**Estructura** Asentamiento al aire libre

**Significado arqueológico**

La datación indica la ocupación del lugar con anterioridad a la construcción del santuario y en sincronía con la primera fase de ocupación en el cercano Son Ferrandell-Oleza/OS-WOS.

**Observaciones**

Van Strydonck, Waldren y Hendrix (1998: 739) le asignan una desviación tipo de ±70.

**Bibliografía**

Dauchot-Dehon y Van Strydonck 1992: 81; Waldren y Van Strydonck 1992: tabla 1; Van Strydonck, Waldren y Hendrix 1998: 739.

| Yacimiento | Isla | Municipio | Exclusión |
|---|---|---|---|
| Son Mas | Mallorca | Valldemossa | ☐ |

| Código laboratorio | Valor ap(BP) | Valor ane(BC) | ± | Muestra |
|---|---|---|---|---|
| IRPA-908 | 3570 | 1620 | 70 | Carbón |

| cal ANE m | cal ANE 1s | cal ANE 2s | cal ANE dir | δ13C | δ15N | C/N |
|---|---|---|---|---|---|---|
| 1907 | 1996 / 1819 | 2092 / 1718 | 1911 | -25.2 | | |

**Registro arqueológico**

Zona exterior santuario. Cuadrante 9O.5. Nivel III 8. Fase pre-construcción. Muestra 1.

**Estructura** Asentamiento al aire libre

**Significado arqueológico**

La datación indica la ocupación del lugar con anterioridad a la construcción del santuario y en sincronía con la primera fase de ocupación en el cercano Son Ferrandell-Oleza/OS-WOS.

**Observaciones**

Van Strydonck, Waldren y Hendrix (1998: 739) le asignan una desviación tipo de ±65.

**Bibliografía**

Dauchot-Dehon y Van Strydonck 1992: 81; Waldren y Van Strydonck 1992: tabla 1; Van Strydonck, Waldren y Hendrix 1998: 739.

| Yacimiento | Isla | Municipio | Exclusión |
|---|---|---|---|
| Son Mas | Mallorca | Valldemossa | ☐ |

| Código laboratorio | Valor ap(BP) | Valor ane(BC) | ± | Muestra |
|---|---|---|---|---|
| UtC-2020 | 3510 | 1560 | 60 | Carbón |

| cal ANE m | cal ANE 1s | cal ANE 2s | cal ANE dir | δ 13C | δ 15N | C/N |
|---|---|---|---|---|---|---|
| 1824 | 1913 / 1734 | 1989 / 1686 | 1839 | -25.9 | | |

**Registro arqueológico**

Zona exterior santuario. Cuadrante 7O.7. Nivel III. Z = 0-20 cm.

**Estructura** Asentamiento al aire libre

**Significado arqueológico**

La datación indica la ocupación del lugar con anterioridad a la construcción del santuario y en sincronía con la primera fase de ocupación en el cercano Son Ferrandell-Oleza/OS-WOS.

**Observaciones**

CLT: KIK-114.

**Bibliografía**

Waldren y Van Strydonck 1992: tabla 1; Van Strydonck et alii 1995: 24, 1998: 739.

| Yacimiento | Isla | Municipio | Exclusión |
|---|---|---|---|
| Son Mas | Mallorca | Valldemossa | ☑ |

| Código laboratorio | Valor ap(BP) | Valor ane(BC) | ± | Muestra |
|---|---|---|---|---|
| UtC-5892 | 3060 | 1110 | 35 | Mezcla |

| cal ANE m | cal ANE 1s | cal ANE 2s | cal ANE dir | δ 13C | δ 15N | C/N |
|---|---|---|---|---|---|---|
| 1338 | 1391 / 1285 | 1410 / 1229 | 1324 | | | |

**Registro arqueológico**

Cuadrante 8J.3a. Nivel preconstructivo.

**Estructura** Hábitat indeterminado

**Significado arqueológico**

El hecho de que la datación proceda de una muestra mezclada aconseja dejar en suspenso su valoración. Pese a ello, el resultado no contradice lo esperado.

**Observaciones**

Excluida, por haber sido realizada a partir de una mezcla de carbón y hueso (Van Strydonck, Waldren y Hendrix 1998: 739). CLT: KIK-762.

**Bibliografía**

Van Strydonck Waldren y Hendrix 1998: 739; Van Strydonck et alii 1998: 28.

| Yacimiento | Isla | Municipio | Exclusión |
|---|---|---|---|
| Son Mas | Mallorca | Valldemossa | ☐ |

| Código laboratorio | Valor ap(BP) | Valor ane(BC) | ± | Muestra |
|---|---|---|---|---|
| UtC-2756 | 3020 | 1070 | 60 | Hueso fauna doméstica |

| cal ANE m | cal ANE 1s | cal ANE 2s | cal ANE dir | δ 13C | δ 15N | C/N |
|---|---|---|---|---|---|---|
| 1264 | 1360 / 1169 | 1408 / 1068 | 1275 | -20.2 | | |

**Registro arqueológico**

Zona interior santuario. Cuadrante 6N.5. Contacto entre niveles pretalayótico/talayótico. Momento preconstructivo.

**Estructura** Hábitat indeterminado

**Significado arqueológico**

La datación indica la ocupación del lugar con anterioridad a la construcción del santuario y en sincronía con la segunda fase de ocupación en el cercano Son Ferrandell-Oleza/OS.

**Observaciones**

Van Strydonck et alii (1995: 24) sitúan la muestra en el cuadro 5N.6. CLT: KIK-266.

**Bibliografía**

Van Strydonck et alii 1995: 24; Van Strydonck, Waldren y Hendrix 1998: 739.

| Yacimiento | Isla | Municipio | Exclusión |
|---|---|---|---|
| Son Mas | Mallorca | Valldemossa | ☐ |

| Código laboratorio | Valor ap(BP) | Valor ane(BC) | ± | Muestra |
|---|---|---|---|---|
| IRPA-1053 | 2990 | 1040 | 50 | Carbón |

| cal ANE m | cal ANE 1s | cal ANE 2s | cal ANE dir | δ 13C | δ 15N | C/N |
|---|---|---|---|---|---|---|
| 1224 | 1303 / 1145 | 1382 / 1045 | 1237 | -24.9 | | |

**Registro arqueológico**

Zona interior santuario. Cuadrante 6L.4. Nivel III. Momento preconstructivo.

**Estructura** Hábitat indeterminado

**Significado arqueológico**

La datación indica la ocupación del lugar con anterioridad a la construcción del santuario y en sincronía con la segunda fase de ocupación en el cercano Son Ferrandell-Oleza/OS.

**Observaciones**

**Bibliografía**

Waldren y Van Strydonck 1992: tabla 1; Van Strydonck et alii 1995: 24; 1998: 739.

| Yacimiento | Isla | Municipio | Exclusión |
|---|---|---|---|
| Son Mas | Mallorca | Valldemossa | ☐ |

| Código laboratorio | Valor ap(BP) | Valor ane(BC) | ± | Muestra |
|---|---|---|---|---|
| KIA-20203 | 2980 | 1030 | 30 | Hueso fauna doméstica |

| cal ANE m | cal ANE 1s | cal ANE 2s | cal ANE dir | δ 13C | δ 15N | C/N |
|---|---|---|---|---|---|---|
| 1209 | 1278 / 1141 | 1304 / 1104 | 1215 | -20.15 | 4.83 | |

**Registro arqueológico**

Procedencia de la muestra desconocida.

**Estructura** Hábitat indeterminado

**Significado arqueológico**

La datación indica la ocupación del lugar con anterioridad a la construcción del santuario.

**Observaciones**

Delta 13Ccarb = -12,42 por mil.

**Bibliografía**

Van Strydonck et alii 2004 e.p.: tabla 1.

| Yacimiento | Isla | Municipio | Exclusión |
|---|---|---|---|
| Son Mas | Mallorca | Valldemossa | ☐ |

| Código laboratorio | Valor ap(BP) | Valor ane(BC) | ± | Muestra |
|---|---|---|---|---|
| UtC-2747 | 2970 | 1020 | 70 | Hueso fauna doméstica |

| cal ANE m | cal ANE 1s | cal ANE 2s | cal ANE dir | δ 13C | δ 15N | C/N |
|---|---|---|---|---|---|---|
| 1191 | 1315 / 1067 | 1381 / 967 | 1195 | -20.9 | | |

**Registro arqueológico**

Cuadrante 12L.5. Base de la "roca mirador".

**Estructura** Hábitat indeterminado

**Significado arqueológico**

La datación indica la ocupación del lugar con anterioridad a la construcción del santuario.

**Observaciones**

CLT: KIK-252.

**Bibliografía**

Van Strydonck et alii 1995: 24; Van Strydonck, Waldren y Hendrix 1998: 739.

| Yacimiento | Isla | Municipio | Exclusión |
|---|---|---|---|
| Son Mas | Mallorca | Valldemossa | ☐ |

| Código laboratorio | Valor ap(BP) | Valor ane(BC) | ± | Muestra |
|---|---|---|---|---|
| IRPA-1094 | 2970 | 1020 | 40 | Carbón |

| cal ANE m | cal ANE 1s | cal ANE 2s | cal ANE dir | δ 13C | δ 15N | C/N |
|---|---|---|---|---|---|---|
| 1200 | 1279 / 1121 | 1330 / 1040 | 1190 | -26.1 | | |

**Registro arqueológico**

Zona interior santuario. Cuadrante 6L.7. Nivel III. Momento preconstructivo.

**Estructura** Hábitat indeterminado

**Significado arqueológico**

La datación indica la ocupación del lugar con anterioridad a la construcción del santuario.

**Observaciones**

Van Strydonck et alii (1995: 24) sitúan la muestra en el cuadro 7L.6.

**Bibliografía**

Van Strydonck et alii 1995: 24; Van Strydonck, Waldren y Hendrix 1998: 739.

| Yacimiento | Isla | Municipio | Exclusión |
|---|---|---|---|
| Son Mas | Mallorca | Valldemossa | ☐ |

| Código laboratorio | Valor ap(BP) | Valor ane(BC) | ± | Muestra |
|---|---|---|---|---|
| IRPA-976 | 2960 | 1010 | 60 | Carbón |

| cal ANE m | cal ANE 1s | cal ANE 2s | cal ANE dir | δ 13C | δ 15N | C/N |
|---|---|---|---|---|---|---|
| 1174 | 1277 / 1070 | 1363 / 979 | 1171 | -20.5 | | |

**Registro arqueológico**

Zona interior santuario. Cuadrante 7N.2. Nivel II. Momento preconstructivo.

**Estructura** Hábitat indeterminado

**Significado arqueológico**

La datación indica la ocupación del lugar con anterioridad a la construcción del santuario.

**Observaciones**

Van Strydonck, Waldren y Hendrix (1998: 739) señalan que el material datado era hueso.

**Bibliografía**

Dauchot-Dehon y Van Strydonck 1992: 81; Waldren y van Strydonck 1992: tabla 1; Van Strydonck et alii 1995: 24; 1998: 739.

**Yacimiento** Son Mas | **Isla** Mallorca | **Municipio** Valldemossa | **Exclusión** ☐

| Código laboratorio | Valor ap(BP) | Valor ane(BC) | ± | Muestra |
|---|---|---|---|---|
| UtC-9017 | 2940 | 990 | 45 | Hueso fauna doméstica |

| cal ANE m | cal ANE 1s | cal ANE 2s | cal ANE dir | δ 13C | δ 15N | C/N |
|---|---|---|---|---|---|---|
| 1142 | 1232 / 1052 | 1294 / 998 | 1147 | -20.39 | 9.01 | |

**Registro arqueológico**

Hueso bajo raíz.

**Estructura** Hábitat indeterminado

**Significado arqueológico**

La datación indica la ocupación del lugar con anterioridad a la construcción del santuario.

**Observaciones**

CLT: KIK-1113.

**Bibliografía**

Van Strydonck et alii 2001: 33, 2004 e.p.: tabla 1.

---

**Yacimiento** Son Mas | **Isla** Mallorca | **Municipio** Valldemossa | **Exclusión** ☐

| Código laboratorio | Valor ap(BP) | Valor ane(BC) | ± | Muestra |
|---|---|---|---|---|
| IRPA-984 | 2930 | 980 | 40 | Carbón |

| cal ANE m | cal ANE 1s | cal ANE 2s | cal ANE dir | δ 13C | δ 15N | C/N |
|---|---|---|---|---|---|---|
| 1120 | 1197 / 1043 | 1282 / 999 | 1125 | -24.5 | | |

**Registro arqueológico**

Zona interior santuario. Cuadrante 8L.8. Nivel II. Bajo construcción. Momento preconstructivo.

**Estructura** Hábitat indeterminado

**Significado arqueológico**

La datación indica la ocupación del lugar con anterioridad a la construcción del santuario.

**Observaciones**

**Bibliografía**

Waldren y Van Strydonck 1992: tabla 1; Van Strydonck et alii 1995: 24; 1998: 739.

| Yacimiento | Isla | Municipio | Exclusión |
|---|---|---|---|
| Son Mas | Mallorca | Valldemossa | ☐ |

| Código laboratorio | Valor ap(BP) | Valor ane(BC) | ± | Muestra |
|---|---|---|---|---|
| KIA-20199 | 2910 | 960 | 25 | Hueso fauna doméstica |

| cal ANE m | cal ANE 1s | cal ANE 2s | cal ANE dir | δ 13C | δ 15N | C/N |
|---|---|---|---|---|---|---|
| 1082 | 1132 / 1032 | 1197 / 1003 | 1106 | -20.19 | 5.56 | |

**Registro arqueológico**

Procedencia de la muestra desconocida.

**Estructura** Hábitat indeterminado

**Significado arqueológico**

La datación indica la ocupación del lugar con anterioridad a la construcción del santuario.

**Observaciones**

Delta 13Ccarb = -11,24 por mil.

**Bibliografía**

Van Strydonck et alii 2004 e.p.: tabla 1.

| Yacimiento | Isla | Municipio | Exclusión |
|---|---|---|---|
| Son Mas | Mallorca | Valldemossa | ☐ |

| Código laboratorio | Valor ap(BP) | Valor ane(BC) | ± | Muestra |
|---|---|---|---|---|
| UtC-3044 | 2880 | 930 | 80 | Hueso fauna doméstica |

| cal ANE m | cal ANE 1s | cal ANE 2s | cal ANE dir | δ 13C | δ 15N | C/N |
|---|---|---|---|---|---|---|
| 1060 | 1185 / 934 | 1316 / 866 | 1047 | -20.7 | | |

**Registro arqueológico**

Cuadrante 6K.6. Nivel II.

**Estructura** Hábitat indeterminado

**Significado arqueológico**

La datación indica la ocupación del lugar con anterioridad a la construcción del santuario.

**Observaciones**

CLT: KIK-282.

**Bibliografía**

Van Strydonck et alii 1995: 25; Van Strydonck, Waldren y Hendrix 1998: 740.

| Yacimiento | Isla | Municipio | Exclusión |
|---|---|---|---|
| Son Mas | Mallorca | Valldemossa | ☑ |

| Código laboratorio | Valor ap(BP) | Valor ane(BC) | ± | Muestra |
|---|---|---|---|---|
| UtC-5891 | 2875 | 925 | 35 | Mezcla |

| cal ANE m | cal ANE 1s | cal ANE 2s | cal ANE dir | δ 13C | δ 15N | C/N |
|---|---|---|---|---|---|---|
| 1043 | 1099 / 987 | 1176 / 933 | 1027 | -20.6 | | |

**Registro arqueológico**

Zona exterior santuario. Cuadrante 8J.3b. Nivel preconstructivo.

**Estructura** Hábitat indeterminado

**Significado arqueológico**

El hecho de que la datación proceda de una muestra mezclada aconseja dejar en suspenso su valoración. Pese a ello, el resultado no contradice lo esperado.

**Observaciones**

Excluida, por haber sido realizada a partir de una mezcla de carbón y hueso (Van Strydonck, Waldren y Hendrix 1998: 740). CLT: KIK-772.

**Bibliografía**

Van Strydonck Waldren y Hendrix 1998: 740; Van Strydonck et alii 1998: 28.

| Yacimiento | Isla | Municipio | Exclusión |
|---|---|---|---|
| Son Mas | Mallorca | Valldemossa | ☐ |

| Código laboratorio | Valor ap(BP) | Valor ane(BC) | ± | Muestra |
|---|---|---|---|---|
| KIA-20487 | 2845 | 895 | 25 | Hueso fauna doméstica |

| cal ANE m | cal ANE 1s | cal ANE 2s | cal ANE dir | δ 13C | δ 15N | C/N |
|---|---|---|---|---|---|---|
| 990 | 1025 / 956 | 1066 / 919 | 994 | -20.12 | 5.21 | |

**Registro arqueológico**

Procedencia de la muestra desconocida.

**Estructura** Hábitat indeterminado

**Significado arqueológico**

La datación indica la ocupación del lugar con anterioridad a la construcción del santuario.

**Observaciones**

**Bibliografía**

Van Strydonck et alii 2004 e.p.: tabla 1.

| Yacimiento | Isla | Municipio | Exclusión |
|---|---|---|---|
| Son Mas | Mallorca | Valldemossa | ☐ |

| Código laboratorio | Valor ap(BP) | Valor ane(BC) | | Muestra |
|---|---|---|---|---|
| UtC-2736 | 2830 | 880 ± | 140 | Hueso fauna doméstica |

| cal ANE m | cal ANE 1s | cal ANE 2s | cal ANE dir | δ 13C | δ 15N | C/N |
|---|---|---|---|---|---|---|
| 1029 | 1205 / 853 | 1367 / 736 | 970 | -20.5 | | |

**Registro arqueológico**

Zona exterior santuario. Cuadrante 12J.6.

**Estructura** Hábitat indeterminado

**Significado arqueológico**

La datación indica la ocupación del lugar con anterioridad a la construcción del santuario.

**Observaciones**

CLT: KIK-239.

**Bibliografía**

Van Strydonck et alii 1995: 24; Van Strydonck, Waldren y Hendrix 1998: 740.

| Yacimiento | Isla | Municipio | Exclusión |
|---|---|---|---|
| Son Mas | Mallorca | Valldemossa | ☐ |

| Código laboratorio | Valor ap(BP) | Valor ane(BC) | | Muestra |
|---|---|---|---|---|
| UtC-8954 | 2795 | 845 ± | 35 | Hueso sp |

| cal ANE m | cal ANE 1s | cal ANE 2s | cal ANE dir | δ 13C | δ 15N | C/N |
|---|---|---|---|---|---|---|
| 939 | 980 / 898 | 1022 / 845 | 927 | -23.4 | | |

**Registro arqueológico**

Nivel II.

**Estructura** Hábitat indeterminado

**Significado arqueológico**

La datación indica la ocupación del lugar con anterioridad a la construcción del santuario.

**Observaciones**

CLT: KIK-1077.

**Bibliografía**

Van Strydonck et alii 2001: 33.

| Yacimiento | Isla | Municipio | Exclusión |
|---|---|---|---|
| Son Mas | Mallorca | Valldemossa | ☐ |

| Código laboratorio | Valor ap(BP) | Valor ane(BC) | ± | Muestra |
|---|---|---|---|---|
| UtC-5420 | 2735 | 785 | 30 | Carbón |

| cal ANE m | cal ANE 1s | cal ANE 2s | cal ANE dir | δ 13C | δ 15N | C/N |
|---|---|---|---|---|---|---|
| 871 | 910 / 832 | 931 / 820 | 868 | -24.9 | | |

**Registro arqueológico**

Cuadrante 8K.9a. Relleno interior del muro del santuario.

**Estructura** Hábitat indeterminado

**Significado arqueológico**

La datación corresponde a un fragmento de carbón vegetal redepositado como parte del material constructivo empleado en la construcción del santuario. Por tanto, indica un momento anterior, en una medida indeterminada, respecto a la construcción del citado recinto.

**Observaciones**

CLT: KIK-694.

**Bibliografía**

Van Strydonck Waldren y Hendrix 1998: 740; Van Strydonck et alii 1998: 28.

| Yacimiento | Isla | Municipio | Exclusión |
|---|---|---|---|
| Son Mas | Mallorca | Valldemossa | ☐ |

| Código laboratorio | Valor ap(BP) | Valor ane(BC) | ± | Muestra |
|---|---|---|---|---|
| UtC-1256 | 2700 | 750 | 60 | Hueso fauna doméstica |

| cal ANE m | cal ANE 1s | cal ANE 2s | cal ANE dir | δ 13C | δ 15N | C/N |
|---|---|---|---|---|---|---|
| 850 | 891 / 810 | 961 / 782 | 849 | -21.4 | | |

**Registro arqueológico**

Zona interior santuario. Cuadrante 8L.5. Nivel II inferior.

**Estructura** Hábitat indeterminado

**Significado arqueológico**

Pese a que la muestra ha sido considerada representativa de un momento de uso del santuario, debe testimoniar en cambio un momento previo a su construcción, ya que el término ante quem para este evento lo proporciona por ahora la datación KIK-620/UtC-4857. Esta datación fue obtenida a partir de restos humanos de una sepultura desarticulada por la construcción del recinto murario del santuario.

**Observaciones**

CLT: KIK-15.

**Bibliografía**

Waldren y Van Strydonck 1992: tabla 1; Van Strydonck et alii 1995: 24; 1998: 740.

| Yacimiento | Isla | Municipio | Exclusión |
|---|---|---|---|
| Son Mas | Mallorca | Valldemossa | ☐ |

| Código laboratorio | Valor ap(BP) | Valor ane(BC) | ± | Muestra |
|---|---|---|---|---|
| IRPA-1055 | 2700 | 750 | 50 | Hueso fauna doméstica |

| cal ANE m | cal ANE 1s | cal ANE 2s | cal ANE dir | δ 13C | δ 15N | C/N |
|---|---|---|---|---|---|---|
| 850 | 886 / 814 | 943 / 790 | 844 | -19.4 | | |

**Registro arqueológico**

Zona exterior santuario. Cuadrante 10S.8. Nivel II. Momento de construcción.

**Estructura** Hábitat indeterminado

**Significado arqueológico**

Pese a que la muestra ha sido considerada representativa de un momento de construcción del santuario, debe testimoniar en cambio un momento previo, ya que el término post quem para este evento lo proporciona cuando menos la datación UtC-4857. Esta datación fue obtenida a partir de restos humanos de una sepultura desarticulada por la construcción del recinto murario del santuario.

**Observaciones**

**Bibliografía**

Waldren y Van Strydonck 1992: tabla 1; Van Strydonck et alii 1995: 24; 1998: 740.

| Yacimiento | Isla | Municipio | Exclusión |
|---|---|---|---|
| Son Mas | Mallorca | Valldemossa | ☐ |

| Código laboratorio | Valor ap(BP) | Valor ane(BC) | ± | Muestra |
|---|---|---|---|---|
| UtC-2759 | 2690 | 740 | 70 | Hueso fauna doméstica |

| cal ANE m | cal ANE 1s | cal ANE 2s | cal ANE dir | δ 13C | δ 15N | C/N |
|---|---|---|---|---|---|---|
| 847 | 893 / 801 | 974 / 763 | 850 | -20.8 | | |

**Registro arqueológico**

Cuadrante 5M.5. Hueso en intersticio de la roca.

**Estructura** Hábitat indeterminado

**Significado arqueológico**

La datación indica la ocupación del lugar con anterioridad a la construcción del santuario.

**Observaciones**

CLT: KIK-269.

**Bibliografía**

Van Strydonck et alii 1995: 24; Van Strydonck, Waldren y Hendrix 1998: 740.

| Yacimiento | Isla | Municipio | Exclusión |
|---|---|---|---|
| Son Mas | Mallorca | Valldemossa | ☐ |

| Código laboratorio | Valor ap(BP) | Valor ane(BC) | ± | Muestra |
|---|---|---|---|---|
| UtC-4675 | 2655 | 705 | 35 | Carbón |

| cal ANE m | cal ANE 1s | cal ANE 2s | cal ANE dir | δ 13C | δ 15N | C/N |
|---|---|---|---|---|---|---|
| 816 | 831 / 802 | 863 / 787 | 818 | -25.8 | | |

**Registro arqueológico**

Cuadrante 8J.6a. Carbón asociado a enterramiento desarticulado por la construcción del santuario.

**Estructura** Indeterminada

**Significado arqueológico**

La datación indica la ocupación del lugar con anterioridad a la construcción del santuario.

**Observaciones**

CLT: KIK-561.

**Bibliografía**

Van Strydonck Waldren y Hendrix 1998: 740; Van Strydonck et alii 1998: 28.

| Yacimiento | Isla | Municipio | Exclusión |
|---|---|---|---|
| Son Mas | Mallorca | Valldemossa | ☐ |

| Código laboratorio | Valor ap(BP) | Valor ane(BC) | ± | Muestra |
|---|---|---|---|---|
| UtC-8953 | 2610 | 660 | 35 | Carbón |

| cal ANE m | cal ANE 1s | cal ANE 2s | cal ANE dir | δ 13C | δ 15N | C/N |
|---|---|---|---|---|---|---|
| 800 | 815 / 784 | 829 / 770 | 799 | -25.4 | | |

**Registro arqueológico**

Hogar.

**Estructura** Hábitat indeterminado

**Significado arqueológico**

La datación indica la ocupación del lugar.

**Observaciones**

CLT: KIK-1089.

**Bibliografía**

Van Strydonck et alii 2001: 33.

| Yacimiento | Isla | Municipio | Exclusión |
|---|---|---|---|
| Son Mas | Mallorca | Valldemossa | ☐ |

| Código laboratorio | Valor ap(BP) | Valor ane(BC) | ± | Muestra |
|---|---|---|---|---|
| UtC-1255 | 2600 | 650 | 70 | Hueso fauna doméstica |

| cal ANE m | cal ANE 1s | cal ANE 2s | cal ANE dir | δ 13C | δ 15N | C/N |
|---|---|---|---|---|---|---|
| 794 | 835 / 752 | 877 / 524 | 792 | -21.2 | | |

**Registro arqueológico**

Zona interior santuario. Cuadrante 10L.2. Nivel II base. Momento de construcción.

**Estructura** Hábitat indeterminado

**Significado arqueológico**

Pese a que la muestra ha sido considerada representativa de un momento de construcción del santuario, debe testimoniar en cambio un momento previo, ya que el término ante quem para este evento lo proporciona por ahora la datación KIK-620/UtC-4857. Esta datación fue obtenida a partir de restos humanos de una sepultura desarticulada por la construcción del recinto murario del santuario.

**Observaciones**

CLT: KIK-10.

**Bibliografía**

Waldren y Van Strydonck 1992: tabla 1; Van Strydonck et alii 1995: 24; 1998: 740.

---

| Yacimiento | Isla | Municipio | Exclusión |
|---|---|---|---|
| Son Mas | Mallorca | Valldemossa | ☐ |

| Código laboratorio | Valor ap(BP) | Valor ane(BC) | ± | Muestra |
|---|---|---|---|---|
| UtC-4170 | 2590 | 640 | 50 | Carbón |

| cal ANE m | cal ANE 1s | cal ANE 2s | cal ANE dir | δ 13C | δ 15N | C/N |
|---|---|---|---|---|---|---|
| 790 | 810 / 769 | 842 / 570 | 789 | -24.3 | | |

**Registro arqueológico**

Sector "barrio". Cuadrante 18U.9. Relleno interior de un muro.

**Estructura** Hábitat indeterminado

**Significado arqueológico**

La datación corresponde a un fragmento de carbón vegetal redepositado como parte del material constructivo empleado en la construcción de uno de los muros del "barrio" cercano al santuario. Por tanto, indica un momento anterior, en una medida indeterminada, respecto a la construcción del citado muro.

**Observaciones**

CLT: KIK-455.

**Bibliografía**

Van Strydonck et alii 1995: 25; Van Strydonck, Waldren y Hendrix 1998: 740.

| Yacimiento | Isla | Municipio | Exclusión |
|---|---|---|---|
| Son Mas | Mallorca | Valldemossa | ☐ |

| Código laboratorio | Valor ap(BP) | Valor ane(BC) | ± | Muestra |
|---|---|---|---|---|
| UtC-4166 | 2590 | 640 | 35 | Carbón |

| cal ANE m | cal ANE 1s | cal ANE 2s | cal ANE dir | δ 13C | δ 15N | C/N |
|---|---|---|---|---|---|---|
| 790 | 806 / 775 | 821 / 763 | 791 | -25 | | |

**Registro arqueológico**

Sector "barrio". Cuadrante 19V.1. Parte superior de nivel con objetos de plomo.

**Estructura** Hábitat indeterminado

**Significado arqueológico**

La datación indica un momento en la ocupación del sector "barrio", anterior al testimoniado por las construcciones de mampostería.

**Observaciones**

CLT: KIK-443.

**Bibliografía**

Van Strydonck et alii 1995: 25; Van Strydonck, Waldren y Hendrix 1998: 740.

| Yacimiento | Isla | Municipio | Exclusión |
|---|---|---|---|
| Son Mas | Mallorca | Valldemossa | ☐ |

| Código laboratorio | Valor ap(BP) | Valor ane(BC) | ± | Muestra |
|---|---|---|---|---|
| UtC-5428 | 2590 | 640 | 30 | Hueso sp |

| cal ANE m | cal ANE 1s | cal ANE 2s | cal ANE dir | δ 13C | δ 15N | C/N |
|---|---|---|---|---|---|---|
| 792 | 807 / 778 | 817 / 767 | 791 | -20.4 | | |

**Registro arqueológico**

Cuadrante 8K.9b. Relleno muro santuario.

**Estructura** Hábitat indeterminado

**Significado arqueológico**

La datación corresponde a un hueso redepositado como parte del material constructivo empleado en la construcción del santuario. Por tanto, indica un momento anterior, en una medida indeterminada, respecto a la construcción del citado recinto.

**Observaciones**

CLT: KIK-706.

**Bibliografía**

Van Strydonck Waldren y Hendrix 1998: 740; Van Strydonck et alii 1998: 28.

| Yacimiento | Isla | Municipio | Exclusión |
|---|---|---|---|
| Son Mas | Mallorca | Valldemossa | ☐ |

| Código laboratorio | Valor ap(BP) | Valor ane(BC) | ± | Muestra |
|---|---|---|---|---|
| IRPA-1051 | 2580 | 630 | 70 | Carbón |

| cal ANE m | cal ANE 1s | cal ANE 2s | cal ANE dir | δ 13C | δ 15N | C/N |
|---|---|---|---|---|---|---|
| 778 | 821 / 735 | 866 / 476 | 779 | -25.2 | | |

**Registro arqueológico**

Sector "barrio". Cuadrante 13U.9a. Nivel III.

**Estructura** Hábitat indeterminado

**Significado arqueológico**

La datación indica un momento en la ocupación del sector "barrio", anterior al testimoniado por las construcciones de mampostería.

**Observaciones**

**Bibliografía**

Waldren y van Strydonck 1992: tabla 1; Van Strydonck et alii 1995: 23; 1998: 740.

| Yacimiento | Isla | Municipio | Exclusión |
|---|---|---|---|
| Son Mas | Mallorca | Valldemossa | ☐ |

| Código laboratorio | Valor ap(BP) | Valor ane(BC) | ± | Muestra |
|---|---|---|---|---|
| UtC-5421 | 2580 | 630 | 25 | Hueso sp |

| cal ANE m | cal ANE 1s | cal ANE 2s | cal ANE dir | δ 13C | δ 15N | C/N |
|---|---|---|---|---|---|---|
| 790 | 802 / 778 | 811 / 768 | 787 | -20.1 | | |

**Registro arqueológico**

Cuadrante 7L.7a. Relleno muro del santuario.

**Estructura** Hábitat indeterminado

**Significado arqueológico**

La datación corresponde a un hueso redepositado como parte del material constructivo empleado en la construcción del santuario. Por tanto, indica un momento anterior, en una medida indeterminada, respecto a la construcción del citado recinto.

**Observaciones**

CLT: KIK-696.

**Bibliografía**

Van Strydonck Waldren y Hendrix 1998: 740; Van Strydonck et alii 1998: 28.

| Yacimiento | Isla | Municipio | Exclusión |
|---|---|---|---|
| Son Mas | Mallorca | Valldemossa | ☐ |

| Código laboratorio | Valor ap(BP) | Valor ane(BC) | | | Muestra |
|---|---|---|---|---|---|
| UtC-5374 | 2565 | 615 | ± | 30 | Carbón |

| cal ANE m | cal ANE 1s | cal ANE 2s | cal ANE dir | δ 13C | δ 15N | C/N |
|---|---|---|---|---|---|---|
| 783 | 796 / 770 | 810 / 759 | 781 | -26.6 | | |

**Registro arqueológico**

Cuadrante 7L.7b. Relleno muro del santuario.

**Estructura** Hábitat indeterminado

**Significado arqueológico**

La datación corresponde a un fragmento de carbón vegetal redepositado como parte del material constructivo empleado en la construcción del santuario. Por tanto, indica un momento anterior, en una medida indeterminada, respecto a la construcción del citado recinto.

**Observaciones**

CLT: KIK-699.

**Bibliografía**

Van Strydonck Waldren y Hendrix 1998: 740; Van Strydonck et alii 1998: 28.

| Yacimiento | Isla | Municipio | Exclusión |
|---|---|---|---|
| Son Mas | Mallorca | Valldemossa | ☐ |

| Código laboratorio | Valor ap(BP) | Valor ane(BC) | | | Muestra |
|---|---|---|---|---|---|
| UtC-4857 | 2565 | 615 | ± | 30 | Hueso humano |

| cal ANE m | cal ANE 1s | cal ANE 2s | cal ANE dir | δ 13C | δ 15N | C/N |
|---|---|---|---|---|---|---|
| 783 | 796 / 770 | 810 / 759 | 781 | -19.85 | 9.63 | |

**Registro arqueológico**

Zona exterior santuario. Cuadrante 8J.6b. Inhumación desarticulada por construcción del santuario. Falanges humanas.

**Estructura** Varia funerario

**Significado arqueológico**

La datación marca un término ante quem para la construcción del santuario, forzosamente posterior, en un medida determinada, a la mencionada deposición funeraria.

**Observaciones**

CLT: KIK-620.

**Bibliografía**

Van Strydonck Waldren y Hendrix 1998: 740, 743; Van Strydonck et alii 1998: 28, 2004, e.p.: tabla 1.

| Yacimiento | Isla | Municipio | Exclusión |
|---|---|---|---|
| Son Mas | Mallorca | Valldemossa | ☐ |

| Código laboratorio | Valor ap(BP) | Valor ane(BC) | ± | Muestra |
|---|---|---|---|---|
| UtC-1002 | 2520 | 570 | 80 | Carbón |

| cal ANE m | cal ANE 1s | cal ANE 2s | cal ANE dir | δ 13C | δ 15N | C/N |
|---|---|---|---|---|---|---|
| 636 | 792 / 479 | 844 / 424 | 738 | -26.3 | | |

**Registro arqueológico**

Zona interior santuario. Cuadrante 7N.8. Nivel III.

**Estructura** Santuario

**Significado arqueológico**

La datación podría hallarse cercana al momento relativo al primer uso del santuario. Lamentablemente, la calibración padece los efectos del aplanamiento de la "meseta de Hallstatt", por lo que este momento no puede ser situado con mayor precisión.

**Observaciones**

CLT: KIK-2.

**Bibliografía**

Waldren y van Strydonck 1992: tabla 1; Van Strydonck et alii 1995: 24; 1998: 740.

| Yacimiento | Isla | Municipio | Exclusión |
|---|---|---|---|
| Son Mas | Mallorca | Valldemossa | ☐ |

| Código laboratorio | Valor ap(BP) | Valor ane(BC) | ± | Muestra |
|---|---|---|---|---|
| IRPA-1025 | 2520 | 570 | 60 | Hueso fauna doméstica |

| cal ANE m | cal ANE 1s | cal ANE 2s | cal ANE dir | δ 13C | δ 15N | C/N |
|---|---|---|---|---|---|---|
| 658 | 784 / 531 | 813 / 437 | 752 | -20.9 | | |

**Registro arqueológico**

Zona interior santuario. Cuadrante 5L.6. Nivel III inferior.

**Estructura** Santuario

**Significado arqueológico**

La datación podría hallarse cercana al momento relativo al primer uso del santuario. Lamentablemente, la calibración padece los efectos del aplanamiento de la "meseta de Hallstatt", por lo que este momento no puede ser situado con mayor precisión.

**Observaciones**

**Bibliografía**

Van Strydonck et alii 1995: 24; Van Strydonck, Waldren y Hendrix 1998: 740.

**Yacimiento** Son Mas | **Isla** Mallorca | **Municipio** Valldemossa | **Exclusión** ☐

| Código laboratorio | Valor ap(BP) | Valor ane(BC) | ± | Muestra |
|---|---|---|---|---|
| UtC-1257 | 2510 | 560 | 70 | Hueso fauna doméstica |

| cal ANE m | cal ANE 1s | cal ANE 2s | cal ANE dir | δ 13C | δ 15N | C/N |
|---|---|---|---|---|---|---|
| 630 | 781 / 478 | 822 / 425 | 736 | -20.7 | | |

**Registro arqueológico**

Zona interior santuario. Cuadrante 6K9a. Nivel I.

**Estructura** Santuario

**Significado arqueológico**

La datación podría hallarse cercana al momento relativo al primer uso del santuario. Lamentablemente, la calibración padece los efectos del aplanamiento de la "meseta de Hallstatt", por lo que este momento no puede ser situado con mayor precisión.

**Observaciones**

Misma muestra ósea que UtC-1258. CLT: KIK-17.

**Bibliografía**

Waldren y van Strydonck 1992: tabla 1; Van Strydonck et alii 1995: 24; 1998: 740.

---

**Yacimiento** Son Mas | **Isla** Mallorca | **Municipio** Valldemossa | **Exclusión** ☐

| Código laboratorio | Valor ap(BP) | Valor ane(BC) | ± | Muestra |
|---|---|---|---|---|
| IRPA-836 | 2500 | 550 | 45 | Hueso fauna doméstica |

| cal ANE m | cal ANE 1s | cal ANE 2s | cal ANE dir | δ 13C | δ 15N | C/N |
|---|---|---|---|---|---|---|
| 646 | 774 / 519 | 791 / 434 | 752 | -19.6 | | |

**Registro arqueológico**

Zona interior santuario. Cuadrante 8M.6. Base umbral de entrada. Bajo suelo de grava. Nivel II en contacto con I.

**Estructura** Santuario

**Significado arqueológico**

La datación podría hallarse cercana al momento relativo al primer uso del santuario. Lamentablemente, la calibración padece los efectos del aplanamiento de la "meseta de Hallstatt", por lo que este momento no puede ser situado con mayor precisión.

**Observaciones**

Van Strydonck, Waldren y Hendrix (1998: 740) le asignan una desviación tipo de ±40.

**Bibliografía**

Dauchot-Dehon y Van Strydonck 1992: 81; Waldren y Van Strydonck 1992: tabla 1; Waldren 1997; Van Strydonck, Waldren y Hendrix 1998: 740.

| Yacimiento | Isla | Municipio | Exclusión |
|---|---|---|---|
| Son Mas | Mallorca | Valldemossa | ☐ |

| Código laboratorio | Valor ap(BP) | Valor ane(BC) | ± | Muestra |
|---|---|---|---|---|
| UtC-4167 | 2490 | 540 | 35 | Carbón |

| cal ANE m | cal ANE 1s | cal ANE 2s | cal ANE dir | δ 13C | δ 15N | C/N |
|---|---|---|---|---|---|---|
| 644 | 768 / 520 | 782 / 431 | 754, 645, 570 | -24.9 | | |

**Registro arqueológico**

Sector "barrio". Cuadrante 19V.1. Parte inferior del nivel asociado a objetos de plomo.

**Estructura** Hábitat indeterminado

**Significado arqueológico**

La datación indica un momento en la ocupación del sector "barrio", anterior al testimoniado por las construcciones de mampostería.

**Observaciones**

CLT: KIK-445.

**Bibliografía**

Van Strydonck et alii 1995: 25; Van Strydonck, Waldren y Hendrix 1998: 740.

| Yacimiento | Isla | Municipio | Exclusión |
|---|---|---|---|
| Son Mas | Mallorca | Valldemossa | ☐ |

| Código laboratorio | Valor ap(BP) | Valor ane(BC) | ± | Muestra |
|---|---|---|---|---|
| UtC-3190 | 2480 | 530 | 50 | Hueso fauna doméstica |

| cal ANE m | cal ANE 1s | cal ANE 2s | cal ANE dir | δ 13C | δ 15N | C/N |
|---|---|---|---|---|---|---|
| 611 | 765 / 457 | 787 / 420 | 736, 675, 560 | -20.5 | | |

**Registro arqueológico**

Sector "barrio". Cuadrante 16S.2. Nivel I. Hueso en intersticio de la roca.

**Estructura** Hábitat indeterminado

**Significado arqueológico**

La datación indica un momento en la ocupación del sector "barrio", anterior al testimoniado por las construcciones de mampostería.

**Observaciones**

CLT: KIK-302.

**Bibliografía**

Van Strydonck et alii 1995: 24; Van Strydonck, Waldren y Hendrix 1998: 741.

| Yacimiento | Isla | Municipio | Exclusión |
|---|---|---|---|
| Son Mas | Mallorca | Valldemossa | ☐ |

| Código laboratorio | Valor ap(BP) | Valor ane(BC) | ± | Muestra |
|---|---|---|---|---|
| IRPA-1250 | 2480 | 530 | 30 | Carbón |

| cal ANE m | cal ANE 1s | cal ANE 2s | cal ANE dir | δ 13C | δ 15N | C/N |
|---|---|---|---|---|---|---|
| 641 | 765 / 517 | 776 / 427 | 752, 672, 559 | -23.8 | | |

**Registro arqueológico**

Nivel II. Hogar.

**Estructura** Hábitat indeterminado

**Significado arqueológico**

La datación indica un momento en la ocupación del asentamiento.

**Observaciones**

Mismo contexto que UtC-9018.

**Bibliografía**

Van Strydonck et alii 2001: 33.

| Yacimiento | Isla | Municipio | Exclusión |
|---|---|---|---|
| Son Mas | Mallorca | Valldemossa | ☐ |

| Código laboratorio | Valor ap(BP) | Valor ane(BC) | ± | Muestra |
|---|---|---|---|---|
| QL-4246 | 2470 | 520 | 25 | Carbón |

| cal ANE m | cal ANE 1s | cal ANE 2s | cal ANE dir | δ 13C | δ 15N | C/N |
|---|---|---|---|---|---|---|
| 638 | 762 / 515 | 771 / 423 | 747, 700, 540 | -24.8 | | |

**Registro arqueológico**

Zona interior santuario. Cuadrante 5L.3. Nivel de habitación en el sector del muro absidal trasero.

**Estructura** Santuario

**Significado arqueológico**

La datación podría hallarse cercana al momento relativo al primer uso del santuario. Lamentablemente, la calibración padece los efectos del aplanamiento de la "meseta de Hallstatt", por lo que este momento no puede ser situado con mayor precisión.

**Observaciones**

**Bibliografía**

Waldren y Van Strydonck 1992: tabla 1; Van Strydonck, Waldren y Hendrix 1998: 741.

| Yacimiento | Isla | Municipio | Exclusión |
|---|---|---|---|
| Son Mas | Mallorca | Valldemossa | ☑ |

| Código laboratorio | Valor ap(BP) | Valor ane(BC) | ± | Muestra |
|---|---|---|---|---|
| UtC-1258 | 2440 | 490 | 90 | Mezcla |

| cal ANE m | cal ANE 1s | cal ANE 2s | cal ANE dir | δ 13C | δ 15N | C/N |
|---|---|---|---|---|---|---|
| 581 | 742 / 420 | 809 / 336 | 484 | -23.8 | | |

**Registro arqueológico**

Zona interior santuario. Cuadrante 6K.9b.

**Estructura** Santuario

**Significado arqueológico**

El hecho de que la datación proceda de una muestra mezclada aconseja dejar en suspenso su valoración. Pese a ello, el resultado coincide con otras determinaciones obtenidas a partir de muestras procedentes de contextos similares en el mismo edificio.

**Observaciones**

Excluida, por haber sido realizada a partir de una mezcla de carbón y hueso. Misma muestra ósea que UtC-1257. CLT: KIK-18.

**Bibliografía**

Van Strydonck et alii 1995: 24; Van Strydonck, Waldren y Hendrix 1998: 741.

| Yacimiento | Isla | Municipio | Exclusión |
|---|---|---|---|
| Son Mas | Mallorca | Valldemossa | ☐ |

| Código laboratorio | Valor ap(BP) | Valor ane(BC) | ± | Muestra |
|---|---|---|---|---|
| IRPA-1066 | 2430 | 480 | 40 | Hueso fauna doméstica |

| cal ANE m | cal ANE 1s | cal ANE 2s | cal ANE dir | δ 13C | δ 15N | C/N |
|---|---|---|---|---|---|---|
| 580 | 741 / 419 | 762 / 400 | 482, 454, 450 | -20 | 7.02 | |

**Registro arqueológico**

Sector "barrio". Cuadrante 13U.9b. Nivel III.

**Estructura** Hábitat indeterminado

**Significado arqueológico**

La datación indica un momento en la ocupación del sector "barrio", anterior al testimoniado por las construcciones de mampostería.

**Observaciones**

Delta 13Ccarb = -9,39 por mil. En Van Strydonck et alii (2004, e.p.: tabla 1) publican un valor delta 13C de -21,37 por mil.

**Bibliografía**

Van Strydonck et alii 1995: 24; Van Strydonck, Waldren y Hendrix 1998: 741; Van Strydonck et alii 2004 e.p.: tabla 1.

| Yacimiento | Isla | Municipio | Exclusión |
|---|---|---|---|
| Son Mas | Mallorca | Valldemossa | ☐ |

| Código laboratorio | Valor ap(BP) | Valor ane(BC) | ± | Muestra |
|---|---|---|---|---|
| UtC-5426 | 2430 | 480 | 25 | Carbón |

| cal ANE m | cal ANE 1s | cal ANE 2s | cal ANE dir | δ 13C | δ 15N | C/N |
|---|---|---|---|---|---|---|
| 579 | 740 / 418 | 759 / 406 | 497, 453, 432 | -23.8 | | |

**Registro arqueológico**

Sector "barrio". Cuadrante 13X.4. Edificio absidal. Bajo muro.

**Estructura** Hábitat indeterminado

**Significado arqueológico**

La datación indica un momento en la ocupación del sector "barrio", anterior al testimoniado por las construcciones de mampostería.

**Observaciones**

CLT: KIK-704.

**Bibliografía**

Van Strydonck Waldren y Hendrix 1998: 741; Van Strydonck et alii 1998: 28.

| Yacimiento | Isla | Municipio | Exclusión |
|---|---|---|---|
| Son Mas | Mallorca | Valldemossa | ☐ |

| Código laboratorio | Valor ap(BP) | Valor ane(BC) | ± | Muestra |
|---|---|---|---|---|
| UtC-3188 | 2400 | 450 | 70 | Carbón |

| cal ANE m | cal ANE 1s | cal ANE 2s | cal ANE dir | δ 13C | δ 15N | C/N |
|---|---|---|---|---|---|---|
| 474 | 547 / 402 | 762 / 351 | 445 | -23.7 | | |

**Registro arqueológico**

Sector "barrio". Cuadrante 18Y.1. Asociación a objetos de plomo.

**Estructura** Asentamiento postalayótico

**Significado arqueológico**

La datación indica un momento en la ocupación del sector "barrio".

**Observaciones**

CLT: KIK-300.

**Bibliografía**

Van Strydonck et alii 1995: 25; Van Strydonck, Waldren y Hendrix 1998: 741.

| Yacimiento | Isla | Municipio | Exclusión |
|---|---|---|---|
| Son Mas | Mallorca | Valldemossa | ☐ |

| Código laboratorio | Valor ap(BP) | Valor ane(BC) | ± | Muestra |
|---|---|---|---|---|
| UtC-3933 | 2390 | 440 | 50 | Fibra vegetal |

| cal ANE m | cal ANE 1s | cal ANE 2s | cal ANE dir | δ 13C | δ 15N | C/N |
|---|---|---|---|---|---|---|
| 450 | 498 / 401 | 746 / 377 | 427 | -25.2 | | |

**Registro arqueológico**

Sector "barrio". Cuadrante 16V.2. Fibras adheridas a un fragmento cerámico hallado en el edificio absidal.

**Estructura** Asentamiento postalayótico

**Significado arqueológico**

La datación indica un momento en la ocupación del sector "barrio".

**Observaciones**

CLT: KIK-435.

**Bibliografía**

Van Strydonck et alii 1995: 25; Van Strydonck, Waldren y Hendrix 1998: 741.

| Yacimiento | Isla | Municipio | Exclusión |
|---|---|---|---|
| Son Mas | Mallorca | Valldemossa | ☐ |

| Código laboratorio | Valor ap(BP) | Valor ane(BC) | ± | Muestra |
|---|---|---|---|---|
| UtC-1003 | 2360 | 410 | 140 | Hueso fauna doméstica |

| cal ANE m | cal ANE 1s | cal ANE 2s | cal ANE dir | δ 13C | δ 15N | C/N |
|---|---|---|---|---|---|---|
| 478 | 675 / 281 | 810 / 99 | 428 | -21 | | |

**Registro arqueológico**

Zona exterior santuario. Cuadrante 10L.2. Esquina suroeste. Nivel II.

**Estructura** Asentamiento postalayótico

**Significado arqueológico**

La datación indica un momento en la ocupación del asentamiento.

**Observaciones**

CLT: KIK-3.

**Bibliografía**

Waldren y van Strydonck 1992: tabla 1; Van Strydonck et alii 1995: 24, 1998: 741.

| Yacimiento | Isla | Municipio | Exclusión |
|---|---|---|---|
| Son Mas | Mallorca | Valldemossa | ☐ |

| Código laboratorio | Valor ap(BP) | Valor ane(BC) | ± | Muestra |
|---|---|---|---|---|
| UtC-3189 | 2240 | 290 | 50 | Carbón |

| cal ANE m | cal ANE 1s | cal ANE 2s | cal ANE dir | δ 13C | δ 15N | C/N |
|---|---|---|---|---|---|---|
| 295 | 379 / 211 | 404 / 166 | 354 | -24.8 | | |

**Registro arqueológico**

Sector "barrio". Cuadrante 17Y.7. Asociación a objetos de plomo.

**Estructura** Asentamiento postalayótico

**Significado arqueológico**

La datación indica un momento en la ocupación del sector "barrio".

**Observaciones**

CLT: KIK-301.

**Bibliografía**

Van Strydonck et alii 1995: 25; Van Strydonck, Waldren y Hendrix 1998: 741.

| Yacimiento | Isla | Municipio | Exclusión |
|---|---|---|---|
| Son Mas | Mallorca | Valldemossa | ☐ |

| Código laboratorio | Valor ap(BP) | Valor ane(BC) | ± | Muestra |
|---|---|---|---|---|
| UtC-1001 | 2220 | 270 | 70 | Carbón |

| cal ANE m | cal ANE 1s | cal ANE 2s | cal ANE dir | δ 13C | δ 15N | C/N |
|---|---|---|---|---|---|---|
| 275 | 377 / 173 | 422 / 102 | 310 | -24.4 | | |

**Registro arqueológico**

Zona interior santuario. Cuadrante 8M.6. Bajo umbral entrada. Nivel II medio.

**Estructura** Santuario

**Significado arqueológico**

La datación indicaría un momento en el uso del santuario, dado que otras fechas más antiguas han señalado que esta estructura estaría ya en uso. Sin embargo, esta datación tardía de un contexto preconstructivo como sería "bajo el umbral de entrada" suscita nuevas dudas sobre la cronología absoluta de la edificación del santuario.

**Observaciones**

CLT: KIK-1.

**Bibliografía**

Waldren y Van Strydonck 1992: tabla 1; Van Strydonck et alii 1995: 24; 1998: 741.

**Yacimiento** Son Mas | **Isla** Mallorca | **Municipio** Valldemossa | **Exclusión** ☐

| Código laboratorio | Valor ap(BP) | Valor ane(BC) | ± | Muestra |
|---|---|---|---|---|
| UtC-3045 | 2210 | 260 | 110 | Carbón |

| cal ANE m | cal ANE 1s | cal ANE 2s | cal ANE dir | δ 13C | δ 15N | C/N |
|---|---|---|---|---|---|---|
| 262 | 398 / 126 | 485 / -27 | 278 | -24.3 | | |

**Registro arqueológico**

Sector "barrio". Cuadrante 17Y.4. Asociación a objetos de plomo.

**Estructura** Asentamiento postalayótico

**Significado arqueológico**

La datación indica un momento en la ocupación del sector "barrio".

**Observaciones**

CLT: KIK-283.

**Bibliografía**

Van Strydonck et alii 1995: 25; Van Strydonck, Waldren y Hendrix 1998: 741.

---

**Yacimiento** Son Mas | **Isla** Mallorca | **Municipio** Valldemossa | **Exclusión** ☐

| Código laboratorio | Valor ap(BP) | Valor ane(BC) | ± | Muestra |
|---|---|---|---|---|
| QL-4200 | 2210 | 260 | 90 | Hueso fauna doméstica |

| cal ANE m | cal ANE 1s | cal ANE 2s | cal ANE dir | δ 13C | δ 15N | C/N |
|---|---|---|---|---|---|---|
| 262 | 383 / 141 | 448 / 27 | 278 | -20.4 | | |

**Registro arqueológico**

Sobre muro de la fachada del santuario. Cuadrante 7O.7. Niveles superiores.

**Estructura** Santuario

**Significado arqueológico**

Resulta difícil valorar la información relativa sobre la procedencia de la muestra datada ("Sobre muro de la fachada del santuario").

**Observaciones**

**Bibliografía**

Waldren y Van Strydonck 1992: tabla 1; Van Strydonck, Waldren y Hendrix 1998: 741.

| Yacimiento | Isla | Municipio | Exclusión |
|---|---|---|---|
| Son Mas | Mallorca | Valldemossa | ☐ |

| Código laboratorio | Valor ap(BP) | Valor ane(BC) | ± | Muestra |
|---|---|---|---|---|
| UtC-9018 | 2200 | 250 | 40 | Hueso fauna doméstica |

| cal ANE m | cal ANE 1s | cal ANE 2s | cal ANE dir | δ 13C | δ 15N | C/N |
|---|---|---|---|---|---|---|
| 274 | 362 / 185 | 378 / 150 | 218 | -21.99 | 6.72 | |

**Registro arqueológico**

Nivel II.

**Estructura** Hábitat indeterminado

**Significado arqueológico**

La datación indica un momento en la ocupación del asentamiento.

**Observaciones**

Mismo contexto que IRPA-1250. CLT: KIK-1119.

**Bibliografía**

Van Strydonck et alii 2001: 33; Van Strydonck et alii 2004 e.p.: tabla 1.

| Yacimiento | Isla | Municipio | Exclusión |
|---|---|---|---|
| Son Mas | Mallorca | Valldemossa | ☐ |

| Código laboratorio | Valor ap(BP) | Valor ane(BC) | ± | Muestra |
|---|---|---|---|---|
| UtC-3046 | 2140 | 190 | 70 | Carbón |

| cal ANE m | cal ANE 1s | cal ANE 2s | cal ANE dir | δ 13C | δ 15N | C/N |
|---|---|---|---|---|---|---|
| 175 | 263 / 87 | 369 / -13 | 165 | -25.4 | | |

**Registro arqueológico**

Sector "barrio". Cuadrante 18Y.6. Asociación a objetos de plomo.

**Estructura** Asentamiento postalayótico

**Significado arqueológico**

La datación indica un momento en la ocupación del sector "barrio".

**Observaciones**

CLT: KIK-284.

**Bibliografía**

Van Strydonck et alii 1995: 25; Van Strydonck, Waldren y Hendrix 1998: 741.

| Yacimiento | Isla | Municipio | Exclusión |
|---|---|---|---|
| Son Mas | Mallorca | Valldemossa | ☐ |

| Código laboratorio | Valor ap(BP) | Valor ane(BC) | ± | Muestra |
|---|---|---|---|---|
| QL-4201 | 2050 | 100 | 150 | Hueso fauna doméstica |

| cal ANE m | cal ANE 1s | cal ANE 2s | cal ANE dir | δ 13C | δ 15N | C/N |
|---|---|---|---|---|---|---|
| 68 | 260 / -125 | 416 / -286 | 64 | -21.3 | | |

**Registro arqueológico**

Sobre muro de la fachada del santuario. Cuadrante 7O.7. Nivel superior.

**Estructura** Santuario

**Significado arqueológico**

Resulta difícil valorar la información relativa sobre la procedencia de la muestra datada ("Sobre muro de la fachada del santuario").

**Observaciones**

**Bibliografía**

Waldren y Van Strydonck 1992: tabla 1; Van Strydonck, Waldren y Hendrix 1998: 741.

| Yacimiento | Isla | Municipio | Exclusión |
|---|---|---|---|
| Son Mas | Mallorca | Valldemossa | ☐ |

| Código laboratorio | Valor ap(BP) | Valor ane(BC) | ± | Muestra |
|---|---|---|---|---|
| IRPA-1026 | 1940 | -10 | 40 | Carbón |

| cal ANE m | cal ANE 1s | cal ANE 2s | cal ANE dir | δ 13C | δ 15N | C/N |
|---|---|---|---|---|---|---|
| -66 | -32 / -101 | 20 / -154 | -69 | -24.5 | | |

**Registro arqueológico**

Sector "barrio". Cuadrante 18Y.2. Contexto con hallazgos de plomo.

**Estructura** Asentamiento histórico

**Significado arqueológico**

La datación indica un momento en la ocupación del sector "barrio".

**Observaciones**

**Bibliografía**

Van Strydonck, Waldren y Hendrix 1998: 741.

| Yacimiento | Isla | Municipio | Exclusión |
|---|---|---|---|
| Son Mas | Mallorca | Valldemossa | ☐ |

| Código laboratorio | Valor ap(BP) | Valor ane(BC) | ± | Muestra |
|---|---|---|---|---|
| IRPA-1024 | 530 | -1420 | 50 | Carbón |

| cal ANE m | cal ANE 1s | cal ANE 2s | cal ANE dir | δ 13C | δ 15N | C/N |
|---|---|---|---|---|---|---|
| -1414 | -1394 / -1433 | -1318 / -1452 | -1412 | -25 | | |

**Registro arqueológico**

Cuadrante 8L.3. Nivel II.

**Estructura** Indeterminada

**Significado arqueológico**

No disponemos de argumentos para vincular esta fecha con alguna ocupación del yacimiento.

**Observaciones**

**Bibliografía**

Van Strydonck et alii 1995: 24; Van Strydonck, Waldren y Hendrix 1998: 741.

**Yacimiento** Son Matge

El abrigo de Son Matge, excavado desde los años sesenta por W. Waldren, ha ofrecido la secuencia más completa de la prehistoria balear. El yacimiento ocupa un abrigo natural ubicado en una posición estratégica, ya que controla uno de los pocos pasos que permiten el acceso desde las tierras bajas hacia los valles interiores de la sierra de Tramuntana. Las excavaciones han cubierto una superficie aproximada de 46 metros de longitud por 10 de anchura, y han proporcionado una secuencia de ocupaciones domésticas y funerarias que cubren varios milenios. En el área explorada se han diferenciado tres grandes sectores: el Recinto Este, el más extenso, que presenta la secuencia más completa y los materiales más significativos; el Recinto Central, con una estratigrafía más reducida que comprende interesantes niveles desde el Campaniforme hasta el Postalayótico y, finalmente, el Recinto Oeste, un sector ocupado sólo con cierta intensidad en el I milenio.

El registro arqueológico de Son Matge constituyó la columna vertebral de la periodización de la prehistoria mallorquina elaborada por Waldren (1982a, 1986, 2002). La guía suministrada básicamente por la secuencia estratigráfica del Recinto Este permitía reseguir la evolución del poblamiento balear (las cronologías absolutas están extraídas de Waldren 2002: 179, y adscritas a la secuencia establecida por el mismo autor en 1982):

-Periodo del Asentamiento Inicial (Early Settlement Period - "ESP" , ca. 5600-3900 cal ANE).
Incluía en primer lugar los estratos 36 a 34, caracterizados por acumulaciones de coprolitos de Myotragus y cornamentas de estos animales presuntamente manipuladas, que testimoniarían el uso del Recinto Este como corral vi nculado a prácticas de domesticación. Seguidamente, los estratos 33 a 28 contenían niveles de cenizas y carbones interpretados como hogares. El estrato 28 marcaba el inicio del periodo siguinete, al incluir los primeros restos de cerámica y de animales domésticos aportados.

-Periodo Pretalayótico (3900-1300 cal ANE).
a) Fase de las Primeras Cerámicas Neolíticas (Neolithic Early Ceramic Phase - "NECP"). Comprendía los estratos 28 a 24, una sucesión de niveles de carbón y cenizas que representarían áreas de actividad con hogares. Se documentó la presencia de cerámicas, y huesos de fauna doméstica y de Myotragus, todos con signos de combustión y marcas de descuartizamiento.
b) Fase Campaniforme Inicial (Early Beaker Phase - "EBP"). Se halla representada por los estratos 23 a 17, siete niveles de carbón y cenizas análogos a los anteriores. Seguían documentándose restos de animales domésticos, pero ya no de Myotragus. Destaca asimismo la presencia de cerámica campaniforme incisa, cerámicas campaniformes no decoradas y cerámicas comunes lisas.
c) Fase Campaniforme Tardía (Late Beaker Phase - "LBP"). Esta fase está definida por ocho niveles de carbón y cenizas (estratos 16 a 9), de nuevo interpretados como áreas de actividad con hogares. Como principal novedad, se constatan cerámicas campaniformes tardías. Las fases EBP y LBP se hallan representadas también en los estratos 12 a 9 del Recinto Central, donde destaca el hallazgo de un taller metalúrgico y de artefactos de hueso.

-Periodo Talayótico (1300-1000 cal ANE).
Equivalente al Bronce Antiguo, Bronce Medio y Bronce Final (Early Bronze Age / Middle Bronze Age / Late Bronze Age – "EBA"/"MBA"/"LBA"). Definido a partir de las evidencias funerarias de cremación recuperadas en los estratos 10 a 7 (EBA / MBA). El espacio funerario estaba delimitado por un muro ciclópeo. En el estrato 8 del Recinto Central, contemporáneo a los anteriores, se encontró una figurilla de arcilla que le valió al recinto que la albergaba la calificación de "santuario". En el Recinto Oeste se acondicionó un horno cerámico adscrito al Bronce Final.

-Periodo Postalayótico (1000 cal ANE-123 ANE).
Equivalente a la Edad del Hierro (Iron Age - "IA"). Potente depósito de inhumaciones en cal testimoniado en los estratos 6 a 1. Incluye abundantes ajuares metálicos y, con el tiempo, objetos de importación. La necrópolis ocupa también el Recinto Central (estratos 7 a 3) y parte del Recinto Oeste (desde el estrato 8, aunque propiamente desde el 7 hasta el 2).

La secuencia descrita se apoya en una extensa serie radiocarbónica compuesta por ciento siete dataciones. Como puede suponerse, son muchas las observaciones que pueden realizarse sobre esta base empírica tan amplia. No obstante, me limitaré a comentar aquellos aspectos más relevantes o controvertidos de la misma.

La polémica suscitada en torno al Periodo del Asentamiento Inicial no atañe tanto a sus referentes cronológicos como a la interpretación de los materiales que la llenaban de contenido. Como veremos en el Capítulo 3, hoy en día resulta difícil mantener la hipótesis de que el inicio del poblamiento estable se remonta al V milenio cal ANE. Los argumentos a favor de la domesticación del Myotragus han sido seriamente cuestionados, de forma que los estratos iniciales de la secuencia de Son Matge (estratos 36 a 29 inclusive) reflejarían más bien contextos naturales vinculados a la etología de esta especie, más que a las pretendidas prácticas de estabulación y consumo por parte de seres humanos.

Cuestionada la manipulación humana de los Myotragus, los siguientes indicios para probar el inicio de la ocupación humana son un conjunto de cerámicas lisas, huesos de fauna doméstica, cantos tallados y lascas de sílex recuperado en el estrato 28. Recordemos que este estrato inaugura la Fase de las Primeras Cerámicas Neolíticas. Al estrato 28 se asocia una datación efectuada a partir de una muestra de carbón vegetal (QL-988) con un resultado de mediados del IV milenio cal ANE. Sin embargo, conviene valorar algunos elementos antes de aceptar esta baliza cronológica. Tanto el estrato 28 como los inmediatamente sucesivos hasta el 24, están formados por finas capas de tierra carbonosa y cenizas. Resulta sorprendente que entre la fecha del estrato 28, un nivel de tan sólo 1 o 2 cm de espesor, y la datación del estrato 27 (UtC-9269) se abra un hueco de casi un milenio. Además, ningún otro contexto balear datado por métodos absolutos se sitúa en el interior del intervalo demarcado por ambas, con la problemática salvedad de un hueso de especie no identificada recuperado en el Recinto Central (CAMS-7071). Este vacío suscita la posibilidad de que la datación del estrato 28 padezca el "efecto de la madera vieja". De ser así, la edad real de las cerámicas sería más reciente que la indicada por la citada fecha asociada al estrato 28, aproximándose más a mediados del III milenio cal ANE que a mediados del IV.

Las ocupaciones vinculadas a la Fase Campaniforme Inicial se detectan en los recintos Este y Central, y cuentan con varias dataciones que apuntan al último tercio del III milenio (CAMS-7073, CAMS-7070, Y-2682, BM-1995R e IRPA-835). Inmediatamente después, las fechas CSIC-179 y CSIC-180 sitúan la Fase Campaniforme Tardía en el primer tercio del II milenio cal ANE.

La datación Y-2667 inaugura el uso funerario "Talayótico" a partir de mediados del II milenio cal ANE, un uso que se prolongará durante varios siglos. La principal novedad para esta temporalidad ha venido de la mano de las fechas por acelerador realizadas sobre diversos mangos óseos de punzones metálicos hallados en unas grietas rocosas del Recinto Central (CAMS-7075, CAMS-7246, CAMS-7245, CAMS-7238). Estas piezas habrían formado parte de un depósito posiblemente destinado a la refundición (Hoffman 1993; Waldren 1998). La posición estratigráfica de este depósito resulta ambigua, ya que en ocasiones se le vincula al estrato 11 y otras al 10 (Waldren 1998: 80-85). En cualquier caso, la cronología absoluta de las piezas datadas los sitúa en el último tercio del II milenio cal ANE, vinculándolos quizá a un área de actividad metalúrgica junto a crisoles cerámicos no decorados registrados en el estrato 9.

Las repercusiones de esta serie de dataciones hasta hace poco inadvertida por gran parte de la investigación son de diverso orden. En primer lugar, indica que el uso del Recinto Central como lugar de producción metalúrgica fue contemporáneo al funcionamiento del Recinto Este como espacio funerario. No puede negarse que esta concatenación de actividades resulta singular. Por añadidura, a inicios del I milenio cal ANE funcionará un horno de producción cerámica en el Recinto Oeste, con lo cual se prolonga en el tiempo esta extraña dualidad producción/necrópolis. Por otro lado, la cronología del depósito de punzones desplaza el pequeño "santuario" del Recinto Central a momentos más recientes, que cabría estimar en torno a inicios del I milenio cal ANE.

La ocupación prehistórica más reciente en Son Matge se asocia al uso del abrigo como contenedor de inhumaciones en cal. Disponemos de decenas de dataciones, aunque presentan una compleja problemática que prefiero tratar en el Capítulo 3, donde se tratará específicamente la cronología de este ritual de enterramiento.

Referencias: Rosselló Bordoy y Waldren (1973), Fernández-Miranda y Waldren (1974), Waldren (1979, 1982a, 1998), Hoffman (1993), Waldren, Ensenyat y Orvay 2002).

| Yacimiento | Isla | Municipio | Exclusión |
|---|---|---|---|
| Son Matge | Mallorca | Valldemossa | ☑ |

| Código laboratorio | Valor ap(BP) | Valor ane(BC) | ± | Muestra |
|---|---|---|---|---|
| IRPA-749 | 24220 | 22270 | 535 | Carbonatos |

| cal ANE m | cal ANE 1s | cal ANE 2s | cal ANE dir | δ 13C | δ 15N | C/N |
|---|---|---|---|---|---|---|
| | | | | | | |

**Registro arqueológico**

Nivel de enterramientos en cal. Z = -165 cm.

**Estructura** Cueva de inhumación en cal

**Significado arqueológico**

El tipo de material datado no guarda relación de contemporaneidad con los materales arqueológicos asociados.

**Observaciones**

Excluida, por haberse realizado a partir de carbonatos. Fraccionamiento isotópico: -2,24%.

**Bibliografía**

Van Strydonck y Waldren 1990: tabla 3

| Yacimiento | Isla | Municipio | Exclusión |
|---|---|---|---|
| Son Matge | Mallorca | Valldemossa | ☑ |

| Código laboratorio | Valor ap(BP) | Valor ane(BC) | ± | Muestra |
|---|---|---|---|---|
| IRPA-762 (frac. 49%) | 23731 | 21781 | 460 | Carbonatos |

| cal ANE m | cal ANE 1s | cal ANE 2s | cal ANE dir | δ 13C | δ 15N | C/N |
|---|---|---|---|---|---|---|
| | | | | | | |

**Registro arqueológico**

Suelo del abrigo.

**Estructura** Natural

**Significado arqueológico**

Nulo, al referirse a un proceso geológico ajeno a la intervención humana y previo al poblamiento de las Baleares.

**Observaciones**

Excluida, por haberse realizado a partir de carbonatos fósiles del abrigo. Fraccionamiento isotópico: 0,69%. Fracción datante 49%. Van Strydonck y Waldren (1990: tabla 2) le asignan una desviación tipo de ±455.

**Bibliografía**

Dauchot-Dehon y Van Strydonck 1989: tabla 1; Van Strydonck y Waldren 1990: tabla 2.

| Yacimiento | Isla | Municipio | Exclusión |
|---|---|---|---|
| Son Matge | Mallorca | Valldemossa | ☑ |

| Código laboratorio | Valor ap(BP) | Valor ane(BC) | ± | Muestra |
|---|---|---|---|---|
| IRPA-762 (frac. 100%) | 22460 | 20510 | ± 400 | Carbonatos |

| cal ANE m | cal ANE 1s | cal ANE 2s | cal ANE dir | δ 13C | δ 15N | C/N |
|---|---|---|---|---|---|---|
| | | | | | | |

**Registro arqueológico**

Suelo del abrigo.

**Estructura** Natural

**Significado arqueológico**

Nulo, al referirse a un proceso geológico ajeno a la intervención humana y previo al poblamiento de las Baleares.

**Observaciones**

Excluida, por haberse realizado a partir de carbonatos fósiles del abrigo. Fraccionamiento isotópico: -1,38%. Fracción datante 100%. Van Strydonck y Waldren (1990: tabla 2) le asignan una desviación tipo de ±405.

**Bibliografía**

Dauchot-Dehon y Van Strydonck 1989: tabla 1; Van Strydonck y Waldren 1990: tabla 2.

| Yacimiento | Isla | Municipio | Exclusión |
|---|---|---|---|
| Son Matge | Mallorca | Valldemossa | ☑ |

| Código laboratorio | Valor ap(BP) | Valor ane(BC) | ± | Muestra |
|---|---|---|---|---|
| IRPA-762 (frac. 19%) | 18300 | 16350 | ± 240 | Carbonatos |

| cal ANE m | cal ANE 1s | cal ANE 2s | cal ANE dir | δ 13C | δ 15N | C/N |
|---|---|---|---|---|---|---|
| | | | | | | |

**Registro arqueológico**

Suelo del abrigo.

**Estructura** Natural

**Significado arqueológico**

Nulo, al referirse a un proceso geológico ajeno a la intervención humana y previo al poblamiento de las Baleares.

**Observaciones**

Excluida, por haberse realizado a partir de carbonatos fósiles del abrigo. Fraccionamiento isotópico: 4,14%. Fracción datante 19%. Van Strydonck y Waldren (1990: tabla 2) le asignan una desviación tipo de ±235.

**Bibliografía**

Dauchot-Dehon y Van Strydonck 1989: tabla 1; Van Strydonck y Waldren 1990: tabla 2.

| Yacimiento | Isla | Municipio | Exclusión |
|---|---|---|---|
| Son Matge | Mallorca | Valldemossa | ☐ |

| Código laboratorio | Valor ap(BP) | Valor ane(BC) | ± | Muestra |
|---|---|---|---|---|
| QL-29 | 6680 | 4730 | 120 | Hueso Myotragus |

| cal ANE m | cal ANE 1s | cal ANE 2s | cal ANE dir | δ 13C | δ 15N | C/N |
|---|---|---|---|---|---|---|
| 5614 | 5710 / 5518 | 5778 / 5411 | 5614 | | | |

**Registro arqueológico**

Recinto Este. Corte NE/SW. Estrato 35 (estr. XIII). Z = -375 cm. Muestra ABSM 55/ESP.

**Estructura** Natural

**Significado arqueológico**

La datación indica un momento en que el abrigo fue ocupado por Myotragus. Pese a que esta presencia fue atribuida a una incipiente domesticación, hoy resulta complicado seguir manteniendo esta hipótesis.

**Observaciones**

Van Strydonck y Waldren (1995: 171) se refieren a esta datación con el código QL-29 B.

**Bibliografía**

Fernández-Miranda y Waldren 1974: 299; Fernández-Miranda 1978: 326; Fernández-Miranda y Waldren 1979: 354; Waldren 1982a: 510; 1982b: 1A: 31, 1992: t. 3; Van Strydonck y Waldren 1995: 171; Guerrero 1995:19.

| Yacimiento | Isla | Municipio | Exclusión |
|---|---|---|---|
| Son Matge | Mallorca | Valldemossa | ☑ |

| Código laboratorio | Valor ap(BP) | Valor ane(BC) | ± | Muestra |
|---|---|---|---|---|
| CSIC-177 | 5820 | 3870 | 360 | Coprolito |

| cal ANE m | cal ANE 1s | cal ANE 2s | cal ANE dir | δ 13C | δ 15N | C/N |
|---|---|---|---|---|---|---|
| | | | | | | |

**Registro arqueológico**

Recinto Este. Corte NE/SW. Estrato 34 (estr. XI). Coprolitos de Myotragus balearicus. Muestra ABSM 53/ESP.

**Estructura** Natural

**Significado arqueológico**

La datación indica un momento en que el abrigo fue ocupado por Myotragus. Pese a que esta presencia fue atribuida a una incipiente domesticación, hoy resulta complicado seguir manteniendo esta hipótesis.

**Observaciones**

Excluida por presentar una desviación tipo muy elevada. Waldren (1982a: 510; 1982b: 1A: 31, 1986: tabla 16d) y Van Strydonck y Waldren (1995: 171) publican CSIC-176. Waldren (1982a: 510; 1982b: 1A: 31) le asigna una desviación tipo de ±380.

**Bibliografía**

Fdez-Miranda y Waldren 1974: 304; Fdez-Miranda 1978: 326; Fdez-Miranda y Waldren 1979: 362; Waldren 1982a: 510; 1982b: 1A: 31, 1986: tabla 16d;1992: t. 3; F. Alonso, com. pers. (1994); Van Strydonck y Waldren 1995: 171.

| Yacimiento | Isla | Municipio | Exclusión |
|---|---|---|---|
| Son Matge | Mallorca | Valldemossa | ☐ |

| Código laboratorio | Valor ap(BP) | Valor ane(BC) | ± | Muestra |
|---|---|---|---|---|
| I-5516 | 5750 | 3800 | 115 | Carbón |

| cal ANE m | cal ANE 1s | cal ANE 2s | cal ANE dir | δ 13C | δ 15N | C/N |
|---|---|---|---|---|---|---|
| 4607 | 4758 / 4456 | 4829 / 4355 | 4583 | | | |

**Registro arqueológico**

Recinto Este. Perfil frontal. Estrato 33 (est. XIV) sobre lecho de piedras. Z = -325 cm. Muestra ABSM 52/ESP.

**Estructura** Indeterminada

**Significado arqueológico**

La datación indica un momento anterior, en una medida indeterminada, respecto a la primera ocupación humana del abrigo.

**Observaciones**

**Bibliografía**

Fernández-Miranda y Waldren 1974: 299; Fernández-Miranda 1978: 326; Fernández-Miranda y Waldren 1979: 354; Waldren 1982a: 510; 1982b: 1A: 31,1986: t. 3, 16d; Van Strydonck y Waldren 1995: 170-171; Guerrero 1995:20.

| Yacimiento | Isla | Municipio | Exclusión |
|---|---|---|---|
| Son Matge | Mallorca | Valldemossa | ☑ |

| Código laboratorio | Valor ap(BP) | Valor ane(BC) | ± | Muestra |
|---|---|---|---|---|
| IRPA-751 (frac. 21%) | 5270 | 3320 | 80 | Carbonatos |

| cal ANE m | cal ANE 1s | cal ANE 2s | cal ANE dir | δ 13C | δ 15N | C/N |
|---|---|---|---|---|---|---|
| 4103 | 4206 / 4000 | 4292 / 3942 | 4057 | | | |

**Registro arqueológico**

Z = -150 cm. Muestra ABSM-QL10.

**Estructura** Cueva de inhumación en cal

**Significado arqueológico**

El tipo de material datado no resulta fiable ni guarda relación de contemporaneidad con los materales arqueológicos asociados.

**Observaciones**

Excluida, por haberse realizado a partir de carbonatos. Fraccionamiento isotópico: -9,68%. Fracción datante 21%. Van Strydonck y Waldren (1990: tabla 3) le asignan una desviación tipo de ±75, mientras que Waldren (1992: tabla 3) la publica con el valor convencional de 600 ane.

**Bibliografía**

Dauchot-Dehon y Van Strydonck 1989: tabla 2; Waldren 1992: tabla 3; Van Strydonck y Waldren 1990: tabla 3; Van Strydonck y Waldren 1995: 176.

| Yacimiento | Isla | Municipio | Exclusión |
|---|---|---|---|
| Son Matge | Mallorca | Valldemossa | ☐ |

| Código laboratorio | Valor ap(BP) | Valor ane(BC) | ± | Muestra |
|---|---|---|---|---|
| QL-988 | 4650 | 2700 | 120 | Carbón |

| cal ANE m | cal ANE 1s | cal ANE 2s | cal ANE dir | δ 13C | δ 15N | C/N |
|---|---|---|---|---|---|---|
| 3435 | 3581 / 3289 | 3684 / 3020 | 3428 | | | |

**Registro arqueológico**

Recinto Este. Estrato 28. Nivel de habitación con huesos de animales domésticos. Muestra ABSM 51/NECP.

**Estructura** Cueva natural de habitación

**Significado arqueológico**

La datación indica un momento anterior, en una medida indeterminada, respecto a la primera ocupación humana del abrigo.

**Observaciones**

Waldren (1982a: 510) le asigna el código de laboratorio QL-998.

**Bibliografía**

Waldren 1982a: 510; 1982b: 1A: 31, 1986: tabla 16d, 1992: tabla 3; Van Strydonck y Waldren 1995: 168; Guerrero 1995: 20.

| Yacimiento | Isla | Municipio | Exclusión |
|---|---|---|---|
| Son Matge | Mallorca | Valldemossa | ☑ |

| Código laboratorio | Valor ap(BP) | Valor ane(BC) | ± | Muestra |
|---|---|---|---|---|
| IRPA-751 (frac. 20%) | 4620 | 2670 | 80 | Carbonatos |

| cal ANE m | cal ANE 1s | cal ANE 2s | cal ANE dir | δ 13C | δ 15N | C/N |
|---|---|---|---|---|---|---|
| 3411 | 3497 / 3325 | 3587 / 3095 | 3383 | | | |

**Registro arqueológico**

Z = -150cm. Muestra ABSM-QL≠10.

**Estructura** Cueva de inhumación en cal

**Significado arqueológico**

El tipo de material datado no resulta fiable ni guarda relación de contemporaneidad con los materales arqueológicos asociados.

**Observaciones**

Excluida, por haberse realizado a partir de carbonatos. Fraccionamiento isotópico: -10,79%. Fracción datante 20%. Van Strydonck y Waldren (1990: tabla 3) le asignan una desviación tipo de ±75, mientras que Waldren (1992: tabla 3) la publica con el valor convencional de 600 ane.

**Bibliografía**

Dauchot-Dehon y Van Strydonck 1989: tabla 2; Waldren 1992: tabla 3; Van Strydonck y Waldren 1990: tabla 3; Van Strydonck y Waldren 1995: 176.

| Yacimiento | Isla | Municipio | Exclusión |
|---|---|---|---|
| Son Matge | Mallorca | Valldemossa | ☐ |

| Código laboratorio | Valor ap(BP) | Valor ane(BC) | ± | Muestra |
|---|---|---|---|---|
| CAMS-7071 | 4200 | 2250 | ± 70 | Hueso sp |

| cal ANE m | cal ANE 1s | cal ANE 2s | cal ANE dir | δ 13C | δ 15N | C/N |
|---|---|---|---|---|---|---|
| 2782 | 2903 / 2662 | 2942 / 2582 | 2858 | | | |

**Registro arqueológico**

Recinto Central. Nicho en roca. Hueso no trabajado.

**Estructura** Cueva natural de habitación

**Significado arqueológico**

La datación podría haberse realizado sobre una muestra representativa de la primera ocupación humana contrastada en el abrigo. Falta por confirmar, empero, si el hueso correspondía a un animal doméstico o bien a uno de la fauna autóctona.

**Observaciones**

**Bibliografía**

Hoffman 1993: tabla 6.1.

| Yacimiento | Isla | Municipio | Exclusión |
|---|---|---|---|
| Son Matge | Mallorca | Valldemossa | ☑ |

| Código laboratorio | Valor ap(BP) | Valor ane(BC) | ± | Muestra |
|---|---|---|---|---|
| IRPA-751 (frac. 19%) | 4190 | 2240 | ± 70 | Carbonatos |

| cal ANE m | cal ANE 1s | cal ANE 2s | cal ANE dir | δ 13C | δ 15N | C/N |
|---|---|---|---|---|---|---|
| 2771 | 2898 / 2645 | 2936 / 2563 | 2848 | | | |

**Registro arqueológico**

Z = -150cm. Muestra ABSM-QL10.

**Estructura** Cueva de inhumación en cal

**Significado arqueológico**

El tipo de material datado no resulta fiable ni guarda relación de contemporaneidad con los materales arqueológicos asociados.

**Observaciones**

Excluida, por haberse realizado a partir de carbonatos. Fraccionamiento isotópico: -10,79%. Fracción datante 19%. Van Strydonck y Waldren (1990: tabla 3) le asignan una desviación tipo de ±65, mientras que Waldren (1992: tabla 3) la publica con el valor convencional de 600 ane.

**Bibliografía**

Dauchot-Dehon y Van Strydonck 1989: tabla 2; Waldren 1992: tabla 3; Van Strydonck y Waldren 1990: tabla 3; Van Strydonck y Waldren 1995: 176.

| Yacimiento | Isla | Municipio | Exclusión |
|---|---|---|---|
| Son Matge | Mallorca | Valldemossa | ☑ |

| Código laboratorio | Valor ap(BP) | Valor ane(BC) | ± | Muestra |
|---|---|---|---|---|
| BM-1408 | 4090 | 2140 | 390 | Hueso Myotragus |

| cal ANE m | cal ANE 1s | cal ANE 2s | cal ANE dir | δ 13C | δ 15N | C/N |
|---|---|---|---|---|---|---|
| | | | | -20.2 | | |

**Registro arqueológico**

Recinto Este. Estrato 26 (estr. XI). Z = 350 cm. Hueso de las extremidades. Muestra ABSM 50a/NECP.

**Estructura** Cueva natural de habitación

**Significado arqueológico**

Esta fecha ha sido señalada como el testimonio más reciente de la supervivencia de Myotragus balearicus en Mallorca. Sin embargo, la amplísima desviación tipo cuestiona seriamente la validez del resultado.

**Observaciones**

Excluida, por presentar una desviación tipo muy elevada. Muestra muy pequeña. Waldren (1997: 30) apunta una desviación tipo de ±398.

**Bibliografía**

Burleigh y Clutton-Brock 1980: tabla 1; Burleigh, Matthews y Ambers 1982: 248-249; Waldren 1982a: 510; 1982b: 1A: 31, 1986: tabla 16d, 1992: tabla 3; Van Strydonck y Waldren 1995: 170; Guerrero 1995: 20.

| Yacimiento | Isla | Municipio | Exclusión |
|---|---|---|---|
| Son Matge | Mallorca | Valldemossa | ☐ |

| Código laboratorio | Valor ap(BP) | Valor ane(BC) | ± | Muestra |
|---|---|---|---|---|
| UtC-9269 | 4060 | 2110 | 40 | Carbón |

| cal ANE m | cal ANE 1s | cal ANE 2s | cal ANE dir | δ 13C | δ 15N | C/N |
|---|---|---|---|---|---|---|
| 2576 | 2623 / 2528 | 2678 / 2476 | 2587 | -25.9 | | |

**Registro arqueológico**

Recinto Este. Sector EE40. Estrato 27. Nivel de arcillas compactas de 75 cm de potencia con presencia de sílex y Myotragus. Z = -347 cm.

**Estructura** Cueva natural de habitación

**Significado arqueológico**

La datación indica un momento anterior, en una medida indeterminada aunque posiblemente cercana, respecto al testimonio fiable más antiguo de la ocupación humana del abrigo.

**Observaciones**

Waldren, Ensenyat y Orvay (2002: tabla 2) publican el valor 4625±40 BP. CLT: KIK-1162.

**Bibliografía**

Van Strydonck et alii 2001: 33; Waldren, Ensenyat y Orvay 2002: tabla 2.

| Yacimiento | Isla | Municipio | Exclusión |
|---|---|---|---|
| Son Matge | Mallorca | Valldemossa | ✔ |

| Código laboratorio | Valor ap(BP) | Valor ane(BC) | ± | Muestra |
|---|---|---|---|---|
| QL-23 | 4020 | 2070 | 50 | Carbonatos |

| cal ANE m | cal ANE 1s | cal ANE 2s | cal ANE dir | δ 13C | δ 15N | C/N |
|---|---|---|---|---|---|---|
| 2536 | 2595 / 2476 | 2653 / 2438 | 2531 | -17.7 | | |

**Registro arqueológico**

Recinto Este. Corte NE/SW. Estrato 24 (estr. IX-X). M.M.43. Z = -285 cm. Nivel de habitación con hogar. Carbonato formado por hoguera pretalayótica. Muestra ABSM 50/NECP

**Estructura** Cueva natural de habitación

**Significado arqueológico**

El tipo de material empleado para obtener la datación aconseja poner en suspenso el resultado, aunque éste no desentona con el orden de la secuencia cronoestratigráfica.

**Observaciones**

Excluida, por haberse realizado a partir de carbonatos. Waldren (1982a: 510, 1986: tabla 16d) apunta, no obstante, que la muestra se componía de carbón vegetal. Waldren (1982b 1A: 27) y Waldren y Van Strydonck (1995: 168) sitúan la muestra a una cota de z = -285 cm.

**Bibliografía**

Stuiver y Waldren 1975: tabla 1; Fernández-Miranda y Waldren 1979: 354; Waldren 1982a: 505; 1982b: 1A: 27, 1986: tabla 16d, 1992: tabla 3; Van Strydonck y Waldren 1995: 168-169.

| Yacimiento | Isla | Municipio | Exclusión |
|---|---|---|---|
| Son Matge | Mallorca | Valldemossa | ✔ |

| Código laboratorio | Valor ap(BP) | Valor ane(BC) | ± | Muestra |
|---|---|---|---|---|
| CSIC-178 | 3980 | 2030 | 170 | Carbón |

| cal ANE m | cal ANE 1s | cal ANE 2s | cal ANE dir | δ 13C | δ 15N | C/N |
|---|---|---|---|---|---|---|
| | | | | | | |

**Registro arqueológico**

Recinto Este. Corte NE/SW. Estrato 22 (estr. IX). Z = -230 cm. Probable hogar asociado a huesos de Myotragus quemados y descarnados. Muestra ABSM 49/EBP.

**Estructura** Cueva natural de habitación

**Significado arqueológico**

La datación indica un momento anterior, en una medida indeterminada aunque posiblemente cercana, respecto al testimonio fiable más antiguo de la ocupación humana del abrigo. Lamentablemente, la desviación tipo es demasiado amplia.

**Observaciones**

Excluida, por presentar una desviación tipo muy elevada.

**Bibliografía**

Fernández-Miranda y Waldren 1974: 304; Fernández-Miranda 1978: 326; Fernández-Miranda y Waldren 1979: 356; Waldren 1982a: 510; 1982b: 1A: 31, 1986: tabla 16c, 1992: tabla 3.

| Yacimiento | Isla | Municipio | Exclusión |
|---|---|---|---|
| Son Matge | Mallorca | Valldemossa | ☑ |

| Código laboratorio | Valor ap(BP) | Valor ane(BC) | ± | Muestra |
|---|---|---|---|---|
| QL-5b | 3970 | 2020 | 100 | Carbonatos |

| cal ANE m | cal ANE 1s | cal ANE 2s | cal ANE dir | δ 13C | δ 15N | C/N |
|---|---|---|---|---|---|---|
| 2467 | 2592 / 2342 | 2805 / 2189 | 2483 | -19 | | |

**Registro arqueológico**

Recinto Este. Corte NE/SW. Estrato 20 (estr. IX). Z = -250 cm. M.M. 37. Carbonato formado por hoguera pretalayótica. Muestra ABSM 48/EBP.

**Estructura** Cueva natural de habitación

**Significado arqueológico**

El tipo de material empleado para obtener la datación aconseja poner en suspenso el resultado, aunque éste no desentona con el orden de la secuencia cronoestratigráfica.

**Observaciones**

Excluida, por haberse realizado a partir de carbonatos. Stuiver y Waldren (1975: 476) sitúan la muestra a una cota de z = c.-90 cm. Hoffman (1993: tabla 6.1) señala que se dató carbón vegetal.

**Bibliografía**

Stuiver y Waldren 1975: tabla 1; Waldren 1982a: 505; 1982b: 1A: 27, 1986: tabla 16c, 1992: tabla 3; Hoffman 1993: tabla 6.1; Van Strydonck y Waldren 1995: 168.

| Yacimiento | Isla | Municipio | Exclusión |
|---|---|---|---|
| Son Matge | Mallorca | Valldemossa | ☐ |

| Código laboratorio | Valor ap(BP) | Valor ane(BC) | ± | Muestra |
|---|---|---|---|---|
| CAMS-7073 | 3910 | 1960 | 70 | Hueso fauna doméstica |

| cal ANE m | cal ANE 1s | cal ANE 2s | cal ANE dir | δ 13C | δ 15N | C/N |
|---|---|---|---|---|---|---|
| 2392 | 2497 / 2287 | 2567 / 2178 | 2417 | | | |

**Registro arqueológico**

Recinto Central. Nicho en roca. Artefacto indeterminado de hueso.

**Estructura** Cueva natural de habitación

**Significado arqueológico**

Se trata de la datación más antigua efectuada sobre un material de incuestionable origen antrópico.

**Observaciones**

**Bibliografía**

Hoffman 1993: tabla 6.1.

| Yacimiento | Isla | Municipio | Exclusión |
|---|---|---|---|
| Son Matge | Mallorca | Valldemossa | ☐ |

| Código laboratorio | Valor ap(BP) | Valor ane(BC) | ± | Muestra |
|---|---|---|---|---|
| CAMS-7070 | 3840 | 1890 | 90 | Hueso sp |

| cal ANE m | cal ANE 1s | cal ANE 2s | cal ANE dir | δ 13C | δ 15N | C/N |
|---|---|---|---|---|---|---|
| 2287 | 2427 / 2148 | 2531 / 2023 | 2286 | | | |

**Registro arqueológico**

Recinto Central. Nicho en roca. Hueso no trabajado.

**Estructura** Cueva natural de habitación

**Significado arqueológico**

A falta de determinar la especie a la que corresponde el hueso datado, el resultado es aproximadamente coetáneo al ofrecido por la datación CAMS-7073, efectuada sobre industria ósea.

**Observaciones**

**Bibliografía**

Hoffman 1993: tabla 6.1.

| Yacimiento | Isla | Municipio | Exclusión |
|---|---|---|---|
| Son Matge | Mallorca | Valldemossa | ☐ |

| Código laboratorio | Valor ap(BP) | Valor ane(BC) | ± | Muestra |
|---|---|---|---|---|
| Y-2682 | 3820 | 1870 | 120 | Carbón |

| cal ANE m | cal ANE 1s | cal ANE 2s | cal ANE dir | δ 13C | δ 15N | C/N |
|---|---|---|---|---|---|---|
| 2257 | 2440 / 2074 | 2578 / 1913 | 2267 | | | |

**Registro arqueológico**

Recinto Este. Perfil frontal. Estrato 18 (estr. IX). Hiato. Nivel estéril bajo nivel con cerámicas incisas. Z = -250 cm. Muestra ABSM 46/EBP.

**Estructura** Cueva natural de habitación

**Significado arqueológico**

La datación indica un momento dentro de la secuencia ocupacional del abrigo.

**Observaciones**

Publicada a veces con las matrículas Y-2359 (en realidad, de Cova de Moleta, en Waldren 1982a: 509; 1982b: 1A: 30, 1986: tabla 16c) o como Y-2258. Tomo la referencia de Fernández-Miranda (1978: 325), aunque aquí se indica que procede del nivel VIII. Según Waldren (1986: inv. 46), el contexto era un hogar asociado a cerámica campaniforme.

**Bibliografía**

Fdez-Miranda y Waldren 1974: 299; Fdez-Miranda 1978: 325; Fdez-Miranda y Waldren 1979: 356; Waldren 1982: tabla 7; 1982b: 1A: 30, 1986: t. 16c, 1992: tabla 3; Van Strydonck y Waldren 1995: 169.

**Yacimiento** Son Matge | **Isla** Mallorca | **Municipio** Valldemossa | **Exclusión** ☐

| Código laboratorio | Valor ap(BP) | Valor ane(BC) | ± | Muestra |
|---|---|---|---|---|
| BM-1995R | 3770 | 1820 | 100 | Carbón |

| cal ANE m | cal ANE 1s | cal ANE 2s | cal ANE dir | δ13C | δ15N | C/N |
|---|---|---|---|---|---|---|
| 2193 | 2345 / 2041 | 2484 / 1897 | 2191 | | | |

**Registro arqueológico**

Corte 3C. Z = -240 cm.

**Estructura** Cueva natural de habitación

**Significado arqueológico**

La datación indica un momento dentro de la secuencia ocupacional del abrigo.

**Observaciones**

Corrección de BM-1995: 1430± 50 ane, cuyo valor delta C13 era -24,0 por mil. Waldren (1986: ficha inv. 38a) señala que la muestra era hueso quemado.

**Bibliografía**

Burleigh, Ambers y Matthews 1983: 55; Waldren 1986: tabla 16c; Bowman, Ambers y Leese 1990: 76; Waldren 1992: tabla 3, 1997: 30.

---

**Yacimiento** Son Matge | **Isla** Mallorca | **Municipio** Valldemossa | **Exclusión** ☐

| Código laboratorio | Valor ap(BP) | Valor ane(BC) | ± | Muestra |
|---|---|---|---|---|
| IRPA-835 | 3700 | 1750 | 60 | Carbón |

| cal ANE m | cal ANE 1s | cal ANE 2s | cal ANE dir | δ13C | δ15N | C/N |
|---|---|---|---|---|---|---|
| 2082 | 2171 / 1993 | 2258 / 1919 | 2085 | -24 | | |

**Registro arqueológico**

Recinto Central. Estratos 12 u 11 (EE-18). Taller metalúrgico asociado a cerámica campaniforme. Muestra ABSM 43b.

**Estructura** Cueva natural de habitación

**Significado arqueológico**

La datación indica un momento dentro de la secuencia ocupacional del abrigo.

**Observaciones**

**Bibliografía**

Dauchot-Dehon y Van Strydonck 1992: 80; Waldren 1992: tabla 3.; 1998: 80, tabla 1; Hoffman 1993: tabla 6.1; Van Strydonck y Waldren 1995: 169.

| Yacimiento | Isla | Municipio | Exclusión |
|---|---|---|---|
| Son Matge | Mallorca | Valldemossa | ☑ |

| Código laboratorio | Valor ap(BP) | Valor ane(BC) | ± | Muestra |
|---|---|---|---|---|
| QL-24 | 3670 | 1720 | 70 | Carbonatos |

| cal ANE m | cal ANE 1s | cal ANE 2s | cal ANE dir | δ 13C | δ 15N | C/N |
|---|---|---|---|---|---|---|
| 2043 | 2146 / 1941 | 2253 / 1863 | 2027 | -21.4 | | |

**Registro arqueológico**

Recinto Este. Perfil frontal. Estrato 17 (estr. VII). M.M. 44. Z = -200cm. Carbonato formado por hoguera pretalayótica. Muestra ABSM 43a/EBP-LBP.

**Estructura** Cueva natural de habitación

**Significado arqueológico**

El tipo de material empleado para obtener la datación aconseja poner en suspenso el resultado, aunque éste no desentona con el orden de la secuencia cronoestratigráfica.

**Observaciones**

Excluida, por haberse realizado a partir de carbonatos. Hoffman (1993: tabla 6.1) indica que la muestra era carbón y que su desviación era de ±100. Waldren (1982a, 1982b: 1A: 29 y 1986: tabla 16a) publica 590±80ane, y Waldren (1982a:509 y b: 1A:30) 1720±100. Para Fdez-Miranda (1978: 325), la muestra era mezcla de carbón y carbonatos.

**Bibliografía**

Stuiver y Waldren 1975: t. 1; Fdez-Miranda y Waldren 1974: 299; Fdez-Miranda 1978: 325; Fdez-Miranda y Waldren 1979: 356; Waldren 1982a: 505; 1982b: 1A: 27, 1986: t. 16a y c, 1992: t. 3; Van Strydonck y Waldren 1995: 168.

| Yacimiento | Isla | Municipio | Exclusión |
|---|---|---|---|
| Son Matge | Mallorca | Valldemossa | ☑ |

| Código laboratorio | Valor ap(BP) | Valor ane(BC) | ± | Muestra |
|---|---|---|---|---|
| IRPA-751 (frac. 19%) | 3660 | 1710 | 70 | Carbonatos |

| cal ANE m | cal ANE 1s | cal ANE 2s | cal ANE dir | δ 13C | δ 15N | C/N |
|---|---|---|---|---|---|---|
| 2028 | 2129 / 1927 | 2242 / 1850 | 2010 | | | |

**Registro arqueológico**

Z = -150cm. Muestra ABSM-QL10.

**Estructura** Cueva de inhumación en cal

**Significado arqueológico**

El tipo de material datado no resulta fiable ni guarda relación de contemporaneidad con los materales arqueológicos asociados.

**Observaciones**

Excluida, por haberse realizado a partir de carbonatos. Fraccionamiento isotópico = -11,31%. Fracción datante 19%. Van Strydonck y Waldren (1990: tabla 3) le asignan una desviación tipo de ±65, mientras que Waldren (1992: tabla 3) la publica con el valor convencional de 600 ane.

**Bibliografía**

Dauchot-Dehon y Van Strydonck 1989: tabla 2; Waldren 1992: tabla 3; Van Strydonck y Waldren 1990: tabla 3; Van Strydonck y Waldren 1995: 176.

| Yacimiento | Isla | Municipio | Exclusión |
| --- | --- | --- | --- |
| Son Matge | Mallorca | Valldemossa | ☐ |

| Código laboratorio | Valor ap(BP) | Valor ane(BC) | ± | Muestra |
| --- | --- | --- | --- | --- |
| CSIC-179 | 3620 | 1670 | 80 | Carbón |

| cal ANE m | cal ANE 1s | cal ANE 2s | cal ANE dir | δ 13C | δ 15N | C/N |
| --- | --- | --- | --- | --- | --- | --- |
| 1974 | 2079 / 1869 | 2204 / 1749 | 1964 | | | |

**Registro arqueológico**

Recinto Este. Corte NE/SW. Estrato 16 (estr. IV). Z = -160 cm. Muestra ABSM 42/LBP.

**Estructura** Cueva natural de habitación

**Significado arqueológico**

La datación indica un momento dentro de la secuencia ocupacional del abrigo.

**Observaciones**

Waldren (1982a: 509; 1982b: 1A: 30, 1992: tabla 3), entre otros, publican el valor convencional 1620±80 ane. Van Strydonck y Waldren (1995: 168) le asigna el código de laboratorio CSIC-180.

**Bibliografía**

Fernández-Miranda y Waldren 1974: 304; Fernández-Miranda 1978: 326; Fernández-Miranda y Waldren 1979: 362; Waldren 1982: tabla 7, 1986: tabla 16c; Van Strydonck y Waldren 1995: 169.

---

| Yacimiento | Isla | Municipio | Exclusión |
| --- | --- | --- | --- |
| Son Matge | Mallorca | Valldemossa | ☐ |

| Código laboratorio | Valor ap(BP) | Valor ane(BC) | ± | Muestra |
| --- | --- | --- | --- | --- |
| CSIC-180 | 3480 | 1530 | 80 | Carbón |

| cal ANE m | cal ANE 1s | cal ANE 2s | cal ANE dir | δ 13C | δ 15N | C/N |
| --- | --- | --- | --- | --- | --- | --- |
| 1794 | 1895 / 1694 | 1994 / 1583 | 1792 | | | |

**Registro arqueológico**

Recinto Este. Corte NE/SW. Estrato 14 (estr. III/IV ó IV sólo). Z = -150 cm. Muestra ABSM 41/LBP.

**Estructura** Cueva natural de habitación

**Significado arqueológico**

La datación indica un momento dentro de la secuencia ocupacional del abrigo.

**Observaciones**

Waldren y Van Strydonck (1995: 169) citan el valor convencional de 1670±80 ane.

**Bibliografía**

Fernández-Miranda y Waldren 1974: 304; Fernández-Miranda y Waldren 1979: 362; Waldren 1982a: 509; 1982b: 1A: 30, 1986: tabla 16c, 1992: tabla 3; Van Strydonck y Waldren 1995: 169.

| Yacimiento | Isla | Municipio | Exclusión |
|---|---|---|---|
| Son Matge | Mallorca | Valldemossa | ☑ |

| Código laboratorio | Valor ap(BP) | Valor ane(BC) | ± | Muestra |
|---|---|---|---|---|
| QL-5a | 3420 | 1470 | 100 | Carbonatos |

| cal ANE m | cal ANE 1s | cal ANE 2s | cal ANE dir | δ 13C | δ 15N | C/N |
|---|---|---|---|---|---|---|
| 1716 | 1840 / 1592 | 1965 / 1493 | 1711 | -19.9 | | |

**Registro arqueológico**

Recinto Este. Perfil frontal. Estrato 12 (estr. V). Nivel de habitación. M.M. 37. Z = -115 cm. Carbonato formado por hoguera pretalayótica. Muestra ABSM 39/LBP.

**Estructura** Cueva natural de habitación

**Significado arqueológico**

El tipo de material empleado para obtener la datación aconseja poner en suspenso el resultado, aunque éste no desentona con el orden de la secuencia cronoestratigráfica.

**Observaciones**

Excluida, por haberse realizado a partir de carbonatos. Waldren (1992: tabla 3) le asigna la desviación tipo de ±80. Hoffman (1993: tabla 6.1) apunta que la muestra era carbón y coincide en indicar una desviación de ±80.

**Bibliografía**

Stuiver y Waldren 1975: tabla 1; Waldren 1982a: 505; 1982b: 1A: 27, 1986: tabla 16; Hoffman 1993: tabla 6.1; Van Strydonck y Waldren 1995: 167-168.

| Yacimiento | Isla | Municipio | Exclusión |
|---|---|---|---|
| Son Matge | Mallorca | Valldemossa | ☐ |

| Código laboratorio | Valor ap(BP) | Valor ane(BC) | ± | Muestra |
|---|---|---|---|---|
| CAMS-7242 | 3390 | 1440 | 70 | Hueso fauna doméstica |

| cal ANE m | cal ANE 1s | cal ANE 2s | cal ANE dir | δ 13C | δ 15N | C/N |
|---|---|---|---|---|---|---|
| 1665 | 1749 / 1581 | 1868 / 1520 | 1687 | | | |

**Registro arqueológico**

Recinto Central. Nicho en roca. Mango de punzón metálico.

**Estructura** Cueva natural de habitación

**Significado arqueológico**

La datación fue obtenida a partir de la misma muestra que CAMS-7246, pero en este caso el colágeno fue tratado con la técnica "ninhydrin" porque el hueso había sido conservado con acetato de polivinilo (Hoffman 1993: 195). No tenemos argumentos para aceptar o descartar una u otra datación.

**Observaciones**

**Bibliografía**

Hoffman 1993: tabla 6.1.

| Yacimiento | Isla | Municipio | Exclusión |
|---|---|---|---|
| Son Matge | Mallorca | Valldemossa | ☑ |

| Código laboratorio | Valor ap(BP) | Valor ane(BC) | ± | Muestra |
|---|---|---|---|---|
| QL-5 | 3350 | 1400 | 60 | Carbonatos |

| cal ANE m | cal ANE 1s | cal ANE 2s | cal ANE dir | δ 13C | δ 15N | C/N |
|---|---|---|---|---|---|---|
| 1632 | 1710 / 1554 | 1767 / 1494 | 1642 | -20.9 | | |

**Registro arqueológico**

Recinto Este. Perfil frontal. Estrato 11 (estr. V). Cuadr. MM 37. Z = -95 cm. Último nivel pretalayótico y último nivel con hogar. Carbonato formado por hoguera pretalayótica. Muestra ABSM 38/LBP.

**Estructura** Cueva natural de habitación

**Significado arqueológico**

El tipo de material empleado para obtener la datación aconseja poner en suspenso el resultado, aunque éste no desentona con el orden de la secuencia cronoestratigráfica.

**Observaciones**

Excluida, por haberse realizado a partir de carbonatos. Hoffman (1993: tabla 6.1) señala que la muestra datada era carbón vegetal.

**Bibliografía**

Stuiver y Waldren 1975: tabla 1; Waldren 1982a: 505; 1982b: 1A: 27, 1986: tabla 16c, 1992: tabla 3; Hoffman 1993: tabla 6.1; Van Strydonck y Waldren 1995: 167.

| Yacimiento | Isla | Municipio | Exclusión |
|---|---|---|---|
| Son Matge | Mallorca | Valldemossa | ☐ |

| Código laboratorio | Valor ap(BP) | Valor ane(BC) | ± | Muestra |
|---|---|---|---|---|
| Y-2667 | 3200 | 1250 | 100 | Carbón |

| cal ANE m | cal ANE 1s | cal ANE 2s | cal ANE dir | δ 13C | δ 15N | C/N |
|---|---|---|---|---|---|---|
| 1465 | 1574 / 1356 | 1694 / 1241 | 1474 | | | |

**Registro arqueológico**

Recinto Este. Perfil frontal. Estrato 7 (estr. IV). "Enterramiento talayótico" colectivo. Z = -120 cm. ABSM 36.

**Estructura** Cueva natural de inhumación murada

**Significado arqueológico**

La datación indica un momento anterior, en una medida indeterminada aunque probablemente cercana, respecto a la inauguración de un recinto tapiado con un muro destinado a albergar inhumaciones (y, según excavador, también cremaciones).

**Observaciones**

**Bibliografía**

Fernández-Miranda y Waldren 1974: 299; Fernández-Miranda 1978: 324-325; Fernández-Miranda y Waldren 1979: 364; Waldren 1982a: 509; 1982b: 1A: 30; Waldren 1986: t. 16c, 1992: tabla 3; Van Strydonck y Waldren 1995: 171.

| Yacimiento | Isla | Municipio | Exclusión |
|---|---|---|---|
| Son Matge | Mallorca | Valldemossa | ☐ |

| Código laboratorio | Valor ap(BP) | Valor ane(BC) | ± | Muestra |
|---|---|---|---|---|
| CAMS-7241 | 3180 | 1230 | 100 | Hueso fauna doméstica |

| cal ANE m | cal ANE 1s | cal ANE 2s | cal ANE dir | δ 13C | δ 15N | C/N |
|---|---|---|---|---|---|---|
| 1448 | 1552 / 1345 | 1677 / 1212 | 1450 | | | |

**Registro arqueológico**

Recinto Central. Nicho en roca. Mango de punzón metálico.

**Estructura** Cueva natural de habitación

**Significado arqueológico**

La datación fue obtenida a partir de la misma muestra que CAMS-7245, pero en este caso el colágeno fue tratado con la técnica "ninhydrin" porque el hueso había sido conservado con acetato de polivinilo (Hoffman 1993: 195). No tenemos argumentos para aceptar o descartar una u otra datación.

**Observaciones**

**Bibliografía**

Hoffman 1993: tabla 6.1.

| Yacimiento | Isla | Municipio | Exclusión |
|---|---|---|---|
| Son Matge | Mallorca | Valldemossa | ☐ |

| Código laboratorio | Valor ap(BP) | Valor ane(BC) | ± | Muestra |
|---|---|---|---|---|
| CAMS-7240 | 3070 | 1120 | 100 | Hueso fauna doméstica |

| cal ANE m | cal ANE 1s | cal ANE 2s | cal ANE dir | δ 13C | δ 15N | C/N |
|---|---|---|---|---|---|---|
| 1321 | 1441 / 1201 | 1546 / 1027 | 1339 | | | |

**Registro arqueológico**

Recinto Central. Nicho en roca. Mango de punzón metálico.

**Estructura** Cueva natural de habitación

**Significado arqueológico**

La datación fue obtenida a partir de una muestra tratada mediante PVA y también con la técnica "ninhydrin". Ello plantea una problemática común a otras dataciones del mismo yacimiento.

**Observaciones**

**Bibliografía**

Hoffman 1993: tabla 6.1.

| Yacimiento | Isla | Municipio | Exclusión |
|---|---|---|---|
| Son Matge | Mallorca | Valldemossa | ☑ |

| Código laboratorio | Valor ap(BP) | Valor ane(BC) | ± | Muestra |
|---|---|---|---|---|
| IRPA-804 (frac. 23,13%) | 3070 | 1120 | 60 | Carbonatos |

| cal ANE m | cal ANE 1s | cal ANE 2s | cal ANE dir | δ13C | δ15N | C/N |
|---|---|---|---|---|---|---|
| 1332 | 1400 / 1264 | 1461 / 1158 | 1347 | | | |

**Registro arqueológico**

Z = -10/25 cm. Muestra ABSM-NOP2.

**Estructura** Cueva de inhumación en cal

**Significado arqueológico**

El tipo de material datado no resulta fiable ni guarda relación de contemporaneidad con los materales arqueológicos asociados.

**Observaciones**

Excluida, por haberse realizado a partir de carbonatos. Fraccionamiento isotópico = -21,21%. Fracción datante 23,13%.

**Bibliografía**

Dauchot-Dehon y Van Strydonck 1989: tabla 2; Van Strydonck y Waldren 1990: tabla 3.

| Yacimiento | Isla | Municipio | Exclusión |
|---|---|---|---|
| Son Matge | Mallorca | Valldemossa | ☐ |

| Código laboratorio | Valor ap(BP) | Valor ane(BC) | ± | Muestra |
|---|---|---|---|---|
| CAMS-7075 | 3060 | 1110 | 100 | Hueso fauna doméstica |

| cal ANE m | cal ANE 1s | cal ANE 2s | cal ANE dir | δ13C | δ15N | C/N |
|---|---|---|---|---|---|---|
| 1307 | 1430 / 1185 | 1540 / 1008 | 1331 | | | |

**Registro arqueológico**

Recinto Central. Nicho en roca. Mango de punzón metálico.

**Estructura** Cueva natural de habitación

**Significado arqueológico**

La datación indica un momento dentro de la secuencia ocupacional del abrigo.

**Observaciones**

**Bibliografía**

Hoffman 1993: tabla 6.1.

| Yacimiento | Isla | Municipio | Exclusión |
|---|---|---|---|
| Son Matge | Mallorca | Valldemossa | ☑ |

| Código laboratorio | Valor ap(BP) | Valor ane(BC) | | Muestra |
|---|---|---|---|---|
| BM-2140R | 3040 | 1090 ± | 110 | Carbón |

| cal ANE m | cal ANE 1s | cal ANE 2s | cal ANE dir | δ 13C | δ 15N | C/N |
|---|---|---|---|---|---|---|
| 1270 | 1415 / 1124 | 1536 / 953 | 1308 | | | |

**Registro arqueológico**

Recinto Este o Central. Niveles de enterramientos en cal. Carbón incluido en "material constructivo" ("mortar").

**Estructura** Cueva de inhumación en cal

**Significado arqueológico**

La datación indica un momento anterior, en una medida indeterminada, respecto al uso del abrigo como necrópolis de enterramientos en cal.

**Observaciones**

Redatación de BM-2140: 2820±40 BP. Waldren (1992) publica la datación sujeta a error de laboratorio con la referencia ABSM-T-EE y una desviación tipo de ±50 (datación nº 132), mientras que al nuevo valor lo referencia como ABSM-T-EC y le asigna un valor convencional de 1080 ane (datación nº 157).

**Bibliografía**

Burleigh, Ambers y Matthews 1984: 71; Bowman, Ambers y Leese 1990: 77. Waldren 1992: nº 132 y 157.

| Yacimiento | Isla | Municipio | Exclusión |
|---|---|---|---|
| Son Matge | Mallorca | Valldemossa | ☐ |

| Código laboratorio | Valor ap(BP) | Valor ane(BC) | | Muestra |
|---|---|---|---|---|
| CAMS-7246 | 2980 | 1030 ± | 70 | Hueso fauna doméstica |

| cal ANE m | cal ANE 1s | cal ANE 2s | cal ANE dir | δ 13C | δ 15N | C/N |
|---|---|---|---|---|---|---|
| 1202 | 1324 / 1081 | 1387 / 980 | 1217 | | | |

**Registro arqueológico**

Recinto Central. Nicho en roca. Mango de punzón metálico.

**Estructura** Cueva natural de habitación

**Significado arqueológico**

La datación indica un momento dentro de la secuencia ocupacional del abrigo.

**Observaciones**

Muestra tratada mediante PVA.

**Bibliografía**

Hoffman 1993: tabla 6.1.

| Yacimiento | Isla | Municipio | Exclusión |
|---|---|---|---|
| Son Matge | Mallorca | Valldemossa | ☑ |

| Código laboratorio | Valor ap(BP) | Valor ane(BC) | ± | Muestra |
|---|---|---|---|---|
| IRPA-806 (frac. 17,82%) | 2980 | 1030 | 60 | Carbonatos |

| cal ANE m | cal ANE 1s | cal ANE 2s | cal ANE dir | δ 13C | δ 15N | C/N |
|---|---|---|---|---|---|---|
| 1206 | 1312 / 1100 | 1380 / 1008 | 1216 | | | |

**Registro arqueológico**

Z = -0/10 cm. Muestra ABSM-NOP2.

**Estructura** Cueva de inhumación en cal

**Significado arqueológico**

El tipo de material datado no resulta fiable ni guarda relación de contemporaneidad con los materales arqueológicos asociados.

**Observaciones**

Excluida, por haberse realizado a partir de carbonatos. Fraccionamiento isotópico: -16,82%. Fracción datante 17,82%.

**Bibliografía**

Dauchot-Dehon y Van Strydonck 1989: tabla 2; Van Strydonck y Waldren 1990: tabla 3.

| Yacimiento | Isla | Municipio | Exclusión |
|---|---|---|---|
| Son Matge | Mallorca | Valldemossa | ☑ |

| Código laboratorio | Valor ap(BP) | Valor ane(BC) | ± | Muestra |
|---|---|---|---|---|
| IRPA-804 (frac. 19,09%) | 2930 | 980 | 60 | Carbonatos |

| cal ANE m | cal ANE 1s | cal ANE 2s | cal ANE dir | δ 13C | δ 15N | C/N |
|---|---|---|---|---|---|---|
| 1134 | 1243 / 1025 | 1328 / 947 | 1131 | | | |

**Registro arqueológico**

Z = -10/25 cm. Muestra ABSM-NOP2.

**Estructura** Cueva de inhumación en cal

**Significado arqueológico**

El tipo de material datado no resulta fiable ni guarda relación de contemporaneidad con los materales arqueológicos asociados.

**Observaciones**

Excluida, por haberse realizado a partir de carbonatos. Fraccionamiento isotópico: -20,96%. Fracción datante 19,09%.

**Bibliografía**

Dauchot-Dehon y Van Strydonck 1989: tabla 2; Van Strydonck y Waldren 1990: tabla 3.

| Yacimiento | Isla | Municipio | Exclusión |
|---|---|---|---|
| Son Matge | Mallorca | Valldemossa | ☐ |

| Código laboratorio | Valor ap(BP) | Valor ane(BC) | ± | Muestra |
|---|---|---|---|---|
| CAMS-7239 | 2910 | 960 | 70 | Hueso fauna doméstica |

| cal ANE m | cal ANE 1s | cal ANE 2s | cal ANE dir | δ 13C | δ 15N | C/N |
|---|---|---|---|---|---|---|
| 1100 | 1220 / 981 | 1326 / 899 | 1084 | | | |

**Registro arqueológico**

Recinto Central. Nicho en roca. Mango de punzón metálico.

**Estructura** Cueva natural de habitación

**Significado arqueológico**

La datación fue obtenida a partir de la misma muestra que CAMS-7238, pero en este caso el colágeno fue tratado con la técnica "ninhydrin" porque el hueso había sido conservado con acetato de polivinilo (Hoffman 1993: 195). No tenemos argumentos para aceptar o descartar una u otra datación.

**Observaciones**

**Bibliografía**

Hoffman 1993: tabla 6.1.

| Yacimiento | Isla | Municipio | Exclusión |
|---|---|---|---|
| Son Matge | Mallorca | Valldemossa | ☐ |

| Código laboratorio | Valor ap(BP) | Valor ane(BC) | ± | Muestra |
|---|---|---|---|---|
| CAMS-7245 | 2910 | 960 | 70 | Hueso fauna doméstica |

| cal ANE m | cal ANE 1s | cal ANE 2s | cal ANE dir | δ 13C | δ 15N | C/N |
|---|---|---|---|---|---|---|
| 1100 | 1220 / 981 | 1326 / 899 | 1084 | | | |

**Registro arqueológico**

Recinto Central. Nicho en roca. Mango de punzón metálico.

**Estructura** Cueva natural de habitación

**Significado arqueológico**

La datación indica un momento dentro de la secuencia ocupacional del abrigo.

**Observaciones**

**Bibliografía**

Hoffman 1993: tabla 6.1.

| Yacimiento | Isla | Municipio | Exclusión |
| --- | --- | --- | --- |
| Son Matge | Mallorca | Valldemossa | ☑ |

| Código laboratorio | Valor ap(BP) | Valor ane(BC) | ± | Muestra |
| --- | --- | --- | --- | --- |
| IRPA-804 (frac. 19,40%) | 2900 | 950 | 60 | Carbonatos |

| cal ANE m | cal ANE 1s | cal ANE 2s | cal ANE dir | δ 13C | δ 15N | C/N |
| --- | --- | --- | --- | --- | --- | --- |
| 1077 | 1174 / 981 | 1279 / 911 | 1072 | | | |

**Registro arqueológico**

Z = -10/25 cm. Muestra ABSM-NOP2.

**Estructura** Cueva de inhumación en cal

**Significado arqueológico**

El tipo de material datado no resulta fiable ni guarda relación de contemporaneidad con los materales arqueológicos asociados.

**Observaciones**

Excluida, por haberse realizado a partir de carbonatos. Fraccionamiento isotópico: -20,34%. Fracción datante 19,40%.

**Bibliografía**

Dauchot-Dehon y Van Strydonck 1989: tabla 2; Van Strydonck y Waldren 1990: tabla 3.

| Yacimiento | Isla | Municipio | Exclusión |
| --- | --- | --- | --- |
| Son Matge | Mallorca | Valldemossa | ☐ |

| Código laboratorio | Valor ap(BP) | Valor ane(BC) | ± | Muestra |
| --- | --- | --- | --- | --- |
| CAMS-7238 | 2830 | 880 | 120 | Hueso fauna doméstica |

| cal ANE m | cal ANE 1s | cal ANE 2s | cal ANE dir | δ 13C | δ 15N | C/N |
| --- | --- | --- | --- | --- | --- | --- |
| 1017 | 1170 / 864 | 1332 / 774 | 970 | | | |

**Registro arqueológico**

Recinto Central. Nicho en roca. Mango de punzón metálico.

**Estructura** Cueva natural de habitación

**Significado arqueológico**

La datación indica un momento dentro de la secuencia ocupacional del abrigo.

**Observaciones**

**Bibliografía**

Hoffman 1993: tabla 6.1.

| Yacimiento | Isla | Municipio | Exclusión |
| --- | --- | --- | --- |
| Son Matge | Mallorca | Valldemossa | ☐ |

| Código laboratorio | Valor ap(BP) | Valor ane(BC) | ± | Muestra |
| --- | --- | --- | --- | --- |
| QL-986 | 2820 | 870 | 50 | Carbón |

| cal ANE m | cal ANE 1s | cal ANE 2s | cal ANE dir | δ 13C | δ 15N | C/N |
| --- | --- | --- | --- | --- | --- | --- |
| 963 | 1026 / 900 | 1113 / 853 | 960 | | | |

**Registro arqueológico**

Recinto Oeste. Estrato 8 (est. III/IV). Nivel de habitación. Muestra ABSM 28.

**Estructura** Cueva natural de habitación

**Significado arqueológico**

La datación indica un momento dentro de la secuencia ocupacional del abrigo.

**Observaciones**

Waldren (1982a: 508, 1982b: 1A: 29) la publica con el valor convencional de 880 bc, mientras que en Waldren (1986: tabla 16b) lo hace con el de 860 bc.

**Bibliografía**

Waldren 1982a: 508, 1982b: 1A: 29; 1986: tabla 16b, 1992: tabla 3.

| Yacimiento | Isla | Municipio | Exclusión |
| --- | --- | --- | --- |
| Son Matge | Mallorca | Valldemossa | ☑ |

| Código laboratorio | Valor ap(BP) | Valor ane(BC) | ± | Muestra |
| --- | --- | --- | --- | --- |
| IRPA-806 (frac. 18,43%) | 2760 | 810 | 60 | Carbonatos |

| cal ANE m | cal ANE 1s | cal ANE 2s | cal ANE dir | δ 13C | δ 15N | C/N |
| --- | --- | --- | --- | --- | --- | --- |
| 904 | 959 / 849 | 1043 / 809 | 889 | | | |

**Registro arqueológico**

Z = -0/10 cm. Muestra ABSM-NOP2.

**Estructura** Cueva de inhumación en cal

**Significado arqueológico**

El tipo de material datado no resulta fiable ni guarda relación de contemporaneidad con los materales arqueológicos asociados.

**Observaciones**

Excluida, por haberse realizado a partir de carbonatos. Fraccionamiento isotópico = -16,78%. Fracción datante 18,43%.

**Bibliografía**

Dauchot-Dehon y Van Strydonck 1989: tabla 2; Van Strydonck y Waldren 1990: tabla 3.

| Yacimiento | Isla | Municipio | Exclusión |
|---|---|---|---|
| Son Matge | Mallorca | Valldemossa | ☑ |

| Código laboratorio | Valor ap(BP) | Valor ane(BC) | ± | Muestra |
|---|---|---|---|---|
| QL-7 | 2730 | 780 | 100 | Carbonatos |

| cal ANE m | cal ANE 1s | cal ANE 2s | cal ANE dir | δ13C | δ15N | C/N |
|---|---|---|---|---|---|---|
| 892 | 972 / 811 | 1129 / 735 | 880 | -19.9 | | |

**Registro arqueológico**

Recinto Oeste. Estrato 9 (estr. III-base). Cuadr. MM33. Nivel inferior de la necrópolis en cal. Z = -75 cm. Muestra ABSM 26

**Estructura** Cueva de inhumación en cal

**Significado arqueológico**

La datación ha sido señalada como indicadora de la presencia de hierro más antigua. Sin embargo, conviene guardar reservas ante la discutible fiabilidad del tipo de material datado.

**Observaciones**

Excluida, por haberse realizado a partir de carbonatos. Waldren (1982a: 508) señaló que la muestra datada era carbón vegetal.

**Bibliografía**

Stuiver y Waldren 1975: tabla 1; Waldren 1982a: 504; 1982b: 1A: 27, 1986: tabla 16b, 1992: tabla 3; Van Strydonck y Waldren 1995: 175.

| Yacimiento | Isla | Municipio | Exclusión |
|---|---|---|---|
| Son Matge | Mallorca | Valldemossa | ☐ |

| Código laboratorio | Valor ap(BP) | Valor ane(BC) | ± | Muestra |
|---|---|---|---|---|
| QL-11 | 2700 | 750 | 80 | Carbón |

| cal ANE m | cal ANE 1s | cal ANE 2s | cal ANE dir | δ13C | δ15N | C/N |
|---|---|---|---|---|---|---|
| 870 | 1035 / 704 | 1016 / 749 | 859 | | | |

**Registro arqueológico**

Recinto Oeste. Estrato 9 (estr. III). Cuadr. MM35. Nivel inferior de la necrópolis en cal. Z = -100 cm. Muestra ABSM 25.

**Estructura** Cueva de inhumación en cal

**Significado arqueológico**

La datación ha sido señalada como indicadora de la presencia de hierro más antigua. En rigor, indicaría un momento anterior, en una medida indeterminada, respecto al inicio de la práctica de inhumaciones en cal.

**Observaciones**

Fernández-Miranda y Waldren (1974: 298) publican el valor convencional de 690±100 ane y señalan que la muestra era carbonato en contacto con la muestra de carbón QL-9c.

**Bibliografía**

Stuiver y Waldren 1975: 475; Fernández-Miranda y Waldren 1974: 298; Fernández-Miranda y Waldren 1979: 370; Waldren 1982a: 504; 1982b: 1A: 27, 1986: tabla 16b, 1992: tabla 3; Van Strydonck y Waldren 1995: 174-175.

| Yacimiento | Isla | Municipio | Exclusión |
|---|---|---|---|
| Son Matge | Mallorca | Valldemossa | ☑ |

| Código laboratorio | Valor ap(BP) | Valor ane(BC) | ± | Muestra |
|---|---|---|---|---|
| IRPA-806 (frac. 26,14%) | 2700 | 750 | 60 | Carbonatos |

| cal ANE m | cal ANE 1s | cal ANE 2s | cal ANE dir | δ 13C | δ 15N | C/N |
|---|---|---|---|---|---|---|
| 850 | 891 / 810 | 961 / 782 | 849 | | | |

**Registro arqueológico**

Z = -0/10cm. Muestra ABSM-NOP2.

**Estructura** Cueva de inhumación en cal

**Significado arqueológico**

El tipo de material datado no resulta fiable.

**Observaciones**

Excluida, por haberse realizado a partir de carbonatos. Fraccionamiento isotópico: -16,54%. Fracción datante 26,14%.

**Bibliografía**

Dauchot-Dehon y Van Strydonck 1989: tabla 2; Van Strydonck y Waldren 1990: tabla 3.

| Yacimiento | Isla | Municipio | Exclusión |
|---|---|---|---|
| Son Matge | Mallorca | Valldemossa | ☑ |

| Código laboratorio | Valor ap(BP) | Valor ane(BC) | ± | Muestra |
|---|---|---|---|---|
| IRPA-804 (frac. 19,04%) | 2700 | 750 | 60 | Carbonatos |

| cal ANE m | cal ANE 1s | cal ANE 2s | cal ANE dir | δ 13C | δ 15N | C/N |
|---|---|---|---|---|---|---|
| 850 | 891 / 810 | 961 / 782 | 849 | | | |

**Registro arqueológico**

Z = -10/25 cm. Muestra ABSM-NOP2.

**Estructura** Cueva de inhumación en cal

**Significado arqueológico**

El tipo de material datado no resulta fiable.

**Observaciones**

Excluida, por haberse realizado a partir de carbonatos. Fraccionamiento isotópico: -19,27%. Fracción datante 19,04%.

**Bibliografía**

Dauchot-Dehon y Van Strydonck 1989: tabla 2; Van Strydonck y Waldren 1990: tabla 3.

| Yacimiento | Isla | Municipio | Exclusión |
|---|---|---|---|
| Son Matge | Mallorca | Valldemossa | ☑ |

| Código laboratorio | Valor ap(BP) | Valor ane(BC) | ± | Muestra |
|---|---|---|---|---|
| IRPA-811 (frac. 20%) | 2650 | 700 | 60 | Carbonatos |

| cal ANE m | cal ANE 1s | cal ANE 2s | cal ANE dir | δ13C | δ15N | C/N |
|---|---|---|---|---|---|---|
| 821 | 855 / 787 | 909 / 756 | 816 | | | |

**Registro arqueológico**

Z = -95 cm. Muestra ABSM-QL6.

**Estructura** Cueva de inhumación en cal

**Significado arqueológico**

El tipo de material datado no resulta fiable.

**Observaciones**

Excluida, por haberse realizado a partir de carbonatos. Fraccionamiento isotópico: -14,7%. Fracción datante 20%. Seleccionada por Van Strydonck y Waldren (1995) como el resultado representativo de IRPA-811.

**Bibliografía**

Dauchot-Dehon y Van Strydonck 1989: tabla 2; Waldren 1992: tabla 3; Van Strydonck y Waldren 1995: 177.

| Yacimiento | Isla | Municipio | Exclusión |
|---|---|---|---|
| Son Matge | Mallorca | Valldemossa | ☑ |

| Código laboratorio | Valor ap(BP) | Valor ane(BC) | ± | Muestra |
|---|---|---|---|---|
| IRPA-806 (frac. 19,19%) | 2640 | 690 | 60 | Carbonatos |

| cal ANE m | cal ANE 1s | cal ANE 2s | cal ANE dir | δ13C | δ15N | C/N |
|---|---|---|---|---|---|---|
| 816 | 850 / 783 | 893 / 749 | 811 | | | |

**Registro arqueológico**

Z = -0/10 cm. Muestra ABSM-NOP2.

**Estructura** Cueva de inhumación en cal

**Significado arqueológico**

El tipo de material datado no resulta fiable.

**Observaciones**

Excluida, por haberse realizado a partir de carbonatos. Fraccionamiento isotópico: -17,04%. Fracción datante 19,19%.

**Bibliografía**

Dauchot-Dehon y Van Strydonck 1989: tabla 2; Van Strydonck y Waldren 1990: tabla 3.

| Yacimiento | Isla | Municipio | Exclusión |
|---|---|---|---|
| Son Matge | Mallorca | Valldemossa | ☐ |

| Código laboratorio | Valor ap(BP) | Valor ane(BC) | ± | Muestra |
|---|---|---|---|---|
| QL-27 | 2640 | 690 | 50 | Carbón |

| cal ANE m | cal ANE 1s | cal ANE 2s | cal ANE dir | δ 13C | δ 15N | C/N |
|---|---|---|---|---|---|---|
| 814 | 840 / 788 | 878 / 767 | 809 | | | |

**Registro arqueológico**

Recinto Este. Perfil frontal. Estrato 6 (estr. III-base). Cuadr. MM 35. Nivel inferior de la necrópolis en cal. Z = -90 cm.

**Estructura** Cueva de inhumación en cal

**Significado arqueológico**

La datación indica un momento anterior, en una medida indeterminada, respecto al inicio de la práctica de inhumaciones en cal.

**Observaciones**

Fernández-Miranda y Waldren (1979: 370) y Waldren (1982a: 507 y 1982b: 1A: 29, 1986: tabla 16b) apuntan una desviación tipo de ±100.

**Bibliografía**

Stuiver y Waldren 1975: 475; Fernández-Miranda y Waldren 1979: 370; Waldren 1982a: 504; 1982b: 1A: 26, 1986: tabla 16b, 1992: tabla 3; Van Strydonck y Waldren 1995: 174.

| Yacimiento | Isla | Municipio | Exclusión |
|---|---|---|---|
| Son Matge | Mallorca | Valldemossa | ☑ |

| Código laboratorio | Valor ap(BP) | Valor ane(BC) | ± | Muestra |
|---|---|---|---|---|
| IRPA-695 (frac. 52%) | 2620 | 670 | 60 | Carbonatos |

| cal ANE m | cal ANE 1s | cal ANE 2s | cal ANE dir | δ 13C | δ 15N | C/N |
|---|---|---|---|---|---|---|
| 808 | 842 / 774 | 879 / 736 | 800 | | | |

**Registro arqueológico**

Z = -0/15 cm. Muestra ABSM-QLCE(23).

**Estructura** Cueva de inhumación en cal

**Significado arqueológico**

El tipo de material datado no resulta fiable.

**Observaciones**

Excluida, por haberse realizado a partir de carbonatos. Fraccionamiento isotópico: -11,55%. Fracción datante 52%. Waldren (1992: tabla 3 y 1998: tabla 1) la publica con una desviación tipo de ±160. Seleccionada por Van Strydonck y Waldren (1995) como el resultado representativo de IRPA-695.

**Bibliografía**

Dauchot-Dehon y Van Strydonck 1989: tabla 1; Van Strydonck y Waldren 1990: tabla 2; Waldren 1992: tabla 3, 1998, tabla 1; Van Strydonck y Waldren 1995: 179-180.

| Yacimiento | Isla | Municipio | Exclusión |
|---|---|---|---|
| Son Matge | Mallorca | Valldemossa | ☑ |

| Código laboratorio | Valor ap(BP) | Valor ane(BC) | ± | Muestra |
|---|---|---|---|---|
| IRPA-811 (frac. 20%) | 2620 | 670 | 60 | Carbonatos |

| cal ANE m | cal ANE 1s | cal ANE 2s | cal ANE dir | δ 13C | δ 15N | C/N |
|---|---|---|---|---|---|---|
| 808 | 842 / 774 | 879 / 736 | 800 | | | |

**Registro arqueológico**

Z = -95 cm. Muestra ABSM-QL6.

**Estructura** Cueva de inhumación en cal

**Significado arqueológico**

El tipo de material datado no resulta fiable.

**Observaciones**

Excluida, por haberse realizado a partir de carbonatos. Fraccionamiento isotópico: -14,92%. Fracción datante 20%.

**Bibliografía**

Dauchot-Dehon y Van Strydonck 1989: tabla 2; Van Strydonck y Waldren 1990: tabla 3; Van Strydonck y Waldren 1995: 177.

| Yacimiento | Isla | Municipio | Exclusión |
|---|---|---|---|
| Son Matge | Mallorca | Valldemossa | ☑ |

| Código laboratorio | Valor ap(BP) | Valor ane(BC) | ± | Muestra |
|---|---|---|---|---|
| IRPA-750 (frac. 18%) | 2610 | 660 | 60 | Carbonatos |

| cal ANE m | cal ANE 1s | cal ANE 2s | cal ANE dir | δ 13C | δ 15N | C/N |
|---|---|---|---|---|---|---|
| 802 | 835 / 769 | 870 / 578 | 796 | | | |

**Registro arqueológico**

Z = -110 cm. Muestra ABSM-QL≠9.

**Estructura** Cueva de inhumación en cal

**Significado arqueológico**

El tipo de material datado no resulta fiable.

**Observaciones**

Excluida, por haberse realizado a partir de carbonatos. Fraccionamiento isotópico: -17,85%. Fracción datante 18%. Seleccionada por Van Strydonck y Waldren (1995) como el resultado representativo de IRPA-750.

**Bibliografía**

Dauchot-Dehon y Van Strydonck 1989: tabla 2; Van Strydonck y Waldren 1995: 177.

| Yacimiento | Isla | Municipio | Exclusión |
|---|---|---|---|
| Son Matge | Mallorca | Valldemossa | ☑ |

| Código laboratorio | Valor ap(BP) | Valor ane(BC) | ± | Muestra |
|---|---|---|---|---|
| IRPA-804 (frac. 19,33%) | 2590 | 640 | 60 | Carbonatos |

| cal ANE m | cal ANE 1s | cal ANE 2s | cal ANE dir | δ 13C | δ 15N | C/N |
|---|---|---|---|---|---|---|
| 788 | 817 / 758 | 856 / 542 | 787 | | | |

**Registro arqueológico**

Z = -10/25cm. Muestra ABSM-NOP2.

**Estructura** Cueva de inhumación en cal

**Significado arqueológico**

El tipo de material datado no resulta fiable.

**Observaciones**

Excluida, por haberse realizado a partir de carbonatos. Fraccionamiento isotópico: -18,28%. Fracción datante 19,33%. Seleccionada por Van Strydonck y Waldren (1995) como el resultado representativo de IRPA-804.

**Bibliografía**

Dauchot-Dehon y Van Strydonck 1989: tabla 2; Van Strydonck y Waldren 1990: tabla 3; Van Strydonck y Waldren 1995: 178.

| Yacimiento | Isla | Municipio | Exclusión |
|---|---|---|---|
| Son Matge | Mallorca | Valldemossa | ☐ |

| Código laboratorio | Valor ap(BP) | Valor ane(BC) | ± | Muestra |
|---|---|---|---|---|
| QL-9c | 2570 | 620 | 100 | Carbón |

| cal ANE m | cal ANE 1s | cal ANE 2s | cal ANE dir | δ 13C | δ 15N | C/N |
|---|---|---|---|---|---|---|
| 689 | 838 / 540 | 906 / 435 | 760 | | | |

**Registro arqueológico**

Recinto Este. Perfil frontal. Estrato 6 (estr. III). Nivel inferior de la necrópolis en cal. Z = -60/-90 cm.

**Estructura** Cueva de inhumación en cal

**Significado arqueológico**

La datación indica un momento anterior, en una medida indeterminada, respecto al inicio de la práctica de inhumaciones en cal. A la incertidumbre de las muestras de vida larga, se añade la derivada del aplanamiento de la curva de calibración ("meseta de Hallstatt").

**Observaciones**

Publicada como QL-20 en Van Strydonck y Waldren (1995: 176).

**Bibliografía**

Fernández-Miranda y Waldren 1974: 298; Fernández-Miranda 1978: 324; Waldren 1986: tabla 16, 1992: tabla 3.

**Yacimiento** Son Matge | **Isla** Mallorca | **Municipio** Valldemossa | **Exclusión** ☑

| Código laboratorio | Valor ap(BP) | Valor ane(BC) | ± | Muestra |
|---|---|---|---|---|
| IRPA-790 (frac. 50%) | 2570 | 620 | 60 | Carbonatos |

| cal ANE m | cal ANE 1s | cal ANE 2s | cal ANE dir | δ13C | δ15N | C/N |
|---|---|---|---|---|---|---|
| 689 | 838 / 540 | 847 / 501 | 760 | | | |

**Registro arqueológico**

Z = -85 cm. Muestra ABSM-QLNR4.

**Estructura** Cueva de inhumación en cal

**Significado arqueológico**

El tipo de material datado no resulta fiable.

**Observaciones**

Excluida, por haberse realizado a partir de carbonatos. Fraccionamiento isotópico: -18,02%. Fracción datante 50%. Waldren (1992: tabla 3) la publica con una desviación tipo de ±100. Seleccionada por Van Strydonck y Waldren (1995) como el resultado representativo de IRPA-790.

**Bibliografía**

Dauchot-Dehon y Van Strydonck 1989: tabla 1; Van Strydonck y Waldren 1990: tabla 2; Waldren 1992: tabla 3; Van Strydonck y Waldren 1995: 179.

---

**Yacimiento** Son Matge | **Isla** Mallorca | **Municipio** Valldemossa | **Exclusión** ☑

| Código laboratorio | Valor ap(BP) | Valor ane(BC) | ± | Muestra |
|---|---|---|---|---|
| IRPA-803 (frac. 19,45%) | 2560 | 610 | 60 | Carbonatos |

| cal ANE m | cal ANE 1s | cal ANE 2s | cal ANE dir | δ13C | δ15N | C/N |
|---|---|---|---|---|---|---|
| 770 | 801 / 738 | 843 / 482 | 775 | | | |

**Registro arqueológico**

Z = -65 cm. Muestra ABSM-QL≠13.

**Estructura** Cueva de inhumación en cal

**Significado arqueológico**

El tipo de material datado no resulta fiable.

**Observaciones**

Excluida, por haberse realizado a partir de carbonatos. Fraccionamiento isotópico: -14,37%. Fracción datante 19,45%. Seleccionada por Van Strydonck y Waldren (1995) como el resultado representativo de IRPA-803.

**Bibliografía**

Dauchot-Dehon y Van Strydonck 1989: tabla 2; Waldren 1992: tabla 3; Van Strydonck y Waldren 1995: 178.

| Yacimiento | Isla | Municipio | Exclusión |
|---|---|---|---|
| Son Matge | Mallorca | Valldemossa | ☑ |

| Código laboratorio | Valor ap(BP) | Valor ane(BC) | ± | Muestra |
|---|---|---|---|---|
| IRPA-676 (frac. 50%) | 2550 | 600 | 60 | Carbonatos |

| cal ANE m | cal ANE 1s | cal ANE 2s | cal ANE dir | δ 13C | δ 15N | C/N |
|---|---|---|---|---|---|---|
| 690 | 797 / 582 | 836 / 462 | 770 | | | |

**Registro arqueológico**

Z = -45 cm. Muestra ABSM-QL≠7.

**Estructura** Cueva de inhumación en cal

**Significado arqueológico**

El tipo de material datado no resulta fiable.

**Observaciones**

Excluida, por haberse realizado a partir de carbonatos. Fraccionamiento isotópico: -14,2%. Fracción datante 50%. Van Strydonck y Waldren (1990: tabla 2) y Waldren y Van Strydonck (1995: 178) publican una desviación tipo de ±55. Seleccionada por Van Strydonck y Waldren (1995) como el resultado representativo de IRPA-676.

**Bibliografía**

Dauchot-Dehon y Van Strydonck 1989: tabla 1; Van Strydonck y Waldren 1990: tabla 2; Waldren 1992: tabla 3; Van Strydonck y Waldren 1995: 180.

| Yacimiento | Isla | Municipio | Exclusión |
|---|---|---|---|
| Son Matge | Mallorca | Valldemossa | ☐ |

| Código laboratorio | Valor ap(BP) | Valor ane(BC) | ± | Muestra |
|---|---|---|---|---|
| QL-4 | 2540 | 590 | 110 | Carbón |

| cal ANE m | cal ANE 1s | cal ANE 2s | cal ANE dir | δ 13C | δ 15N | C/N |
|---|---|---|---|---|---|---|
| 655 | 828 / 483 | 901 / 395 | 738 | -22.5 | | |

**Registro arqueológico**

Recinto Este. Perfil frontal. Estrato 6 (estr. III). Cuadr. MM 37. Nivel inferior de la necrópolis en cal. Z = -90 cm.

**Estructura** Cueva de inhumación en cal

**Significado arqueológico**

La datación indica un momento anterior, en una medida indeterminada, respecto al inicio de la práctica de inhumaciones en cal. A la incertidumbre de las muestras de vida larga, se añade la derivada del aplanamiento de la curva de calibración ("meseta de Hallstatt").

**Observaciones**

Fernández-Miranda y Waldren (1979: 370), Waldren (1986: tabla 16a) y Van Strydonck y Waldren (1995: 174) publican una desviación tipo de ±100, mientras que Waldren (1992: tabla 3) indica una de ±80.

**Bibliografía**

Stuiver y Waldren 1975: 475; Waldren 1982a: 504; 1982b: 1A: 26, 1992: tabla 3; Van Strydonck y Waldren 1995: 174.

| Yacimiento | Isla | Municipio | Exclusión |
|---|---|---|---|
| Son Matge | Mallorca | Valldemossa | ☑ |

| Código laboratorio | Valor ap(BP) | Valor ane(BC) | | Muestra |
|---|---|---|---|---|
| IRPA-752 (frac. 21%) | 2540 | 590 ± | 60 | Carbonatos |

| cal ANE m | cal ANE 1s | cal ANE 2s | cal ANE dir | δ 13C | δ 15N | C/N |
|---|---|---|---|---|---|---|
| 676 | 792 / 560 | 827 / 453 | 765 | | | |

**Registro arqueológico**

Z = -90 cm. Muestra ABSM-QL≠8.

**Estructura** Cueva de inhumación en cal

**Significado arqueológico**

El tipo de material datado no resulta fiable.

**Observaciones**

Excluida, por haberse realizado a partir de carbonatos. Fraccionamiento isotópico: -14,5%. Fracción datante 21%. Seleccionada por Van Strydonck y Waldren (1995) como el resultado representativo de IRPA-752.

**Bibliografía**

Dauchot-Dehon y Van Strydonck 1989: tabla 2; Waldren 1992: tabla 3; Van Strydonck y Waldren 1995: 177-178.

| Yacimiento | Isla | Municipio | Exclusión |
|---|---|---|---|
| Son Matge | Mallorca | Valldemossa | ☑ |

| Código laboratorio | Valor ap(BP) | Valor ane(BC) | | Muestra |
|---|---|---|---|---|
| IRPA-811 (frac. 21%) | 2530 | 580 ± | 60 | Carbonatos |

| cal ANE m | cal ANE 1s | cal ANE 2s | cal ANE dir | δ 13C | δ 15N | C/N |
|---|---|---|---|---|---|---|
| 666 | 788 / 544 | 818 / 444 | 759 | | | |

**Registro arqueológico**

Z = -95 cm. Muestra ABSM-QL6.

**Estructura** Cueva de inhumación en cal

**Significado arqueológico**

El tipo de material datado no resulta fiable.

**Observaciones**

Excluida, por haberse realizado a partir de carbonatos. Fraccionamiento isotópico: -15,37%. Fracción datante 21%. Van Strydonck y Waldren (1990: tabla 3) la publican con una desviación tipo de ±55.

**Bibliografía**

Dauchot-Dehon y Van Strydonck 1989: tabla 2; Van Strydonck y Waldren 1990: tabla 3.

| Yacimiento | Isla | Municipio | Exclusión |
|---|---|---|---|
| Son Matge | Mallorca | Valldemossa | ☑ |

| Código laboratorio | Valor ap(BP) | Valor ane(BC) | ± | Muestra |
|---|---|---|---|---|
| IRPA-811 (frac. 20%) | 2530 | 580 | 60 | Carbonatos |

| cal ANE m | cal ANE 1s | cal ANE 2s | cal ANE dir | δ 13C | δ 15N | C/N |
|---|---|---|---|---|---|---|
| 666 | 788 / 544 | 818 / 444 | 759 | | | |

**Registro arqueológico**

Z = -95cm. Muestra ABSM-QL6.

**Estructura** Cueva de inhumación en cal

**Significado arqueológico**

El tipo de material datado no resulta fiable.

**Observaciones**

Excluida, por haberse realizado a partir de carbonatos. Fraccionamiento isotópico: -14,15%. Fracción datante 20%.

**Bibliografía**

Dauchot-Dehon y Van Strydonck 1989: tabla 2; Van Strydonck y Waldren 1990: tabla 3.

| Yacimiento | Isla | Municipio | Exclusión |
|---|---|---|---|
| Son Matge | Mallorca | Valldemossa | ☐ |

| Código laboratorio | Valor ap(BP) | Valor ane(BC) | ± | Muestra |
|---|---|---|---|---|
| QL-6 | 2520 | 570 | 80 | Carbón |

| cal ANE m | cal ANE 1s | cal ANE 2s | cal ANE dir | δ 13C | δ 15N | C/N |
|---|---|---|---|---|---|---|
| 636 | 792 / 479 | 844 / 424 | 738 | -23.4 | | |

**Registro arqueológico**

Recinto Este. Perfil frontal. Estrato 6 (estr. III). Cuadr. MM 33. Nivel inferior de la necrópolis en cal. Z = -75 cm.

**Estructura** Cueva de inhumación en cal

**Significado arqueológico**

La datación indica un momento anterior, en una medida indeterminada, respecto al inicio de la práctica de inhumaciones en cal. A la incertidumbre de las muestras de vida larga, se añade la derivada del aplanamiento de la curva de calibración ("meseta de Hallstatt").

**Observaciones**

**Bibliografía**

Stuiver y Waldren 1975: 475, tabla 1; Waldren 1982a: 504; 1982b: 1A: 26; 1986: tabla 16a, 1992: tabla 3; Van Strydonck y Waldren 1995: 173-174.

| Yacimiento | Isla | Municipio | Exclusión |
|---|---|---|---|
| Son Matge | Mallorca | Valldemossa | ☐ |

| Código laboratorio | Valor ap(BP) | Valor ane(BC) | ± | Muestra |
|---|---|---|---|---|
| QL-26 | 2520 | 570 | ± 80 | Carbón |

| cal ANE m | cal ANE 1s | cal ANE 2s | cal ANE dir | δ 13C | δ 15N | C/N |
|---|---|---|---|---|---|---|
| 636 | 792 / 479 | 844 / 424 | 738 | | | |

**Registro arqueológico**

Recinto Central. Cuadr. MM 22. Z = -55 cm.

**Estructura** Cueva de inhumación en cal

**Significado arqueológico**

La datación indica un momento anterior, en una medida indeterminada, respecto al inicio de la práctica de inhumaciones en cal. A la incertidumbre de las muestras de vida larga, se añade la derivada del aplanamiento de la curva de calibración ("meseta de Hallstatt").

**Observaciones**

**Bibliografía**

Stuiver y Waldren 1975: 475; Waldren 1982a: 504; 1982b: 1A: 26; Van Strydonck y Waldren 1995: 174.

| Yacimiento | Isla | Municipio | Exclusión |
|---|---|---|---|
| Son Matge | Mallorca | Valldemossa | ☑ |

| Código laboratorio | Valor ap(BP) | Valor ane(BC) | ± | Muestra |
|---|---|---|---|---|
| IRPA-750 (frac. 18%) | 2520 | 570 | ± 60 | Carbonatos |

| cal ANE m | cal ANE 1s | cal ANE 2s | cal ANE dir | δ 13C | δ 15N | C/N |
|---|---|---|---|---|---|---|
| 657 | 784 / 531 | 813 / 437 | 752 | | | |

**Registro arqueológico**

Z = -110 cm. Muestra ABSM-QL≠9.

**Estructura** Cueva de inhumación en cal

**Significado arqueológico**

El tipo de material datado no resulta fiable.

**Observaciones**

Excluida, por haberse realizado a partir de carbonatos. Fraccionamiento isotópico: -18,61%. Fracción datante 18%.

**Bibliografía**

Dauchot-Dehon y Van Strydonck 1989: tabla 2; Van Strydonck y Waldren 1990: tabla 3.

| Yacimiento | Isla | Municipio | Exclusión |
|---|---|---|---|
| Son Matge | Mallorca | Valldemossa | ☑ |

| Código laboratorio | Valor ap(BP) | Valor ane(BC) | ± | Muestra |
|---|---|---|---|---|
| IRPA-751 (frac. 21%) | 2500 | 550 | 60 | Carbonatos |

| cal ANE m | cal ANE 1s | cal ANE 2s | cal ANE dir | δ 13C | δ 15N | C/N |
|---|---|---|---|---|---|---|
| 630 | 776 / 484 | 803 / 426 | 740 | | | |

**Registro arqueológico**

Z = -150 cm. Muestra ABSM-QL≠10.

**Estructura** Cueva de inhumación en cal

**Significado arqueológico**

El tipo de material datado no resulta fiable.

**Observaciones**

Excluida, por haberse realizado a partir de carbonatos. Fraccionamiento isotópico: -12,14%. Waldren (1992: tabla 3) publica el valor convencional de 600 ane. Seleccionada por Van Strydonck y Waldren (1995) como el resultado representativo de IRPA-751.

**Bibliografía**

Dauchot-Dehon y Van Strydonck 1989: tabla 2; Waldren 1992: tabla 3; Van Strydonck y Waldren 1990: tabla 3; Van Strydonck y Waldren 1995: 176-177.

| Yacimiento | Isla | Municipio | Exclusión |
|---|---|---|---|
| Son Matge | Mallorca | Valldemossa | ☐ |

| Código laboratorio | Valor ap(BP) | Valor ane(BC) | ± | Muestra |
|---|---|---|---|---|
| QL-10 | 2480 | 530 | 70 | Carbón |

| cal ANE m | cal ANE 1s | cal ANE 2s | cal ANE dir | δ 13C | δ 15N | C/N |
|---|---|---|---|---|---|---|
| 608 | 766 / 450 | 804 / 408 | 714, 681, 566 | | | |

**Registro arqueológico**

Recinto Este. Perfil frontal. Estrato 6 (estr. III). Cuadr MM 33. Nivel inferior de la necrópolis en cal. Z = -90 cm.

**Estructura** Cueva de inhumación en cal

**Significado arqueológico**

La datación indica un momento anterior, en una medida indeterminada, respecto al inicio de la práctica de inhumaciones en cal. A la incertidumbre de las muestras de vida larga, se añade la derivada del aplanamiento de la curva de calibración ("meseta de Hallstatt").

**Observaciones**

Esta datación posee las mismas características que la datación ilocalizada QL-11: 690±100 ane, mencionada en Fernández-Miranda (1978: 324).

**Bibliografía**

Stuiver y Waldren 1975: 475; Waldren 1982a: 504; 1982b: 1A: 26; 1986: tabla 16a, 1992: tabla 3; Van Strydonck y Waldren 1995: 173.

| Yacimiento | Isla | Municipio | Exclusión |
|---|---|---|---|
| Son Matge | Mallorca | Valldemossa | ☑ |

| Código laboratorio | Valor ap(BP) | Valor ane(BC) | ± | Muestra |
|---|---|---|---|---|
| IRPA-811 (frac. 19%) | 2460 | 510 | 60 | Carbonatos |

| cal ANE m | cal ANE 1s | cal ANE 2s | cal ANE dir | δ 13C | δ 15N | C/N |
|---|---|---|---|---|---|---|
| 595 | 754 / 437 | 785 / 405 | 532 | | | |

**Registro arqueológico**

Z = -95 cm. Muestra ABSM-QL6.

**Estructura** Cueva de inhumación en cal

**Significado arqueológico**

El tipo de material datado no resulta fiable.

**Observaciones**

Excluida, por haberse realizado a partir de carbonatos. Fraccionamiento isotópico: -14,27%. Fracción datante 19%.

**Bibliografía**

Dauchot-Dehon y Van Strydonck 1989: tabla 2; Van Strydonck y Waldren 1990: tabla 3.

| Yacimiento | Isla | Municipio | Exclusión |
|---|---|---|---|
| Son Matge | Mallorca | Valldemossa | ☑ |

| Código laboratorio | Valor ap(BP) | Valor ane(BC) | ± | Muestra |
|---|---|---|---|---|
| IRPA-752 (frac. 21%) | 2440 | 490 | 60 | Carbonatos |

| cal ANE m | cal ANE 1s | cal ANE 2s | cal ANE dir | δ 13C | δ 15N | C/N |
|---|---|---|---|---|---|---|
| 584 | 741 / 427 | 777 / 393 | 487 | | | |

**Registro arqueológico**

Z = -90 cm. Muestra ABSM-QL≠8.

**Estructura** Cueva de inhumación en cal

**Significado arqueológico**

El tipo de material datado no resulta fiable.

**Observaciones**

Excluida, por haberse realizado a partir de carbonatos. Fraccionamiento isotópico: -14,76%. Fracción datante 21%.

**Bibliografía**

Dauchot-Dehon y Van Strydonck 1989: tabla 2; Van Strydonck y Waldren 1990: tabla 3.

| Yacimiento | Isla | Municipio | Exclusión |
|---|---|---|---|
| Son Matge | Mallorca | Valldemossa | ☑ |

| Código laboratorio | Valor ap(BP) | Valor ane(BC) | ± | Muestra |
|---|---|---|---|---|
| IRPA-790 (frac. 100%) | 2430 | 480 | 60 | Carbonatos |

| cal ANE m | cal ANE 1s | cal ANE 2s | cal ANE dir | δ 13C | δ 15N | C/N |
|---|---|---|---|---|---|---|
| 577 | 734 / 421 | 772 / 387 | 465 | | | |

**Registro arqueológico**

Z = -85 cm. Muestra ABSM-QLNR4.

**Estructura** Cueva de inhumación en cal

**Significado arqueológico**

El tipo de material datado no resulta fiable.

**Observaciones**

Excluida, por haberse realizado a partir de carbonatos. Fraccionamiento isotópico: -18,79%. Fracción datante 100%.

**Bibliografía**

Dauchot-Dehon y Van Strydonck 1989: tabla 1; Van Strydonck y Waldren 1990: tabla 3.

| Yacimiento | Isla | Municipio | Exclusión |
|---|---|---|---|
| Son Matge | Mallorca | Valldemossa | ☑ |

| Código laboratorio | Valor ap(BP) | Valor ane(BC) | ± | Muestra |
|---|---|---|---|---|
| IRPA-803 (frac. 21,49%) | 2430 | 480 | 60 | Carbonatos |

| cal ANE m | cal ANE 1s | cal ANE 2s | cal ANE dir | δ 13C | δ 15N | C/N |
|---|---|---|---|---|---|---|
| 577 | 734 / 421 | 772 / 387 | 465 | | | |

**Registro arqueológico**

Z = -65 cm. Muestra ABSM-QL≠13.

**Estructura** Cueva de inhumación en cal

**Significado arqueológico**

El tipo de material datado no resulta fiable.

**Observaciones**

Excluida, por haberse realizado a partir de carbonatos. Fraccionamiento isotópico: -14,86%. Fracción datante 21,49%.

**Bibliografía**

Dauchot-Dehon y Van Strydonck 1989: tabla 2; Van Strydonck y Waldren 1990: tabla 3.

| **Yacimiento** | **Isla** | **Municipio** | **Exclusión** |
|---|---|---|---|
| Son Matge | Mallorca | Valldemossa | ☑ |

| **Código laboratorio** | **Valor ap(BP)** | **Valor ane(BC)** | ± | **Muestra** |
|---|---|---|---|---|
| Y-2669 | 2400 | 450 | ± 80 | Carbonatos |

| **cal ANE m** | **cal ANE 1s** | **cal ANE 2s** | **cal ANE dir** | **δ 13C** | **δ 15N** | **C/N** |
|---|---|---|---|---|---|---|
| 550 | 702 / 397 | 766 / 325 | 450 | 18.3 | | |

**Registro arqueológico**

Recinto Este. Perfil frontal. Estrato 6 (estr. III). Cuadr. MM 33. Nivel inferior de la necrópolis en cal. Z = -40 cm.

**Estructura** Cueva de inhumación en cal

**Significado arqueológico**

El tipo de material datado no resulta fiable.

**Observaciones**

Excluida, por haberse realizado a partir de carbonatos.

**Bibliografía**

Stuiver y Waldren 1975: tabla 1; Waldren 1982a: 504; 1982b: 1A: 26; 1986: tabla 16a, 1992: tabla 3; Van Strydonck y Waldren 1995: 173.

| **Yacimiento** | **Isla** | **Municipio** | **Exclusión** |
|---|---|---|---|
| Son Matge | Mallorca | Valldemossa | ☑ |

| **Código laboratorio** | **Valor ap(BP)** | **Valor ane(BC)** | ± | **Muestra** |
|---|---|---|---|---|
| IRPA-752 (frac. 18%) | 2390 | 440 | ± 60 | Carbonatos |

| **cal ANE m** | **cal ANE 1s** | **cal ANE 2s** | **cal ANE dir** | **δ 13C** | **δ 15N** | **C/N** |
|---|---|---|---|---|---|---|
| 455 | 510 / 401 | 748 / 363 | 433 | | | |

**Registro arqueológico**

Z = -90 cm. Muestra ABSM-QL≠8.

**Estructura** Cueva de inhumación en cal

**Significado arqueológico**

El tipo de material datado no resulta fiable.

**Observaciones**

Excluida, por haberse realizado a partir de carbonatos. Fraccionamiento isotópico: -14,58%. Fracción datante 18%.

**Bibliografía**

Dauchot-Dehon y Van Strydonck 1989: tabla 2; Van Strydonck y Waldren 1990: tabla 3.

| Yacimiento | Isla | Municipio | Exclusión |
|---|---|---|---|
| Son Matge | Mallorca | Valldemossa | ☑ |

| Código laboratorio | Valor ap(BP) | Valor ane(BC) | ± | Muestra |
|---|---|---|---|---|
| IRPA-790 (frac. 14%) | 2360 | 410 | 60 | Carbonatos |

| cal ANE m | cal ANE 1s | cal ANE 2s | cal ANE dir | δ 13C | δ 15N | C/N |
|---|---|---|---|---|---|---|
| 419 | 457 / 382 | 728 / 344 | 416 | | | |

**Registro arqueológico**

Z = -85 cm. Muestra ABSM-QLNR4.

**Estructura** Cueva de inhumación en cal

**Significado arqueológico**

El tipo de material datado no resulta fiable.

**Observaciones**

Excluida, por haberse realizado a partir de carbonatos. Fraccionamiento isotópico: -17,85%. Fracción datante 14%. Van Strydonck y Waldren (1990: tabla 2) la publican con una desviación tipo de ±55.

**Bibliografía**

Dauchot-Dehon y Van Strydonck 1989: tabla 1; Van Strydonck y Waldren 1990: tabla 3.

| Yacimiento | Isla | Municipio | Exclusión |
|---|---|---|---|
| Son Matge | Mallorca | Valldemossa | ☑ |

| Código laboratorio | Valor ap(BP) | Valor ane(BC) | ± | Muestra |
|---|---|---|---|---|
| IRPA-789 (frac. 21%) | 2350 | 400 | 60 | Carbonatos |

| cal ANE m | cal ANE 1s | cal ANE 2s | cal ANE dir | δ 13C | δ 15N | C/N |
|---|---|---|---|---|---|---|
| 412 | 448 / 376 | 716 / 337 | 411 | | | |

**Registro arqueológico**

Z = -30 cm. Muestra ABSM-QL≠12.

**Estructura** Cueva de inhumación en cal

**Significado arqueológico**

El tipo de material datado no resulta fiable.

**Observaciones**

Excluida, por haberse realizado a partir de carbonatos. Fraccionamiento isotópico: -13,69%. Fracción datante 21%. Waldren (1992: tabla 3) le asigna una desviación tipo de ±55 y la registra erróneamente como IRPA-710. Seleccionada por Van Strydonck y Waldren (1995) como el resultado representativo de IRPA-789.

**Bibliografía**

Dauchot-Dehon y Van Strydonck 1989: tabla 1; Van Strydonck y Waldren 1990: tabla 2; Waldren 1992: tabla 3; Van Strydonck y Waldren 1995: 179.

| **Yacimiento** | **Isla** | **Municipio** | **Exclusión** |
|---|---|---|---|
| Son Matge | Mallorca | Valldemossa | ☑ |

| **Código laboratorio** | **Valor ap(BP)** | **Valor ane(BC)** | ± | **Muestra** |
|---|---|---|---|---|
| IRPA-808 (frac. 19,15%) | 2350 | 400 | 60 | Carbonatos |

| **cal ANE m** | **cal ANE 1s** | **cal ANE 2s** | **cal ANE dir** | **δ 13C** | **δ 15N** | **C/N** |
|---|---|---|---|---|---|---|
| 412 | 448 / 376 | 716 / 337 | 411 | | | |

**Registro arqueológico**

Z = -10/25 cm. Muestra ABSM-NOP3.

**Estructura** Cueva de inhumación en cal

**Significado arqueológico**

El tipo de material datado no resulta fiable.

**Observaciones**

Excluida, por haberse realizado a partir de carbonatos. Fraccionamiento isotópico: -24,15%. Fracción datante 19,15%. Seleccionada por Van Strydonck y Waldren (1995) como el resultado representativo de IRPA-808.

**Bibliografía**

Dauchot-Dehon y Van Strydonck 1989: tabla 2; Van Strydonck y Waldren 1995: 178-179.

| **Yacimiento** | **Isla** | **Municipio** | **Exclusión** |
|---|---|---|---|
| Son Matge | Mallorca | Valldemossa | ☑ |

| **Código laboratorio** | **Valor ap(BP)** | **Valor ane(BC)** | ± | **Muestra** |
|---|---|---|---|---|
| IRPA-676 (frac. 25%) | 2330 | 380 | 60 | Carbonatos |

| **cal ANE m** | **cal ANE 1s** | **cal ANE 2s** | **cal ANE dir** | **δ 13C** | **δ 15N** | **C/N** |
|---|---|---|---|---|---|---|
| 399 | 434 / 364 | 513 / 233 | 401 | | | |

**Registro arqueológico**

Z = -45 cm. Muestra ABSM-QL≠7.

**Estructura** Cueva de inhumación en cal

**Significado arqueológico**

El tipo de material datado no resulta fiable.

**Observaciones**

Excluida, por haberse realizado a partir de carbonatos. Fraccionamiento isotópico: -13,88%. Fracción datante 25%. Van Strydonck y Waldren (1990: tabla 2) le asignan una desviación tipo de ±55.

**Bibliografía**

Dauchot-Dehon y Van Strydonck 1989: tabla 1; Van Strydonck y Waldren 1990: tabla 2.

| Yacimiento | Isla | Municipio | Exclusión |
|---|---|---|---|
| Son Matge | Mallorca | Valldemossa | ✔ |

| Código laboratorio | Valor ap(BP) | Valor ane(BC) | ± | Muestra |
|---|---|---|---|---|
| IRPA-676 (frac. 100%) | 2330 | 380 | 60 | Carbonatos |

| cal ANE m | cal ANE 1s | cal ANE 2s | cal ANE dir | δ 13C | δ 15N | C/N |
|---|---|---|---|---|---|---|
| 399 | 434 / 364 | 513 / 233 | 401 | | | |

**Registro arqueológico**

Z = -45 cm. Muestra ABSM-QL≠7.

**Estructura** Cueva de inhumación en cal

**Significado arqueológico**

El tipo de material datado no resulta fiable.

**Observaciones**

Excluida, por haberse realizado a partir de carbonatos. Fraccionamiento isotópico: -15,70%. Fracción datante 100%.

**Bibliografía**

Dauchot-Dehon y Van Strydonck 1989: tabla 1; Van Strydonck y Waldren 1990: tabla 2.

| Yacimiento | Isla | Municipio | Exclusión |
|---|---|---|---|
| Son Matge | Mallorca | Valldemossa | ✔ |

| Código laboratorio | Valor ap(BP) | Valor ane(BC) | ± | Muestra |
|---|---|---|---|---|
| IRPA-803 (frac. 19,67%) | 2320 | 370 | 60 | Carbonatos |

| cal ANE m | cal ANE 1s | cal ANE 2s | cal ANE dir | δ 13C | δ 15N | C/N |
|---|---|---|---|---|---|---|
| 392 | 428 / 357 | 491 / 222 | 395 | | | |

**Registro arqueológico**

Z = -65 cm. Muestra ABSM-QL≠13.

**Estructura** Cueva de inhumación en cal

**Significado arqueológico**

El tipo de material datado no resulta fiable.

**Observaciones**

Excluida, por haberse realizado a partir de carbonatos. Fraccionamiento isotópico: -14,18%. Fracción datante 19,67%.

**Bibliografía**

Dauchot-Dehon y Van Strydonck 1989: tabla 2; Van Strydonck y Waldren 1990: tabla 3.

**Yacimiento** | **Isla** | **Municipio** | **Exclusión**
---|---|---|---
Son Matge | Mallorca | Valldemossa | ☑

| **Código laboratorio** | **Valor ap(BP)** | **Valor ane(BC)** | ± | **Muestra** |
|---|---|---|---|---|
| IRPA-752 (frac. 20%) | 2310 | 360 | 70 | Carbonatos |

| **cal ANE m** | **cal ANE 1s** | **cal ANE 2s** | **cal ANE dir** | **δ13C** | **δ15N** | **C/N** |
|---|---|---|---|---|---|---|
| 384 | 433 / 335 | 507 / 195 | 391 | | | |

**Registro arqueológico**

Z = -90 cm. Muestra ABSM-QL≠8.

**Estructura** Cueva de inhumación en cal

**Significado arqueológico**

El tipo de material datado no resulta fiable.

**Observaciones**

Excluida, por haberse realizado a partir de carbonatos. Fraccionamiento isotópico: -15,03%. Fracción datante 20%.

**Bibliografía**

Dauchot-Dehon y Van Strydonck 1989: tabla 2; Van Strydonck y Waldren 1990: tabla 3.

---

**Yacimiento** | **Isla** | **Municipio** | **Exclusión**
---|---|---|---
Son Matge | Mallorca | Valldemossa | ☐

| **Código laboratorio** | **Valor ap(BP)** | **Valor ane(BC)** | ± | **Muestra** |
|---|---|---|---|---|
| QL-5c | 2290 | 340 | 100 | Carbón |

| **cal ANE m** | **cal ANE 1s** | **cal ANE 2s** | **cal ANE dir** | **δ13C** | **δ15N** | **C/N** |
|---|---|---|---|---|---|---|
| 346 | 449 / 244 | 692 / 116 | 368 | | | |

**Registro arqueológico**

Recinto Este. Perfil frontal. Estrato 5 (estr. II/III). Cuadr. MM 8. Nivel intermedio de la necrópolis en cal. Z = - 60 cm.

**Estructura** Cueva de inhumación en cal

**Significado arqueológico**

La datación indica un momento determinado relativo a la práctica de inhumaciones en cal.

**Observaciones**

**Bibliografía**

Fernández-Miranda y Waldren 1974: 298; Fernández-Miranda 1978: 324; Waldren 1982a: 504; 1982b: 1A: 26, 1986: tabla 16a, 1992: tabla 3; Van Strydonck y Waldren 1995: 176.

| Yacimiento | Isla | Municipio | Exclusión |
|---|---|---|---|
| Son Matge | Mallorca | Valldemossa | ☑ |

| Código laboratorio | Valor ap(BP) | Valor ane(BC) | ± | Muestra |
|---|---|---|---|---|
| IRPA-806 (frac. 18,59%) | 2290 | 340 | 60 | Carbonatos |

| cal ANE m | cal ANE 1s | cal ANE 2s | cal ANE dir | δ 13C | δ 15N | C/N |
|---|---|---|---|---|---|---|
| 376 | 412 / 339 | 450 / 192 | 377 | | | |

**Registro arqueológico**

Z = -0/10 cm. Muestra ABSM-NOP2.

**Estructura** Cueva de inhumación en cal

**Significado arqueológico**

El tipo de material datado no resulta fiable.

**Observaciones**

Excluida, por haberse realizado a partir de carbonatos. Fraccionamiento isotópico: -24,07%. Fracción datante 18,59%. Seleccionada por Van Strydonck y Waldren (1995) como el resultado representativo de IRPA-806.

**Bibliografía**

Dauchot-Dehon y Van Strydonck 1989: tabla 2; Van Strydonck y Waldren 1995: 179.

| Yacimiento | Isla | Municipio | Exclusión |
|---|---|---|---|
| Son Matge | Mallorca | Valldemossa | ☑ |

| Código laboratorio | Valor ap(BP) | Valor ane(BC) | ± | Muestra |
|---|---|---|---|---|
| IRPA-789 (frac. 100%) | 2280 | 330 | 60 | Carbonatos |

| cal ANE m | cal ANE 1s | cal ANE 2s | cal ANE dir | δ 13C | δ 15N | C/N |
|---|---|---|---|---|---|---|
| 332 | 407 / 257 | 440 / 181 | 371 | | | |

**Registro arqueológico**

Z = -30 cm. Muestra ABSM-QL≠12.

**Estructura** Cueva de inhumación en cal

**Significado arqueológico**

El tipo de material datado no resulta fiable.

**Observaciones**

Excluida, por haberse realizado a partir de carbonatos. Fraccionamiento isotópico: -16,48%. Fracción datante 100%.

**Bibliografía**

Dauchot-Dehon y Van Strydonck 1989: tabla 1; Van Strydonck y Waldren 1990: tabla 2.

| Yacimiento | Isla | Municipio | Exclusión |
|---|---|---|---|
| Son Matge | Mallorca | Valldemossa | ☑ |

| Código laboratorio | Valor ap(BP) | Valor ane(BC) | ± | Muestra |
|---|---|---|---|---|
| IRPA-808 (frac. 20,84%) | 2270 | 320 | 60 | Carbonatos |

| cal ANE m | cal ANE 1s | cal ANE 2s | cal ANE dir | δ 13C | δ 15N | C/N |
|---|---|---|---|---|---|---|
| 319 | 402 / 237 | 435 / 174 | 365 | | | |

**Registro arqueológico**

Z = -10/25 cm. Muestra ABSM-NOP3.

**Estructura** Cueva de inhumación en cal

**Significado arqueológico**

El tipo de material datado no resulta fiable.

**Observaciones**

Excluida, por haberse realizado a partir de carbonatos. Fraccionamiento isotópico: -24,57%. Fracción datante 20,84%. Van Strydonck y Waldren (1990: tabla 3) le asignan una desviación tipo de ±55.

**Bibliografía**

Dauchot-Dehon y Van Strydonck 1989: tabla 2; Van Strydonck y Waldren 1990: tabla 3.

| Yacimiento | Isla | Municipio | Exclusión |
|---|---|---|---|
| Son Matge | Mallorca | Valldemossa | ☑ |

| Código laboratorio | Valor ap(BP) | Valor ane(BC) | ± | Muestra |
|---|---|---|---|---|
| IRPA-803 (frac. 19,3%) | 2270 | 320 | 60 | Carbonatos |

| cal ANE m | cal ANE 1s | cal ANE 2s | cal ANE dir | δ 13C | δ 15N | C/N |
|---|---|---|---|---|---|---|
| 319 | 402 / 237 | 435 / 174 | 365 | | | |

**Registro arqueológico**

Z = -65 cm. Muestra ABSM-QL≠13.

**Estructura** Cueva de inhumación en cal

**Significado arqueológico**

El tipo de material datado no resulta fiable.

**Observaciones**

Excluida, por haberse realizado a partir de carbonatos. Fraccionamiento isotópico: -14,13%. Fracción datante 19,3%.

**Bibliografía**

Dauchot-Dehon y Van Strydonck 1989: tabla 2; Van Strydonck y Waldren 1990: tabla 3.

| Yacimiento | Isla | Municipio | Exclusión |
|---|---|---|---|
| Son Matge | Mallorca | Valldemossa | ☑ |

| Código laboratorio | Valor ap(BP) | Valor ane(BC) | ± | Muestra |
|---|---|---|---|---|
| BM-1409 | 2267 | 317 | ± 192 | Hueso fauna doméstica |

| cal ANE m | cal ANE 1s | cal ANE 2s | cal ANE dir | δ 13C | δ 15N | C/N |
|---|---|---|---|---|---|---|
| | | | | | | |

**Registro arqueológico**

Recinto Este. Perfil frontal. Estrato 4 (estr. II). Nivel superior de la necrópolis en cal. Z = -50 c,. Huesos de cabra.

**Estructura** Cueva de inhumación en cal

**Significado arqueológico**

La elevada desviación tipo aconseja poner en suspenso el resultado, aunque éste se hallaría en sintonía con la cronología absoluta de las manifestaciones arqueológicas asociadas.

**Observaciones**

Excluida, por presentar una desviación tipo muy elevada.

**Bibliografía**

Fernández-Miranda y Waldren 1979: 370.

| Yacimiento | Isla | Municipio | Exclusión |
|---|---|---|---|
| Son Matge | Mallorca | Valldemossa | ☑ |

| Código laboratorio | Valor ap(BP) | Valor ane(BC) | ± | Muestra |
|---|---|---|---|---|
| QL-22 | 2260 | 310 | ± 60 | Carbonatos |

| cal ANE m | cal ANE 1s | cal ANE 2s | cal ANE dir | δ 13C | δ 15N | C/N |
|---|---|---|---|---|---|---|
| 310 | 396 / 223 | 429 / 164 | 359 | -11.7 | | |

**Registro arqueológico**

Recinto Este. Perfil frontal. Estrato 4 (estr. II). Cuadr. MM 44. Nivel superior de la necrópolis en cal. Z = -50 cm.

**Estructura** Cueva de inhumación en cal

**Significado arqueológico**

El tipo de material datado no resulta fiable.

**Observaciones**

Excluida, por haberse realizado a partir de carbonatos. Waldren (1982b: 1A: 26) y Van Strydonck y Waldren (1995: 172) sitúan la muestra a una cota de z = -20 cm.

**Bibliografía**

Stuiver y Waldren 1975: tabla 1; Waldren 1982a: 504; 1982b: 1A: 26, 1986: tabla 16a, 1992: tabla 3; Van Strydonck y Waldren 1995: 172-173.

**Yacimiento**: Son Matge
**Isla**: Mallorca
**Municipio**: Valldemossa
**Exclusión**: ☑

| Código laboratorio | Valor ap(BP) | Valor ane(BC) | ± | Muestra |
|---|---|---|---|---|
| IRPA-803 (frac. 20,08%) | 2250 | 300 | 60 | Carbonatos |

| cal ANE m | cal ANE 1s | cal ANE 2s | cal ANE dir | δ 13C | δ 15N | C/N |
|---|---|---|---|---|---|---|
| 301 | 390 / 212 | 423 / 156 | 351 | | | |

**Registro arqueológico**
Z = -65 cm. Muestra ABSM-QL≠13.

**Estructura**: Cueva de inhumación en cal

**Significado arqueológico**
El tipo de material datado no resulta fiable.

**Observaciones**
Excluida, por haberse realizado a partir de carbonatos. Fraccionamiento isotópico: -14,54%. Fracción datante 20,08%.

**Bibliografía**
Dauchot-Dehon y Van Strydonck 1989: tabla 2; Van Strydonck y Waldren 1990: tabla 3.

---

**Yacimiento**: Son Matge
**Isla**: Mallorca
**Municipio**: Valldemossa
**Exclusión**: ☑

| Código laboratorio | Valor ap(BP) | Valor ane(BC) | ± | Muestra |
|---|---|---|---|---|
| IRPA-808 (frac. 19,82%) | 2250 | 300 | 60 | Carbonatos |

| cal ANE m | cal ANE 1s | cal ANE 2s | cal ANE dir | δ 13C | δ 15N | C/N |
|---|---|---|---|---|---|---|
| 301 | 390 / 212 | 423 / 156 | 351 | | | |

**Registro arqueológico**
Z = -10/25 cm. Muestra ABSM-NOP3.

**Estructura**: Cueva de inhumación en cal

**Significado arqueológico**
El tipo de material datado no resulta fiable.

**Observaciones**
Excluida, por haberse realizado a partir de carbonatos. Fraccionamiento isotópico: -23,07%. Fracción datante 19,82%. Van Strydonck y Waldren (1990: tabla 3) le asignan una desviación tipo de ±55.

**Bibliografía**
Dauchot-Dehon y Van Strydonck 1989: tabla 2; Van Strydonck y Waldren 1990: tabla 3.

| Yacimiento | Isla | Municipio | Exclusión |
|---|---|---|---|
| Son Matge | Mallorca | Valldemossa | ✔ |

| Código laboratorio | Valor ap(BP) | Valor ane(BC) | ± | Muestra |
|---|---|---|---|---|
| IRPA-808 (frac. 20,73%) | 2250 | 300 | 60 | Carbonatos |

| cal ANE m | cal ANE 1s | cal ANE 2s | cal ANE dir | δ 13C | δ 15N | C/N |
|---|---|---|---|---|---|---|
| 301 | 390 / 212 | 423 / 156 | 351 | | | |

**Registro arqueológico**

Z = -10/25 cm. Muestra ABSM-NOP3.

**Estructura** Cueva de inhumación en cal

**Significado arqueológico**

El tipo de material datado no resulta fiable.

**Observaciones**

Excluida, por haberse realizado a partir de carbonatos. Fraccionamiento isotópico: -24,83%. Fracción datante 20,73%.

**Bibliografía**

Dauchot-Dehon y Van Strydonck 1989: tabla 2; Van Strydonck y Waldren 1990: tabla 3.

| Yacimiento | Isla | Municipio | Exclusión |
|---|---|---|---|
| Son Matge | Mallorca | Valldemossa | ✔ |

| Código laboratorio | Valor ap(BP) | Valor ane(BC) | ± | Muestra |
|---|---|---|---|---|
| Y-2672 | 2240 | 290 | 80 | Carbonatos |

| cal ANE m | cal ANE 1s | cal ANE 2s | cal ANE dir | δ 13C | δ 15N | C/N |
|---|---|---|---|---|---|---|
| 292 | 399 / 186 | 451 / 104 | 326 | -13.6 | | |

**Registro arqueológico**

Recinto Este. Nivel postalayótico. Cuadr. MM 35. Z = -80 cm.

**Estructura** Cueva de inhumación en cal

**Significado arqueológico**

El tipo de material datado no resulta fiable.

**Observaciones**

Excluida, por haberse realizado a partir de carbonatos. Waldren (1982a: 506; 1982b: 1A: 28, 1986: tabla 16) la asigna al yacimiento de Muertos Gallard y apunta que la muestra datada era carbón vegetal.

**Bibliografía**

Stuiver y Waldren 1975: tabla 1; Waldren 1982a: 504; 1982b: 1A: 26, 1986: tabla 16; Van Strydonck y Waldren 1995: 172.

| Yacimiento | Isla | Municipio | Exclusión |
|---|---|---|---|
| Son Matge | Mallorca | Valldemossa | ✔ |

| Código laboratorio | Valor ap(BP) | Valor ane(BC) | ± | Muestra |
|---|---|---|---|---|
| QL-1a | 2240 | 290 | 70 | Carbonatos |

| cal ANE m | cal ANE 1s | cal ANE 2s | cal ANE dir | δ 13C | δ 15N | C/N |
|---|---|---|---|---|---|---|
| 294 | 392 / 196 | 434 / 120 | 336 | | | |

**Registro arqueológico**

Recinto Este. Perfil frontal. Estrato 4 (estr. II). Nivel superior de la necrópolis en cal. Z = -50 cm.

**Estructura** Cueva de inhumación en cal

**Significado arqueológico**

El tipo de material datado no resulta fiable.

**Observaciones**

Excluida, por haberse realizado a partir de carbonatos. Tal vez se trate de la datación QL-LA: 280±100 ane, publicada en Fernández-Miranda y Waldren (1974: 298).

**Bibliografía**

Waldren 1982a: 506; 1982b: 1A: 28, 1986: tabla 16a, 1992: tabla 3; Van Strydonck y Waldren 1995: 175.

| Yacimiento | Isla | Municipio | Exclusión |
|---|---|---|---|
| Son Matge | Mallorca | Valldemossa | ✔ |

| Código laboratorio | Valor ap(BP) | Valor ane(BC) | ± | Muestra |
|---|---|---|---|---|
| QL-9 | 2200 | 250 | 100 | Carbonatos |

| cal ANE m | cal ANE 1s | cal ANE 2s | cal ANE dir | δ 13C | δ 15N | C/N |
|---|---|---|---|---|---|---|
| 253 | 378 / 128 | 456 / -18 | 263 | | | |

**Registro arqueológico**

Recinto Este. Perfil frontal. Estrato 4 (estr. II). Nivel superior de la necrópolis en cal. Cuadr. MM 36. Z = -30 cm.

**Estructura** Cueva de inhumación en cal

**Significado arqueológico**

El tipo de material datado no resulta fiable.

**Observaciones**

Excluida, por haberse realizado a partir de carbonatos.

**Bibliografía**

Stuiver y Waldren 1975: tabla 1; Fernández-Miranda y Waldren 1974: 298; Waldren 1982a: 504; 1982b: 1A:26, 1986: tabla 16, 1992: tabla 3; Van Strydonck y Waldren 1995: 172.

| Yacimiento | Isla | Municipio | Exclusión |
|---|---|---|---|
| Son Matge | Mallorca | Valldemossa | ☑ |

| Código laboratorio | Valor ap(BP) | Valor ane(BC) | ± | Muestra |
|---|---|---|---|---|
| IRPA-789 (frac. hueso) | 2200 | 250 | 85 | Carbonatos |

| cal ANE m | cal ANE 1s | cal ANE 2s | cal ANE dir | δ 13C | δ 15N | C/N |
|---|---|---|---|---|---|---|
| 252 | 369 / 135 | 434 / 27 | 250 | | | |

**Registro arqueológico**

Z = -30 cm. Muestra ABSM-QL≠12.

**Estructura** Cueva de inhumación en cal

**Significado arqueológico**

El tipo de material datado no resulta fiable.

**Observaciones**

Excluida, por haberse realizado a partir de carbonatos. Fraccionamiento isotópico: -15,5%. Fracción datante: hueso.

**Bibliografía**

Van Strydonck y Waldren 1990: tabla 2.

| Yacimiento | Isla | Municipio | Exclusión |
|---|---|---|---|
| Son Matge | Mallorca | Valldemossa | ☐ |

| Código laboratorio | Valor ap(BP) | Valor ane(BC) | ± | Muestra |
|---|---|---|---|---|
| QL-11c | 2170 | 220 | 100 | Carbón |

| cal ANE m | cal ANE 1s | cal ANE 2s | cal ANE dir | δ 13C | δ 15N | C/N |
|---|---|---|---|---|---|---|
| 218 | 343 / 94 | 438 / -48 | 206 | | | |

**Registro arqueológico**

Recinto Este. Perfil frontal. Estrato 3 (estr. I/II). Nivel superior de la necrópolis en cal/final. Z = -25 cm.

**Estructura** Cueva de inhumación en cal

**Significado arqueológico**

La datación indica un momento determinado relativo a la práctica de inhumaciones en cal.

**Observaciones**

No aparece en listados posteriores.

**Bibliografía**

Fernández-Miranda y Waldren 1974: 298; Fernández-Miranda 1978: 324; Fernández-Miranda y Waldren 1979: 370.

| Yacimiento | Isla | Municipio | Exclusión |
|---|---|---|---|
| Son Matge | Mallorca | Valldemossa | ☑ |

| Código laboratorio | Valor ap(BP) | Valor ane(BC) | ± | Muestra |
|---|---|---|---|---|
| IRPA-750 (frac. 20%) | 2150 | 200 | 60 | Carbonatos |

| cal ANE m | cal ANE 1s | cal ANE 2s | cal ANE dir | δ 13C | δ 15N | C/N |
|---|---|---|---|---|---|---|
| 175 | 245 / 105 | 367 / 25 | 176 | | | |

**Registro arqueológico**

Z = -110 cm. Muestra ABSM-QL≠9.

**Estructura** Cueva de inhumación en cal

**Significado arqueológico**

El tipo de material datado no resulta fiable.

**Observaciones**

Excluida, por haberse realizado a partir de carbonatos. Fraccionamiento isotópico: -17,84%. Fracción datante 20%. Van Strydonck y Waldren (1990: tabla) 3 le asignan una desviación tipo de ±55.

**Bibliografía**

Dauchot-Dehon y Van Strydonck 1989: tabla 2; Van Strydonck y Waldren 1990: tabla 3.

| Yacimiento | Isla | Municipio | Exclusión |
|---|---|---|---|
| Son Matge | Mallorca | Valldemossa | ☑ |

| Código laboratorio | Valor ap(BP) | Valor ane(BC) | ± | Muestra |
|---|---|---|---|---|
| IRPA-750 (frac. 20%) | 2100 | 150 | 60 | Carbonatos |

| cal ANE m | cal ANE 1s | cal ANE 2s | cal ANE dir | δ 13C | δ 15N | C/N |
|---|---|---|---|---|---|---|
| 113 | 185 / 42 | 333 / -34 | 124 | | | |

**Registro arqueológico**

Z = -110 cm. Muestra ABSM-QL≠9.

**Estructura** Cueva de inhumación en cal

**Significado arqueológico**

El tipo de material datado no resulta fiable.

**Observaciones**

Excluida, por haberse realizado a partir de carbonatos. Fraccionamiento isotópico: -17,83%. Fracción datante 20%. Van Strydonck y Waldren (1990: tabla 3) le asignan una desviación tipo de ±55.

**Bibliografía**

Dauchot-Dehon y Van Strydonck 1989: tabla 2; Van Strydonck y Waldren 1990: tabla 3.

| Yacimiento | Isla | Municipio | Exclusión |
|---|---|---|---|
| Son Matge | Mallorca | Valldemossa | ☑ |

| Código laboratorio | Valor ap(BP) | Valor ane(BC) | ± | Muestra |
|---|---|---|---|---|
| IRPA-752 (frac. 20%) | 2090 | 140 | 60 | Carbonatos |

| cal ANE m | cal ANE 1s | cal ANE 2s | cal ANE dir | δ 13C | δ 15N | C/N |
|---|---|---|---|---|---|---|
| 102 | 177 / 27 | 304 / -45 | 107 | | | |

**Registro arqueológico**

Z = -90 cm. Muestra ABSM-QL≠8.

**Estructura** Cueva de inhumación en cal

**Significado arqueológico**

El tipo de material datado no resulta fiable.

**Observaciones**

Excluida, por haberse realizado a partir de carbonatos. Fraccionamiento isotópico: -14,84%. Fracción datante 20%. Van Strydonck y Waldren (1990: tabla 3) le asignan una desviación tipo de ±55.

**Bibliografía**

Dauchot-Dehon y Van Strydonck 1989: tabla 2; Van Strydonck y Waldren 1990: tabla 3.

| Yacimiento | Isla | Municipio | Exclusión |
|---|---|---|---|
| Son Matge | Mallorca | Valldemossa | ☐ |

| Código laboratorio | Valor ap(BP) | Valor ane(BC) | ± | Muestra |
|---|---|---|---|---|
| QL-8 | 2080 | 130 | 90 | Carbón |

| cal ANE m | cal ANE 1s | cal ANE 2s | cal ANE dir | δ 13C | δ 15N | C/N |
|---|---|---|---|---|---|---|
| 87 | 203 / -29 | 340 / -123 | 107 | -23 | | |

**Registro arqueológico**

Recinto Este. Perfil frontal. Estrato 2 (estr. I). Cuadr. MM 36. Nivel superior de la necrópolis en cal/final. Z = -45 cm.

**Estructura** Cueva de inhumación en cal

**Significado arqueológico**

La datación indica un momento determinado relativo a la práctica de inhumaciones en cal.

**Observaciones**

**Bibliografía**

Stuiver y Waldren 1975: 475, tabla 1; Fernández-Miranda y Waldren 1979: 370; Waldren 1982a: 504; 1982b: 1A: 26, 1986: tabla 16, 1992: tabla 3; Van Strydonck y Waldren 1995: 172.

**Yacimiento** Son Matge | **Isla** Mallorca | **Municipio** Valldemossa | **Exclusión** ☑

| Código laboratorio | Valor ap(BP) | Valor ane(BC) | ± | Muestra |
|---|---|---|---|---|
| QL-7a | 2070 | 120 | 120 | Carbonatos |

| cal ANE m | cal ANE 1s | cal ANE 2s | cal ANE dir | δ 13C | δ 15N | C/N |
|---|---|---|---|---|---|---|
| 89 | 254 / -77 | 384 / -185 | 93 | | | |

**Registro arqueológico**

Recinto Este. Perfil frontal. Estrato 2 (estr. I). Nivel superior de la necrópolis en cal/final. Z = -15 cm.

**Estructura** Cueva de inhumación en cal

**Significado arqueológico**

El tipo de material datado no resulta fiable.

**Observaciones**

Excluida, por haberse realizado a partir de carbonatos. Van Strydonck y Waldren (1995: 175) la publican con una desviación tipo de ±120. Fernández-Miranda y Waldren (1974: 298) le asignan el código QL-7.

**Bibliografía**

Fernández-Miranda y Waldren 1974: 298; Fernández-Miranda 1978: 324; Waldren 1982a: 506; 1982b: 1A: 28, 1986: tabla 16, 1992: tabla 3; Van Strydonck y Waldren 1995: 175; Waldren 1997: 30.

**Yacimiento** Son Matge | **Isla** Mallorca | **Municipio** Valldemossa | **Exclusión** ☑

| Código laboratorio | Valor ap(BP) | Valor ane(BC) | ± | Muestra |
|---|---|---|---|---|
| IRPA-695 (frac. 24%) | 2050 | 100 | 60 | Carbonatos |

| cal ANE m | cal ANE 1s | cal ANE 2s | cal ANE dir | δ 13C | δ 15N | C/N |
|---|---|---|---|---|---|---|
| 62 | 143 / -20 | 199 / -80 | 56 | | | |

**Registro arqueológico**

Z = -0/15cm. Muestra ABSM-QLCE(23).

**Estructura** Cueva de inhumación en cal

**Significado arqueológico**

El tipo de material datado no resulta fiable.

**Observaciones**

Excluida, por haberse realizado a partir de carbonatos. Fraccionamiento isotópico: -10,57%. Fracción datante 24%. Van Strydonck y Waldren (1990: tabla 2) le asignan una desviación tipo de ±55.

**Bibliografía**

Dauchot-Dehon y Van Strydonck 1989: tabla 1; Van Strydonck y Waldren 1990: tabla 2.

| Yacimiento | Isla | Municipio | Exclusión |
|---|---|---|---|
| Son Matge | Mallorca | Valldemossa | ☑ |

| Código laboratorio | Valor ap(BP) | Valor ane(BC) | ± | Muestra |
|---|---|---|---|---|
| IRPA-695 (frac. 100%) | 2040 | 90 | 60 | Carbonatos |

| cal ANE m | cal ANE 1s | cal ANE 2s | cal ANE dir | δ 13C | δ 15N | C/N |
|---|---|---|---|---|---|---|
| 47 | 127 / -33 | 187 / -92 | 44 | | | |

**Registro arqueológico**

Z = -0/15cm. Muestra ABSM-QLCE(23).

**Estructura** Cueva de inhumación en cal

**Significado arqueológico**

El tipo de material datado no resulta fiable.

**Observaciones**

Excluida, por haberse realizado a partir de carbonatos. Fraccionamiento isotópico: -12,28%. Fracción datante 100%.Van Strydonck y Waldren (1990: tabla 2) le asignan una desviación tipo de ±55.

**Bibliografía**

Dauchot-Dehon y Van Strydonck 1989: tabla 1; Van Strydonck y Waldren 1990: tabla 2.

| Yacimiento | Isla | Municipio | Exclusión |
|---|---|---|---|
| Son Matge | Mallorca | Valldemossa | ☑ |

| Código laboratorio | Valor ap(BP) | Valor ane(BC) | ± | Muestra |
|---|---|---|---|---|
| IRPA-808 (frac. 19,45%) | 1970 | 20 | 60 | Carbonatos |

| cal ANE m | cal ANE 1s | cal ANE 2s | cal ANE dir | δ 13C | δ 15N | C/N |
|---|---|---|---|---|---|---|
| -37 | 29 / -102 | 111 / -175 | -41 | | | |

**Registro arqueológico**

Z = -10/25 cm. Muestra ABSM-NOP3.

**Estructura** Cueva de inhumación en cal

**Significado arqueológico**

El tipo de material datado no resulta fiable.

**Observaciones**

Excluida, por haberse realizado a partir de carbonatos. Fraccionamiento isotópico: -22,39%. Fracción datante 19,45%. Van Strydonck y Waldren (1990: tabla 3) le asignan una desviación tipo de ±55.

**Bibliografía**

Dauchot-Dehon y Van Strydonck 1989: tabla 2; Van Strydonck y Waldren 1990: tabla 3.

| Yacimiento | Isla | Municipio | Exclusión |
|---|---|---|---|
| Son Matge | Mallorca | Valldemossa | ☑ |

| Código laboratorio | Valor ap(BP) | Valor ane(BC) | ± | Muestra |
|---|---|---|---|---|
| IRPA-695 (frac. 12%) | 1960 | 10 | 100 | Carbonatos |

| cal ANE m | cal ANE 1s | cal ANE 2s | cal ANE dir | δ 13C | δ 15N | C/N |
|---|---|---|---|---|---|---|
| -37 | 81 / -154 | 193 / -283 | -57 | | | |

**Registro arqueológico**

Z = -0/15cm. Muestra ABSM-QLCE(23).

**Estructura** Cueva de inhumación en cal

**Significado arqueológico**

El tipo de material datado no resulta fiable.

**Observaciones**

Excluida, por haberse realizado a partir de carbonatos. Fraccionamiento isotópico: -10,44%. Fracción datante 12%. Van Strydonck y Waldren (1990: tabla 2) le asignan una desviación tipo de ±95.

**Bibliografía**

Dauchot-Dehon y Van Strydonck 1989: tabla 1; Van Strydonck y Waldren 1990: tabla 2.

| Yacimiento | Isla | Municipio | Exclusión |
|---|---|---|---|
| Son Matge | Mallorca | Valldemossa | ☐ |

| Código laboratorio | Valor ap(BP) | Valor ane(BC) | ± | Muestra |
|---|---|---|---|---|
| IRPA-805 | 1800 | -150 | 65 | Hueso sp |

| cal ANE m | cal ANE 1s | cal ANE 2s | cal ANE dir | δ 13C | δ 15N | C/N |
|---|---|---|---|---|---|---|
| -171 | -141 / -311 | -77 / -390 | -207 | | | |

**Registro arqueológico**

Z = -5/10 cm.

**Estructura** Cueva de inhumación en cal

**Significado arqueológico**

No disponemos de datos para proceder a una valoración adecuada. Aparentemente, la datación aludiría a un momento final de uso de la necrópolis de inhumaciones en cal.

**Observaciones**

Fraccionamiento isotópico: -5,48%.

**Bibliografía**

Van Strydonck y Waldren 1990: tabla 2.

| Yacimiento | Isla | Municipio | Exclusión |
|---|---|---|---|
| Son Matge | Mallorca | Valldemossa | ☐ |

| Código laboratorio | Valor ap(BP) | Valor ane(BC) | ± | Muestra |
|---|---|---|---|---|
| IRPA-776 (?) | | | | |

| cal ANE m | cal ANE 1s | cal ANE 2s | cal ANE dir | δ 13C | δ 15N | C/N |
|---|---|---|---|---|---|---|
| | | | | | | |

**Registro arqueológico**

Muestra ABSM PT L 45

**Estructura** Cueva de inhumación en cal

**Significado arqueológico**

Existen dudas sobre la propia existencia de la datación.

**Observaciones**

Calibración aproximada según Waldren y Grimalt (1995: tabla 2), 408 cal BC. Atribució errónea: IRPA-776 corresponde en realidad a una fecha del yacimiento medieval de Zerkegem (Bélgica) (Dauchot-Dehon y Van Strydonck 1989: 194).

**Bibliografía**

Waldren y Grimalt 1995: tabla 2; Waldren, Ensenyat y Orvay 2002: tabla 2.

**Yacimiento** Son Morell

La naveta de Son Morell presenta una planta alargada con cubículo ovalado en el ábside. La excavación de la cámara permitió observar dos estratos. El superior contenía una mezcla de materiales púnicos o romanos y medievales. En cambio, el inferior proporcionó una gran cantidad de restos humanos y un ajuar modesto en el que destacan varios recipientes cerámicos (ollitas de perfil en "s" y troncocónicos con agarradera lateral), objetos metálicos (punzones, brazaletes, cuentas bicónicas y un fragmento de punta de lanza) y botones de hueso.

En primera instancia, se realizó una datación a partir de una muestra de carbón vegetal, HAR-2909, que proporcionó un resultado encuadrable a inicios del I milenio cal ANE. Sin embargo, recientemente se han realizado cinco dataciones más, esta vez a partir de huesos humanos procedentes de las excavaciones de Veny. Los resultados abren un intervalo bastante más amplio, ya que la fecha más antigua se sitúa en pleno siglo XIV cal ANE (Ua-19723), mientras que las restantes cubren la transición entre el II y el I milenios cal ANE y alcanzan la primera mitad del siglo IX cal ANE.

Referencias: Veny (1974, 1976).

| **Yacimiento** | **Isla** | **Municipio** | **Exclusión** |
|---|---|---|---|
| Son Morell | Menorca | Ciutadella | ☐ |

| **Código laboratorio** | **Valor ap(BP)** | **Valor ane(BC)** | ± | **Muestra** |
|---|---|---|---|---|
| Ua-19723 | 3090 | 1140 | 45 | Hueso humano |

| **cal ANE m** | **cal ANE 1s** | **cal ANE 2s** | **cal ANE dir** | **δ 13C** | **δ 15N** | **C/N** |
|---|---|---|---|---|---|---|
| 1353 | 1408 / 1298 | 1443 / 1247 | 1379 | -19.3 | | |

**Registro arqueológico**

Inhumación colectiva. Excavaciones C. Veny. 5° Metatarso izquierdo. Muestra 5.

**Estructura** Naveta

**Significado arqueológico**

Pese a la escasez de datos publicados, la datación indicaría un momento determinado dentro del intervalo de uso de la estructura funeraria.

**Observaciones**

**Bibliografía**

Gómez Pérez y Rubinos e.p./b: tabla 1.

| Yacimiento | Isla | Municipio | Exclusión |
|---|---|---|---|
| Son Morell | Menorca | Ciutadella | ☐ |

| Código laboratorio | Valor ap(BP) | Valor ane(BC) | ± | Muestra |
|---|---|---|---|---|
| Ua-19720 | 2970 | 1020 | 40 | Hueso humano |

| cal ANE m | cal ANE 1s | cal ANE 2s | cal ANE dir | δ 13C | δ 15N | C/N |
|---|---|---|---|---|---|---|
| 1200 | 1279 / 1121 | 1330 / 1040 | 1190 | -19.6 | | |

**Registro arqueológico**

Inhumación colectiva. Excavaciones C. Veny. 3° Metatarso izquierdo. Muestra 2.

**Estructura** Naveta

**Significado arqueológico**

Pese a la escasez de datos publicados, la datación indicaría un momento determinado dentro del intervalo de uso de la estructura funeraria.

**Observaciones**

**Bibliografía**

Gómez Pérez y Rubinos e.p./b: tabla 1.

| Yacimiento | Isla | Municipio | Exclusión |
|---|---|---|---|
| Son Morell | Menorca | Ciutadella | ☐ |

| Código laboratorio | Valor ap(BP) | Valor ane(BC) | ± | Muestra |
|---|---|---|---|---|
| Ua-19721 | 2850 | 900 | 45 | Hueso humano |

| cal ANE m | cal ANE 1s | cal ANE 2s | cal ANE dir | δ 13C | δ 15N | C/N |
|---|---|---|---|---|---|---|
| 999 | 1060 / 939 | 1152 / 890 | 1005 | -20 | | |

**Registro arqueológico**

Inhumación colectiva. Excavaciones C. Veny. 2° Metacarpo izquierdo. Muestra 3.

**Estructura** Naveta

**Significado arqueológico**

Pese a la escasez de datos publicados, la datación indicaría un momento determinado dentro del intervalo de uso de la estructura funeraria.

**Observaciones**

**Bibliografía**

Gómez Pérez y Rubinos e.p./b: tabla 1.

| Yacimiento | Isla | Municipio | Exclusión |
|---|---|---|---|
| Son Morell | Menorca | Ciutadella | ☐ |

| Código laboratorio | Valor ap(BP) | Valor ane(BC) | ± | Muestra |
|---|---|---|---|---|
| Ua-19719 | 2845 | 895 | 45 | Hueso humano |

| cal ANE m | cal ANE 1s | cal ANE 2s | cal ANE dir | δ 13C | δ 15N | C/N |
|---|---|---|---|---|---|---|
| 992 | 1051 / 934 | 1147 / 884 | 997 | -19.4 | | |

**Registro arqueológico**

Inhumación colectiva. Excavaciones C. Veny. 5° Metatarso derecho. Muestra 1.

**Estructura** Naveta

**Significado arqueológico**

Pese a la escasez de datos publicados, la datación indicaría un momento determinado dentro del intervalo de uso de la estructura funeraria.

**Observaciones**

**Bibliografía**

Gómez Pérez y Rubinos e.p./b: tabla 1.

| Yacimiento | Isla | Municipio | Exclusión |
|---|---|---|---|
| Son Morell | Menorca | Ciutadella | ☐ |

| Código laboratorio | Valor ap(BP) | Valor ane(BC) | ± | Muestra |
|---|---|---|---|---|
| HAR-2909 | 2770 | 820 | 100 | Carbón |

| cal ANE m | cal ANE 1s | cal ANE 2s | cal ANE dir | δ 13C | δ 15N | C/N |
|---|---|---|---|---|---|---|
| 934 | 1032 / 837 | 1206 / 758 | 905 | | | |

**Registro arqueológico**

Inhumación colectiva. Excavaciones C. Veny.

**Estructura** Naveta

**Significado arqueológico**

Pese a la escasez de datos publicados, la datación indicaría un momento determinado dentro del intervalo de uso de la estructura funeraria.

**Observaciones**

Con el mismo código de laboratorio se ha publicado una datación de U/Th correspondiente a la Cova de Moleta.

**Bibliografía**

Waldren 1982a: 508, 1982b: 1A: 32, 1986: tabla 16b.

| Yacimiento | Isla | Municipio | Exclusión |
|---|---|---|---|
| Son Morell | Menorca | Ciutadella | ☐ |

| Código laboratorio | Valor ap(BP) | Valor ane(BC) | ± | Muestra |
|---|---|---|---|---|
| Ua-19722 | 2735 | 785 | ± 45 | Hueso humano |

| cal ANE m | cal ANE 1s | cal ANE 2s | cal ANE dir | δ 13C | δ 15N | C/N |
|---|---|---|---|---|---|---|
| 877 | 920 / 834 | 971 / 809 | 869 | -19.3 | | |

**Registro arqueológico**

Inhumación colectiva. Excavaciones C. Veny. 1° Metatarso derecho. Muestra 4.

**Estructura** Naveta

**Significado arqueológico**

Pese a la escasez de datos publicados, la datación indicaría un momento determinado dentro del intervalo de uso de la estructura funeraria.

**Observaciones**

**Bibliografía**

Gómez Pérez y Rubinos e.p./b: tabla 1.

**Yacimiento** Son Oms

Esta denominación incluye varios conjuntos de restos arqueológicos que fueron excavados entre 1959 y 1971. Los trabajos se centraron en el sector de Sa Pleta de Son Vidal Nou. Entre las estructuras exploradas destacan un túmulo escalonado con habitaciones radicales adosadas (monumento "C"), dos edificios naviformes y una cueva con varias cámaras localizados por debajo del primer conjunto, un talayot circular con habitaciones adosadas (monumento "B"), una estructura cuadrangular rodeada de habitaciones y corredores (monumento "D"), una sala hipóstila cercana al anterior (monumento "E") y un edificio de planta rectangular identificado como "santuario" (monumento "A"), amén de un buen número de inhumaciones practicadas en lo que por aquel entonces serían las ruinas de los monumentos C, D y E, hacia los siglos III-II arq ANE.

La serie radiocarbónica consta de cuatro dataciones. La más antigua, QL-19, debe ser descartada por problemas asociados al tipo de material datado. La siguiente, QL-20, fue efectuada a partir de una muestra de carbón procedente del hogar de una de las cámaras naviformes halladas por debajo del túmulo escalonado (cámara Sur). El resultado, en torno a 1100 cal ANE, constituye un buen indicador del momento de amortización del edificio, que tal vez cabría rebajar algo más debido a que la muestra era de vida larga. Además, la datación indica que la construcción del túmulo se produjo en algún momento posterior a ca. 1100/1000 cal ANE.

La tercera datación, Y-2666, también se obtuvo a partir de una muestra de carbón tomada de un hogar. Aunque la descripción de los restos coetáneos no resulta detallada, tiene la utilidad de situar con posterioridad al siglo VI cal ANE la práctica de inhumaciones en la zona ocupada por los grandes edificios en piedra. De ello también se desprende que los complejos C y D habrían entrado en desuso ya por aquel entonces.

La cuarta datación, BM-1696, ha sido excluida debido a errores de laboratorio.

Referencias: Rosselló Bordoy (1963, 1965, 1969, 1973), Rosselló Bordoy y Camps (1973).

| **Yacimiento** | **Isla** | **Municipio** | **Exclusión** |
|---|---|---|---|
| Son Oms | Mallorca | Palma | ✔ |

| **Código laboratorio** | **Valor ap(BP)** | **Valor ane(BC)** | ± | **Muestra** |
|---|---|---|---|---|
| QL-19 | 20750 | 18800 | | Carbonatos |

| **cal ANE m** | **cal ANE 1s** | **cal ANE 2s** | **cal ANE dir** | **δ 13C** | **δ 15N** | **C/N** |
|---|---|---|---|---|---|---|
| | | | | -5 | | |

**Registro arqueológico**

Nivel con roca descompuesta por la acción del fuego.

**Estructura** Hábitat indeterminado

**Significado arqueológico**

El tipo de material datado no resulta fiable.

**Observaciones**

Excluida, por haberse realizado a partir de carbonatos. Valor claramente anómalo debido al desgase incompleto de la calcárea original.

**Bibliografía**

Stuiver y Waldren 1975: 476.

| Yacimiento | Isla | Municipio | Exclusión |
|---|---|---|---|
| Son Oms | Mallorca | Palma | ☐ |

| Código laboratorio | Valor ap(BP) | Valor ane(BC) | ± | Muestra |
|---|---|---|---|---|
| QL-20 | 2920 | 970 | 60 | Carbón |

| cal ANE m | cal ANE 1s | cal ANE 2s | cal ANE dir | δ 13C | δ 15N | C/N |
|---|---|---|---|---|---|---|
| 1116 | 1220 / 1011 | 1314 / 938 | 1103 | | | |

**Registro arqueológico**

Naviforme sur. Nivel de abandono. Carbón vegetal del hogar.

**Estructura** Asentamiento de estructuras naviformes

**Significado arqueológico**

La datación indica un momento anterior, en una medida indeterminada aunque probablemente cercana, respecto al abandono de la estructura naviforme.

**Observaciones**

Fernández-Miranda y Waldren (1979: 364) citan una desviación tipo de ±70. El mismo código de laboratorio ha sido atribuido a la datación de Son Matge QL-9c: 620±100 ane (Waldren 1982a: 507, 1982b: 1A: 29, 1986: tabla 16b, Van Strydonck y Waldren 1995: 176).

**Bibliografía**

Rosselló Bordoy 1979: 191; Fernández-Miranda y Waldren 1979: 364; Waldren 1982a: 508, 1982b: 1A: 30, 1986: tabla 16b.

| Yacimiento | Isla | Municipio | Exclusión |
|---|---|---|---|
| Son Oms | Mallorca | Palma | ☐ |

| Código laboratorio | Valor ap(BP) | Valor ane(BC) | ± | Muestra |
|---|---|---|---|---|
| Y-2666 | 2490 | 540 | 40 | Carbón |

| cal ANE m | cal ANE 1s | cal ANE 2s | cal ANE dir | δ 13C | δ 15N | C/N |
|---|---|---|---|---|---|---|
| 641 | 768 / 514 | 785 / 429 | 750, 648, 572 | | | |

**Registro arqueológico**

Hogar al norte del monumento D, bajo el nivel de inhumaciones sin ajuar. Peso de la muestra: 100 g.

**Estructura** Asentamiento talayótico

**Significado arqueológico**

La datación indica un momento anterior, en una medida indeterminada, respecto a la ocupación testimoniada por el hogar. En este caso, a la incertidumbre de las muestras de vida larga se añade la derivada del aplanamiento de la curva de calibración ("meseta de Hallstatt"). En cualquier caso, proporciona un término ante quem respecto a las inhumaciones sin ajuar.

**Observaciones**

Rosselló Bordoy (1972: 137 y 1973: 189) publica el valor convencional 580±80 ane.

**Bibliografía**

Rosselló Bordoy 1973: 189, 1979: 192; Burleigh, Ambers y Matthews 1982: 282.

| Yacimiento | Isla | Municipio | Exclusión |
|---|---|---|---|
| Son Oms | Mallorca | Palma | ✔ |

| Código laboratorio | Valor ap(BP) | Valor ane(BC) | ± | Muestra |
|---|---|---|---|---|
| BM-1696 | 2290 | 340 | 40 | Semilla cereal |

| cal ANE m | cal ANE 1s | cal ANE 2s | cal ANE dir | δ 13C | δ 15N | C/N |
|---|---|---|---|---|---|---|
| | | | | -22.1 | | |

**Registro arqueológico**

Semillas de trigo y cebada.

**Estructura** Hábitat indeterminado

**Significado arqueológico**

El carácter erróneo de la datación obvia cualquier comentario.

**Observaciones**

Excluida, por haber sido obtenida erróneamente por el laboratorio del British Museum y resultar imposible la corrección. Waldren (1982a: 506; 1982b: 1A: 28 y 1986: tabla 16a) le asignan el código BM-1692.

**Bibliografía**

Burleigh, Ambers y Matthews 1982: 282; Waldren 1982a: 506; 1982b: 1A: 28, 1986: tabla 16a; Bowman, Ambers y Leese 1990: 79.

**Yacimiento** Son Real

La necrópolis de Son Real constituye un conjunto funerario singular dentro del panorama de la arqueología de las Baleares. Su excepcionalidad y su relativamente nutrida serie radiocarbónica motivarán un tratamiento específico en el Capítulo 3, por lo que no me extenderé mucho más sobre el tema en este apartado. Conviene señalar, no obstante, que la serie consta de siete dataciones de las que no tengo constancia que se haya publicado el código de laboratorio. Todas fueron efectuadas a partir de muestras de huesos humanos hallados en los principales tipos de construcciones funerarias documentadas ("microtalayots", "micronavetas" y tumbas de planta rectangular). Desafortunadamente, la calibración de cuatro de las siete dataciones coincide con el intervalo plano de la curva, lo cual acarrea una notable incertidumbre en el establecimiento de la cronología absoluta del inicio de la necrópolis.

Referencias: Tarradell (1964), Tarradell y Hernández Gasch (1998), Hernández Gasch (1998).

| **Yacimiento** | **Isla** | **Municipio** | **Exclusión** |
|---|---|---|---|
| Son Real | Mallorca | Santa Margalida | ☐ |

| **Código laboratorio** | **Valor ap(BP)** | **Valor ane(BC)** | ± | **Muestra** |
|---|---|---|---|---|
| U- | 2525 | 575 | 65 | Hueso humano |

| **cal ANE m** | **cal ANE 1s** | **cal ANE 2s** | **cal ANE dir** | **δ 13C** | **δ 15N** | **C/N** |
|---|---|---|---|---|---|---|
| 658 | 788 / 529 | 823 / 437 | 753 | | | |

**Registro arqueológico**

Tumba 67. Microtalayot cuadrado, variante A. Fase Son Real I.

**Estructura** Varia funerario

**Significado arqueológico**

La datación indica los primeros usos de la necrópolis. Lamentablemente, la calibración padece los efectos del aplanamiento de la "meseta de Hallstatt", por lo que este momento no puede ser situado con mayor precisión.

**Observaciones**

**Bibliografía**

Tarradell y Hernández Gasch 1998: 29.

| Yacimiento | Isla | Municipio | Exclusión |
|---|---|---|---|
| Son Real | Mallorca | Santa Margalida | ☐ |

| Código laboratorio | Valor ap(BP) | Valor ane(BC) | ± | Muestra |
|---|---|---|---|---|
| U- | 2515 | 565 | 70 | Hueso humano |

| cal ANE m | cal ANE 1s | cal ANE 2s | cal ANE dir | δ 13C | δ 15N | C/N |
|---|---|---|---|---|---|---|
| 635 | 784 / 486 | 825 / 428 | 740 | | | |

**Registro arqueológico**

Tumba 90. Planta rectangular, variante A. Fase Son Real II.

**Estructura** Varia funerario

**Significado arqueológico**

La datación indica los primeros usos de la necrópolis. Lamentablemente, la calibración padece los efectos del aplanamiento de la "meseta de Hallstatt", por lo que este momento no puede ser situado con mayor precisión.

**Observaciones**

**Bibliografía**

Tarradell y Hernández Gasch 1998: 29.

---

| Yacimiento | Isla | Municipio | Exclusión |
|---|---|---|---|
| Son Real | Mallorca | Santa Margalida | ☐ |

| Código laboratorio | Valor ap(BP) | Valor ane(BC) | ± | Muestra |
|---|---|---|---|---|
| U- | 2495 | 545 | 50 | Hueso humano |

| cal ANE m | cal ANE 1s | cal ANE 2s | cal ANE dir | δ 13C | δ 15N | C/N |
|---|---|---|---|---|---|---|
| 636 | 773 / 500 | 792 / 427 | 745, 604, 588 | | | |

**Registro arqueológico**

Tumba 20. Micronaveta. Fase Son Real II.

**Estructura** Varia funerario

**Significado arqueológico**

La datación indica los primeros usos de la necrópolis. Lamentablemente, la calibración padece los efectos del aplanamiento de la "meseta de Hallstatt", por lo que este momento no puede ser situado con mayor precisión.

**Observaciones**

**Bibliografía**

Tarradell y Hernández Gasch 1998: 29.

| Yacimiento | Isla | Municipio | Exclusión |
|---|---|---|---|
| Son Real | Mallorca | Santa Margalida | ☐ |

| Código laboratorio | Valor ap(BP) | Valor ane(BC) | ± | Muestra |
|---|---|---|---|---|
| U- | 2430 | 480 | 60 | Hueso humano |

| cal ANE m | cal ANE 1s | cal ANE 2s | cal ANE dir | δ 13C | δ 15N | C/N |
|---|---|---|---|---|---|---|
| 578 | 734 / 421 | 772 / 387 | 465 | | | |

**Registro arqueológico**

Tumba 3. Microtalaiot circular, variante A. Fase Son Real I.

**Estructura** Varia funerario

**Significado arqueológico**

La datación indica los primeros usos de la necrópolis. Lamentablemente, la calibración padece los efectos del aplanamiento de la "meseta de Hallstatt", por lo que este momento no puede ser situado con mayor precisión.

**Observaciones**

**Bibliografía**

Tarradell y Hernández Gasch 1998: 29.

| Yacimiento | Isla | Municipio | Exclusión |
|---|---|---|---|
| Son Real | Mallorca | Santa Margalida | ☐ |

| Código laboratorio | Valor ap(BP) | Valor ane(BC) | ± | Muestra |
|---|---|---|---|---|
| U- | 2340 | 390 | 75 | Hueso humano |

| cal ANE m | cal ANE 1s | cal ANE 2s | cal ANE dir | δ 13C | δ 15N | C/N |
|---|---|---|---|---|---|---|
| 406 | 458 / 353 | 723 / 218 | 411 | | | |

**Registro arqueológico**

Tumba 88. Planta rectangular, variante A. Fase Son Real II.

**Estructura** Varia funerario

**Significado arqueológico**

La datación indica un momento determinado dentro del intervalo de uso de la necrópolis.

**Observaciones**

**Bibliografía**

Tarradell y Hernández Gasch 1998: 29.

| Yacimiento | Isla | Municipio | Exclusión |
|---|---|---|---|
| Son Real | Mallorca | Santa Margalida | ☐ |

| Código laboratorio | Valor ap(BP) | Valor ane(BC) | ± | Muestra |
|---|---|---|---|---|
| U- | 2285 | 335 | ± 75 | Hueso humano |

| cal ANE m | cal ANE 1s | cal ANE 2s | cal ANE dir | δ 13C | δ 15N | C/N |
|---|---|---|---|---|---|---|
| 344 | 423 / 266 | 477 / 158 | 371 | | | |

**Registro arqueológico**

Tumba 65. Micronaveta, variante C. Transición a la fase Son Real III.

**Estructura** Varia funerario

**Significado arqueológico**

La datación indica un momento determinado dentro del intervalo de uso de la necrópolis.

**Observaciones**

**Bibliografía**

Tarradell y Hernández Gasch 1998: 29.

| Yacimiento | Isla | Municipio | Exclusión |
|---|---|---|---|
| Son Real | Mallorca | Santa Margalida | ☐ |

| Código laboratorio | Valor ap(BP) | Valor ane(BC) | ± | Muestra |
|---|---|---|---|---|
| U- | 2175 | 225 | ± 80 | Hueso humano |

| cal ANE m | cal ANE 1s | cal ANE 2s | cal ANE dir | δ 13C | δ 15N | C/N |
|---|---|---|---|---|---|---|
| 230 | 341 / 119 | 409 / 5 | 204 | | | |

**Registro arqueológico**

Tumba 1. Microtalaiot circular, variante A. Fase Son Real I (reutilización).

**Estructura** Varia funerario

**Significado arqueológico**

La datación indica un momento determinado dentro del intervalo de uso de la necrópolis.

**Observaciones**

**Bibliografía**

Tarradell y Hernández Gasch 1998: 29.

**Yacimiento** Talatí de Dalt

En este yacimiento se han identificados varias estructuras arquitectónicas, entre las que destacan un talayot central, un recinto de taula diversos recintos interpretados como viviendas. La serie radiocarbónica suma siete dataciones, seguramente realizadas a partir de muestras tomadas a raíz de las excavaciones realizadas durante los últimos años y aún prácticamente inéditas.

Las dos dataciones más altas, KIA-19500 y KIA-19499, se remontan nada menos que a inicios del II milenio cal ANE. De esta forma, podrían corresponder a alguna de las primeras ocupaciones humanas detectadas en Menorca. La siguiente datación en orden descendente es KIA-11220, muy posterior a las dos primeras, ya que su resultado cae aproximadamente a inicios del siglo IX cal ANE. El tercer grupo de dataciones está formado por KIA-11234, KIA-11217 y KIA-11230, cuyos resultados conforman un intervalo que cubre los siglos IV a II cal ANE. Finalmente, la datación UtC-10078 podría corresponder a una utilización funeraria del lugar en época más reciente, aproximadamente a finales del siglo VI cal DNE.

Sin duda, la publicación detallada de los contextos datados aportará interesantes novedades para la comprensión de la secuencia del poblamiento humano en Menorca.

Referencias: Plantalamor (1991).

.

| **Yacimiento** | **Isla** | **Municipio** | **Exclusión** |
|---|---|---|---|
| Talatí de Dalt | Menorca | Maó | ☐ |

| **Código laboratorio** | **Valor ap(BP)** | **Valor ane(BC)** | ± | **Muestra** |
|---|---|---|---|---|
| KIA-19500 | 3605 | 1655 | 30 | Hueso fauna doméstica |

| **cal ANE m** | **cal ANE 1s** | **cal ANE 2s** | **cal ANE dir** | **δ 13C** | **δ 15N** | **C/N** |
|---|---|---|---|---|---|---|
| 1953 | 1999 / 1908 | 2030 / 1890 | 1953 | -19.71 | 5.6 | |

**Registro arqueológico**

**Estructura** Hábitat indeterminado

**Significado arqueológico**

No disponemos de datos para proceder a una valoración adecuada. Sin embargo, podría estar relacionada con uno de los primeros asentamientos humanos en Menorca.

**Observaciones**

Delta 13Ccarb = -9,35 por mil.

**Bibliografía**

Van Strydonck et alii 2004, e.p.: tabla 1.

| Yacimiento | Isla | Municipio | Exclusión |
|---|---|---|---|
| Talatí de Dalt | Menorca | Maó | ☐ |

| Código laboratorio | Valor ap(BP) | Valor ane(BC) | ± | Muestra |
|---|---|---|---|---|
| KIA-19499 | 3550 | 1600 | 30 | Hueso fauna doméstica |

| cal ANE m | cal ANE 1s | cal ANE 2s | cal ANE dir | δ 13C | δ 15N | C/N |
|---|---|---|---|---|---|---|
| 1896 | 1919 / 1874 | 1961 / 1765 | 1897 | -19.51 | 5.8 | |

**Registro arqueológico**

**Estructura** Hábitat indeterminado

**Significado arqueológico**

No disponemos de datos para proceder a una valoración adecuada. Sin embargo, podría estar relacionada con uno de los primeros asentamientos humanos en Menorca.

**Observaciones**

Delta 13Ccarb = -9,50 por mil.

**Bibliografía**

Van Strydonck et alii 2004, e.p.: tabla 1.

| Yacimiento | Isla | Municipio | Exclusión |
|---|---|---|---|
| Talatí de Dalt | Menorca | Maó | ☐ |

| Código laboratorio | Valor ap(BP) | Valor ane(BC) | ± | Muestra |
|---|---|---|---|---|
| KIA-11220 | 2775 | 825 | 30 | Hueso fauna doméstica |

| cal ANE m | cal ANE 1s | cal ANE 2s | cal ANE dir | δ 13C | δ 15N | C/N |
|---|---|---|---|---|---|---|
| 911 | 944 / 879 | 992 / 835 | 913 | -21.54 | 4.81 | 2.83 |

**Registro arqueológico**

UE15-3. Hueso estratigráficamente relacionado con UE15-4.

**Estructura** Hábitat indeterminado

**Significado arqueológico**

No disponemos de datos para proceder a una valoración adecuada.

**Observaciones**

CLT: KIK-1469.

**Bibliografía**

Van Strydonck, Boudin y Ervynck 2002: tabla 2; Van Strydonck et alii 2002: 49, 2004, e.p.: tabla 1.

| Yacimiento | Isla | Municipio | Exclusión |
|---|---|---|---|
| Talatí de Dalt | Menorca | Maó | ☐ |

| Código laboratorio | Valor ap(BP) | Valor ane(BC) | ± | Muestra |
|---|---|---|---|---|
| KIA-11234 | 2275 | 325 | 25 | Carbón |

| cal ANE m | cal ANE 1s | cal ANE 2s | cal ANE dir | δ 13C | δ 15N | C/N |
|---|---|---|---|---|---|---|
| 376 | 384 / 368 | 394 / 228 | 377 | -24.8 | | |

**Registro arqueológico**

UE15-4. Carbón estratigráficamente relacionado con UE15-3.

**Estructura** Asentamiento postalayótico

**Significado arqueológico**

No disponemos de datos para proceder a una valoración adecuada.

**Observaciones**

CLT: KIK-1485.

**Bibliografía**

Van Strydonck et alii 2002: 49.

| Yacimiento | Isla | Municipio | Exclusión |
|---|---|---|---|
| Talatí de Dalt | Menorca | Maó | ☐ |

| Código laboratorio | Valor ap(BP) | Valor ane(BC) | ± | Muestra |
|---|---|---|---|---|
| KIA-11217 | 2160 | 210 | 25 | Carbón |

| cal ANE m | cal ANE 1s | cal ANE 2s | cal ANE dir | δ 13C | δ 15N | C/N |
|---|---|---|---|---|---|---|
| 249 | 325 / 173 | 351 / 130 | 189 | -24.8 | | |

**Registro arqueológico**

UE3-2. Carbón estratigráficamente relacionado con UE3-1.

**Estructura** Asentamiento postalayótico

**Significado arqueológico**

No disponemos de datos para proceder a una valoración adecuada.

**Observaciones**

CLT: KIK-1466.

**Bibliografía**

Van Strydonck et alii 2002: 49.

| Yacimiento | Isla | Municipio | Exclusión |
|---|---|---|---|
| Talatí de Dalt | Menorca | Maó | ☐ |

| Código laboratorio | Valor ap(BP) | Valor ane(BC) | ± | Muestra |
|---|---|---|---|---|
| KIA-11230 | 2140 | 190 | 40 | Hueso fauna doméstica |

| cal ANE m | cal ANE 1s | cal ANE 2s | cal ANE dir | δ 13C | δ 15N | C/N |
|---|---|---|---|---|---|---|
| 162 | 201 / 123 | 352 / 67 | 175 | -21.47 | 5.16 | 2.79 |

**Registro arqueológico**

UE3-1. Hueso estratigráficamente relacionado con UE3-2.

**Estructura** Asentamiento postalayótico

**Significado arqueológico**

No disponemos de datos para proceder a una valoración adecuada.

**Observaciones**

Delta 13Ccarb = -10,98 por mil. CLT: KIK-1479.

**Bibliografía**

Van Strydonck, Boudin y Ervynck 2002: tabla 2; Van Strydonck et alii 2002: 49, 2004, e.p.: tabla 1.

| Yacimiento | Isla | Municipio | Exclusión |
|---|---|---|---|
| Talatí de Dalt | Menorca | Maó | ☐ |

| Código laboratorio | Valor ap(BP) | Valor ane(BC) | ± | Muestra |
|---|---|---|---|---|
| UtC-10078 | 1490 | -460 | 40 | Hueso humano |

| cal ANE m | cal ANE 1s | cal ANE 2s | cal ANE dir | δ 13C | δ 15N | C/N |
|---|---|---|---|---|---|---|
| -586 | -551 / -620 | -465 / -645 | -583 | -19.4 | | |

**Registro arqueológico**

Fragmento de hueso humano.

**Estructura** Varia funerario

**Significado arqueológico**

No disponemos de datos para proceder a una valoración adecuada.

**Observaciones**

CLT: KIK-1347.

**Bibliografía**

Van Strydonck et alii 2001: 31.

**Yacimiento** Torralba d'en Salord

Tres estructuras centran nuestra atención dentro del área excavada de este yacimiento en la década de los setenta y principios de los ochenta: una cabaña de planta ligeramente oval con zócalo de piedra, el talayot de planta oblonga que fue construido sobre las ruinas de aquélla y un recinto de taula que, según parece, reaprovechó para su construcción bloques extraídos del turriforme.

La serie radiocarbónica obtenida para ajustar cronológicamente esta sucesión arquitectónica cuenta con diecinueve dataciones. Tal vez podría ser una más, ya que la datación BM-2297 es asignada en algunas publicaciones al interior del recinto de taula (Waldren 1992: tabla 8; Fernández-Miranda, Waldren y Sanders 1995: 128), mientras que, por otro lado, Bowman, Ambers y Leese (1990: 76), al referirse a su redatación (BM-2297R), la asignan al Asentamiento Antiguo de Son Ferrandell-Oleza. Es cierto que lo reciente del resultado se ajusta más a lo esperado para la cronología de uso de la taula que para una ocupación del Asentamiento Antiguo, pero al no poder resolver la ambigüedad me decanto por seguir las indicaciones de los responsables del laboratorio del British Museum.

Las cuatro dataciones más antiguas (UtC-1263, QL-1433, HAR-2908b y HAR-2908a) pueden vincularse a la ocupación de la cabaña de planta curva y sus inmediaciones, entre el siglo XV e inicios del XII cal ANE. Existe una cierta confusión respecto a la procedencia de las muestras y al laboratorio en que fueron obtenidas las tres últimas fechas. Así, Fernández-Miranda (1991: 40) las identifica con los códigos QL-1433A, B y C y sitúa las muestras en el interior de la cabaña, mientras que el mismo autor, esta vez firmando una publicación colectiva varios años después (Fernández-Miranda, Waldren y Sanders 1995: 128), apunta otros datos que coinciden más con los inicialmente señalados por Waldren en varios trabajos de la década de los ochenta. Ante la imposibilidad de acceder a las comunicaciones oficiales de los laboratorios implicados, he optado por seguir las citadas indicaciones de Waldren.

Las siguientes tres dataciones (QL-1089, QL-1164 y QL-1165) se distribuyen entre los siglos X y mediados del IX cal ANE y plantean problemáticas distintas. La primera corresponde a un contexto exterior a las estructuras arquitectónicas y no aporta indicaciones cronológicas valiosas. La siguiente, QL-1164, ha dado pie a la confusión, ya que en algunas publicaciones se señala que la muestra datada fue tomada del interior del recinto de taula (Fernández-Miranda, Waldren y Sanders (1995: 128), mientras que en otras se la coloca en el exterior, asociada a un muro curvo de una posible segunda cabaña y en una posición estratigráfica de anterioridad respecto a la construcción del talayot (Fernández-Miranda 1991: 41). Como puede suponerse, esta diferencia resulta crucial ya que, según la primera eventualidad, podría indicar una cronología alta para la construcción de la taula (ésta descansaba sobre la roca, de forma que todo resto hallado en su interior debería interpretarse en función de un uso social), mientras que en el segundo caso no revistiría de interés para el tratamiento de esta problemática. No tengo elementos de juicio suficientes para decantarme por una u otra posibilidad. Tal vez la segunda sería más factible, ya que así consta en las descripciones más completas del contexto de procedencia y, sobre todo, debido a que los datos cronoestratigráficos que deparó la excavación del interior del recinto de taula desaconsejan una cronología alta. En este sentido, la estratigrafía de este monumento reveló cuatro niveles. Los tres primeros corresponden al uso del recinto y se suceden desde el siglo IV arq ANE hasta la plena romanización, mientras que el cuarto refleja el abandono de la taula y y su frecuentación medieval.

La tercera datación de este grupo, QL-1165, podría vincularse a la ocupación de una estructura mal definida situada entre el talayot y la taula. Desconozco la ubicación contextual de la muestra que ofreció la datación IRPA-782, aunque está claro que entre ésta y la anterior se abre un vacío de casi cuatro siglos. Sin embargo, no parece probable que dicho vacío correspondiese a un hiato real en la ocupación del lugar, sino que seguramente responde a un efecto del muestreo.

Las restantes dataciones se asignan casi sin excepción a contextos de uso de la taula. Los resultados se distribuyen entre aproximadamente inicios del siglo IV cal ANE y mediados del III cal DNE, lo cual se ajusta a la propuesta cronológica elaborada a partir de los indicadores cronotipológicos.

Referencias: Fernández-Miranda et alii (1980), Fernández-Miranda, Waldren y Sanders (1995), Gornés (2003).

| Yacimiento | Isla | Municipio | Exclusión |
|---|---|---|---|
| Torralba d'en Salord | Menorca | Alaior | ☐ |

| Código laboratorio | Valor ap(BP) | Valor ane(BC) | ± | Muestra |
|---|---|---|---|---|
| UtC-1263 | 3230 | 1280 | 60 | Semilla cereal |

| cal ANE m | cal ANE 1s | cal ANE 2s | cal ANE dir | δ 13C | δ 15N | C/N |
|---|---|---|---|---|---|---|
| 1496 | 1560 / 1433 | 1647 / 1381 | 1498 | -22.9 | | |

**Registro arqueológico**

Estructura de habitación subyacente a talayot. Cuadrante "NT".

**Estructura** Hábitat en piedra

**Significado arqueológico**

La datación indica un momento de la ocupación en la mencionada estructura de habitación.

**Observaciones**

CLT: KIK-30.

**Bibliografía**

Waldren 1992: tabla 8; Van Strydonck et alii 1995: 29; Mestres y de Nicolás 1999: apéndice.

| Yacimiento | Isla | Municipio | Exclusión |
|---|---|---|---|
| Torralba d'en Salord | Menorca | Alaior | ☐ |

| Código laboratorio | Valor ap(BP) | Valor ane(BC) | ± | Muestra |
|---|---|---|---|---|
| QL-1433 | 3030 | 1080 | 70 | Semilla cereal |

| cal ANE m | cal ANE 1s | cal ANE 2s | cal ANE dir | δ 13C | δ 15N | C/N |
|---|---|---|---|---|---|---|
| 1274 | 1373 / 1175 | 1442 / 1055 | 1292 | | | |

**Registro arqueológico**

Exterior de la cabaña de piedra bajo talayot. Cuadrante "CO". Semillas de cebada.

**Estructura** Hábitat en piedra

**Significado arqueológico**

La datación indica un momento determinado en el uso del espacio del asentamiento, previo a la construcción del talayot.

**Observaciones**

Waldren (1982b: 1A: 30) se refirió a ella con el código incompleto QL-? Fernández-Miranda (1991: 40) le asignó el código de laboratorio QL-1433C, y una desviación tipo de ±90.

**Bibliografía**

Waldren 1982a: 508; 1982b: 1A: 30, 1986: tabla 16b, 1988: 6; 1996: fig. 3,2; Fernández-Miranda 1991: 40.

| Yacimiento | Isla | Municipio | Exclusión |
|---|---|---|---|
| Torralba d'en Salord | Menorca | Alaior | ☐ |

| Código laboratorio | Valor ap(BP) | Valor ane(BC) | ± | Muestra |
|---|---|---|---|---|
| HAR-2908b | 3020 | 1070 | 60 | Hueso fauna doméstica |

| cal ANE m | cal ANE 1s | cal ANE 2s | cal ANE dir | δ 13C | δ 15N | C/N |
|---|---|---|---|---|---|---|
| 1264 | 1360 / 1169 | 1408 / 1068 | 1275 | | | |

**Registro arqueológico**

Zona central del interior de la cabaña bajo talayot. Huesos de ovicápridos.

**Estructura** Hábitat en piedra

**Significado arqueológico**

La datación indica un momento de la ocupación, probablemente cercano a su final, en la mencionada estructura de habitación.

**Observaciones**

Waldren (1982a: 508, 1982b: 1A: 30 y 1986: tabla 16b) se refirió a ella con el código incompleto HAR-? e indicando que la muestra datada era carbón vegetal. Waldren y Van Strydonck (1994: tabla 5) la designan con el código HAR-1876, mientras que Fernández-Miranda (1991: 40) hizo lo propio con QL-1433B. Mestres y de Nicolás 1999: apéndice, señalan que la muestra datada era carbón vegetal.

**Bibliografía**

Waldren 1982a: 508, 1982b: 1A: 30; 1988: 6; 1996: fig. 3,3; Waldren y Van Strydonck 1994: tabla 5; Fernández-Miranda 1991: 40; Mestres y de Nicolás 1999: apéndice.

| Yacimiento | Isla | Municipio | Exclusión |
|---|---|---|---|
| Torralba d'en Salord | Menorca | Alaior | ☐ |

| Código laboratorio | Valor ap(BP) | Valor ane(BC) | ± | Muestra |
|---|---|---|---|---|
| HAR-2908a | 2970 | 1020 | 70 | Carbón |

| cal ANE m | cal ANE 1s | cal ANE 2s | cal ANE dir | δ 13C | δ 15N | C/N |
|---|---|---|---|---|---|---|
| 1191 | 1315 / 1067 | 1381 / 967 | 1195 | | | |

**Registro arqueológico**

Exterior de la cabaña pseudocircular de piedra situada bajo el talayot. Cuadrante "EX".

**Estructura** Hábitat en piedra

**Significado arqueológico**

La datación indica un momento determinado en el uso del espacio del asentamiento, previo a la construcción del talayot.

**Observaciones**

Waldren (1982a: 508, 1986: tabla 16b) se refirió a ella con el código HAR-2980 e indicando que la muestra datada era carbón vegetal; Fernández-Miranda (1991: 40) la designó con el código QL-1433A.

**Bibliografía**

Waldren 1982a: 508, 1982b: 1A: 30; 1986: tabla 16b, 1988: 6; Fernández-Miranda 1991: 40.

| Yacimiento | Isla | Municipio | Exclusión |
|---|---|---|---|
| Torralba d'en Salord | Menorca | Alaior | ☑ |

| Código laboratorio | Valor ap(BP) | Valor ane(BC) | ± | Muestra |
|---|---|---|---|---|
| BM-1697 | 2860 | 910 | 45 | Semilla cereal |

| cal ANE m | cal ANE 1s | cal ANE 2s | cal ANE dir | δ 13C | δ 15N | C/N |
|---|---|---|---|---|---|---|
| | | | | -22.2 | | |

**Registro arqueológico**

Nivelación de la superficie para la construcción del talayot. Cuadrante "CO". Grano carbonizado de la estructura central.

**Estructura** Hábitat indeterminado

**Significado arqueológico**

**Observaciones**

Excluida, por haber sido obtenida erróneamente por el laboratorio del British Museum y resultar imposible la corrección (Bowman, Ambers y Leese 1990: 79). Waldren (1982a: 508, 1982b: 1A: 29, 1986: tabla 16b) señaló que la muestra datada era carbón vegetal.

**Bibliografía**

Burleigh, Ambers y Matthews 1982: 282; Waldren 1982a: 508, 1982b: 1A: 29; 1986: tabla 16b, 1992: tabla 8; Bowman, Ambers y Leese 1990: 79.

| Yacimiento | Isla | Municipio | Exclusión |
|---|---|---|---|
| Torralba d'en Salord | Menorca | Alaior | ☐ |

| Código laboratorio | Valor ap(BP) | Valor ane(BC) | ± | Muestra |
|---|---|---|---|---|
| QL-1089 | 2840 | 890 | 30 | Hueso fauna doméstica |

| cal ANE m | cal ANE 1s | cal ANE 2s | cal ANE dir | δ 13C | δ 15N | C/N |
|---|---|---|---|---|---|---|
| 984 | 1025 / 942 | 1076 / 912 | 992 | | | |

**Registro arqueológico**

Anexo noreste. Cuadrante "IN". Muro suroeste. Base del recinto. Relleno en grieta de la roca.

**Estructura** Hábitat indeterminado

**Significado arqueológico**

La datación indica un momento determinado en el uso del espacio del asentamiento, previo a la construcción de la taula.

**Observaciones**

Waldren (1982a: 508, 1982b: 1A: 29, 1986: tabla 16b) señaló que la muestra datada era carbón vegetal.

**Bibliografía**

Alonso et alii 1978: 178; Waldren 1982a: 508, 1982b: 1A: 29, 1986: tabla 16b.

| Yacimiento | Isla | Municipio | Exclusión |
|---|---|---|---|
| Torralba d'en Salord | Menorca | Alaior | ☐ |

| Código laboratorio | Valor ap(BP) | Valor ane(BC) | ± | Muestra |
|---|---|---|---|---|
| QL-1164 | 2830 | 880 | 40 | Hueso fauna doméstica |

| cal ANE m | cal ANE 1s | cal ANE 2s | cal ANE dir | δ 13C | δ 15N | C/N |
|---|---|---|---|---|---|---|
| 974 | 1025 / 923 | 1096 / 878 | 974 | | | |

**Registro arqueológico**

Al sur del recinto taula. Base de muro radial. Cuadrante "IN". Cabaña arrasada por la construcción del talayot.

**Estructura** Hábitat en piedra

**Significado arqueológico**

La datación indica un momento anterior, en una medida indeterminada aunque probablemente cercana, respecto a la construcción del talayot.

**Observaciones**

Waldren (1982a: 508, 1982b: 1A: 29) señaló que la muestra datada era carbón vegetal.

**Bibliografía**

Fernández-Miranda 1978: 129, 1991: 41; Alonso et alii 1978: 178; Waldren 1982a: 508, 1982b: 1A: 29, 1986: tabla 16b.

| Yacimiento | Isla | Municipio | Exclusión |
|---|---|---|---|
| Torralba d'en Salord | Menorca | Alaior | ☐ |

| Código laboratorio | Valor ap(BP) | Valor ane(BC) | ± | Muestra |
|---|---|---|---|---|
| QL-1165 | 2710 | 760 | 50 | Carbón |

| cal ANE m | cal ANE 1s | cal ANE 2s | cal ANE dir | δ 13C | δ 15N | C/N |
|---|---|---|---|---|---|---|
| 858 | 895 / 821 | 955 / 794 | 849 | | | |

**Registro arqueológico**

Esquina noreste. Cuadrante "X". Nivel de ocupación de estructura talayótica cerca de taula.

**Estructura** Asentamiento talayótico

**Significado arqueológico**

La datación indica un momento anterior, en una medida indeterminada aunque probablemente cercana, respecto a la construcción de la citada estructura.

**Observaciones**

**Bibliografía**

Waldren 1982a: 508, 1982b: 1A: 29; 1986: tabla 16b.

| Yacimiento | Isla | Municipio | Exclusión |
|---|---|---|---|
| Torralba d'en Salord | Menorca | Alaior | ☐ |

| Código laboratorio | Valor ap(BP) | Valor ane(BC) | ± | Muestra |
|---|---|---|---|---|
| IRPA-782 | 2400 | 450 | 60 | Carbón |

| cal ANE m | cal ANE 1s | cal ANE 2s | cal ANE dir | δ 13C | δ 15N | C/N |
|---|---|---|---|---|---|---|
| 470 | 534 / 405 | 755 / 370 | 438 | -24 | | |

**Registro arqueológico**

Muestra 4.

**Estructura** Hábitat indeterminado

**Significado arqueológico**

No disponemos de datos para proceder a una valoración adecuada.

**Observaciones**

Con esta sigla se ha publicado una fecha del T1E en Waldren, Ensenyat y Cubí (1990: tabla 1) y, del T2 de Son Ferrandell-Olez/YS: 450±60 ane, en Waldren (1992: tabla 4) y Waldren (1997: tabla 2, p. 29).

**Bibliografía**

Dauchot-Dehon et alii 1989: 197; Mestres y de Nicolás 1999: apéndice.

| Yacimiento | Isla | Municipio | Exclusión |
|---|---|---|---|
| Torralba d'en Salord | Menorca | Alaior | ☐ |

| Código laboratorio | Valor ap(BP) | Valor ane(BC) | ± | Muestra |
|---|---|---|---|---|
| BM-2003R | 2360 | 410 | 100 | Carbón |

| cal ANE m | cal ANE 1s | cal ANE 2s | cal ANE dir | δ 13C | δ 15N | C/N |
|---|---|---|---|---|---|---|
| 422 | 514 / 330 | 756 / 188 | 429 | | | |

**Registro arqueológico**

Taula. Sector Entrada A. Nivel IV inferior. Z = -125 cm. Asociada a artefactos clásicos.

**Estructura** Taula

**Significado arqueológico**

La datación podría indicar un momento anterior, en una medida indeterminada, respecto a la construcción de la taula. Se informa de que la muestra estaba asociada a monedas datadas entre 230 y 150 BC, mientras que otra moneda de Nîmes, datada en torno al cambio de era, debería ser intrusiva.

**Observaciones**

Corrección de BM-2003: 140±50 ane, cuyo valor delta C13 era -23,2 por mil.

**Bibliografía**

Burleigh, Ambers y Matthews 1983: 56; Waldren 1986: tabla 16; Bowman, Ambers y Leese 1990: 76.

| Yacimiento | Isla | Municipio | Exclusión |
|---|---|---|---|
| Torralba d'en Salord | Menorca | Alaior | ☐ |

| Código laboratorio | Valor ap(BP) | Valor ane(BC) | ± | Muestra |
|---|---|---|---|---|
| BM-2004R | 2180 | 230 | 100 | Carbón |

| cal ANE m | cal ANE 1s | cal ANE 2s | cal ANE dir | δ 13C | δ 15N | C/N |
|---|---|---|---|---|---|---|
| 232 | 356 / 108 | 444 / -39 | 223 | | | |

**Registro arqueológico**

Taula. Sector M. Nivel IV superior (nivel de habitación reciente). Z = -90/-95 cm.

**Estructura** Taula

**Significado arqueológico**

La datación podría indicar un momento incluido dentro del intervalo de uso de la taula.

**Observaciones**

Corrección de BM-2004: 60±35 dne, cuyo valor delta C13 era -24,4 por mil.

**Bibliografía**

Burleigh, Ambers y Matthews 1983: 56; Waldren 1986: tabla 16; Bowman, Ambers y Leese 1990: 76.

| Yacimiento | Isla | Municipio | Exclusión |
|---|---|---|---|
| Torralba d'en Salord | Menorca | Alaior | ☐ |

| Código laboratorio | Valor ap(BP) | Valor ane(BC) | ± | Muestra |
|---|---|---|---|---|
| CSIC-142 | 2180 | 230 | 100 | Hueso fauna doméstica |

| cal ANE m | cal ANE 1s | cal ANE 2s | cal ANE dir | δ 13C | δ 15N | C/N |
|---|---|---|---|---|---|---|
| 232 | 356 / 108 | 444 / -39 | 223 | | | |

**Registro arqueológico**

Taula. Sector noreste. Nivel inferior (IV, en límite con III). Bajo bancos. Huesos de animales domésticos.

**Estructura** Taula

**Significado arqueológico**

La datación podría indicar un momento incluido dentro del intervalo de uso de la taula.

**Observaciones**

Mestres y de Nicolás (1999: apéndice) le asignan una desviación tipo de ±50.

**Bibliografía**

Alonso et alii 1978: 178; Waldren 1982a: 506; 1982b: 1A: 28, 1986: tabla 16; Fernández-Miranda, Waldren y Sanders 1995: 123.

| Yacimiento | Isla | Municipio | Exclusión |
|---|---|---|---|
| Torralba d'en Salord | Menorca | Alaior | ☐ |

| Código laboratorio | Valor ap(BP) | Valor ane(BC) | ± | Muestra |
|---|---|---|---|---|
| CSIC-? | 2100 | 150 | 45 | Carbón |

| cal ANE m | cal ANE 1s | cal ANE 2s | cal ANE dir | δ 13C | δ 15N | C/N |
|---|---|---|---|---|---|---|
| 118 | 175 / 62 | 212 / 5 | 128 | | | |

**Registro arqueológico**

Taula. Nivel de ocupación asociado a artefactos clásicos.

**Estructura** Taula

**Significado arqueológico**

La datación podría indicar un momento incluido dentro del intervalo de uso de la taula.

**Observaciones**

Resulta extraño que no se haya publicado de forma completa el código de laboratorio.

**Bibliografía**

Waldren 1982a: 506; 1982b: 1A: 28, 1986: tabla 16.

| Yacimiento | Isla | Municipio | Exclusión |
|---|---|---|---|
| Torralba d'en Salord | Menorca | Alaior | ☐ |

| Código laboratorio | Valor ap(BP) | Valor ane(BC) | ± | Muestra |
|---|---|---|---|---|
| IRPA-781 | 2020 | 70 | 70 | Carbón |

| cal ANE m | cal ANE 1s | cal ANE 2s | cal ANE dir | δ 13C | δ 15N | C/N |
|---|---|---|---|---|---|---|
| 23 | 111 / -65 | 189 / -132 | 14 | -24 | | |

**Registro arqueológico**

Taula. Nivel de ocupación superior. Muestra nº 3.

**Estructura** Taula

**Significado arqueológico**

La datación podría indicar un momento incluido dentro del intervalo de uso de la taula.

**Observaciones**

**Bibliografía**

Dauchot-Dehon et alii 1989: 197; Mestres y de Nicolás 1999: apéndice.

| Yacimiento | Isla | Municipio | Exclusión |
|---|---|---|---|
| Torralba d'en Salord | Menorca | Alaior | ☐ |

| Código laboratorio | Valor ap(BP) | Valor ane(BC) | | Muestra |
|---|---|---|---|---|
| CSIC-606 | 2020 | 70 | ± 50 | Carbón |

| cal ANE m | cal ANE 1s | cal ANE 2s | cal ANE dir | δ 13C | δ 15N | C/N |
|---|---|---|---|---|---|---|
| 19 | 82 / -44 | 159 / -92 | 14 | | | |

**Registro arqueológico**

Relleno de silo republicano en el exterior del talayot.

**Estructura** Asentamiento histórico

**Significado arqueológico**

La datación podría indicar un momento cercano a la colmatación de la citada estructura de almacenamiento.

**Observaciones**

**Bibliografía**

F. Alonso (com. pers. carta 03/1994). Mestres y de Nicolás 1999: apéndice.

| Yacimiento | Isla | Municipio | Exclusión |
|---|---|---|---|
| Torralba d'en Salord | Menorca | Alaior | ☐ |

| Código laboratorio | Valor ap(BP) | Valor ane(BC) | | Muestra |
|---|---|---|---|---|
| BM-2005R | 1960 | 10 | ± 120 | Carbón |

| cal ANE m | cal ANE 1s | cal ANE 2s | cal ANE dir | δ 13C | δ 15N | C/N |
|---|---|---|---|---|---|---|
| -34 | 105 / -174 | 268 / -330 | -66 | | | |

**Registro arqueológico**

Taula. Último nivel ocupación. Muestras del Sector M. Nivel III, z = -80 cm y del sector K, nivel III, z = -85 cm. Quizás provengan de vigas del techo.

**Estructura** Taula

**Significado arqueológico**

Si la muestra corresponde en realidad a carbón vegetal procedente de vigas de cubierta, el resultado no indicaría necesariamente el momento del abandono del edificio, sino aproximadamente un momento constructivo o de reparación del mismo.

**Observaciones**

Corrección de BM-2005: 390±80 dne, cuyo valor delta C13 era -24,5 por mil.

**Bibliografía**

Burleigh, Ambers y Matthews 1983: 56; Waldren 1986: tabla 16; Bowman, Ambers y Leese 1990: 76.

| Yacimiento | Isla | Municipio | Exclusión |
|---|---|---|---|
| Torralba d'en Salord | Menorca | Alaior | ☐ |

| Código laboratorio | Valor ap(BP) | Valor ane(BC) | ± | Muestra |
|---|---|---|---|---|
| CSIC-502 | 1920 | -30 | 40 | Hueso fauna doméstica |

| cal ANE m | cal ANE 1s | cal ANE 2s | cal ANE dir | δ 13C | δ 15N | C/N |
|---|---|---|---|---|---|---|
| -84 | -51 / -118 | 1 / -194 | -88 | | | |

**Registro arqueológico**

Taula. Último nivel ocupación. Huesos de cabra. Mismo nivel que el hogar de donde se extrajo la muestra CSIC-501.

**Estructura** Taula

**Significado arqueológico**

La datación indica un momento incluido dentro del intervalo de uso de la taula.

**Observaciones**

**Bibliografía**

F. Alonso (com. pers. carta 03/1994). Mestres y de Nicolás 1999: apéndice.

| Yacimiento | Isla | Municipio | Exclusión |
|---|---|---|---|
| Torralba d'en Salord | Menorca | Alaior | ☐ |

| Código laboratorio | Valor ap(BP) | Valor ane(BC) | ± | Muestra |
|---|---|---|---|---|
| QL-1090 | 1800 | -150 | 30 | Carbón |

| cal ANE m | cal ANE 1s | cal ANE 2s | cal ANE dir | δ 13C | δ 15N | C/N |
|---|---|---|---|---|---|---|
| -223 | -198 / -248 | -135 / -331 | -228 | | | |

**Registro arqueológico**

Sobre nivel II, romano. Abandono de la construcción.

**Estructura** Taula

**Significado arqueológico**

La datación indica un momento incluido dentro del intervalo de uso de la taula.

**Observaciones**

**Bibliografía**

Alonso et alii 1978: 178; Mestres y de Nicolás 1999: apéndice.

| Yacimiento | Isla | Municipio | Exclusión |
|---|---|---|---|
| Torralba d'en Salord | Menorca | Alaior | ☐ |

| Código laboratorio | Valor ap(BP) | Valor ane(BC) | ± | Muestra |
|---|---|---|---|---|
| CSIC-501 | 1780 | -170 | 60 | Carbón |

| cal ANE m | cal ANE 1s | cal ANE 2s | cal ANE dir | δ 13C | δ 15N | C/N |
|---|---|---|---|---|---|---|
| -257 | -180 / -334 | -106 / -402 | -244 | | | |

**Registro arqueológico**

Taula. Último nivel ocupación. Muestra asociada a huesos de carácter ritual.

**Estructura** Taula

**Significado arqueológico**

La datación indica un momento incluido dentro del intervalo de uso de la taula, cercano ya a su final.

**Observaciones**

**Bibliografía**

F. Alonso (com. pers. carta 03/1994); Mestres y de Nicolás 1999: apéndice.

**Yacimiento** Torre del Ram

La única datación radiocarbónica de esta estructura naviforme de habitación fue obtenida a partir de una muestra de hueso de fauna recogida en la terrera de una excavación clandestina. Según estas indicaciones, cabe suponer que el edificio estuvo en funcionamiento al menos hacia la temporalidad indicada por el resultado del análisis, que se sitúa en torno al siglo XIII cal ANE.

Referencias: Mestres y de Nicolás (1999).

.

| **Yacimiento** | **Isla** | **Municipio** | **Exclusión** |
|---|---|---|---|
| Torre del Ram | Menorca | Ciutadella | ☐ |

| **Código laboratorio** | **Valor ap(BP)** | **Valor ane(BC)** | ± | **Muestra** |
|---|---|---|---|---|
| UBAR-426 | 3020 | 1070 | ± 50 | Hueso fauna doméstica |

| **cal ANE m** | **cal ANE 1s** | **cal ANE 2s** | **cal ANE dir** | **δ 13C** | **δ 15N** | **C/N** |
|---|---|---|---|---|---|---|
| 1266 | 1352 / 1179 | 1400 / 1092 | 1278 | | | |

**Registro arqueológico**

Habitación naviforme con hogar central. Terrera de una excavación clandestina.

**Estructura** Asentamiento de estructuras naviformes

**Significado arqueológico**

Pese a las desafortunadas circunstancias que rodearon la toma de la muestra, el resultado puede ser indicativo de un momento en el uso de la estructura naviforme.

**Observaciones**

**Bibliografía**

Mestres y de Nicolás 1999: apéndice.

**Yacimiento** Torrent d'en Barragot

Al parecer, la muestra fue recogida en superficie, de forma que ignoramos a qué prácticas y a qué otros materiales pudo estar vinculada originalmente. Esperemos que una intervención arqueológica rigurosa aporte en el futuro datos más significativos.

.

| Yacimiento | Isla | Municipio | Exclusión |
|---|---|---|---|
| Torrent d'en Barragot | Mallorca | Ses Salines | ☐ |

| Código laboratorio | Valor ap(BP) | Valor ane(BC) | ± | Muestra |
|---|---|---|---|---|
| KIA-22648 | 2515 | 565 | 25 | Hueso humano |

| cal ANE m | cal ANE 1s | cal ANE 2s | cal ANE dir | δ 13C | δ 15N | C/N |
|---|---|---|---|---|---|---|
| 668 | 776 / 561 | 784 / 531 | 766 | -19.31 | 10.17 | |

**Registro arqueológico**

Cueva cerca de la costa. Hueso humano en superficie recogido por M. Van Strydonck en octubre de 2003.

**Estructura** Varia funerario

**Significado arqueológico**

La inexistencia de una actuación arqueológica sistemática limita la utilidad de la datación.

**Observaciones**

**Bibliografía**

Van Strydonck et alii 2004, e.p.: tabla 1.

**Yacimiento** Trebalúger

Las excavaciones realizadas en el área ocupada por un monumento turriforme de contorno oval y grandes dimensiones han revelado la superposición estratigráfica de esta estructura sobre una unidad presumiblemente habitacional. Ésta presenta una planta de tendencia absidal y posee una hilera de bases de poste o de columna que divide longitudinalmente el espacio interior. La techumbre estaría sustentada, además de por estos apoyos centrales, por una serie de pilastras adosadas a la cara interna del muro perimetral. En el piso de ocupación se detectaron restos de hogueras. Precisamente, dos muestras de carbón procedentes de estas estructuras de combustión han proporcionado las dos dataciones radiocarbónicas disponibles para el yacimiento (IRPA-1171 e IRPA-1162). Atendiendo al resultado de la más reciente de éstas, sugiero que el abandono de la estructura absidal se produjo con posterioridad a inicios del siglo XI cal ANE. Por tanto, la construcción del turriforme debe ser también posterior a dicha fecha.

Referencias: Plantalamor y Rita (1979), Plantalamor (1991), López Pons (2001), Gornés y Gual (2001).

| Yacimiento | Isla | Municipio | Exclusión |
|---|---|---|---|
| Trebalúger | Menorca | Es Castell | ☐ |

| Código laboratorio | Valor ap(BP) | Valor ane(BC) | ± | Muestra |
|---|---|---|---|---|
| IRPA-1171 | 3065 | 1115 | 40 | Carbón |

| cal ANE m | cal ANE 1s | cal ANE 2s | cal ANE dir | δ 13C | δ 15N | C/N |
|---|---|---|---|---|---|---|
| 1340 | 1395 / 1284 | 1416 / 1223 | 1345 | 24.4 | | |

**Registro arqueológico**

Área del talayot de planta oblonga (sector O). Carbón de un hogar previo al piso talayótico.

**Estructura** Hábitat en piedra

**Significado arqueológico**

La datación indica un momento relacionado con una ocupación del lugar que data de un momento anterior, en una medida indeterminada, respecto a la construcción del talayot. Aun así, el verdadero término lo proporciona la datación IRPA-1162, efectuada a partir de una muestra del mismo contexto.

**Observaciones**

**Bibliografía**

Plantalamor y Van Strydonck 1997: 32; Van Strydonck et alii 1998: 32.

| Yacimiento | Isla | Municipio | Exclusión |
|---|---|---|---|
| Trebalúger | Menorca | Es Castell | ☐ |

| Código laboratorio | Valor ap(BP) | Valor ane(BC) | | Muestra |
|---|---|---|---|---|
| IRPA-1162 | 2910 | 960 ± | 40 | Carbón |

| cal ANE m | cal ANE 1s | cal ANE 2s | cal ANE dir | δ 13C | δ 15N | C/N |
|---|---|---|---|---|---|---|
| 1088 | 1158 / 1019 | 1247 / 969 | 1092 | -22.2 | | |

**Registro arqueológico**

Área del talayot de planta oblonga (sector X). Carbón de un hogar previo al piso talayótico. Coordenadas: X = 96, Y= 45, Z = 81.

**Estructura** Hábitat en piedra

**Significado arqueológico**

La datación indica un momento relacionado con una ocupación del lugar que data de un momento anterior, en una medida indeterminada, respecto a la construcción del talayot.

**Observaciones**

**Bibliografía**

Plantalamor y Van Strydonck 1997: 33; Van Strydonck et alii 1998: 32.

**Yacimiento** Trepucó

Este extenso yacimiento consta de al menos dos talayots, un recinto de taula, diversas viviendas de planta circular y restos de una muralla. Las tres dataciones radiocarbónicas proceden de muestras tomadas a raíz de las campañas de excavación iniciadas a finales de los setenta por el Museo de Menorca. IRPA-1132 se obtuvo a partir de una muestra de carbón de la cuadrícula 1 y documentaría la ocupación de la zona en el momento en el que se reestructuran las casas radiales adosadas a uno de los talayots. El problema es que la ubicación y materiales asociados a esta localización permanecen inéditos, por lo que resulta difícil efectuar una valoración correcta de la datación. Algo similar ocurre con IRPA-1140, efectuada también a partir de una muestra de carbón y asociada también a una vivienda "talayótica". Finalmente, IRPA-1141 dataría el final de la ocupación de la estructura habitacional excavada en la cuadrícula D-2 en torno a finales del siglo III cal ANE o algún tiempo después.

Referencias: Murray (1932, 1938), Plantalamor y Rita (1986), Plantalamor (1991).

.

| **Yacimiento** | **Isla** | **Municipio** | **Exclusión** |
|---|---|---|---|
| Trepucó | Menorca | Es Castell | ☐ |

| **Código laboratorio** | **Valor ap(BP)** | **Valor ane(BC)** | ± | **Muestra** |
|---|---|---|---|---|
| IRPA-1132 | 2610 | 660 | 40 | Carbón |

| **cal ANE m** | **cal ANE 1s** | **cal ANE 2s** | **cal ANE dir** | **δ 13C** | **δ 15N** | **C/N** |
|---|---|---|---|---|---|---|
| 800 | 818 / 782 | 835 / 765 | 797 | -23.2 | | |

**Registro arqueológico**

Casas radiales del ángulo NO. Cuadrícula 1. Segunda Ocupación.

**Estructura** Asentamiento talayótico

**Significado arqueológico**

La datación indicaría un momento anterior, en una medida indeterminada aunque probablemente cercana, respecto a la construcción de la citada estructura.

**Observaciones**

**Bibliografía**

Plantalamor y Van Strydonck 1997: 63; Van Strydonck et alii 1998: 33.

| Yacimiento | Isla | Municipio | Exclusión |
|---|---|---|---|
| Trepucó | Menorca | Es Castell | ☐ |

| Código laboratorio | Valor ap(BP) | Valor ane(BC) | ± | Muestra |
|---|---|---|---|---|
| IRPA-1140 | 2610 | 660 | 40 | Carbón |

| cal ANE m | cal ANE 1s | cal ANE 2s | cal ANE dir | δ 13C | δ 15N | C/N |
|---|---|---|---|---|---|---|
| 800 | 818 / 782 | 835 / 765 | 797 | -22.8 | | |

**Registro arqueológico**

Casa talayótica. Ángulo NO. Cuadrícula 4. Z = -0,65 m.

**Estructura** Asentamiento talayótico

**Significado arqueológico**

La datación indicaría un momento anterior, en una medida indeterminada aunque probablemente cercana, respecto a la construcción de la citada estructura.

**Observaciones**

**Bibliografía**

Plantalamor y Van Strydonck 1997: 64; Van Strydonck et alii 1998: 33.

| Yacimiento | Isla | Municipio | Exclusión |
|---|---|---|---|
| Trepucó | Menorca | Es Castell | ☐ |

| Código laboratorio | Valor ap(BP) | Valor ane(BC) | ± | Muestra |
|---|---|---|---|---|
| IRPA-1141 | 2165 | 215 | 40 | Carbón |

| cal ANE m | cal ANE 1s | cal ANE 2s | cal ANE dir | δ 13C | δ 15N | C/N |
|---|---|---|---|---|---|---|
| 245 | 329 / 161 | 364 / 84 | 190 | -23.7 | | |

**Registro arqueológico**

Cuadrícula D2. Nivel inferior. Hogar de piso de habitación.

**Estructura** Asentamiento postalayótico

**Significado arqueológico**

La datación indicaría un momento anterior, en una medida indeterminada aunque probablemente cercana, respecto al final de la citada ocupación.

**Observaciones**

**Bibliografía**

Plantalamor y Van Strydonck 1997: 65; Van Strydonck et alii 1998: 34.

# CAPÍTULO 3.

## LA PERIODIZACIÓN DE LA SECUENCIA PREHISTÓRICA DE LAS ISLAS BALEARES, DESDE EL PRIMER POBLAMIENTO HUMANO HASTA LA CONQUISTA ROMANA.

### Consideraciones metodológicas.

Tal y como señalé al inicio de este trabajo, uno de los objetivos del mismo es actualizar la propuesta de periodización publicada hace unos años por el equipo de investigación en el que trabajo (Lull *et alii* 1999). En sus líneas maestras, dicha periodización ha gozado de una rápida y favorable acogida (Guerrero 2000a: 22; Salvà 2001; Gornés 2003). Ahora bien, al igual que cualquier esquema de ordenación, se halla sujeta a modificaciones y matizaciones a medida que avanza el conocimiento de las manifestaciones arqueológicas que pretende sistematizar. En el caso de las Baleares, sería ilusorio pensar que presentaré aquí la periodización "definitiva", toda vez que es evidente que restan muchas lagunas informativas por cubrir y multitud de dudas por despejar. Por tanto, me contentaría con que la propuesta que desarrollaré a continuación constituyese una herramienta útil para poner cierto orden en la variabilidad de los abundantísimos hallazgos efectuados hasta hoy y, en segunda instancia, para localizar aquellos segmentos de la secuencia prehistórica que más atención requieren de la actividad investigadora.

La periodización que expondré en este capítulo otorga una importancia primordial a las dataciones absolutas, en especial a las obtenidas mediante el radiocarbono. Sin embargo, es necesario reiterar que el hecho de disponer de un gran número de dataciones no garantiza *per se* una mayor credibilidad. Si el éxito de la empresa dependiese por entero de los procedimientos para mesurar el contenido isotópico de las muestras, de los cálculos necesarios para la calibración de las dataciones y de la abundancia de determinaciones, podríamos dejar en manos de la física y de las matemáticas la tarea de dar tiempo a los restos arqueológicos. Sin embargo, ello dista mucho de ser así. Compete a nuestro trabajo en arqueología decidir qué tipos de muestras deben datarse, cuántas conviene que lo sean y de dónde han de proceder, siempre teniendo claro cuáles son los conjuntos de hallazgos a los que consideramos relevante proporcionar una cronología absoluta. La responsabilidad de estas reflexiones, así como de las decisiones que de ellas se derivan, es totalmente nuestra (Castro y Micó 1995; Castro Lull y Micó 1996).

Una de las consecuencias de asumir esta actitud es que no todas las dataciones disponibles para una región concreta poseen el mismo valor cronológico y, por tanto, no pueden ser tratadas por igual. Dando por supuesto que el laboratorio ha realizado correctamente su cálculo, la utilidad de una datación determinada no depende tan sólo de sí misma, sino de variables como el tipo de muestra, la naturaleza del contexto arqueológico de procedencia y las características de los artefactos muebles a los que dicha muestra se vinculó estratigráficamente. La evaluación de las asociaciones contextuales ha sido abordada caso por caso en el Capítulo 2, de forma que se ha asignado la mayoría de las fechas a uno u otro de los tipos de conjuntos estructurales de la prehistoria balear. Una vez realizado este primer paso, es el momento de proceder a una segunda operación, que gira en torno a la consideración del tipo de material que constituyó la muestra. De esta forma, he dividido entre muestras de vida corta (huesos y semillas, fundamentalmente) y de vida larga (madera y carbón vegetal). Esta división no obedece a que unas dataciones sean "mejores" o "más correctas" que otras, ya que su cálculo descansa sobre los mismos principios físicos. La principal diferencia entre ellas reside en que, en principio, las de vida corta garantizan una mayor proximidad entre el evento que puso en marcha el contador radiocarbónico y la práctica social que realmente nos interesa. Atención, sabemos que ello no es siempre así, de forma que carbón vegetal procedente de los anillos exteriores de un tronco o de las ramas de un arbusto poco longevo ofrecen las mismas garantías de proximidad que una muestra de vida corta. En lo que concierne a éstas, debemos permanecer muy alerta a posibles contaminaciones diagenéticas y a distorsiones derivadas de la composición isotópica de las muestras óseas si el organismo al que corresponden consumió preferentemente ciertos tipos de alimentos, como los procedentes de medios acuáticos. Dado que en la inmensa mayoría de los casos que nos ocupan aquí se desconoce si la muestra de carbón o madera procedía de los anillos exteriores de crecimiento arbóreo, y también se ignora la especie a la que correspondía la muestra, he optado salomónicamente por incluir todas estas muestras bajo el epígrafe de "vida larga". En lo que respecta a las dataciones sobre muestras óseas, he admitido que los resultados son correctos salvo indicación contraria expresa por parte del laboratorio, en cuyo caso han sido excluidas.

La acotación cronológica de un grupo amplio de manifestaciones arqueológicas requiere definir un intervalo temporal dentro del cual resulte altamente probable que dichas manifestaciones formaron parte de determinadas prácticas sociales. Tratándose de valores cuantitativos, el objetivo es obtener una tendencia central fiable que garantice dicho objetivo. En una publicación anterior (Castro, Lull y Micó 1996), propusimos hacerlo a partir de la mediana del intervalo de calibración a 1 sigma de cada una de las dataciones que componían las series radiocarbónicas. El rango interdecílico calculado sobre los conjuntos de medianas constituyó una aproximación para evaluar la duración de las entidades arqueológicas de la península Ibérica, Baleares y de una parte importante del resto de Europa. Por otro lado, a la hora de detectar posibles inflexiones cronológicas en el desarrollo interno de una misma entidad nos basamos en la distribución de frecuencias relativas también a partir de la mediana. Hay otras aproximaciones estadísticas que persiguen el mismo objetivo y con las que se obtienen resultados finales aproximadamente similares, como el cálculo de los llamados "periodos de vigencia" (Mestres y de Nicolás 1999; Martín y Mestres 2002) o el sumatorio de los segmentos centrales de los intervalos de calibración (Voruz 1996). Más allá de las diferencias sobre la aproximación estadística utilizada, todos los enfoques suelen compartir dos imperativos metodológicos:

a) La necesidad de operar con colecciones nutridas de fechas radiocarbónicas a fin de reducir la incertidumbre probabilística inherente al método de datación. Posiblemente nunca seremos capaces de rebasar un determinado umbral de precisión, pero sólo mediante series nutridas de dataciones conseguiremos afirmar con una elevada probabilidad que los restos arqueológicos que estemos analizando compartieron una temporalidad dada.

b) La necesidad de cualificar adecuadamente el tipo y la procedencia contextual de las muestras datadas. Hemos de subrayar que el "cuándo" no sirve de nada si sólo conocemos deficiente o fragmentariamente el "qué", aquéllo que pretendemos datar.

A diferencia de la vía seguida en otros trabajos (Castro, Lull y Micó 1996; Castro *et alii* 1997), en los análisis que abordaré en este capítulo se registran dos novedades metodológicas:

1. No iniciaré el análisis asumiendo de entrada la validez de ciertas entidades de agrupación arqueológica, llámeseles "cultura", "periodo", etc., sino que partiré desde los elementos básicos que ha proporcionado la investigación arqueológica de campo: los conjuntos estructurales (por ejemplo, "talayot" o "naveta"). Así pues, obraré en cierto modo inductivamente, tomando como punto de partida los elementos más simples que la actividad arqueológica ha sido capaz de ofrecer. Una vez definida la temporalidad de cada conjunto estructural, examinaré las posibilidades de agruparlos en horizontes de sincronía sucesivos. Conviene dejar claro que adopto el conjunto estructural como unidad mínima de análisis debido a la escasez de contextos o conjuntos estratigráficos que incluyan lotes completos publicados de artefactos muebles. En este sentido, el "trabajo acumulado" hasta la actualidad por la investigación prehistórica balear no permite mayor precisión en la escala de análisis.
2. A fin de precisar la cronología absoluta de cada conjunto estructural, emplearé el método de cálculo basado en la suma de probabilidades de sus dataciones asociadas. La suma de probabilidades genera una distribución de probabilidad que constituye una buena estimación de la distribución cronológica de los ítems datados (Bronk Ramsey 2000). Promedia las distribuciones individuales de cada fecha y ofrece estimaciones relativas a la probabilidad de que el 68,2% (1 sigma) o el 95,4% (2 sigma) de los eventos datados hubieran tenido lugar en los intervalos correspondientes[1]. Al objeto de asegurar la fiabilidad de los rangos referentes al uso social de cada uno de los conjuntos estructurales analizados, otorgaré la principal relevancia a los límites demarcados por la *suma de probabilidad a 1 sigma*[2], obtenida a partir de las series de dataciones efectuadas a partir de *muestras de vida corta*. Con ello, intento priorizar la fiabilidad en la definición cronológica de cada tipo de conjunto (selección de los tipos de muestra que mejor garantizan la relación entre edad radiocarbónica y práctica social) y evitar a la vez el riesgo de un excesiva amplitud cronológica que a menudo ofrece el intervalo a 2 sigma (piénsese que en ocasiones incluir un par de dataciones con una adscripción estratigráfica equivocada, como puede bien ocurrir en el caso balear, puede conllevar la definición de un intervalo muy amplio que conduzca a afirmar sincronías entre materiales que no tuvieron lugar en la realidad). No obstante, dicho intervalo central a 1 sigma puede ser eventualmente matizado a la luz de diversas consideraciones que se explicitarán en cada caso. Entre los motivos que pueden aconsejar tales modificaciones, figuran las indicaciones proporcionadas por el intervalo obtenido a partir de la suma de probabilidades de la serie de dataciones de vida larga, por la composición cualitativa y cuantitativa de las propias series radiocarbónicas, o bien por la calidad de los registros estratigráficos y artefactuales asociados a algunos de los yacimientos representados. También conviene advertir que la disponibilidad de nuevas dataciones en el futuro hará variar los valores propuestos aquí. Ello es así porque los resultados obtenidos en cada caso dependen de la calidad y la cobertura del muestreo radiocarbónico, así como de la cantidad de dataciones. Por tanto, los eventuales sesgos de la investigación, ya sea porque ésta haya priorizado un tipo de conjuntos sobre otros o bien una temporalidad concreta en el intervalo general de vigencia de los mismos (me refiero, en este caso, a la tendencia a que las dataciones relativas a la construcción y momentos iniciales de estructuras habitacionales estén infrarrepresentadas, en

[1] Y *no* la de que *todos* los eventos hubieran tenido lugar con una probabilidad de 1 o 2 sigma (Bronk Ramsey 2000).

[2] Para efectuar estos cálculos emplearé el programa de calibración OxCal 3.5 (Bronk Ramsey 2000), porque ofrece ventajas sobre el programa *Calib* en cuanto a la representación gráfica de los resultados.

comparación con las referidas a los momentos de uso más cercanos al abandono, por definición mucho mejor documentados en el registro arqueológico) a buen seguro que condicionan el panorama presentado en una medida difícil de determinar.

Las decisiones expresadas en los dos puntos anteriores persiguen sacar el máximo partido de una documentación arqueológica que posee unas peculiaridades seguramente muy distintas a las de otras regiones europeas. Responden a una situación en la que todavía pesan mucho las dudas e incertidumbres en torno a la procedencia exacta de una parte significativa de las muestras datadas y, sobre todo, en lo que concierne a la descripción de los materiales arqueológicos asociados. En consecuencia, la aproximación adoptada en este trabajo no pretende proporcionar una fórmula necesariamente exportable a todo tiempo y lugar. Espero y deseo que sea mejorable y mejorada, porque ello será síntoma de que la investigación avanza por el buen camino[3].

**La cronología absoluta de los conjuntos estructurales. I. Conjuntos habitacionales.**

*Cuevas y abrigos naturales de habitación.*
La serie cuenta con cincuenta y una dataciones, que corresponden a los yacimientos de Cova de Moleta, Cova des Càrritx, Cova des Moro, Cova des Mussol, Coval Simó, Mongofre Nou, Son Matge y Son Gallard. De éstas, nueve (BM-1408, QL-23, CSIC-178, QL-5b, QL-24, QL-5a, QL-5, SI-651B y KIA-14324) presentan diversos problemas que aconsejan su exclusión. Además, tampoco hemos considerado las dataciones de Son Matge CAMS-7239 y CAMS-7241, ya que constituyen redataciones de otras muestras incluidas en el análisis, con la particularidad de que el laboratorio las sometió a un procedimiento de preparación distinto. Ante las divergencias entre unas y otras, hemos optado por considerar los resultados obtenidos mediante el protocolo de tratamiento seguido en la mayoría de ellas. Por último, una de las dataciones de Coval Simó (KIA-15725) ha proporcionado un resultado extremadamente reciente y tampoco será incluida en nuestro comentario.

Como cabía esperar de un tipo de recintos naturales muy abundantes en la geografía balear y muchos de ellos fácilmente accesibles, se documenta un uso prolongado de cuevas y abrigos a lo largo de los tiempos prehistóricos. Si nos atenemos a la distribución a 1 sigma de la suma de probabilidades de las muestras de vida larga (gráfico 3.1) se observa posiblemente la acción del efecto de madera vieja, ya que el intervalo obtenido a partir de las muestras de vida larga (carbón vegetal y madera) presenta un límite superior (*ca.* 2700 cal ANE) anterior en cuatro siglos al demarcado según las muestras óseas (*ca.* 2300 cal ANE) (gráfico 3.2)[4]. A tenor de estas indicaciones, sugerimos que las cuevas naturales comenzaron a ser ocupadas con fines domésticos, ya sea de forma permanente o bien estacional, a inicios de la segunda mitad del III milenio cal ANE, aproximadamente entre 2500 y 2300 cal ANE. La frecuentación habitacional prehistórica de este tipo de recintos se mantuvo durante el II milenio, especialmente en sus primeros cuatro o cinco siglos.

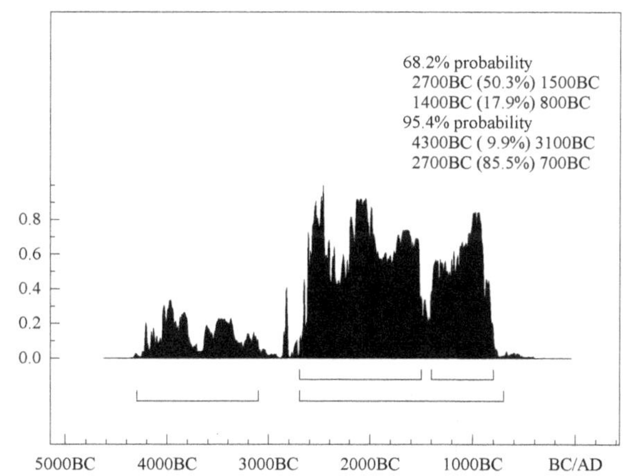


Gráfico 3.1. Suma de probabilidades de la serie radiocarbónica de cuevas naturales de habitación (muestras de vida larga).

[3] Esperamos dejar pronto atrás errores de bulto en el manejo de la cronología absoluta, como es aplicar la calibración dendrocronológica a fechas derivadas de las fuentes escritas de la Antigüedad. Resulta tan absurdo calibrar la fecha de la fundación de Ibiza (Guerrero 1999: 118; Salvà, Calvo y Guerrero 2002: 196; Costa y Guerrero 2002: 496), la primera participación de honderos baleáricos en las campañas cartaginesas en Sicilia (Guerrero 1999: 17) o la batalla de Himera (Guerrero 1999: 112), como calibrar la fecha que aparece en la partida de nacimiento de cada uno de nosotros. La calibración misma es la vía para *hacer históricas* las dataciones radiocarbónicas convencionales, no un procedimiento aplicable a cualquier valor cronológico del pasado. En la misma línea, calibrar las fechas obtenidas a partir de paralelismos tipológicos, como a propósito de las ánforas fenicias halladas en Ibiza (Guerrero 1999: 64, 78) o de ciertas estatuillas de bronce encontradas en Mallorca (Guerrero 1999: 108) supone cometer un sinsentido de igual "calibre" que el anterior. Las consecuencias de este proceder son muy negativas, ya que distorsionan los horizontes de sincronía de la materialidad arqueológica y, al hacerlo, conducen a interpretaciones históricas sin bases fiables.

[4] Conviene señalar que el límite superior de la distribución a 2 sigma de las fechas de vida corta se eleva a 2900 cal ANE, debido casi por entero a la datación de Son Matge CAMS-7071. Recordemos al respecto que la muestra faunística datada procede del "nicho" abierto en el Recinto Central y que no se ha precisado la especie a la que correspondía el material datado.

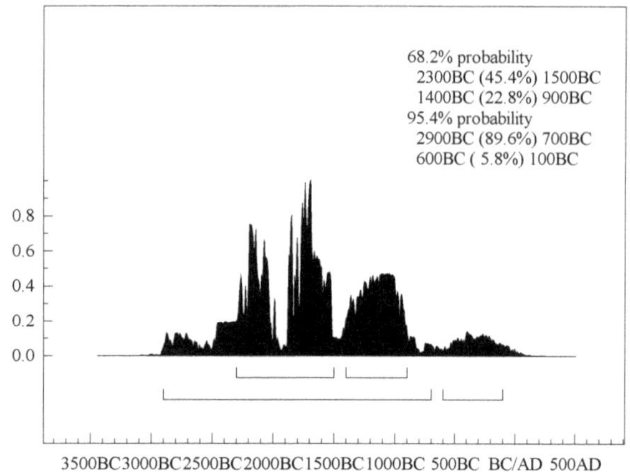


Gráfico 3.2. Suma de probabilidades de la serie radiocarbónica de cuevas naturales de habitación (muestras de vida corta).

Esta primera fase de uso habitacional de las cavidades naturales hallaría un importante apoyo en la nutrida serie radiocarbónica obtenida recientemente a partir de muestras de fauna del yacimiento de Son Gallard (KIA-23434, KIA-23435, KIA-23734, KIA-23436 y KIA-23441), ya que la suma de probabilidades limita un rango a 1 sigma comprendido entre *ca.* 2200 y 1770 cal ANE (gráfico 3.3), con un destacado pico de probabilidad relativa entre 2040 y 1870 cal ANE. Si la hemos tratado por separado es porque carecemos todavía de suficientes datos contextuales, aunque la naturaleza de las muestras datadas hace pensar que los niveles considerados también corresponden a ocupaciones domésticas.

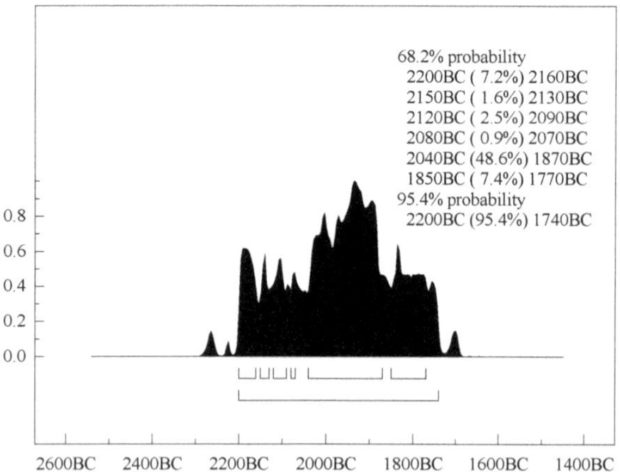


Gráfico 3.3. Suma de probabilidades de la serie radiocarbónica recientemente obtenida de la cueva de Son Gallard.

A finales de la primera mitad del II milenio cal ANE se documenta probablemente un cambio en el uso de estos espacios, coincidiendo con el cese de la secuencia habitacional en el Recinto Este de Son Matge y en el Coval Simó, tal vez los yacimientos que mejor testimonian el carácter doméstico inicial de los hábitats rupestres. Para la segunda mitad del II milenio cal ANE disponemos todavía de testimonios relativamente numerosos, aunque esta vez da la impresión de que las cuevas y abrigos pasaron a ser el escenario de prácticas puntuales y de carácter especializado, como sucede con la Cova des Mussol en el plano ideológico y con el Recinto Central de Son Matge en el económico. En torno a inicios del I milenio cal ANE, las evidencias disminuyen significativamente y, de ahí en adelante, los usos habitacionales devinieron esporádicos.

Tras el comentario de las tendencias principales, vale la pena detenernos en el comentario de otros aspectos de interés. En el tramo superior de la distribución de fechas de vida larga se aprecia una pequeña concentración que sólo se refleja numéricamente al considerar el intervalo a 2 sigma. Se trata de las dataciones BM-1994R (Son Gallard) y QL-988 (Son Matge), que han gozado de cierto protagonismo en el debate sobre el inicio del poblamiento humano en Mallorca. Una y otra han sido invocadas en apoyo de una cronología neolítica para la presencia humana (por ejemplo, en Waldren 1986; Guerrero 1996, 2000b; Lull *et alii* 1999). Sin embargo, la importante distancia temporal que las separa del resto de la serie invita a sugerir que ambas fechas pueden verse aquejadas por el efecto de la madera vieja, según el cual el evento radiocarbónico reflejado en la datación es muy anterior a las manifestaciones materiales halladas en la misma unidad de registro que la muestra datada.

Por otro lado, en el tramo inferior de la suma de probabilidades de las muestras de vida corta se detecta otra concentración aislada que cubre aproximadamente la segunda mitad del I milenio. Las dos fechas responsables corresponden a la Cova de Moleta (BM-1507 y SI-651A) y testimonian una ocupación doméstica del lugar, inusual en el contexto balear en época postalayótica.

*Asentamientos abiertos.*

La serie incluye cuarenta y siete dataciones, de las cuales sólo una presenta problemas que aconsejan su exclusión (BM-1988R). La mayoría corresponde al Asentamiento Antiguo de Son Ferrandell-Oleza. En concreto, procede de los depósitos previos a la construcción del recinto rectangular y estructuras asociadas en piedra, así como del sector situado al oeste del anterior, cuyos restos pertenecieron verosímilmente a estructuras de habitación en lugar de funerarias ("dólmenes"). Los restantes yacimientos incluidos son Ca Na Cotxera, Puig de ses Torretes, Ses Roques de Son Baduia y Son Mas.

La suma de probabilidades (68,2%) correspondiente a la calibración de las dataciones obtenidas a partir de muestras de vida corta, serie formada exclusivamente por material óseo (treinta de fauna y dos más indeterminados, aunque con toda probabilidad también de fauna), proporciona un intervalo que abarca los últimos años del

III milenio y gran parte de la primera mitad del II milenio (*ca.* 2020 - 1640 cal ANE) (gráfico 3.4). Podríamos admitir, no obstante, que el inicio de la ocupación de este tipo de asentamientos se elevase algo más en el tiempo, si tenemos en cuenta el límite superior del intervalo demarcado por las muestras de carbón (2210 - 1770 cal ANE) (gráfico 3.5), y las largas "colas" visibles en los tramos iniciales de las distribuciones a 2 sigma. Así pues, proponemos que el inicio de la ocupación de estos asentamientos tuvo lugar dentro del último tercio del III milenio, mientras que el abandono se produjo en el siglo XVII cal ANE (con *ca.* 1600 cal ANE como fecha terminal de referencia). Este panorama resultaría aplicable a la isla de Mallorca, que es de donde proceden casi todas las muestras consideradas. Puig de ses Torretes es el único yacimiento no mallorquín que constribuye con alguna datación, y ésta (UtC-8319) se ubica sin problemas dentro del intervalo general, a caballo entre el III y el II milenios.

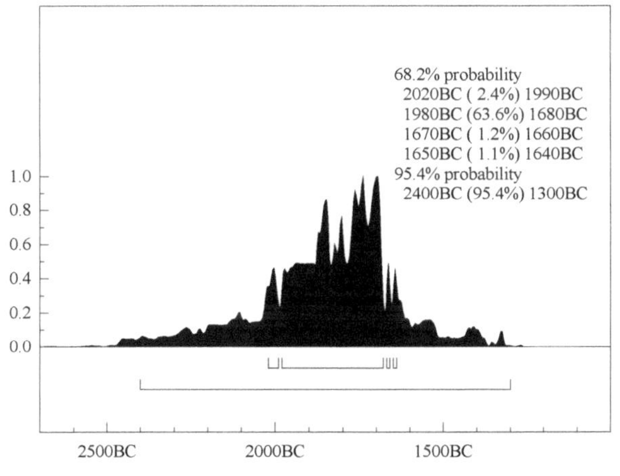


Gráfico 3.4. Suma de probabilidades de la serie radiocarbónica de asentamientos abiertos (muestras de vida corta).

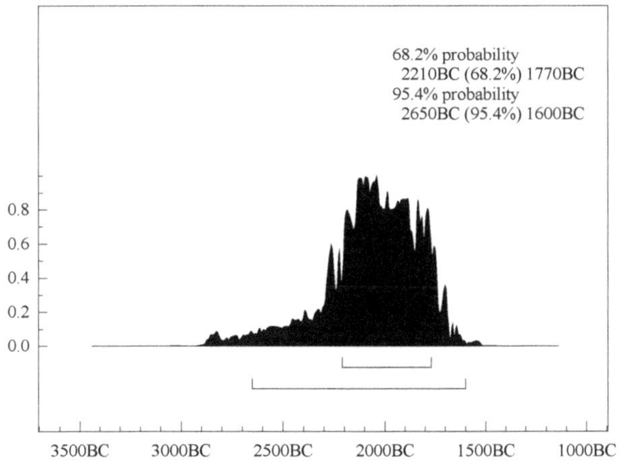


Gráfico 3.5. Suma de probabilidades de la serie radiocarbónica de asentamientos abiertos (muestras de vida larga).

*Estructuras naviformes de habitación.*

Disponemos de treinta y tres dataciones vinculadas con el uso original de este tipo de estructuras. Corresponden a los yacimientos de Asentamiento Antiguo de Son Ferrandell-Oleza, Cala Blanca, Clariana 3, Closos de Can Gaià ("naveta" 1, nivel 5), Canyamel B, Hospitalet ("naveta de Ponent"), Sa Creu des Ramis, Ses Roques de Son Baduia y Son Oms. Tan sólo una de las fechas ha sido excluida por presentar una desviación tipo excesivamente elevada (QL-4044, de Son Ferrandell-Oleza). Respecto al tipo de muestra empleada en las dataciones válidas, dieciocho fueron realizadas a partir de muestras óseas y doce sobre carbón vegetal, mientras que ignoro el material analizado en otras dos más.

La suma de probabilidades de la serie de vida corta revela un intervalo de uso de las estructuras naviformes comprendido entre *ca.* 1420 y 1100 cal ANE (1 sigma) (gráfico 3.6). Podríamos considerarlo como una tendencia central indicativa de la plena vigencia de dichas estructuras, que se corresponde aproximadamente con los periodos Naviforme medio y final de nuestra anterior periodización (Lull *et alii* 1999). Por ahora, los únicos datos suficientemente fiables a partir de los cuales cabría elevar hasta el siglo XVI cal ANE el inicio de las viviendas naviformes, los proporcionan dos fechas de vida corta procedentes de los yacimientos de Cala Blanca (IRPA-1123) y Son Ferrandell-Oleza (QL-1896), que son las responsables de la meseta poco marcada al inicio de la distribución.

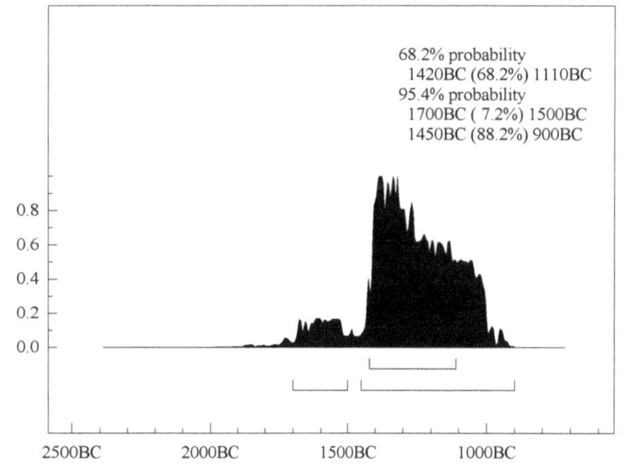


Gráfico 3.6. Suma de probabilidades de la serie radiocarbónica de las estructuras naviformes de habitación (muestras de vida corta).

Por su parte, la suma de probabilidades de la serie de dataciones de vida larga muestra valores iniciales ligeramente anteriores a los de la serie de muestras óseas (gráfico 3.7). Los más elevados corresponden a una fecha de Son Ferrandell (QL-4040) y, más significativamente, a las cuatro determinaciones más antiguas de la naveta 1 de

Closos de Can Gaià. Dos de éstas, las más antiguas (KIA-11221 y KIA-11223), fueron obtenidas a partir de muestras tomadas de un contexto estratigráfico previo a la construcción del edificio (fosa de combustión bajo el umbral). De las dos siguientes (KIA-11222 y KIA-11224) ignoramos su contexto o contextos de procedencia. Sin embargo, las indicaciones estratigráficas citadas, junto a la propia naturaleza de las muestras, sugieren que la "naveta 1" no entró en uso antes del siglo XVI cal ANE.

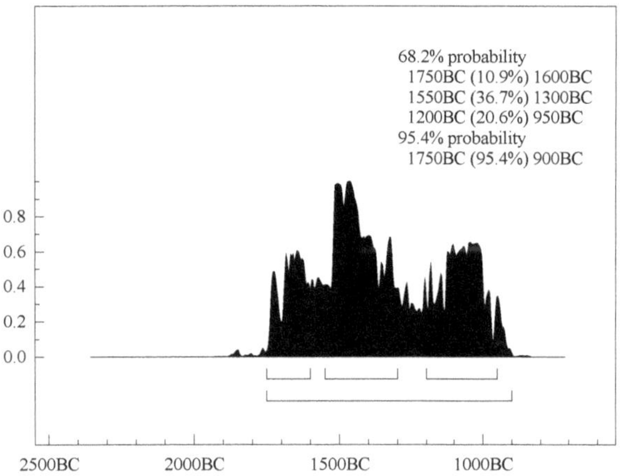


Gráfico 3.7. Suma de probabilidades de la serie radiocarbónica de las estructuras naviformes de habitación (muestras de vida larga).

Respecto al cese en el uso original de las estructuras naviformes, el análisis de la serie radiocarbónica aconseja fijarlo en torno a inicios del siglo XI cal ANE. No obstante, este momento podría rebajarse algo más si atendemos a los valores terminales proporcionados por la serie de fechas de vida larga, que alcanzan incluso los inicios del I milenio. Probablemente, nos hallaríamos en este caso con perduraciones más o menos intensas de lo que fue el tipo de estructura habitacional más extendido en Mallorca y Menorca a lo largo de la segunda mitad del II milenio cal ANE.

Así pues, con los datos actualmente disponibles podemos asegurar que los edificios naviformes fueron una realidad en el siglo XV cal ANE, aunque existen ciertas probabilidades de remontar el comienzo de su implantación hasta un momento indeterminado del siglo XVI cal ANE. Retrasar todavía más la vigencia de estas estructuras resulta escasamente probable en el actual estado de nuestros conocimientos. El final de las estructuras naviformes se establece a finales del II milenio (*ca.* 1100 cal ANE), sin descartar la continuidad de algunas de ellas en los inicios del I milenio cal ANE.

*Talayots.*

La serie de dataciones asociada a los monumentos más conocidos de la prehistoria balear suma veintisiete unidades. Todas estas fechas proceden de elementos estructurales de los propios edificios o bien de materiales hallados en asociación directa con niveles de ocupación originales. Pese a la abundancia de talayots, las dataciones corresponden a un escaso número de yacimientos: Asentamiento Reciente de Son Ferrandell-Oleza (T1, T2 y T4), Biniparratx Petit, Capocorp Vell (talayot cuadrado A), Sant Agustí Vell y Son Fornés (T1, T2 y T3). Tan sólo dos dataciones han sido descartadas del análisis: CSIC-438 de Son Fornés y QL-1533 de Son Ferrandell-Oleza. En cuanto a la naturaleza de las muestras, la mayoría corresponde esta vez a las de vida larga, con un total de veintidós, mientras que las obtenidas a partir de huesos suponen únicamente tres. Una de éstas, BM-1842N, procede de una muestra de material óseo recogido en un hogar situado en la segunda fase de ocupación de la cámara del T1 del Asentamiento Reciente de Son Ferrandell-Oleza, cuya cronología debería ser posterior al resultado obtenido. Existen, por tanto, indicios de que dicho material pudiera estar redepositado desde una ocupación o frecuentación previa, acerca de la cual se tiene constancia en el mismo yacimiento. Así pues, sólo podemos atenernos a dos dataciones de vida corta, ambas de Son Fornés. La primera, KIA-22259, informa de que el Talaiot 3 se hallaba en funcionamiento en la segunda mitad del siglo IX cal ANE. La segunda, UtC-9327, puede interpretarse de la misma manera, pero esta vez en relación al Talayot 1. Por desgracia, su calibración se ve afectada por la incertidumbre de la "meseta de Hallstatt". Así pues, estas dos fechas demarcan un intervalo que puede definirse, *grosso modo*, entre la segunda mitad del siglo IX y mediados/finales del siglo VI cal ANE.

El análisis de la serie de fechas de vida larga permite afianzar la frágil propuesta emanada de las escasas muestras óseas. El intervalo a 1 sigma resultante de la suma de probabilidades se establece también entre mediados del siglo X y finales del VI cal ANE (gráfico 3.8). Con anterioridad al límite superior de dicho intervalo hallamos algunas fechas de Biniparratx Petit (KIA-15698 y KIA-15699) y del T1 de Son Ferrandell-Oleza (IRPA-1043), en relación a las cuales no hay duda que revelan el efecto de madera vieja. En este sentido, mostramos en el capítulo anterior que la construcción del talayot de Biniparratx Petit no se produjo antes de finales del siglo IX cal ANE, por lo que el efecto de madera vieja en este caso llega a cifrarse en nada menos que unos cinco siglos. En el T1 de Son Ferrandell-Oleza, la muestra a que nos referimos proviene del contexto 126, el cual ha proporcionado una segunda datación también sobre carbones (IRPA-907) que data en el siglo X, como mínimo, la tala de los árboles cuya madera pasó finalmente a formar parte del citado contexto.

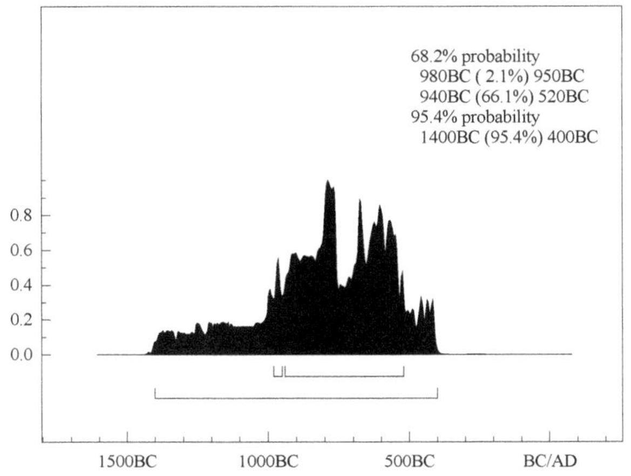


Gráfico 3.8. Suma de probabilidades de la serie radiocarbónica de los talayots (muestras de vida larga).

Dos fechas de la serie de vida larga nos ayudan a concretar más el comienzo de la edificación de los talayots. Nos referimos a KIA-12697, obtenida a partir de una muestra de madera procedente de los anillos exteriores del tronco que forma parte de la cubierta del piso inferior del talayot cuadrado A de Capocorp Vell y, en segundo lugar, a CSIC-680, obtenida a partir de una muestra de similares características y procedencia, aunque en este caso de un talayot circular del yacimiento de Sant Agustí Vell. Ambas fechas coinciden en un momento estimado entre finales del siglo X e inicios del IX cal ANE. Dicho momento indicaría una temporalidad previa respecto a la edificación de ambos edificios, aunque seguramente no demasiado alejada de los respectivos episodios constructivos. Asimismo, vale la pena resaltar otros aspectos significativos de ambas dataciones, como son la simultaneidad de tales construcciones en Mallorca y Menorca y, además, la contemporaneidad entre turriformes de planta cuadrada y circular.

Por otro lado, la serie de dataciones obtenidas para el nivel inmediatamente por debajo del talayot excavado en Biniparratx Petit indica que su construcción pudo haberse producido a finales del siglo IX cal ANE (véase el apartado dedicado a este yacimiento en el Capítulo 2).

La determinación del final del uso original de los talayots presenta también problemas importantes. Las series de dataciones de vida corta y larga coinciden en señalar las postrimerías del siglo VI cal ANE (*ca.* 520-500 cal ANE) como el límite inferior de las respectivas distribuciones probabilísticas a 1 sigma. Sin embargo, hay que tener presente que la calibración de todas las fechas entre aproximadamente 510 y 610 ane (en años convencionales de radiocarbono) se ve afectada por el aplanamiento de la curva conocido como "meseta de Hallstatt". Este fenómeno da como resultado intervalos de calibración de una gran amplitud, con la consiguiente pérdida de precisión. En lo que a la presente problemática respecta, ello podría suponer una cierta subida del límite inferior, aunque carecemos de elementos adicionales para concretar esta hipótesis. En consecuencia, prefiero mantener genéricamente el siglo VI cal ANE, tal vez con 550 cal ANE en calidad de fecha "baliza", como frontera para el cese de la funcionalidad original de los talayots.

En suma, el principal periodo de construcción y uso de los talayots se establece entre los siglos IX y VI cal ANE, ambos inclusive al menos en parte; es decir, nos hallamos ante un intervalo de uso de entre tres y cuatro siglos. Obviamente, el uso social de estas monumentales construcciones no se detuvo a mediados del I milenio, sino que los espacios ocupados por las ruinas de muchos talayots fueron reocupados o reaprovechados en el marco de distintas actividades a lo largo de los años y hasta la actualidad. Sin embargo, la sociedad que los produjo y en el seno de la cual cobraron su sentido originario halló probablemente su final en algún momento del siglo VI cal ANE.

*Estructuras habitacionales en piedra previas a la construcción de los talayots.*

Bajo este epígrafe se incluyen manifestaciones notablemente heterogéneas, cuyos únicos factores comunes consisten, en primer lugar, en hacer referencia a estructuras habitacionales en piedra anteriores a la época de inicio de los talayots (véase *supra*) y, en segundo, en diferir del modelo representado por los edificios naviformes. Contamos con veintiséis fechas correspondientes a los yacimientos de Closos de Can Gaià (estructura rectangular y del nivel 3 de la "Naveta 1"), Es Figueral de Son Real, Pula, S'Illot, Ses Païsses, S'Illa des Porros, Torralba d'en Salord y Trebalúger. Doce se obtuvieron a partir de muestras de carbón, mientras que las catorce restantes lo fueron a partir de huesos de fauna o semillas de cereal.

La distribución de la suma de probabilidades de la serie de fechas de vida corta demarca un amplio intervalo entre *ca.* 1400 y 800 cal ANE (gráfico 3.9). En su interior se distinguen dos concentraciones. La primera, entre *ca.* 1400 y 1100 cal ANE, coincide aproximadamente con el periodo de "apogeo" de las estructuras habitacionales naviformes, circunstancia que permite afirmar la coexistencia de diversos modelos arquitectónicos. Las evidencias de esta realidad proceden de los yacimientos de Torralba d'en Salord, con su cabaña circular hallada bajo el talayot adyacente a la taula; de las estructuras a base de losas del sector occidental de S'Illa des Porros, y de Closos de Can Gaià, donde se ha descubierto un posible almacén de planta rectangular y donde el interior de la "Naveta 1" fue objeto de una importante remodelación, de resultas de la cual quedó amortizada la zona del ábside (nivel 3).

La segunda concentración se extiende entre *ca.* 1000 y 800 cal ANE, originada por otras cinco dataciones de estos tres mismos yacimientos. Sin embargo, si observamos la distribución proporcionada por las muestras de vida larga y sus correlatos estratigráficos y materiales, cabe suponer que yacimientos como Es Figueral de Son Real, Pula, S'Illot, Ses Païsses y Trebalúger mantuvieron ocupaciones sincrónicas a las testimoniadas por las muestras de vida corta con cronologías más recientes de Closos de Can Gaià y Torralba d'en Salord. En este sentido, la construcción de monumentos turriformes de plantas irregulares u oblongas en yacimientos como S'Illot, Pula o Trebalúger, permite plantear la posibilidad de considerarlos precedentes inmediatos de los talayots típicos que proliferaron en Mallorca y Menorca a partir del siglo IX cal ANE (véase *supra*).

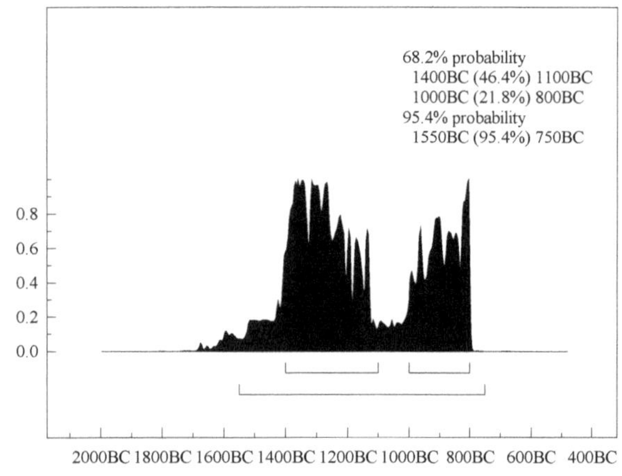


Gráfico 3.9. Suma de probabilidades de la serie radiocarbónica de estructuras en piedra no naviformes previas a los talayots (muestras de vida corta).

En este caso, cabe señalar que la distribución de la suma de probabilidades obtenida a partir de la serie de muestras de vida larga se integra en el interior del intervalo definido a partir de la serie de vida corta, contribuyendo a reafirmar los resultados apuntados (gráfico 3.10).

*Asentamientos talayóticos.*

Bajo este epígrafe hemos incluido aquellas dataciones relativas a estructuras habitacionales correspondientes a yacimientos al aire libre que cuentan con algún talayot y en los que, además, hay constancia estratigráfica y/o tipológica en apoyo de la contemporaneidad entre dichas estructuras y los talayots. Los criterios seleccionados no han primado la notable diversidad arquitectónica observada en los asentamientos talayóticos, que incluye viviendas radiales en torno a los turriformes, estructuras cuadrangulares adosadas y, tal vez, recintos romboidales de notables dimensiones.

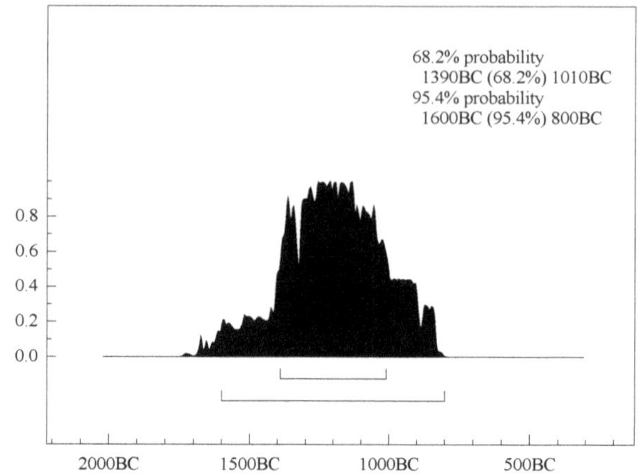


Gráfico 3.10. Suma de probabilidades de la serie radiocarbónica de estructuras en piedra no naviformes previas a los talayots (muestras de vida larga).

La serie radiocarbónica incluye treinta y nueve dataciones referidas a los yacimientos de Asentamiento Reciente de Son Ferrandell-Oleza, Binicalaf, Biniparratx Petit, S'Illot, Ses Païsses, So Na Caçana, Son Ferragut (Puig Morter), Son Fornés, Son Oms, Torralba d'en Salord y Trepucó. Cuatro de ellas, todas de Son Fornés, han resultado excluidas (UGRA-121, CSIC-439A=CSIC-439B, CSIC-529 y CSIC-530) a causa de diferentes motivos. De entre las treinta y cinco restantes, veintiséis son de vida larga y nueve de vida corta. La distribución de la suma de probabilidades de esta segunda serie conforma un intervalo a 1 sigma comprendido entre *ca.* 840 y 510 cal ANE (gráfico 3.11), que coincide notablemente con el periodo propuesto para la construcción y uso original de los talayots (véase *supra*).

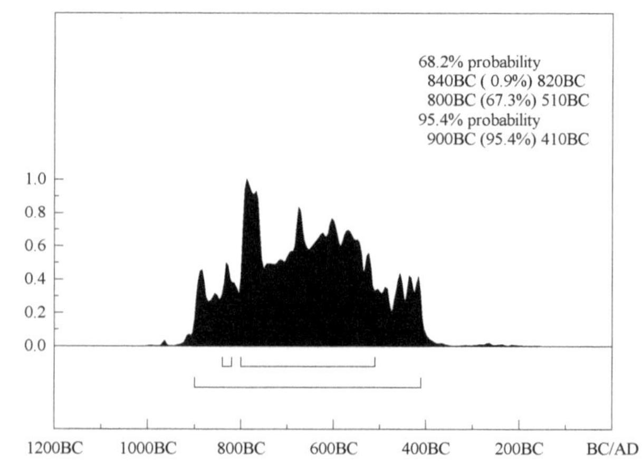


Gráfico 3.11. Suma de probabilidades de la serie radiocarbónica de los asentamientos talayóticos (muestras de vida corta).

La distribución de las dataciones efectuadas a partir de muestras de vida larga proporciona otros argumentos en apoyo del citado intervalo (gráfico 3.12). Como puede apreciarse, la serie demarca un intervalo a 1 sigma entre *ca.* 920 y 540 cal ANE. Sin embargo, es de destacar la concentración de valores en el rango más concreto entre *ca.* 910 y 750 cal ANE. Al tratarse, recordemos, de muestras de vida larga, ello podría estar informando de una notable actividad constructiva (tala de árboles para la fabricación de elementos estructurales) y productiva en general que cabría ubicar desde el siglo IX cal ANE en adelante.

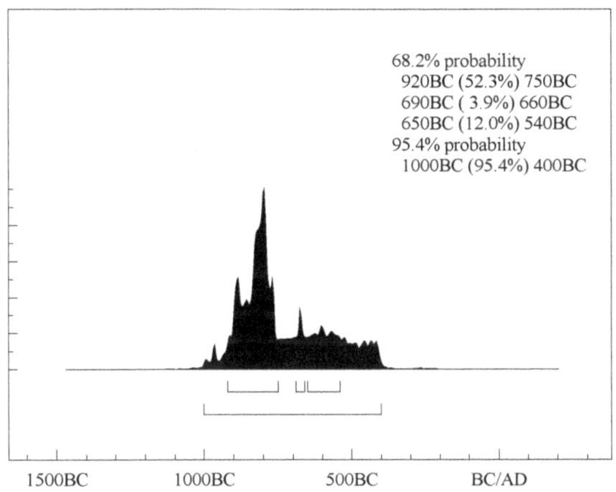


Gráfico 3.12. Suma de probabilidades de la serie radiocarbónica de los asentamientos talayóticos (muestras de vida larga).

Así pues, los asentamientos propiamente talayóticos se habrían desarrollado a la par que las estructuras epónimas, a lo largo de un periodo comprendido entre el siglo IX, tal vez hacia sus postrimerías, y finales del VI cal ANE.

*Asentamientos postalayóticos.*

Con esta denominación se hace referencia a aquellas estructuras habitadas con posterioridad al desuso de los asentamientos talayóticos y cuya ocupación se prolongó aproximadamente hasta los tiempos de la conquista romana (123 ANE). He mantenido al margen aquellas dataciones que se asociaban a materiales de importación característicos del siglo I cal ANE. La serie radiocarbónica alcanza veintiocho dataciones, trece de las cuales fueron realizadas a partir de muestras de carbón, trece de huesos de fauna, una de semillas y otra de fibras vegetales. La distribución de la suma de probabilidades a 1 sigma de la serie de fechas de vida corta revela un intervalo comprendido entre *ca.* 550 y 200 cal ANE (gráfico 3.13), aunque un pequeño fleco se eleva al siglo VIII cal ANE, como consecuencia de la "caída" de dos dataciones en el intervalo plano de la curva de calibración.

Por su parte, la serie de dataciones efectuadas sobre muestras de vida larga se inicia sorprendentemente con posterioridad a la de vida corta (*ca.* 410 cal ANE) y finaliza también un siglo después, a finales del siglo II cal ANE (gráfico 3.14).

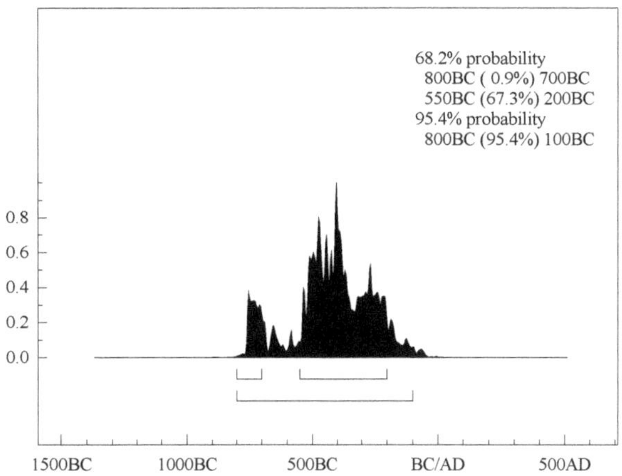


Gráfico 3.13. Suma de probabilidades de la serie radiocarbónica de los asentamientos postalayóticos (muestras de vida corta).

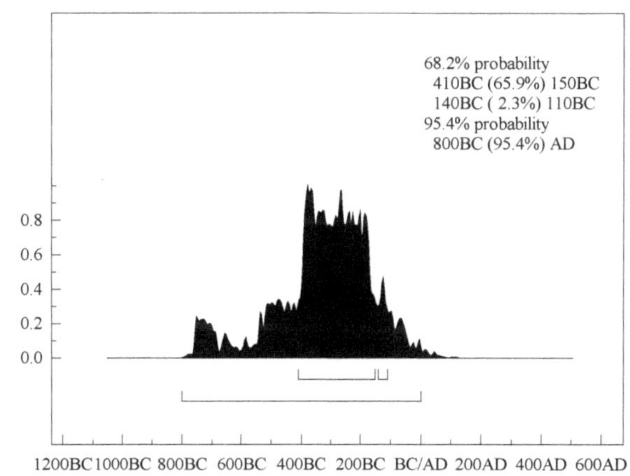


Gráfico 3.14. Suma de probabilidades de la serie radiocarbónica de los asentamientos postalayóticos (muestras de vida larga).

Así pues, propongo que los asentamientos postalayóticos se iniciarían en torno a finales del siglo VI cal ANE, y que las ocupaciones con fechas de C14 más recientes se sitúan en el siglo II cal ANE.

Antes de pasar al siguiente apartado, conviene dedicar unas líneas a la cronología de la construcción de las imponentes murallas que circundan algunos de los grandes yacimientos baleáricos. Se trata de recintos con centenares de metros de recorrido, en ocasiones sólo conservados fragmentariamente, que delimitan un contorno de forma irregular. Fueron levantados a base de aparejo ciclópeo y pueden contar con torres adosadas al paramento externo. Presentan, además, puertas adinteladas que permiten el acceso al interior del asentamiento. Estas características las distinguen en principio de otras estructuras que han recibido la misma denominación, como sucede con los grandes muros de cierre rectilíneos que sirven como pared trasera de las habitaciones talayóticas en yacimientos como Son Fornés.

Las murallas han sido vinculadas tradicionalmente con lo "talayótico", pero han padecido la misma falta de clarificación cronológica que las restantes edificaciones monumentales. En los últimos años, la excavación y datación de contextos asociados a murallas permite avanzar en el establecimiento de los límites cronológicos de estas grandes obras. Uno de los intentos más sistemáticos ha tenido como escenario el yacimiento mallorquín de Ses Païsses. Sin embargo, como comprobamos en el comentario a la serie radiocarbónica de este yacimiento (véase el Capítulo 2), la datación asociada a la UE 72, cuyos sedimentos se adosan a la muralla, se sitúa en el intervalo plano de la curva de calibración. La conclusión es que la muralla fue levantada probablemente antes del siglo V arq ANE (Hernández Gasch y Aramburu 2001), aunque sin poder precisar más.

Recientemente, una datación efectuada a raíz de la excavación de urgencia que afectó parte de la muralla del yacimiento de Pou Celat (KIA-15713) aporta más luz sobre el problema que estamos analizando. En este caso, el material datado fue un hueso de fauna procedente del relleno interno de la propia muralla, por lo que ha de indicar un momento anterior, en una medida indeterminada, respecto a la construcción de la misma. El resultado se sitúa en pleno siglo V cal ANE. Esta cronología baja coincide con la de los materiales recuperados con motivo de la excavación del sector de la entrada al poblado de Son Catlar, en ningún caso superior al siglo IV arq ANE (Juan, Pons y Juan 1998). Lo mismo sucede en Trepucó, donde los materiales hallados en una escombrera adosada han permitido datar la construcción de la muralla entre los siglos V y IV arq ANE (Plantalamor 1991: 250). Así pues, hay suficientes argumentos como para vincular estas obras defensivas a una etapa reciente de la secuencia balear, dentro ya de la segunda mitad del I milenio cal ANE.

*"Santuarios".*

Estos recintos monumentales de Mallorca, supuestamente análogos en funciones a las taulas menorquinas, disponen de una serie radioarbónica restringida al edificio de Son Mas. Se trata de nueve dataciones que pueden ser asociadas con niveles formados a raíz de la utilización de esta construcción de planta absidal. De éstas, una ha sido excluida por presentar problemas de mezcla (UtC-1258), mientras que del grupo restante tres fueron obtenidas a partir de muestras de carbón vegetal y cinco más a partir de material óseo.

La distribución de la suma de probabilidades de ambas series ha proporcionado resultados muy parecidos, entre aproximadamente inicios del siglo VIII a inicios del II cal ANE. Sin embargo, es necesario advertir que el establecimiento del límite superior de este intervalo no se halla libre de interrogantes, ya que la calibración de todas las fechas altas coincide con la "meseta de Hallstatt", por lo que resulta difícil precisar más dentro del lapso que abarca los siglos VIII a VI cal ANE, ambos inclusive. La única ayuda procede de una datación realizada a partir de falanges correspondientes a un enterramiento desarticulado a raíz de la construcción del santuario (UtC-4857). El resultado se sitúa en la primera mitad del siglo VIII cal ANE, lo cual nos indica que la actividad edilicia tuvo lugar con posterioridad a este momento. De hecho, como comprobamos en el comentario específico de la serie de Son Mas (véase el Capítulo 2), hay argumentos para defender incluso que su construcción pudo tener lugar en fechas tan tardías como el siglo III cal ANE. El carácter inédito de los hallazgos realizados en el interior del santuario de Son Mas impide concreciones cronológicas adicionales sobre la base de paralelismos tipológicos.

Si bien la afirmación de que los santuarios pudieron entrar en funcionamiento en una fecha tan temprana como mediados o finales del siglo VIII genera incertidumbres, los hallazgos artefactuales efectuados en yacimientos como Son Corró, Almallutx, Son Marí, Ets Antigors o el complejo recientemente excavado en Sa Punta des Patró[5], garantizan que estos recintos estuvieron en uso durante la práctica totalidad de la segunda mitad del I milenio y que algunos de ellos perduraron incluso más allá, al igual que sucedió con las taulas menorquinas. En consecuencia, me inclino por considerar los santuarios como propios de los siglos inmediatamente anteriores a la conquista romana. La posibilidad de que fuesen construidos antes de los siglos VI/V cal ANE no cuenta por ahora con anclajes cronológicos suficientemente sólidos.

*Taulas.*

Pese a la celebridad de estos típicos monumentos menorquines, tan sólo dos de ellos cuentan con determinaciones radiocarbónicas asociadas directamente

[5] La singularidad de este recinto respecto a otros santuarios mallorquines y, en cambio, su posible filiación con las taulas menorquinas, han sido señaladas acertadamente por sus excavadores (Hernández Gasch y Sanmartí 1999: 125), en el contexto de posibles relaciones estrechas con esta isla (Hernández Gasch 1998: 201).

a sus niveles de uso: So Na Caçana ("monumento 5") y Torralba d'en Salord. En total, la serie alcanza diez fechas y el predominio corresponde claramente al segundo de estos yacimientos, con nueve dataciones. Ocho de las diez fueron obtenidas a partir de muestras de carbón vegetal, mientras que las dos restantes lo fueron a partir de fragmentos óseos.

La escasez de dataciones disponibles y, a la vez, su procedencia restringida a prácticamente un solo yacimiento aconsejan de entrada no tomar los resultados como definitivos. A partir de la valoración conjunta de la suma de probabilidades de las series de fechas sobre muestras de vida corta y larga, parece claro que los recintos de taula estuvieron en uso en el siglo II cal ANE, y que perduraron durante varios siglos después de la conquista romana, hasta al menos el siglos III cal DNE (gráfico 3.15). El desmonte parcial de uno de los talayots de Torralba a raíz de la construcción del recinto de taula (Fernández-Miranda 1991: 40) es una prueba de la posterioridad de éstas estructuras respecto de aquéllas e, indirectamente, de la cronología baja para la construcción de los recintos cultuales menorquines. Este último aspecto quedaba de manifiesto por el carácter reciente de los materiales de importación asociados al uso de las taulas de Torralba d'en Salord, Torre d'en Gaumés, Trepucó, Binisafullet o Sa Torreta, que difícilmente remontan por encima del siglo IV arq ANE (Fernández-Miranda, Waldren y Sanders 1995; Gornés y Gual 2001: 163-170).

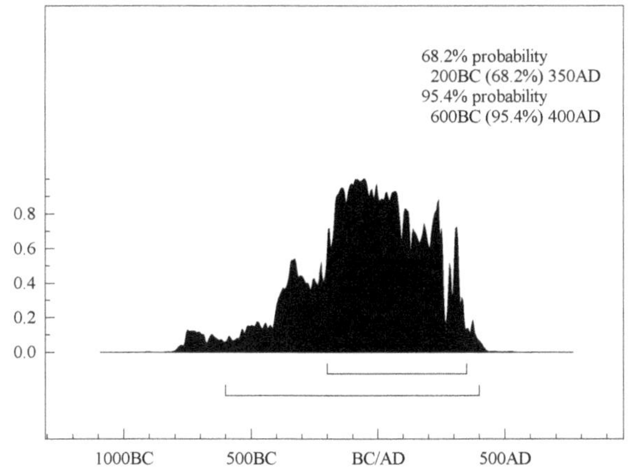


Gráfico 3.15. Suma de probabilidades de la serie radiocarbónica de las taulas (muestras de vida larga y corta).

Estos indicadores cronotipológicos aconsejan remontar un siglo o dos el límite ofrecido por la distribución radiocarbónica, probablemente condicionada por lo limitado del muestreo. En cuanto al cese en el uso de estos recintos, la presencia en algunos casos de materiales de importación de época romana altoimperial llamaba la atención sobre la perduración de estos recintos más allá del cambio de era. Con todo, tal vez el límite terminal proporcionado por la serie de C14 excede las expectativas. De nuevo aquí se hace necesario un estudio a fondo de los registros y materiales correspondientes a las excavaciones realizadas, a fin de clarificar todo lo relativo a la cronología ocupacional de estos recintos.

*Hábitat indeterminado.*

En este apartado, nos ocuparemos de un nutrido grupo de dataciones vinculadas a contextos habitacionales pero sobre las que, por diferentes motivos, resulta difícil adscribir a uno u otro de los tipos estructurales definidos. Dadas las peculiaridades de cada caso y la amplitud cronológica que abarcan, pasaremos revista yacimiento por yacimiento en orden cronológico descendente, sugiriendo, cuando ello sea viable, posibles vías de interpretación de las en general escasas informaciones disponibles.

-La serie de termoluminiscencia de Biniac-L'Argentina.

Hace varios años se realizó un programa de datación por termoluminiscencia a partir de muestras cerámicas del yacimiento de Biniac L'Argentina (García Orellana *et alii* 1996, García Orellana 1998). Los autores de este trabajo vincularon los resultados a la cronología de uso del monumento funerario de Biniac-L'Argentina W, fijando ésta dentro del III milenio.

En contra de esta pretensión, es necesario recalcar que las muestras datadas no procedían del interior de dicha sepultura, sino de un contexto cercano exterior a la misma, por lo que no existen vínculos estratigráficos a la luz de los cuales quepa vincular los hallazgos cerámicos con la construcción y uso de la tumba. Así pues, cuestionado el carácter funerario de los hallazgos efectuados en el exterior de Biniac L'Argentina W, se abre la posibilidad de que el conjunto de cerámicas recogidas hubiesen formado parte de un asentamiento al aire libre. La serie de termoluminiscencia está compuesta por cinco determinaciones, todas ellas con una amplia desviación estándar. Aproximadamente, el rango conjunto comprende el último tercio del III milenio y buena parte de la primera mitad del II milenio. Este intervalo cronológico coincide notablemente con el propuesto para los asentamientos al aire libre en Mallorca. De esta forma, las fechas de termoluminiscencia de Biniac-L'Argentina bien podrían ser el testimonio de uno de los primeros asentamientos al aire libre conocidos en la isla. Además, apoyarían la posibilidad de que el inicio del poblamiento estable en Mallorca y Menorca aconteció de forma más o menos sincrónica.

-Dataciones sin atribución precisa correspondientes a asentamientos de larga duración.

La proliferación de dataciones radiocarbónicas ha ido con frecuencia muy por delante de la publicación de los datos arqueológicos relativos a los contextos de procedencia de las muestras. Es de prever que este desequilibrio informativo entre elementos de datación y “cosas datadas” se subsane tarde o temprano. Por el momento, en estas líneas nos haremos eco de las situaciones afectadas por la problemática.

Dos de las dataciones recientemente divulgadas sobre Talatí de Dalt, KIA-19500 y KIA-19499, han ofrecido valores inesperadamente elevados en relación a las evidencias divulgadas hasta ahora sobre el yacimiento. Realizadas a partir de muestras faunísticas, ambas se sitúan a inicios del II milenio cal ANE, con lo que podrían informar, junto con la serie de termoluminiscencia de Biniac L’Argentina, acerca de los primeros asentamientos al aire libre en Menorca. Una tercera datación del mismo yacimiento, KIA-11220, podría proceder de alguna ocupación muy próxima temporalmente a la fase talayótica, si no correspondiente a los momentos iniciales de la misma.

Hasta doce dataciones de Son Ferrandell-Oleza carecen de suficientes datos para ser vinculadas a una u otra fase de ocupación de este extenso yacimiento. La mayoría de fechas problemáticas corresponden al Asentamiento Reciente. Por orden decreciente, se trata de IRPA-1041, UtC-4731, UtC-4363, UtC-4575, HAR-3413, QL-1531, IRPA-813, UtC-1155, UtC-5126, UtC-1154 e I-5398 que, en conjunto, cubren el lapso comprendido entre los siglos XII y V cal ANE. Según los escasos datos publicados, muchas corresponden a niveles preconstructivos documentados por debajo de los talayots excavados (principalmente del T1), o bien a espacios al aire libre próximos a los mismos. En su mayoría, testimonian hábitats previos a la construcción de las estructuras talayóticas, tal vez arrasados por las mismas. Por su parte, las más recientes podrían aludir a contextos deposicionales producidos contemporáneamente al asentamiento talayótico.

Las cuatro dataciones de Cap de Forma (UtC-10076, KIA-21224, UtC-10077 y UtC-10075) prometen aportar novedades interesantes sobre los momentos transicionales entre el II y el I milenios cal ANE. Los resultados se concentran en el intervalo comprendido entre los siglos XII y IX cal ANE, aunque todavía resta por conocer la relación entre las fechas y los contextos arqueológicos a que éstas se refieren y que, en parte, han sido ya publicados (Plantalamor *et alii* 1999).

Son Mas es el yacimiento con un mayor número de dataciones sin una vinculación segura a una fase de ocupación: nada menos que veintinueve: UtC-5892, UtC-2756, IRPA-1053, KIA-20203, IRPA-1094, UtC-2747, IRPA-976, UtC-9017, IRPA-984, KIA-20199, UtC-3044, UtC-5891, KIA-20487, UtC-2736, UtC-8954, UtC-5420, UtC-1256, IRPA-1055, UtC-2759, UtC-8953, UtC-1255, UtC-4166, UtC-5428, UtC-4170, IRPA-1051, UtC-5421, UtC-5374, UtC-4167 y UtC-3190. Buena parte de las dataciones pudieron haberse obtenido a partir de muestras correspondientes a ocupaciones desarticuladas a raíz de la construcción de edificios en piedra de cronología más reciente. Las más antiguas, escalonadas entre aproximadamente los siglos XIII y VIII cal ANE, proceden de niveles preconstructivos por debajo del célebre santuario de planta absidal, de elementos incluidos en el relleno de sus muros o bien de contextos fragmentarios localizados en los sectores de excavación exteriores al mismo. Por otro lado, entre los siglos VIII y VI cal ANE se concentra un segundo y más reducido grupo de fechas, atribuidas esta vez a materiales incluidos en el relleno de muros del “Barrio” que se extiende en las inmediaciones del santuario.

También de niveles preconstructivos anteriores a la edificación del talayot de Biniparratx Petit proceden seis dataciones de la serie radiocarbónica de este yacimiento (KIA-15221, KIA-15222, KIA-15728, KIA-15220, KIA-15700 y KIA-15219). Todas ellas se obtuvieron tras procesar sendas muestras compuestas por huesos faunísticos y, en conjunto, delimitan un intervalo bien acotado entre aproximadamente la primera mitad del siglo X y finales del IX cal ANE. La serie presenta el interés añadido de definir una temporalidad inmediatamente anterior respecto a la construcción del talayot, episodio que debería haberse producido en o a partir de la segunda mitad del siglo IX cal ANE.

Dos de las dataciones de la serie de Ses Roques de Son Baduia (UtC-7108 y UtC-7107) fueron obtenidas a partir de muestras tomadas en contextos estratigráficos posteriores al abandono de la estructura naviforme. De hecho, ocupan también los lugares más recientes en el conjunto de la serie radiocarbónica del yacimiento. Sin embargo, el hecho de haber sido realizadas a partir de huesos de fauna plantea la cuestión sobre si las muestras pudieran delatar una ocupación o frecuentación reciente no detectada a nivel arqueológico. El resultado conjunto de las dos dataciones citadas se sitúa en los siglos XI y X cal ANE.

La serie del Puig de Sa Morisca está formada por diez dataciones. Cinco de ellas proceden de contextos previos a la construcción de la torre y se extienden a lo largo de un intervalo estimado entre los siglos XIII y, probablemente, VIII/VII cal ANE. Las restantes fechas se escalonan desde este límite inferior hasta finales del siglo V cal ANE. Sin duda, la publicación de los contextos de procedencia proporcionará elementos valiosos para profundizar en la cronología inicial del periodo Talayótico y, por otro lado, en el final del mismo y la transición hacia otras formas de organización social.

Tres dataciones de Torralba d'en Salord presentan problemáticas análogas a las consideradas en este apartado, aunque, descartada BM-1697 por problemas de laboratorio, nos centraremos en las dos restantes. QL-1089 se sitúa en pleno siglo X cal ANE y posiblemente hace referencia a restos de una ocupación desarticulada por la construcción de la taula en fecha posterior. Por su parte, IRPA-782 cae en el siglo V cal ANE, pero ignoramos a qué estructuras pudo estar vinculada la muestra de carbón datada.

Para finalizar esta sección, resta hacer mención a una de las dataciones de Son Oms (BM-1696), de la que carecemos de información contextual pero excluida de todos modos por problemas de laboratorio, y a la única datación disponible del yacimiento ibicenco de Sa Cala que, cuando menos, informa sobre actividades humanas en la isla a inicios del siglo VIII cal ANE.

### La cronología absoluta de los conjuntos estructurales. II. Conjuntos funerarios.

*Cuevas naturales de inhumación.*
Al igual que sucedía con las cuevas naturales de habitación, los vestigios del uso de estas cavidades como recintos de inhumación colectiva se documentan a lo largo de un lapso temporal muy prolongado. El número de dataciones radiocarbónicas se eleva a treinta y tres, aunque casi una tercera parte debe ser excluida debido a problemas de contaminación o posible mezcla. Tales problemas afectan a la mayoría de la serie recientemente obtenida de la Cova de Moleta (Van Strydonck *et alii* 2002: 41-42) y a la datación del "Hombre de Muleta" (KBN-640d). Además, hemos excluido la única datación de Corral des Porc (UBAR-386) por presentar una desviación estándar excesivamente amplia. Así pues, las fechas consideradas suman veintitrés unidades, correspondientes a los yacimientos de Cala'n Caldés, Cova de Can Martorellet, Cova de Moleta, Cova des Bouer, Cova des Moro, Cova des Mussol, Cova Gregòria A y B, Sa Punta, Son Boronat, Son Gallard y Son Marroig. Excepto cinco (Y-1789 de Son Gallard, UtC-7860 de Can Martorellet, CSIC-37 de Sa Punta y BM-1517 y BM-1518 de Son Boronat), realizadas a partir de muestras de carbón o madera, las restantes fueron obtenidas tras procesar muestras de huesos humanos.

La distribución de la suma de probabilidades de la serie de dataciones sobre muestras de vida corta revela una elevada dispersión de los valores, desde la segunda mitad del III milenio hasta mediados del I milenio cal ANE (gráfico 3.16). La concentración más antigua, *ca.* 2400-2200 cal ANE, obedece a dos fechas referidas a las cuevas de Moleta y de Es Moro. Pese a su reducida entidad en términos cuantitativos en el global de la serie, ambas fechas bien podrían indicar algunas de las prácticas funerarias más antiguas de la prehistoria mallorquina y, por ende, balear. Inaugurarían así una tradición que habría perdurado de forma ininterrumpida a lo largo de la primera mitad del II milenio cal ANE. Nos hallamos, de hecho, con el periodo mejor documentado arqueológicamente a nivel de ajuares. A partir de entonces, sin embargo, la serie radiocarbónica nos indica una prolongación adicional de los usos funerarios en cuevas naturales. Tales usos no eran del todo desconocidos para la investigación, ya que habían sido puestos de manifiesto a raíz de la excavación del depósito funerario de la Sala 1 de la Cova des Mussol. Aun así, la intensidad de los mismos no se pensaba tan notable como deja intuir el relativamente elevado número de dataciones que se sitúan en la segunda mitad del II milenio y la primera del I milenio cal ANE (siete dataciones, además de la correspondiente a la Cova des Mussol). Ahora bien, es preciso tener en cuenta que la mayoría de estas fechas recientes proceden de contextos con escasa información arqueológica, lo cual aconseja prudencia a la hora de interpretar el significado de tales hallazgos. Así, de las siete dataciones mencionadas, seis proceden de las llamadas Cova Gregòria A y B y, según parece, fueron obtenidas a partir de muestras óseas humanas recogidas fuera del contexto de una intervención arqueológica rigurosa (Van Strydonck, com. pers. 2004). En lo que respecta a la séptima datación, ésta proviene de la Cova de Can Martorellet, una cueva que presentaba un depósito funerario de gran entidad datado fundamentalmente en la primera mitad del II milenio cl ANE. En este sentido, tal vez la fecha reciente de Can Martorellet indica la reutilización puntual de un espacio funerario con una larga tradición a sus espaldas.

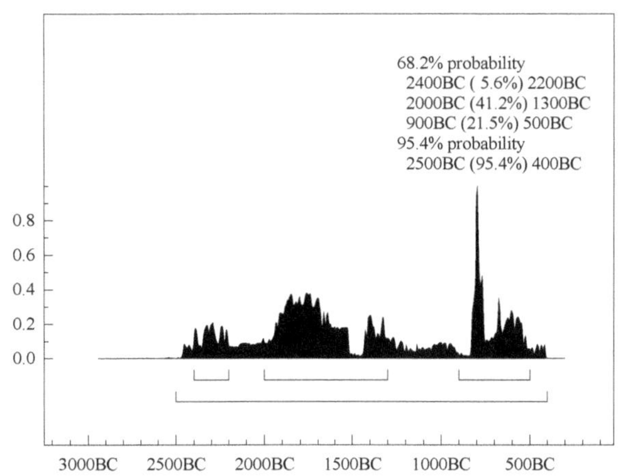


Gráfico 3.16. Suma de probabilidades de la serie radiocarbónica de las cuevas naturales de enterramiento (muestras de vida corta).

Las dataciones efectuadas sobre muestras de vida larga sólo aportan alguna novedad respecto al tramo inferior de la temporalidad general. En este sentido, las dos dataciones de Son Boronat y la única de Sa Punta indican el uso de cavidades naturales con fines funerarios hacia finales del siglo V o inicios del IV cal ANE. Estas prácticas recientes habían sido constatadas en otros yacimientos a partir de la tipología de los ajuares.

En suma, el empleo de cavidades naturales como espacios de inhumación colectiva podría remontarse hasta *ca.* 2300 cal ANE y perdurar en primera instancia hasta mediados del siguiente milenio (*ca.* 1500 cal ANE). Con posterioridad a esta fecha se documenta del uso de tales contenedores funerarios por espacio de más de un milenio. Sin embargo, los datos arqueológicos referidos a este segundo periodo no permiten afirmar la continuidad milenaria de un mismo tipo de prácticas funerarias. De hecho, los pocos contextos con suficiente documentación muestran importantes divergencias. Compárense si no, por ejemplo, el ritual testimoniado en la Cova des Mussol, con una serie de esqueletos desarticulados y tan sólo uno en posición encogida sobre una repisa rocosa, con Son Boronat, donde los cadáveres fueron introducidos en ataúdes de madera o en urnas, o bien depositados sobre parihuelas. En este último caso, al igual que en las abundantes cuevas conocidas como de la Edad del Hierro (bastantes de las cuales perduran hasta época romana), los rituales funerarios fueron distintos que los documentados para los inicios del II milenio cal ANE. Así pues, me inclino a considerar que la utilización de cavidades naturales como recintos funerarios a lo largo de toda la secuencia prehistórica tuvo que ver más con su abundancia en la geografía insular, aprovechada con mayor o menor intensidad en cada época, que con la expresión continuada de una única tradición. Resulta claro, por tanto, que habrán de ser los elementos de ofrenda y los datos osteológicos y espaciales quienes den la clave para asignar las cavidades naturales de inhumación a uno u otro grupo arqueológico.

*Hipogeos con entrada megalítica.*

La serie radiocarbónica relativa al uso funerario prehistórico este tipo de contenedores se reduce a Biniai Nou 1 y 2, ya que las dataciones disponibles para el yacimiento de Sant Tomàs deben ser atribuidas a prácticas sociales de orden distinto. Se trata de ocho fechas (la novena de este yacimiento, UtC-7846, corresponde claramente a una reutilización muy tardía), de las cuales hay que descartar la única disponible de Biniai Nou 1 (UtC-8949) debido a las alteraciones derivadas del consumo de una dieta marina por parte del individuo cuyo esqueleto proporcionó la muestra (Van Strydonck y Maes 2001). La distribución de la suma de probabilidades resulta curiosa (gráfico 3.17), ya que muestra tres concentraciones separadas entre sí por lo que podrían interpretarse como hiatos, si bien es cierto que sería necesario un mayor número de fechas para apoyar o descartar esta posible dinámica de utilización del sepulcro. Las dos concentraciones más antiguas se configuran a partir de la convergencia de tres fechas, mientras que el pico reciente es originado por una sola.

Con los datos disponibles, parece claro que el inicio en el uso de estos monumentos podría remontarse a las postrimerías del III y a inicios del II milenios cal ANE. Con posterioridad a esta época, los hipogeos con entrada megalítica mantuvieron su función como sepulturas colectivas hasta, tal vez, mediados del II milenio

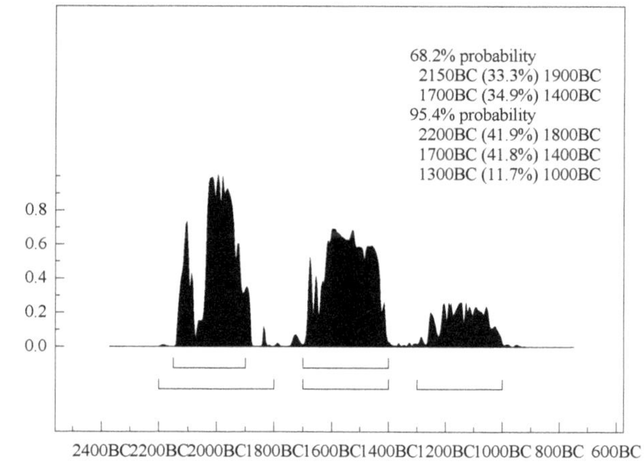


Gráfico 3.17. Suma de probabilidades de la serie radiocarbónica de los hipogeos con entrada megalítica (dataciones de Biniai Nou 2).

(*ca.* 1500/1400 cal ANE). Durante esta temporalidad pudieron producirse remodelaciones del espacio funerario, como la documentada en Biniai Nou 2 bajo la forma de un empedrado en el interior de la cámara. A partir de entonces, se documentan algunas dataciones dispersas a lo largo de dilatados periodos de tiempo, lo que sugiere la realización de usos funerarios puntuales seguramente desvinculados de las prácticas sociales que dieron sentido originario a este tipo de sepulcros (véase *infra* la sección dedicada a *Varia funerario*).

*Dólmenes.*

La serie dolménica incluye veinticinco dataciones correspondientes a los yacimientos de Ca Na Costa, Ferragut Nou, Montplé, S'Aigua Dolça, Son Bauló de Dalt y Ses Roques Llises. Las peculiaridades arquitectónicas de Alcaidús y Son Ermità, dos monumentos que solían incluirse en la tradición dolménica, y las recientes investigaciones llevadas a cabo en el primero de ellos (Plantalamor y Marquès 2003) y en otros similares (Ses Arenes de Baix) aconsejan su inclusión dentro de la nueva categoría de "sepulturas circulares con triple paramento". Todas las dataciones han sido obtenidas a partir de muestras óseas, por lo que cabe esperar que informen sobre el intervalo de uso de los sepulcros. La única fecha excluida ha sido BM-1677 (Ca Na Costa), debido a errores de cálculo cometidos por el laboratorio.

La distribución de la suma de probabilidades de la serie a 1 sigma demarca un intervalo entre *ca.* 1880 y 1520 cal ANE (gráfico 3.18). Las dos dataciones más altas corresponden al singular yacimiento pitiuso de Ca Na Costa, por lo que cabría sugerir que los sepulcros mallorquines y menorquines resultan ligeramente posteriores al límite superior del citado intervalo. De esta forma, en principio la duración del dolmenismo balear resulta bastante similar a nuestra anterior propuesta (*ca.* 1750-1600 con perduraciones en el siglo XVI cal ANE) (Lull *et alii* 1999: 37-41), con la salvedad de un inicio ligeramente anterior en el siglo XIX cal ANE que hoy podemos definir gracias a las nuevas dataciones de S'Aigua Dolça y Son Bauló de Dalt.

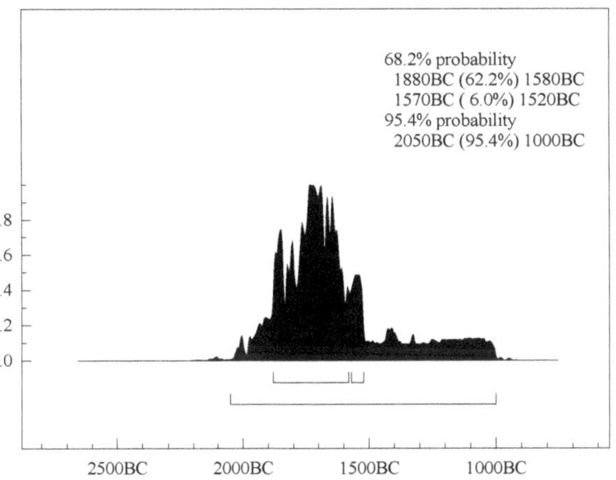


Gráfico 3.18. Suma de probabilidades de la serie radiocarbónica de los dólmenes (muestras de vida corta).

Sin embargo, dentro de este panorama en principio bien acotado, la serie radiocarbónica recientemente publicada de Ses Roques Llises introduce un inesperada anomalía. De cinco dataciones, cuatro se sitúan claramente por debajo del siglo XVI cal ANE, siendo las causantes del "bajón" hasta 1000 cal ANE del límite inferior del intervalo de calibración a 2 sigma, expresado en la "cola" de la parte derecha de la distribución de probabilidades (gráfico 3.18). Carecemos de suficientes datos sobre las circunstancias que rodearon la toma y conservación de las muestras desde su extracción en los años setenta para valorar estos resultados con garantías. A la espera de nuevas informaciones, casi todas las posibilidades imaginables restan abiertas, desde una perduración aparentemente excepcional del fenómeno dolménico o una reutilización funeraria inadvertida durante la excavación, hasta un error en la determinación de la procedencia de las muestras antes de su envío al laboratorio. Por ahora, tan sólo cabe apuntar que la sorpresa es tanto mayor por cuanto que Ses Roques Llises ha constituido el yacimiento-modelo para la definición del fenómeno dolménico en las Baleares.

*Sepulturas circulares con triple paramento o de tipo "Ses Arenes".*

Como anuncié en el capítulo anterior, la definición de este tipo de sepulturas colectivas ha sido propiciada por la excavación del yacimiento de Ses Arenes de Baix y por la limpieza y reinterpretación de otros yacimientos ya conocidos, como Alcaidús (Plantalamor y Marquès 2003), Son Ermità y Rafal des Capità (Gornés *et alii* 1992). Sus rasgos arquitectónicos más llamativos son un paramento exterior de grandes bloques que delimita un contorno de tendencia circular, cámara interior alargada con cierta tendencia absidal a la que se accede tras atravesar un corredor y, finalmente, un tercer paramento o refajo intermedio situado entre los que delimitan la cámara y el perímetro exterior. Es muy poco probable que dispusiesen de paredes exteriores y construidos en aparejo ciclópeo. En cambio, resulta más verosímil que el aspecto externo del conjunto se asemejara a un túmulo. Algunas de las características mencionadas resultan afines a las que definen las llamadas "navetas de tipo intermedio" (Plantalamor 1991). Sin embargo, en el estado actual de la investigación, carecemos de registros informativos suficientes como para efectuar una comparación rigurosa entre los monumentos conocidos. Así, por ejemplo, no siempre podemos afirmar que todas las "navetas de tipo intermedio" carecen de triple paramento, por la sencilla razón de que tradicionalmente no se ha prestado la suficiente atención al análisis de su estructura constructiva. Además, el estado de conservación de los yacimientos o bien los añadidos realizados con motivo de los trabajos de restauración o consolidación dificultan o impiden efectuar una inspección visual que sirva para atestiguar o no la presencia de dicho elemento arquitectónico.

La serie radiocarbónica de las sepulturas de tipo Ses Arenes cuenta con trece dataciones, todas ellas obtenidas a partir de muestras de huesos humanos. Ses Arenes de Baix aporta la mayoría de fechas, siete en total, seguida por Alcaidús con cinco y, finalmente, por Son Ermità con una. El intervalo delimitado por la suma de probabilidades a 1 sigma (gráfico 3.19) se inicia a comienzos del siglo XVII y finaliza a finales del XIV; es decir, este tipo de contenedores funerarios propios de la isla de Menorca manifiesta una vigencia de casi cuatro siglos, ocupando de lleno el segundo tercio del II milenio cal ANE.

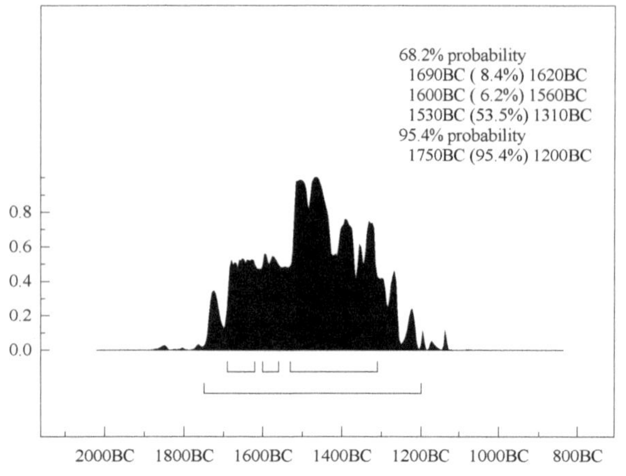


Gráfico 3.19. Suma de probabilidades de la serie radiocarbónica de las sepulturas circulares con triple paramento o de tipo "Ses Arenes".

*Cuevas naturales con muro de cierre.*
La serie radiocarbónica de este tipo de contenedores funerarios colectivos está formada por treinta y cinco dataciones. Corresponden a tan sólo cuatro yacimientos: Cova des Càrritx (Sala 1 y depósito de la Sala 5), Es Forat de ses Aritges, Mongofre Nou y Son Matge. Las únicas dataciones excluidas proceden del depósito de la Cova des Càrritx (OxA-6416 y OxA-5773). De entre las fechas válidas, la gran mayoría (veintisiete) fueron obtenidas a partir de muestras de huesos humanos, tres más de cabello, una de carbón vegetal y otra de madera. Centrándonos en la suma de probabilidades a 1 sigma de la serie de fechas de vida corta (huesos y cabello), obtenemos un intervalo de uso entre *ca.* 1500 y 900 cal ANE (gráfico 3.20). En este caso, la distribución a 2 sigma sólo modifica ligeramente los límites de dicho intervalo, en particular el inferior que alcanza el siglo VIII cal ANE.

En cuanto a las fechas de vida larga, ya se ha señalado que son únicamente dos. La correspondiente a Son Matge (Y-2667) resulta ser la más alta de toda la serie, indicando tal vez un efecto de madera vieja, mientras que la segunda datación (Cova des Càrritx, OxA-5572) se incluye sin problemas en el intervalo delimitado por la serie de fechas de vida corta.

Así pues, las primeras inhumaciones en cuevas naturales cerradas con muro se sitúan en el siglo XV cal ANE. A partir de entonces se abrió un prolongado periodo de vigencia estimado en seis o siete siglos, hasta que cesaron aproximadamente entre 900-800 cal ANE.

*Navetas.*
La serie radiocarbónica de estos emblemáticos monumentos funerarios menorquines consta de treinta y cuatro dataciones, correspondientes a los yacimientos de Binimaimut, Binipati Nou, Es Tudons, La Cova, Rafal Rubí (navetas meridional y septentrional) y Son Morell. Sólo una de las fechas debe excluirse por problemas en la calidad de la muestra (KIA-16274, de Rafal Rubí Sur). De entre las treinta y tres válidas, nada menos que treinta y dos fueron obtenidas a partir de muestras de huesos humanos, mientras que una sola lo fue a partir de fragmentos de carbón vegetal (HAR-2909, de Son Morell, que por lo demás se incluye sin problemas en el interior de la serie general).

La distribución de la suma de probabilidades de las dataciones efectuadas sobre muestras de vida corta revela un intervalo a 1 sigma entre *ca.* 1130 y 820 cal ANE (gráfico 3.21). Ello supone elevar en tan sólo unos ochenta años el límite superior del periodo de construcción y uso de las navetas propuesto por Lull *et alii* (1999: 63-64) a partir de la serie global de diecisiete dataciones disponible en aquel entonces.

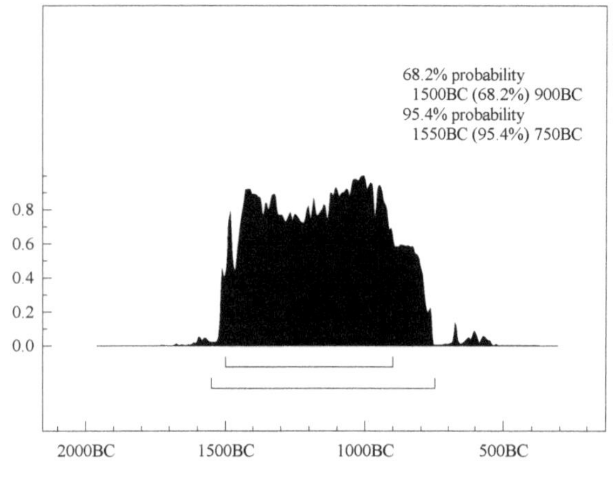


Gráfico 3.20. Suma de probabilidades de la serie radiocarbónica de las cuevas naturales de inhumación con muro de cierre (muestras de vida corta).

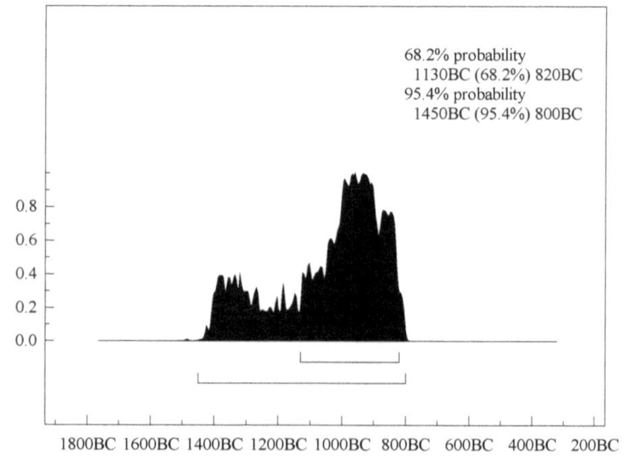


Gráfico 3.21. Suma de probabilidades de la serie radiocarbónica de las navetas (muestras de vida corta).

No obstante, el incremento en casi el doble de las fechas radiocarbónicas pone en la actualidad sobre la mesa una cuestión adicional. Nos referimos en concreto al grupo de cinco dataciones que se sitúan por encima de dicho límite superior y cuyo peso queda reflejado en la distribución a 2 sigma. Corresponden a los yacimientos de Son Morell (Ua-19723) y la naveta meridional de Rafal Rubí (KIA-16269, KIA-16270, KIA-16271 y KIA-16272), y se concentran en el intervalo entre *ca.* 1400 y 1300 cal ANE.

Estas dataciones tempranas permitirían elevar los inicios de la construcción de las navetas unos tres siglos por encima de lo que indica la serie mayoritaria de resultados. La única posible fuente de dudas respecto al grupo de fechas altas se deriva de las circunstancias que rodean la procedencia y selección de las muestras. En primer lugar, se trata en todos los casos de muestras óseas procedentes de excavaciones realizadas hace varias décadas, cuyos contextos originarios nunca han sido publicados en detalle y sobre las que, además, desconocemos todo lo referente a las condiciones y posibles avatares sufridos durante los años en que permanecieron almacenadas. Por otra parte, es importante tener muy presente que a la hora de seleccionar muestras óseas de contextos funerarios colectivos formados por decenas o centenares de esqueletos desarticulados, resulta fundamental asegurarse que tales muestras corresponden a individuos distintos. Sin esta elemental precaución, se corre el riesgo de datar diferentes huesos de un único individuo, con lo que evidentemente se generaría una sobrerrepresentación cronológica en torno a un episodio funerario concreto. El muestreo radiocarbónico realizado en las navetas de Es Tudons y en una parte sustancial de la amplia serie de Binipati Nou (serie IRPA) fue realizado respetando el criterio metodológico que acabamos de exponer (Lull *et alii* 1999; Rihuete, com. pers.). Para ello, lo más simple y seguro consiste en seleccionar siempre huesos del mismo tipo y lateralidad. Sin embargo, no hay garantías de que este principio fuese observado en el caso de las muestras de Son Morell y de Rafal Rubí. En Son Morell, se dataron un 3° y un 5° metatarsos izquierdos (precisamente las dos muestras que proporcionaron los resultados más antiguos), un 1° y un 5° derechos y un 2° metacarpo izquierdo (Gómez y Rubinos e.p.: tabla 1), mientras que la serie KIA de Rafal Rubí Sur procede de muestras etiquetadas con un lacónico "hueso humano" (Van Strydonck *et alii* 2002: 43). Con esta argumentación no pretendo negar que haya realmente fechas anteriores a *ca.* 1130 cal ANE, sino simplemente llamo la atención sobre que la concentración de dataciones entre *ca.* 1400-1300 cal ANE podría responder a un efecto del muestreo más que a la realidad de un uso intenso y generalizado de este tipo de monumentos funerarios. Por añadidura, llama la atención que a partir de un número de fechas análogo y de similar naturaleza (huesos humanos), la distribución de la serie de cuevas naturales con muro proporcione un intervalo compacto y mucho mejor acotado que el de las navetas de planta alargada. Así pues, necesitamos más y mejores datos para determinar si el inicio de estas construcciones funerarias en el siglo XIV cal ANE responde a una anomalía o a una realidad generalizada.

Según los comentarios anteriores, la cronología absoluta de las navetas se extiende desde *ca.* 1130 cal ANE, aunque es posible que las primeras construcciones de este tipo se remonten al siglo XIV cal ANE. Por otro lado, las últimas deposiciones funerarias realizadas en su interior pueden establecerse hacia finales del siglo IX cal ANE.

*Navetas de "tipo intermedio".*
He incluido en este apartado la única datación del monumento occidental de Biniac-L'Argentina (IRPA-1182) y las tres de Cotaina d'en Carreres (UBAR-424, IRPA-1046A/IRPA-1046B y CSIC-834). En este último caso, no obstante, se suscitan ciertas dudas sobre si el monumento responde plenamente al tipo arquitectónico definido por Plantalamor (1991), debido a la forma alargada del perímetro exterior del monumento. Las cuatro dataciones fueron obtenidas a partir de muestras de huesos humanos. Delimitan un intervalo a 1 sigma establecido entre *ca.* 1050 y 540 cal ANE (gráfico 3.22). Sin embargo, este límite inferior viene dado por la datación más reciente de Cotaina, cuya calibración cae en el intervalo plano de la "meseta de Hallstatt". De ahí que resulte probable que el cese en el uso de estos sepulcros se produjese a más tardar a inicios del siglo VIII cal ANE, un momento más en consonancia con las navetas clásicas.

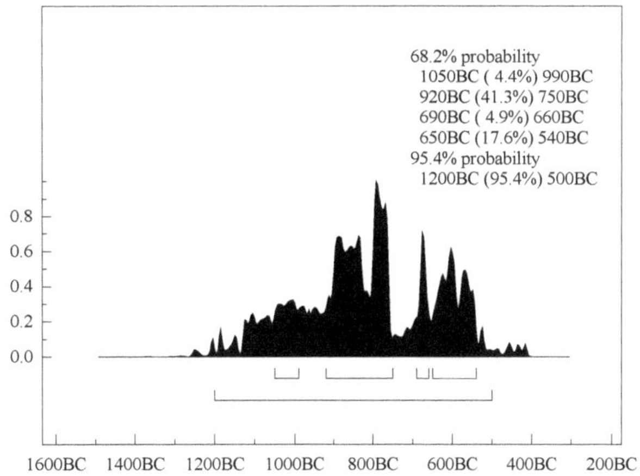


Gráfico 3.22. Suma de probabilidades de la serie radiocarbónica de las "navetas de tipo intermedio" (muestras de vida corta).

*Hipogeos simples (de tipo "forn" o I según Veny).*
Como viene siendo habitual respecto a las sepulturas hipogeicas de las Baleares, las determinaciones cronológicas absolutas son también aquí muy escasas. Tan sólo disponemos de dos dataciones radiocarbónicas,

una de Binigafull (UBAR-427), excluida por presentar una desviación típica muy elevada, y otra de Llucalari 3 (Ua-19718). Ésta última asegura el uso de estos sepulcros colectivos a mediados del siglo IX cal ANE, datación que se enmarca en la temporalidad de inicios del I milenio cal ANE que sugerimos en un trabajo anterior (Lull *et alii* 1999: 64).

*Hipogeos de planta compleja.*
En el interior de estas tumbas subterráneas se documentan diversos ritos: inhumación colectiva simple, inhumación colectiva en cal e inhumaciones en ataúdes o parihuelas de madera, siendo discutibles las prácticas funerarias de cremación e incineración. La serie radiocarbónica de estos contenedores funerarios cuenta con quince dataciones, correspondientes a los yacimientos de Cala Morell 2 y 10, Calascoves 21, Forma Nou, Sa Regana des Cans, Sant Joan de Missa y Son Maimó. Tan sólo se ha excluido una de las dataciones de Sa Regana des Cans (QL-146), por proceder de una muestra de carbonatos. La distribución de la suma de probabilidades a 1 sigma de la serie de muestras de vida corta (huesos humanos) revela un intervalo comprendido entre *ca.* 810 y 410 cal ANE (gráfico 3.23).

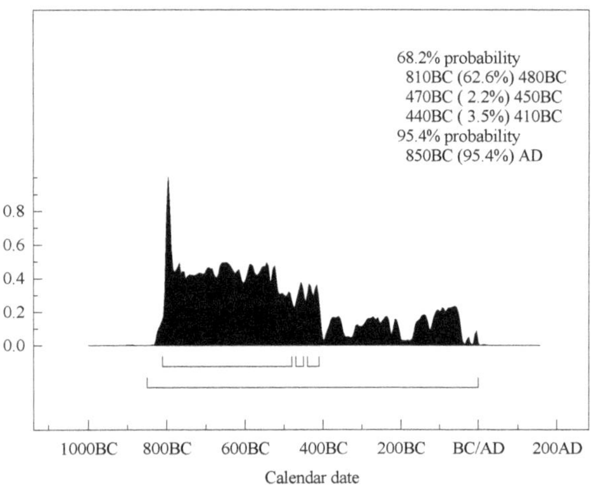


Gráfico 3.23. Suma de probabilidades de la serie radiocarbónica de los hipogeos de planta compleja (muestras de vida corta).

En el estado actual de nuestros conocimientos, la definición del límite superior de este intervalo recae por entero en el Hipogeo 21 de Calascoves. Como en otros casos, también aquí hemos de enfrentarnos al intervalo plano de la curva de calibración. Sin embargo, el hecho de que la datación más alta (KIA-12682) se halle por encima de éste, invita a pensar que esta estructura comenzó a funcionar aproximadamente a finales del siglo IX cal ANE y que su uso tuvo continuidad a lo largo de los siglos radiocarbónicamente inciertos de la "meseta de Hallstatt". Esta posibilidad ya había sido en cierta medida apuntada a partir del estudio cronotipológico de algunos de los ajuares recuperados en el yacimiento, fundamentalmente ciertos tipos de puntas de lanza y los brazaletes de bronce gallonados (Gornés 1993; Gornés y Gual 2000). A partir de estas indicaciones, se apuntaba que la tumba estuvo en pleno uso entre los siglos VII y IV arq ANE. Con las dataciones radiocarbónicas en la mano, habría argumentos para extender un siglo arriba este intervalo inicial.

En lo que respecta al límite inferior de vigencia de estas estructuras funerarias, se observa una coincidencia apreciable entre la tendencia central obtenida a partir del C14 y la derivada del análisis cronotipológico (siglos V/IV arq ANE). Sin embargo, también parece claro que una cantidad importante de hipogeos complejos siguió siendo utilizada hasta época romana (Veny 1982a: 393), como se desprende del hallazgo de materiales de importación de filiación punico-ebusitana y también itálica. Esta perduración sólo queda reflejada a nivel radiocarbónico en las fechas más recientes recogidas en el límite inferior de la distribución a 2 sigma (gráfico 3.25) que, en nuestro caso, corresponde a dos fechas de Cala Morell.

La distribución de las fechas resultado del análisis de muestras de carbón y madera proporciona estimaciones análogas a las extraídas a partir de muestras de vida corta, sólo que esta vez los valores calibrados tienden a caer casi por entero en la "meseta de Hallstatt", lo que reduce su capacidad resolutiva (gráfico 3.24). Es de destacar, en todo caso, el pico de inicios de la segunda mitad del I milenio cal ANE, circunstancia que reforzaría las propuestas que señalan que la máxima intensidad en el uso de este tipo de sepulcros se dio entre los siglos VII/VI y IV arq ANE (Veny 1982a; Gornés y Gual 2000).

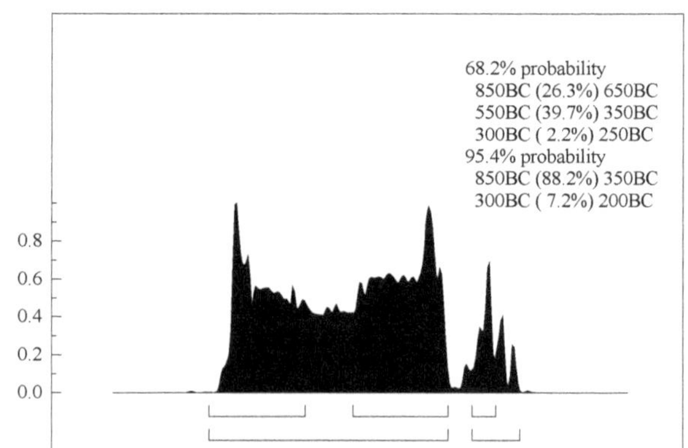


Gráfico 3.24. Suma de probabilidades de la serie radiocarbónica de los hipogeos de planta compleja (muestras de vida larga).

En suma, la cronología absoluta de los hipogeos complejos podría situarse aproximadamente entre 800 cal

ANE y la presencia romana, aunque probablemente el uso más intenso tuvo lugar a lo largo del segundo tercio del I milenio cal ANE. Este panorama resulta aplicable a la isla de Menorca gracias a la serie radiocarbónica del Hipogeo 21 de Calascoves, pero ignoramos si mantiene su validez en Mallorca, ya que la fecha del único yacimiento de esta isla (Son Maimó) se sitúa con claridad en la segunda mitad del I milenio cal ANE.

*Cuevas naturales de inhumación en cal.*
Representan la utilización o reutilización con fines funerarios de cavidades naturales, caracterizadas en este caso por contener inhumaciones bajo una capa de cal. Conviene tratar estas manifestaciones individualizadamente, debido a su relevancia en la caracterización del periodo Postalayótico y también a las repercusiones de su cronología absoluta en la secuencia estratigráfica del abrigo de Son Matge.

A los problemas habituales de la excavación y análisis de contextos funerarios colectivos, se añaden en este caso los derivados del medio sedimentario propio de la acumulación de cal. Si ésta recibe aportes hídricos en unas determinadas condiciones de temperatura, se produce la formación de un agregado carbonatado de gran dureza que torna virtualmente imposible cualquier intento por separar huesos y elementos de ajuar. Por otro lado, la cal favorece la desaparición del colágeno en los restos óseos, de manera que dificulta la obtención de dataciones radiocarbónicas de vida corta.

La serie radiocarbónica asociada a este tipo de conjuntos funerarios suma setenta y cinco dataciones. Sin embargo, sesenta y una han sido desestimadas inicialmente por haber sido obtenidas a partir de muestras de carbonatos. De las catorce restantes, la mayoría procede de Son Matge y han sido realizadas a partir de muestras de carbón vegetal. Tan sólo disponemos de tres dataciones sobre muestras de vida corta relativas a los yacimientos de Punta de S´Escullar, Son Gallard y Son Matge. La suma de las probabilidades de éstas ofrece un intervalo a 1 sigma comprendido entre *ca.* 400 cal ANE y 350 cal DNE (gráfico 3.25). El hecho de que tan sólo tres fechas haya proporcionado un intervalo de más de ocho siglos de amplitud se explica por sus elevadas desviaciones tipo y porque apenas hay solapamiento entre los valores de cada una.

Obviamente, la cantidad de dataciones resulta todavía muy baja como para considerar cualquier lectura a partir de ellas como definitiva. Por ahora, indican que el ritual de inhumación en cal desarrollado en el interior de cavidades naturales se inició en la segunda mitad del I milenio cal ANE y que se prolongó más allá de la conquista romana, en lo que constituiría una clara pervivencia de las prácticas funerarias autóctonas.

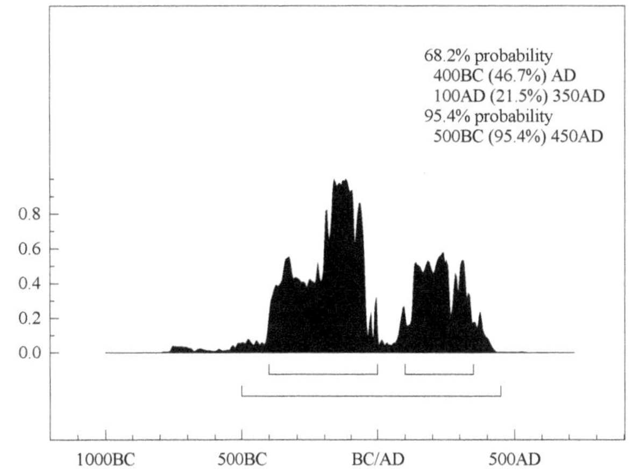


Gráfico 3.25. Suma de probabilidades de la serie radiocarbónica de las cuevas naturales de inhumación en cal (muestras de vida corta).

Respecto al límite superior de este intervalo, el panorama se muestra bien diferente al considerar la serie de dataciones efectuadas sobre muestras de vida larga (gráfico 3.26). En esta ocasión, el valor inicial se remonta a inicios del I milenio cal ANE, tal y como defendía Waldren (1982a) al establecer el comienzo de la práctica de inhumaciones en cal.

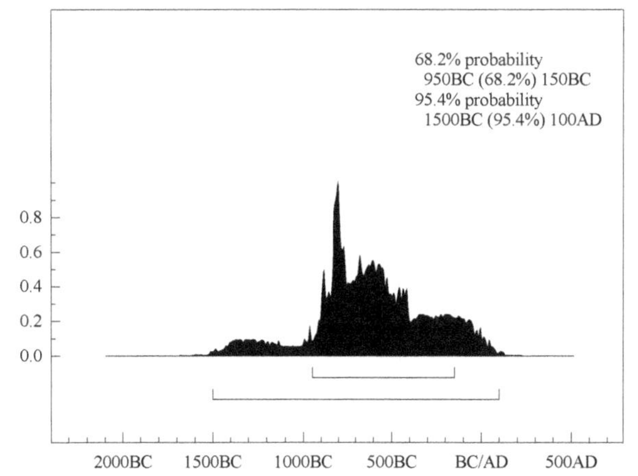


Gráfico 3.26. Suma de probabilidades de la serie radiocarbónica de las cuevas naturales de inhumación en cal (muestras de vida larga).

Cabe plantear algunas objeciones a la hipótesis de Waldren. La primera es que se fundamenta en los resultados de dataciones efectuadas sobre muestras de vida larga, por lo que la edad radiocarbónica resulta anterior, en una medida indeterminada, respecto a las anifestaciones arqueológicas que se pretende datar. En segundo lugar, no queda claro qué conjunto de elementos de ajuar exhumados del abrigo de Son Matge resultarían representativos del intervalo comprendido entre los siglos IX y VI/V cal ANE, puesto que las piezas metálicas y cerámicas de las que tenemos noticia se datan mejor en los siglos finales del I milenio cal ANE e incluso a inicios de nuestra era. Finalmente, podemos referirnos a la cronología de la propia práctica de inhumación en cal según los datos procedentes de otros yacimientos. En este sentido, el uso de la cal está bien documentado en la segunda mitad del I milenio cal ANE e incluso en momentos algo más recientes. Así, las fechas de Sant Joan de Missa IRPA-1135 e IRPA-1136 proceden de un nivel inmediatamente anterior a la práctica de enterramientos en cal, por lo que este ritual se situaría probablemente con posterioridad al siglo VI cal ANE. En Son Fornés, las dos inhumaciones en fosa al aire libre recubiertas con cal datan del siglo II cal ANE (dataciones UtC-2287 y UtC-2286), la misma cronología absoluta atribuida al uso de la cal en la cámara funeraria A de S'Illot des Porros (Hernández Gasch *et alii* 1998: 71). La inhumación en cal entre las ruinas del Talayot 1 de Son Ferrandell-Oleza reclama asimismo una cronología reciente (Chapman *et alii* 1993: tabla 2). Por último, cabe hacer referencia a que el nivel con inhumaciones en cal de Son Maimó se sitúa en la parte superior de la secuencia, siendo, por tanto, posterior al estrato intermedio que contenía enterramientos en ataúdes y parihuelas de madera (Amorós 1974; Veny 1977). Como veremos más adelante, ambos tipos de artefactos lígneos han sido datados a partir de finales del siglo V cal ANE en yacimientos como Sa Punta, Son Boronat y el mismo Son Maimó, circunstancia que coloca de nuevo al ritual en cal en fechas recientes. De hecho, el carácter tardío de éstos y otros ejemplos se ajusta bien con la cronología establecida para muchos de los ajuares funerarios asociados, donde no son raras las importaciones púnico-ebusitanas, como adornos de vídrio o cerámicas a torno, y los objetos metálicos de tipología reciente como espirales y armas de hierro, tintinábula, campanillas y figuritas zoomorfas en bronce, placas decoradas de plomo, etc.

En resumidas cuentas, la práctica de la inhumación en cal en cuevas naturales podría extenderse desde el siglo V cal ANE hasta al menos el cambio de era.

*Varia funerario.*

He reservado este apartado para considerar una serie de dataciones vinculadas a contextos funerarios con características peculiares. La información disponible sobre algunos de ellos permite calificarlos como manifestaciones singulares, ya sea porque fueron el resultado de prácticas muy acotadas en el tiempo y/o en el espacio, o bien porque por el momento sólo se conocen unos pocos casos. Por otro lado, en este apartado también se incluyen dataciones asociadas a contextos funerarios cuya única y poco afortunada peculiaridad es contar con muy pocos datos publicados, circunstancia que impide vincularlos a uno u otro de los tipos de contenedor recurrentes definidos hasta ahora.

He compilado sesenta y siete dataciones correspondientes a veinticinco yacimientos, de las cuales doce han sido excluidas por distintos motivos (I-4584, IRPA-778, IRPA-710 -fracciones 16%, 53% y 98%-, IRPA-778 -fracciones 17%, 30% y 50%-, UtC-4741, UtC-3935, KIA-19517 y KIA-14002). Dada la heterogeneidad de las manifestaciones consideradas, calcular la suma conjunta de probabilidades no tendría demasiado sentido. Por esta razón, he decidido agruparlas en función de características comunes en la forma de enterramiento o bien según el tipo de problemática que plantean.

Reutilización o reocupación esporádica de estructuras previas.

Se trata, por lo general, de enterramientos realizados entre las ruinas o en el depósito sedimentario de sepulturas o hábitats amortizados ya por aquel entonces. Al parecer, suelen ser resultado de prácticas esporádicas y poco frecuentes desde el punto de vista de cada yacimiento concreto, si bien su relativa frecuencia en el territorio insular pone en duda que respondan al azar.

El hipogeo con entrada megalítica de Cala Morell 12 ha proporcionado la datación UtC-10074, cuyo resultado se sitúa en la transición entre el II y el I milenios cal ANE. Este valor se distancia claramente del grueso de la serie correspondiente a los hipogeos con entrada megalítica, que comentamos en un apartado previo a propósito de las dataciones de Biniai Nou. Por tanto, tal vez testimonie una reutilización funeraria puntual y tardía del lugar. Este mismo fenómeno ha sido observado en relación a otros monumentos del mismo tipo en cronologías aún más recientes. Así, una de las fechas de Biniai Nou 2 (UtC-7846) señala un momento entre los siglos IV y III cal ANE, mientras que otra del hipogeo de Sant Tomàs (KIA-15713) lo hace nada menos que en el siglo VI cal DNE.

Las fechas BM-1511 y BM-1510 se asocian al yacimiento ibicenco de Can Sergent I. Considerado inicialmente como una estructura dolménica, esta idea ha perdido peso a favor de la práctica de al menos dos inhumaciones entre los siglos IX y VI cal ANE en el lugar ocupado con anterioridad por una estructura de habitación.

En la zona de la entrada a la Cova des Càrritx se documentaron restos correspondientes a una inhumación, probablemente secundaria, realizada con posterioridad al derrumbe que clausuró el acceso a lo que un día fue un recinto funerario provisto de un muro de cierre. Dos fechas radiocarbónicas, Beta-125221 y OxA-7820, permiten situar la citada reutilización en la segunda mitad del siglo V cal ANE.

La inhumación en cal hallada entre las ruinas del Talayot 1 de Son Ferrandell-Oleza, concretamente sobre los restos de la columna central, constituye una nueva muestra de estas reutilizaciones. Pese a que las dataciones efectuadas proceden de muestras de carbonatos, al menos existen suficientes argumentos cronoestratigráficos como para situar esta deposición con posterioridad al siglo VI cal ANE que, como señalamos anteriormente, señala el final en el uso originario de estos monumentos. Vale la pena señalar que también sobre los estratos formados por el uso y caída de la cubierta del Talayot 4 del mismo yacimiento se hallaron restos humanos.

En el yacimiento de Son Fornés, concretamente en las inmediaciones del sector ocupado por el Talayot 2, se han hallado recientemente restos de dos pies humanos en el interior de una ligera depresión en la roca. El resultado de la datación efectuada a partir de una de las falanges recuperadas (KIA-23120) denota una temporalidad de aproximadamente finales del siglo IV cal ANE. El material se encuentra en estudio, pero podría tratarse de los vestigios de un enterramiento de la fase Postalayótica casi completamente arrasado por el acondicionamiento del lugar realizado durante la fase Clásica.

En el mismo yacimiento de Son Fornés también se han registrado tres enterramientos efectuados sobre los restos de los asentamientos talayótico y postalayótico. Todos ellos se realizaron en arrabales o afueras del núcleo habitado de época clásica, datada entre finales del siglo III ANE y el siglo I DNE. Dos de estos enterramientos se realizaron en fosas poco profundas en las que los cadáveres, colocados en posición fetal, fueron cubiertos con una capa de cal. Uno de ellos contenía el cuerpo de una mujer, cuya muerte se produjo en la primera mitad del siglo II cal ANE (datación UtC-2287). El segundo contenía los restos de una mujer y de un individuo perinatal, que murieron en la segunda mitad del siglo II cal ANE (UtC-2286). Por último, el tercero corresponde a un individuo masculino colocado también en posición fetal en el interior de una fosa revestida con piedras que recuerda a una cista. La datación KIA-23128 sitúa este episodio a finales del siglo II cal ANE. Así pues, ests tres conjuntos funerarios del mismo yacimiento tuvieron lugar a lo largo del siglo II cal ANE.

Conocemos otros ejemplos equiparables a los documentados en Son Fornés. En Son Oms, el enterramiento realizado al norte del monumento D ha de ser posterior a la fecha Y-2666 (siglos VIII/VI cal ANE), referida a un hogar detectado en el estrato inferior. En el mismo yacimiento de Son Oms, aunque esta vez en la zona ocupada por la sala hipóstila, se documentó una serie de enterramientos datados en el siglo II arq ANE (Rosselló Bordoy 1973: 95). El mismo fenómeno se documenta en otros puntos del sector de la Pleta de Son Vidal Nou de este yacimiento y han sido datados en el siglo III arq ANE (Plantalamor y Cantarellas 1973). Por otra parte, en S'Illa des Porros se han documentado deposiciones funerarias individuales en fosa (TC1 y TC2) y en estructuras que recuerdan a las cistas que han cortado los depósitos arqueológicos de ocupaciones previas. Su cronología también es avanzada, como más antiguo a partir del siglo III arq ANE en las tumbas el sector occidental, y probablemente a partir de bien entrado el siglo I arq ANE y hasta el siglo II arq DNE en el área ocupada por los círculos A y B. En este sentido, la datación I-4524 se vincula a una inhumación individual en cuclillas cuyo resultado la coloca en el siglo II cal DNE. También cabría citar los dos enterramientos realizados en el área delimitada por el recinto 1 de Almallutx. A estos ejemplos se añaden otros peor documentados, aunque siempre de cronología reciente (Hernández Gasch 1998: 56).

En otro orden de cosas, todo apunta a que la datación KIA-16278 del yacimiento Biniparratx Petit informa sobre la deposición funeraria de un individuo neonato realizada en algún momento de los últimos tres siglos en las inmediaciones de las ruinas del talayot. Este tipo de inhumaciones se aparta de las normas jurídicas y morales "oficiales" en la Menorca de la Edad Moderna y Contemporánea.

Singularidades.

-Variedades hipogeicas.

Pese a que los datos disponibles proceden únicamente de observaciones realizadas sin que haya mediado una excavación, los hipogeos documentados en S'Alblegall (Menorca) parecen apartarse de los modelos establecidos (Arnau, Gornés y Stika 2003). Pese a estar afectados por la erosión, los hipogeos de S'Alblegall revelan una morfología irregular, muy distinta de los hipogeos de planta alargada presuntamente contemporáneos. La única datación válida (KIA-16277) de las dos efectuadas hasta el momento a partir de materiales recogidos en superficie, se sitúa a mediados del siglo XV cal ANE. Informaría, probablemente, del episodio de amortización del recinto funerario. Si esta interpretación es correcta, el uso como sepultura de S'Alblegall 3 debería haberse extendido por un tiempo indeterminado con anterioridad a esta fecha.

-Enterramientos secundarios talayóticos.

La campaña de excavación del año 2003 en Son Fornés ha deparado interesantes novedades en la zona adyacente al Talayot 2 (Zona E). En este sector se detectaron varios hoyos y depresiones en la roca madre. Entre los materiales con que fueron colmatados dos de ellos aparecieron restos humanos articulados, fundamentalmente de manos y pies, correspondientes a varios individuos. Por tanto, nos hallaríamos ante una acumulación de restos humanos en posición secundaria. La datación de una falange hallada en una de las estructuras subterráneas de mayores dimensiones (KIA-23147) proporcionó un resultado encuadrado a finales del siglo IX cal ANE, es decir, contemporáneo a los primeros momentos de ocupación del asentamiento talayótico. Las características morfológicas y tecnológicas de los fragmentos cerámicos que acompañaban el relleno sedimentario se ajustan también a lo indicado por la fecha radiocarbónica, lo cual refuerza la impresión de que nos hallamos ante una colmatación cronológicamente homogénea. Desconocemos por ahora la existencia de prácticas funerarias análogas en otros yacimientos talayóticos.

-Necrópolis en la bahía de Alcudia.

En diversos yacimientos de la bahía de Alcúdia se documentan varios tipos de recintos funerarios sin parangón en el resto de las Baleares. La necrópolis de Son Real, también conocida como "Punta dels Fenicis", constituye el yacimiento mejor conocido. En él se documenta un gran número de sepulturas construidas en piedra densamente agrupadas. A nivel tipológico, se distinguen tumbas que imitan a escala reducida talayots cuadrados y circulares, así como navetas funerarias. También se documentan recintos de planta rectangular que se adosan unos a otros formando hileras. La propuesta de periodización avanzada sobre criterios morfotipológicos (Hernández Gasch 1998: 196-200) indica que las primeras sepulturas fueron las de planta circular o angular de tipo microtalayot (fase Son Real I), datadas desde finales del siglo VII y a lo largo del VI arq ANE. En la fase Son Real II, alrededor del siglo V arq ANE, se construyeron las sepulturas de planta absidal de tipo micronaveta (variantes A y B) y las de tipo ovalado. Finalmente, durante Son Real III (siglos IV-III arq ANE) entraría en uso el conjunto de tumbas adosadas de planta rectangular (variante A).

Se han realizado siete dataciones radiocarbónicas a partir de muestras óseas humanas procedentes de estos tres tipos de recintos: microtalayot cuadrado (tumba nº 67), microtalayots circulares (tumbas nº 1 y 3), micronavetas (nº 20 y 65) y tumbas de planta rectangular (tumbas nº 88 y 90) (gráfico 3.27). En principio, los resultados no se ajustan del todo a lo esperado, ya que una de las dataciones vinculada a una tumba de planta rectangular (nº 90) ha ofrecido un resultado casi tan alto como la más antigua de la serie, en este caso asociada a un microtalayot cuadrado (nº 67). Sin embargo, ha de tenerse en cuenta que la calibración de las cuatro dataciones más antiguas se sitúa en el intervalo plano de la "meseta de Hallstatt", de forma que el Carbono 14 no puede proporcionar argumentos para apoyar la

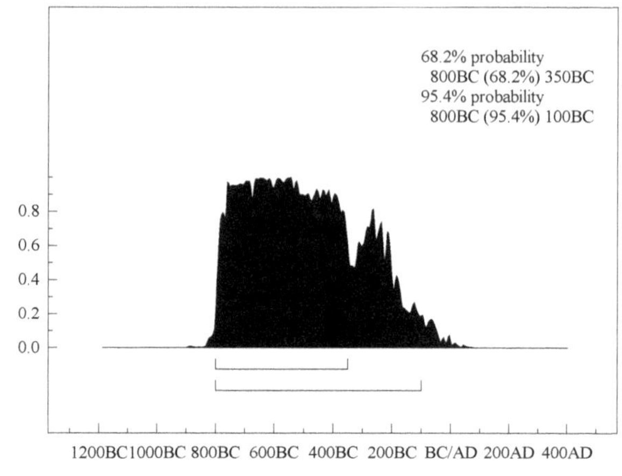


Gráfico 3.27. Suma de probabilidades de la serie radiocarbónica de la necrópolis de Son Real.

propuesta cronológica inicial. En cualquier caso, parece posible afirmar que el inicio de la necrópolis se sitúa entre los siglos VIII y VI cal ANE, probablemente entre los siglos VII y VI como argumenta Hernández Gasch (1998), mientras que su uso se prolongó hasta los siglos III/II.

Las curiosas estructuras funerarias en forma de microtalayot o micronaveta sólo hallan paralelos en otros yacimientos situados también en el mismo ámbito de la bahía de Alcudia. De hecho, muy cerca de la necrópolis de Son Real se ha excavado otra en S'Illa des Porros (Tarradell 1964; Hernández Gasch *et alii* 1998). Al igual que Son Real, se trata de un cementerio plurifásico, cuya utilización inicial supuso la construcción de pequeñas edificaciones funerarias. Pese al deficiente estado de conservación de los restos, pudo identificarse al menos una micronaveta (estructura T10). La cronología propuesta se encuadra en los siglos VI-V arq ANE (Hernández Gasch *et alii* 1998: 79). El tercer paralelo procede del yacimiento de Ses Païsses, en la cercana Artà, donde Lilliu informa sobre el hallazgo de una micronaveta[6], aunque vacía, sobre el depósito de la Habitación 10 (Lilliu 1963: 124).

Así pues, tanto microtalayots como micronavetas y tumbas rectangulares constituyen modalidades de contenedores funerarios suficientemente documentadas y muy restringidas geográficamente. Algo similar ocurre con las tumbas semisubterráneas en cámara excavadas en S'Illa des Porros (Tarradell 1964; Hernández Gasch *et alii* 1998). Se trata de tres recintos adosados de planta curva, conocidos con los nombres de "Círculos A, B y

[6] A partir de las fotos publicadas por Lilliu, autores como Hernández Gasch (1998: 56) han planteado que la morfología de los restos se adecúa más a una estructura circular que a una naveta propiamente dicha. Por otro lado, el carácter funerario de otras estructuras referidas para otros yacimientos y similares a las constatadas en las primeras fases de Son Real, permanece en suspenso (Hernández Gasch 1998: 56).

C", y cuya cronología he comentado en el apartado correspondiente del Capítulo 2. Recordemos que la habilitación de la primera cámara (Círculo C) se sitúa en el siglo IV arq ANE o tal vez algo antes (Hernández Gasch *et alii* 1998: 79), mientras que el derrumbe de estas estructuras se habría producido probablemente a finales del siglo I arq ANE. Posteriormente, el área ocupada originalmente por los círculos A y B acogió enterramientos individuales en fosa, primero en posición fetal y posteriormente en posición supina que concluirían aproximadamente en el siglo II de nuestra era.

-Inhumaciones individuales en ataúdes de madera.
Se aborda aquí el uso de contenedores funerarios de madera, fabricados a partir de troncos vaciados y que, en ocasiones, pueden contar con elementos lígneos tallados de apariencia tauromorfa (Sa Punta). Dichos contenedores han sido hallados en el interior de cuevas naturales o de hipogeos de tipología arquitectónica reciente que acogieron también otras deposiciones funerarias. Disponemos de varias dataciones radiocarbónicas realizadas a partir de muestras de madera de los propios ataúdes: una de Sa Punta (CSIC-37), dos de Son Boronat (BM-1518 y BM-1517) y una más de Son Maimó (QL-144). En conjunto, la serie permite sugerir que la utilización de los ataúdes de madera pudo iniciarse entre finales del siglo V y el siglo IV cal ANE. De esta forma, fue una solución cronológicamente próxima al uso de parihuelas o camillas también de madera, tal y como se constata en la Sala 1 de la Cova des Càrritx (dataciones Beta-125221 y OxA-7820). A este respecto, la datación IRPA-1021 del Hipogeo 21 de Calascoves, efectuada a partir de una muestra de madera correspondiente a un ataúd o a unas parihuelas, se sitúa también en cualquier caso dentro de la tendencia indicada.

Contextos funerarios con información insuficiente.
Este apartado incluye aquellos casos en que la falta de datos dificulta o impide establecer vínculos seguros con alguna forma de enterramiento normalizada. La datación de Son Blanc (KIA-20084) parece referirse a un enterramiento individual efectuado en el siglo IX cal ANE. Poco después tenemos constancia de otra deposición funeraria, al parecer también individual, en Son Mas (fecha UtC-4857). Pese a que apenas conocemos detalles en torno a las peculiaridades del rito de enterramiento o de las posibles ofrendas asociadas, esta datación posee el valor indirecto de señalar un *términus ante quem* respecto a la construcción del santuario, ya que la edificación de uno de sus tramos murarios conllevó la desarticulación parcial de la tumba.

La única datación de Algaiarens-20 (UBAR-423) remite a una inhumación en cista que, de confirmarse, constituiría un tipo de contenedor atípico para el siglo V cal ANE en las Baleares. Bajo la misma caracterización contextual de inhumación individual en cista se han publicado tres dataciones del yacimiento de S'Embarcador de Salairó (UBAR-420, UBAR-421 y UBAR-422). Las dos primeras señalan un lapso temporal que abarca principalmente los siglos IV y III cal ANE, mientras que la tercera se distancia ampliamente al situarse en el siglo V cal DNE. La falta de datos impide valorar si los enterramientos menorquines guardan relación con las también estructuras de tipo cista estratigráficamente posteriores a la colmatación de los Círculos funerarios A y B de S'Illa des Porros, y cuya cronología se estima entre el cambio de era y el siglo II arq ANE (Hernández Gasch *et alii* 1998: 79).

Sobre la datación KIA-21228 del yacimiento de Cap de Forma/murada, todavía no se ha publicado si la muestra ósea procede de la necrópolis hipogeica cercana o bien de restos hallados en conexión con el núcleo habitado. Las únicas noticias publicadas sobre Es Grau hablan de una cueva natural parcialmente retocada, de la que se dispone de una fecha radiocarbónica (UBAR-428) en torno a los siglos IX-VIII cal ANE. En cuanto a la datación de la Cova des Coloms (IRPA-1022), pese a que los datos contextuales son muy escasos, posee el valor de informar sobre el momento de fabricación de un cuerno de bóvido realizado en bronce. Estas piezas han sido halladas aisladamente o bien como parte de cabezas de estos animales enteramente fundidas en este metal. El resultado de la datación IRPA-1022 indica que hay que datarlas desde finales del siglo V cal ANE en adelante.

La falta de datos contextuales resulta todavía mayor en relación a las fechas procedentes de Torrent d'en Barragot (KIA-22648), Cova de Son Àngel (UBAR-429), Coves d´Addaia (UBAR-430), Talatí de Dalt (UtC-10078) y Sanitja (CSIC-40), ésta última una tumba medieval. Por su parte, las fechas de la Cova de Son Puig (Y-2673 e Y-1791) y Son Gallard (KIA-21214), situables a mediados del siglo II cal ANE aludirían a enterramientos colectivos de cronología reciente documentados desde hace décadas en ambos yacimientos.

Por último, las dataciones UtC-9019 y UtC-9020, correspondientes a Ses Roques de Son Baduia, demarcan una temporalidad centrada en los últimos dos siglos del II milenio cal ANE. Figuran en este apartado porque, al parecer, fueron obtenidas a partir de sendas muestras de huesos humanos. Ello resulta sorprendente ya que, según las pocas notas publicadas, este yacimiento es de carácter habitacional. Por tanto, nos limitamos simplemente a dejar constancia de ambas, sin descartar la posibilidad de que en realidad nos hallemos ante una simple confusión concerniente al tipo de material datado. De ser así, las edades resultantes coincidirían con el tramo final del uso de la estructura habitacional de planta naviforme excavada en este yacimiento (siglo XII e inicios del XI cal ANE).

**Cronología absoluta y estado del medio ambiente: los sondeos polínicos.**

Disponemos de veintiuna dataciones radiocarbónicas vinculadas a diferentes sondeos polínicos practicados en la Albufera d'Alcúdia, el Barranc d'Algendar, Cala'n Porter, Cala Galdana, Santa Ponça y en una localización en mar abierto, cerca de las costas de Menorca, conocida con las siglas KF14. Han sido obtenidas a partir de distintos tipos de muestras, aunque para la mayoría el material datado permanece inédito. Dos de ellas son de cronología preholocénica (una de la Albufera d'Alcúdia de código inédito y otra de KF14: Beta-70898) y exceden el límite superior de la curva de calibración. Las restantes se distribuyen entre finales del IX milenio cal ANE hasta el siglo II cal DNE. Sin embargo, la calibración de la serie muestra que dicha distribución dista mucho de cubrir uniformemente este amplio intervalo (gráfico 3.28). La mayoría de las dataciones se concentra entre *ca.* 8500 y 3500 cal ANE, mientras que sólo tres fechas ilustran la amplia diacronía de casi cuatro milenios que va desde mediados del cuarto milenio hasta inicios de nuestra era. Por desgracia, de ello se desprende que la temporalidad que más interesa a la investigación arqueológica es precisamente la peor dotada en términos de balizas cronológicas absolutas.

A la vista del panorama indicado por las dataciones de los sondeos polínicos y considerando los resultados obtenidos para las estructuras antrópicas, se derivan dos conclusiones provisionales. La primera es que el registro polínico no presenta la suficiente resolución cronológica para abordar el tema de la correlación entre las fases del poblamiento humano prehistórico y el impacto medioambiental de las estrategias económicas practicadas en cada una de ellas. La segunda es que los cambios hacia una mayor aridez inferidos a partir de la palinología (Yll *et alii* 1997; Pérez-Obiol *et alii* 1999, 2000) resultan anteriores al asentamiento humano estable en las Baleares. Por tanto, la hipótesis de que tales cambios fueron inducidos directa o indirectamente por la presión antrópica sobre el medio debe mantenerse por ahora en suspenso.

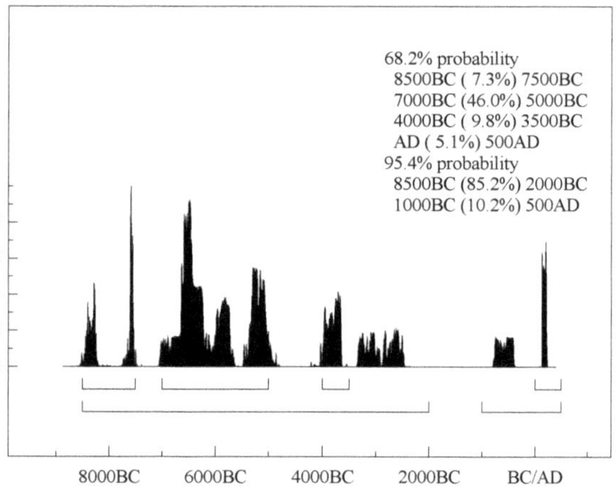


Gráfico 3.28. Suma de probabilidades de la serie radiocarbónica formada por las dataciones de cronología holocena correspondientes a sondeos polínicos.

**La periodización de la Prehistoria de las islas Baleares.**

La primera parte de este capítulo ha estado dedicada a establecer la cronología absoluta de los principales conjuntos estructurales de la Prehistoria de las Baleares. Para ello, se han organizado las evidencias proporcionadas por la serie radiocarbónica balear; seleccionado las dataciones con una mayor resolución temporal y definido las tendencias cronológicas centrales de los intervalos probabilísticos resultantes de la calibración de las series de fechas asociadas a los diferentes tipos de conjuntos estructurales. Los resultados del análisis pueden observarse sintéticamente en el gráfico 3.29.

En la última parte de este capítulo, esbozaré una propuesta de periodización de la Prehistoria balear a la luz de los indicadores de cronología absoluta disponibles en la actualidad. Para ello, me basaré en las cronologías absolutas de los conjuntos estructurales y las complementaré, cuando ello sea viable, con indicaciones relevantes sobre los objetos contenidos en aquéllos. El principal objetivo es plantear un esquema capaz de organizar cronológicamente las evidencias arqueológicas y que, por tanto, sirva como precondición y sustento de las lecturas históricas que se elaboren sobre la dinámica de las sociedades prehistóricas baleáricas. La propuesta de periodización irá también acompañada de las oportunas advertencias sobre las "zonas" de la secuencia prehistórica por las que transitar resulta todavía muy inseguro.

*El tiempo de las estructuras de habitación.*

Uno de los elementos fundamentales a la hora de pautar el cambio histórico, es decir, de señalar aquellas inflexiones decisivas en la dinámica de las sociedades, es observar modificaciones relevantes en los patrones de asentamiento, tanto a nivel territorial como en lo que respecta a la organización urbanística de los espacios habitados. El emplazamiento, disposición y estructuración interna de los asentamientos constituyen variables que se encuentran estrechamente relacionadas con aspectos esenciales de la vida social, tales como, por ejemplo, las estrategias de subsistencia, la división y organización del trabajo y las formas de reunión y de relación política. Así pues, resulta razonable considerar que las transformaciones estructurales de mayor alcance observadas en los hábitats constituyen síntomas de cambios sociales profundos, capaces de demarcar "épocas". En el caso de las Baleares, el análisis de la cronología absoluta de los conjuntos estructurales baleáricos de habitación (gráfico 3.29) permite plantear cinco etapas sucesivas.

I. La primera se inició en la segunda mitad del III milenio y finalizó en torno a 1600 cal ANE. Se caracteriza por el uso doméstico de cuevas y abrigos (Son Matge, Coval Simó), y también por la ocupación de poblados al aire libre con un empleo limitado de la piedra como material constructivo (Asentamiento Antiguo de Son Ferrandell-Oleza, Ca Na Cotxera, Son Mas, exterior de Biniac-L'Argentina Occidental).

II. La segunda etapa se desarrolló entre aproximadamente 1600/1500 y 1100/1000 cal ANE. A lo largo de estos siglos el asentamiento se concentró en poblados formados por edificios en piedra, a menudo de aparejo ciclópeo. Las estructuras de habitación más emblemáticas son las de planta naviforme (Closos de Can Gaià, Hospitalet, Cala Blanca, Son Oms y, tal vez, construcciones como las de Cap de Barbaria II en Formentera), aunque también se constatan modelos arquitectónicos distintos (estructura rectangular de Closos de Can Gaià, cabaña de Torralba d'en Salord) y también obras auxiliares de considerable complejidad (recinto y acequia del Asentamiento Antiguo de Son Ferrandell-Oleza). Las cuevas y abrigos siguieron siendo frecuentados, aunque ahora puntualmente para el desarrollo de actividades especializadas de carácter económico o político-ideológico (Recinto Central de Son Matge, Salas 3 y 6 de la Cova des Càrritx, Salas 1, 2 y 3 de la Cova des Mussol).

III. Entre *ca.* 1100/1000 cal ANE y la generalización de los talayots y de los asentamientos sincrónicos a éstos (siglo IX cal ANE), es decir, a lo largo de una temporalidad estimada en unos dos o tres siglos, hallamos una serie de asentamientos con características mixtas. Por un lado, se mantienen elementos de la tradición naviforme (Es Figueral de Son Real, Closos de Can Gaià) pero, por otro lado, presagian la estructura de los centros talayóticos (presencia de construcciones monumentales, hábitat concentrado) (S'Illot, Es Figueral de Son Real, Pula y, muy posiblemente, Trebalúger y Cap de Forma). El carácter mixto o transicional de esta temporalidad, junto a una relativa escasez de datos arqueológicos de calidad, la convierte en una de las más controvertidas. De ahí que, a medida que avancen las investigaciones, no es descartable que las manifestaciones que la conforman acaben integrándose o repartiéndose en los grupos que las preceden y suceden. La frecuentación de las cuevas naturales se limita a visitas esporádicas de diverso carácter.

IV. Entre el siglo IX y mediados o finales del siglo VI cal ANE, se desarrollaron los asentamientos talayóticos típicos, formados por núcleos de habitación estructurados en torno a uno o varios

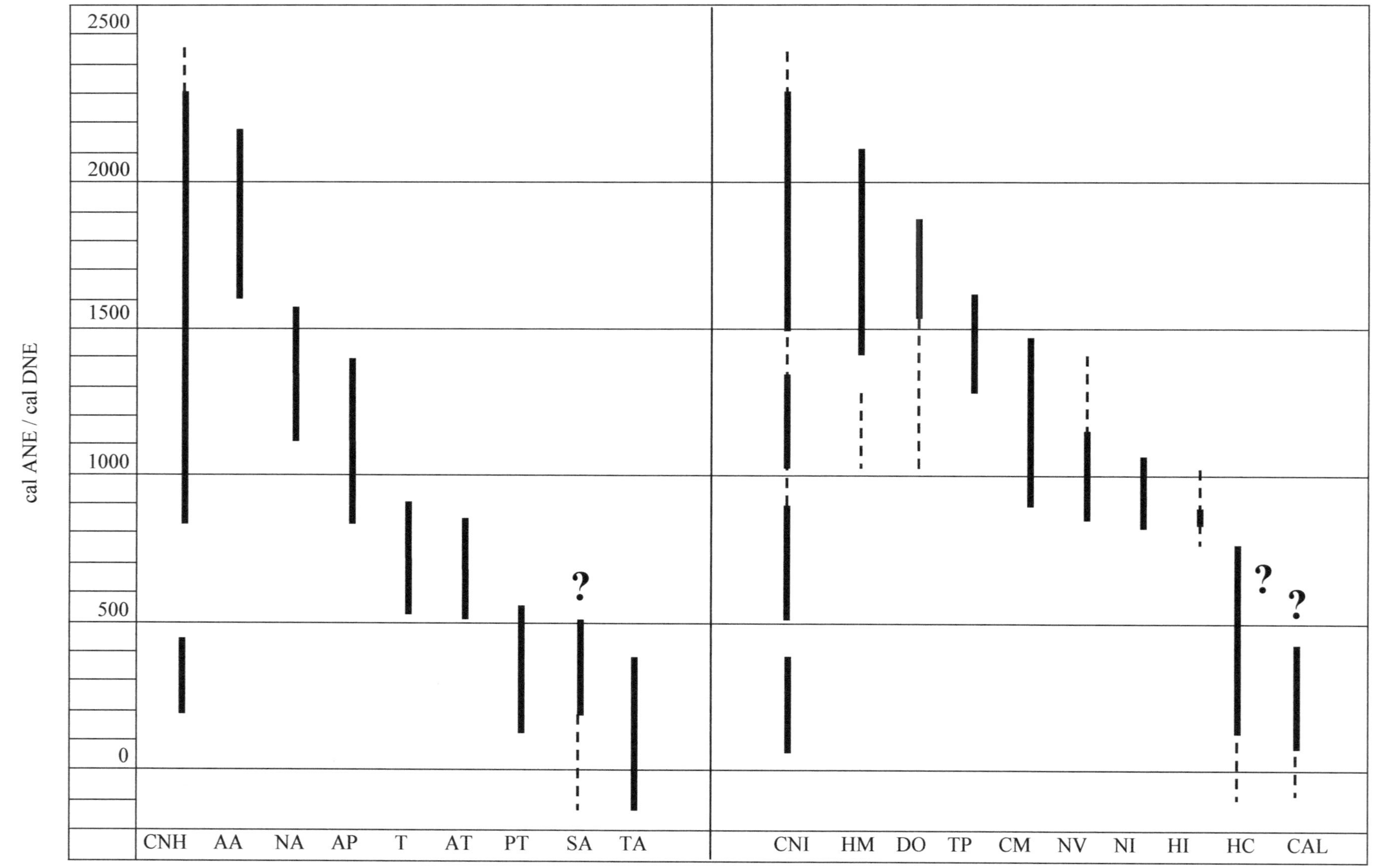


Gráfico 3.29. Cronología absoluta de los principales conjuntos estructurales de la prehistoria balear. *1. Conjuntos habitacionales*. CNH: Cuevas naturales de inhumación; AA: Asentamientos abiertos; NA: Naviformes; AP: Estructuras en piedra previas a talayots; T: Talayots; AT: Asentamientos talayóticos; PT: Asentamientos posteriores a los talayots; SA: "Santuarios"; TA: Taulas. *2. Conjuntos funerarios*. CNI: Cuevas naturales de inhumación; HM: Hipogeos con entrada megalítica; DO: Dólmenes; TP: Sepulturas con triple paramento; CM: Cuevas con muro; NV: Navetas; NI: Navetas de "tipo intermedio"; HI: Hipogeos simples (*forn*); HC: Hipogeos complejos; CAL: Cuevas de inhumación en cal.

edificios turriformes. Sin embargo, a lo largo de esta temporalidad se aprecian diversos modelos constructivos en lo que a viviendas se refiere: estructuras radiales o arriñonadas adosadas al paramento externo del talayot (Son Fornés, Son Oms, Trepucó), estructuras de planta cuadrangular adosadas una a otra (Son Fornés) y, seguramente en un momento tardío ya transicional, grandes recintos exentos de tendencia rectangular/romboidal (Son Ferragut). No puede descartarse, aunque resulta muy dudosa, tanto la construcción de los edificios mallorquines de planta en herradura conocidos como "santuarios" (Son Mas), como los extensos recintos amurallados que rodean algunos de los principales asentamientos (Ses Païsses, Son Catlar). No hay noticias seguras sobre el uso habitacional de las cavidades naturales.

V. En torno a un momento que cabría situar entre mediados del siglo VI o inicios del V cal ANE, los asentamientos talayóticos fueron abandonados, por lo general violentamente. Los asentamientos postalayóticos se inician a partir de entonces (Son Fornés, S'Illot, Ses Païsses, Son Mas) y muestran una continuidad hasta cuando menos la fecha admitida para la conquista romana de Mallorca y Menorca (123 ANE). En esta segunda mitad del I milenio se certifica el uso de las taulas en Menorca, de los "santuarios" en Mallorca y, con seguridad, de los recintos amurallados alrededor de algunos poblados destacados.

*El tiempo de las estructuras funerarias.*

Estas cinco etapas proporcionan el armazón básico para la propuesta de periodización. Sin embargo, este esquema inicial puede estar sujeto a ulteriores divisiones o matices al combinarlo con los datos correspondientes a las estructuras funerarias y a la de ciertos artefactos muebles. En nuestro caso, el ajuste entre los tiempos de los poblados y el de las tumbas dista de ser completo, y lo es mucho menos todavía si introducimos en el análisis la variable geográfica insular.

I. A la primera de las épocas demarcadas según la cronología de las estructuras habitacionales (*ca.* 2500/2300 – 1600 cal ANE) coresponden en primer lugar las cuevas o abrigos naturales de inhumación (Cova de Moleta, Can Martorellet, Son Marroig). Pese a que este tipo de contenedores continuaron siendo utilizados posteriormente, parece que la máxima intensidad de uso se produjo con anterioridad a mediados del II milenio. A excepción de los enterramientos al parecer individuales en cista del abrigo de Son Gallard, el rito practicado fue de tipo colectivo. Esta modalidad se halla documentada tanto en Mallorca como en Menorca. Los restantes tipos de estructuras funerarias con constancia radiocarbónica corresponden casi por entero a Menorca. Nos referimos a los hipogeos con entrada megalítica, a las tumbas dolménicas y a las primeras sepulturas circulares con triple paramento. De hecho, podemos considerarlos como el comienzo de una tradición en arquitectura funeraria propiamente menorquina. Por ahora, sólo los dólmenes son comunes a ambas islas, aunque por ahora su presencia en Mallorca resulta tangencial al estar representados tan sólo en el litoral de la bahía de Alcudia. Posiblemente ello no sea casual y tenga que ver con el comienzo de unos vínculos estrechos y singulares entre esta comarca mallorquina y la isla de Menorca, que se prolongaron hasta el final de la Prehistoria. Los tres tipos de sepulturas mencionados escalonan sus inicios desde las postrimerías del III milenio (hipogeos con entrada megalítica como Biniai Nou 1 y 2), principios del II milenio (*ca.* 1900/1800 cal ANE) (dólmenes como Son Bauló de Dalt, Montplé y S'Aigua Dolça) y el segundo tercio del II milenio cal ANE (sepulcros circulares con triple paramento, como Ses Arenes de Baix y Alcaidús).

El cese de las prácticas funerarias realizadas en cada una de las estructuras mencionadas resulta distinto. En el caso de los hipogeos con entrada megalítica, cabe asumir que el periodo de máxima vigencia corresponde por entero a la primera mitad del II milenio cal ANE y, por tanto, habría que considerarlos como propios de las primeras comunidades que habitaron Menorca. Algo similar sucede con los dólmenes ya que, a excepción de la sorprendente serie de Ses Roques Llises, sus valores cronológicos se concentran, como veíamos, entre *ca.* 1880 y 1520 cal ANE. En este capítulo, la inclusión del singular dolmen de Ca Na Costa, en Formentera, reafirma el límite cronológico superior de este intervalo, al situarse las fechas disponibles justo a inicios del II milenio cal ANE. En cambio, los sepulcros circulares de triple paramento rebasan ampliamente este límite y ocupan de lleno el tercio intermedio del II milenio cal ANE, por lo que habría que relacionarlos más bien con otro conjunto de manifestaciones posteriores.

A esta variabilidad de contenedores funerarios se sumarían probablemente los hipogeos sencillos con corredor corto a menudo en rampa y desprovistos de aparejo megalítico, como los conocidos en Son Sunyer 7 (Veny 1968), Sa Tanca (Rosselló Bordoy 1978, 2000) y Ca Na Vidriera 4 (Llabrés 1978). Ninguno de ellos ha sido datado por radiocarbono, pero las similitudes artefactuales con los ajuares dolménicos autorizan a proponer la contemporaneidad con éstos (Lull *et alii* 2004-e.p.).

En suma, la línea en torno a *ca.* 1600/1500 cal ANE que demarca la aparición de los nuevos asentamientos naviformes en Mallorca y Menorca coincide también con el final de la temporalidad de máxima vigencia de las cuevas naturales de inhumación, los hipogeos con entrada megalítica y los dólmenes. Sin embargo, la trayectoria en cada una de las islas revela una serie de diferencias. En Mallorca, se registra la presencia de cerámicas decoradas de estilo campaniforme, en sincronía con las únicas manifestaciones de enterramientos en estructuras cistoides en el interior de abrigos rocosos (Son Gallard). En segundo lugar, si bien las formas de hábitat respondían probablemente a modelos similares en Mallorca y Menorca, se produjeron ciertas divergencias en el capítulo de las prácticas funerarias. Así, en Mallorca parece vigente el rito de inhumación colectiva en el interior de cuevas y abrigos naturales, al que se añadirá probablemente poco después el uso de hipogeos con cámara simple. Sin embargo, en Menorca, al lado de las cuevas naturales de inhumación colectiva, se habilitan hipogeos con entrada megalítica, hipogeos sencillos y, poco después, sepulcros dolménicos, algunos de los cuales se construyeron también en la bahía de Alcudia en Mallorca. La práctica menorquina de construir edificios con fines funerarios tuvo continuidad en los sepulcros circulares de triple paramento, específicos de la isla. Desconocemos las formas de enterramiento de las comunidades que habitaron asentamientos ibicencos como el de Ses Torretes, a no ser que fuesen las mismas que utilizaron el dolmen de Ca Na Costa, cuyas peculiaridades arquitectónicas reclaman referentes distintos a los de Menorca y la bahía de Alcudia.

II. Las estructuras funerarias coetáneas con la temporalidad comprendida entre mediados del II milenio y 1100/1000 cal ANE mantienen la mezcla entre similitudes y divergencias entre Mallorca y Menorca. En el apartado de aspectos comunes figuran, en primer lugar, los hipogeos de planta alargada. La dispersión de este tipo de sepulcros resulta afín a la de los poblados naviformes en los lugares en que esta cuestión ha sido investigada (Gili 1995; Pons Homar 1999; Salvà 2001). En términos generales, parecen más abundantes en Mallorca que en Menorca, y, en esta isla, se concentran preferentemente en su mitad occidental (Plantalamor 1991). Sin ninguna duda, este tipo de sepulturas colectivas subterráneas constituye una de las principales asignaturas pendientes de la investigación prehistórica en Mallorca y Menorca. Pese a su elevado número, la información de que disponemos es muy fragmentaria y en su inmensa mayoría procede de intervenciones carentes de control arqueológico. A partir de bases tipológicas fundadas en determinaciones cronológicas absolutas, cabe sugerir que los hipogeos de planta alargada habrían sido utilizados principalmente en el Naviforme Inicial (*ca.* 1600-1450/1400 cal ANE) (Lull *et alii* 1999: 48). Sin embargo, a nadie se le escapa que los datos de cronología absoluta que barajamos son francamente pobres. Todavía queda mucho por hacer antes de que se logre establecer el inicio en el uso de estos sepulcros, mientras que, por otro lado y dada la longevidad generalizada de los contextos funerarios baleáricos, cabe la posibilidad de que al menos algunos de estos hipogeos perdurasen más allá del límite final propuesto (*ca.* 1400 cal ANE).

El segundo elemento común son las cuevas o abrigos naturales con muro ciclópeo (Son Matge, Es Càrritx, Es Forat de Ses Aritges). Su cronología cubre prácticamente toda la segunda mitad del II milenio y, en algún caso, incluso la supera ligeramente (Es Càrritx).

Sin embargo, sobre este fondo de manifestaciones comunes, Menorca aporta elementos peculiares. El primero se inició en el siglo XVII cal ANE con la construcción de sepulturas circulares con triple paramento. Su uso perduró, al menos, hasta *ca.* 1300 cal ANE y podría hallarse en el origen de las primeras navetas, cuyas manifestaciones más tempranas datarían del siglo XIV cal ANE. En este sentido, las llamadas "navetas de tipo intermedio", características de un área concreta dentro del actual término de Alaior, podrían ocupar otra rama de la misma línea de filiación. De esta forma, cobra verosimilitud la línea evolutiva que parte de los dólmenes y arriba hasta las navetas propuesta por Plantalamor (1991), aunque datada en cronologías absolutas más recientes. Este panorama tan diverso todavía se incrementa en un punto si tenemos en cuenta la probable perduración de alguna de las tumbas dolménicas, como parece suceder en Ses Roques Llises.

III. Al menos dos tipos de contenedores funerarios de los recién enumerados rebasaron la línea que separa el II del I milenio, siendo utilizados sincrónicamente al desarrollo de la tercera etapa definida a partir de las estructuras habitacionales. Nos referimos a las cuevas naturales con muro ciclópeo, a las navetas y a las denominadas "navetas de tipo intermedio". Entre *ca.* 1100/1000 y mediados del siglo IX cal ANE, Mallorca no registra más novedades en el capítulo funerario, a no ser la crisis de las modalidades ancestrales de enterramiento. En cambio, Menorca prosigue con su diversidad en este aspecto, ya que a cuevas naturales con muro ciclópeo y navetas, edificios que alcanzan el cénit de su vigencia, se añaden nuevos hipogeos sencillos abiertos en las vertientes de barrancos y acantilados. La perduración de modalidades de enterramiento de tradición anterior, junto con la constatación de ciertas novedades en el ritual, guarda un interesante parecido con lo que ocurre en los lugares de habitación. Ello confirmaría la caracterización de esta temporalidad como de carácter transicional, en la que hallamos una combinación de perduraciones y novedades.

IV. La correlación de manifestaciones funerarias en relación a la cuarta etapa, aquella definida por los talayots y los asentamientos asociados, se enfrenta al problema de imprecisión cronológica derivado del aplanamiento de la curva de calibración ("meseta de Hallstatt"). Este problema afecta de lleno a la determinación del inicio de las inhumaciones en cal y a las peculiares sepulturas de tipo "microtalayot" y "micronaveta" construidas en Son Real/S'Illa des Porros. En cuanto a los enterramientos en cal, resulta más probable que su cronología corresponda a la segunda mitad del I milenio cal ANE, mientras que las tumbas de la bahía de Alcudia podían haber sido utilizadas desde el siglo VII. Ello deja a Mallorca prácticamente sin evidencias de prácticas funerarias normalizadas entre los siglos IX y VI cal ANE, ya que tanto las tumbas arcaicas de Son Real/S'Illa des Porros como otras manifestaciones funerarias heterogéneas en yacimientos como Son Fornés o Son Mas, constituyen singularidades documentadas esporádicamente.

En Menorca, si bien es cierto que también cesaron algunas prácticas funerarias ancestrales, como la inhumación colectiva en navetas y cuevas con muro ciclópeo, parece probable que comenzaran a habilitarse hipogeos complejos en las paredes de barrancos y acantilados, aunque en una cantidad difícil de evaluar actualmente. Así pues, pese a que los indicios de una continuidad en las prácticas funerarias son más sólidos en Menorca que en Mallorca, cabría señalar como denominador común en ambas islas la crisis y desaparición de los modelos de deposición funeraria característicos de épocas anteriores.

V. Finalmente, la quinta etapa definida a partir de los conjuntos habitacionales encuentra ahora numerosos ejemplos de prácticas funerarias. Podemos certificar el ritual de inhumación en cal, ya sea en cuevas naturales, al aire libre o en hipogeos. Éstos, por su parte, exhiben plantas complejas. También se constata el uso de parihuelas y de ataúdes de madera, que sugiere cierta individualización de los cadáveres en el contexto de los recintos funerarios colectivos. En momentos recientes, se documentan además enterramientos, la mayoría individuales, efectuados en lugares ocupados anteriormente por asentamientos o tumbas. En definitiva, las prácticas funerarias incrementan su visibilidad arqueológica y diversifican sus formas, paralelamente al desarrollo y vigencia de los asentamientos postalayóticos.

*Propuesta de periodización.*

Una vez establecidas las correlaciones cronológicas pertinentes entre los conjuntos estructurales habitacionales y funerarios, es el momento de presentar la propuesta de periodización propiamente dicha. Como podrá observarse, se registran algunos cambios respecto a la que colaboré a establecer en un anterior trabajo (Lull *et alii* 1999), aunque se mantienen las directrices generales expresadas en él. Dividiré la exposición en apartados sucesivos, cada uno de los cuales contendrá una enumeración de las características que definen los periodos y también una pequeña agenda de temas pendientes que las futuras investigaciones podrían encargarse de asumir.

0. La cronología inicial del primer asentamiento humano estable.

En la última década, la determinación de la cronología y características del primer poblamiento insular ha constituido uno de los temas que más atención ha recabado. El principal foco de controversia ha girado en torno a si el inicio de la ocupación estable del archipiélago aconteció en una cronología "alta", encuadrable en el Neolítico inicial o incluso en el Mesolítico, o bien "baja", a partir cuando menos de un momento avanzado del Neolítico. Hasta finales de la década de los noventa, la mayoría apostaba por una cronología alta (Waldren 1982a, 1986; Coll 1993; Alcover, McMinn y Altaba 1994; Guerrero 1996, 1997a). En 1999, Lull *et alii* (1999) plantearon la posibilidad de una cronología baja para el asentamiento estable, que quedaría establecida en la segunda mitad del IV milenio cal ANE para Mallorca y en los inicios del II milenio para Menorca y las Pitiusas. Poco después, y con el apoyo de datos fruto de nuevos descubrimientos y análisis, otros investigadores han situado dicha cronología baja un "peldaño" por debajo de Lull *et alii* en lo que respecta a Mallorca, al encuadrarla en el III milenio (Alcover *et alii* 2001; Ramis y Alcover 2001; Alcover 2004). A raíz de la presentación de las propuestas a la baja, unos autores han comenzado a decantarse a su favor (Guerrero 2000, 2001; Calvo, Guerrero y Salvà 2002), mientras que otros han continuado manteniendo la hipótesis de una cronología alta (Waldren, 2000a, b, 2002b; Waldren, Ensenyat y Orvay 2002). En la actualidad, del examen de las evidencias radiocarbónicas se desprenden tres conclusiones que expondré a continuación.

La primera es que, en el estado actual de nuestros conocimientos, los datos de cronología absoluta no autorizan a elevar el inicio del poblamiento estable por encima de mediados del III milenio cal ANE. De hecho, los testimonios más seguros e inequívocos se detectan hacia 2300 cal ANE, un momento sincrónico al Calcolítico Final de las áreas continentales más próximas y a un paso ya del inicio del Bronce Antiguo. Ninguno de los conjuntos estructurales insulares evaluados en las páginas precedentes parece estar en funcionamiento antes de *ca.* 2500 cal ANE. La distribución percentílica de las series radiocarbónicas correspondientes a las muestras de vida corta y clara vinculación con la presencia humana, es decir, huesos humanos y huesos de fauna doméstica aportada, revelan una coetaneidad casi total (gráfico 3.30). Esta cronología baja daría cuenta de la sorprendente ausencia de artefactos relacionables con los horizontes neolíticos y calcolíticos precampaniformes tan profusamente representados a lo largo de las costas mediterráneas de la península Ibérica, sur de Francia, Liguria, Córcega, Cerdeña, Sicilia, Malta e Italia occidental y meridional. En otras palabras, cualquier hipótesis que abogue por que el comienzo del poblamiento *estable* en las Baleares aconteció antes de mediados del III milenio cal ANE, debe asumir el peso de aportar nuevas pruebas, ya que las actuales no justifican tal pretensión con la suficiente solidez.

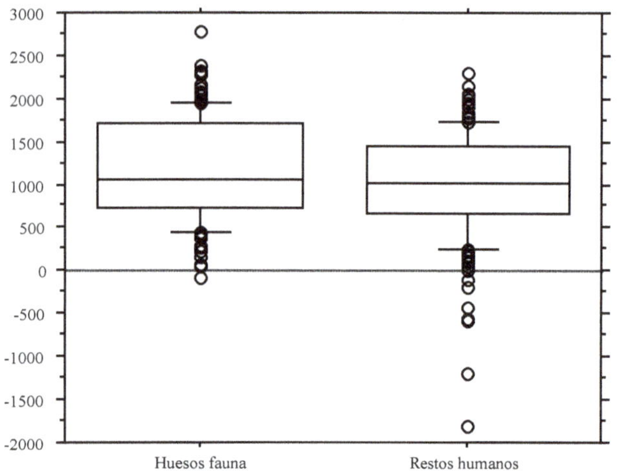


Gráfico 3.30. Comparación percentílica entre las series radiocarbónicas obtenidas a partir de muestras de huesos de fauna doméstica (n = 159) y de restos humanos (huesos y cabello) (n = 186).

La segunda conclusión señala que, con los datos actuales, Mallorca fue la primera isla en ser poblada de forma permanente, justamente en las cronologías recién comentadas de mediados del III milenio (*ca.* 2500-2300 cal ANE). Según las dataciones de C14, la presencia humana se demoró al menos dos o tres siglos en Menorca (finales del III milenio), aunque si atendemos a las dataciones de termoluminiscencia del exterior de Biniac-L'Argentina Occidental, el asentamiento humano en ambas islas se habría producido más o menos sincrónicamente. Por su parte, tal vez la ligera demora observada en Ibiza y Formentera (transición entre el III y el II milenios cal ANE) pueda ser consecuencia de la menor intensidad de la investigación prehistórica en las Pitiusas. De esta manera, se equilibran notablemente las fechas del poblamiento inicial en el archipiélago, que en la propuesta de Lull *et alii* (1999) se hallaban separadas por un desconcertante diferencial de más de un milenio.

Conforme a esta cronología baja, hay que barajar toda una serie de factores para entender por qué el archipiélago constituyó un lugar poco atractivo para las comunidades neolíticas y calcolíticas de las riberas del Mediterráneo centro-occidental. Entre tales factores figuran (1) el relativo alejamiento respecto al continente de las islas más extensas y con mayor potencial económico, Mallorca y Menorca; (2) la marginalidad de las Baleares en relación a las principales rutas de intercambio de la obsidiana sarda e itálica, lo cual inhibió la posibilidad de que fuesen utilizadas como escalas o puntos de paso y, finalmente, (3) quizás el que las tensiones demográficas y/o económicas entre las comunidades continentales no habían alcanzado el nivel suficiente como para impulsar a determinados grupos a aventurarse en busca de territorios hasta entonces marginales (Lull *et alii* 2004, e.p.).

La tercera conclusión señala que las comunidades mallorquinas y menorquinas de la segunda mitad del III milenio cal ANE no incluyeron a *Myotragus balearicus* en su dieta, dado que al parecer esta especie se habría extinguido con anterioridad al inicio del asentamiento humano estable. La comparación entre las dataciones radiocarbónicas holocénicas asociadas a muestras de este caprino endémico (huesos y coprolitos) y, por otro lado, la serie de fechas obtenidas a partir de huesos de fauna doméstica, revela una distancia de más de mil años entre las últimas manifestaciones de *Myotragus* y las primeras de fauna aportada (gráfico 3.31). Semejante asincronía abre la puerta a considerar que esta especie pudo haberse extinguido por causas estrictamente ecológicas. En este sentido, podría no ser casual que la desaparición de *Myotragus* (así como de otras especies de la fauna endémica) coincidiese con el cambio hacia una vegetación más xérica, observado en los registros polínicos y datado también en el V y IV milenios cal ANE (Yll *et alii* 1999: 49; Pérez-Obiol *et alii* 2000).

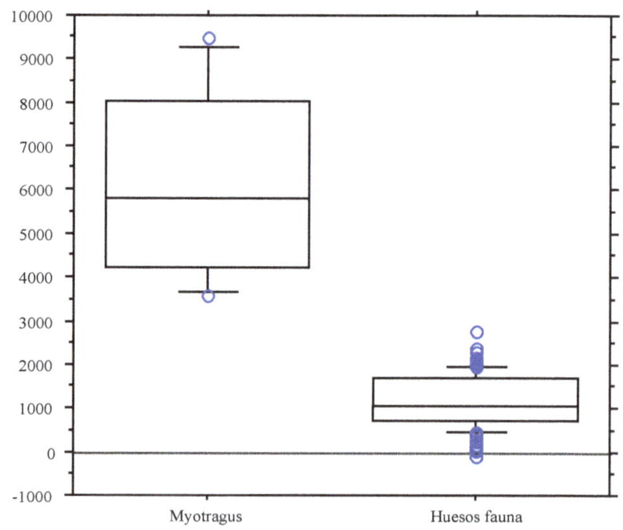


Gráfico 3.31. Comparación entre las series de dataciones efectuadas sobre huesos de *Myotragus balearicus* (valores de cronología holocena) (n = 7) y sobre huesos de fauna doméstica (n = 158).

-Temas pendientes y sugerencias para el futuro de la investigación.

a) En los últimos años, la arqueología prehistórica de las Islas Baleares nos ha acostumbrado a las sorpresas. Pese a que los datos disponibles apuntan a una cronología baja para la colonización del archipiélago, conviene no perder de vista que la tradición investigadora ha priorizado la excavación de las grandes edificaciones en piedra, dejando en un segundo plano a todos aquellos yacimientos que no ofrecían un "plus" de monumentalidad. En este sentido, tal vez futuras pesquisas sistemáticas en cuevas y abrigos de habitación, así como en asentamientos al aire libre carentes de construcciones ciclópeas, puedan deparar hallazgos que hagan remontar el límite cronológico señalado hoy para el comienzo del poblamiento estable, o bien que documenten ocupaciones humanas previas pero que carecieron de suficiente continuidad.

b) En un sentido análogo al expresado en el párrafo anterior, habría que confirmar si las diferencias cronológicas observadas entre las islas en cuanto al primer poblamiento estable responden a la realidad o a un sesgo de la investigación. El estudio de la Prehistoria de Menorca, Ibiza y Formentera ha acaparado mucha menos atención que el de Mallorca, y ello puede haber repercutido en el *décalage* cronológico observado. No resultaría sorprendente que llegásemos a certificar un poblamiento más o menos sincrónico en todas ellas. De hecho, lo extraño es que las hipotéticas gentes que arribaron a Mallorca, parece que en primer lugar, se demorasen varios siglos en frecuentar o incluso en aprovechar de manera permanente algunas de las excelentes potencialidades para la subsistencia de la vecina Menorca.

c) El controvertido tema de la cronología y las causas de la extinción del *Myotragus balearicus* exige más y mejores datos que los disponibles en la actualidad y, además, una estrecha colaboración entre la paleontología y la arqueología. Aunque a algunos este objetivo les parezca hoy en día quimérico, todo avance significativo requerirá de él.

<u>1. El primer poblamiento estable: Campaniforme (*ca.* 2500/2300 – 2100/2000 cal ANE)</u> (lámina 1).

Diversos motivos aconsejan segmentar en dos grupos arqueológicos la primera temporalidad que definíamos a partir de la cronología absoluta de los conjuntos habitacionales y que abarcaba desde mediados del III a mediados del II milenios cal ANE. De entrada, hemos observado que el poblamiento insular no se produjo al unísono, sino que éste se restringió inicialmente a Mallorca. Además, uno de los elementos materiales que definen este asentamiento, la cerámica decorada, es síntoma del mantenimiento de unas relaciones sociales específicas que, con la excepción casi anecdótica de Formentera, sólo han sido documentadas en Mallorca. Más adelante, hacia la transición entre el III y el II milenios cal ANE, la expansión del poblamiento vino acompañada de una serie de novedades en el plano de los artefactos muebles y de las prácticas funerarias que denotan una inflexión lo suficientemente relevante como para sugerir dos grupos arqueológicos diferenciados.

El grupo arqueológico Campaniforme inaugura la presencia continuada en las Baleares y, por ahora, se circunscribe geográficamente a la isla de Mallorca. Los dos fragmentos de esta cerámica aparecidos en Ca Na Costa podrían testimoniar una presencia humana sincrónica en Formentera, aunque, al parecer, de una entidad mucho menor a la documentada en Mallorca. Por otro lado, si finalmente se confirmase que la cronología del asentamiento humano en Menorca fue aproximadamente sincrónico al de Mallorca, no dejaría de extrañar la ausencia de cerámicas campaniformes en aquélla. A grandes rasgos, la materialidad que lo define puede resumirse en los siguientes puntos:

- Ocupación doméstica de cuevas y abrigos (Son Matge, Coval Simó), combinada con el establecimiento de poblados al aire libre en zonas llanas y abiertas, formados por estructuras con un uso limitado de la piedra como material constructivo (Asentamiento Antiguo de Son Ferrandell-Oleza, Ca Na Cotxera, Son Mas).
- Práctica de inhumación en cueva, ya sea conforme a un rito individual (Son Gallard) o colectivo (Moleta).
- Ajuar cerámico caracterizado por recipientes lisos de diversas formas y tamaños (grandes contenedores de perfil curvo con base plana y apliques diversos, cuencos, ollas carenadas) y, sobre todo, por cazuelas carenadas y cuencos decorados según patrones asimilables a los estilos campaniformes regionales de la Europa suroccidental.
- Práctica de la metalurgia del cobre.
- Aprovechamiento del sílex tabular local para la fabricación de instrumentos cortantes.
- Se presume la práctica de una economía agropecuaria, aunque todavía se ignora el peso relativo desempeñado por la ganadería y la agricultura en el conjunto de las estrategias de subsistencia. En todo caso, no se han documentado instrumentos de molienda que hagan pensar en una agricultura cerealista de envergadura.

-Temas pendientes y sugerencias para el futuro de la investigación.

Las problemáticas que afectan la investigación de las primeras comunidades humanas en Mallorca exigen vías de solución análogas a las esbozadas en relación al tema de la cronología del primer poblamiento (*supra*).

a) Excavación e investigación sistemática de conjuntos habitacionales en cueva o abrigo y también al aire libre, aspectos a menudo descuidados en favor de los yacimientos con restos arquitectónicos monumentales. Nuestros conocimientos actuales proceden de unos pocos yacimientos, algunos de los cuales presentan importantes problemas tafonómicos y cuyas evidencias materiales no han sido analizadas todavía en toda su extensión. Resulta de especial importancia aplicar técnicas de recuperación de restos orgánicos y de los artefactos macrolíticos en futuras excavaciones, a fin de avanzar en el conocimiento de las estrategias de subsistencia.

b) En el capítulo de la producción de artefactos, se abren diversas líneas de investigación encaminadas a definir los procesos de trabajo implicados. En relación a la metalurgia del cobre, ignoramos si empleó materias primas de origen local o foráneo. Habría que confirmar también si las cerámicas campaniformes constituyen o no piezas de factura local, como planteó Waldren, y, en cualquier caso, precisar su filiación con los estilos contemporáneos en las regiones del entorno. Tampoco habría que descartar que, merced al avance de las investigaciones, algún día pudiesen ser documentadas por primera vez en Menorca y, con mayor abundancia y claridad, en las Pitiusas.

c) En cuanto a las evidencias funerarias, el ritual individual en estructuras cistoides que atribuimos a partir de los hallazgos en Son Gallard debería poder documentarse en otros yacimientos, si es que realmente constituyó una práctica normalizada. El potencial informativo del análisis paleoantropológico sobre los restos humanos datados en los albores del poblamiento todavía permanece mudo.

2. Epicampaniforme/dolménico: *ca.* 2100/2000-1600 cal ANE (láminas 2-5).

El incremento de testimonios que sugieren una expansión del poblamiento a las islas menores, la proliferación de tipos de estructuras funerarias y diversos cambios en el repertorio de artefactos muebles aconsejan definir un segundo grupo arqueológico, aunque no se observen cambios relevantes en cuanto al tipo de estructuras de habitación utilizadas. Queremos subrayar que la denominación propuesta resalta dos hechos significativos. El primero, variaciones en los estilos decorativos de la cerámica, en consonancia con cambios similares en el continente (decoraciones "epicampaniformes", boquique – *barbelé*). El segundo, la novedad que supusieron las primeras estructuras en piedra con fines funerarios, ya sean hipogeos con entrada megalítica o los dólmenes propiamente dichos. Es evidente que ni las decoraciones epicampaniformes fueron ubicuas ni que toda la población fue inhumada en hipogeos y dólmenes, pero ambos fenómenos llaman la atención sobre ciertas novedades importantes en el ámbito de las relaciones sociales. El grupo epicampaniforme/dolménico cubre una temporalidad en buena parte equiparable al Bronce Antiguo en Europa. Atribuir muchas de sus manifestaciones materiales al Calcolítico, como ha ocurrido en ocasiones (Calvo y Guerrero 2002), no genera sino confusión.

Las características más destacadas son los siguientes[7].

- Continuación de las formas de ocupación doméstica en cuevas y abrigos (Son Matge, Coval Simó), y en poblados al aire libre en zonas llanas formados por estructuras con escaso uso de la piedra como material constructivo (Asentamiento Antiguo de Son Ferrandell-Oleza, Son Mas, Puig de Ses Torretes, exteriores de Biniac-L'Argentina occidental).
- Continuación de las prácticas funerarias de inhumación colectiva en cuevas naturales (Can Martorellet, Son Marroig, Cova des Bouer) e incorporación de nuevos contenedores funerarios: hipogeos simples de corredor corto y con entrada megalítica (Biniai Nou 1 y 2, Cala Morell 12) o sin ella (Sa Tanca, Son Sunyer 7, Ca Na Vidriera 4) y dólmenes (Son Bauló, S'Aigua Dolça, Montplé, Ca Na Costa). La frecuencia en Menorca de edificios funerarios colectivos construidos en piedra se halla en el origen de una tradición propia de esta isla, que prosiguió en el siglo XVII con la construcción de los sepulcros de triple paramento (Ses Arenes de Baix, Alcaidús) y que perduró hasta inicios del I milenio cal ANE con las navetas.
- Cerámicas decoradas según patrones "epicampaniformes", documentadas esencialmente en Mallorca.
- Repertorio cerámico restante caracterizado por formas lisas. La tipología incluye cuencos, a veces con fondos rehundidos, vasos troncocónicos con cordón paralelo al borde, recipientes de tendencia cilíndrica de galbo irregular (mal llamados "Horgen"), vasijas bitroncocónicas y grandes contenedores de cuerpo curvo, cuello y borde excavado, provistos de diferentes tipos de apliques y dotados de base plana. Pueden trazarse paralelismos entre buena parte de esta gama de recipientes y el elenco de formas cerámicas que, en la Europa continental, recibieron el nombre de "cerámicas de acompañamiento" del campaniforme y que, posteriormente, marcaron la pauta de las producciones cerámicas del Bronce Antiguo (Besse 2003).
- Primeros instrumentos metálicos de bronce estannífero, al parecer punzones (Son Matge, S'Aigua Dolça). Cuchillos o puntas de cobre completan el elenco de objetos metálicos.
- Afiladores de piedra ("brazales de arquero") para el mantenimiento de instrumentos metálicos.
- Botones de variada morfología (piramidal, prismática, circular, con apéndices análogos al tipo "tortuga"), fabricados en hueso, colmillo de suido y, excepcionalmente, piedra.

Indicadores tales como la morfología y orientación de las

[7] Véase Lull *et alii* (2004) para una síntesis más ampliada de los elementos que definen este periodo.

sepulturas dolménicas (S-SW), similitudes con estructuras hipogeicas con entrada megalítica, y diversos paralelos en la tipología y la decoración cerámica, y la industria ósea, sugieren contactos con los territorios del nordeste de Catalunya y el Golfo de León (Rosellón y Languedoc, principalmente). Dichos contactos pudieron haber supuesto la llegada de nuevas poblaciones, tal vez impulsadas a la búsqueda de nuevas tierras en el contexto de creciente violencia social que se estaba imponiendo en el continente (Lull *et alii* 2004, e.p.).

-Temas pendientes y sugerencias para el futuro de la investigación.

a) Pese a la relativa abundancia de conjuntos funerarios, su potencial informativo apenas se ha desarrollado, ni siquiera en los campos que resultan gratos a los enfoques arqueológicos tradicionales, como la tipología de artefactos. Urge, por un lado, estudiar o reestudiar la masa de materiales artefactuales y óseos procedentes de excavaciones ya realizadas y, por otro, adoptar la firme resolución de no emprender nuevas excavaciones a menos que se garantice una aproximación sistemática al estudio de los hallazgos.
b) Algunos de los tipos de contenedores funerarios incluidos en esta época requieren anclajes cronológicos más sólidos. Nos referimos especialmente a los hipogeos de planta simple sin fachada ni accesos megalíticos, para los cuales no se dispone ni de una sola datación radiocarbónica.
c) El desconocimiento de las características, organización y contenidos de los asentamientos de inicios del II milenio sigue siendo tan grande como lo era en relación a los siglos anteriores. Faltan, en este caso, excavaciones extensivas.

3. Naviforme: *ca.* 1600-1100/1000 cal ANE (láminas 6-10).

La cronología absoluta de los conjuntos estructurales baleáricos permite observar que en el siglo XVI cal ANE se detectan cambios que justifican hablar de una reorientación importante en la trayectoria social de las comunidades insulares. Las características más relevantes de esta nueva etapa son:

- Implantación de poblados formados por estructuras habitacionales de planta naviforme (Alemany, Hospitalet, Closos de Can Gaià, Son Oms, Cala Blanca, Son Mercer de Baix). Este modelo general convivirá con otras construcciones anejas en piedra (recinto rectangular y acequia del Asentamiento Antiguo de Son Ferrandell-Oleza) y con estructuras de plantas heterogéneas, sobre todo a partir del siglo XIV cal ANE (cabaña de Torralba d'en Salord, edificio rectangular de Closos de Can Gaià).
- Las cuevas profundas son frecuentadas como lugar de prácticas político-ideológicas (Cova des Càrritx, Cova des Mussol).
- Hipogeos de planta alargada como principal novedad en el capítulo de los contenedores funerarios a inicios de esta etapa (Cala Sant Vicenç, Son Sunyer).
- Aparición, desde el siglo XV cal ANE en adelante, de las cuevas de inhumación colectiva con muro de cierre (Cova des Càrritx, Es Forat de Ses Aritges, Son Matge).
- Reutilizaciones funerarias puntuales en cuevas naturales de inhumación colectiva (Can Martorellet).
- En Menorca, continuidad en el uso de las sepulturas de planta circular con triple paramento (Ses Arenes de Baix, Alcaidús) y utilización/reutilización de algunos dólmenes (Ferragut Nou, Ses Roques Llises) e hipogeos con entrada megalítica (Biniai Nou 2). Sin dejar esta isla, la construcción de navetas (Rafal Rubí Sur, Son Morell) pudo iniciarse a partir del siglo XIV cal ANE.
- Cambios significativos en la tipología y la tecnología cerámica. Entre los nuevos recipientes destacan grandes contenedores toneliformes o de cuerpo curvo y borde exvasado, vasijas tulipiformes, cazuelas carenadas de borde plano, ollitas de perfil en "s" y vasos troncocónicos. En el plano tecnológico, la principal novedad, según las evidencias menorquinas (Gómez-Gras y Risch 1999), reside en la incorporación a las pastas de desgrasante calcítico, que desplazará progresivamente el uso arcillas naturales con o sin adición de chamota. La cerámica con desgrasante calcítico de esta época tiende a recibir el apelativo de "talayótica" por parte de muchos investigadores. Ello se debe a que, en efecto, la utilización de este tipo de desgrasante seguirá siendo característica en el periodo de vigencia de estas construcciones y que perdurará incluso en épocas más recientes. No obstante, consideramos que aplicar el calificativo de "talayótica" a la cerámica del II milenio cal ANE induce a error, puesto que no hay pruebas sólidas a favor de la edificación de talayots en estos momentos.
- Desarrollo de la producción metalúrgica (punzones, leznas, brazaletes, instrumentos de corte), cuyos talleres se localizan en el interior de algunas estructuras naviformes (Hospitalet) o en abrigos (Son Matge).
- Tendencia hacia la uniformización en el marco de la producción de instrumentos óseos. Predominio de los botones de perforación en "v" de volúmenes piramidales y prismáticos realizados en hueso o en colmillo de suido (Lull *et alii* 2005-e.p.). Fabricación de agujas, espátulas y, sobre todo, punzones de hueso, predominantemente sobre soportes de bóvido.
- Se constata el cultivo de cereales (S'Alblegall 3, cabaña de Torralba d'en Salord), aunque el papel en la dieta de alimentos de origen animal fue sin duda importante (Rihuete 2003). El aprovechamiento de los recursos alimentarios de origen marino fue escaso o nulo (Van Strydonck, Boudin y Ervynck 2002).

Las relaciones económico-sociales tienden al

igualitarismo, aunque se ha planteado la posibilidad del infanticidio femenino (Rihuete 2003). Sin embargo, igualitarismo no equivale a uniformidad. El análisis de la producción metálica y ósea deja entrever una división de tareas que se expresa en el plano del asentamiento y, probablemente, a un nivel territorial superior. Ciertos factores comunes generales en el capítulo artefactual dejan entrever la frecuencia de los contactos y/o la movilidad de individuos y grupos. Los contactos e intercambios extrainsulares quedan atestiguados, cuando menos, por la llegada de marfil y de metal (ya sea en forma de objetos acabados o de las materias primas por separado; en el caso del metal, con seguridad el estaño y, tal vez, también el cobre). A finales del periodo, ciertos individuos se sometían a prácticas ideológicas que les capacitaban para asumir determinadas funciones mediadoras en el seno de la comunidad (Sala 3 de la Cova des Mussol) (Micó 2004, e.p.).

-Temas pendientes y sugerencias para el futuro de la investigación.

La investigación arqueológica de las comunidades de la segunda mitad del II milenio cal ANE ha experimentado un notable impulso en los últimos años, gracias a los trabajos realizados y en curso sobre diversos yacimientos (Cova des Càrritx, Closos de Can Gaià, Cova des Mussol, Cala Blanca, Es Forat de Ses Aritges, Ses Arenes de Baix). Sin embargo, quedan todavía algunas incógnitas por despejar y todavía más líneas en las que profundizar.

a) Los límites cronológicos del Naviforme. Conviene dejar en claro que 1600 cal ANE constituye un hito cronológico sujeto probablemente a cambios en el futuro. Que éstos se verifiquen o que las cosas permanezcan como están dependerá de los avances en la determinación de la cronología absoluta de algunos tipos de conjuntos estructurales. En primer lugar, de las propias estructuras habitacionales de planta naviforme, cuyas manifestaciones iniciales sólo podemos situar en el siglo XVI a partir de datos no del todo concluyentes. En segundo lugar, y como gran asignatura pendiente de la arqueología prehistórica en las Baleares, hay que abordar la excavación, investigación y datación de los hipogeos de planta alargada, así como del estudio de los materiales ya recuperados de este tipo de contextos. Hasta ahora hemos propuesto un periodo principal de vigencia centrado en los siglos XVI y XV cal ANE, pero no sería de extrañar que tuviésemos sorpresas en los límites superior e inferior de este intervalo.

b) En lo que respecta al límite inferior del Naviforme, no podemos obviar la dificultad de trazar una línea nítida que separe las manifestaciones continuistas de las novedades que conformarán los horizontes posteriores. En los asentamientos, el patrón dominado por los núcleos de estructuras naviformes dejará paso poco a poco a ordenaciones urbanísticas distintas que se desarrollarán en el grupo siguiente. Sin embargo, no conocemos en detalle la escala y los ritmos de esta sustitución. En el campo de los conjuntos funerarios ocurre algo parecido. Además, el panorama se complica al considerar las trayectorias diferenciales de Mallorca y Menorca. Así, a la parquedad del registro mallorquín, dominado por referencias a hipogeos de planta alargada de cronología ambigua y a inhumaciones en cueva, Menorca se acerca al cénit de la diversidad en este aspecto, de forma que en las dos últimas centurias del II milenio cal ANE pudo darse la convivencia entre inhumaciones en navetas y cuevas con muro de cierre, amén de reutilizaciones o usos retardatarios en otros tipos de contenedores tradicionales, como las cuevas naturales y los hipogeos. En suma, queda mucho por hacer para ordenar esta diversidad y, por supuesto, para entender su sentido social.

c) La fasificación interna del Naviforme. En nuestra periodización de 1999 (Lull *et alii* 1999), establecíamos tres fases dentro del marco naviforme. La inicial, entre *ca.* 1600 y 1450/1400 cal ANE, participa de lleno en los problemas que afectan a la definición del límite superior del Naviforme (véase *supra*). Las dos restantes, Media y Final, pautan un desarrollo que alude, en la primera de ellas, a la plena implantación de los elementos naviformes típicos, mientras que la segunda deja entrever el inicio de una etapa de cambios. Es de desear que futuras excavaciones contribuyan a verificar o a corregir este esquema, que continuamos considerando orientativo.

<u>4. Prototalayótico: *ca.* 1100/1000 – 850 cal ANE</u> (láminas 11-17).

Si tuviésemos que calificar a este grupo arqueológico, elegiríamos una sola palabra: "transicional". En los poco más de dos siglos en que hemos calculado su duración, se dan cita tanto las últimas manifestaciones tradicionales del II milenio cal ANE como las que avanzan las innovaciones propias de la sociedad talayótica. En un sentido diferente, el adjetivo "transicional" también alude al estado del conocimiento arqueológico de esta etapa. Los yacimientos habitacionales que han proporcionado las informaciones más relevantes son todavía pocos y su interpretación no suelen hallarse exenta de problemas. Por ello, es de esperar que en el futuro el estado de la cuestión gane en concreción y seguridad. Sin perder de vista estas consideraciones, las características del Prototalayótico serían las siguientes:

- Asentamientos formados por un número variable de estructuras habitacionales densamente agrupadas. En algunos de estos centros, se levantaron estructuras monumentales que articulaban la organización urbanística (Es Figueral de Son Real, S'Illot, Trebalúger, Cap de Forma, ¿Pula?, ¿monumento 4 de So Na Caçana?). Dichas estructuras podrían considerarse como los prototipos inmediatos de los talayots, cuya construcción se generalizará poco después. Algunas viviendas naviformes perduraron tras experimentar cambios arquitectónicos (nivel 3 de la "Naveta 1" de Closos de Can Gaià).

- Continuidad de algunas cuevas de inhumación con muro de cierre (Cova des Càrritx), mientras que otras fueron abandonadas a finales del II milenio cal ANE (Es Forat de Ses Aritges).
- Apogeo de las navetas menorquinas (Tudons, Binipati Nou, Binimaimut, Cotaina), que coincidió con el inicio de los hipogeos simples de tipo I de Calascoves.
- Uso esporádico de cuevas de inhumación colectiva (Cova des Mussol).
- Frente a la "exhuberancia" del registro funerario en Menorca, las evidencias de éste en Mallorca escasean.
- Desarrollo de la metalurgia del bronce, expresada en una mayor variedad y cantidad de adornos e instrumentos depositados en forma de ajuares funerarios, ofrendas en cueva y depósitos ("pectorales", torques, cuentas, cuchillas, puntas de lanza, espejos, punzones, etc.). Primeros objetos de hierro (brazaletes simples) (Es Forat de Ses Aritges, La Cova).
- Documentación excepcional sobre la producción de artefactos de madera (vasos, peines, espátulas, bastoncillos) y asta (envases) (depósito de la Sala 5 de la Cova des Càrritx).
- Repertorio cerámico dominado por pastas con desgrasante calcítico. En el apartado morfológico, destaca la presencia de grandes contenedores de cuerpo ovoide y borde exvasado, vasijas de carena alta y borde exvasado, vasos troncocónicos con agarradera lateral y decoraciones incisas o puntilladas.
- Perduración de los botones de hueso y colmillo de suido característicos de la etapa anterior.

La lectura social que proponemos sigue enfatizando un componente igualitario, aunque en el contexto de crisis de las relaciones tradicionales del Naviforme. Se observan elementos a favor del mantenimiento de contactos extrainsulares con las regiones circumalpinas (Lull *et alii* 2002).

-Temas pendientes y sugerencias para el futuro de la investigación.

a) Como señalaba unas líneas más arriba, muchos de los datos que tenemos sobre los asentamientos se encuentran todavía en el aire. Parte del problema se debe a que el desarrollo posterior de los centros talayóticos desarticuló en bastantes ocasiones el depósito correspondiente a la época que nos ocupa, haciendo muy difícil obtener un cuadro representativo del urbanismo inmediatamente anterior a los poblados talayóticos. Tenemos buenas razones para suponer que ello pudo ser así en lugares como el Asentamiento Reciente de Son Ferrandell-Oleza y Biniparratx Petit, en los cuales se han datado materiales procedentes de niveles inmediatamente anteriores a la construcción de los talayots. Por tanto, admitiendo las dificultades intrínsecas en este tipo de excavaciones, consideramos una necesidad avanzar en el registro detallado de los grandes yacimientos plurifásicos, prestando una especial atención a los niveles inferiores de la secuencia.
b) Pese a que muchos de los conjuntos funerarios menorquines, como navetas, hipogeos y cuevas, han sido objeto de intervenciones clandestinas o de excavaciones poco rigurosas y que sus materiales se encuentran dispersos o carentes de documentación estratigráfica, consideramos que su estudio todavía encierra un potencial informativo que es necesario aprovechar.

5. Talayótico: *ca.* 850-550/500 cal ANE (láminas 18-21). El grupo arqueológico talayótico viene definido por la plena implantación y vigencia de las construcciones monumentales turriformes, tanto en Mallorca como en Menorca. Conviene hacer una advertencia acerca de los límites del intervalo propuesto. El superior, *ca.* 850 cal ANE, debe ser entendido como una alusión genérica al siglo IX, ya que los datos disponibles no permiten precisar si la generalización de los talayots se produjo a inicios o a finales de esta centuria. Probablemente, esta precisión sea en sí misma imposible de alcanzar si tenemos en cuenta que dicha expansión difícilmente respondió a un episodio repentino. En el otro extremo, los valores *ca.* 550/500 cal ANE también resultan meramente indicativos, puesto que el aplanamiento de la curva de calibración impide cualquier intento de fijar el cese en el uso original de los talayots dentro del siglo VI cal ANE. En este caso, además, el escaso número de objetos importados y su pobre o nula contextualización arqueológica no ayudan a establecer cronologías cruzadas capaces de orientarnos entre la imprecisión del radiocarbono.

Una vez expuestas estas salvedades, conviene también añadir que la utilización del término "talayótico" para designar una temporalidad mucho más extensa que la demarcada aquí contribuye a sembrar la confusión. Con anterioridad al siglo IX cal ANE, sólo es posible sugerir la construcción de los primeros ensayos de monumentos turriformes durante el Prototalayótico, es decir, no antes de *ca.* 1100 cal ANE. En el estado actual de nuestros conocimientos, remontar el origen de lo "talayótico" por encima de esta fecha no goza de suficiente apoyo empírico, por lo que no tendría sentido nominar una época con un término que alude a unas estructuras todavía inexistentes. Por otro lado, persistir en su uso en referencia a la segunda mitad del I milenio cal ANE (con los epítetos "final", "III" o "IV") oculta el hecho que por aquel entonces los talayots ya habían perdido su función original. Obviamente, no desaparecieron de la vista ni mucho menos. A veces, sus espacios interiores fueron reaprovechados, mientras que en muchas otras ocasiones sus ruinas sirvieron de apoyo a nuevas construcciones. Ahora bien, referirse a estos nuevos usos todavía dentro de lo "talayótico" da una impresión de continuidad que no se corresponde con las profundas transformaciones que experimentaron las sociedades de Mallorca y Menorca a mediados del I milenio cal ANE. Piénsese que si la estricta presencia de talayots se halla en el origen de la lógica que mueve a utilizar "talayótico" con posterioridad al siglo VI cal ANE, ¿por qué no seguir aplicándola para pautar el desarrollo histórico incluso hasta la actualidad? En Cerdeña, donde las nuragas desempeñan un papel tan emblemático como los talayots en las Baleares, algunos investigadores han tomado este camino, hasta el punto de extender las fases nurágicas hasta el año 1015 de nuestra era (final del llamado "Nurágico VII") (Webster y Webster 1998).

La caracterización material del grupo Talayótico se basa en los siguientes elementos:

- Plena vigencia de los talayots, en cualquiera de sus formas y variantes arquitectónicas y tanto en Mallorca como en Menorca. Desempeñaron funciones diversas, como la defensa, el control territorial, el procesado y redistribución de recursos cárnicos o las prácticas político-ideológicas. No hay elementos para afirmar que se trataba de residencias de un sector privilegiado de la sociedad, ni tampoco monumentos de carácter funerario.
- Asentamientos asociados integrados por viviendas que muestran una cierta variabilidad en cuanto a forma, dimensiones y a la organización urbanística que contribuyen a configurar: viviendas de planta trapezoidal o arriñonada dispuestas radialmente alrededor de los talayots (Son Fornés, Son Oms, Ses Talaies de Can Jordi), viviendas de planta cuadrangular adosadas a lo largo de un gran muro cabecero (Son Fornés, Capocorp Vell) y grandes edificios exentos de planta romboidal (Son Ferragut), estos últimos construidos seguramente en momentos terminales del intervalo cronológico general.
- Resta por confirmar la posibilidad de que algunos edificios calificados como "santuarios" puedan adscribirse a esta época (Son Mas), al igual que sucede con las murallas de largo recorrido y perímetro irregular que rodean algunos poblados (Ses Païsses). En este trabajo he defendido una cronología reciente para ambos tipos de estructuras, cuando menos a partir del siglo VI cal ANE si no incluso más tarde, por lo que habría que encuadrarlas en el siguiente grupo arqueológico.
- Prácticas funerarias de difícil visualización arqueológica. En Mallorca, sólo se constatan algunas manifestaciones esporádicas, heterogéneas y, casi siempre, de ubicación cronológica comprometida al situarse las dataciones calibradas en el intervalo plano de la curva (Cova Gregòria A, Son Real). En Menorca, hay indicios de que los hipogeos de planta compleja estuvieron en uso (Calascoves 21) pero, en cambio, las variadas estructuras funerarias previas (navetas, cuevas con muro de cierre) fueron abandonadas.
- Producción cerámica caracterizada por acusadas diferencias entre Mallorca y Menorca. En Mallorca, donde los recipientes cerámicos han sido estudiados en mayor profundidad, se distinguen grandes ollas pitoides, diferentes variedades de ollas de cuerpo globular y borde exvasado, cuencos y vasos troncocónicos. Las pastas contienen gran cantidad de desgrasante calcítico y fueron sometidas a cocciones reductoras.
- Apenas conocemos la organización de la producción metalúrgica y su expresión artefactual, aunque debió seguir la tónica iniciada en el Prototalayótico. Pese a que los primeros objetos de hierro pueden situarse en este último periodo, no parece que su uso se desarrollase marcadamente a lo largo del Talayótico.
- Industria ósea caracterizada por punzones de hueso.
- Producción lítica centrada en morteros, percutores esféricos y, en menor medida, molinos (Son Fornés). Primera constancia de proyectiles de honda realizados en piedra de manera especializada, probablemente ya en momentos recientes (Son Ferragut).
- Ante la falta de análisis carpológicos y el desarrollo incipiente de los estudios faunísticos, desconocemos la proporción relativa de los alimentos vegetales y animales en la dieta. Aun así, tiende a admitirse que la ganadería habría desempeñado un papel destacado.

En cuanto a la organización de la sociedad talayótica, seguimos aquí la propuesta formulada hace dos décadas por Gasull, Lull y Sanahuja (1984a), a partir del estudio sistemático del yacimiento de Son Fornés. Según dicha propuesta, la sociedad talayótica se articuló en unidades domésticas básicamente autónomas en cuanto a la producción de los artefactos básicos para la vida cotidiana, pero unidas por fuertes lazos colectivizantes en un marco tendente al igualitarismo. Todos los grupos participaron en la construcción de los grandes monumentos turriformes y también todos se beneficiaron de su uso. El reciente análisis sistemático del Edificio Alfa de Son Ferragut (Castro, Escoriza y Sanahuja 2003a) ha aportado nuevos elementos a la discusión sociológica, aunque todavía debemos resolver interrogantes relacionados con el encuadre cronológico de los distintos tipos de manifestaciones. En cualquier caso, la sociedad talayótica sucumbió tras una crisis generalizada que culminó en un final violento, tal y como atestiguan los niveles de incendio que sellan las ocupaciones en yacimientos como Son Fornés, Ets Antigors o el Asentamiento Reciente de Son Ferrandell-Oleza.

-Temas pendientes y sugerencias para el futuro de la investigación.

a) En el plano estrictamente cronológico, sería conveniente prestar una mayor atención a la definición del horizonte inicial que demarca la construcción masiva de talayots. En este sentido, sería interesante hacer hincapié en la cronología de cada uno de los tipos arquitectónicos de monumentos turriformes (cuadrados, circulares, oblongos), así como definir la relación cronológica entre éstos y los llamados túmulos escalonados (Son Oms, Son Ferrer), cuya cronología se supone aproximadamente similar a partir de la superposición directa de algunos sobre viviendas naviformes (Son Oms) y de indicaciones cronológicas (todavía ambiguas) como la de Pula.

b) La práctica totalidad de la información segura relativa a las viviendas talayóticas procede de la isla de Mallorca. Lamentablemente, carecemos de publicaciones que recojan conjuntos menorquines habitacionales sincrónicos, pese a las excavaciones realizadas en yacimientos tan espectaculares como So Na Caçana, Torre d'en Gaumés, Torralba d'en Salord, Torelló, Talatí de Dalt y Trepucó, entre tantos otros.

c) El aplanamiento de la curva de calibración y la falta de fósiles directores contextualizados datables entre los siglos VII-VI arq ANE impiden por ahora clarificar problemáticas históricas como la planteada a raíz del llamado "Horizonte de Son Ferragut" (Castro, Escoriza y Sanahuja 2003a). En este caso, resulta controvertido decidir si la materialidad representada en el Edificio Alfa fue sincrónica a los momentos recientes de los poblados talayóticos "clásicos" como Son Fornés, o bien fue inmediatamente posterior a ésta en el contexto de una época de cambios sociales rápidos como pudo ser el siglo VI cal ANE.

d) Resta por concretar la cronología inicial de los llamados "santuarios", un objetivo que debería ir acompañado por una investigación encaminada a dilucidar su función.

e) En cuanto a los conjuntos funerarios, los futuros trabajos deberían permitir confirmar la posición cronológica de algunas de las prácticas documentadas, como sucede con los hipogeos de planta compleja en Menorca. En Mallorca, el panorama es todavía más incierto, por lo que resulta más perentoria la necesidad de desarrollar proyectos que aborden sistemáticamente la investigación de los nuevos hallazgos.

f) La recogida y análisis de muestras carpológicas debería constituir una prioridad, debido a la incertidumbre actual en relación al papel desempeñado por la agricultura en el conjunto de la economía. Obviamente, esta recomendación debe hacerse extensible a los conjuntos de fauna doméstica.

6. Postalayótico: *ca.* 550/500-siglo II cal ANE (láminas 22-27).

El inicio del último de los grupos arqueológicos que vamos a considerar en este trabajo está definido por el abandono de los talayots y los asentamientos asociados, y su sustitución por toda una serie de nuevas estructuras. Como señalamos anteriormente, dicho abandono se produjo tras una serie de episodios violentos de destrucción por incendio que, tentativamente, cabría situar a finales del siglo VI cal ANE. Las novedades constatadas a partir de entonces pueden resumirse en los siguientes puntos.

- Estructuras de habitación polimorfas, que muestran un destacado contraste entre islas. Según los datos procedentes de yacimientos como Son Fornés, en Mallorca se registra la construcción de nuevas viviendas aprovechando el emplazamiento y los materiales constructivos de los núcleos talayóticos previos. No se ha observado una trama urbanística planificada, pero algunos centros se rodean de grandes murallas (Ses Païsses, Pou Celat, S'Illot, Ets Antigors, Es Rossells). En otros casos, los poblados pueden ser de nueva planta (sector "Barrio" de Son Mas). Por su parte, en Menorca se desarrollan núcleos formados por estructuras de planta curva, a veces de trazado irregular y en otras de tendencia circular, con fecuencia adosadas entre sí (Biniparratx Petit, Biniparratxet Petit, Torre d'en Gaumés, Sant Vicenç d'Alcaidús, Ses Talaies de n'Alzina). Resulta razonable suponer que este modelo menorquín tiene sus orígenes en las viviendas del grupo talayótico, aunque este extremo todavía ha de comprobarse.
- Fundación de asentamientos vinculados a las nuevas relaciones de intercambio y sociales en general, entre el mundo púnico-ebusitano y las poblaciones de Mallorca y Menorca (Na Guardis).
- Construcción de recintos de taula en Menorca y de los "santuarios" en Mallorca.
- Las manifestaciones funerarias recuperan la visibilidad arqueológica que les faltaba en los siglos precedentes. Hay constancia de una gran variabilidad de contenedores funerarios, tanto en Menorca como en Mallorca: hipogeos de planta compleja (Calascoves, Son Maimó, Cala Morell), cavidades naturales (Avenc de Sa Punta, Son Matge, Sa Cometa des Morts, Son Bauçà), cámaras circulares de mampostería en la zona de la bahía de Alcudia (Son Real, S'Illa des Porros), deposiciones funerarias sobre tumbas abandonadas (Biniai Nou 2, Cova des Càrritx), inhumaciones en fosas o cistas al aire libre, a veces sobre las ruinas de asentamientos (Talayot 1 de Son Ferrandell-Oleza, Son Fornés). En ocasiones, los cadáveres eran depositados sobre parihuelas de madera (Cova des Càrritx) o en el interior de ataúdes fabricados a partir de troncos vaciados (Son Boronat, Son Maimó) que, en algunos casos, recibían apliques decorativos tauromorfos (Sa Punta). Estos contenedores individualizados eran colocados, a su

vez, en recintos subterráneos que acogían a un número variable de cadáveres. En otras ocasiones, hallamos recintos de inhumación colectivos (cuevas o hipogeos) donde los esqueletos aparecen desarticulados y revueltos en el interior de una capa de cal. La cal también fue utilizada en tumbas individuales en fosa (Son Fornés).

- El ajuar cerámico mantiene algunas de las formas y las técnicas tradicionales (ollas de borde exvasado con cocción reductora y desgrasante calcítico), pero experimenta una renovación muy amplia. Se constatan recipientes de todo tipo de tamaños entre los que se documenta una gran variedad de asas y mayores frecuencias de cocciones oxidantes. Se detectan las primeras importaciones significativas de recipientes a torno de filiación púnico-ebusitana.
- Los artefactos metálicos son muy variados, aunque no siempre podamos asegurar si fueron fabricados en las islas o importados del exterior. En bronce, se documenta un amplio elenco de objetos destinados a prácticas político-ideológicas (figuras tauromorfas, "palomitas", guerreros, *tintinabulla*, campanillas, etc.). Las placas de plomo decoradas también tuvieron una función análoga. Entre los objetos de hierro, hallamos instrumentos y armas, como cuchillos y espadas de antenas, así como ítems ornamentales, como los espirales.
- En el capítulo de la producción lítica, se constata la manufactura de esferoides, probablemente percutores, y molinos de diversos tamaños y soportes geológicos, entre los cuales destacan los *amolons* de arenisca rojiza.
- Industria ósea de escasa entidad, entre la que cabe destacar los "taps", epífisis de fémur de bóvido trabajadas que aparecen como parte de los ajuares funerarios.
- La subsistencia parece haber dependido más de los productos agrícolas que en épocas anteriores, tal y como se desprende de la mayor cantidad de útiles de molienda y de contenedores de almacenamiento, y de las cada vez más numerosas evidencias paleobotánicas.

Las relaciones sociales en época postalayótica se fundaron en desigualdades económicas y políticas que todavía estamos lejos de conocer en detalle. El clima de violencia social puede ser inferido de la proliferación de obras de fortificación y de la presencia de armas (espadas, hondas). En este sentido, resulta significativa que las fuentes escritas informen que desde al menos finales del siglo V ANE contingentes de honderos baleáricos combatieron en los ejércitos cartagineses. Ello presupone la existencia de grupos armados locales con cierto grado de disciplina y experiencia bélica, cuya tradición podría retrotraerse a finales del periodo talayótico.

-Temas pendientes y sugerencias para el futuro de la investigación.

a) La definición de la cronología inicial del grupo Postalayótico se ve dificultada por los problemas ya aludidos del aplanamiento de la curva de calibración y de la escasez de fósiles-directores importados. Lamentablemente, ambos factores escapan en buena medida a las posibilidades correctivas de la investigación. En cambio, la problemática que rodea el establecimiento del final del grupo puede abordarse con mejores garantías. En principio, la conquista romana de las Baleares, fijada por las fuentes escritas en 123 ANE, constituiría un acontecimiento suficientemente decisivo como para marcar el inicio de una nueva etapa en la trayectoria de las comunidades insulares. Sin embargo, la investigación arqueológica posee los instrumentos para verificar o no el alcance y la naturaleza de los cambios que previsiblemente debieron ocurrir a finales del siglo II.
b) La cantidad y variedad de las evidencias funerarias no se halla compensada por análisis sistemáticos y publicaciones exhaustivas. Aun admitiendo la dificultad de documentar adecuadamente los niveles de cal cuando ésta se halla endurecida, la inmensa mayoría de los restantes conjuntos funerarios conocidos sólo ha ofrecido hasta ahora una cantidad de información muy limitada (en forma de publicaciones, claro está).

**Lámina 1. Grupo Campaniforme**

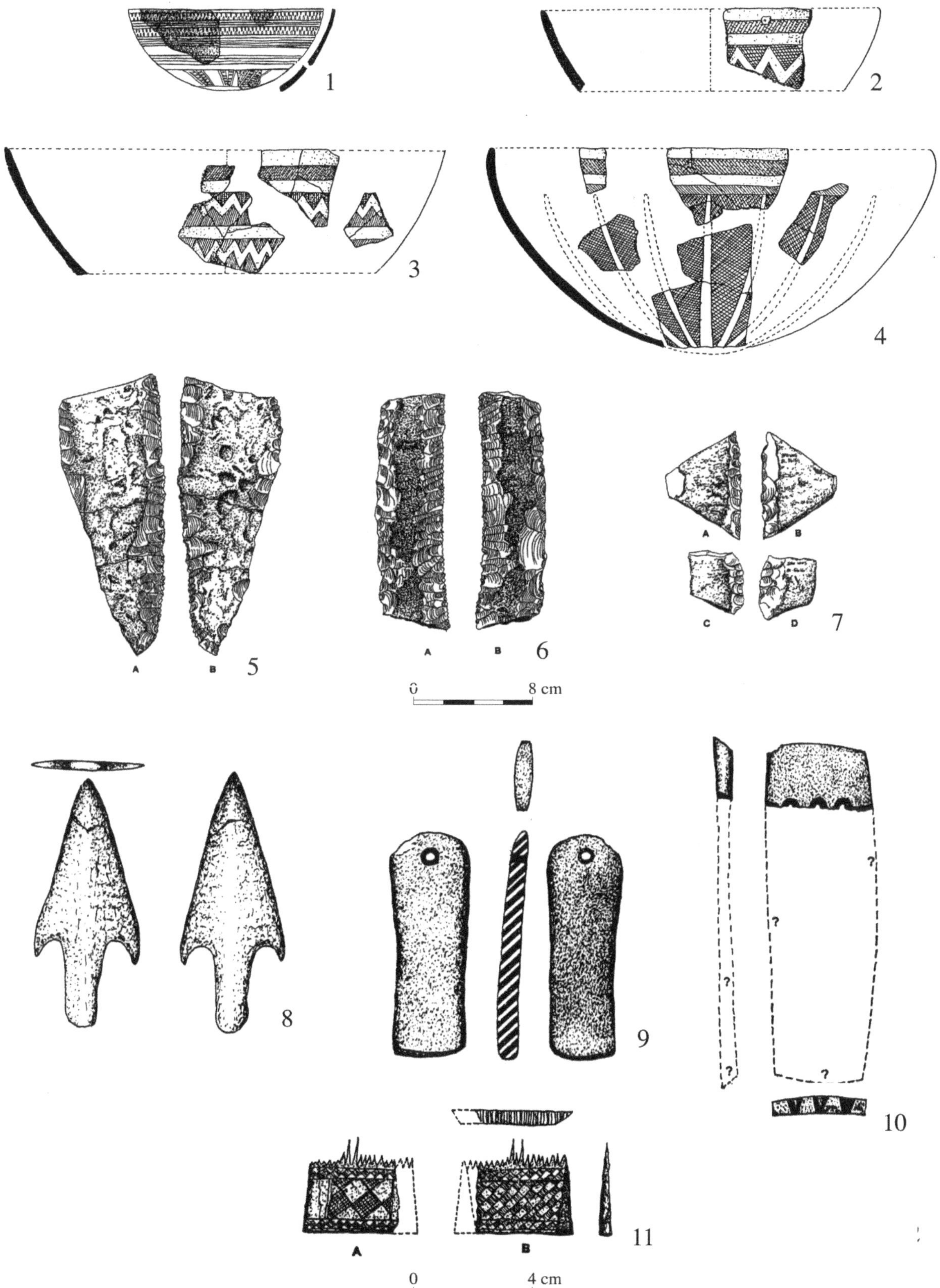

## Lámina 2. Grupo Epicampaniforme/dolménico

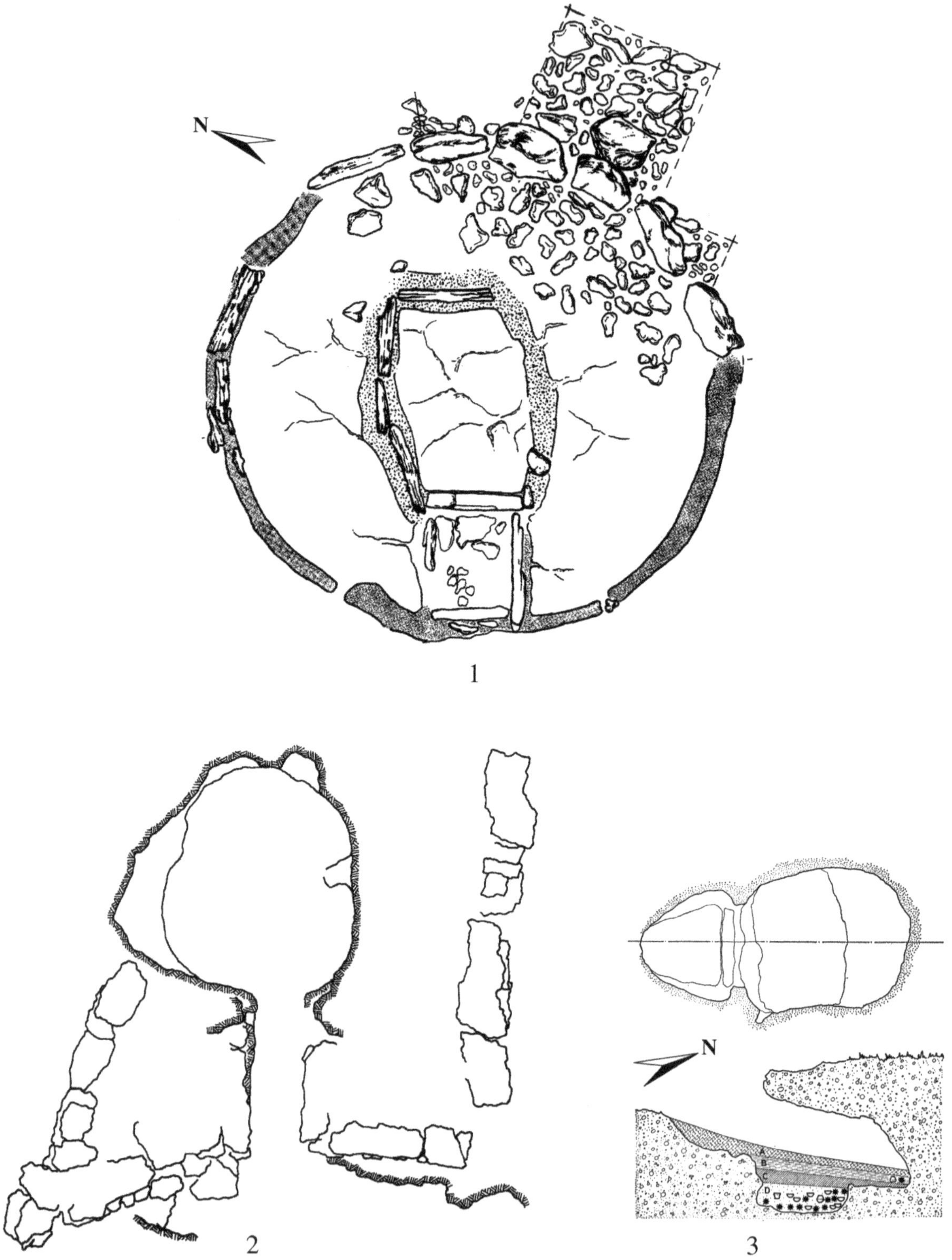

**Lámina 3. Grupo Epicampaniforme/dolménico**

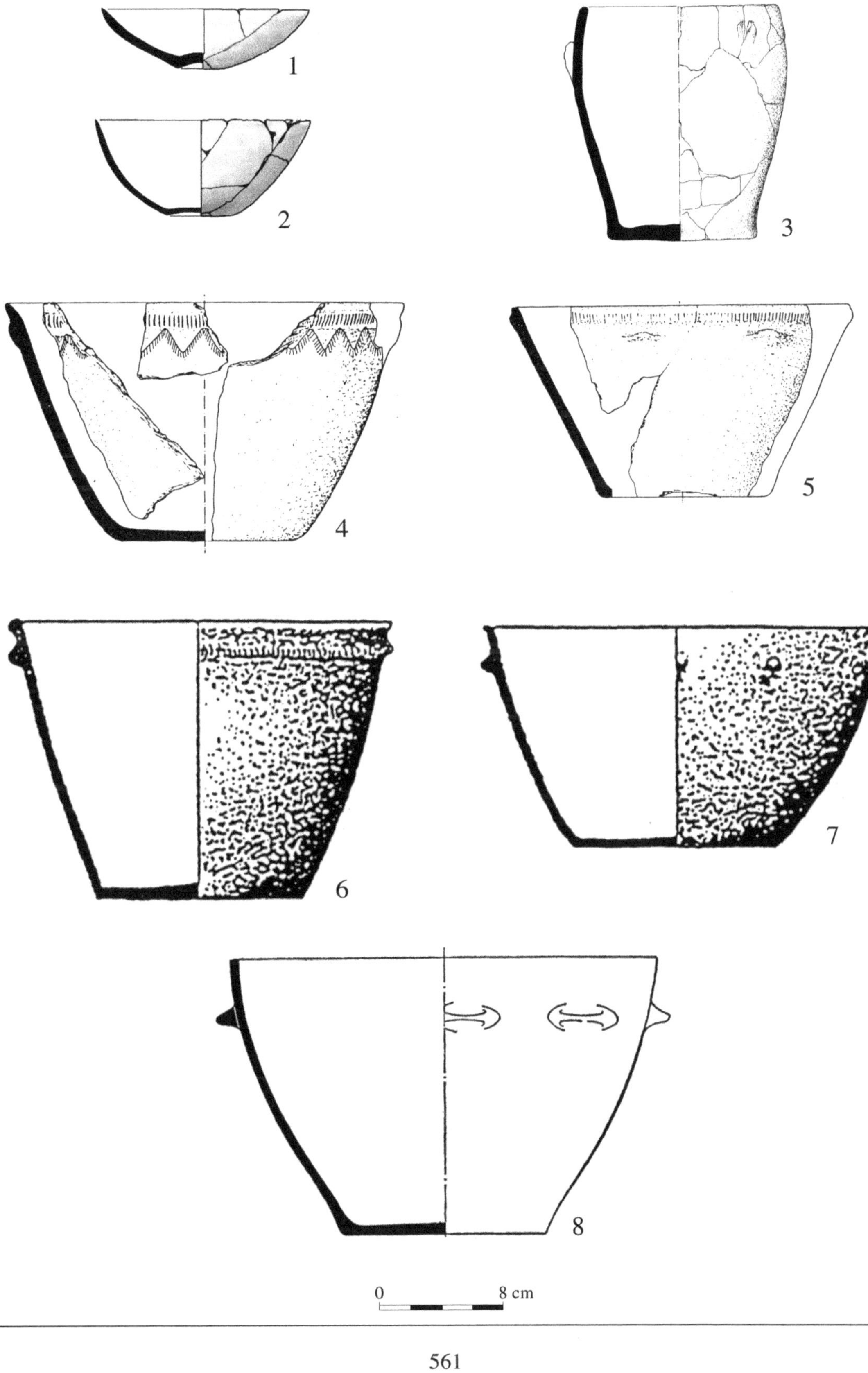

**Lámina 4. Grupo Epicampaniforme/dolménico**

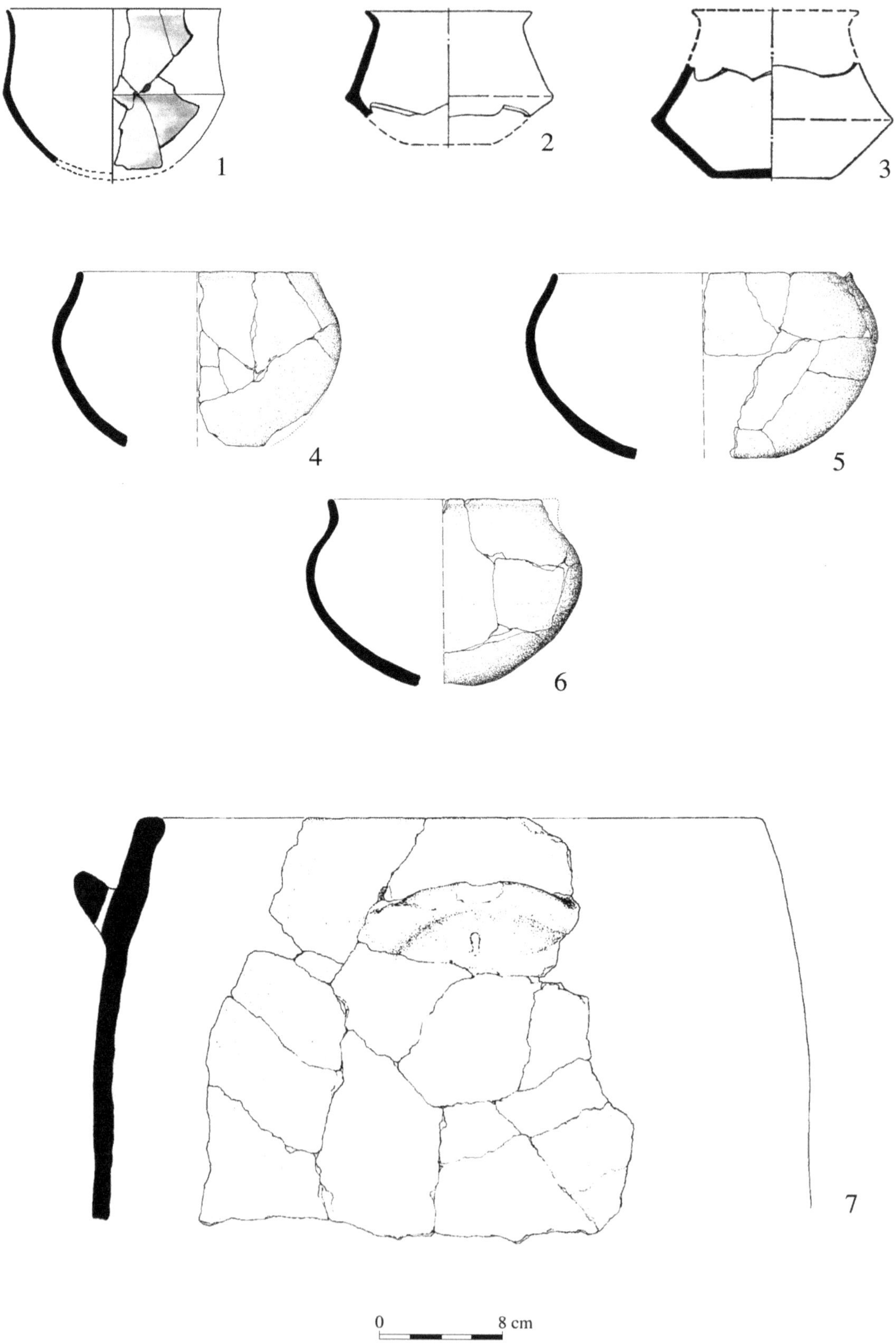

**Lámina 5. Grupo Epicampaniforme/dolménico**

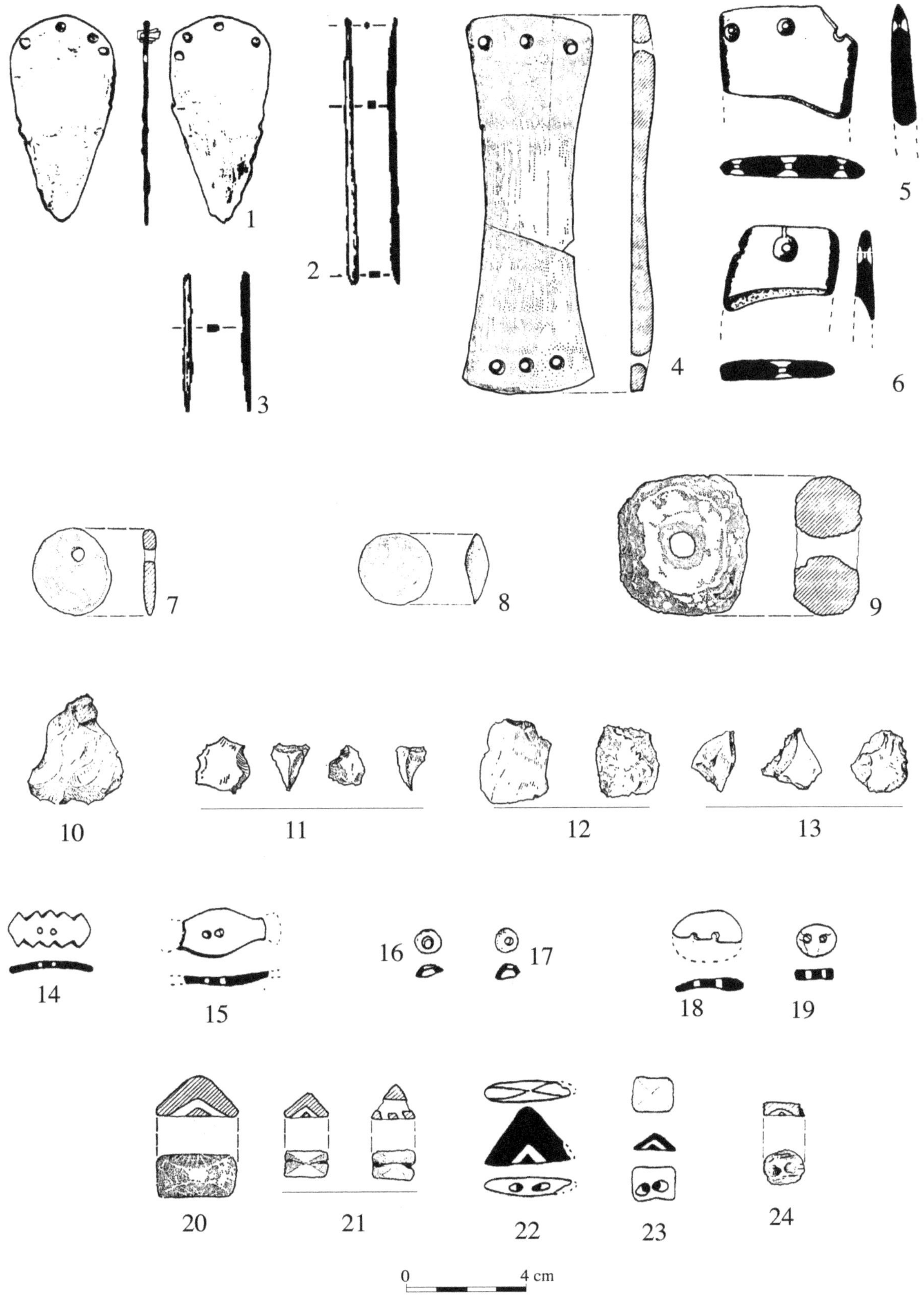

**Lámina 6. Grupo Naviforme**

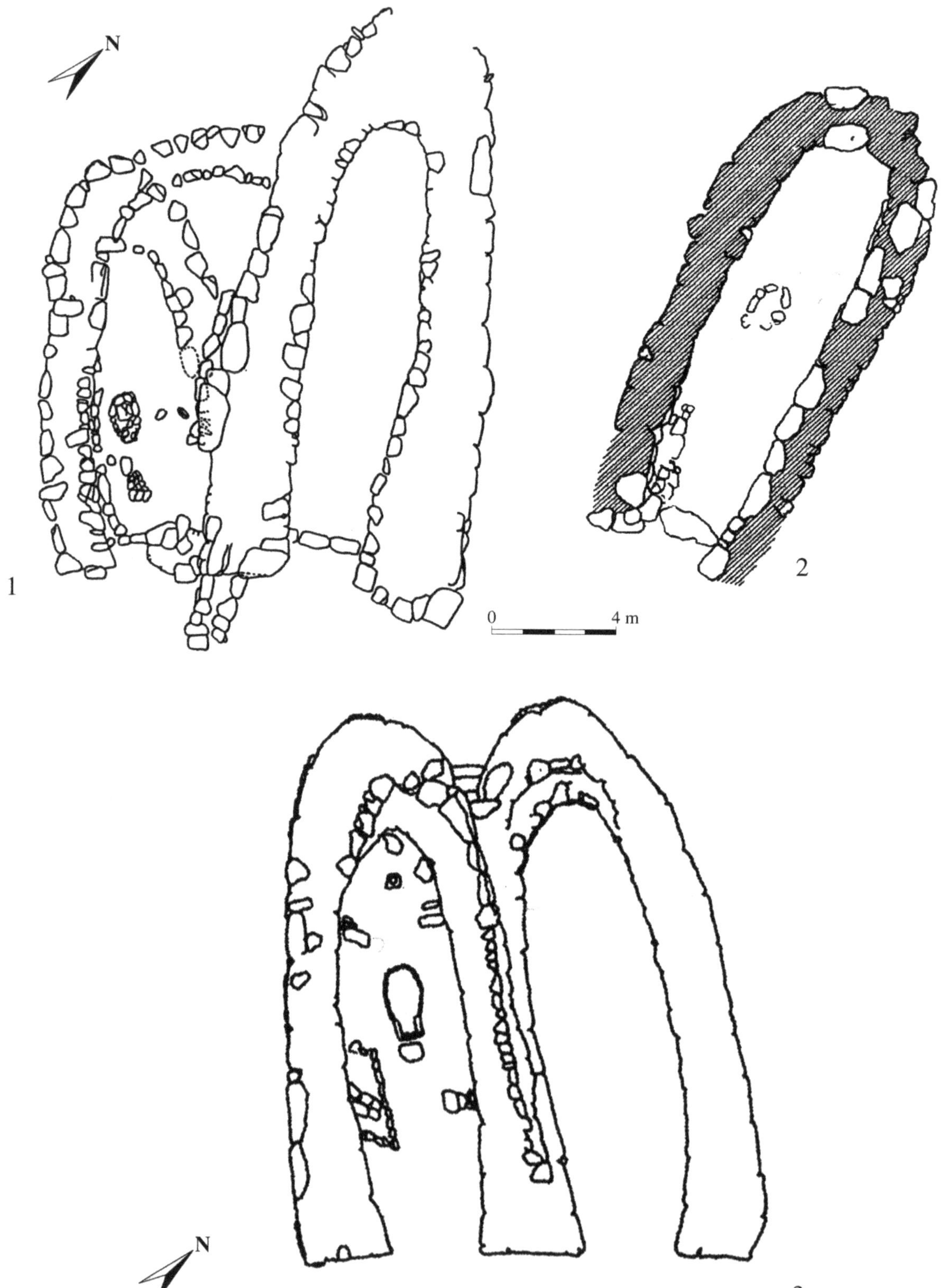

**Lámina 7. Grupo Naviforme**

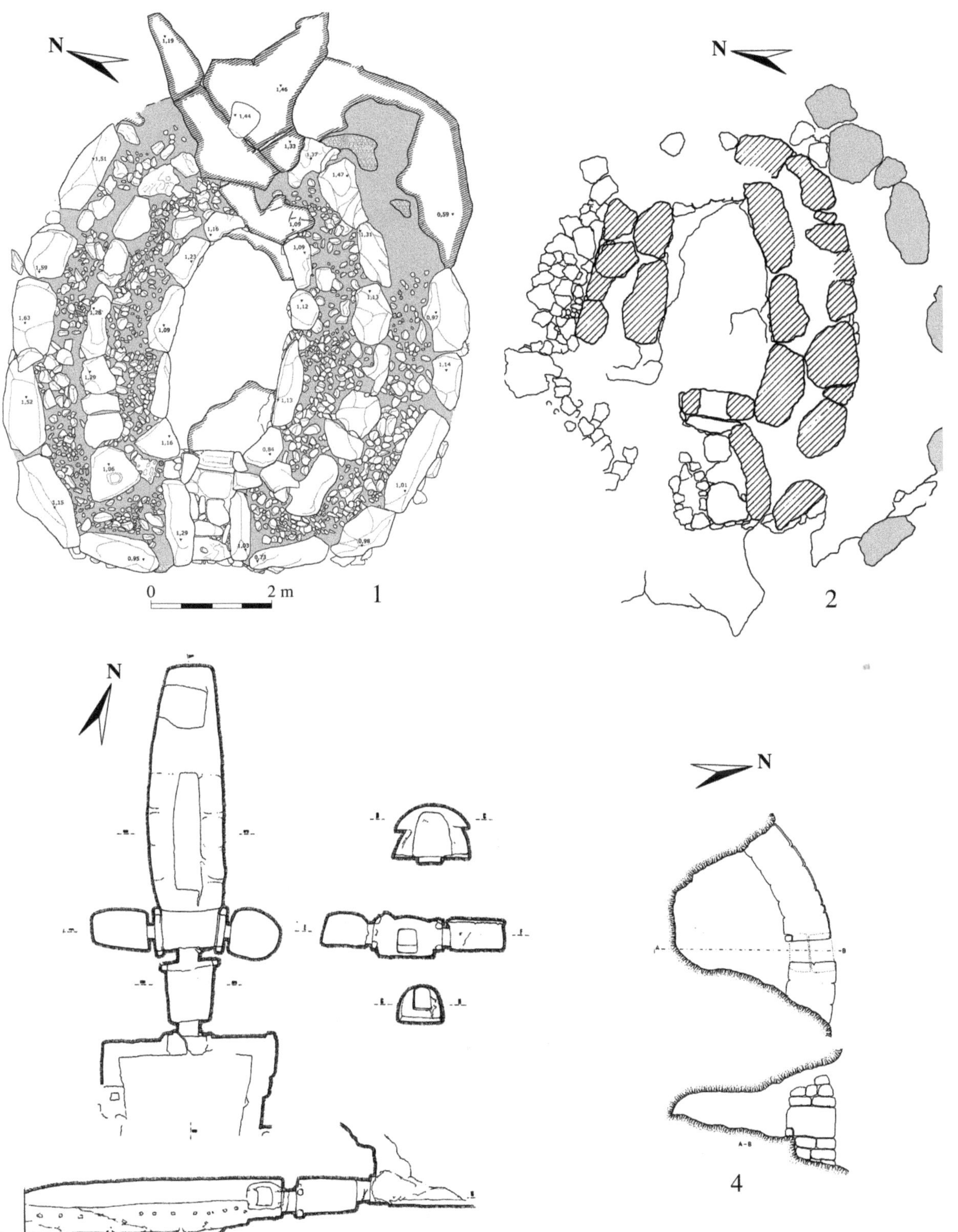

**Lámina 8. Grupo Naviforme**

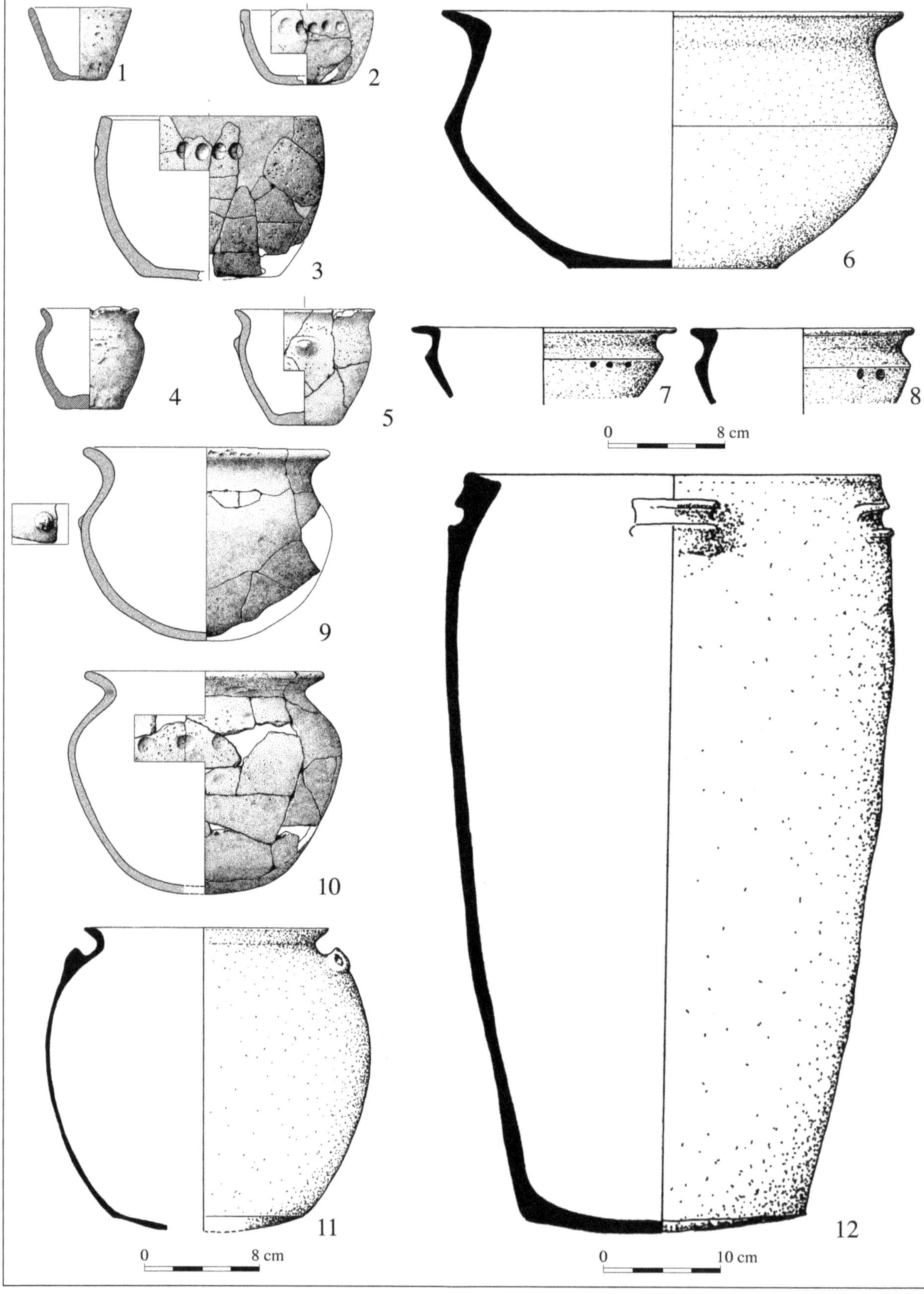

**Lámina 9. Grupo Naviforme**

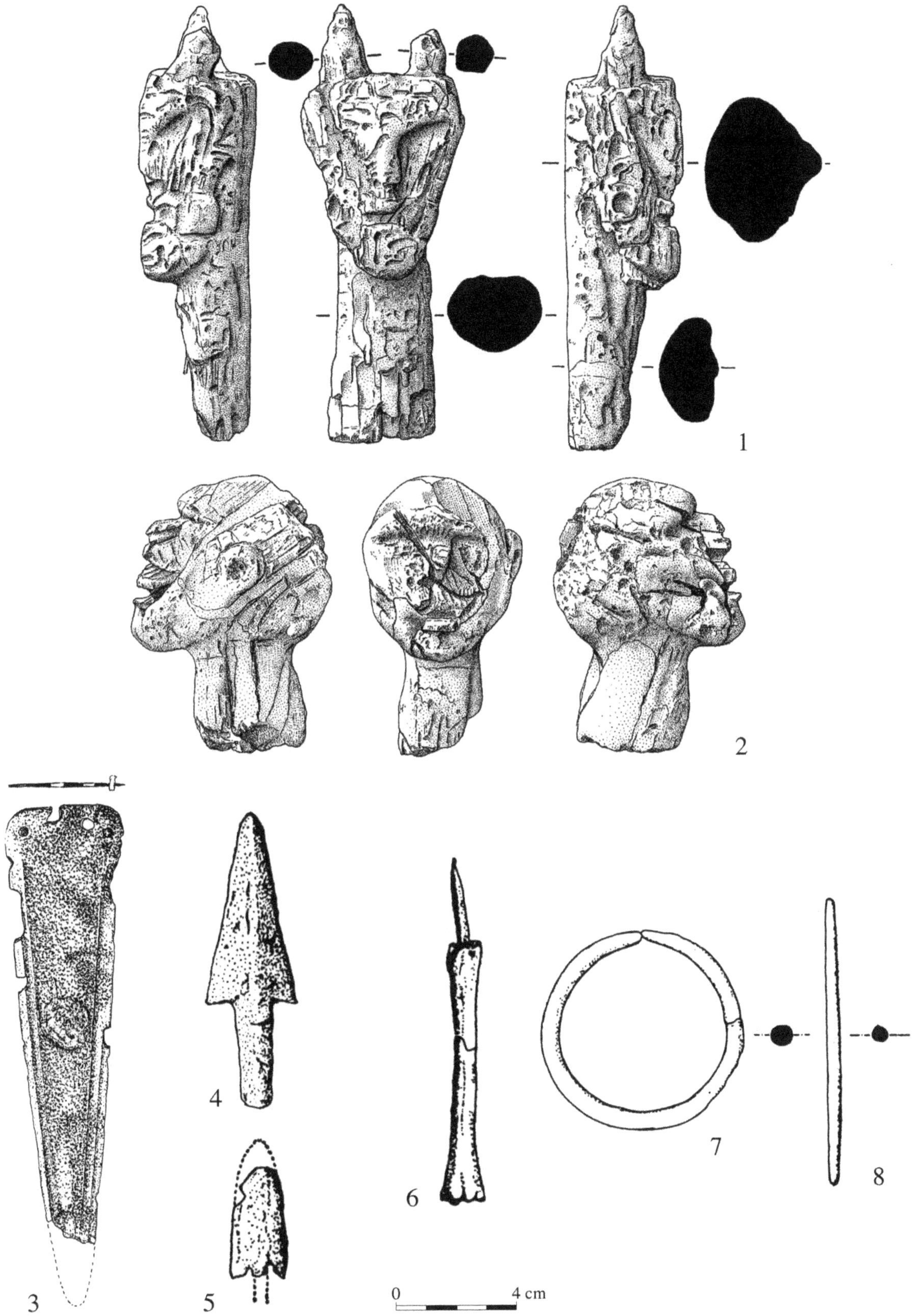

**Lámina 10. Grupo Naviforme**

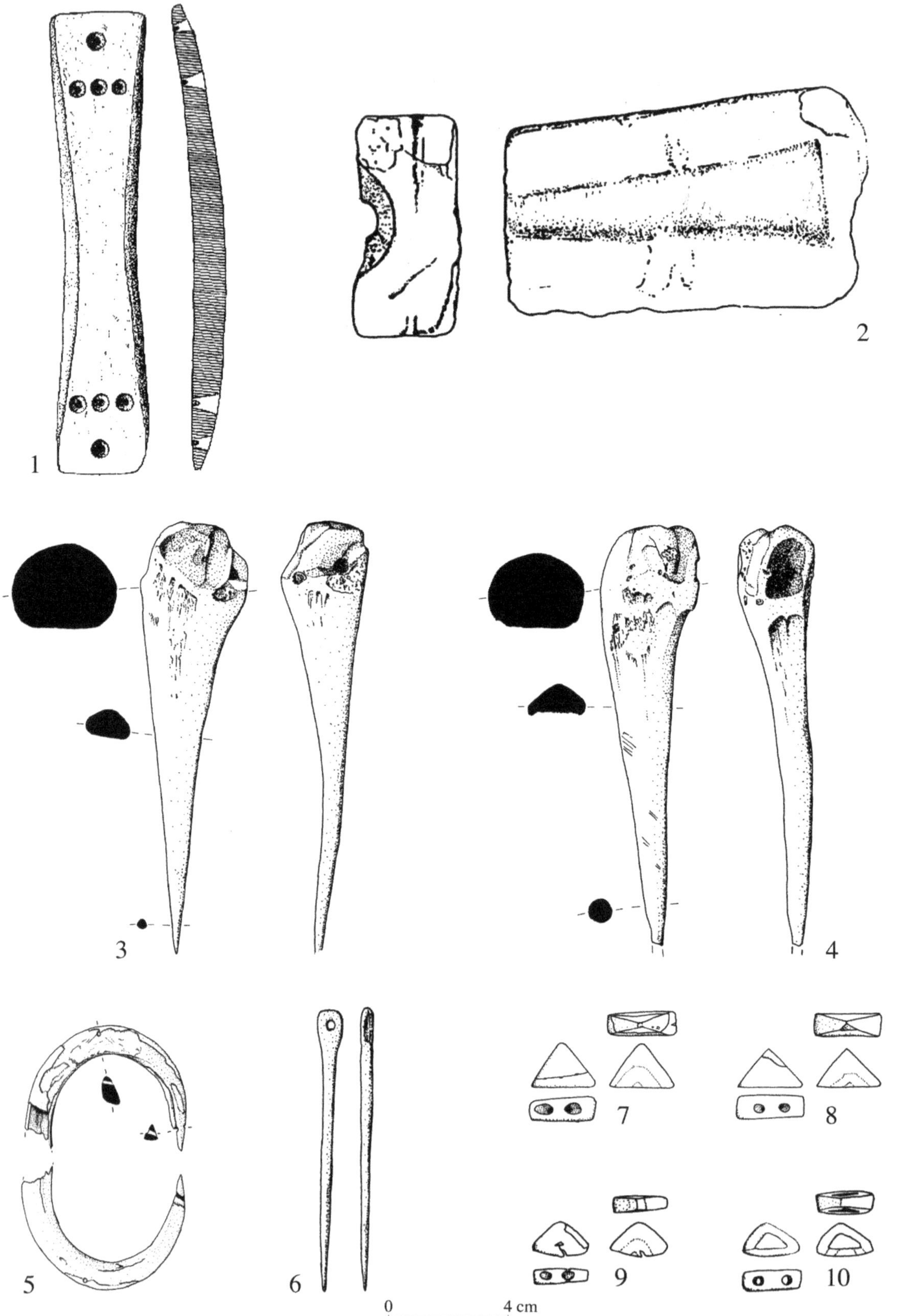

## Lámina 11. Grupo Prototalayótico

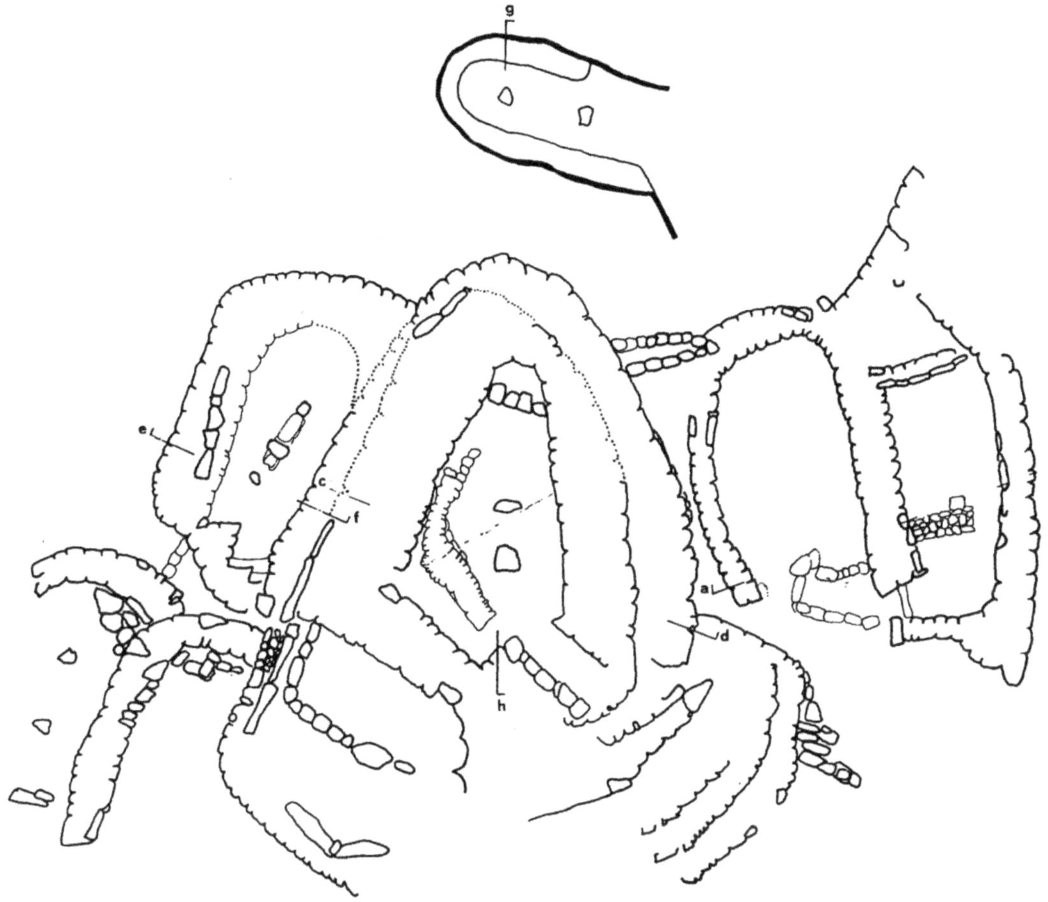


1

2

## Lámina 12. Grupo Prototalayótico

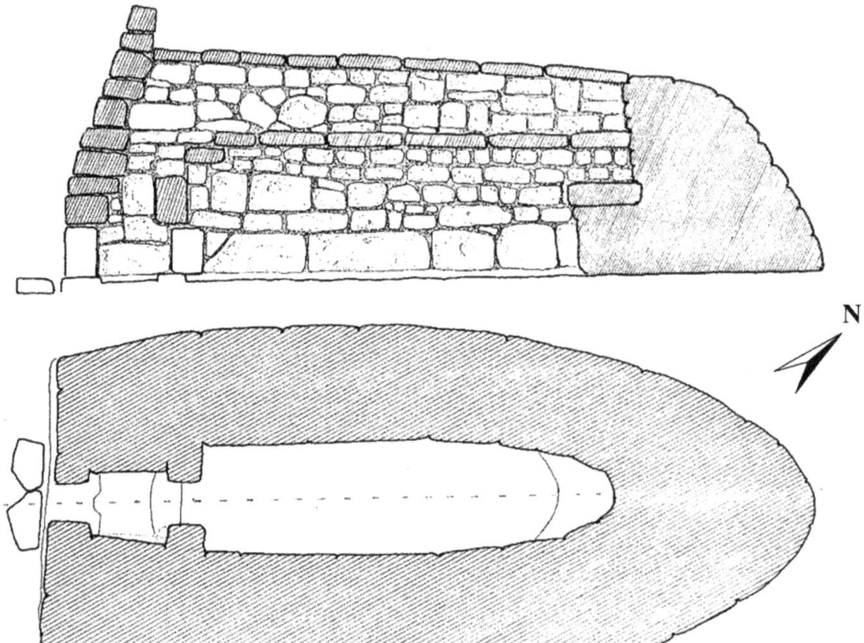


1

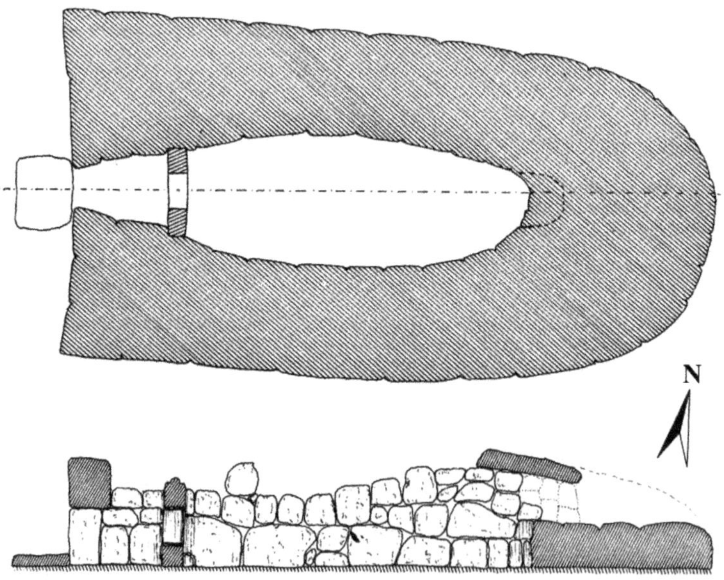


2

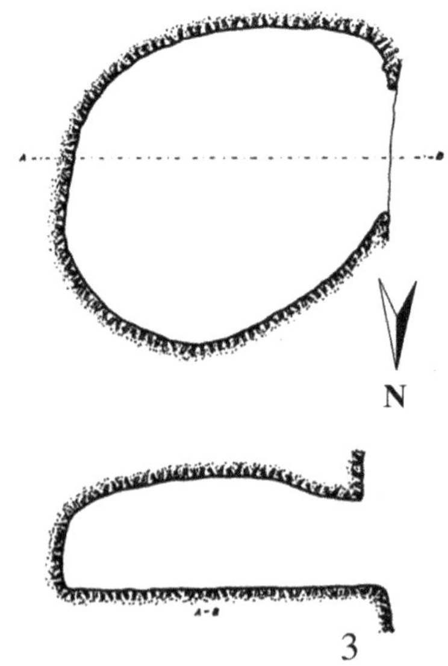


3

0 4 m

**Lámina 13. Grupo Prototalayótico**

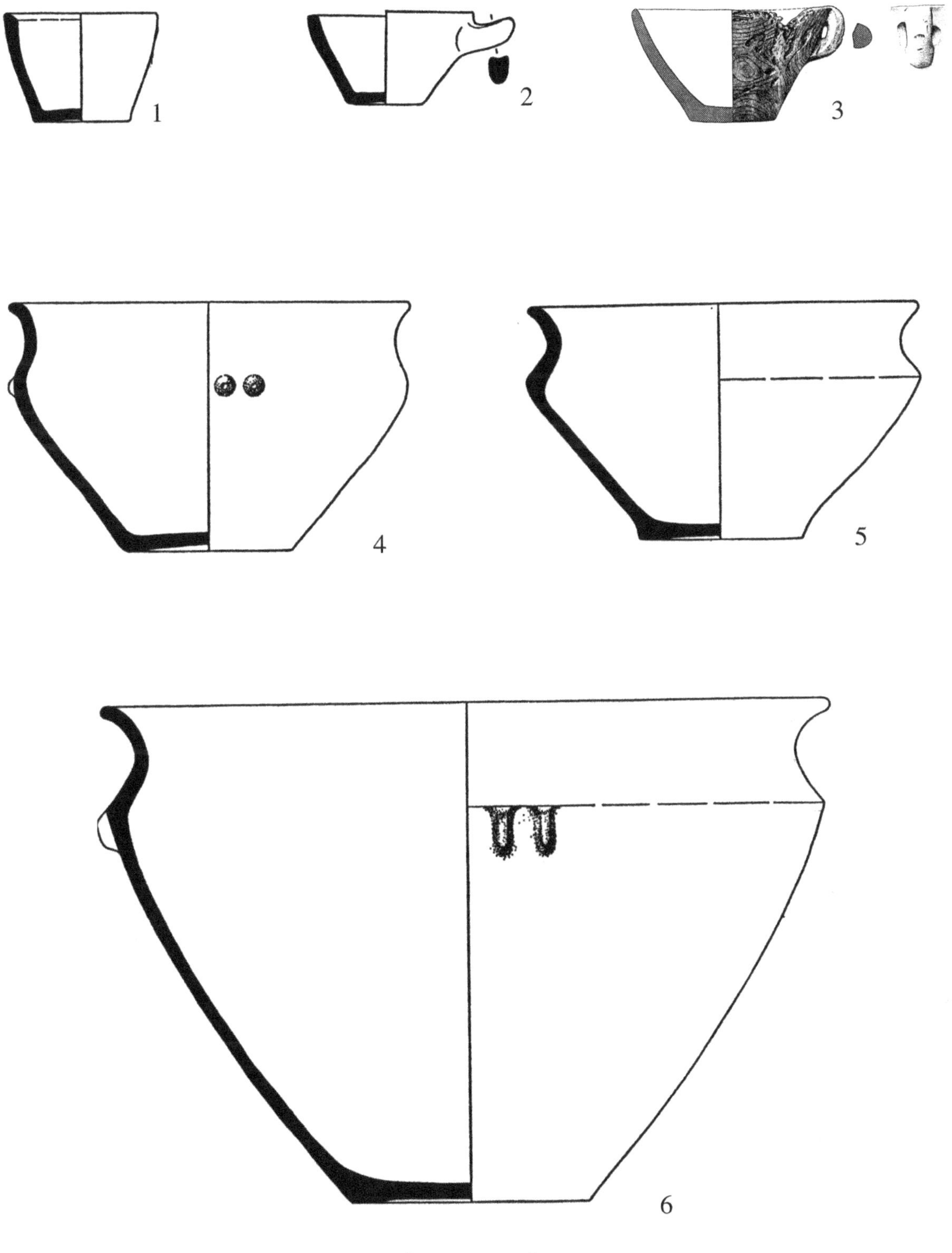

**Lámina 14. Grupo Prototalayótico**

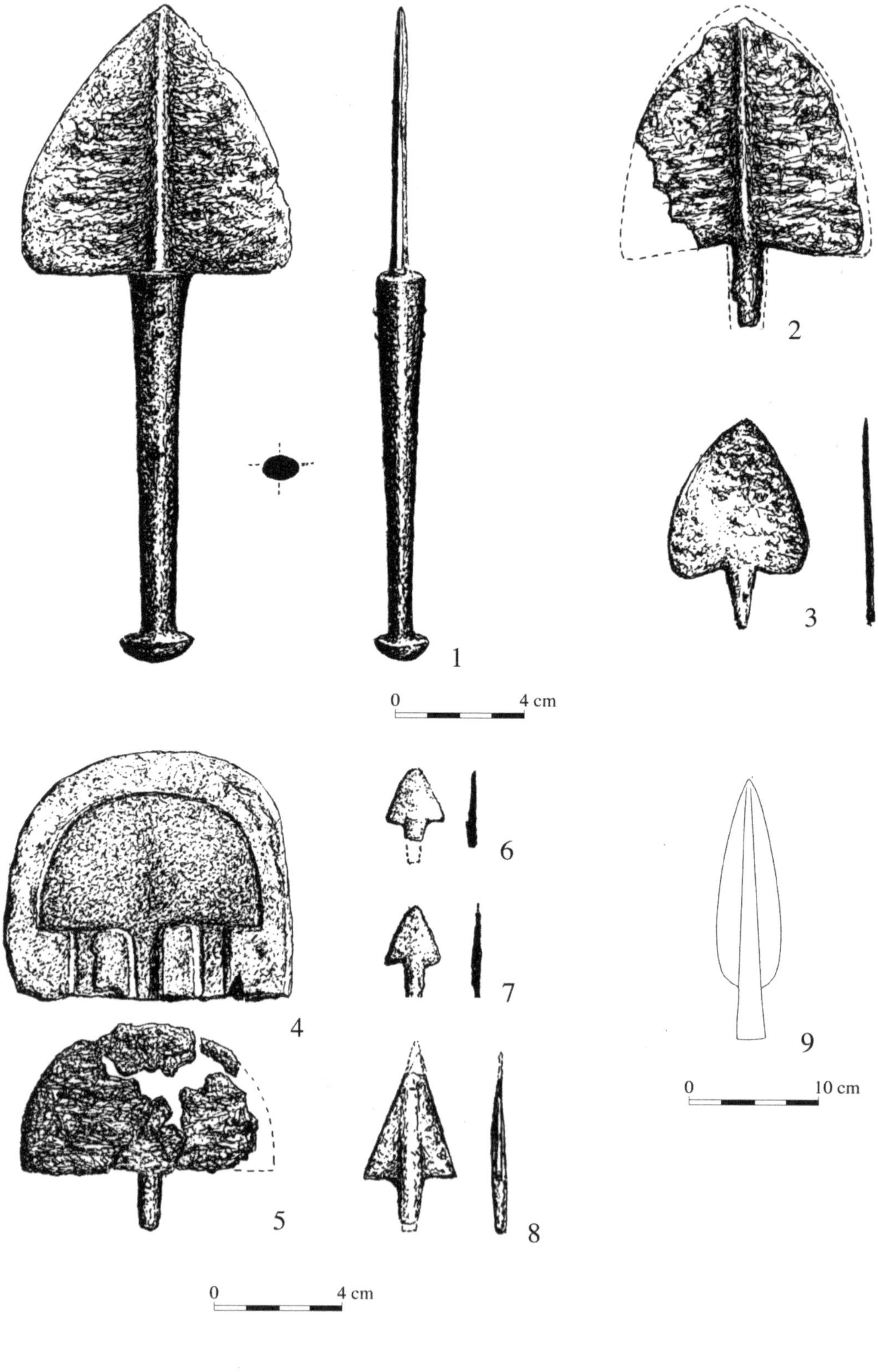

**Lámina 15. Grupo Prototalayótico**

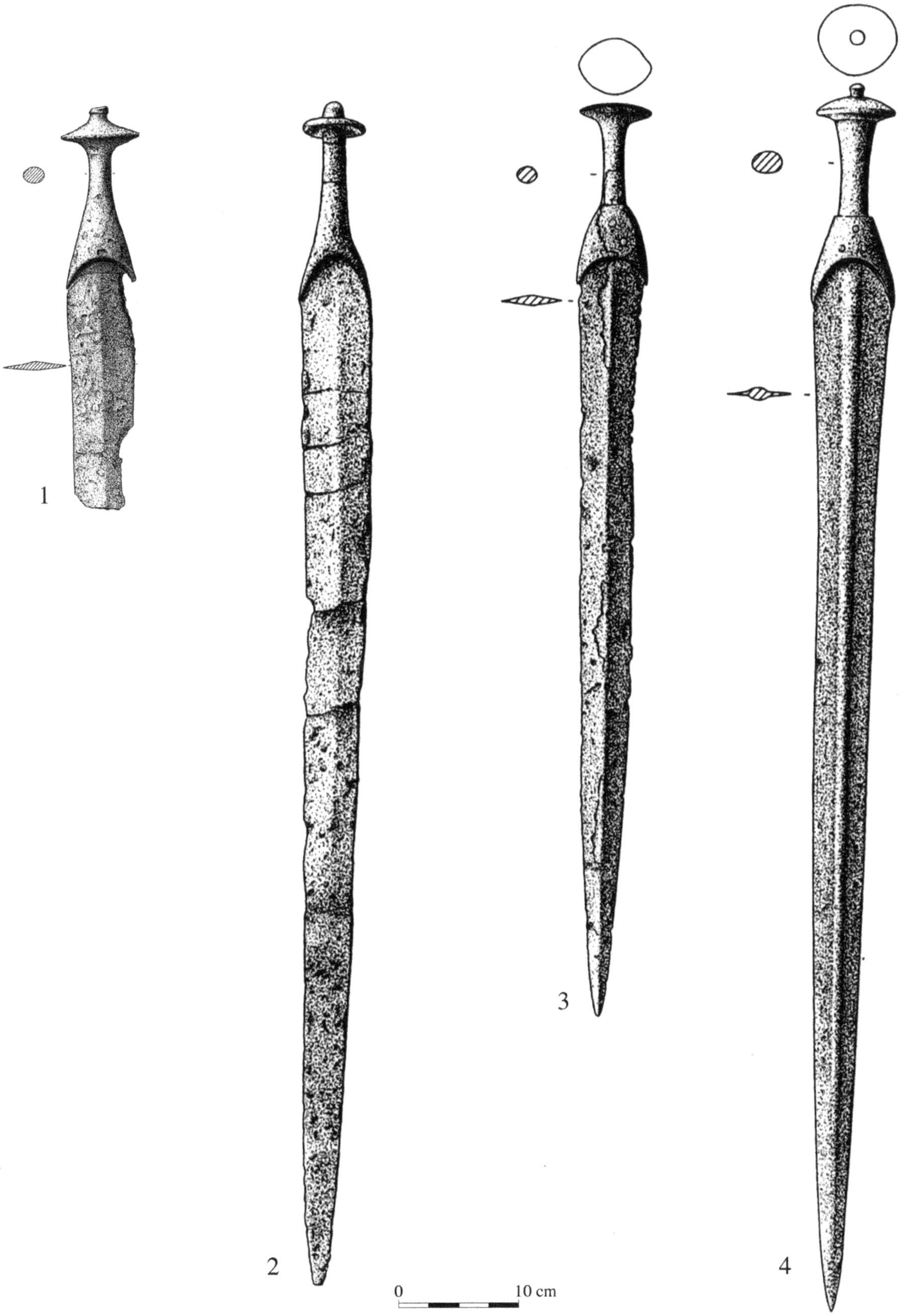

## Lámina 16. Grupo Prototalayótico

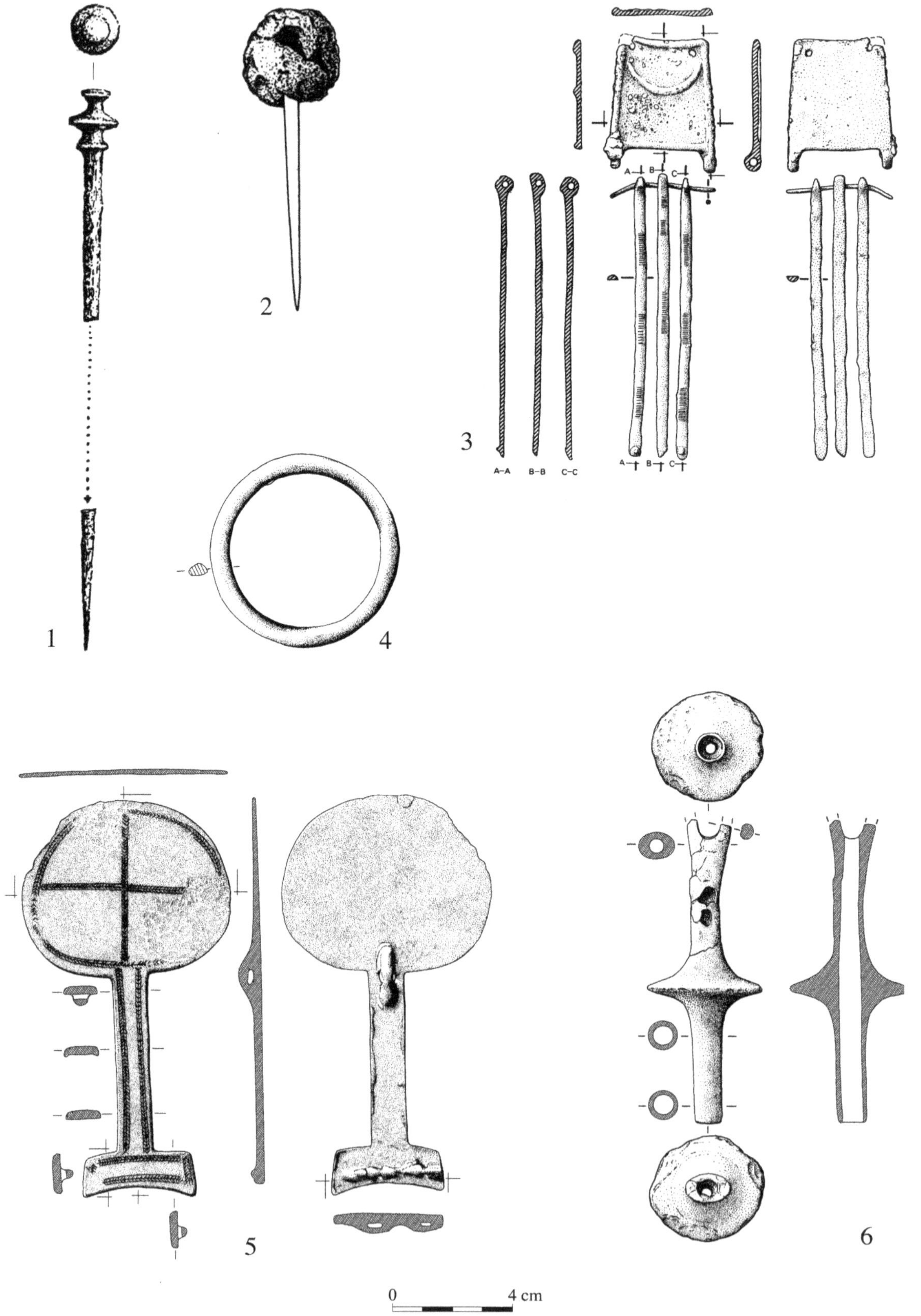

**Lámina 17. Grupo Prototalayótico**

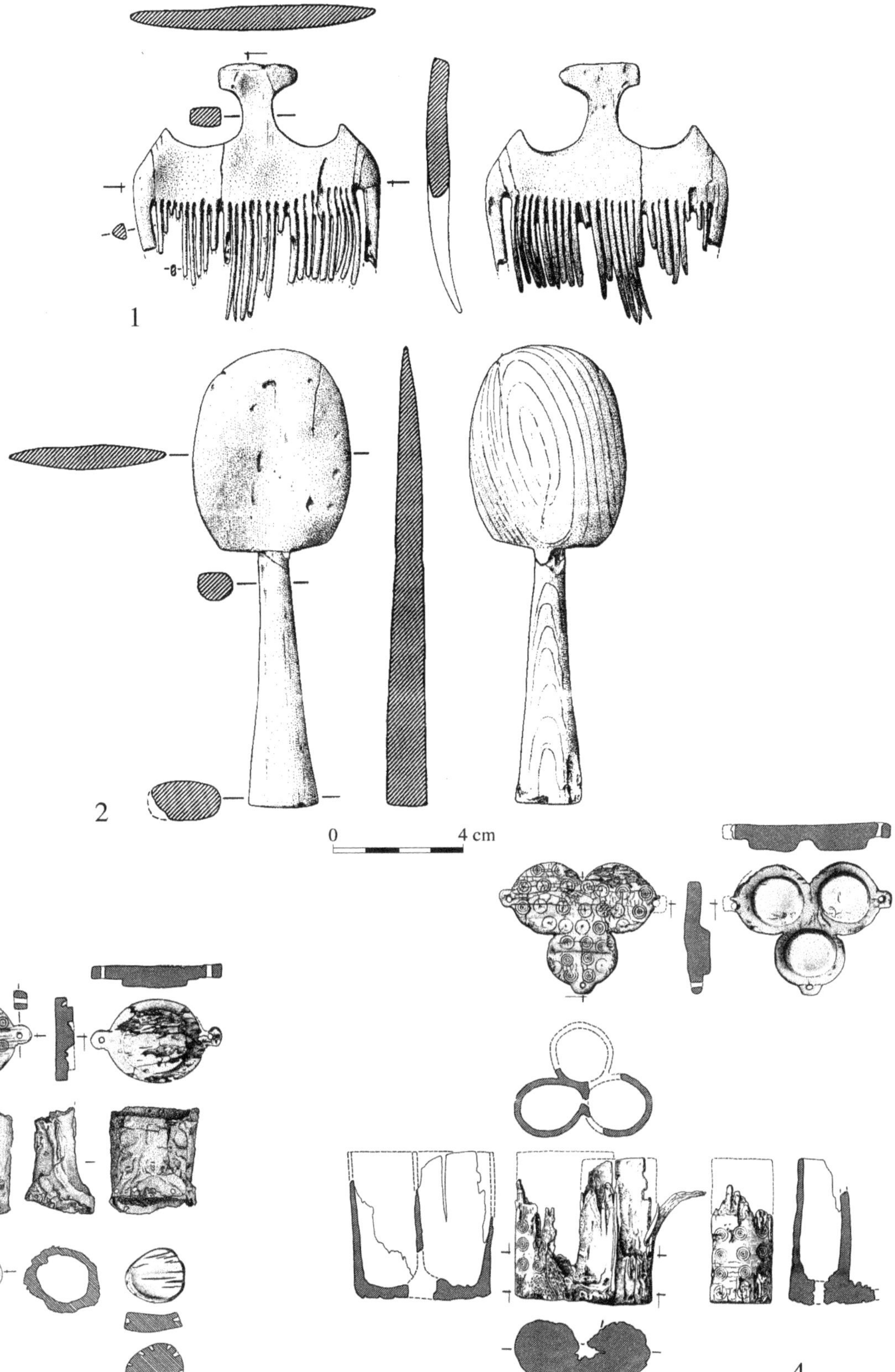

## Lámina 18. Grupo Talayótico

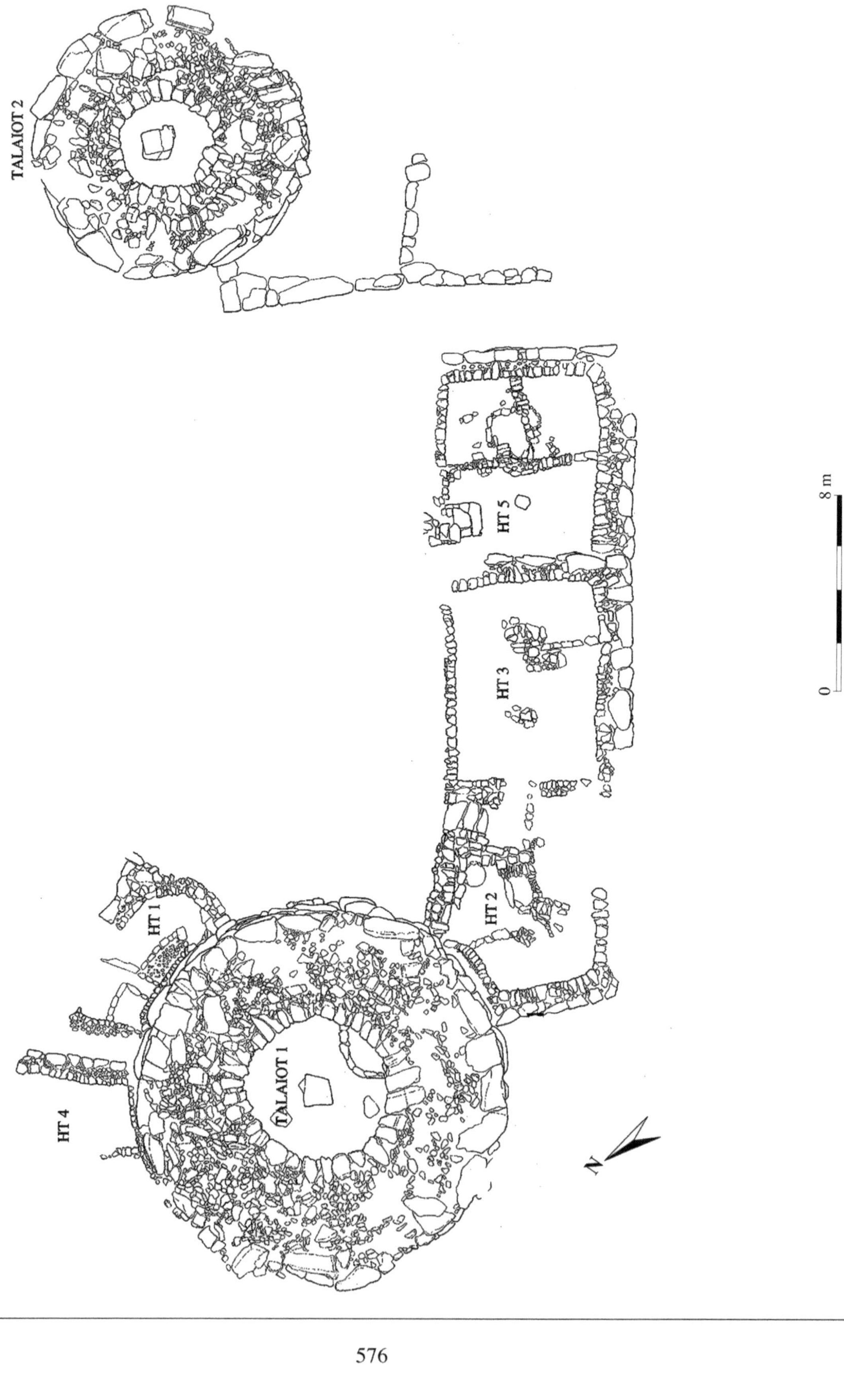

## Lámina 19. Grupo Talayótico

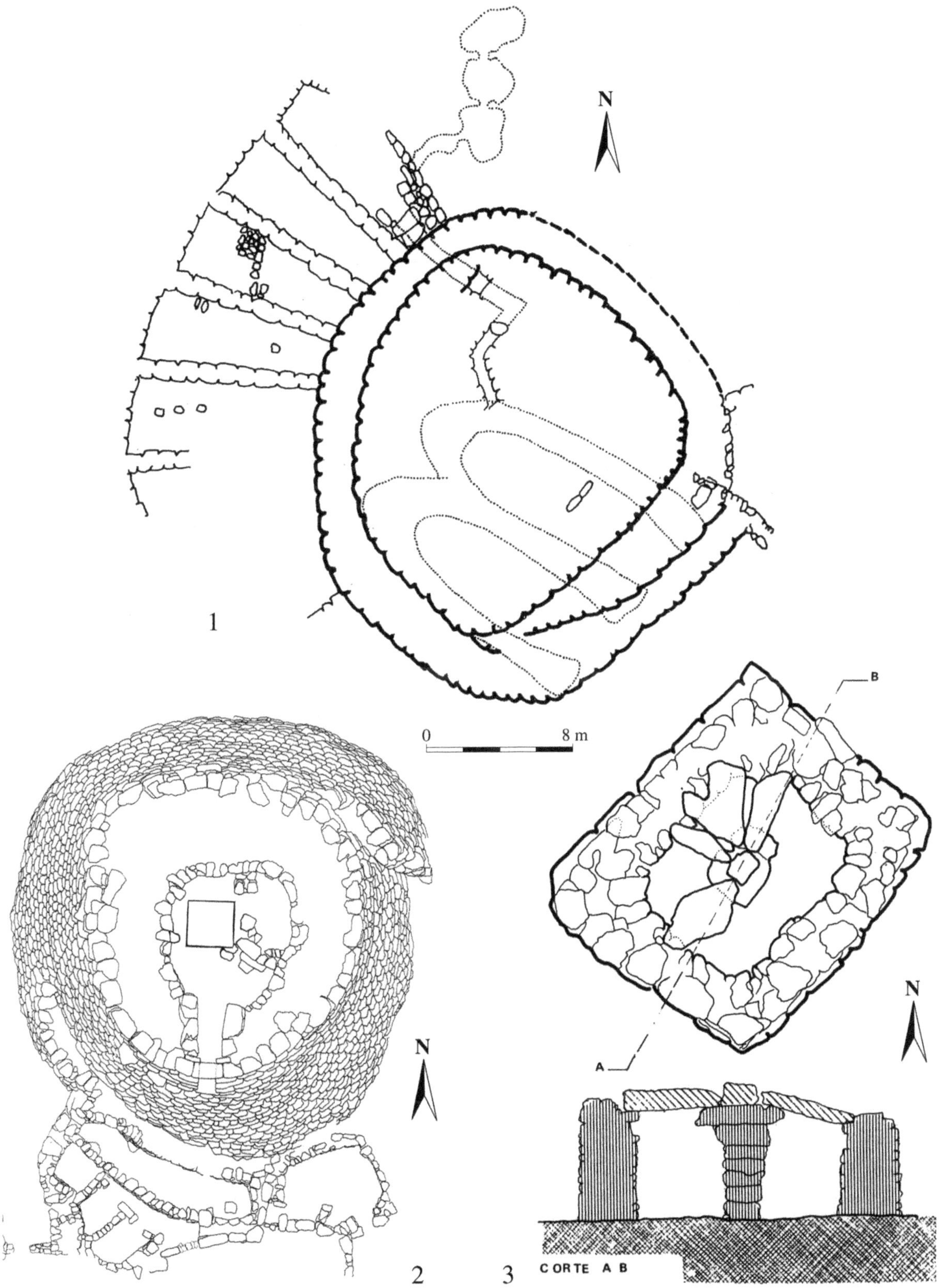

## Lámina 20. Grupo Talayótico

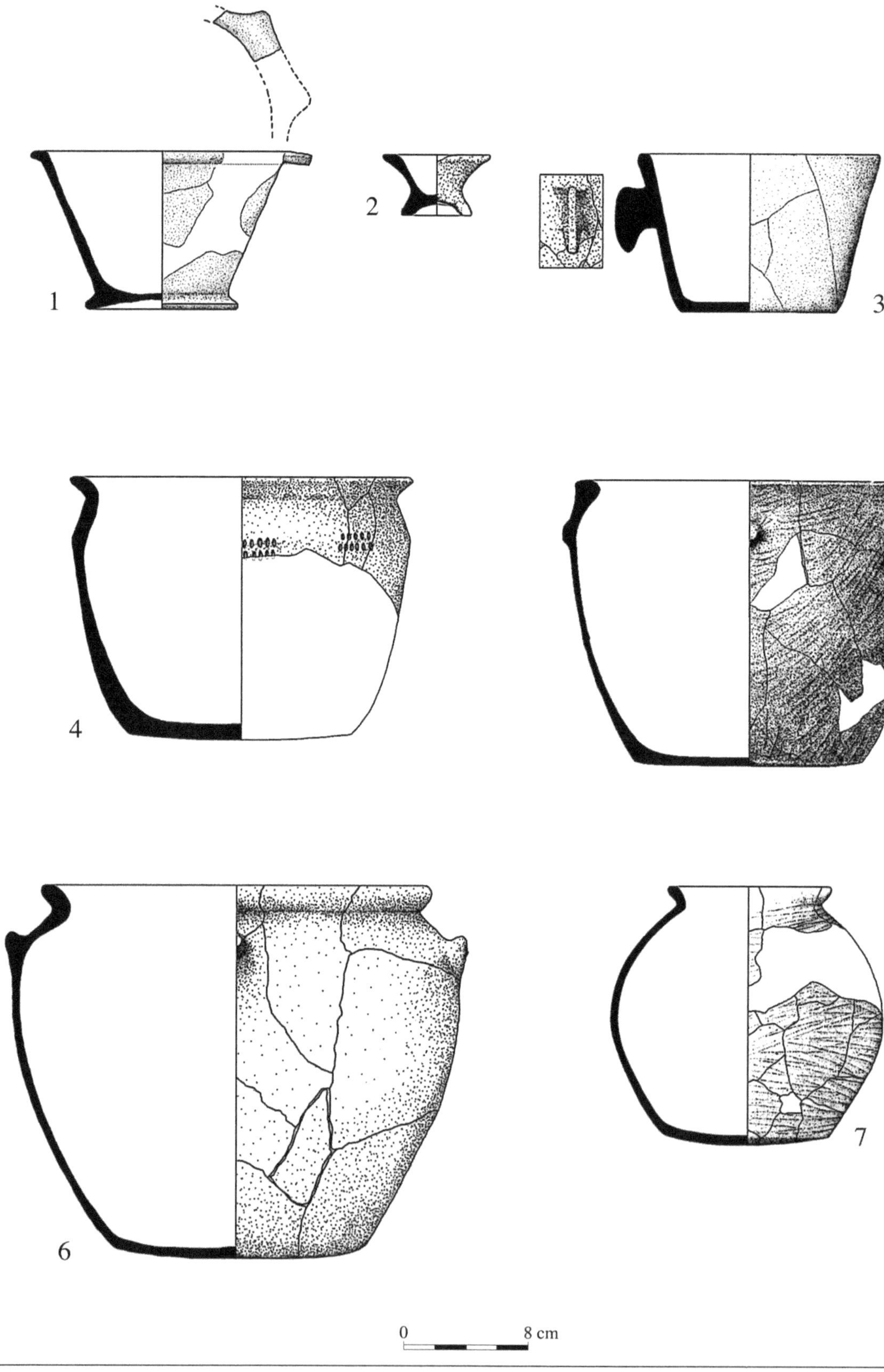

**Lámina 21. Grupo Talayótico**

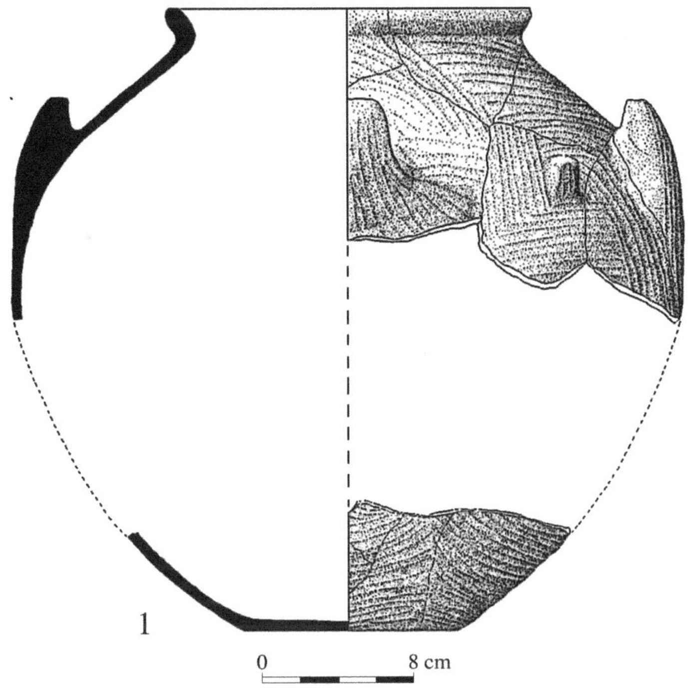


1

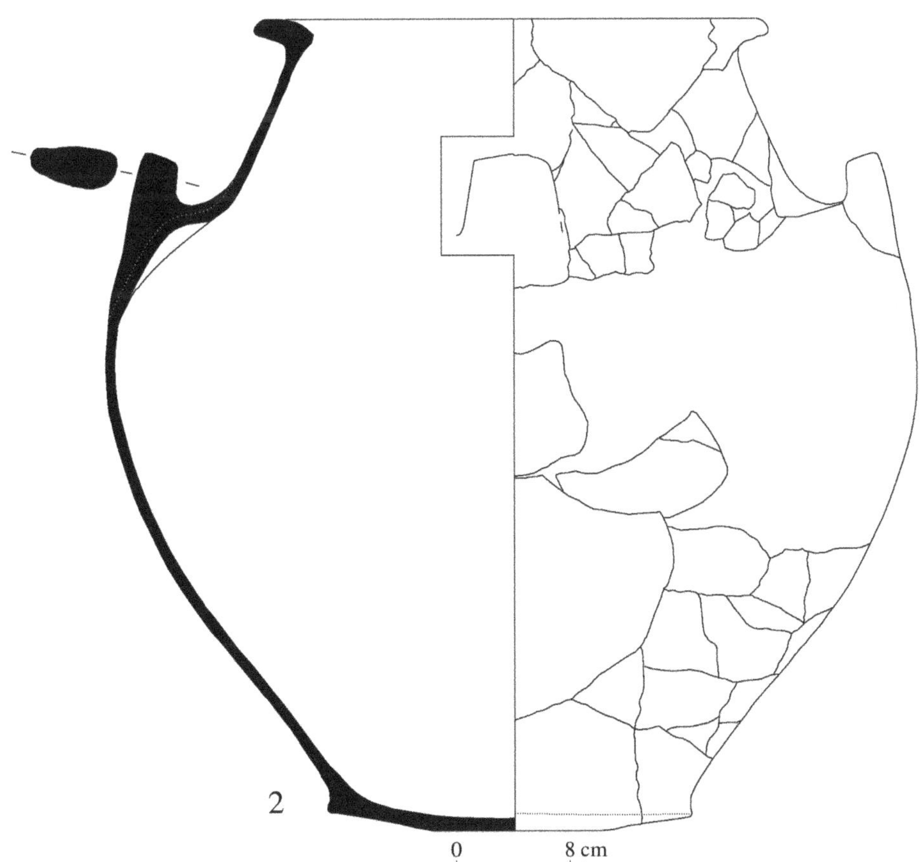


2

**Lámina 22. Grupo Postalayótico**

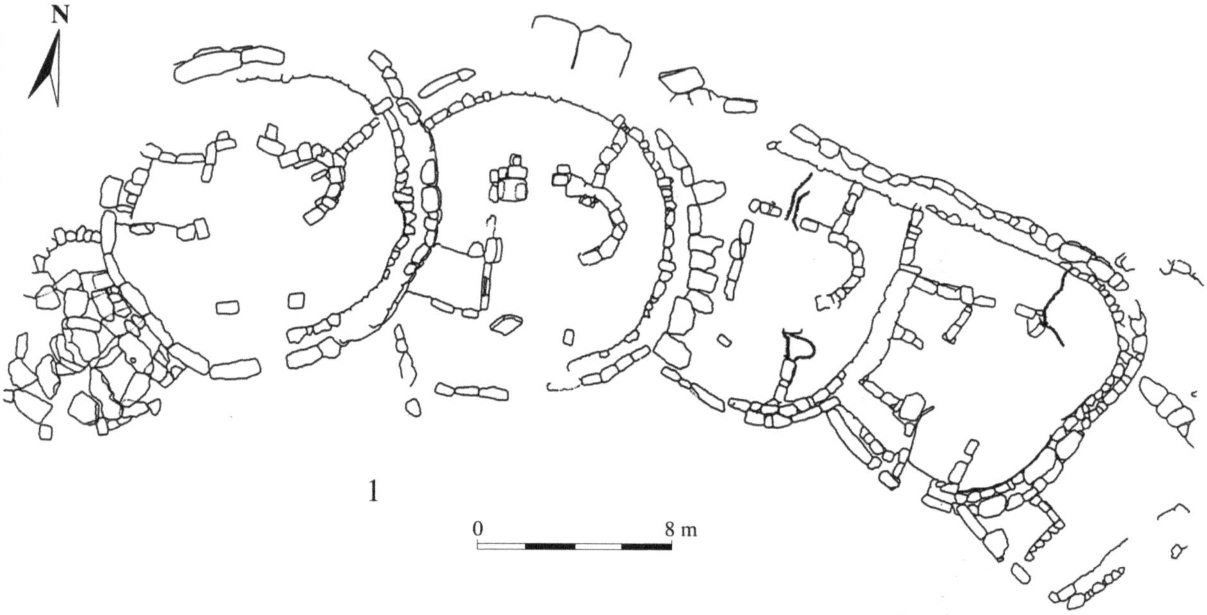


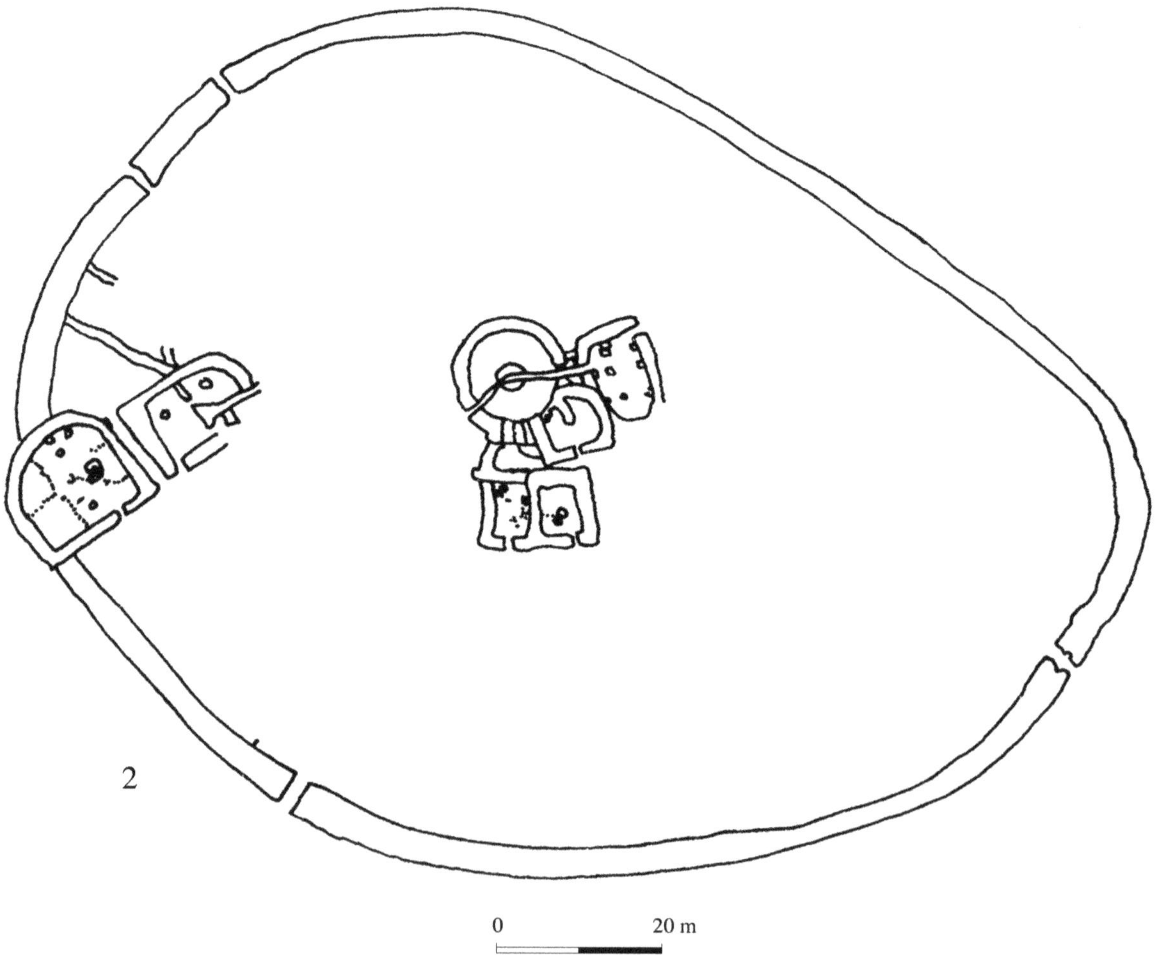

**Lámina 23. Grupo Postalayótico**

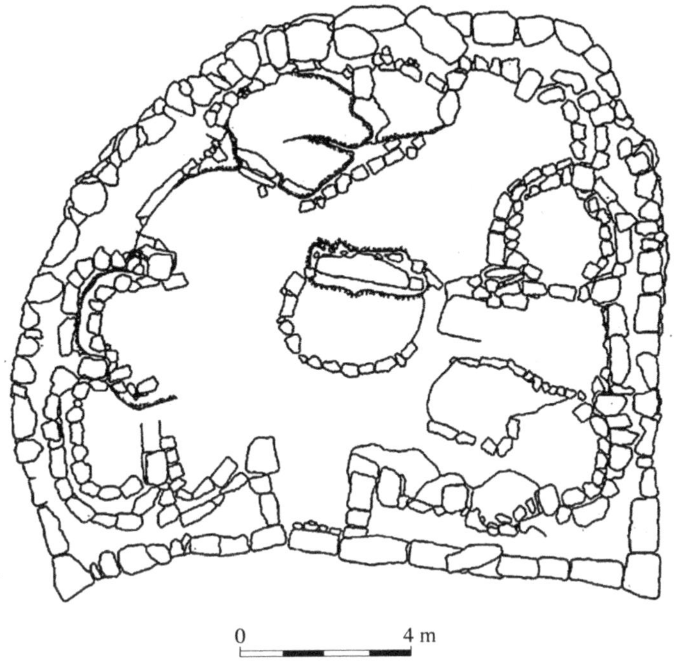


1

2

**Lámina 24. Grupo Postalayótico**

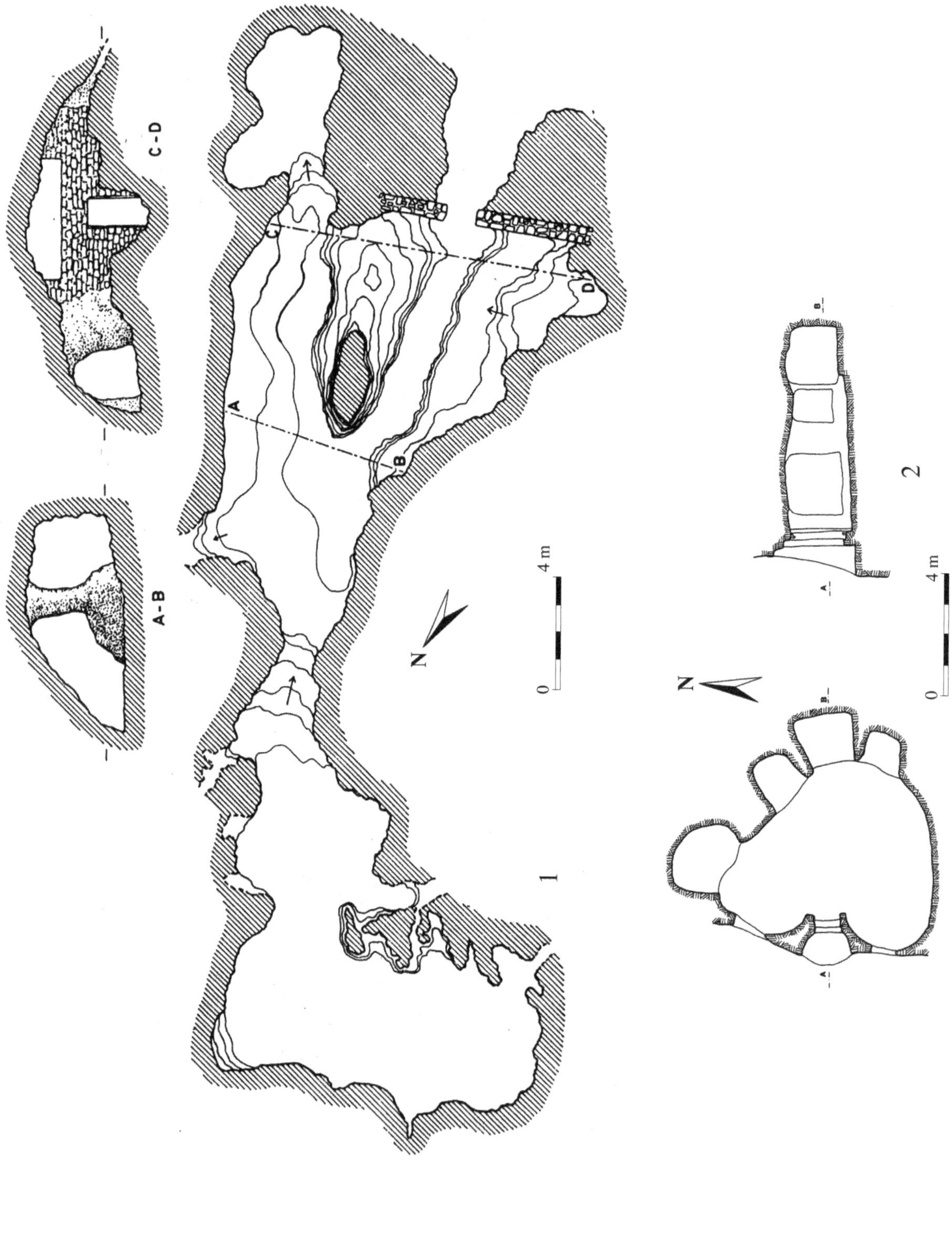

**Lámina 25. Grupo Postalayótico**

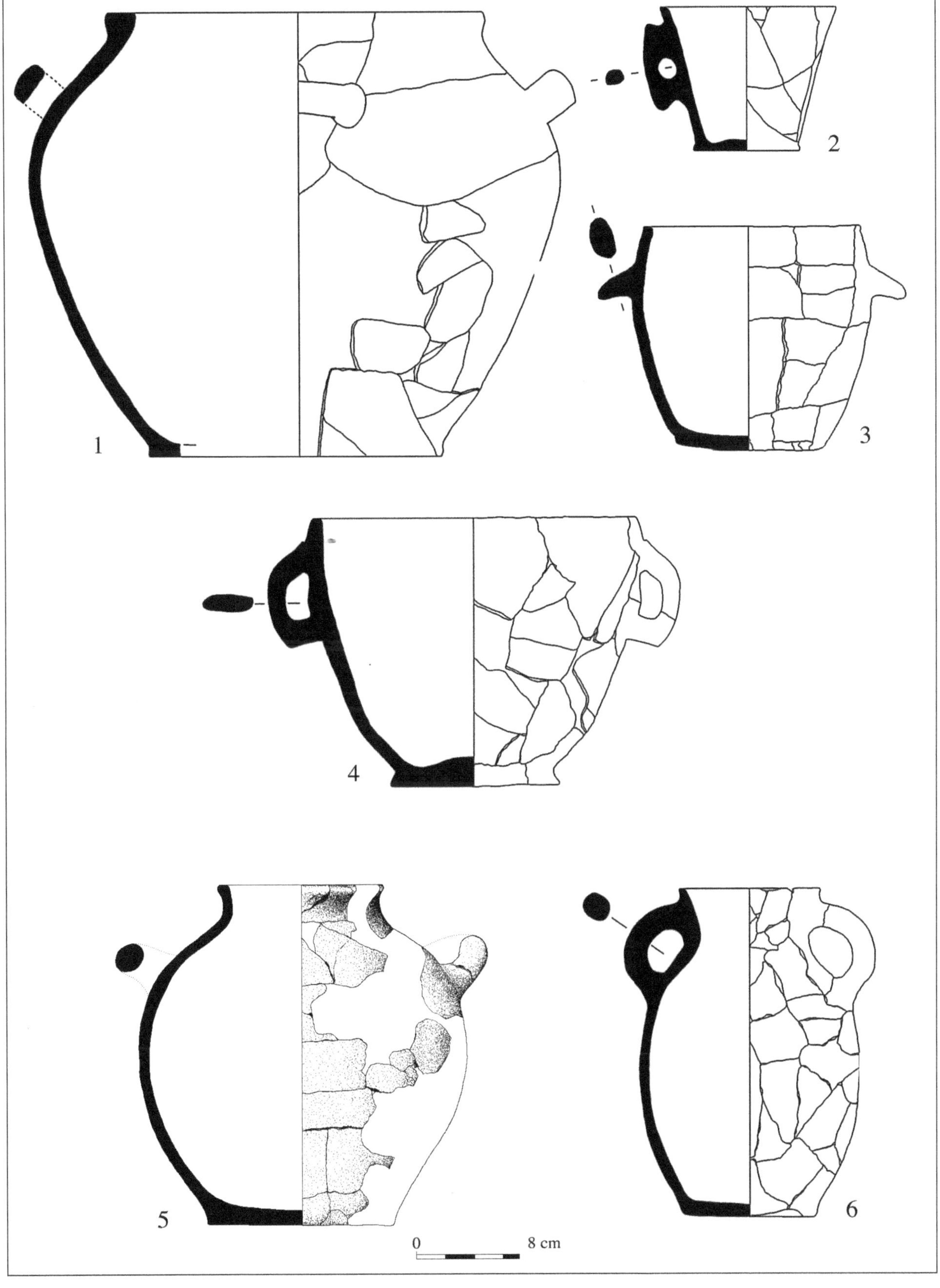

**Lámina 26. Grupo Postalayótico**

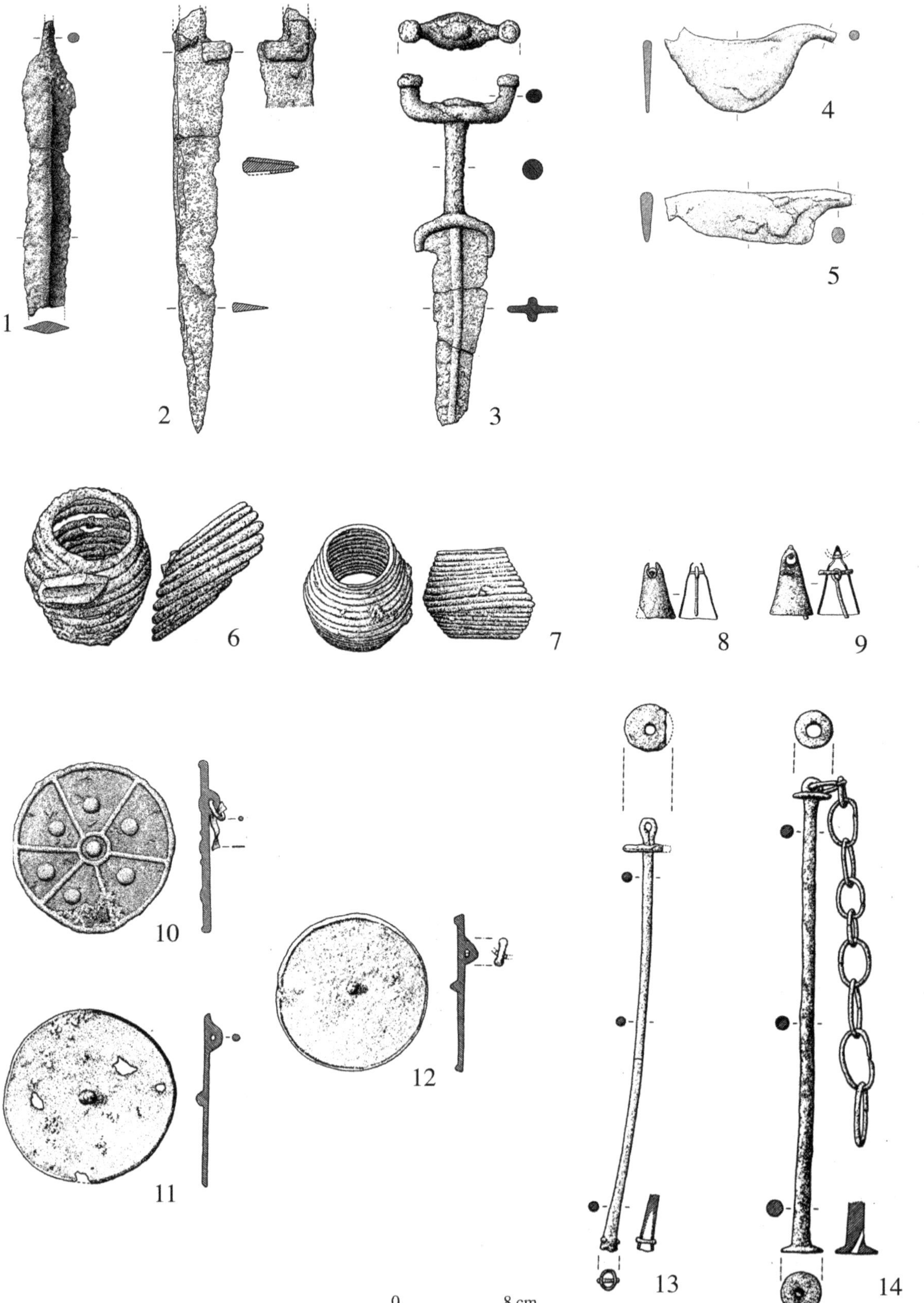

**Lámina 27. Grupo Postalayótico**

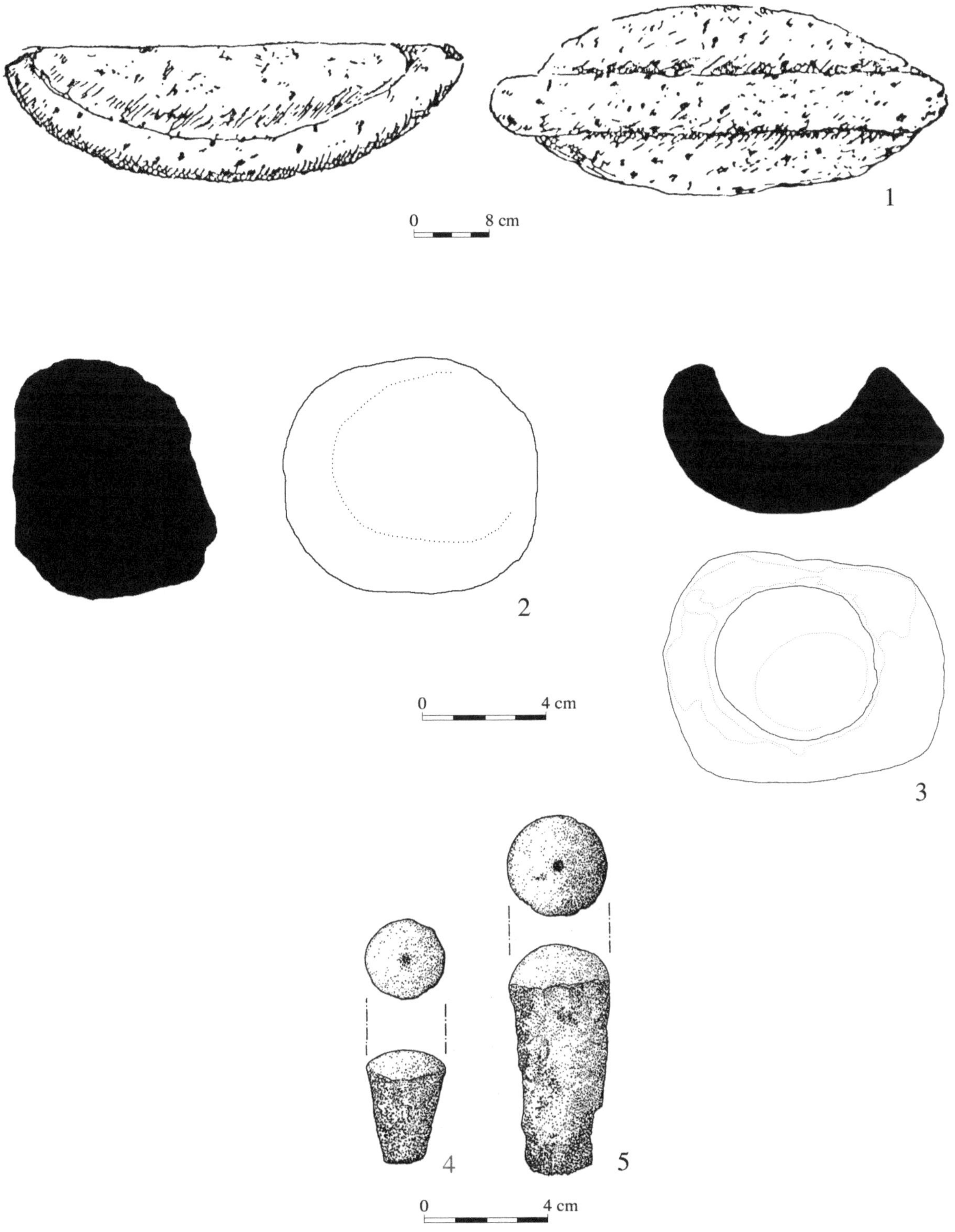

**Leyendas de las láminas del Capítulo 3.**

Lámina 1. Grupo Campaniforme.
Artefactos muebles del Grupo Campaniforme en Mallorca. 1-4: cerámica decorada de Son Matge (nº 1, Waldren 1979: 56) y Ca Na Cotxera (nº 2-4, Cantarellas 1972b: 52). 5-7: útiles cortantes de sílex del Asentamiento Antiguo de Son Ferrandell-Oleza. 8: punta de Son Matge (Waldren 1979: 56). 9-10: afiladores de piedra de Son Matge (Waldren 1979: 58). 11: peine de marfil de Son Matge (Waldren 1979: 56).

Lámina 2. Grupo Epicampaniforme/dolménico.
Estructuras funerarias del Grupo Epicampaniforme/dolménico. 1: dolmen de S'Aigua Dolça (Coll 2003: 49). 2: hipogeo con entrada megalítica de Biniai Nou 1 (Plantalamor y Marqués 2001: 43). 3: hipogeo simple de Ca Na Vidriera 4 (Llabrés 1978: 343).

Lámina 3. Grupo Epicampaniforme/dolménico.
Cerámica del Grupo Epicampaniforme/dolménico. 1-2: cuencos lisos de S'Aigua Dolça (Coll y Guerrero 2003: fig. 2). 3: vaso de tendencia cilíndrica del exterior de la cámara de Biniai Nou 1 (Plantalamor y Marqués 2001: 76). 4-7: vasos troncocónicos de Sa Canova (nº 4-5, Cantarellas 1972b: fig. 7), Son Marroig (nº 6-7, Waldren 1998: 49) y Ca Na Vidriera 4 (nº 8, Llabrés 1978: 346).

Lámina 4. Grupo Epicampaniforme/dolménico.
Cerámica del Grupo Epicampaniforme/dolménico. 1-3: recipientes carenados de S'Aigua Dolça (nº 1, Coll y Guerrero 2003: fig. 3) y Ca Na Vidriera 4 (2-3, Llabrés 1978: 346). 4-6: ollas de borde indicado o vuelto del exterior de Biniai Nou 1 (Plantalamor y Marqués 2001: 77). 7: gran recipiente toneliforme con apliques del exterior de Biniai Nou 1 (Plantalamor y Marqués 2001: 71).

Lámina 5. Grupo Epicampaniforme/dolménico.
Repertorio artefactual del Grupo Epicampaniforme/dolménico. 1: puñal de cobre de S'Aigua Dolça (Salvà 2003: fig. 2). 2-3: punzones de bronce de S'Aigua Dolça (Salvà 2003: fig. 2). 4-6: afiladores de piedra de Ca Na Vidriera 4 (nº 4, Llabrés 1978: 348) y de S'Aigua Dolça (Guerrero 2003). 7-13: piezas líticas pulidas y talladas de Ca Na Vidriera 4 (Llabrés 1978: 348). 14-15 y 18-24: botones de tipología diversa hallados en S'Aigua Dolça (nº 14-15, 18-19 y 22-23, Guerrero y Calvo 2003: fig. 3) y Ca Na Vidriera 4 (nº 20-21 y 24, Llabrés 1978: 348). 16-17: cuentas de collar de concha halladas en S'Aigua Dolça (Guerrero y Calvo 2003: fig. 5).

Lámina 6. Grupo Naviforme.
Estructuras habitacionales del Grupo Naviforme. 1. Estructura doble de Canyamel (Rosselló Bordoy 1992: 437). 2: Clariana 1 (Plantalamor y Rita 1979). 3: Naviforme geminado de Son Oms (Rosselló Bordoy 1992).

Lámina 7. Grupo Naviforme.
Estructuras funerarias del Grupo Naviforme. 1. Sepulcro de triple paramento de ses Arenes de Baix. 2. Alcaidús (Plantalamor y Marquès 2003: fig. 3; he sombreado los restos del paramento externo, que sólo se conserva en algunos sectores). 3. Hipogeo de planta alargada de Cala Sant Vicenç nº 7 (Rosselló, Plantalamor y Murillo 1994). 4. Cueva con muero de cierre nº LXXVII de Cales Coves (Veny 1982a: 217).

Lámina 8. Grupo Naviforme.
Repertorio cerámico del Grupo Naviforme. 1. Vaso troncocónico de la Cova des Mussol (Lull *et alii* 1999: fig. 2.19). 2. Cuenco de tipo 2A de la Cova des Càrritx (Lull y Micó 1999: fig. 3). 3. Cuenco de tipo 3A de la Cova des Càrritx (Lull y Micó 1999: fig. 5). 4-5. Ollitas de perfil en "s" de tipo 4A de la Cova des Mussol (nº 4, Lull *et alii* 1999: fig. 2.19) y de la Cova des Càrritx (nº 5, Lull y Micó 1999: fig. 8). 6-8. Vasijas carenadas de la "Naveta de Ponent" de Hospitalet (Pons Homar 1999: 159). 9-10: ollas de borde exvasado y base cóncava (tipo 6) de la Cova des Càrritx (Lull y Micó 1999: figs. 17 y 18). 11. Olla de borde exvasado de la "Naveta de Ponent" de Hospitalet (Pons Homar 1999: 158). 12. Gran recipiente toneliforme de la "Naveta de Ponent" de Hospitalet (Pons Homar 1999: 155).

Lámina 9. Grupo Naviforme.
Repertorio artefactual del Grupo Naviforme. 1. Talla zooantropomorfa de madera de la Cova des Mussol (Lull *et alii* 1999: fig. 2.13, dibujo de Ramón Álvarez Arza). 2. Talla antropomorfa de madera de la Cova des Mussol (Lull *et alii* 1999: fig. 2.12, dibujo de Ramón Álvarez Arza). 3. Puñal del hipogeo de Son Mulet (Veny 1968). 4-5. Puntas de Son Oms y Son Jaumell (Rosselló Bordoy 1974). 6. Punzón de bronce conmango de hueso de Son Matge (Rosselló Bordoy 1974). 7. Brazalete de bronce de Son Mercer de Baix (Rita 1982: 49). 8. Punzón de bronce de Son Mercer de Baix (Rita 1982: 49).

Lámina 10. Grupo Naviforme.
Repertorio artefactual del Grupo Naviforme. 1: afilador de piedra de Son Puig (Veny 1968). 2: molde de piedra de Cala Blanca (Juan y Plantalamor 1997: 152). 3-4. Punzones de hueso de bóvido de Es Forat de Ses Aritges. 5: colmillo de suido perforado de Es Forat de Ses Aritges. 6: aguja de hueso de Es Forat de Ses Aritges. 7-10: botones de hueso y de colmillo de suido de Es Forat de Ses Aritges.

Lámina 11. Grupo Prototalayótico.
Estructuras de habitación del Grupo Prototalayótico. 1: poblado de Es Figueral de Son Real (Rosselló Bordoy y Camps 1972). 2: estructuras centrales de S'Illot (Frey 1968: fig. 10).

Lámina 12. Grupo Prototalayótico.
Estructuras funerarias del Grupo Prototalayótico. 1: naveta des Tudons (Veny 1987: tabla IV). 2: naveta de la Cova (Veny 1982: fig. 3). 3: hipogeo simple (Cueva nº III) de Cales Coves (Veny 1982a: fig. 5).

Lámina 13. Grupo Prototalayótico.
Recipientes del Grupo Prototalayótico. 1: vaso troncocónico de S'Illot (Frey 1968: 72). 2: vaso troncocónico con asa-agarradera de S'Illot (Frey 1968: 72). 3: taza de madera del depósito de la Sala 5 de la Cova des Càrritx (Lull *et alii* 1999: fig. 3.89). 4-6: recipientes carenados de S'Illot (Frey 1968: 72).

Lámina 14. Grupo Prototalayótico.
Artefactos metálicos del Grupo Prototalayótico. 1-3, 6-8: cuchillas y puntas de Son Matge (Waldren 1979: fig. 10). 4-5: molde de arenisca para la producción de cuchillas semilunares y pieza acabada (Waldren 1979: fig. 9). 6: punta de lanza de Son Matge (Delibes y Fernández-Miranda 1988: fig. 18).

Lámina 15. Grupo Prototalayótico.
Espadas atribuibles al Grupo Prototalayótico. 1: Son Matge (Delibes y Fernández-Miranda 1988: fig. 18). 2: Son Reus. 3:

Son Oms. 4. Can Jordi (Delibes y Fernández-Miranda 1988: fig. 1).

Lámina 16. Grupo Prototalayótico.
Artefactos metálicos del Grupo Prototalayótico. 1-2: aguja y alfiler de Son Matge (Waldren 1979: fig. 12; Delibes y Fernández-Miranda 1988: fig. 18). 3: prendedor de bronce para la cabellera (conocido tradicionalmente como "pectoral") del depósito de la Sala 5 de la Cova des Càrritx (Lull *et alii* 1999: fig. 3.97). 4: ajorca de bronce de la Cova des Càrritx (Lull *et alii* 1999: fig. 3.42). 5: "espejo" de bronce de la Cova des Mussol (Lull *et alii* 1999: fig. 2.24). 6: cuenta bicónica de bronce de la Cova des Mussol (Lull *et alii* 1999: fig. 2.22).

Lámina 17. Grupo Prototalayótico.
Artefactos del Grupo Prototalayótico. Depósito de la Sala 5 de la Cova des Càrritx. 1: peine de madera (Lull *et alii* 1999: fig. 3.95). 2: cuchara de madera (Lull *et alii* 1999: fig. 3.92). 3: contenedor cilíndrico de asta de bóvido y cierres de madera (Lull *et alii* 1999: fig. 3.74). 4: contenedor de madera trilobulado con tapadera también de madera (Lull *et alii* 1999: fig. 3.72)

Lámina 18. Grupo Talayótico.
Estructuras habitacionales talayóticas. 1: planta del poblado talayótico de Son Fornés (talayots 1 y 2 y sector habitacional adyacente) (Lull *et alii* 2001: 37).

Lámina 19. Grupo Talayótico.
Estructuras habitacionales talayóticas. 1: planta del túmulo escalonado de Son Oms y de las habitaciones radiales adosadas (Rosselló Bordoy 1973: fig. 31) (estas estructuras se sobreponen a una estructura naviforme geminada y a una cueva de múltiples cámaras, todo ello de época anterior). 2: talayot de Torelló (Plantalamor y Rita 1979: fig. 83). 3: talayot cuadrado de Hospitalet Vell (Rosselló Bordoy 1983: fig. 10).

Lámina 20. Grupo Talayótico.
Repertorio cerámico talayótico procedente de las excavaciones en Son Fornés. 1-2: "copas". 3. vaso troncocónico. 4: vaso carenado. 5: cuenco. 6-7: ollas.

Lámina 21. Grupo Talayótico.
Repertorio cerámico talayótico procedente de las excavaciones en Son Fornés. 1: gran vasija. 2: gran olla pitoide.

Lámina 22. Grupo Postalayótico
Estructuras de habitación del Grupo Postalayótico. 1: poblado de Sant Vicenç d'Alcaidús (Plantalamor y Rita 1979: fig. 119). 2: perímetro amurallado de Ses Païsses (reproducido en Pericot 1975: fig. 16).

Lámina 23. Grupo Postalayótico
Estructuras de habitación del Grupo Postalayótico. 1: recinto de taula de Torralba d'en Salord (reproducido en Gornés 2003). 2: Habitación Postalayótica 1 de Son Fornés (Lull *et alii* 2001: 87).

Lámina 24. Grupo Postalayótico
Estructuras funerarias del Grupo Postalayótico. 1: cueva de Son Bauzà (Frontán 1991: fig. 1). 2: hipogeo complejo nº XXXIX de Cales Coves (Veny 1982a).

Lámina 25. Grupo Postalayótico
Repertorio cerámico del Grupo Postalayótico a partir de los hallazgos efectuados en Son Fornés.

Lámina 26. Grupo Postalayótico
Repertorio metálico del Grupo Postalayótico. Hallazgos variados de la cueva de Son Bauçà. 1-5: hojas de espadas y puñales de hierro (Frontán 1991: figs. 2 y 4). 6-7: brazaletes en espiral de hierro (Frontán 1991: fig. 5). 8-9: campanillas de bronce (Frontán 1991: fig. 11). 10-12: discos de bronce (Frontán 1991: figs. 8 y 9). 13-14: varillas-soporte de bronce para discos (Frontán 1991: fig. 7).

Lámina 27. Grupo Postalayótico
Artefactos de piedra y hueso del Grupo Postalayótico. 1: pieza durmiente de molino de piedra arenisca ("amoló"). 2. percutor/machacador hallado en la Habitación Postalayótica 1 de Son Fornés. 3: mortero o cazoleta hallado en la Habitación Postalayótica 1 de Son Fornés. 4-5: cóndilos de fémur de bóvido trabajados ("taps") de Son Bauçà (Frontán 1991: fig. 13).

# CAPÍTULO 4.

## CONCLUSIONES.

En las páginas precedentes he revisado críticamente la información relativa a las dataciones absolutas de la Prehistoria balear. A continuación, a partir de los datos estrictamente cronométricos y del conocimiento de los conjuntos arqueológicos a los que aquéllos se refieren, he trazado las líneas maestras de una periodización para la secuencia prehistórica balear. Esta labor no ha partido de cero, sino que se ha apoyado en el trabajo acumulado de un equipo de investigación con años de historia a sus espaldas. Los resultados que he plasmado en el Capítulo 3 confirman, aunque matizadamente, el esquema propuesto en una publicación colectiva anterior (Lull *et alii* 1999). Resulta obvio que en la arqueología prehistórica balear todavía hay demasiados aspectos que permanecen en penumbra y que, por tanto, la periodización aquí propuesta debe ser forzosamente provisional. Contando con ello, sin embargo, considero que constituye una guía válida para la ordenación de los materiales arqueológicos a partir de los cuales elaborar discursos explicativos en clave social. Asimismo, permite detectar las lagunas y aspectos controvertidos que futuras pesquisas habrán de resolver. Una última precisión al respecto. Sin duda, el protagonismo a la hora de elaborar mi propuesta ha correspondido a las dataciones absolutas y, entre ellas, a las radiocarbónicas. Éstas han proliferado enormemente, sobre todo en los últimos años, tal vez siguiendo una tendencia que se mantendrá en adelante. Ahora bien, me gustaría subrayar que obtener dataciones absolutas debería ser un medio más en el marco de proyectos de investigación que persigan el conocimiento de las relaciones sociales, económicas y políticas de las sociedades prehistóricas. Hay que sustituir el afán en pos de la identificación del "primer poblador", por el conocimiento de la primera *población*; la búsqueda de la "naveta más antigua" por el conocimiento de la sociedad que inhumaba en estos edificios, y así en todos los casos. De lo contrario, el espectacular desarrollo de la serie radiocarbónica no hará más que servir de sucedáneo a un subdesarrollo en el conocimiento real de la prehistoria insular.

El esquema de periodización se articula en seis bloques sucesivos que cubren una temporalidad de casi dos mil quinientos años (tabla 4.1). Su aplicabilidad se centra fundamentalmente en Mallorca y Menorca, habida cuenta del limitado desarrollo actual de las investigaciones sobre la prehistoria de las Pitiusas. Aun así, es preciso reconocer que, pese a sus numerosos puntos de contacto, las trayectorias de Mallorca y de Menorca también muestran en ocasiones marcadas divergencias, tanto en el capítulo de las estructuras habitacionales y funerarias como en el de la producción de artefactos muebles. Evaluar hasta qué punto tales diferencias podrían llegar a justificar la propuesta de secuencias particulares es algo que deberemos tener en cuenta de cara al futuro.

| **Periodo / Grupo** | **Duración (cal ANE)** |
|---|---|
| Campaniforme (Mallorca)<br>(¿Poblamiento en Menorca?) | *ca.* 2500/2300 – 2000<br>¿*ca.* 2300 – 2000?) |
| Epicampaniforme/dolménico | *ca.* 2000 – 1600 |
| Naviforme | *ca.* 1600 – 1100/1000 |
| Prototalayótico | *ca.* 1100/1000 – 850 |
| Talayótico | *ca.* 850 – 550/500 |
| Postalayótico | *ca.* 550/500 – 123 ANE |

Tabla 4.1. Síntesis de la periodización de la prehistoria de las Baleares.

La secuencia se inicia con el grupo Campaniforme en Mallorca. El conocimiento empírico de esta sociedad no es ni mucho menos completo. Tampoco está bien definida cronológicamente una posible ocupación de Menorca en fechas análogas, aunque hay indicios que apuntan hacia esta hipótesis, en lo que constituye un atractivo tema de investigación de cara al futuro. Sea sincrónica o separada por varios siglos, la primera ocupación estable del archipiélago se concretó en una época relativamente tardía, equiparable con el Calcolítico final y el Bronce Antiguo de las regiones continentales más próximas. Las conexiones materiales más significativas se establecieron con los territorios del nordeste de la península ibérica y con las riberas del golfo de León, por lo que parece probable que las poblaciones que se asentaron de forma permanente en Mallorca y Menorca procedían de este entorno geográfico. Detrás de este movimiento poblacional habría que buscar motivos de índole demográfico, económico y/o socio-político que, obviamente, sólo el avance de nuestros conocimientos en las regiones presuntamente originarias permitiría concretar.

El grupo Epicampaniforme/dolménico cubre ya con seguridad la totalidad del archipiélago. Conocemos muy poco los lugares de habitación, pero bastante más las prácticas funerarias que en Menorca iniciaron una singular tradición de estructuras monumentales. Las comunidades que habitaron las Baleares compartieron tiempo con las sociedades "clásicas" del Bronce Antiguo europeo, como El Argar, Unetice, Polada o Wessex. Sin embargo, en las Baleares no se documentan las formas de explotación económica y de jerarquización política que caracterizan a la mayoría de éstas. Hay datos que indican que las Baleares no se mantuvieron "aisladas" del mundo social que las rodeaba, pero el mantenimiento de estas relaciones no presupuso ni favoreció el desarrollo de clases socio-económicas en las comunidades insulares.

El grupo Naviforme inició su andadura a mediados del II milenio cal ANE, justamente cuando el mundo del

Bronce Antiguo europeo se derrumbaba casi como un castillo de naipes. Se trata de un momento de cambios sociales de gran envergadura y con una amplia cobertura geográfica, que ofrece a la investigación todo un abanico de interesantes cuestiones de todo orden por resolver. El grupo Naviforme inaugura la construcción de asentamiento formados por estructuras en piedra a base de aparejo ciclópeo. Coincide en el tiempo con el desarrollo de la sociedad nurágica en Cerdeña y probablemente de la sociedad torreana en Córcega. No obstante, en las Baleares todavía no se documenta por aquellas fechas la proliferación de grandes edificios turriformes, por lo que carece de base afirmar la existencia temprana de una *koiné* basada en el factor común de estas construcciones monumentales. Las comunidades naviformes presentan además muchos otros aspectos distintivos que dificultan establecer con claridad los límites del mundo social extrainsular con el que mantuvieron relaciones. Por otra parte, su dinámica interna a lo largo de alrededor de medio milenio seguramente puede ser pautada en fases caracterizadas por diferencias en las características arquitectónicas y la organización interna de los asentamientos, cambios en las prácticas funerarias y novedades en el plano de la producción artefactual.

A finales del I milenio cal ANE, la sociedad naviforme entró en una etapa de cambios de entre dos y tres siglos que hoy cabe designar con la denominación de "Prototalayótico". Conviven ahora elementos que sugieren una cierta continuidad en las prácticas sociales tradicionales, con otros que auguran lo más característico de la sociedad talayótica, como los poblados formados por agrupaciones densas de viviendas y la presencia de edificios singulares que presagian la monumentalidad posterior. El desarrollo de la metalurgia del bronce experimentado por las sociedades baleáricas se entiende en el amplio contexto de intercambios propio del Bronce Final. Las sociedades de Mallorca y Menorca no se mantuvieron al margen de esta dinámica general y, de hecho, manifiestan diversos puntos de coincidencia especialmente con las áreas circumalpinas.

A lo largo del siglo IX cal ANE, la etapa de cambios del grupo Prototalayótico culmina con la consolidación de la materialidad talayótica. Proliferan entonces los grandes edificios turriformes que conocemos como talayots, en referencia a los cuales se articulan los espacios de habitación y, posiblemente, los límites de territorios políticos. Las manifestaciones funerarias nos son prácticamente desconocidas, algo que contrasta vivamente con el panorama del periodo anterior y también con el del subsiguiente. Las relaciones sociales talayóticas mantuvieron la tónica de colectivismo que caracterizó la trayectoria secular de las comunidades insulares, pero en su seno se generaron tensiones que desembocaron en un final convulso y con toda probabilidad violento que datamos genéricamente en el siglo VI cal ANE. A partir de este momento, tomaron cuerpo los conjuntos materiales que definen el grupo Postalayótico y que denotan la implantación de nuevas relaciones sociales, económicas y políticas. El urbanismo aprovecha los emplazamientos de poblados previos para configurar núcleos de población que, en ocasiones, se dotan de notables obras de fortificación. La violencia social resulta moneda de cambio en el seno de las comunidades insulares y también moneda de intercambio con el exterior, según se desprende de la participación de los honderos baleáricos como mercenarios en los ejércitos cartagineses. En el campo de las prácticas socio-políticas e ideológicas, la sociedad postalayótica desarrolló, por un lado, una destacada variedad de formas de enterramiento, mientras que, por otro, destinó recintos arquitectónicos específicos (taulas y santuarios) a finalidades ceremoniales.

La involucración de las sociedades baleáricas en los conflictos entre las grandes potencias mediterráneas de la Antigüedad acarreó cambios internos de importancia. Finalmente, Roma conquistó militarmente el archipiélago y puso fin a la autonomía de las comunidades insulares. La fecha de 123 ANE constituye también la convención que pone fin a la labor emprendida en este trabajo.

## BIBLIOGRAFÍA.


AGUILÓ, C. , COVAS, J. y CARRERAS, J.
(1979), "Troballa de dues espases en el poblat talaiòtic de Can Jordi (Santanyí)", *Bolletí de la Societat Arqueològica Luliana*, XXXII, pp. 418-425.

AITKEN, M. J.
(1990), *Science-based Dating in Archaeology*. Longman, Londres.

ALCOVER, J. A.
(2003), "Les rates pinyades (Mammalia: Chiroptera) fòssils del jaciment paleontològic del Pouàs (St. Antoni de Portmany, Eivissa)", *Endins*, 25, pp. 141-154.

ALCOVER, J. A.
(2004), "Disentangling the Balearic first settlement issues", *Endins*, 26, pp. 143-156.

ALCOVER, J. A., McMINN, M. y ALTABA, C. R.
(1994), "Eivissa: A Pleistocene Oceanic-like Island in the Mediterranean", *National Geographic Research and Exploration*, 10 (2), pp. 236-238.

ALCOVER, J. A., PÉREZ OBIOL, R., YLL, E.-I. y BOVER, P.
(1999), "The diet of *Myotragus Balearicus* Bate 1909 (Artiodactyla: Caprinae), an extinct bovid from the Balearic Islands: evidence from coprolites", *Biological Journal of the Linnean Society*, 66, pp. 57-74.

ALCOVER, J. A., RAMIS, D., COLL, J. y TRÍAS, M.
(2001), "Bases per al coneixement del contacte entre els primers colonitzadors humans i la naturalesa de les Balears", *Endins*, 24, pp. 5-57.

ALMAGRO GORBEA, M.
(1970), "Las fechas del C-14 para la Prehistoria y la Arqueología Peninsular", *Trabajos de Prehistoria*, 27, pp. 9-44.

ALONSO, J., CABRERA, V., CHAPA, T. y FERNÁNDEZ-MIRANDA, M.
(1978), "Indice de fechas arqueológicas de C-14 para España y Portugal", en *C14 y Prehistoria de la Península Ibérica*. Fundación Juan March. Serie Universitaria, 77, Madrid, pp. 154-183.

AMBERS, J., BURLEIGH, R. y MATTHEWS, K.
(1987), "British Museum Natural Radiocarbon Measurements XIX", *Radiocarbon* 29, 1, pp. 61-77.

AMBERS, J., MATTHEWS, K. y BURLEIGH, R.
(1985), "British Museum Natural Radiocarbon Measurements XVIII", *Radiocarbon* 27, 3, pp. 508-524.

ARAMBURU-ZABALA, J.
(1998), *El patrón de asentamiento de la cultura talayótica de Mallorca*. El Tall, Palma de Mallorca.

ARAMBURU-ZABALA, J., HERNÁNDEZ GASCH, J.
(2001), "Informe de los trabajos de excavación arqueológica en el poblado talayótico de Ses Païsses (Artà). Campaña de 2000". Dirección URL: http://www.talayots.com

ARNAU, P., GORNÉS, S. y STIKA, H.-P.
(2003), "Los hipogeos de s'Alblegall (Ferreries) y la agricultura cerealística a mediados del segundo milenio cal ANE en Menorca", *Trabajos de Prehistoria*, 60 (2), pp. 117-130.

BESSE, M.
(2003), *L'Europe du 3e millénaire avant notre ère. Les céramiques communes au Campaniforme*. Cahiers d'Archéologie Romande, 94, Lausana.

BOWMAN, S.
(1990), *Radiocarbon Dating*. British Museum, Londres.

BOWMAN, S. G. E., AMBERS, J. C. y LEESE, M. N.
(1990), "Re-Evaluation of British Museum Radiocarbon Dates Issued between 1980 and 1984", *Radiocarbon*, 32, 1, pp. 59-79.

BRONK RAMSEY, C.
(2000), "OxCal Program v3.5 Manual", URL: http://www.rlaha.ox.ac.uk/orau.

BRONK RAMSEY, C., HIGHAM, T. F. G., OWEN, D. C., PIKE, A. W. G. y HEDGES, R. E. M.
(2002), "Radiocarbon dates from the Oxford AMS system. Archaeometry datelist 31", *Archaeometry*, 44 (3), supplement 1.

BURJACHS, F., PÉREZ-OBIOL, MOURE, J. M. y JULIÀ, R.
(1994), "Dinámica de la vegetación durante el holoceno en la isla de Mallorca", en MATEU, I., DUPRÉ, M., GÜEMES, J. y BURGAZ, M. E. (eds),*Trabajos de Palinología Básica y Aplicada*. X Symposio de Palinología (A.P.L.E.). Universitat de València, València, pp. 199-210.

BURLEIGH, R., AMBERS, J. y MATTHEWS, K.
(1982), "British Museum Natural Radiocarbon Measurements XV", *Radiocarbon* 24, 3, pp. 262-290.

BURLEIGH, R., AMBERS, J. y MATTHEWS, K.
(1983), "British Museum Natural Radiocarbon Measurements XV", *Radiocarbon* 25, 1, pp. 39-58.

BURLEIGH, R., AMBERS, J. y MATTHEWS, K.
(1984), "British Museum Natural Radiocarbon Measurements XVII", *Radiocarbon* 26, 1, pp. 59-74.

BURLEIGH, R. y CLUTTON-BROCK, J.
(1980), "The survival of *Myotragus balearicus* Bate, 1909, into the Neolithic on Mallorca", *Journal of Archaeological Science*, 7, pp. 385-388.

BURLEIGH, R., MATTHEWS, K. y AMBERS, J.
(1982), "British Museum Natural Radiocarbon Measurements XIV", *Radiocarbon* 24, 3, pp. 229-261.

CALVO, M., COLL CONESA, J. y GUERRERO, V. Mª
(1997), "El dolmen de S'Aigua Dolça", *Revista de Arqueología,* 191, pp. 18-29.

CALVO, M. y GUERRERO, V. M.
(2002), *Los inicios de la metalurgia en Baleares. El Calcolítico (c. 2500-1700 cal. BC).* El Tall, Palma de Mallorca.

CALVO, M., GUERRERO, V. M. y SALVÀ, B.
(2001a), *Arquitectura Ciclópea del Bronce Balear*. El Tall, Palma de Mallorca.

CALVO, M., GUERRERO, V. M. y SALVÀ, B.
(2001b), *La cova des Moro (Manacor, Mallorca). Campanyes d'excavacions arqueològiques 1995-1998.* Quaderns de Patrimoni Cultural, 4, Consell Insular de Mallorca, Palma.

CALVO, M., GUERRERO, V. y SALVÀ, B.
(2002), "Los orígenes del poblamiento balear. Una discusión no acabada", *Complutum*, 13, pp. 159-191.

CALVO, M. y SALVÀ, B.
(1999), "Aproximació a la seqüència cronocultural de la naveta I del jaciment dels Closos de Can Gaià (Felanitx)", *Mayurqa*, 25, pp. 59-82

CAMPS, J. y ROSSELLÓ BORDOY, G.
(1970), "Fechas absolutas en lo talayótico mallorquín", *XI Congreso Nacional de Arqueología*, pp. 850-854.

CANTARELLAS, C.
(1972a), "Excavaciones en Ca Na Cotxera (Muro, Mallorca)", *Noticiario Arqueológico Hispánico*, 1, pp. 179-226.

CANTARELLAS, C.
(1972b), *Cerámica incisa en Mallorca*. Caja de Ahorros y Monte de Piedad de las Baleares, Palma de Mallorca.

CARRERAS, J.
(2001), "El depósito de bronces talayóticos de Can Jordi (Santanyí). Nuevas aportaciones", *Bolletí de la Societat Arqueològica Luliana*, 57, pp. 13-28.

CASTRO MARTÍNEZ, P. V.
(1992), *La Península Ibérica entre 1600-900 antes de nuestra era.* Servei de Publicacions de la Universitat Autònoma de Barcelona, Bellaterra, Tesis Doctorales (edición en microficha).

CASTRO MARTÍNEZ, P. V., ESCORIZA MATEU, T. y SANAHUJA YLL, Mª E.
(2003a), *Mujeres y hombres en espacios domésticos. Trabajo y vida social en la Prehistoria de Mallorca (c. 700-500 cal ANE). El Edificio Alfa del Puig Morter de Son Ferragut (Sineu, Mallorca).* BAR, International Series, 1162, Oxford.

CASTRO MARTÍNEZ, P. V., ESCORIZA MATEU, T. y SANAHUJA YLL, Mª E.
(2003b), "Anexo C. La serie radiométrica del Edificio Alfa del Puig Morter", en CASTRO MARTÍNEZ, P. V., ESCORIZA MATEU, T. y SANAHUJA YLL, Mª E. *Mujeres y hombres en espacios domésticos. Trabajo y vida social en la Prehistoria de Mallorca (c. 700-500 cal ANE). El Edificio Alfa del Puig Morter de Son Ferragut (Sineu, Mallorca).* BAR, International Series, 1162, Oxford, pp. 174-181.

CASTRO MARTÍNEZ, P., CHAPMAN, R., GILI, S., LULL, V., MICÓ, R., RIHUETE, C., RISCH, R. Y SANAHUJA YLL, Mª E.
(1996), "Teoría de las prácticas sociales", *Complutum*, 6 extra. Homenaje a M. Fernández-Miranda, vol. II, pp. 35-48.

CASTRO MARTÍNEZ, P. V., LULL, V. y MICÓ, R.
(1996), *Cronología de la Prehistoria Reciente de la Península Ibérica y Baleares (c. 2800-900 cal ANE).* British Archaeological Reports, International Series, 652, Oxford.

CASTRO MARTÍNEZ, P. V. y MICÓ, R.
(1995), "El C14 y la resolución de problemas arqueológicos. La conveniencia de una reflexión", *Revista d'Arqueologia de Ponent*, 5, pp. 252-260.

CERDÀ, D.
(1999), *El vi en l'ager pollentinus i en el seu entorn.* Col·lecció La Deixa, 3, Monografies de Patrimoni Històric, Palma de Mallorca.

COLL, J.
(1989), *La evolución del ritual funerario en la cultura talaiótica.* Tesis Doctoral inédita, Universitat de les Illes Balears, Palma de Mallorca.

COLL, J.
(1993), "Aproximación a la arqueología funeraria de las culturas iniciales de la Prehistoria de Mallorca", *Pyrenae*, 24, pp. 93-114.

COLL, J.
(1997), "Aspectes de la religió i la societat talaiòtiques de Mallorca. Els ritus funeraris", *Meloussa*, 4, pp. 87-99.

COLL, J.
(2000), "Excavación arqueológica del Coval Simó. Estado actual y perspectivas de futuro", en GUERRERO, V. M. y GORNÉS, S. (eds.), *Colonización humana en ambientes insulares. Interacción con el medio y adaptación cultural*. Universitat de les Illes Balears, Palma de Mallorca, pp. 371-400.

COLL, J.
(2001), "Primeres datacions absolutes del jaciment del Coval Simó (Escorca, Mallorca)", *Endins*, 24, pp. 161-167.

COLL, J.
(2003), "Excavació arqueològica al sepulcre megalític de l'Aigua Dolça (Artà, Mallorca)", en GUERRERO, V. M., CALVO, M. y COLL, J. (eds.), *El dolmen de s'Aigua Dolça (Colònia de Sant Pere, Mallorca)*. Col·lecció La Deixa, 5, Consell de Mallorca, Palma, pp. 13-59.

COLL, J. y GUERRERO, V. M.
(2003), "Els aixovars ceràmics", en GUERRERO, V. M., CALVO, M. y COLL, J. (eds.), *El dolmen de s'Aigua Dolça (Colònia de Sant Pere, Mallorca)*. Col·lecció La Deixa, 5, Consell de Mallorca, Palma de Mallorca, pp. 160-173.

CONTRERAS, F.
(2004), "Sobre Sanisera", URL: http://www.ecomuseodecavalleria.com/es/campo.asp

COSTA, B. y BENITO, N.
(2000), "El poblament de les Illes Pitiüses: durant la prehistòria. Estat actual de la qüestió", en GUERRERO, V. M. y GORNÉS, S. (coords.), *Colonización humana en ambientes insulares. Interacción con el medio y adaptación cultural*. Universitat de les Illes Balears, Palma de Mallorca, pp. 215-317.

COSTA, B. y FERNÁNDEZ GÓMEZ, J. H.
(1992), "Les Illes Pitiüses: de la prehistòria a la fi de l'època púnica", en ROSSELLÓ BORDOY, G. (ed.), *La prehistòria de les illes de la Mediterrània occidental. X Jornades d'Estudis Històrics locals*. Museu de Mallorca, Palma de Mallorca, pp. 277-355.

COSTA, R. y GUERRERO, V. M.
(2002), "Balance y nuevas perspectivas en la investigación prehistórica de las islas Pitiusas", en WALDREN, W. H. y ENSENYAT, J. A. (eds.), *World Islands in Prehistory. International Insular Investigations*. British Archaeological Reports, International Series 1095, Oxford, pp. 484-501.

CHAPMAN, R. W. y GRANT, A.
(1995), "Talayot 4, Son Ferrandell-Oleza: Problemas de los procesos de formación, función y subsistencia", *Revista d'Arqueologia de Ponent*, 5, pp. 7-52.

CHAPMAN, R. W., VAN STRYDONCK, M. y WALDREN, W.
(1993), "Radiocarbon Dating and Talayots: the example of Son Ferrandell Oleza", *Antiquity*, 67, pp. 108-116.

DAUCHOT-DEHON, M. y VAN STRYDONCK, M.
(1989), "Institut Royal du Patrimoine Artistique Radiocarbon Dates XIII", *Radiocarbon*, 31, 2, pp. 187-200.

DAUCHOT-DEHON, M. y VAN STRYDONCK, M.
(1992), "Institut Royal du Patrimoine Artistique Radiocarbon Dates XIV", *Radiocarbon*, 34, 1, pp. 71-82.

DELIBES, G. y FERNÁNDEZ-MIRANDA, M.
(1988), *Armas y utensilios de bronce en la Prehistoria de las Islas Baleares*. Studia Archaeologica, 78, Universidad de Valladolid, Valladolid.

DELIBRIAS, G., GUILLIER, M. T. y LABEYRIE, J.
(1971), "Gif Natural Radiocarbon Measurements, VI", *Radiocarbon*, 13, 2, pp. 213-254.

DÍAZ ANDREU, M. y FERNÁNDEZ-MIRANDA, M.
(1991), "Pretalayotic Burial Caves of Mallorca. Classification and analysis", en WALDREN, W. H., CHAPMAN, R. W., LEWTHWAITE, J. y KENNARD, R.-C. (eds), *IInd Deya Conference of Prehistory* (ii). British Archaeological Reports, International Series, 574, Oxford, pp. 79-114.

DÍEZ, T., GASULL, P., LULL, V. y SANAHUJA YLL, Mª E.
(1980), "Excavaciones en el yacimiento de Son Fornés (Montuiri, Mallorca)", *Noticiario Arqueológico Hispánico*, 9, pp. 313-378.

DUEÑAS, J. A., FREIXA, A., MORENO, P., PEDRÓ, P. y RODRÍGUEZ, P.
(1986), "Ordenación y funcionalidad de un espacio en una casa talayótica: Son Fornés, Mallorca", *Arqueología Espacial*, 9, pp. 59-77.

ENSENYAT, J.
(1995), "Funerary Ritual in Mallorca during the Pre-Talaiotic Period (Copper and Early Bronze Age)", en WALDREN, W. H., ENSENYAT, J. A. y KENNARD, R. C.(eds.), *IIIrd. Deià International Conference of Prehistory. Ritual, Rites and Religion in Prehistory*. BAR International Series, 611, Oxford, pp. 335-354.

ENSEÑAT ENSEÑAT, C.
(1981), *Las cuevas sepulcrales mallorquinas en la Edad del Hierro*. Excavaciones Arqueológicas en España, 118, Madrid.

ENSEÑAT ESTRANY, B.
(1971), "Historia primitiva de Mallorca", en MASCARÓ, J. (coord.), *Historia de Mallorca*. Tomo I. Gráficas Miramar, Palma de Mallorca, pp. 289-352.

FERNÁNDEZ GÓMEZ, J. H., PLANTALAMOR, Ll. y TOPP, C.
(1984), "Prehistoric activities in the Pitiussae islands", en WALDREN, W. H., CHAPMAN, R. W., LEWTHWAITE, J. y KENNARD, R.-C. (eds), *The Deya Conference of Prehistory. Early Settlement in the Western Mediterranean Islands and their Peripherial Areas*, part iii. British Archaeological Reports, International Series, 229, Oxford, pp. 763-784.

FERNÁNDEZ GÓMEZ, J. H., PLANTALAMOR, Ll. y TOPP, C.
(1987), *Excavaciones en el sepulcro megalítico de Ca Na Costa (Formentera)*. Trabajos del Museo Arqueológico de Ibiza, 19.

FERNÁNDEZ-MIRANDA, M.
(1978), *Secuencia cultural de la prehistoria de Mallorca*. Biblioteca Praehistorica Hispana, vol. XV, Madrid.

FERNÁNDEZ-MIRANDA, M
(1983), "Las cerámicas talayóticas de la Calle Porticada", en ARRIBAS, A. (ed.), *Pollentia. Estudio de los materiales I*. The William L. Bryant Foundation, 3, Palma, pp. 13-45.

FERNÁNDEZ-MIRANDA, M.
(1991), "La transición hacia la Cultura Talayótica en Menorca", *Trabajos de Prehistoria*, 48, pp. 37-50.

FERNÁNDEZ-MIRANDA, M., BUENO, P., PIÑÓN, F. y RODERO, A.
(1980), "Torralba d'en Salort (Alayor, Menorca). La sala hipóstila", *Noticiario Arqueológico Hispánico*, 10, pp. 93-121.

FERNÁNDEZ-MIRANDA, M. y WALDREN. W.
(1974), "El abrigo de Son Matge (Valldemossa) y la periodización de la prehistoria mallorquina mediante los análisis de Carbono-14", *Trabajos de Prehistoria*, 31, pp. 297-304.

FERNÁNDEZ-MIRANDA, M. y WALDREN. W.
(1979), "Periodificación cultural y cronología absoluta en la prehistoria de Mallorca", *Trabajos de Prehistoria*, 36, pp. 349-377.

FERNÁNDEZ-MIRANDA, M., WALDREN, W. H. y SANDERS, E. O.
(1995), "Función y significado de las taulas: el caso de Torralba d'En Salort", en WALDREN, W. H., ENSENYAT, J. A. y KENNARD, R. C.(eds.), *IIIrd. Deià International Conference of Prehistory. Ritual, Rites and Religion in Prehistory*. BAR International Series, 611, Oxford, pp. 122-129.

FONT OBRADOR, B. y MASCARÓ, J.
(1964), *Tipología de los monumentos megalíticos de Mallorca*. Colección Talaiot de Monografías mallorquinas, 3, Palma de Mallorca.

FORNÉS, J. y SALVÀ, B.
(2001), "La cultura naviforme de Mallorca y su contexto cronocultural en el Mediterráneo", *II Congreso Español de Oriente Próximo y Occidente (Cádiz, 2001)*.

FREY, O. H.
(1968), "Zweiter Bericht über die Untersuchungen in der Talayot-siedlung von S'Illot (San Lorenzo, Mallorca), *Madrider Mitteilungen*, 9, pp. 63-75.

FREY, O. H.
(1969), "Untersuchungen zu den Kleinfunden aus S'Illot (Mallorca) - Einleitung", *Madrider Mitteilungen*, 10, pp. 117-118.

FREY, O. H. y ROSELLÓ BORDOY, G.
(1964), "Eine Talayot-Siedlung bei S'Illot, Mallorca", *Madrider Mitteilungen*, 5, pp. 55-71.

FRONTÁN, F. L.
(1991), "Materiales de la Cueva de Son Bauzà (Mallorca)", *Trabajos de Prehistoria*, 48, pp. 103-134.

GARCÍA ORELLANA, J.
(1998), *Caracterització de ceràmica pretalaiòtica de l'illa de Menorca mitjançant la datació per termoluminiscència*. Treballs del Museu de Menorca, 18, Menorca.

GARCÍA ORELLANA, J., FERNÁNDEZ MORENO, F., SÁNCHEZ-CABEZA, J. A., PLANTALAMOR, Ll. y TRIPIER, J.
(1996), "Datació absoluta de ceràmica pretalaiòtica de l'Illa de Menorca", *Pyrenae*, 27, pp. 21-29.

GASULL, P., LULL, V. y SANAHUJA YLL, Mª E.
(1981), "Procesos de trabajo en la construcción del talaiot nº 1 de Son Fornés (Montuiri, Mallorca)", *Pyrenae*, 17-18, pp. 211-230.

GASULL, P., LULL, V. y SANAHUJA, Mª E.
(1984a), *Son Fornés I: La Fase Talayótica. Ensayo de reconstrucción socio-económica de una comunidad*

*prehistórica de la isla de Mallorca*. British Archaeological Reports, International Series, 209, Oxford.

GASULL, P., LULL, V. y SANAHUJA YLL, Mª E. (1984b), "La habitación nº 5 de Son Fornés (Montuiri-Mallorca): modelo de una vivienda talayótica", en Chapman, R. W., Waldren, W. H. y Kennard, R.-C. (eds), *The Deya Conference of Prehistory*. British Archaeological Reports, International Series, 229, pp. 1259-1297. Oxford.

GASULL, P., LULL, V. y SANAHUJA YLL, Mª E. (1984c), "Estudio comparativo de los Talaiots 1 y 2 de Son Fornés (Montuiri-Mallorca)", en CHAPMAN, R. W., WALDREN, W. H. y KENNARD, R.-C. (eds), *The Deya Conference of Prehistory*. British Archaeological Reports, International Series, 229, Oxford, pp. 1239-1257.

GILI, S.
(1995), *Territorialidades de la Prehistoria Reciente mallorquina*. Tesis Doctoral. Universitat Autònoma de Barcelona.

GILI, S., LULL, V. y RIHUETE, C.
(1996), "Les Illes Balears dels origins al segle VII cal ANE", en *Historia, Societat i Cultura dels Països Catalans. 1. Prehistoria. Edat Antiga i Mitjana*. Fundació Enciclopèdia Catalana, Barcelona, pp. 196-214.

GÓMEZ, J. L. (2000), "Memoria de la excavación del monumento nº 2 de Biniai Nou (Campañas 1997-1998)", en GUERRERO, V. M. y GORNÉS, S. (eds.), *Colonización humana en ambientes insulares. Interacción con el medio y adaptación cultural*. Universitat de les Illes Balears, Palma de Mallorca, pp. 417-429.

GÓMEZ, J. L. y RUBINOS, A.
(e.p./a), "Proyecto de datación del material óseo procedente de la naveta de La Cova y del hipogeo nº 3 de Llucalari (Menorca)", *Homenaje a W. Waldren.*

GÓMEZ, J. L. y RUBINOS, A.
(e.p./b), "Proyecto de datación del material óseo procedente de la naveta de Son Morell (Menorca)", *Homenaje a W. Waldren.*

GÓMEZ BELLARD, C.
(1995), "The first colonization of Ibiza and Formentera (Balearic Islands, Spain): some more islands out of the stream?", *World Archaeology*, 26, nº 3, pp. 442-455.

GÓMEZ BELLARD, C. y SAN NICOLÁS, Mª P.
(1988), "La Prehistoria de Ibiza y Formentera: Estado actual de la investigación", *Trabajos de Prehistoria,* 45, pp. 201-228.

GONZÁLEZ MARCÉN, P., LULL, V. y RISCH, R.
(1992), *Arqueología de Europa 2250-1200 A.C. Una introducción a la "Edad del Bronce"*. Síntesis, Madrid.

GONZÁLEZ-GÓMEZ, C., SÁNCHEZ SÁNCHEZ, P. y DOMINGO GARCÍA, M.
(1985), "University of Granada Radiocarbon Dates II", *Radiocarbon*, 27, 3, pp. 610-615.

GORNÉS, S.
(1993), *Análisis funerario de la necrópolis de Cales Coves - Menorca*. Memoria de Licenciatura inédita.

GORNÉS, S.
(1995), "Cults, funerary rites and social change in the Prehistory of Menorca (XIII-II BC)", en WALDREN, W. H., ENSENYAT, J. A. y KENNARD, R. C.(eds.), *IIIrd. Deià International Conference of Prehistory. Ritual, Rites and Religion in Prehistory. Vol. II*. BAR International Series, 611, Oxford, pp. 322-335.

GORNÉS, S.
(2003), *Torralba d'en Salort. Alaior, Menorca.* Patrimonio Histórico de Menorca, Guías e Itinerarios 1, Arqueomenorca, Ciutadella.

GORNÉS, S. y GUAL, J. Mª
(2000), "El hipogeo XXI de la necrópolis de Cales Coves", en AA.VV., *L'ipogeismo nel Mediterraneo. Origini, Sviluppo, quadri culturali*. Università degli Studi di Sassari, Sassari, pp. 573-590.

GORNÉS, S. y GUAL, J. Mª
(2001), "La cultura Talaiòtica", en *Enciclopèdia de Menorca, vol. IX*, pp. 133-225.

GORNÉS, S., GUAL, J. Mª, LÓPEZ PONS, A. y NICOLÁS, J. C. de
(1992), "Nous monuments funeraris del món pretalaiòtic de Menorca", en ROSSELLÓ BORDOY, G. (ed.), *La prehistòria de les illes de la Mediterrània occidental. X Jornades d'Estudis Històrics locals*. Museu de Mallorca, Palma de Mallorca, pp. 419-452.

GORNÉS, S., GUERRERO, V. M., HERNÁNDEZ GASCH, J., NICOLÁS, J. de y VAN STRYDONCK, M.
(2001), "La campaña de excavación de 2001 en Biniparratx Petit (Menorca): avance de los primeros análisis radiocarbónicos", *Mayurqa*, 27, pp. 227-235.

GOWLETT, J. A. J., HEDGES, R. E. M., LAW, I. A. y PERRY, C.
(1986), "Radiocarbon dates from the Oxford AMS system: datelist 4", *Archaeometry*, 28 (2), pp. 206-221.

GRAVES, W. y WALDREN, W.
(1966) "El yacimiento de *Myotragus balearicus* en las cuevas de Son Muleta y su relación con los niveles arqueológicos de Mallorca", *Boletín de la Sociedad de Historia Natural de Baleares*, XII, pp. 51-63.

GUERRERO, V. M.
(1979), "El yacimiento funerario de Son Boronat (Calvià-Mallorca)", *Boletín de la Sociedad Arqueológica Luliana*, 830-831, t. XXXXVII, pp. 1-50.

GUERRERO, V. M.
(1982), *Los núcleos arqueológicos de Calvià.* Ayuntamiento de Calvià, Palma de Mallorca.

GUERRERO, V. M.
(1987), "Los sarcófagos tauromorfos de "La Punta". Un caso de aculturación indígena en la protohistoria de Mallorca", *Rivista di Studi Fenici*, XV (2), pp. 163-178.

GUERRERO, V. M.
(1995), "Cazadores y pastores mallorquines del VIII al III milenio a. C.", *Revista de Arqueología*, 166, pp. 14-23.

GUERRERO, V. M.
(1996), "El poblamiento inicial de la isla de Mallorca", *Complutum Extra*, 6 (I), *Homenaje a M. Fernández-Miranda,* pp. 83-104.

GUERRERO, V. Mª.
(1997a), *Cazadores y Pastores en la Mallorca Prehistórica.* El Tall, Palma de Mallorca.

GUERRERO, V. Mª.
(1997b), *Colonización púnica de Mallorca. La documentación arqueológica y el contexto histórico.* El Tall, Palma de Mallorca.

GUERRERO, V. Mª.
(1999), *Arquitectura y Poder en la Prehistoria de Mallorca.* El Tall, Palma de Mallorca.

GUERRERO, V. M.
(2000a), "Mito y realidad de los primeros baleáricos", *Revista de Arqueología*, 231, pp. 16-29.

GUERRERO, V. M.
(2000b), "La colonización humana de Mallorca en el contexto de las islas occidentales del Mediterráneo: una revisión crítica", en GUERRERO, V. M. y GORNÉS, S. (coords.), *Colonización humana en ambientes insulares. Interacción con el medio y adaptación cultural.* Universitat de les Illes Balears, Palma de Mallorca, pp. 99-190.

GUERRERO, V. M.
(2001), "The Balearic Islands: Prehistoric Colonization of the Furthest Mediterranean Islands from the Mainland", en *Journal of Mediterranean Archaeology*, 14 (2), pp. 136-158.

GUERRERO, V. M.
(2002a), "Anexo 1. La cronología absoluta del Calcolítico balear", en CALVO, M., GUERRERO, V. M., *Los inicios de la metalurgia en Baleares. El Calcolítico (c. 2500-1700 cal. BC).* El Tall, Palma de Mallorca, pp. 203-223.

GUERRERO, V. M.
(2002b), "Bases historiográficas (sin disimulo) sobre los primeros pobladores baleáricos y otras cuestiones de enfoque, fondo y forma", *Mayurqa*, 28, pp. 129-170.

GUERRERO, V. M.
(2003), "Esmoladors o plaques perforades ("Braçals d'arquer)", en GUERRERO, V. M., CALVO, M. y COLL, J. (eds.), *El dolmen de s'Aigua Dolça (Colònia de Sant Pere, Mallorca).* Col·lecció La Deixa, 5, Consell de Mallorca, Palma, pp. 120-139.

GUERRERO, V. M. y CALVO, M.
(2001), "El megalitismo mallorquín en el contexto del Mediterráneo occidental", *Mayurqa*, 27, pp. 161-193.

GUERRERO, V. M. y CALVO, M.
(2003), "Botons i elements d'ornament personal. Estudi contextual i cultural", en GUERRERO, V. M., CALVO, M. y COLL, J. (eds.), *El dolmen de s'Aigua Dolça (Colònia de Sant Pere, Mallorca).* Col·lecció La Deixa, 5, Consell de Mallorca, Palma, pp. 92-119.

GUERRERO, V. M., CALVO, M. y COLL, J. (eds.)
(2003), *El dolmen de s'Aigua Dolça (Colònia de Sant Pere, Mallorca).* Col·lecció La Deixa, 5, Consell de Mallorca, Palma de Mallorca.

GUERRERO, V. M., COLL, J. y CALVO, M.
(1998), "Estado actual del megalitismo en Mallorca. El yacimiento arqueológico de S'Aigua Dolça", *II Congreso de Arqueología Peninsular*, vol II., pp. 359-369.

GUERRERO, V. M., SANMARTÍ, J., HERNÁNDEZ GASCH, J., GORNÉS, S., GUAL, J. Mª, LÓPEZ PONS, A. y de NICOLÁS, J.
(2002), "Biniparratx Petit (Sant Lluís): A Research and Re-Evaluation Project in the Southeast of the Island of Minorca", en WALDREN, W. H., ENSENYAT, J. A. (eds.), *World Islands in Prehistory. International Insular Investigations.* British Archaeological Reports, International Series 1095, Oxford, pp. 502-516.

HEDGES, R. E. M., PETTITT, P. B., BRONK RAMSEY, C. y VAN KLINKEN, J.
(1996), "Radiocarbon dates from the Oxford AMS

System: Archaeometry datelist 22", *Archaeometry*, 32 (2), pp. 391-413.

HERNÁNDEZ, Mª A., GARCIA, E., SALVÀ, B., FORNÉS, J.
(e.p.), "L'àrea domèstica de la unitat estratigràfica 9 de la naveta 1 dels Closos de Can Gaià", *II Jornades d'Estudis d'Història Local de Felanitx*.

HERNÁNDEZ GASCH, J.
(1998), *Son Real. Necrópolis talayótica de la edad del hierro. Estudio arqueológico y análisis social.* Arqueomediterránea, 3 (II), Universitat de Barcelona, Barcelona.

HERNÁNDEZ GASCH, J. y ARAMBURU, J.
(2001), "Informe de los trabajos de excavación arqueológica en el poblado talayótico de Ses Païsses (Artà, Mallorca). Campaña de 2000". URL: www.talayots.com.

HERNÁNDEZ GASCH, J. y SANMARTÍ, J.
(1999), "El santuari de la Punta des Patró a l'àrea cultual i funerària de Son Real (Santa Margalida, Mallorca). Avanç dels resultats", *Mayurqa*, 25, pp. 115-134.

HERNÁNDEZ GASCH, J., SANMARTÍ, J., MALGOSA, A. y ALESÁN, A.
(1998), "La necròpoli talaiòtica de S'Illot des Porros", *Pyrenae*, 29, pp. 69-95.

HOFFMAN, C.
(1993), *The social and technological dimensions of Copper Age and Bronze Age metallurgy in Mallorca, Spain.* Dissertation Services, University of Michigan.

JUAN, G. y PLANTALAMOR, Ll.
(1996), *Les coves 11 i 12 de Cala Morell (Ciutadella-Menorca).* Treballs del Museu de Menorca, 16. Conselleria d'Educació, Cultura, i Esports, Govern Balear, Maó.

JUAN, R., PONS, O. y JUAN, Q.
(1998), *Memòria de la campanya juny-setembre de 1995. Poblat de Son Catlar.* Associació d'Amics del Poblat de Son Catlar. Ciutadella.

KOPPER, J. S.
(1984), "Canet Cave. Esporlas, Mallorca", en WALDREN, W. H., CHAPMAN, R. W., LEWTHWAITE, J. y KENNARD, R.-C. (eds), *The Deya Conference of Prehistory. Early Settlement in the Western Mediterranean Islands and their Peripherial Areas*, part i. British Archaeological Reports, International Series, 229, Oxford, pp. 61-67.

KRAUSE, G.
(1977), "Bericht über die vierte Grabungskampagne in der Talayotsiedlung von S'Illot (San Lorenzo, Mallorca)", *Madrider Mitteilungen*, 18, pp. 30-32.

KRAUSE, G.
(1978), "Bericht über die fünfte Grabungskampagne in der Talayotsiedlung von S'Illot (San Lorenzo, Mallorca)", *Madrider Mitteilungen*, 19, pp. 77-88.

LILLIU, G.
(1960), "Primi scavi del villagio talaiotico di ses Païsses (Artà, Maiorca) (missione arqueologica italiana, aprile-magio 1959)", *Revista del l'Instituto Nazionale d'Archeologia e Storia dell'Arte*, IX, pp. 5-73.

LILLIU, G.
(1962), "Cenno sui pui recenti scavi del villagio talaiotico di ses Païsses ad Artà-Maiorca (Baleari)", Studi Sardi XVIII, 1962-63, pp. 22-52.

LILLIU, G.
(1965), "Informe sobre la IV campaña de excavaciones arqueológicas en Ses Paisses (Artá, Mallorca) de la misión italiana", *Noticiario Arqueológico Hispánico*, 1-3, pp. 116-131.

LILLIU, G. y BIANCOFIORE, F.
(1959), "Primi scavi del villagio talaiotico di ses Païsses (Artà, Maiorca) (Missione arqueologica italiana, aprile-magio 1959)", *Annali delle Facoltà di Lettere, Filosofia e Magisterio dell'Università di Cagliari*, XXVII, pp. 33-74.

LÓPEZ PONS, A.
(2001), "El poblament inicial i els grups culturals pretalaiòtics", en *Enciclopèdia de Menorca, vol. IX*, pp. 85-132.

LULL, V. y MICÓ, R.
(1999), "Análisis morfométrico y tecnológico de la cerámica funeraria de la Cova des Càrritx", en LULL, V., MICÓ, R., RIHUETE HERRADA, C. y RISCH, R., *La Cova des Càrritx y la Cova des Mussol. Ideología y Sociedad en la Prehistoria de de Menorca.* Consell Insular de Menorca, Barcelona, pp. 581-624.

LULL, V., MICÓ, R., RIHUETE, C. y RISCH, R.
(1999), *Ideología y Sociedad en la prehistoria de Menorca. La Cova des Càrritx la Cova des Mussol.* Consell Insular de Menorca, Barcelona.

LULL, V., MICÓ, R., RIHUETE HERRADA, C. y RISCH, R.
(2001), *La prehistòria de les Illes Balears i el jaciment arqueològic de Son Fornés (Montuïri, Mallorca).* Fundació Son Fornés, Barcelona.

LULL, V., MICÓ, R., RIHUETE, C. y RISCH, R.
(2002), "Social and ideological changes in the Balearic Islands during the Later Prehistory", in WALDREN, W. H. y ENSENYAT, J. A. (eds.), *World Islands in Prehistory. International Insular Investigations*. British Archaeological Reports, International Series 1095, Oxford, pp. 117-126.

LULL, V., MICÓ, R., RIHUETE, C. y RISCH, R.
(2004-e.p.), "Los cambios sociales durante el II milenio en las Islas Baleares", *Cypsela*, XV.

LULL, V., MICÓ, R., RIHUETE, C. y RISCH, R.
(2005-e.p.), "Los botones con perforación en "v" de Es Forat de Ses Aritges (Ciutadella, Menorca): implicaciones productivas y sociales", Actas del *Congreso de Arqueología Peninsular. Faro, septiembre de 2004.*

LLABRÉS, J.
(1978), "Ca Na Vidriera, una necrópolis del Primer Bronce Mallorquín", *Trabajos de Prehistoria*, 35, pp. 337-370.

MARTÍN, A. y MESTRES, J.
(2002), "Periodització des de la fi del Neolític fins a l'Edat del Bronze a la Catalunya sud-pirinenca. Cronologia relativa i absoluta", en *XII Col·loqui Internacional d'Arqueologia de Puigcerdà*. Institut d'Estudis Ceretans, Puigcerdà, pp. 77-130.

MENASANCH DE TOBARUELA, M.
(2003), *Secuencias de cambio social en una región mediterránea. Análisis arqueológico de la depresión de Vera (Almería) entre los siglos V y XI*. British Archaeological Reports, Internatinal Series, 1132, Oxford.

MESTRES, J. y de NICOLÁS, J.
(1999), "Contribución de la datación por radiocarbono al establecimiento de la cronología absoluta de la prehistoria menorquina", *Caesaraugusta*, 73, pp. 327-341.

MEULENGRACHT, A., MCGOVERN, P. y LAWN, B.
(1981), "University of Pennsylvania radiocarbon dates XXI", *Radiocarbon*, 23, 2, pp. 227-240.

MICÓ, R.
(2004, e.p.), "Towards a Definition of Politico-Ideological Practices in the Prehistory of Menorca (Balearic Islands): The Wooden Carvings from the Cova des Mussol", *Journal of Social Archaeology*.

MORELL, C. y QUEROL, A.
(1987), "Flint Implements of the Son Oleza Bell Beaker Settlement in the Balearic Island of Mallorca", en WALDREN W. H. y KENNARD, R.-C. (eds), *Bell Beakers of the Western Mediterranean. Definition, Interpretation, Theory and New Site Data*, part (i). British Archaeological Reports, International Series, 331, Oxford, pp. 283-306.

MURRAY, M. A.
(1932), *Trepucó - Part I*. B. Quaritch, Londres.
MURRAY, M. A.
(1938), *Trepucó - Part II*. B. Quaritch, Londres.

ORFILA, M. (ed.)
(2000), *El Fòrum de Pollentia. Memòria de les campanyes d'excavacions realitzades entre els anys 1996 i 1999*. Ajuntament d'Alcúdia, Alcúdia.

ORFILA, M. y ARRIBAS, A.
(2000), "*Pollentia* a través de l'arqueologia", en ORFILA, M. (ed.) *El Fòrum de Pollentia. Memòria de les campanyes d'excavacions realitzades entre els anys 1996 i 1999*. Ayuntamiento de Alcudia, pp. 33-50.

PARRA, I., PÉREZ-OBIOL, R., FONTUGNE, M., ROURE, J. M. y JULIÀ, R.
(1992), "A Holocene Pollen Analysis from Mallorca (core SPI)", *Abstracts of the 8th International Palynological Congress*. Aix-en-Provence (citado en Pérez-Obiol *et alii* 2000).

PÉREZ-OBIOL, R., YLL, E. I., PANTALEÓN-CANO, J. y ROURE, J. Mª
(2000), "Evaluación de los impactos antrópicos y los cambios climáticos en el paisaje vegetal de las islas Baleares durante los últimos 8000 años", en GUERRERO, V. M. y GORNÉS, S. (coords.), *Colonización humana en ambientes insulares. Interacción con el medio y adaptación cultural*. Universitat de les Illes Balears, Palma de Mallorca, pp. 73-98.

PERICOT, L.
(1975), *Las Islas Baleares en los tiempos prehistóricos*. Destino, Barcelona.

PINGEL, V.
(1969), "Untersuchungen zu den Kleinfunden aus S'Illot (Mallorca) - Die Talayotkeramik", *Madrider Mitteilungen*, 10, pp. 119-138.

PLANTALAMOR, Ll.
(1976), "La naveta Clariana. Estudio de los materiales", *Mayurqa*, 14, pp. 231-245.

PLANTALAMOR, Ll.
(1976/77), "Algunas consideraciones sobre los sepulcros megalíticos de Menorca", *Sautuola*, II, pp. 157-173.

PLANTALAMOR, Ll.
(1991), *L'arquitectura prehistòrica i protohistòrica de Menorca i el seu marc cultural*. Treballs del Museu de Menorca, 12, Maó.

PLANTALAMOR, Ll.
(1996), "Análisis evolutivo del conjunto de Sant Agustí Vell (Es Migjorn-Menorca)", *Complutum Extra*, 6 (I), *Homenaje a M. Fernández-Miranda*, pp. 179-189.

PLANTALAMOR, Ll., ANGLADA, J.
(1981), "Excavacions a les navetes d'habitació de Clariana (Ciutadella, Menorca)", *Fonaments*, 1, pp. 205-208.

PLANTALAMOR, Ll., ANGLADA, J. y RITA, C.
(1977), "Avance sobre las excavaciones en las navetas de habitación de Clariana (Menorca)", *XIV Congreso Nacional de Arqueología* (Vitoria, 1975), pp. 483-486.

PLANTALAMOR, Ll. y CANTARELLAS, C.
(1973), "La necrópolis de Son Oms", *XII Congreso Nacional de Arqueología*, pp. 307-310.

PLANTALAMOR, Ll. y LÓPEZ PONS, A.
(1983), "La naveta occidental de Biniac-Argentina (Alayor, Menorca)", *Noticiario Arqueológico Hispánico*, 15, pp. 359-381.

PLANTALAMOR, Ll. y MARQUÈS, J. (coords.)
(2001), *Biniai Nou. El megalitisme mediterrani a Menorca*. Govern de les Illes Balears/Museu de Menorca-Treballs del Museu de Menorca 24, Maó.

PLANTALAMOR, Ll. y MARQUÈS, J. (coords.)
(2003), *El sepulcre d'Alcaidús. El megalitisme de Menorca en el context de la Mediterrània occidental*. Govern de les Illes Balears-Treballs del Museu de Menorca 26, Maó.

PLANTALAMOR, Ll. y RITA, C.
(1979), "Arqueologia Prehistòrica i Protohistòrica", *Enciclopèdia de Menorca*, vol. VIII, pp. 1-193.

PLANTALAMOR, Ll. y RITA, C.
(1986), *Guia arqueològica del poblat de Trepucó*. Ciutadella.

PLANTALAMOR, Ll. y SASTRE, J.
(1991), "Excavació d'urgència de la naveta de Binipati Nou", *Meloussa*, 2, pp. 163-172.

PLANTALAMOR, L., TANDA, G., TORE, G., BALDACCINI, P., DEL VAIS, C., DEPALMAS, A., MARRAS, G., MAMELI, P., MULÉ, P., OGGIENO, G. y SPANO, M.
(1999), "Cap de Forma (Minorca): la navigazio nel Mediterráneo Occidentale dall'età del Bronze all'età del ferro", en TANDA, G. (ed.), *Archeologia delle Isole del Mediterraneo Occidentale*, Antichità Sarde, 5, Università degli Studi di Sassari, Sassari, pp. 11-160.

PLANTALAMOR, Ll. y VAN STRYDONCK, M.
(1997), *La cronologia de la Prehistòria de Menorca (Noves datacions de 14C)*. Treballs del Museu de Menorca, 20, Maó.

PONS HOMAR, G.
(1994), *El Pou Celat fa 3000 anys. Dades per al coneixement del conjunt prehistòric.* Ajuntament de Porreres.

PONS HOMAR, G.
(1999), *Anàlisi espacial del poblament al pretalaiòtic final i talaiòtic I de Mallorca (ss. XIX-VII a.C.).* Col·lecció La Deixa, 2, Consell de Mallorca, Palma de Mallorca.

PONS-MOYÀ, J. y COLL, J.
(1986), "Observaciones sobre la estratigrafía y las dataciones absolutas de los sedimentos holocénicos de la Cova del Canet (Esporlas, Mallorca)", *Endins*, 12, pp. 31-34.

QUINTANA, C.
(1999), "El jaciment protohistòric del Puig de Sa Morisca: Consideracions preliminars", *Mayurqa*, 25, pp. 141-153.

QUINTANA, C.
(2000), *La ceràmica superficial d'importació del Puig de Sa Morisca.* Ajuntament de Calvià, Palma de Mallorca.

QUINTANA, J., BOVER, P., RAMIS, D. y ALCOVER, J. A.
(2003), "Cronologia de la desaparició de *Myotragus balearicus* Bate 1909 a Menorca", *Endins*, 25, pp. 155-158.

RAE, A. M., IVANOVICH, M. y SWEETING, M. M.
(1984), "Natural Uranium in the Cave of Son Muleta, Mallorca. A Background Study for Uranium Series Dating of Bones", en WALDREN, W. H., CHAPMAN, R. W., LEWTHWAITE, J. y KENNARD, R.-C. (eds), *The Deya Conference of Prehistory. Early Settlement in the Western Mediterranean Islands and their Peripherial Areas*, part iii. British Archaeological Reports, International Series, 229, Oxford, pp. 295-311.

RAMIS, D. y ALCOVER, J. A.
(2001a), "Revisiting the Earliest Human Presence in Mallorca, Western Mediterranean", *Proceedings of the Prehistoric Society*, 67, pp. 261-269.

RAMIS, D. y ALCOVER, J. A.
(2001b), "Bone Needles in Mallorcan Prehistory: a Reappraisal", *Journal of Archaeological Science*, 28, pp. 907-911.

RAMIS, D. y BOVER, P.
(2001), "A Review of the Evidence for Domestication of *Myotragus balearicus* Bate 1909 (Artyodactyla, Caprinae) in the Balearic Islands", *Journal of Archaeological Science*, 28, pp. 265-282.

RAMIS, D., SANTANDREU, G. y CARRERAS, J.
(2004, en prensa), "Resultats preliminars de l'excavació arqueològica a la Cova des Moro entre 1999 i 2002", en *III Jornades d'Estudis Locals de Manacor 2004. Espai, fet urbà i societats (21 i 22 maig 2004)*. Ajuntament de Manacor, Manacor.

RIHUETE HERRADA, C.
(2003), *Bio-arqueología de las prácticas funerarias. Análisis de la comunidad enterrada en el cementerio prehistórico de la Cova des Càrritx (Ciutadella, Menorca), ca. 1450-800 cal ANE*. BAR, International Series, 1161, Oxford.

RITA, C.
(1982), "Constatación de la manufactura del bronce en el yacimiento arqueológico de "Son Mercer de Baix" (Menorca)", en AA.VV., *Estudis de Prehistòria, d'Història de Mayûrqa i d'Història de Mallorca dedicats a Guillem Rosselló-Bordoy*. Mallorca, pp. 43-49.

RITA, C., LATORRE, J. I. y ORFILA, M.
(1988), "Las excavaciones arqueológicas en el yacimiento de Sanitja (Menorca) hasta 1984", *Les Illes Balears en temps cristians fins als àrabs*, Institut Menorquí d'Estudis, Maó, pp. 41-49.

SANITJA
(1996), "La ciudad portuaria romana de Sa Nitja (Menorca)", *Revista de Arqueología*, 185, pp. 36-43.

ROSSELLÓ BORDOY, G.
(1962), "Felanitx", *Ampurias*, XXIV, pp. 253-279.

ROSSELLÓ BORDOY, G.
(1963), *El túmulo escalonado de Son Oms*. Instituto de Arqueología, Universidad de Barcelona.

ROSSELLÓ BORDOY, G.
(1964-1965), "Las navetas en Mallorca", *Studi Sardi*, XIX, pp. 3-57.

ROSSELLÓ BORDOY, G.
(1965), *Excavaciones en el conjunto talayótico de Son Oms (Palma de Mallorca-Islas Baleares)*. Excavaciones Arqueológicas en España, Madrid.

ROSSELLÓ BORDOY, G.
(1966), *Excavaciones en el círculo de Son Bauló de Dalt*. Excavaciones Arqueológicas en España, 51, Madrid.

ROSSELLÓ BORDOY, G.
(1969), *Son Oms: el santuario Talayótico su traslado y reposición*. Trabajos del Museo de Mallorca, 39, Palma de Mallorca.

ROSSELLÓ BORDOY, G.
(1972), "La prehistoria de Mallorca", *Mayurqa*, VII, pp. 115-143.

ROSSELLÓ BORDOY, G.
(1973, 1979), *La Cultura Talayótica en Mallorca*. Cort, Palma de Mallorca.

ROSSELLÓ BORDOY, G.
(1974), "Los ajuares metálicos mallorquines como elemento cronológico", en *VI Symposium de Prehistoria Peninsular. Prehistoria y Arqueología de las Islas Baleares*. Universidad de Barcelona, Publicaciones Eventuales, 24, Barcelona, pp. 115-127.

ROSSELLÓ BORDOY, G.
(1978), "La Prehistoria", en *Historia de Alcudia*, vol. I. Ayuntamiento de Alcudia, Alcudia, pp. 23-45.

ROSSELLÓ BORDOY, G.
(1983), *El poblado prehistórico de Hospitalet Vell (Manacor)*. Institut d´Estudis Baleàrics, Palma de Mallorca.

ROSSELLÓ BORDOY, G.
(1986/1989), "El. hogar-parrilla en las navetas mallorquinas", *Empúries*, 48-50 (II), pp. 260-267.

ROSSELLÓ BORDOY, G.
(1992), "Mallorca en el Bronce Final (ss. XVI-XIII A.C.)", en AA.VV., *La Sardegna nel Mediterraneo tra il Bronzo Medio e il Bronzo Recente (XVI-XIII Sec. a.C.)*, Atti del III Convegno di studi "Un millennio di relazioni fra la Sardegna e i Paesi del Mediterraneo. Selargius-Cagliari (19-22 novembre 1987). Edizioni Della Torre, Cagliari, pp. 421-442.

ROSSELLÓ BORDOY, G.
(2000), "El hipogeísmo mediterráneo y su influencia en las islas Baleares", en AA.VV., *L'ipogeismo nel Mediterraneo. Atti del Congresso Internazionale Sassari-Oristano, 23-28 Maggio 1994*. Vol. 1, pp. 185-220.

ROSSELLÓ BORDOY, G. y CAMPS COLL, J.
(1972), "Excavaciones en el complejo Noroeste de Es Figueral de Son Real (Santa Margarita, Mallorca)", *Noticiario Arqueológico Hispánico*, 1, pp. 111-176.

ROSSELLÓ BORDOY, G. y CAMPS COLL, J.
(1973), "Las excavaciones de "Son Oms" (Mallorca) 1969-1971", en *XII Congreso Nacional de Arqueología*, pp. 301-306.

ROSSELLÓ BORDOY, G. y CAMPS COLL, J.
(1976), "Excavaciones en Canyamel (Capdepera, Mallorca)", *Noticiario Arqueológico Hispánico-Prehistoria*, 5.

ROSSELLÓ BORDOY, G. y GUERRERO, V. M.
(1983), "La necrópolis infantil de Cas Santamarier (Son Oms, Palma de Mallorca)", *Noticiario Arqueológico Hispánico*, 15, pp. 407-448.

ROSSELLÓ BORDOY, G., PLANTALAMOR, Ll. y LOPEZ PONS, A.
(1980), "Excavaciones arqueológicas en Torre d'en Gaumés (Alayor, Menorca). I. La sepultura megalítica de Ses Roques Llises", *Noticiario Arqueológico Hispánico*, 8, pp. 71-138.

ROSSELLÓ BORDOY, G. y WALDREN, W. H.
(1973), "Excavaciones en el abrigo del bosque de Son Matge (Valldemosa, Mallorca)", *Noticiario Arqueológico Hispánico*, II, pp. 1-76.

ROSSELLÓ BORDOY, G., WALDREN, W. H. y KOPPER, J. S.
(1967), *Análisis de radiocarbono en Mallorca*. Trabajos del Museo de Mallorca, 1, Palma de Mallorca.

ROSSELLÓ COLL, G. y MASCARÓ, J.
(1962), "Premier dolmen découvert à Majorque: Son Bauló de Dalt (commune de Santa Margalida)", *Bulletin de la Société Préhistorique Française*, LIX, pp. 180-186.

RUBINOS, A.
(2000), "Apéndice III. Las fechas Carbono-14 del monumento nº 2 de Biniai Nou (Menorca)", incluido en el artículo de GÓMEZ, J. L. "Memoria de excavación del monumento nº 2 de Biniai Nou (Campañas 1997-1998)", en GUERRERO, V. M. y GORNÉS, S. (coords.), *Colonización humana en ambientes insulares. Interacción con el medio y adaptación cultural.* Universitat de les Illes Balears, Palma de Mallorca, pp. 417-444.

SALVÀ, B.
(2001), *El Pretalaiòtic al Llevant mallorquí (1700-1100 AC). Anàlisi territorial.* Documenta Balear, Palma de Mallorca.

SALVÀ, B.
(2003), "L'aixovar metàl·lic del dolmen de S'Aigua Dolça. Estudi preliminar", en GUERRERO, V. M., CALVO, M. y COLL, J. (eds.), *El dolmen de s'Aigua Dolça (Colònia de Sant Pere, Mallorca)*. Col·lecció La Deixa, 5, Consell de Mallorca, Palma, pp. 146-159.

SANDERS, E.
(1984), "Evidence concerning late survival and extinction of endemic amphibia and reptilia from the Bronze and Iron age settlement of Torralba den Salort (Alaior, Menorca)", en HEMMER, H. y ALCOVER, J. A. (eds.), *Història Biològica del Ferreret.* Moll, Palma de Mallorca, pp. 123-127.

SERRA, Mª L.
(1965), "Arquitectura ciclópea menorquina", en AA.VV. *Arquitectura megalítica y ciclópea catalano-balear.* CSIC, Barcelona, pp. 151-172.

SERRA, Mª L. y ROSSELLÓ BORDOY, G.
(1971), "Excavación y restauración de la naveta meridional de Rafal Rubí", *Noticiario Arqueológico Hispánico*, XVI, pp. 51-74

SCHROEDER, R. A. y BADA, J. L.
(1973), "Glacial-Postglacial Temperature Difference Deduced from Aspartic Acid-Racemization in Fossil Bones", *Science*, 182, nº 4111, pp. 479-482.

STUCKENRATH, R. y LAWN, B.
(1969), "University of Pennsylvania Radiocarbon Dates XI", *Radiocarbon*, 11, 1, pp. 150-162.

STUCKENRATH, R. y MIELKE, J. E.
(1972), "Smithsonian Institution Radiocarbon Measurements VII", *Radiocarbon*, 14, 2, pp. 401-412.

STUIVER, M.
(1969), "Yale Natural Radiocarbon Measurements", *Radiocarbon* 11 (2), pp. 545-658.

STUIVER, M. y VAN DER PLICHT, J. (eds.)
(1998), "INTCAL 98: Calibration issue", *Radiocarbon*, 40 (3).

STUIVER, M. y WALDREN, W. H.
(1975), "$^{14}$C carbonate dating and the age of post-Talayotic lime burials in Mallorca", *Nature*, 255, pp. 475-476.

TARRADELL, M.
(1964), *La necrópolis de "Son Real" y la "Illa dels Porros"*. Excavaciones Arqueológicas en España, 24, Madrid.

TARRADELL, M.
(1970), "Dos nuevas fechas de C. 14 para Villena y Mallorca", *Papeles del Laboratorio de Arqueología de Valencia*, 10, pp. 19-26.

TARRADELL, M., ARRIBAS, A., ROSSELLÓ BORDOY, G.
(1978), *Historia de Alcudia*, Tomo I, Ayuntamiento de Alcudia.

TARRADELL, M. y HERNÁNDEZ GASCH, J.
(1998), *Son Real. Necrópolis talayótica de la edad del hierro. Catálogo e inventarios*. Arqueomediterránea, 3 (I), Universitat de Barcelona, Barcelona.

TAYLOR, R. E.
(1997), "Radiocarbon Dating", en TAYLOR, R. E. y AITKEN, M. J. (eds.), *Chronometric Dating in Archaeology. Advances in Archaeological and Museum Science, vol. 2*. Plenum Press, Nueva York, pp. 65-96.

TOPP, C., FERNÁNDEZ GÓMEZ, J. H. y PLANTALAMOR, L.
(1979), "Recent archaeological activities in Ibiza and Formentera", *Bulletin of the Institute of Archaeology*, 16, pp. 215-231.

UERPMANN, H. P.
(1971), *Die Tierknochenfunde aus der Talayot-Siedlung von S'Illot (San Lorenzo, Mallorca)*, Studien über frühe Tierknochenfunde von der Iberischen Halbinsel 2, Institut für Palaeoanatomie, Domestikationsforschung und Geschichte der Tiermedizin der Universität München, München.

VAN DER BORG, K.
(2001), "Apèndix III. Datacions de C14", en CALVO, M., GUERRERO, V. M. y SALVÀ, B., *La Cova des Moro (Manacor, Mallorca). Campanyes d'excavacions arqueològiques 1995-1998*. Col·lecció de Quaderns de Patrimoni Cultural 4, Consell Insular de Mallorca, Palma de Mallorca, p. 65.

VAN STRYDONCK, M.
(2002, e.p.), "Radiocarbon and archaeological evidence for a possible climate-induced cultural change on the Balearic Islands around 2,700 BP", Preprint Proceedings of the Conference "Radiocarbon and Archaeology, Oxford 2002".

VAN STRYDONCK, M. y BOUDIN, M.
(2003), "Les anàlisis isotòpiques i la datació dels ossos del sepulcre megalític d'Alcaidús", en PLANTALAMOR, Ll. Y MARQUÈS, J., *El sepulcre d'Alcaidús. El megalitisme de Menorca en el context de la Mediterrània occidental*. Treballs del Museu de Menorca, 26, Maó, pp. 325-327.

VAN STRYDONCK, M., BOUDIN, M. y ERVYNCK, A.
(2002), "Stable isotopes (13C and 15N) and diet: animal and human bone collagen from prehistoric sites on Mallorca, Menorca and Formentera (Balearic Islands, Spain)", en WALDREN, W. H., ENSENYAT, J. A. (eds.), *World Islands in Prehistory. International Insular Investigations*. British Archaeological Reports, International Series 1095, Oxford, pp. 189-197.

VAN STRYDONCK, M., BOUDIN, M y ERVYNCK, A.
(2003), "Els àtoms, la datació i l'alimentació", en GUERRERO, V. M., CALVO, M. y COLL, J. (eds.), *El dolmen de s'Aigua Dolça (Colònia de Sant Pere, Mallorca)*. Col·lecció La Deixa, 5, Consell de Mallorca, Palma, pp. 60-74.
VAN STRYDONCK, M., BOUDIN, M y ERVYNCK, A.
(2003, e.p.), "Humans and *Myotragus*: the issue of sample integrity in radiocarbon dating", en *Actas del simposio "Insular Vertebrate evolution", Monographs of the Natural History Society of the Balearic Islands* (Palma de Mallorca, 16-19 de septiembre de 2003).

VAN STRYDONCK, M., BOUDIN, M y ERVYNCK, A., ORVAY, J. y BORMS, H.
(2004, e.p.), "Spatial and temporal variation of dietary habits during the prehistory of the Balearic islands as reflected by $^{14}$C, d$^{15}$N and d$^{13}$N analyses on human and animal bones", en AA.VV. *Homenaje a William H. Waldren.*

VAN STRYDONCK, M., FOREST, L., LANDRIE, M., HENDRIX, V., VAN DER BERG, K. y de JONG, A.
(1995), *Royal Institute for Cultural heritage radiocarbon dates XV*, Koninklijk Instituut voor het Kunstpatrimonium, Bruselas.

VAN STRYDONCK, M., LANDRIE, M., BOUDIN, M., GROOTES, P., NADEAU, M.-J., SPARKS, R. y KEPPENS, E.
(2002), *Royal Institute for Cultural Heritage. Radiocarbon dates XVIII*. Institut Royal du Patrimoine Artistique, Bruselas.

VAN STRYDONCK, M., LANDRIE, M., HENDRIX, V., MAES, A., VAN DER BERG, K., de JONG, A. F. M., ALDERLIESTEN, C. y KEPPENS, E.
(2001), *Royal Institute for Cultural Heritage. Radiocarbon dates XVII*. Institut Royal du Patrimoine Artistique, Bruselas.

VAN STRYDONCK, M., LANDRIE, M., HENDRIX, V., VAN DER BERG, K., de JONG, A. F. M., ALDERIESTEN, C. y KEPPONS, E.
(1998), *Royal Institute for Cultural Heritage. Radiocarbon dates XVI*. Institut Royal du Patrimoine Artistique, Bruselas.

VAN STRYDONCK, M. y MAES, A.
(2001), "Les datacions i les anàlisis isotòpiques de Biniai Nou", en PLANTALAMOR, Ll. y MARQUÈS MOLL, J. (coords.), *Biniai Nou. El megalitisme mediterrani a Menorca*. Govern de les Illes Balears / Museu de Menorca (Treballs del Museu de Menorca 24), Maó, pp. 163-174.

VAN STRYDONCK, M., NELSON, D. E., CROMBÉ, P., BRONK RAMSEY, C., SCOTT, E. M., VAN DER PLICHT, J., HEDGES R. E. M.
(1999), "What's in a 14C date", en Evin J., Oberlin C., Daugas J.-P., Salles J.-F. eds., *3rd Int. Symposium 14C and Archaeology*, Mémoires de la Société Préhistorique Française 26, Supplément de la Revue d'Archéométrie, pp. 433-448.

VAN STRYDONCK, M. y WALDREN, W. H.
(1990), "Radiocarbon Dating of Lime Burials", en MOOK, W. G. y WATERBOLK, H. T. (eds), *Proceedings of the Symposium 14C and Archaeology, Groningen 1987*. PACT, Estrasburgo, pp. 403-413.

VAN STRYDONCK, M. y WALDREN, W. H.
(1995), "Radiocarbon dating of Son Matge rock shelter", *III Deià Conference of Prehistory: Ritual, Rites and Religion in Prehistory*. British Archaeological Reports, International Series, 611, pp. 165-183.

VAN STRYDONCK, M., WALDREN, W. H. y HENDRIX, V.
(1998), "The 14C chronology of the Son Mas sanctuary site (Valldemosa, Mallorca, Spain)", *Radiocarbon*, 40, nº 2, pp. 735-748.

VENY, C.
(1968), *Las Cuevas sepulcrales del Bronce Antiguo de Mallorca*. Biblioteca Praehistorica Hispana, IX, Madrid.

VENY, C.
(1974), "Anotaciones sobre la cronología de las navetas de Menorca", *Trabajos de Prehistoria*, 31, pp. 101-142.

VENY, C.
(1976), "Excavación de la naveta de Son Morell (Menorca)", *Noticiario Arqueológico Hispánico*, 5, pp. 223-228.

VENY, C.
(1977), "Apuntes complementarios sobre la cueva de la Edad del Hierro de Son Maimó, Petra (Mallorca)", *Trabajos de Prehistoria*, 34, pp. 111-164.

VENY, C.
(1982a), *La necrópolis protohistórica de Cales Coves, Menorca*. Biblioteca Praehistorica Hispanica, XX, Madrid.

VENY, C.
(1982b), "La naveta de La Cova", *Trabajos de Prehistoria*, 39, pp. 73-136.

VENY, C.
(1984), "Cuatro hipogeos naviformes del bronce antiguo Balear", *Trabajos de Prehistoria*, 41, pp. 205-235.

VENY, C.
(1987), "Las navetas de Menorca", en *Atti del 3º Convegno di studi "Un millennio di relazioni fra la Sardegna e i Paesi del Mediterraneo*. Selargius-Cagliari, Edizioni Della Torre, Cagliari, pp. 443-472.

VORUZ, J.-L.
(1996), "La chronologie absolue de l'Âge du Bronze ancien", en MORDANT, C. y GAIFFE, O. (eds.), *Cultures et Sociétés du Bronze Ancien en Europe*. CTHS, París, pp. 97-164.

WALDREN, W.
(1966), "Los materiales encontrados en la Cueva de Son Muleta", *Boletín de la Sociedad de Historia Natural de Baleares* , XII, pp. 47-49.

WALDREN, W. H.
(1972), "Determinación de la edad por medio del C14", *Boletín de la Sociedad de Historia Natural de Baleares*, XVII, pp. 34-50.

WALDREN, W.
(1975), "Cueva de Muleta (Sóller, Mallorca). Introducción", *Noticiario Arqueológico Hispánico* – Prehistoria, 3, pp. 76-90.

WALDREN, W. H.
(1979), "A Beaker workshop area in the Rock Shelter of Son Matge, Mallorca", *World Archaeology*, 11 (1), pp. 43-67.

WALDREN, W. H.
(1982a), *Balearic Prehistoric Ecology and Culture: The Excavation and Study of Certain Caves, Rock Shelters and Settlements*. British Archaeological Reports, International Series, 149. Oxford.

WALDREN, W. H.
(1982b), *Radiocarbon Determination in the Balearic Islands*. The Donald Baden-Powell Quaternary Research Centre. Pitt-Rivers Museum, University of Oxford, Oxford.

WALDREN, W. H.
(1984), "Chalcolithic Settlement and Beaker Connections in the Balearic Islands", en WALDREN, W. H., CHAPMAN, R. W., LEWTHWAITE, J. y KENNARD,

R.-C. (eds), *The Deya Conference of Prehistory. Early Settlement in the Western Mediterranean Islands and their Peripherial Areas*. British Archaeological Reports, International Series, 229 (iii), pp. 911-965.

WALDREN, W. H.
(1986), *The Balearic Pentapartite Division of Prehistory. Radiocarbon and other age determination inventories.* British Archaeological Reports, International Series, 282, Oxford.

WALDREN, W. H.
(1987), "A Balearic Beaker Model. Ferrandell-Oleza, Valldemosa, Mallorca", en WALDREN, W. H. y KENNARD, R.-C. (eds.), *Bell Beakers of the Western Mediterranean.* British Archaeological Reports, International Series 331 (i), pp. 207-266.

WALDREN, W. H.
(1992), *Radiocarbon and other isotopic age determinations from the Balearic Islands. A comprehensive inventory.* DAMARC, 26, Deià.

WALDREN, W. H.
(1996), "The prehistoric sanctuary of Son Mas 1995: a radiocarbon analysis survey", *Complutum Extra*, 6 (I), *Homenaje a M. Fernández-Miranda,* pp. 191-215.

WALDREN, W. H.
(1997), "The Definition and Duration of the Beaker Culture in the Spanish Balearic Islands: A Radiocarbon Survey", *Oxford Journal of Archaeology*, 16, pp. 25-48.

WALDREN, W. H.
(1998), *The Beaker Culture of the Balearic Islands. An inventory of evidence from caves, rock shelters, settlements and ritual sites.* British Archaeological Reports, International Series, 709-Western Mediterranean Series, 1. Oxford.

WALDREN, W. H.
(2001), "A new megalithic dolmen from the Balearic Island of Mallorca: its radiocarbon dating and artefacts", *Oxford Journal of Archaeology*, 20 (3), pp. 241-262.

WALDREN, W. H.
(2002), "Links in the chain: evidence of sustained prehistoric contact and cultural interaction between the Balearic Islands and continental Europe", en WALDREN, W. H., ENSENYAT, J. A. (eds.), *World Islands in Prehistory. International Insular Investigations.* British Archaeological Reports, International Series 1095, Oxford, pp. 152-185.

WALDREN, W. H., ENSENYAT ALCOVER, J. y CUBÍ, C.
(1990), *Prehistoric architectural elements. Ferrandell-Oleza Chalcolithic Old Settlement.* DAMARC, 20 & University of Oxford, Oxford.

WALDREN, W. H., ENSENYAT ALCOVER, J. A. y ORVAY, J.
(2002), "New Coals on Old Fires: The Question of Early Balearic Island Settlement", en WALDREN, W. H. y ENSENYAT, J. A. (eds.), *World Islands in Prehistory. International Insular Investigations.* British Archaeological Reports, International Series 1095, Oxford, pp. 68-90.

WALDREN, W. H. y GRIMALT, C.
(1995), "A case history: the function and origin of Mallorcan cast lead votive funerary jewelry", *DAMARC*, 19, Deià.

WALDREN, W. H. y KOPPER, J. S.
(1967), "Mallorca chronology for Prehistory based on radiocarbon method", *Pyrenae*, 3, pp. 45-65.

WALDREN, W. y ROSSELLÓ BORDOY, G.
(1975), "Cueva de Muleta (Sóller, Mallorca). Estudio de los materiales arqueológicos", *Noticiario Arqueológico Hispánico* – Prehistoria , 3, pp. 91-107.

WALDREN, W. H., SANDERS, E. A. C. y COLL, J.
(1984), "The lithic industry of the Balearic Islands...Its Olezian tradition of tabular flint blades", en WALDREN, W. H., CHAPMAN, R. W., LEWTHWAITE, J. y KENNARD, R.-C. (eds), *The Deya Conference of Prehistory. Early Settlement in the Western Mediterranean Islands and their Peripherial Areas.* British Archaeological Reports, International Series, 229 (ii), pp. 859-910.

WALDREN, W. H. y VAN STRYDONCK, M.
(1993), *Ferrandell-Oleza-Mas Prehistoric Settlement Complex Younger Settlement (Valldemossa, Mallorca, Baleares, Spain). Talayot 1. Dating the Activity Sequence of the Structure. A Radiocarbon Analysis Survey.* DAMARC 22, Deià.

WALDREN, W. H. y VAN STRYDONCK, M.
(1994), *A Radiocarbon Analisys Survey Dating the Activity Sequences of the Sanctuary. Prehistoric Sanctuary of Son Mas (Valldemossa, Mallorca, Baleares, Spain)*. DAMARC, 24, Deià.

WEBSTER, G. y WEBSTER, M.
(1998), "The Chronological and Cultural Definition of Nuragic VII, AD 456-1015", en BALMUTH, M. S. y TIKOT, R. H. (eds.), *sardinian and Aegean Chronology. Towards the Resolution of Relative and Absolute Dating in the Mediterranean.* Studies in Sardinian Archaeology V, Oxbow Books, Oxford, pp. 383-398.

YLL, E. I., PÉREZ-OBIOL, R. y JULIÀ, R.
(1994), "Vegetational change in the Balearic Islands (Spain) during the Holocene", *Historical Biology*, 9, pp. 83-89.

YLL, E. I., PÉREZ-OBIOL, R., PANTALEÓN-CANO, J. y ROURE, J. Mª
(1997), "Palynological Evidence for Climatic Change and Human Activity during the Holocene on Minorca (Balearic Islands)", *Quaternary Research*, 48, pp. 339-347.

YLL, E. I., PANTALEÓN-CANO, J., PÉREZ-OBIOL, R. y ROURE, J. Mª
(1999) *"Cambio climático y transformación del medio durante el Holoceno en las Islas Baleares"*, en *II Congrés del Neolític a la Península Ibèrica. Saguntum-PLAV,* Extra-2 pp. 45-51.

**ÍNDICE ANALÍTICO I (fechas en orden descendente "ane" según yacimientos ordenados alfabéticamente).**

**ÍNDICE ANALÍTICO II (fechas según código de laboratorio en orden ascendente).**

www.ingramcontent.com/pod-product-compliance
Lightning Source LLC
La Vergne TN
LVHW072246300926
849160LV00018B/1600
* 9 7 8 1 8 4 1 7 1 8 1 5 6 *